“十二五”普通高等教育本科国家级规划教材

“十三五”江苏省高等学校重点教材（编号：2016-1-079）

电气控制与 PLC 应用技术

——西门子 S7-200 SMART PLC

第 3 版

主　编　黄永红
副主编　刁小燕　项倩雯
参　编　沈　跃　蔡晓磊　吉敬华
杨　东　张新华　陈　强

机 械 工 业 出 版 社

本书从实际工程应用和教学需要出发，介绍了常用低压电器和电气控制电路的基本知识，以及 PLC 的基本组成和工作原理；以西门子 S7-200 SMART PLC 为教学机型，重点介绍了 PLC 的系统配置、指令系统、通信与网络、运动控制指令及控制系统程序设计等内容。书中安排了许多典型应用实例，包括开关量控制、模拟量 PID 控制等。通过实例介绍常用逻辑指令和功能指令的使用方法和技巧，实例程序均经过调试运行。本书各章附有习题与思考题，附录有实验指导书、课程设计任务书供参考选用。

本书可作为高等学校自动化、电气工程及其自动化、机械等相关专业的教学用书，也可作为控制工程、电气工程领域工程技术人员的培训教材或参考书。

本书有配套的电子课件等共享资料，欢迎扫描前言中二维码获取，或发邮件到 jinacmp@163.com 索取，也可登录 www.cmpedu.com 注册后下载。

图书在版编目（CIP）数据

电气控制与 PLC 应用技术：西门子 S7-200 SMART PLC/黄永红主编．—3 版．—北京：机械工业出版社，2018.10（2021.6 重印）
“十二五”普通高等教育本科国家级规划教材
ISBN 978-7-111-61047-2

Ⅰ.①电… Ⅱ.①黄… Ⅲ.①电气控制－高等学校－教材 ②PLC 技术－高等学校－教材 Ⅳ.①TM571.2②TM571.6

中国版本图书馆 CIP 数据核字（2018）第 221682 号

机械工业出版社（北京市百万庄大街 22 号 邮政编码 100037）
策划编辑：吉 玲 责任编辑：吉 玲 陈文龙 王小东
责任校对：刘 岚 封面设计：张 静
责任印制：孙 炜
保定市中画美凯印刷有限公司印刷
2021 年 6 月第 3 版第 5 次印刷
184mm×260mm · 23.5 印张 · 635 千字

标准书号：ISBN 978-7-111-61047-2
定价：55.00 元

凡购本书，如有缺页、倒页、脱页，由本社发行部调换
电话服务 网络服务
服务咨询热线：010-88379833 机 工 官 网：www.cmpbook.com
读者购书热线：010-68326294 机 工 官 博：weibo.com/cmp1952
教育服务网：www.cmpedu.com

金 书 网：www.golden-book.com

前　言

本书自第1版出版以来，得到了多所高校教师及广大读者的关心和支持。为适应电气控制新技术的发展，特别是PLC应用技术快速发展的需要，编者结合二十多年的教学实践经验和读者的建议，对原书内容进行了修订。修订中坚持结合生产实际、突出工程应用和内容通俗易懂的原则，保留了精选内容，删除了过时内容，增加了运动控制、向导应用、变频器和触摸屏应用等实用内容。本书第1版和第2版的PLC应用技术部分主要以西门子S7-200 PLC为教学机型，本版主要以西门子S7-200 SMART PLC为教学机型。

S7-200 SMART小型PLC是西门子SIMATIC系列中的重要成员，也是S7-200系列PLC的发展方向。同时，SMART也代表了经济型自动化解决方案，其寓意在于简单（Simple）、易维护（Maintenance-friendly）、高性价比（Afford-able）、可靠（Reliable）以及开发时间短（Time to market）。具体优势有以下六点：其一，S7-200 SMART PLC机型丰富，配置灵活，配备西门子专用高速处理器芯片，基本指令执行时间可达0.15μs，在同级别小型PLC中遥遥领先；同时拥有I/O点数丰富的CPU模块，单体I/O点数最高可达60点，可满足大部分小型自动化设备的控制需求。其二，通信组网，经济便捷，其CPU模块本体配有以太网接口，一根普通的网线即可将程序下载到PLC中，省去了专用编程电缆；同时，通过以太网接口还可与其他CPU模块、触摸屏及计算机等进行通信，轻松组网。其三，S7-200 SMART PLC新颖的信号板设计可扩展通信端口、数字量通道、模拟量通道，在不额外占用电控柜空间的前提下，信号板扩展能更加贴合用户的实际配置，提升产品的利用率，降低用户的扩展成本。其四，三轴脉冲，运动自如，S7-200 SMART PLC的CPU模块本体集成有3路高速脉冲输出，频率高达100kHz，支持PWM输出方式以及多种运动模式，可自由设置运动包络；通过方便易用的向导设置功能，可快速实现设备调速、定位等功能。其五，S7-200 SMART PLC具有Micro SD卡插槽，使用通用Micro SD卡即可实现程序的更新和移植；S7-200 SMART PLC与SMART LINE IE触摸屏和V20、G120C等变频器组网通信，可实现高性价比的小型自动化系统解决方案，能满足用户对于人机交互、控制及驱动等全方位需求。其六，利用编程软件的向导功能可以非常方便地实现PID自整定运算和通信组网等功能。

本书包含了传统电气控制和现代PLC应用技术两部分内容。第1章主要介绍电气控制系统中常用低压电器的结构、工作原理和选用方法。第2章主要介绍三相笼型异步电动机的起动、调速、制动等基本电气控制电路，并介绍电气控制电路的分析、设计方法及其典型应用，为学习PLC知识奠定必要的基础。第3章主要介绍PLC的发展概况、基本组成及工作原理。第4~10章以西门子S7-200 SMART PLC作为教学机型，重点介绍PLC的接口模块与系统配置、基本指令及其应用实例、功能指令与应用PLC的通信及组网应用、S7-200 SMART PLC在运动控制中的应用、PLC控制系统程序设计方法以及STEP 7-Micro/WIN SMART编程软件的使用等内容。

本书基础部分用较多的小型实例引领读者入门，让读者能完成简单的工程应用。提高应用部分精选工程实例供读者模仿学习，以提高读者解决实际工程问题的能力。本书安排了一些难度适中的习题与思考题，供学生课后练习。附录C编写了11个实验，附录D编写了课程设计指导书，附录E编写了两个典型应用的课程设计任务书，供任课教师根据学校硬件条件和课程设置等情况选用。

本书由黄永红任主编并统稿，刁小燕、项倩雯任副主编。参加编写的还有沈跃、蔡晓磊、吉敬华、杨东、张新华及南京航大意航科技股份有限公司的陈强高级工程师。苏州施耐德电气有限公司的石睿高级工程师、上海良信电器股份有限公司的黄银芳高级工程师为本书提供了宝贵的建议和最新的资料，同时，本书参考了一些学者的文献资料，在此向他们表示衷心的感谢！另外，感谢杭州力控科技有限公司的工程师们，感谢他们与我们联合设计、开发了结构紧凑、功能强大的双工位实验平台。

本书相关的编程软件、系统手册和书中的部分源程序等资料可扫描下方二维码获取。由于编者水平有限，加之时间仓促，书中错误在所难免，敬请读者批评指正。

本书共享资料二维码

编　者

目　录

第1章

常用低压电器

本章主要介绍在电气控制系统中常用的低压电器，如接触器、继电器、行程开关、熔断器等，介绍它们的作用、分类、结构、工作原理、技术参数及选用原则等内容。要求掌握电磁式电器的基本结构和工作原理；掌握接触器、热继电器、时间继电器、固态继电器、低压断路器、熔断器、行程开关等常用低压电器的功能、用途、工作原理及选用方法等内容，并能用图形符号和文字符号表示它们。理解接触器与继电器的区别、低压断路器和熔断器的区别，为后续学习继电器—接触器控制系统和PLC控制系统打下基础。

1.1 低压电器的定义及分类

电器是一种根据外界的信号（机械力、电动力和其他物理量），自动或手动接通和断开电路，从而断续或连续地改变电路参数或状态，实现对电路或非电对象的切换、控制、保护、检测和调节用的电气元件或设备。

低压电器通常指工作在额定电压为交流1200V、直流1500V以下电路中的电器。常用的低压电器主要有接触器、继电器、开关电器、主令电器、熔断器、执行电器、信号电器等，如图1-1所示。

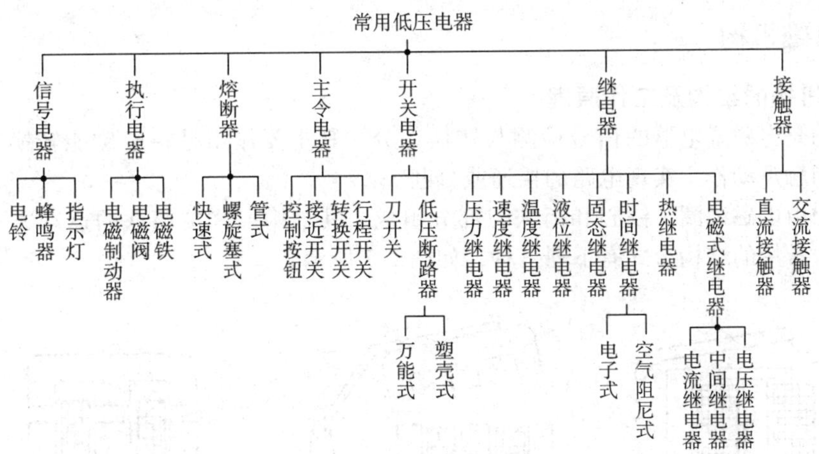

图1-1 常用低压电器的分类

低压电器种类繁多，用途广泛，功能多样，构造各异。其分类方法很多，主要有以下几类。

1. 按用途和控制对象分类

(1) 低压配电电器

低压配电电器主要用于低压配电系统中，实现电能的输送和分配。例如，刀开关、转换开关、低压断路器、熔断器等。

（2）低压控制电器

低压控制电器主要用于电气控制系统中，要求寿命长、体积小、重量轻且动作迅速、准确、可靠。例如，接触器、各种控制继电器、主令电器、电磁铁等。

2. 按动作方式分类

（1）自动电器

自动电器依靠外来信号或其自身参数的变化，通过电磁或压缩空气来完成接通、分断、起动、反向和停止等动作。例如，交/直流接触器、继电器、电磁阀等。

（2）手动电器

手动电器主要是通过外力（用手或经杠杆）操作手柄来完成指令任务的电器。例如，刀开关、控制按钮、转换开关等。

3. 按工作原理分类

（1）电磁式电器

电磁式电器即利用电磁感应原理来工作的电器。例如，交/直流接触器、各种电磁式继电器、电磁铁等。

（2）非电量控制电器

非电量控制电器是依靠外力或非电量信号（如温度、压力、速度等）的变化而动作的电器。例如，转换开关、刀开关、行程开关、温度继电器、压力继电器、速度继电器等。

1.2 电磁式电器的组成与工作原理

电磁式电器在电气控制系统中使用量最大，其类型也有很多。各种电磁式电器在工作原理和构造上基本相同，就其结构而言，主要由两部分组成，即电磁机构和触点系统，其次还有灭弧系统和其他缓冲机构等。

1.2.1 电磁机构

1. 电磁机构的结构及工作原理

电磁机构是电磁式电器的信号检测与转换部分，其主要作用是将电磁能转换为机械能，从而带动触点的触点动作，实现电路的接通或分断。

电磁机构由电磁线圈、铁心和衔铁三部分组成。其结构形式按衔铁的运动方式可分为直动式和拍合式，常用的结构形式有下列三种，如图1-2所示。

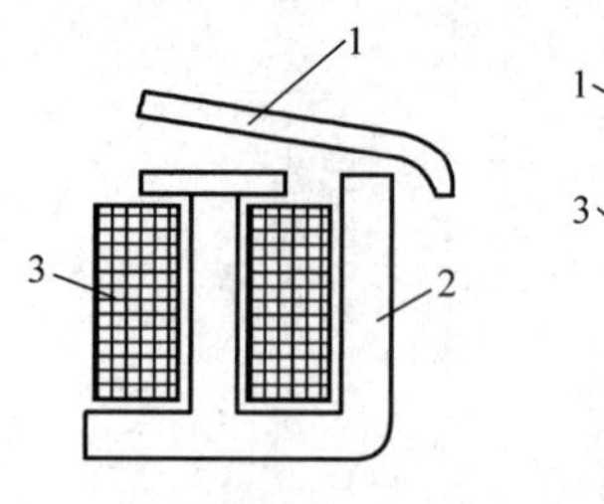

a)衔铁沿棱角转动的拍合式

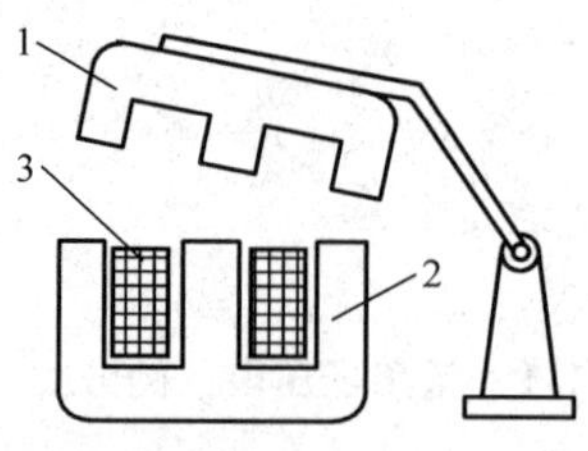

b)衔铁沿轴转动的拍合式

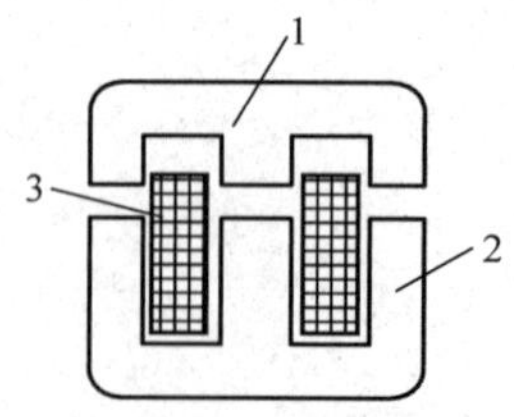

c)衔铁做直线运动的双E形直动式

图1-2 常用的电磁机构结构形式

1—衔铁 2—铁心 3—电磁线圈

1）衔铁沿棱角转动的拍合式，如图1-2a所示。这种结构适用于直流接触器。

2）衔铁沿轴转动的拍合式，如图1-2b所示。其铁心形状有E形和U形两种，此结构适用于触点容量较大的交流接触器。

3）衔铁做直线运动的双E形直动式，如图1-2c所示。这种结构适用于交流接触器、继电器等。

电磁线圈的作用是将电能转换为磁能，即产生磁通，衔铁在电磁吸力作用下产生机械位移使铁心与之吸合。通入直流电的电磁线圈称为直流线圈，通入交流电的电磁线圈称为交流线圈。由直流线圈组成的电磁机构称为直流电磁机构，由交流线圈组成的电磁机构称为交流电磁机构。对于直流电磁机构，由于电流的大小和方向不变，只有线圈发热，铁心不发热，通常其衔铁和铁心均由软钢或工程纯铁制成，所以直流线圈做成高而薄的瘦高形，且不设线圈骨架，使线圈与铁心直接接触，易于散热。对于交流电磁机构，由于其铁心中存在磁滞和涡流损耗，线圈和铁心都要发热，所以交流线圈设有骨架，使铁心与线圈隔离，并将线圈制成短而厚的矮胖形，有利于线圈和铁心的散热，通常其铁心用硅钢片叠铆而成，以减少铁损。

另外，根据电磁线圈在电路中的连接方式可分为串联线圈（又称电流线圈）和并联线圈（又称电压线圈）。串联（电流）线圈串接于电路中，流过的电流较大，为减少对电路的影响，需要较小的阻抗，所以导线粗且匝数少；而并联（电压）线圈并联在电路上，为减小分流作用，降低对原电路的影响，需较大的阻抗，所以导线细且匝数多。

电磁式电器的工作原理示意图如图1-3所示。其工作原理是：当电磁线圈通电后，产生的磁通经过铁心、衔铁和气隙形成闭合回路，此时衔铁被磁化产生电磁吸力，所产生的电磁吸力克服释放弹簧与触点弹簧的反力使衔铁产生机械位移，与铁心吸合，并带动触点支架使动、静触点接触闭合。当电磁线圈断电或电压显著下降时，由于电磁吸力消失或过小，衔铁在弹簧反力作用下返回原位，同时带动动触点脱离静触点，将电路切断。

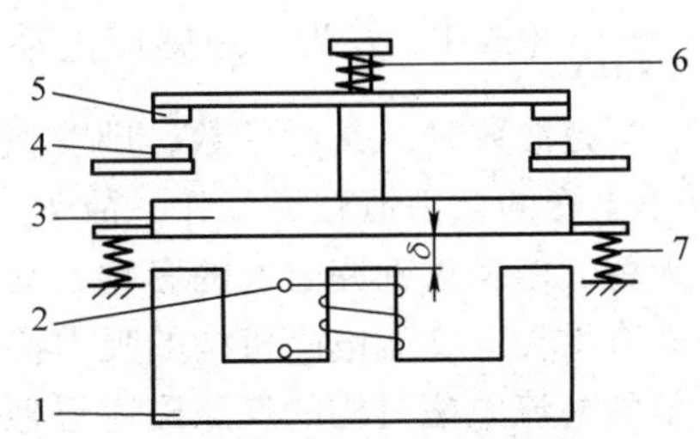

图1-3 电磁式电器的工作原理示意图

1—铁心 2—电磁线圈 3—衔铁 4—静触点 5—动触点 6—触点弹簧 7—释放弹簧 δ—气隙

2. 电磁机构的吸力特性与反力特性

电磁机构工作时，作用在衔铁上的力有两个：电磁吸力与反力。电磁吸力由电磁机构产生，反力则由释放弹簧和触点弹簧所产生。

根据麦克斯韦电磁力计算公式可知，如果气隙中的磁场均匀分布，电磁吸力 F_{at} 的大小与磁极截面积 S 及气隙磁感应强度 B 的二次方成正比，即

$$F_{at}=\frac{B^2S}{2\mu_0} \tag{1-1}$$

式中，μ_0 为真空磁导率，$\mu_0=4\pi\times10^{-7}$H/m。

非磁性材料的磁导率 $\mu\approx\mu_0$，代入式（1-1），得

$$F_{at}=\frac{10^7B^2S}{8\pi}=\frac{10^7}{8\pi}\frac{\Phi^2}{S} \tag{1-2}$$

式中，F_{at} 为电磁吸力，单位为N（牛顿）；B 为气隙磁感应强度，单位为T（特斯拉）；S 为磁极截面积，单位为 m^2（平方米）；Φ 为磁通量，单位为Wb（韦伯）。

当磁极截面积 S 为常数时，电磁吸力 F_{at} 与 B^2 或 Φ^2 成正比。

电磁机构的工作特性常用吸力特性和反力特性来表示。吸力特性是指电磁吸力 F_{at} 随衔铁与铁心间气隙 δ 变化的关系曲线。不同的电磁机构有不同的吸力特性。

（1）直流电磁机构的吸力特性

具有电压线圈的直流电磁机构，由直流电流励磁，当电磁线圈外加电压 U 与线圈电阻 R 不变时，流过线圈的电流 I 不变，即磁势 IN 不受气隙变化的影响，电路在恒磁势下工作。由磁路定律 $\Phi=\dfrac{IN}{R_m}\left(\text{式中，}R_m\text{ 为气隙磁阻，}N\text{ 为线圈匝数；}R_m=\dfrac{\delta}{\mu_0 S}\right)$ 可知，$F_{at}\propto\Phi^2\propto\dfrac{1}{R_m^2}\propto\dfrac{1}{\delta^2}$，即电磁吸力 F_{at} 与气隙 δ 的二次方成反比，所以直流电磁机构的吸力特性为二次曲线形状，如图 1-4 所示。它表明衔铁闭合前后吸力变化很大，气隙越小，则吸力越大。

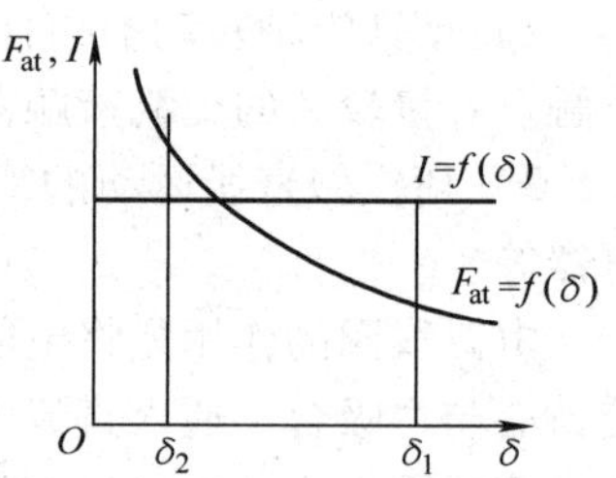

图 1-4　直流电磁机构吸力特性

由于衔铁闭合前后励磁线圈的电流不变，所以直流电磁机构适用于动作频繁的场合，且衔铁完全吸合后电磁吸力达到最大，工作可靠性高。可靠性要求很高或动作频繁的控制系统常采用直流电磁机构。

（2）交流电磁机构的吸力特性

具有电压线圈的交流电磁机构，其吸力特性与直流电磁机构有所不同。假定电磁线圈外加电压 U 不变，电磁线圈的阻抗主要取决于线圈的电抗，电阻可忽略，则 $U\approx E=4.44fN\Phi$，$\Phi=\dfrac{U}{4.44fN}$（式中，E 为线圈感应电动势，f 为电源频率）。当 U、f、N 为常数时，Φ 为常数，即交流电磁机构在衔铁吸合前后 Φ 是不变的，为恒磁通工作，故 F_{at} 也不变，且 F_{at} 与气隙的大小无关，但考虑到漏磁通的影响，其电磁吸力 F_{at} 随气隙 δ 的减小略有增加。交流电磁机构的吸力特性如图 1-5 所示。

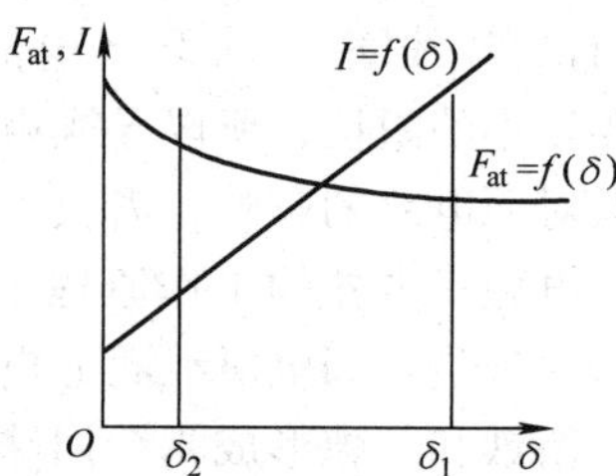

图 1-5　交流电磁机构吸力特性

虽然交流电磁机构的气隙磁通近似不变，但气隙磁阻 R_m 要随着气隙 δ 的加大成正比增加，因此，激磁电流的大小也将随气隙长度 δ 的加大成正比增大。所以，交流电磁机构的励磁电流在线圈已通电但衔铁尚未吸合时，可达到吸合后额定电流的 10～15 倍。若衔铁卡住不能吸合或频繁动作，电磁线圈很可能因过电流而烧毁，故在可靠性要求高或操作频繁的场合，一般不采用交流电磁机构。

（3）吸力特性与反力特性的配合

反力特性是指反作用力 F_r 与气隙 δ 的关系曲线，如图 1-6的曲线 3 所示。反作用力包括弹簧力、衔铁自身重力和摩擦阻力等。图中 δ_1 为起始位置，δ_2 为动、静触点刚好接触时的位置。在 $\delta_1\sim\delta_2$ 区域内，反作用力随着气隙的减小而略有增大，在 δ_2 位置，动、静触点刚好接触，这时触点的初压力作用到衔铁上，反作用力突增。在 $\delta_2\sim0$ 区域内，气隙越小，触点压得越紧，反作用力越大，其特性曲线比较陡峭。

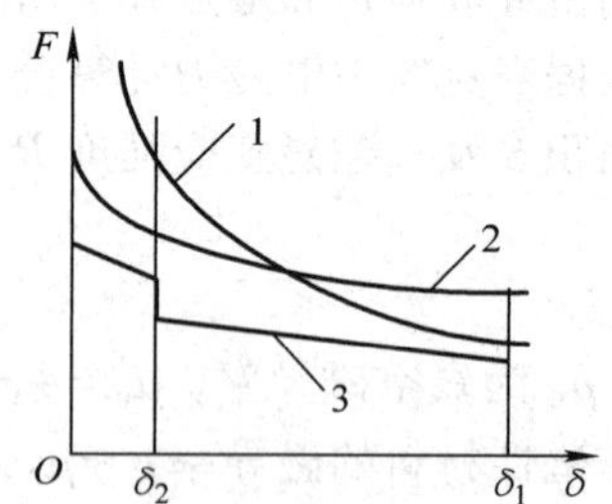

图 1-6　吸力特性与反力特性的配合

1—直流电磁机构吸力特性

2—交流电磁机构吸力特性　3—反力特性

欲使电磁机构正常工作，保证衔铁能牢牢吸合，其吸力特性与反力特性必须配合得当。衔铁在整个吸合过程中，其吸力都必须大于反力，即吸力特性必须始终位于反力特性上方，但也不能过大或过小。吸力过大时，动、静触点接触及衔铁与铁心接触时的冲击力很大，会使触点和衔铁产生弹跳，导致触点熔焊或磨损，影响触点和电磁机构的使用寿命；吸力过小时，又不能保证可靠吸合，难以满足高频率操作的要求。在衔铁释放时，反力必须大于吸力（此时的吸力是由剩磁产生的），即吸力特性必须位于反力特性下方。实际应用中，可通过调整反力弹簧或触点初压力来改变反力特性，使之与吸力特性配合得当。

3. 单相交流电磁机构短路环的作用

对于单相交流电磁机构，由于外加正弦交流电压，其气隙磁感应强度也按正弦规律变化，即

$$B = B_{\mathrm{m}} \sin\omega t \tag{1-3}$$

将式（1-3）代入式（1-2）可得，电磁吸力为

$$F_{\mathrm{at}} = \frac{10^7}{8\pi} S B_{\mathrm{m}}^2 \sin^2 \omega t = \frac{10^7}{8\pi} S B_{\mathrm{m}}^2 \frac{1 - \cos 2\omega t}{2} \tag{1-4}$$

可见，单相交流电磁机构的电磁吸力是一个两倍于电源频率的周期性变量。当电磁吸力的瞬时值大于反力时，衔铁吸合；当电磁吸力的瞬时值小于反力时，衔铁释放。电源电压变化一个周期，衔铁吸合两次、释放两次，随着电源电压的变化，衔铁周而复始地吸合与释放，使得衔铁产生振动并发出噪声，甚至使铁心松散。因此必须采取有效措施，消除振动与噪声。

具体解决办法是在铁心端面开一个槽，在槽内嵌入铜质短路环（或称分磁环），如图 1-7 所示。加上短路环后，铁心中的磁通被分成两部分，即不穿过短路环的主磁通 Φ_1 和穿过短路环的磁通 Φ_2，Φ_1 和 Φ_2 大小接近，而相位差约为 90°，因而两相磁通不会同时过零。由于电磁吸力与磁通的二次方成正比，所以由两相磁通产生的合成电磁吸力始终大于反力，使衔铁与铁心牢牢吸合，这样就消除了振动和噪声。

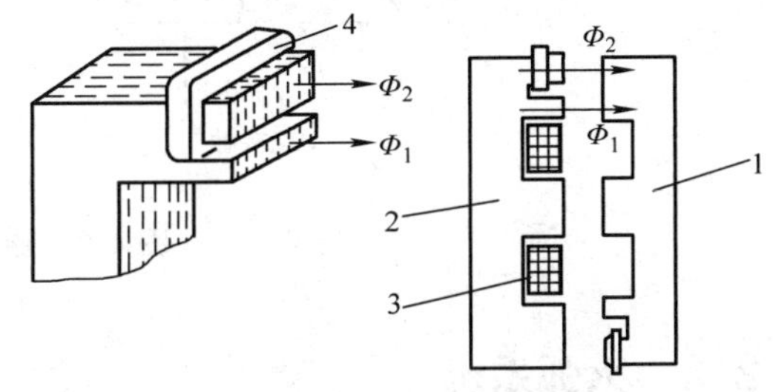

图 1-7　单相交流电磁机构的短路环

1—衔铁　2—铁心　3—线圈　4—短路环

一般短路环包围 2/3 的铁心端面，通常用黄铜、康铜或镍铬合金等材料制成。短路环应无断点且没有焊缝。

1.2.2　触点系统

触点是一切有触点电器的执行部件，它在衔铁的带动下起接通和分断电路的作用。因此，要求触点导电、导热性能良好。触点通常用铜或银质材料制成。

1. 触点的接触形式

触点的结构形式有两种：桥式触点和指形触点，如图 1-8 所示。触点的接触形式有三种，即点接触、线接触和面接触，如图 1-9 所示。点接触由两个半球形触点或一个半球形触点与一个平面触点构成，点接触的桥式触点主要适用于电流不大且压力小的场合，如接触器的辅助触点或继电器触点。桥式触点多为面接触，允许通过较大的电流，这种触点一般在接触表面上镶有合金，以减小接触电阻并提高耐磨性，多用于大容量、大电流的场合（如交流接触器的主触点）。指形触点的接触形式为线接触，接触区域为一条直线，触点接通或分断时产生滚动摩擦，既可消除触点表面的氧化膜，又可缓冲触点闭合时的撞击，改善触点的电气性能。指形触点适用于接电次数多、电流大的场合。

2. 触点的分类

触点按其所控制的电路可分为主触点和辅助触点。主触点用于接通或断开主电路，允许通过较大的电流；辅助触点用于接通或断开控制电路，只能通过较小的电流。

触点又有常开触点和常闭触点之分。在无外力作用且线圈未通电时，触点间是断开状态的称为常开触点（即动合触点），反之称为常闭触点（即动断触点）。

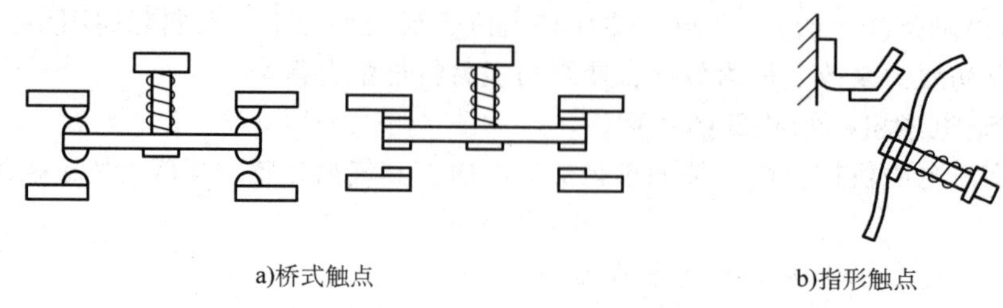

图 1-8　触点的结构形式

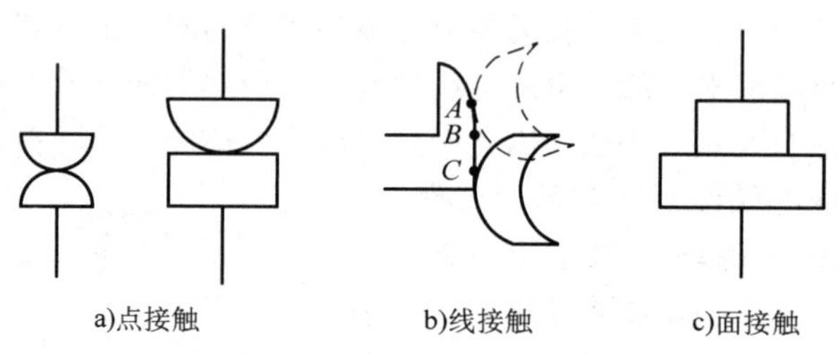

图 1-9　触点的接触形式

1.2.3　灭弧系统

1. 电弧的产生及危害

在通电状态下，动、静触点脱离接触时，如果被开断电路的电流超过某一数值（根据触点材料的不同其值在 0.25～1A 间），开断后加在触点间隙（或称弧隙）两端的电压超过某一数值（根据触点材料的不同其值在 12～20V 间）时，则触点间隙中就会产生电弧。电弧实际上是触点间气体在强电场下产生的放电现象，产生高温并发出强光和火花。电弧的产生为电路中电磁能的释放提供了通路，在一定程度上可以减小电路开断时的冲击电压。但电弧的产生却使电路仍然保持导通状态，使得该断开的电路未能断开，延长了电路的分断时间；同时电弧产生的高温将烧损触点金属表面，降低电器寿命，严重时会引起火灾等事故，因此应采取措施迅速熄灭电弧。

2. 常用的灭弧方法

低压电器常用的灭弧方法有电动力灭弧、灭弧栅灭弧、灭弧罩灭弧、窄缝灭弧、磁吹灭弧等。

（1）电动力灭弧

桥式触点在分断时本身就具有电动力灭弧功能，不用任何附加装置，便可使电弧迅速熄灭。图 1-10 所示为一种桥式结构双断口触点（所谓双断口就是在一个回路中有两个产生和断开电弧的间隙）。当触点打开时，在断口中产生电弧，电弧电流在断口中电弧周围产生图中以“⊗”表示的磁场（由右手定则确定，⊗表示磁通的方向是由纸外指向纸面），在该磁场作用下，电弧受力为 F，其方向指向外侧（由左手定则确定），如图 1-10 所示。在 F 的作用下，电弧向外运动并拉长、冷却而迅速熄灭。这种灭弧方法结构简单，无需专门的灭弧装置，一般多用于小功率电器中。其缺点是，当电流较小时，电动力很小，灭弧效果较弱。但当配合栅片灭弧后，也可用于大功率的电器中。交流接触器常采用这种灭弧方法。

（2）灭弧栅灭弧

灭弧栅灭弧示意图如图 1-11 所示。当触点分开时，所产生的电弧在吹弧电动力的作用下被推向一组静止的金属片内。这组金属片称为栅片，由多片镀铜薄钢片组成，它们彼此间相互绝缘。片间距离为 2～3mm。灭弧栅片是导磁材料，它将使电弧上部的磁通通过灭弧栅片形成闭合回路。由于电弧的磁通上部稀疏、下部稠密，这种上疏下密的磁场分布将对电弧产生由下至上的电磁力，将电弧吸入栅片中，电弧被栅片分割成一段段串联的短电弧。当交流电压过零时，电弧自然熄灭。电弧要重燃，两栅片必须有 150～250V 的电弧压降。这样，电弧由于外加电压不足而迅速熄灭。此外，栅片还能吸收电弧热量，使电弧过零熄灭后很难重燃。交流电器宜采用灭弧栅灭弧。

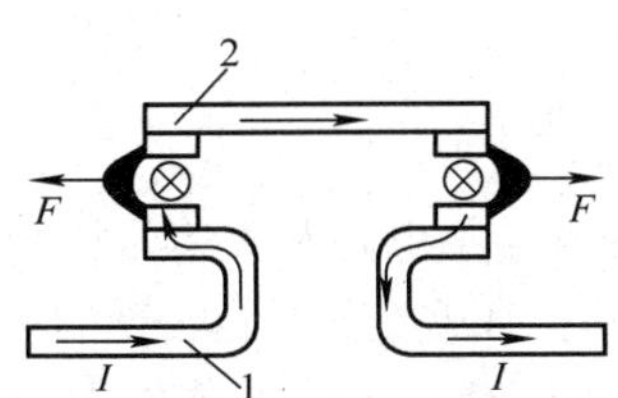

图 1-10　双断口结构的电动力灭弧示意图

1—静触点　2—动触点

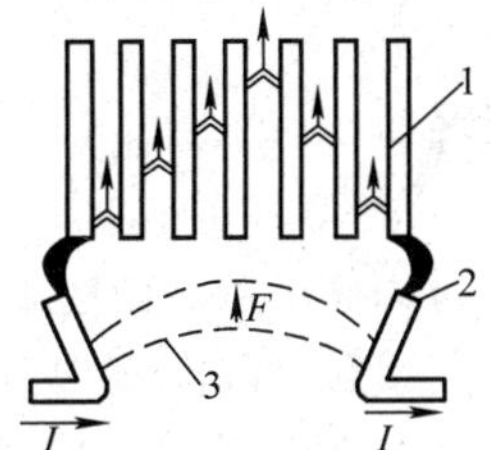

图 1-11　灭弧栅灭弧示意图

1—灭弧栅片　2—触点　3—电弧

（3）灭弧罩灭弧

比灭弧栅更简单的灭弧装置是耐高温的灭弧罩，它通常用耐弧陶土、石棉水泥或耐弧塑料制成，用以降温和隔弧。灭弧罩可用于交流和直流灭弧。灭弧栅灭弧和磁吹灭弧一般带有灭弧罩。

（4）窄缝灭弧

窄缝灭弧示意图如图 1-12 所示。它是利用灭弧罩的窄缝来实现的。这种灭弧方法多用于大容量接触器。

（5）磁吹灭弧

磁吹灭弧示意图如图 1-13 所示。在触点电路中串入一个吹弧线圈，吹弧线圈 1 由扁铜线弯成，中间装有铁心 3，它们之间由绝缘套筒 2 相隔。铁心两端装有两片导磁夹板 5，夹持在灭弧罩 6 的两边，动触点 7 和静触点 8 位于灭弧罩内，处在两片导磁夹板之间。图 1-13 表示动、静

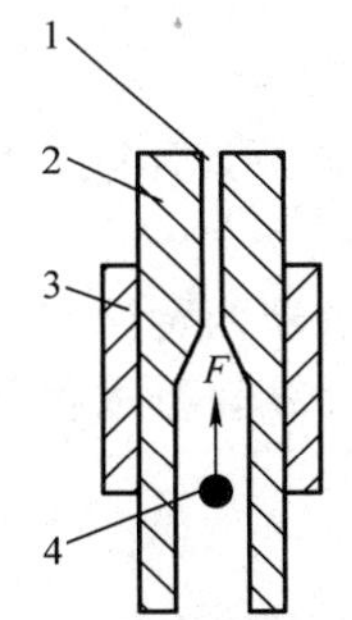

图 1-12　窄缝灭弧示意图

1—纵缝　2—介质　3—磁性夹板　4—电弧

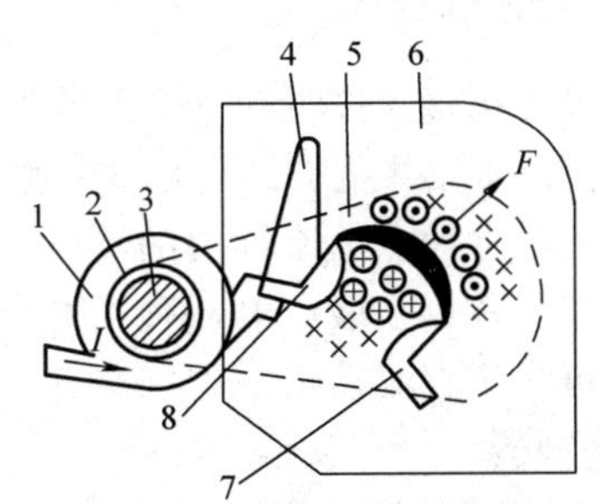

图 1-13　磁吹灭弧示意图

1—吹弧线圈　2—绝缘套筒　3—铁心　4—引弧角

5—导磁夹板　6—灭弧罩　7—动触点　8—静触点

触点分断过程已经形成电弧（图中用粗黑线表示）。由于吹弧线圈、主触点与电弧形成串联电路，因此流过触点的电流就是流过吹弧线圈的电流。当电流 I 的方向如图中箭头所示时，电弧电流在它的四周形成一个磁场，根据右手螺旋定则可以判定，电弧上方的磁场方向离开纸面，用“⊙”表示；电弧下方的磁场方向进入纸面，用“⊗”表示。在电弧周围还有一个由磁吹线圈中的电流所产生的磁场，根据右手螺旋定则可以判定这个磁场的方向是进入纸面的，用“⊗”表示。这两个磁通在电弧下方方向相同（叠加），在电弧上方方向相反（相减）。因此，电弧下方的磁场强于上方的磁场。在下方磁场作用下，电弧受电动力 F（F 的方向见图1-13）的作用被吹离触点，经引弧角4进入灭弧罩，并将热量传递给罩壁，使电弧冷却熄灭。

磁吹灭弧是利用电弧电流本身灭弧，因而电弧电流越大，吹弧能力越强。磁吹力的方向与电流方向无关。磁吹灭弧广泛应用于直流接触器中。

1.3 接触器

接触器（Contactor）是一种用于频繁接通或断开交直流主电路及大容量控制电路的自动切换电器。在功能上，接触器除能实现自动切换外，还具有手动开关所不能实现的远距离操作功能和失电压（或欠电压）保护功能。它不同于低压断路器，虽有一定的过载能力，但却不能切断短路电流，也不具备过载保护的功能。接触器结构紧凑、价格低廉、工作可靠、维护方便、用途广泛，是电气控制系统中的重要元件之一。在 PLC 控制系统中，接触器常用作 PLC 输出执行元件，用于控制电动机、电热设备、电焊机及电容器组等负载。

1.3.1 接触器的组成及工作原理

接触器的结构组成与电磁式电器相同，一般也由电磁机构、触点系统、灭弧系统、复位弹簧机构或缓冲装置、支架与底座等几部分组成。接触器的电磁机构由电磁线圈、铁心、衔铁和复位弹簧几部分组成。

接触器的工作原理：当电磁线圈通电后，线圈电流在铁心中产生磁通，该磁通对衔铁产生克服复位弹簧反力的电磁吸力，使衔铁带动触点动作。当触点动作时，常闭触点先断开，常开触点后闭合。当线圈中的电压值降低到某一数值（无论是正常控制，还是欠电压、失电压故障，一般降至85%线圈额定电压）时，铁心中的磁通下降，电磁吸力减小，当减小到不足以克服复位弹簧的反力时，衔铁在复位弹簧的反力作用下复位，使主、辅触点的常开触点断开，常闭触点恢复闭合，实现接触器的失电压保护功能。

1.3.2 接触器的分类

接触器的种类很多，按驱动方式不同可分为电磁式、永磁式、气动式和液压式，目前以电磁式应用最为广泛。本书主要介绍电磁式接触器。

接触器按流过主触点电流种类的不同，分为交流接触器和直流接触器两种。它们的电磁线圈电流种类既有与各自主触点电流种类相同的，也有不同的，如对于可靠性要求很高的交流接触器，其线圈可采用直流励磁方式。

1. 交流接触器

交流接触器用于控制额定电压至660V或1140V、电流至1000A的交流电路，频繁地接通和分断控制交流电动机等电气设备电路；并可与热继电器或电子式保护装置组合成电动机起动器。

交流接触器采用直动式结构，触点系统、灭弧系统位于上部、电磁机构位于下部。

（1）电磁机构

电磁机构由电磁线圈、铁心、衔铁和复位弹簧等几部分组成。铁心一般用硅钢片叠压后铆成，以减少涡流与磁滞损耗，防止过热。电磁线圈绕在骨架上做成扁而厚的形状，与铁心隔离，这样有利于铁心和线圈的散热。其铁心形状有 U 形和 E 形两种，E 形铁心的中柱较短，铁心闭合时上下中柱间形成0.1 ~0.2mm 的气隙，这样可减小剩磁，避免线圈断电后铁心粘连。交流接触器在铁心柱端面嵌有短路环。

（2）触点系统

交流接触器的触点一般由银钨合金制成，具有良好的导电性和耐高温烧蚀性。触点有主触点和辅助触点之分。主触点用以通断电流较大的主电路，一般由接触面较大的三对（三极）常开触点组成；辅助触点用以通断小电流控制电路，一般由常开、常闭触点成对组成。主触点、辅助触点一般采用双断口桥式触点。电路的通断由主、辅触点共同完成。

（3）灭弧系统

一般 10A 以下的交流接触器常采用半封闭式陶土灭弧罩灭弧或相间隔弧板灭弧；10A 以上的接触器一般采用纵缝灭弧罩及栅片灭弧。辅助触点均不设灭弧装置，所以它不能用来分合大电流的主电路。

CJ40-63A 以上产品灭弧罩采用耐弧塑料和钢质栅片组成，一方面克服了陶土灭弧罩易碎的缺点，另一方面具有分断能力高、可靠性高的优点。

目前，交流接触器产品有德力西、正泰、西门子、施耐德、欧姆龙、ABB 等品牌产品，常用的型号有 CJ20、CJ40、CJX1、CJX2、西门子 3TF、施耐德 LC1D 等系列。表 1-1 给出了 CJ40 系列交流接触器的主要技术参数。

表 1-1　CJ40 系列交流接触器的主要技术参数

<table>
<tr><td colspan="2">产品型号</td><td>CJ40-63</td><td>CJ40-80</td><td>CJ40-100</td><td>CJ40-125</td><td>CJ40-160</td><td>CJ40-200</td><td>CJ40-250</td><td>CJ40-315</td><td>CJ40-400</td><td>CJ40-500</td><td>CJ40-630</td><td>CJ40-800</td><td>CJ40-1000</td></tr>
<tr><td colspan="2">主触点数量</td><td colspan="13">3</td></tr>
<tr><td colspan="2">额定绝缘电压/V</td><td colspan="13">1140</td></tr>
<tr><td colspan="2">最大工作电压/V</td><td colspan="13">660/1140</td></tr>
<tr><td colspan="2">约定发热电流/A</td><td colspan="2">80</td><td colspan="2">125</td><td colspan="3">250</td><td colspan="3">500</td><td colspan="2">800</td><td>1000</td></tr>
<tr><td rowspan="3">AC-3 制额定工作电流/A</td><td>380V</td><td>63</td><td>80</td><td>100</td><td>125</td><td>160</td><td>200</td><td>250</td><td>315</td><td>400</td><td>500</td><td>630</td><td>800</td><td>1000</td></tr>
<tr><td>660V</td><td>63</td><td>63</td><td>80</td><td>80</td><td>125</td><td>125</td><td>125</td><td>315</td><td>315</td><td>315</td><td>500</td><td>500</td><td>500</td></tr>
<tr><td>1140V</td><td>—</td><td>—</td><td>—</td><td>—</td><td>—</td><td>—</td><td>—</td><td>—</td><td>—</td><td>—</td><td>—</td><td>—</td><td>400</td></tr>
<tr><td rowspan="4">AC-3 制控制电动机最大功率/kW</td><td>220V</td><td>18.5</td><td>22</td><td>30</td><td>37</td><td>45</td><td>55</td><td>75</td><td>90</td><td>110</td><td>150</td><td>200</td><td>250</td><td>360</td></tr>
<tr><td>380V</td><td>30</td><td>37</td><td>45</td><td>55</td><td>75</td><td>90</td><td>132</td><td>160</td><td>220</td><td>280</td><td>335</td><td>450</td><td>625</td></tr>
<tr><td>660V</td><td>55</td><td>55</td><td>75</td><td>75</td><td>110</td><td>110</td><td>110</td><td>300</td><td>300</td><td>300</td><td>475</td><td>475</td><td>475</td></tr>
<tr><td>1140V</td><td>—</td><td>—</td><td>—</td><td>55</td><td>—</td><td>—</td><td>110</td><td>—</td><td>—</td><td>220</td><td>—</td><td>—</td><td>600</td></tr>
<tr><td colspan="2">AC-3 制额定负载时操作频率/(次/h)</td><td colspan="7">1200</td><td colspan="3">600</td><td colspan="3">300</td></tr>
<tr><td colspan="2">机械寿命/万次</td><td colspan="7">1000</td><td colspan="3">600</td><td colspan="3">300</td></tr>
<tr><td colspan="2">AC-3 电气寿命/万次</td><td colspan="7">120</td><td colspan="3">60</td><td colspan="3">30</td></tr>
<tr><td>线圈功耗（起动/保持）/(V·A)</td><td colspan="5">480/85.5</td><td colspan="3">880/152</td><td colspan="3">1710/250</td><td colspan="3">3578/91.2</td></tr>
<tr><td>选配熔断器型号</td><td colspan="2">RT16-160</td><td colspan="3">RT16-250</td><td colspan="3">RT16-315</td><td colspan="3">RT16-500</td><td>RT14-630</td><td>RT14-800</td><td>RT14-1250</td></tr>
</table>

此外，常用的永磁交流接触器国内成熟的产品型号有 CJ20J、NSFC1～5、NSFC12、NSFC19、CJ40J、NSFMR 等。永磁交流接触器是利用磁极同性相斥、异性相吸的原理，用永磁驱动机构取代传统的电磁铁驱动机构而形成的一种微功耗接触器。

2. 直流接触器

直流接触器主要用于远距离接通和分断直流电路以及频繁地起动、停止、反转和反接制动直流电动机，也可用于频繁地接通和断开起重电磁铁、电磁阀、离合器的电磁线圈等。其结构和工作原理与交流接触器基本相同。所不同的是，除了触点电流和线圈电压为直流外，其电磁机构多采用沿棱角转动的拍合式结构，其主触点大都采用线接触的指形触点，辅助触点则采用点接触的桥式触点。铁心用整块铸铁或铸钢制成，通常将线圈绕制成长而薄的圆筒状。由于铁心中磁通恒定，所以铁心端面上不需装设短路环。为了保证衔铁可靠地释放，常需在铁心与衔铁之间垫上非磁性垫片，以减小剩磁的影响。直流接触器常采用磁吹灭弧装置。

常用的直流接触器有 CZ17、CZ18、CZ21、CZ22、ZJ 等系列。

1.3.3 接触器的主要技术参数

1. 额定电压

接触器铭牌上的额定电压是指主触点能承受的额定电压。通常用的电压等级：直流接触器有 110V、220V、440V、660V；交流接触器有 220V、380V、500V、660V 及 1140V。

2. 额定电流

接触器铭牌上的额定电流是指主触点的额定电流，即允许长期通过的最大电流。交、直流接触器均有 5A、10A、20A、40A、60A、100A、150A、250A、400A 和 600A 几个等级。

3. 电磁线圈的额定电压

电磁线圈的额定电压：交流 36V、110V、220V 和 380V；直流 24V、48V、110V、220V、440V。

4. 额定操作频率

额定操作频率以次/h 表示，即允许每小时接通的最多次数。根据型号和性能的不同而不同，交流线圈接触器最高操作频率为 600 次/h，直流线圈接触器最高操作频率为 1200 次/h。操作频率直接影响接触器的使用寿命，还会影响交流线圈接触器的线圈温升。

5. 机械寿命和电气寿命

机械寿命是指接触器在需要修理或更换机械零件前所能承受的无载操作次数。电气寿命是指在规定的正常工作条件下，接触器不需修理或更换的有载操作次数。电气寿命和机械寿命以万次表示。正常使用情况下，接触器的电气寿命为 50～100 万次，机械寿命可达 500～1000 万次。

1.3.4 接触器的选择与使用

1. 接触器类型的选择

根据接触器所控制负载的轻重和负载电流的类型来选择直流接触器或交流接触器。

2. 额定电压的选择

接触器的额定电压应大于或等于负载的额定电压。

3. 额定电流的选择

接触器的额定电流应大于或等于被控电路的额定电流。对于电动机负载，可按式（1-5）计算：

$$I_C = \frac{P_N \times 10^3}{KU_N} \tag{1-5}$$

式中，I_C 为接触器主触点电流，单位为 A；P_N 为电动机额定功率，单位为 kW；U_N 为电动机额定电压，单位为 V；K 为经验系数，一般取 1 ~ 1.4。

选用接触器的额定电流应大于或等于 I_C。接触器如使用在电动机频繁起动、制动或正反转的场合，一般将接触器的额定电流降一个等级来使用。

4. 电磁线圈额定电压的选择

电磁线圈的额定电压应与所接控制电路的电压相一致。简单控制电路可直接选用交流 380V、220V 电压，电路复杂或使用电器较多者应选用 110V 或更低的控制电压。

一般情况下，交流负载选用交流接触器，直流负载选用直流接触器，但对于频繁动作的交流负载应选用直流电磁线圈的交流接触器。按规定，在接触器线圈已经发热稳定时，加上 85% 的额定电压，衔铁应可靠地吸合。如果工作中电压过低或消失，衔铁应可靠地释放。

5. 接触器触点数量和种类的选择

接触器的触点数量和种类应根据主电路和控制电路的要求选择。如辅助触点的数量不能满足要求时，可通过增加中间继电器的方法解决。

1.3.5 接触器的图形符号与文字符号

接触器的图形符号如图 1-14 所示，其文字符号为 KM。

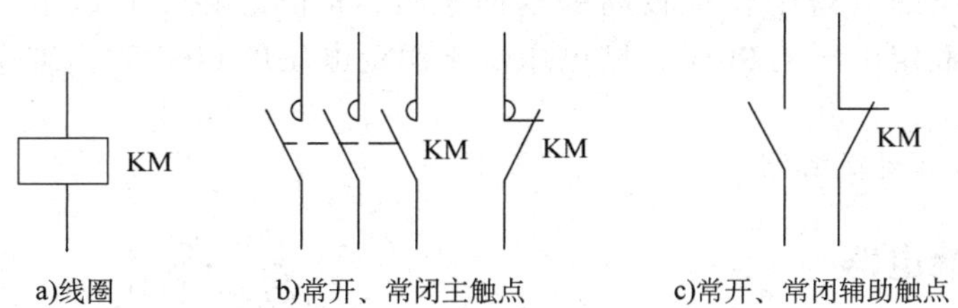

a)线圈　b)常开、常闭主触点　c)常开、常闭辅助触点

图 1-14 接触器的图形符号

1.4 继电器

继电器（Relay）是一种根据某种输入信号的变化来接通或断开控制电路，实现自动控制和保护的电器。其输入信号可以是电压、电流等电气量，也可以是温度、时间、速度、压力等非电气量。

1.4.1 继电器的分类和特性

继电器的种类很多，其分类方法也很多，常用的分类方法如下：

按输入量的物理性质可分为电压继电器、电流继电器、时间继电器、速度继电器、温度继电器等。

按工作原理可分为电磁式继电器、感应式继电器、电动式继电器、热继电器、电子式继电器等。

按输出形式可分为有触点继电器、无触点继电器等。

按用途可分为电力拖动系统用控制继电器和电力系统用保护继电器。本书仅介绍用于电力拖动自动控制系统的控制继电器。

继电器一般由感测机构、中间机构和执行机构三部分组成。感测机构把感测到的电气量或非电气量传递给中间机构，将它与整定值进行比较，当达到整定值（过量或欠量）时，中间机构便使执行机构动作，从而接通或断开电路。无论继电器的输入量是电气量还是非电气量，继电器工作的最终目的都是控制触点的分断或闭合，从而控制电路的通断。从这一点来看，继电器与接触器的作用是相同的，但它与接触器又有区别，主要表现在以下两个方面：

1）所控制的电路不同。继电器主要用于小电流电路，其触点通常接在控制电路中，反映控制信号，触点容量较小（一般在5A以下），也无主、辅触点之分，且无灭弧装置；而接触器用于控制电动机等大功率、大电流电路及主电路，一般有灭弧装置。

2）输入信号不同。继电器的输入信号可以是各种物理量，如电压、电流、时间、速度、压力等；而接触器的输入量只有电压。

继电器的继电特性曲线如图1-15所示。x_2 称为继电器的吸合值，欲使继电器动作，输入量必须大于或等于此值；x_1 称为继电器的释放值，欲使继电器释放，输入量必须小于或等于此值；$K=x_1/x_2$，称为继电器的返回系数，它是继电器的重要参数之一。不同场合对 K 值的要求不同，可根据需要进行调节，调节方法随着继电器结构不同而有所差异。一般继电器要求低返回系数，K 值应在0.1~0.4之间，这样当继电器吸合后，输入量波动较大时不致引起误动作。欠电压继电器则要求较高的返回系数，K 值应在0.6以上，如某继电器 $K=0.66$，吸合电压为额定电压的90%，则电压低于额定电压的60%时，继电器释放，起到欠电压保护的作用。

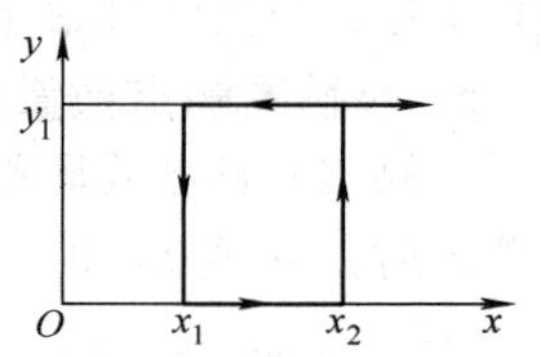

图1-15 继电特性曲线

下面介绍常用的几种继电器。

1.4.2 电磁式继电器

电磁式继电器的结构和工作原理与电磁式接触器基本相同，也由铁心、衔铁、电磁线圈、复位弹簧和触点等部分组成。只是由于用在控制电路中，接通和分断电流小，一般无需灭弧装置，也没有主辅触点之分。其典型结构如图1-16所示。

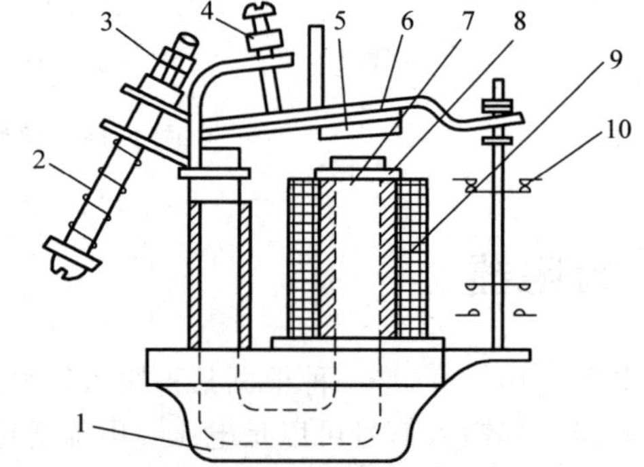

图1-16 电磁式继电器的典型结构

1—底座 2—反力弹簧 3、4—调节螺钉 5—非磁性垫片 6—衔铁 7—铁心 8—极靴 9—电磁线圈 10—触点系统

1. 电磁式继电器的分类

常用的电磁式继电器可分为电流继电器、电压继电器和中间继电器。

（1）电流继电器

电流继电器的输入信号为电流，其线圈与被测电路串联，以反映电路中电流的变化，进而动作。为降低负载效应和对被测电路参数的影响，其线圈匝数少、导线粗、阻抗小。电流继电器常用于按电流原则控制的场合，如电动机的过载及短路保护、直流电动机失磁保护等。

电流继电器有欠电流继电器和过电流继电器两种。欠电流继电器在正常工作时，衔铁吸合，其常开触点闭合、常闭触点打开。当电流降到某一数值（一般为额定电流的20%~30%）时，衔铁释放，触点复位，常开触点断开，常闭触点闭合，实现欠电流保护或控制作用。过电流继电器在正常工作时不动作，而当电流超过某一整定值时，衔铁吸合，同时带动触点动作，实现过电流保护作用。

（2）电压继电器

电压继电器的线圈与被测电路并联，其线圈的匝数多而导线细。

根据动作电压的不同，电压继电器分为过电压继电器、欠电压继电器和零电压继电器。过电压继电器在线圈电压正常时衔铁不产生吸合动作，而在发生过电压（$1.05 \sim 1.2U_N$）故障时衔铁吸合；欠电压继电器在线圈电压正常时衔铁吸合，而发生欠电压（$0.2 \sim 0.5U_N$）故障时衔铁释放；零电压继电器在线圈电压降到$0.05 \sim 0.25U_N$时释放。它们分别起过电压、欠电压和零电压保护作用。

（3）中间继电器

中间继电器实质是一种电压继电器。它的特点是触点数量较多，触点容量较大（额定电流为5～10A），且动作灵敏。其主要用途是，当其他继电器的触点数量或触点容量不够时，可借助中间继电器来扩大触点数量或触点容量，起到中间转换的作用。中间继电器也有交流、直流之分，可分别用于交流控制电路和直流控制电路。

2. 电磁式继电器的选用

电磁式继电器选用时主要根据保护或控制对象的要求，考虑触点的数量、种类、返回系数以及控制电路的电压、电流、负载性质等来选择。选用时要注意线圈电压的种类和电压等级应与控制电路一致。

电磁式继电器在运行前，必须将它的吸合值和释放值调整到控制系统所要求的范围内，一般可通过调整复位弹簧的松紧程度或改变非磁性垫片的厚度来实现。在PLC控制系统中，电压继电器、中间继电器常作为输出执行元件。

3. 电磁式继电器的图形符号与文字符号

电磁式继电器的图形符号如图1-17所示。电流继电器的文字符号为KI，电压继电器的文字符号为KV，而中间继电器的文字符号为KA。

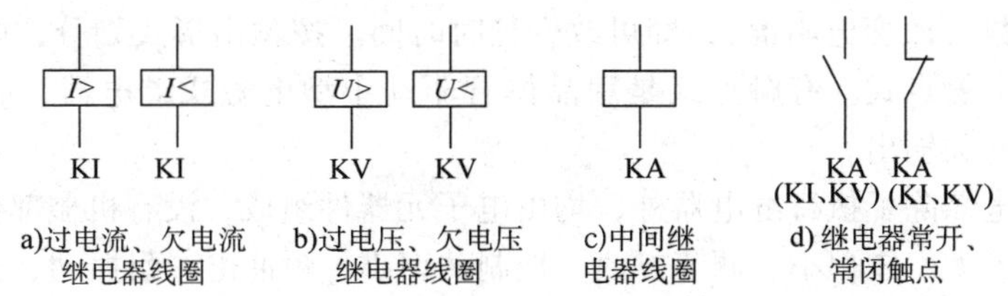

a)过电流、欠电流继电器线圈　b)过电压、欠电压继电器线圈　c)中间继电器线圈　d)继电器常开、常闭触点

图1-17　电磁式继电器的图形符号及文字符号

1.4.3　时间继电器

凡在感测元件获得信号后，其执行元件（触点）要经过一个预先设定的延时后才输出信号的继电器称为时间继电器（Time Relay）。这里的延时有别于一般电磁式继电器从线圈得电到触点闭合的固有动作时间。

1. 时间继电器的分类

时间继电器常用于按时间原则进行控制的场合。其种类很多，按动作原理可分为直流电磁式、空气阻尼式、电动式和电子式等时间继电器。直流电磁式时间继电器延时时间短（0.3～1.6s），但它的结构比较简单，通常用在断电延时场合。直流电磁式、电动式、空气阻尼式时间继电器在早期的机电控制系统中被普遍采用，但定时准确度低、故障率高。随着电子技术的飞速发展，电子式时间继电器以其性能好、功能强得到了广泛应用。

根据延时方式的不同，时间继电器可分为通电延时继电器和断电延时继电器。通电延时继电器接收输入信号后，延迟一定的时间后输出信号才发生变化，而当输入信号消失后，输出信号瞬时复位；断电延时继电器接收输入信号后，瞬时产生输出信号，而当输入信号消失后，延迟一定的时间后输出信号才复位。

（1）空气阻尼式时间继电器

空气阻尼式时间继电器又称为气囊式时间继电器，它是利用空气通过小孔时产生阻尼的原理获得延时的。它由电磁机构、延时机构和触点系统三部分构成。电磁机构为双E直动型，延时机构采用气囊式阻尼器，触点系统借用LX5型微动开关。电磁机构可以是直流的或是交流的，它既可做成通电延时型，也可做成断电延时型。国产JS7-A型时间继电器只要改变其电磁机构的安装方向，便可实现不同的延时方式。

空气阻尼式时间继电器的特点：延时范围较宽，可达0.4～180s，结构简单、电磁干扰小、寿命长、价格低。但其延时误差大（±10%～±20%），无调节刻度指示，难以精确整定延时值，延时准确度要求较高的场合不宜使用。

空气阻尼式时间继电器的主要技术参数有线圈额定电压、触点数量及延时范围等，可根据需要选用。

（2）电动式时间继电器

电动式时间继电器由微型同步电动机拖动减速齿轮获得延时。它的延时范围宽（如JS11系列可在0～72h范围内调整），延时整定偏差和重复偏差小，延时值不受电源电压波动及环境温度变化的影响。但其结构复杂、价格高、寿命短，不宜频繁操作，延时误差受电源频率影响。

（3）电子式时间继电器

电子式时间继电器采用晶体管或大规模集成电路和电子元器件构成。按延时原理划分，电子式时间继电器可分为阻容充电延时型和数字电路型。阻容充电延时型是利用*RC*电路电容器充电时，电容电压不能突变，只能按指数规律逐渐变化的原理来实现延时的。因此，只要改变*RC*充电回路的时间常数（改变电阻值），即可改变延时时间。按输出形式划分，电子式时间继电器可分为有触点式和无触点式。有触点式是用晶体管驱动小型电磁式继电器，而无触点式是采用晶闸管等电力电子开关输出。

电子式时间继电器除了执行继电器外，均由电子元器件组成，没有机械部件，因而具有延时准确度高、延时范围大、体积小、调节方便、控制功率小、耐冲击、耐振动、寿命长等优点，因此应用非常广泛。

目前带数字显示的时间继电器应用广泛，主要为JS11S系列、JS14S系列和DH48S系列产品，可以取代阻容式、空气阻尼式、电动式时间继电器。

2. 时间继电器的选用

选用时间继电器时，首先应考虑满足控制系统所提出的控制要求，并根据对延时方式的要求选用通电延时型或断电延时型。当延时要求不高和延时时间较短时，可选用价格相对较低的空气阻尼式时间继电器；当要求延时准确度较高和延时时间较长时，可选用电子式时间继电器。在电源电压波动大的场合，可选用空气阻尼式或电动式时间继电器；而在环境温度变化较大处，则不宜选用空气阻尼式时间继电器。总之，选用时除了考虑延时类型、延时范围、准确度等条件外，还要考虑控制系统对可靠性、经济性、工艺安装尺寸等的要求。

3. 时间继电器的图形符号与文字符号

时间继电器的图形符号如图1-18所示，其文字符号为KT。

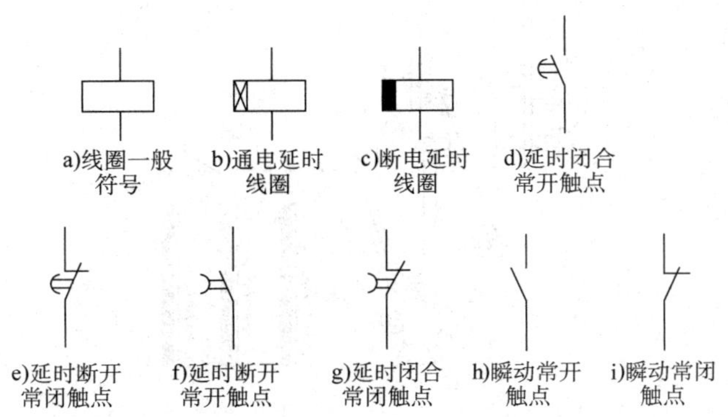

图1-18　时间继电器的图形符号

1.4.4　热继电器

热继电器（Thermal Relay）是一种利用电流的热效应原理和发热元件的热膨胀原理，在出现电动机不能承受的过载时，断开电动机控制电路，实现电动机断电停车的保护电器。主要用于电动机的过载保护、断相保护及电流不平衡运行的保护。热继电器还常和交流接触器配合组成电磁起动器，广泛用于三相异步电动机的长期过载保护。

双金属片式热继电器由于结构简单、体积较小、成本较低，故应用广泛。热继电器中发热元件具有热惯性，因此它不同于过电流继电器和熔断器，不能用作瞬时过载保护，更不能用作短路保护。

热继电器按热元件的极数分，有两相结构和三相结构两种类型。两相结构的热继电器使用时将两只热元件分别串接在任意两相电路中，三相结构的热继电器使用时将三只热元件分别串接在三相电路中。三相结构中又有三相带断相保护和不带断相保护两种类型。

按复位方式分，有自动复位（触点断开后能自动返回到原来位置）和手动复位两种。

按电流调节方式分，有无电流调节和电流调节（借更换热元件来改变整定电流）两种。

按控制触点分，有带常闭触点（触点动作前是闭合的）、带常闭和常开触点两种。

1. 热继电器的构成和工作原理

热继电器主要由热元件、双金属片、触点、复位弹簧和电流调节装置等部分组成。图1-19所示为热继电器的工作原理示意图。双金属片是热继电器的感测元件，它由两种不同线膨胀系数的金属用机械碾压而成。线膨胀系数大的称为主动层，常用线膨胀系数高的铜或铜镍铬合金制成；线膨胀系数小的称为被动层，常用线膨胀系数低的铁镍合金制成。在加热之前，双金属片长度基本一致，热元件串接在电动机定子绕组电路中，反映电动机定子绕组电流。当电动机正常运行时，热元件产生的热量虽能使双金属片2弯曲，但还不足以使热继电器动作；当电动机过载时，流过热元件的电流增大，热元件产生的热量增加，使双金属片弯曲位移增大，经过一定时间后，双金属片弯曲到导板4，并通过补偿双金属片5与推杆14将常闭触点9与6分开，切断电动机的控制电路，同时使主电路停止工作。

调节旋钮11是一个偏心轮，它与支撑件12构成一个杠杆，转动偏心轮，改变它的半径即可改变补偿双金属片5与导板4的接触距离，达到调节整定动作电流的目的。通过调节复位螺钉8可改变常开触点7的位置，使热继电器工作在手动复位和自动复位两种工作状态。调试手动复位时，在故障排除后，要按下按钮10才能使常闭触点恢复到接触位置。

2. 带断相保护的热继电器

对于电动机绕组是星形联结的过载保护，采用普通的两相或三相热继电器即可。对于三角

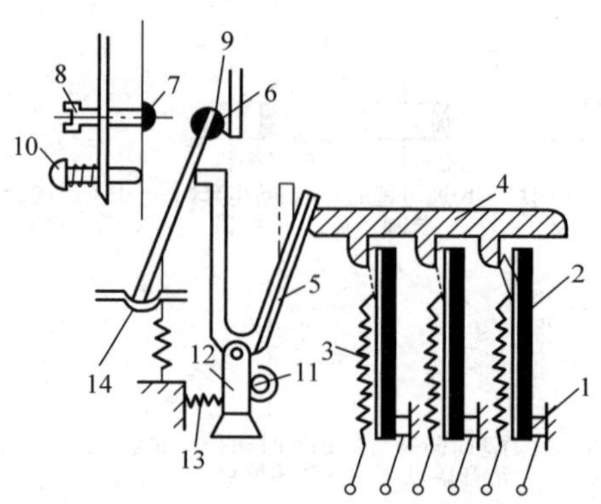

图 1-19　热继电器的工作原理示意图

1—接线端子　2—双金属片　3—热元件　4—导板　5—补偿双金属片　6、9—常闭触点　7—常开触点　8—复位螺钉　10—按钮　11—调节旋钮　12—支撑件　13—压簧转动偏心轮　14—推杆

形联结的电动机，必须采用带断相保护的热继电器。

带断相保护的热继电器是在普通热继电器的基础上增加了一个差动机构，对三相电流进行比较。如图 1-20 所示，热继电器的导板改为差动机构，由上导板 1、下导板 2 及杠杆 5 组成，它们之间都用转轴连接。图 1-20a 所示为通电前的位置；图 1-20b 所示为三相热元件均流过额定电流时的情况，此时三相双金属片受热相同，同时向左弯曲，上、下导板一起平行左移一小段距离，但不足以使常闭触点断开，电路继续保持通电状态；图 1-20c 所示为三相均匀过载的情况，此时三相双金属片都因过热向左弯曲，推动上、下导板向左移动的距离较大，经过杠杆 5 使常闭触点立即断开，从而切断控制电路，实现过载保护；图 1-20d 所示为电动机发生一相断线故障（图中是右边的一相）的情况，此时该相双金属片逐渐冷却，向右移动，带动上导板右移，而其余两相双金属片因继续受热而左移，并使下导板继续左移，这样上、下导板产生差动，通过杠杆的放大作用使常闭触点断开，由于差动作用，使热继电器在断相故障时加速动作，切断主电路，实现电动机断相保护。

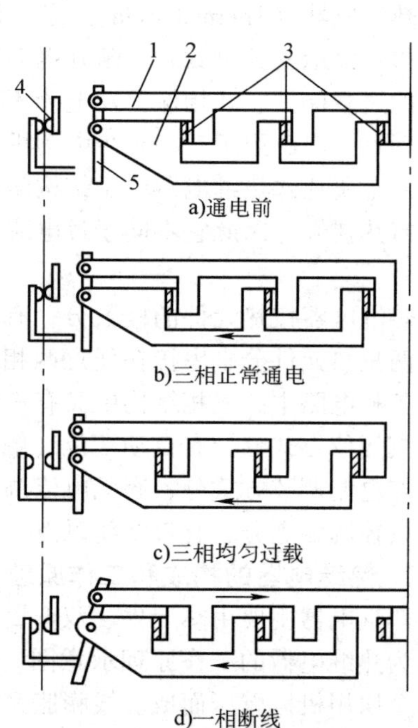

图 1-20　带断相保护的热继电器

1—上导板　2—下导板　3—双金属片　4—常闭触点　5—杠杆

3. 热继电器的保护特性与电动机的过载特性

在不超过允许温升的条件下，电动机过载电流与通电时间的关系，称为电动机的过载特性。一般在保证绕组正常使用寿命的条件下，电动机具有反时限允许过载特性。为配合电动机的过载特性而又起到过载保护作用，热继电器也应具有如同电动机过载特性那样的反时限特性。热继电器中通过的过载电流与其触点动作时间之间的关系，称为热继电器的保护特性，如图 1-21 中曲线 2，其位置应居于电动机的允许过载特性（图中的曲线 1）邻近下方。注意：电动机的过载特性和热继电器的保护特性不是一条曲线，而是具有一定宽度的区域带。合理调整它与电动机的允许过载特性曲线之间的关系，就能保证电动机在发挥最大效率的同时安全工作。

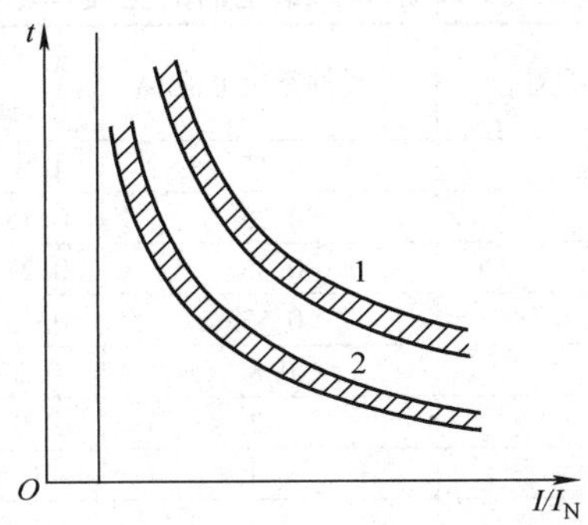

图1-21 热继电器保护特性与电动机过载特性的配合

1—电动机的过载特性曲线 2—热继电器的保护特性曲线

4. 热继电器的主要技术参数

热继电器的主要技术参数有额定电压、额定电流、热元件编号、整定电流调整范围、相数等。整定电流是指长期通过发热元件而不致使热继电器动作的最大电流。热继电器的额定电流只是其某一个等级的额定工作电流，它既不是热元件的额定电流，也不是其触点的额定电流。通常，每一个等级配有若干个热元件，在选用热继电器时，应根据保护对象的额定电流来选择热元件的编号。

热继电器有独立安装式（通过螺钉固定）、导轨安装式和接插安装式三种。接插安装式热继电器和相应的接触器配套使用，使用时直接插入接触器的出线端，省掉了导线的连接。

常用的热继电器有JR20、JR36、JR16、NR4、施耐德LRD系列产品。表1-2列出了JR20系列热继电器的主要技术参数以供参考。JR20系列双金属片式热过载继电器除具有过载及断相保护功能外，还具有温度补偿、手动及自动复位、动作指示、断开检验按钮等功能。其电流等级和CJ20系列交流接触器的电流等级相一致，特别适合和CJ20系列交流接触器配合使用，组成低压电动机起动器。

5. 热继电器的选用

热继电器主要用于电动机的过载保护，选用时必须考虑电动机的工作环境、起动情况、负载性质、允许过载能力等因素，具体可按以下几个方面来选择。

1）星形联结的电动机可选用两相或三相结构的热继电器；三角形联结的电动机应选用带断相保护的三相结构热继电器。

2）在长期工作制或间断长期工作制下，按电动机的额定电流来确定热继电器的型号及热元件的额定电流等级。热元件的额定电流I_{RT}应接近或略大于电动机的额定电流I_N，即

$$I_{RT}=(0.95\sim1.05)I_N \tag{1-6}$$

对于工作环境恶劣、起动频繁的电动机，热元件的额定电流则按式（1-7）确定，即

$$I_{RT}=(1.15\sim1.5)I_N \tag{1-7}$$

3）在不频繁起动的场合，要保证热继电器在电动机起动过程中不产生误动作。通常，当电动机起动电流为其额定电流的6倍且起动时间不超过6s时，热继电器的额定电流应大于或至少等于被保护电动机的额定电流。若电动机的起动时间较长（超过5s），热元件的额定电流可调节到电动机额定电流的1.1~1.5倍。

4）对于正反转和通断频繁的特殊工作制电动机，不宜采用热继电器作为过载保护装置，必要时可选用埋入电动机绕组的温度继电器或热敏电阻来保护。

表 1-2　JR20 系列热继电器的主要技术参数

型　号	额定电流/A	热元件编号	热元件额定电流/A	热元件整定电流的调节范围/A	相配的交流接触器
JR20-10	10	1R	0.15	0.1 ~0.13 ~0.15	CJ20-10
		2R	0.25	0.15 ~0.19 ~0.23	
		3R	0.35	0.23 ~0.29 ~0.35	
		4R	0.53	0.35 ~0.44 ~0.53	
		5R	0.8	0.53 ~0.67 ~0.8	
		6R	1.2	0.8 ~1 ~1.2	
		7R	1.8	1.2 ~1.5 ~1.8	
		8R	2.6	1.8 ~2.2 ~2.6	
		9R	3.8	2.6 ~3.2 ~3.8	
		10R	4.8	3.2 ~4 ~4.8	
		11R	6	4 ~5 ~6	
		12R	7	5 ~6 ~7	
		13R	8.4	6 ~7.2 ~8.4	
		14R	10	7.2 ~8.6 ~10	
		15R	11.6	8.6 ~10 ~11.6	
JR20-16	16	1S	5.4	3.6 ~4.5 ~5.4	CJ20-16
		2S	8	5.4 ~6.7 ~8	
		3S	12	8 ~10 ~12	
		4S	14	10 ~12 ~14	
		5S	16	12 ~15 ~16	
		6S	18	14 ~16 ~18	
JR20-25	25	1T	11.6	7.8 ~9.7 ~11.6	CJ20-25
		2T	17	11.6 ~14.3 ~17	
		3T	25	17 ~21 ~25	
		4T	29	21 ~25 ~29	
JR20-63	63	1U	24	16 ~20 ~24	CJ20-40/63
		2U	36	24 ~30 ~36	
		3U	47	32 ~40 ~47	
		4U	55	40 ~47 ~55	
		5U	62	47 ~55 ~62	
		6U	71	55 ~63 ~71	
JR20-160	160	1W	47	33 ~40 ~47	CJ20-100/160
		2W	63	47 ~55 ~63	
		3W	84	63 ~74 ~84	
		4W	98	74 ~86 ~98	
		5W	115	85 ~100 ~115	
		6W	130	100 ~115 ~130	
		7W	150	115 ~132 ~150	
		8W	170	130 ~150 ~170	
		9W	176	144 ~160 ~176	
JR20-250	250	1X	95	135 ~160 ~95	CJ20-160/250
		2X	250	167 ~200 ~250	
JR20-400	400	1Y	300	200 ~250 ~300	CJ20-250/400
		2Y	400	267 ~335 ~400	
JR20-600	600	1Z	480	320 ~400 ~480	CJ20-400/600
		2Z	630	420 ~525 ~630	

6. 热继电器的图形符号与文字符号

热继电器的图形符号如图 1-22 所示，其文字符号为 FR。

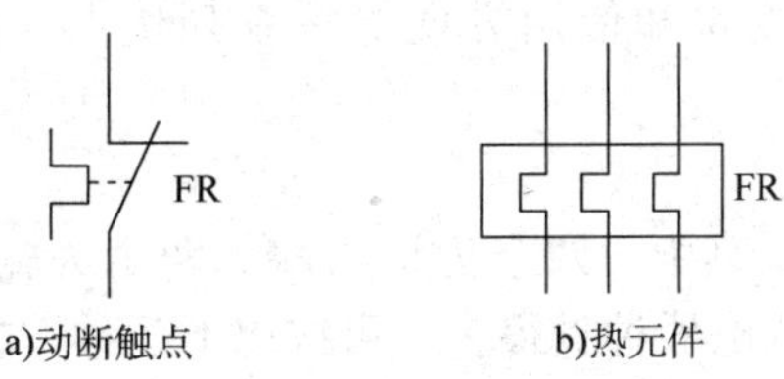

图 1-22　热继电器的图形符号

1.4.5　速度继电器

速度继电器是以速度大小为信号与接触器配合的，以实现三相笼型异步电动机的反接制动控制，因此又被称为反接制动继电器。

感应式速度继电器主要由转子、定子和触点三部分组成，其原理结构图如图 1-23 所示。转子是一个圆柱形永久磁铁，其轴与被控制电动机的轴相连接。定子是一个由硅钢片叠成的笼型空心圆环，并装有笼型绕组。定子空套在转子上，能独自偏摆。

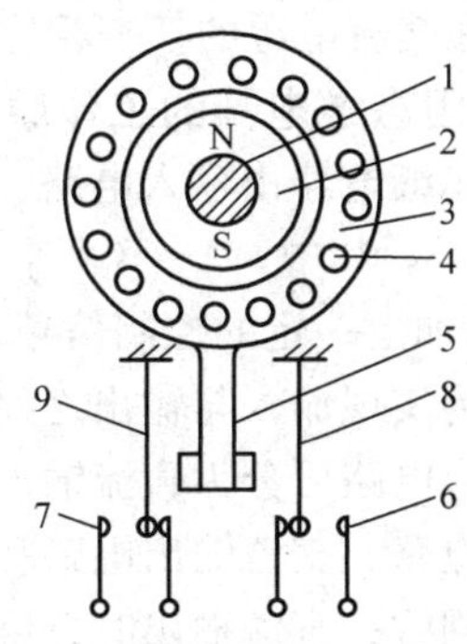

图 1-23　速度继电器的原理结构图

1—转轴　2—转子　3—定子　4—绕组　5—摆锤　6、7—静触点　8、9—簧片

当电动机转动时，速度继电器的转子随之转动，这样就在速度继电器转子和定子圆环之间的气隙中产生旋转磁场而感应出电动势，并产生电流，此电流与旋转的转子磁场作用产生转矩，使定子随转子转动方向偏转一定角度。转子转速越高，定子偏转角度越大。当偏转到一定角度时，与定子连接的摆锤推动动触点，使常闭触点分断。当电动机转速进一步升高后，摆锤继续偏摆，使动触点与静触点的常开触点闭合。当电动机转速下降时，摆锤偏转角度随之下降，动触点在簧片作用下复位（常开触点打开、常闭触点闭合）。

一般速度继电器的动作速度为 120r/min，触点的复位速度在 100r/min 以下，转速在 3000 ~ 3600r/min 内应能可靠地工作，允许操作频率不超过 30 次/h。

常用的感应式速度继电器有 JY1 型和 JFZ0 型。其中，JY1 型可在 700 ~ 3600r/min 范围内工作；JFZ0-1 型适用于 300 ~ 1000r/min，JFZ0-2 型适用于 1000 ~ 3600r/min。

速度继电器主要根据电动机的额定转速来选择。使用时，速度继电器的转轴应与电动机同轴连接，安装接线时，正反向的触点不能接错，否则不能起到反接制动时接通和分断反向电源的作用。

一般速度继电器都有两个常开、常闭触点，触点的额定电压为 380V、额定电流为 2A。速度继电器的文字符号为 KS，图形符号如图 1-24 所示。

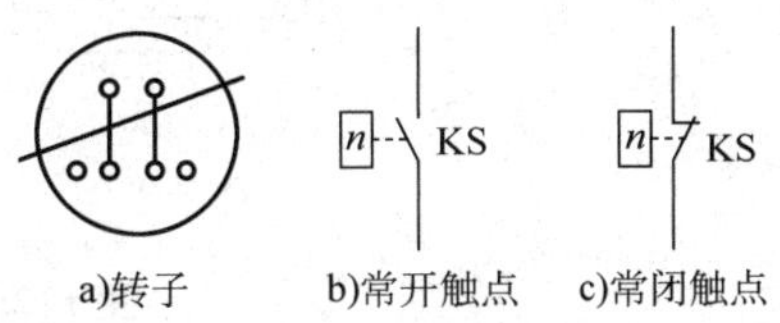

图 1-24　速度继电器的图形符号

1.4.6　固态继电器

固态继电器（Solid State Relay，SSR）是一种采用固态半导体元器件封装而成的具有继电特性的无机械触点开关器件。它利用大功率晶体管、功率场效应晶体管、单向晶闸管和双向晶闸管等器件的开关特性，实现输入与输出的可靠隔离，实现无触点、无火花地接通和断开电路。固态

继电器与电磁式继电器相比，不含运动部件，没有机械运动，驱动电压或驱动电流很小，输入一个很小的信号，就可以实现输出通、断控制。固态继电器具有工作可靠、寿命长、能与逻辑电路兼容、抗干扰能力强、开关速度快和使用方便等一系列优点，在自动控制系统中得到了广泛应用。

1. 固态继电器的分类

单相SSR为四端有源器件，其中，两个为输入端，两个为输出端，中间采用隔离器件，实现输入与输出的电隔离。固态继电器种类很多，可按以下几种方式分类。

1）按切换负载性质分，有直流型固态继电器（DC-SSR）和交流型固态继电器（AC-SSR）两种。其中，DC-SSR以晶体管作为开关器件，AC-SSR以晶闸管作为开关器件。

2）按输入与输出之间的隔离方式分，有光电隔离型、磁隔离型和混合型三种，其中以光电隔离型为最多。

3）AC-SSR按控制触发信号的不同，可分为过零触发型和随即导通型两种。过零触发型AC-SSR是当控制信号输入后，在交流电源经过零电压附近时导通，故干扰很小；随即导通型AC-SSR则在交流电源的任一相位上导通或关断，因此在导通瞬间可能产生较大的干扰。

2. 固态继电器的工作原理

固态继电器由输入电路、隔离（耦合）电路和输出电路等部分组成，其工作原理框图如图1-25所示。其中，A、B两个端子为输入控制端，C、D两个端子为输出受控端。工作时只要在A、B端加上一定的控制信号，就可以控制C、D两端之间的“通”和“断”，实现“开关”的功能。为实现输入与输出之间的电气隔离，采用了耐高压的专业光耦合器。按输入电压的不同类别，输入电路可分为直流输入电路、交流输入电路和交直流输入电路三种。输出电路也可分为直流输出电路、交流输出电路和交直流输出电路等形式。交流输出时，通常使用两个晶闸管或一个双向晶闸管；直流输出时，可使用晶体管或功率场效应晶体管。

图1-25中触发电路的功能是产生符合要求的触发信号，驱动开关电路工作，但由于开关电路在不加特殊控制电路时，将产生射频干扰并以高次谐波或尖峰等污染电网，为此特设过零控制电路。所谓“过零”是指，当加入控制信号，交流电压过零时，SSR即为通态；而当断开控制信号后，SSR要等到交流电的正半周与负半周的交界点（零电位）时，SSR才为断态。这种设计能防止高次谐波的干扰。吸收电路是为防止从电源中传来的尖峰、浪涌电压对双向晶闸管的冲击和干扰（甚至误动作）而设计的，交流负载的吸收电路一般采用*RC*串联吸收电路或非线性电阻（如压敏电阻器）。

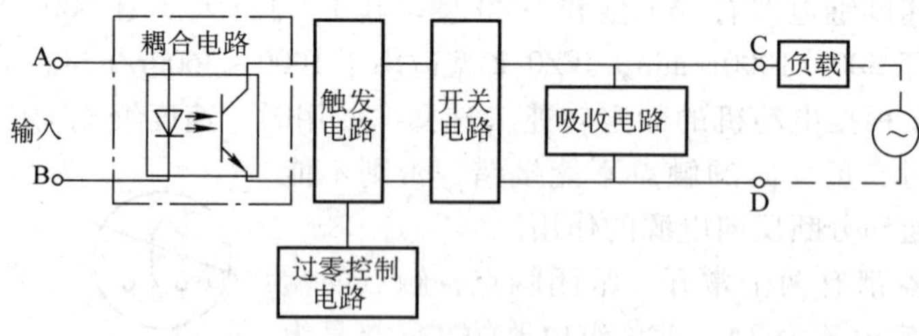

图1-25　交流固态继电器的工作原理框图

直流型SSR与交流型SSR相比，无过零控制电路，也不必设置吸收电路，开关器件一般用大功率晶体管，其他工作原理相同。直流型SSR在使用时应注意以下几点：

1）负载为感性负载时，如直流电磁阀或电磁铁，应在负载两端并联一只二极管，如图1-26所示。

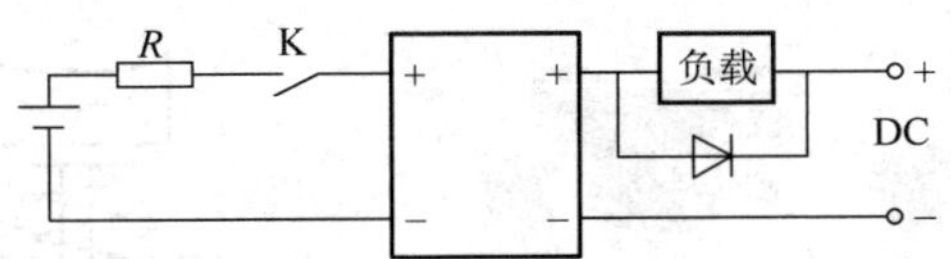

图 1-26 直流固态继电器负载并联二极管图

2）SSR 工作时应尽量把它靠近负载，其输出引线应满足负载电流的需要。

3）使用电源属于经交流降压整流所得的，其滤波电解电容应足够大。

3. 固态继电器的选用

SSR 的不足之处是关断后有漏电流，另外，在过载能力方面不如电磁式继电器。主要参数：输入参数包括输入信号电压、输入电流和输入阻抗；输出参数包括标称电压、标称电流、断态漏电流和导通电压等。选用时应注意以下几点：

1）固态继电器的选择应根据负载的类型（交流、直流）来确定，并要采用有效的过电压保护。

2）输出端要采用 *RC* 浪涌吸收电路或非线性压敏电阻吸收瞬变电压。

3）过电流保护应采用专门保护半导体器件的熔断器或动作时间小于 10ms 的低压断路器。

4）固态继电器对温度的敏感性很强，工作温度超过标称值后，必须降温或外加散热器。安装时应注意散热器与固态继电器底部，要求接触良好且对地绝缘。一般额定工作电流在 10A 以上的产品应配散热器，100A 以上的产品应配散热器加风扇强冷。

5）切忌负载侧两端短路，以免损坏固态继电器。

6）在低电压要求信号失真小的场合，可选用场效应晶体管作输出器件的直流固态继电器；对交流阻性负载和多数感性负载，可选用过零触发型固态继电器，这样可延长负载和继电器的寿命，也可减小自身的射频干扰；在作为相位输出控制时，应选用随即导通型固态继电器。

7）在安装使用时，应远离电磁干扰和射频干扰源，以防固态继电器误动失控。

1.5 主令电器

主令电器（Electric Command Device）是电气控制系统中用于发出指令或信号的电器。主令电器用于控制电路，不能直接分、合主电路。

主令电器种类繁多、应用广泛。常用的主令电器有控制按钮、行程开关、接近开关、万能转换开关、主令控制器及其他主令电器（如脚踏开关、钮子开关、紧急开关）等。

1.5.1 控制按钮

控制按钮（Push Button）是一种结构简单、控制方便、应用广泛的主令电器。在低压控制电路中，按钮用于手动发出控制信号，短时接通和断开小电流的控制电路。在 PLC 控制系统中，按钮常作为 PLC 的输入信号元件。

1. 按钮的组成和种类

按钮由按钮帽、复位弹簧、桥式动静触点和外壳等组成，其外形和结构如图 1-27 所示。按钮常做成复合式，即同时具有一对常开触点（动合触点）和常闭触点（动断触点）。按下按钮帽时，常闭触点先断开，然后常开触点闭合（即先断后合）。触点的额定电流一般在 5A 以下。去掉外力后，在复位弹簧的作用下，常开触点断开，常闭触点复位。

控制按钮的结构种类很多，可分为普通揿钮式、蘑菇头式、自锁式、自复位式、旋钮式、带

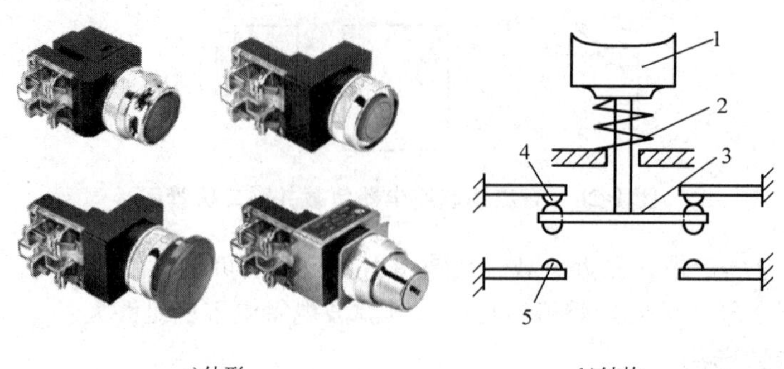

a)外形　　b)结构

图 1-27　按钮的外形与结构

1—按钮帽　2—复位弹簧　3—动触点　4—常闭静触点　5—常开静触点

指示灯式及钥匙式等。有单钮、双钮、三钮及不同组合形式，一般采用积木式结构。旋钮式和钥匙式的按钮也称为选择开关，有双位选择开关和多位选择开关之分。选择开关和一般按钮的区别在于选择开关不能自动复位。

为了标明各个按钮的作用，避免误操作，通常将按钮帽做成红、绿、黑、黄、白等颜色，以示区别。一般红色表示停止按钮，绿色表示起动按钮，红色蘑菇头的表示急停按钮。

2. 按钮的技术参数和选用

按钮的主要技术参数有外观形式及安装孔尺寸、触点数量及触点的电流容量等。其常用产品有 LAY3、LAY6、LA20、LA25、LA38、LA101、LA115 等系列。

选用时根据用途和使用场合，选择合适的形式和种类，形式如钥匙式、紧急式、带灯式等，种类如开启式、防水式等；根据控制电路的需要，选择所需要的触点对数、是否需要带指示灯以及颜色等。其额定电压有交流 500V、直流 400V，额定电流为 5A。

按钮的文字符号为 SB，图形符号如图 1-28 所示。

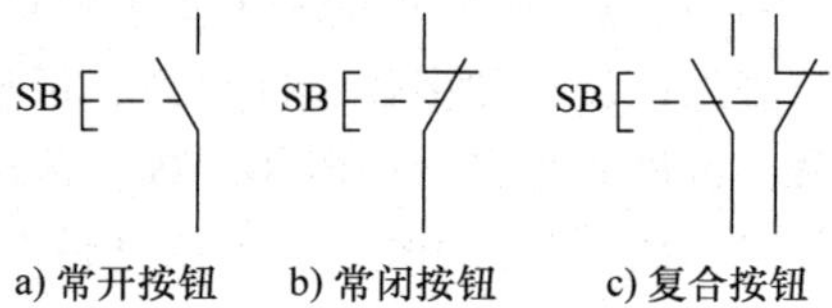

a) 常开按钮　b) 常闭按钮　c) 复合按钮

图 1-28　按钮的图形符号

1.5.2　行程开关

行程开关（Travel Switch）又称限位开关或位置开关，是一种利用生产机械某些运动部件的撞击来发出控制信号的小电流（5A 以下）主令电器。它用来限制生产机械运动的位置或行程，使运动的机械按一定位置或行程自动停止、反向运动、变速运动或自动往返运动等。

行程开关的种类很多，按头部结构分为直动式、滚轮直动式、杠杆式、单轮式、双轮式、滚轮摆杆可调式、弹簧杆式等；按动作方式分为瞬动型和蠕动型。

直动式行程开关的作用与按钮相同，也是用来接通或断开控制电路的。只是行程开关触点的动作不是靠手动操作，而是利用生产机械某些运动部件的碰撞使触点动作，从而将机械信号转换为电信号，通过控制其他电器来控制运动部件的行程大小、运动方向或进行限位保护。

行程开关由触点或微动开关、操作机构及外壳等部分组成，当生产机械的某些运动部件触动操作机构时，触点动作。为了使触点在生产机械缓慢运动时仍能快速动作，通常将触点设计成跳跃式的瞬动结构，其结构示意图如图 1-29 所示。触点断开与闭合的速度不取决于推杆的行进速度，而由弹簧的刚度和结构所决定。触点的复位由复位弹簧来完成。

滚轮式行程开关通过滚轮和杠杆的结构，来推动类似于微动开关中的瞬动触点机构而动作。运动的机械部件压动滚轮到一定位置时，使得杠杆平衡点发生转变，从而迅速推动活动触点，实现触点瞬间切换，触点的分合速度不受运动机械移动速度的影响。其他各种结构的行程开关，只是传感部件的机构和工作方式不同，而触点的动作原理都是类似的。

行程开关的文字符号为 SQ，图形符号如图 1-30 所示。

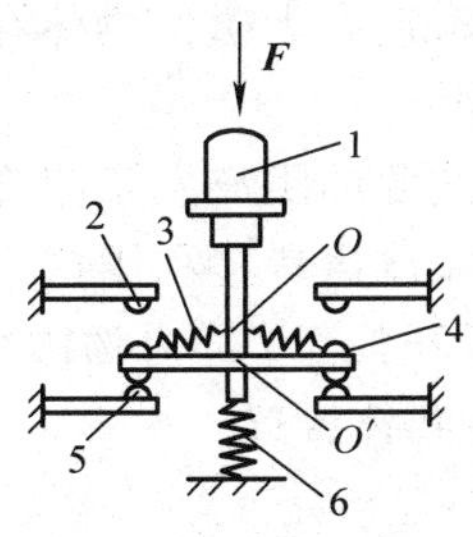

图 1-29　行程开关触点的结构示意图

1—推杆　2—常开（动合）静触点　3—触点弹簧　4—动触点　5—常闭（动断）静触点　6—复位弹簧

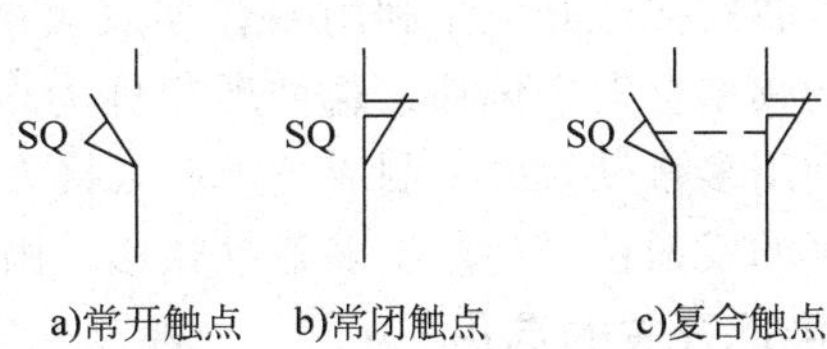

图 1-30　行程开关的图形符号

1.5.3　接近开关

接近开关（Proximity Switch）是一种非接触式的无触点行程开关。当某一物体接近其信号机构时，它就能发出信号，从而进行相应的操作，而且无论所检测的物体是运动的还是静止的，接近开关都会自动地发出物体接近的动作信号。它不像机械行程开关那样需要施加机械力，而是通过感应头与被测物体间介质能量的变化来获取信号。

1. 接近开关的作用和工作原理

接近开关不仅能代替有触点行程开关来完成行程控制和限位保护，还可用于高频计数、测速、液面检测、检测零件尺寸、检测金属体的存在等。由于它具有无机械磨损、工作稳定可靠、寿命长、重复定位精度高以及能适应恶劣的工作环境等特点，所以在航空航天、工业生产、公共服务（如银行、宾馆的自动门等）等领域得到了广泛应用。

接近开关按其工作原理分，有涡流式、电容式、光电式、热释电式、霍尔效应式和超声波式等。涡流式接近开关的工作原理框图如图 1-31 所示。它是利用导电物体在接近高频振荡器的线圈磁场（感应头）时，使物体内部产生涡流。这个涡流反作用到接近开关，使振荡电路的电阻增大，损耗增加，直至振荡减弱终止。由此识别出有无导电物体移近，进而控制开关的通、断。这种接近开关所能检测的物体必须是导电体。

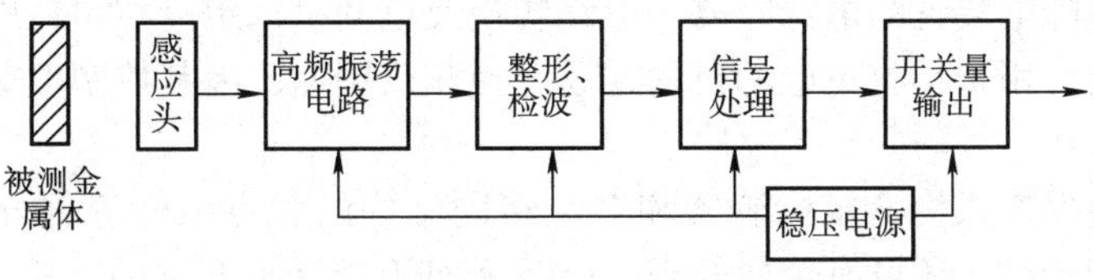

图 1-31　涡流式接近开关的工作原理框图

电容式接近开关是通过物体移向接近开关时，使电容的介电常数发生变化，从而使电容量发生变化来感测的。它的检测对象可以是导体、绝缘的液体或粉状物等。

光电式接近开关是利用光电效应做成的开关。将发光器件与光电器件按一定方向装在同一个检测头内，当有反光面（被检测物体）接近时，光电器件接收到反射光后就有信号输出，由此来感测物体的接近。

热释电式接近开关用能感知温度变化的元件做成。将热释电器件安装在开关的检测面上，当有与环境温度不同的物体接近时，热释电器件的输出便发生变化，从而检测有无物体接近。

霍尔效应式接近开关利用霍尔元件做成。当磁性物件移近时，开关检测面上的霍尔元件因产生霍尔效应而使开关内部电路的状态发生变化，由此识别附近有无磁性物体存在，从而控制开关的通或断。霍尔效应式接近开关的检测对象必须是磁性物体。

超声波式接近开关是利用多普勒效应做成的。当物体与波源的距离发生改变时，接收到的反射波的频率会发生偏移，这种现象称为多普勒效应。声呐和雷达就是利用这个效应的原理制成的。利用多普勒效应可制成超声波式接近开关、微波式接近开关等。当有物体移近时，接近开关接收到的反射信号会产生多普勒频移，由此可以识别出有无物体接近。

2. 接近开关的选用

接近开关的主要技术参数有动作距离、重复准确度、操作频率、复位行程等，主要产品有LJ2、LJ6、LJ18A3等系列。接近开关较行程开关价格高，一般用于工作频率高、可靠性及精度要求均较高的场合。

在一般的工业生产场所，通常都选用涡流式接近开关和电容式接近开关，因为这两种接近开关对环境的要求条件较低。当被测对象是导电物体或可以固定在一块金属物上时，一般都选用涡流式接近开关，因为它的响应频率高、抗环境干扰性能好、应用范围广、价格较低。若被测对象是非金属（或金属）、液位高度、粉状物高度、塑料、烟草等，则应选用电容式接近开关，因为这种开关的响应频率低，但稳定性好。若被测对象是导磁材料或者为了区别和被测对象一同运动的物体而在其内部埋有磁钢时，应选用霍尔效应式接近开关，因为它的价格最低。

光电式接近开关工作时对被测对象几乎没有任何影响，因此，在要求较高的传真机上、在烟草机械上都有使用。在防盗系统中，自动门通常使用热释电式、超声波式、微波式接近开关，有时为了提高识别的可靠性，上述几种接近开关往往被复合使用。

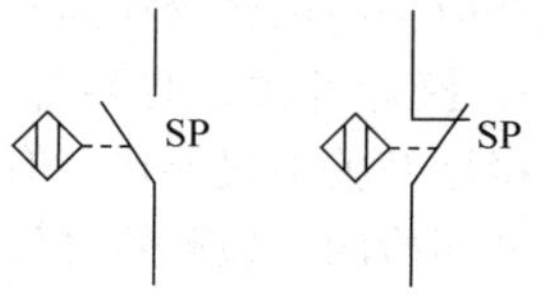

SP　SP

a)常开触点　b)常闭触点

图1-32　接近开关的图形符号

无论选用哪种接近开关，都应注意对工作电压、负载电流、响应频率、检测距离等各项指标的要求。接近开关的文字符号为SP，图形符号如图1-32所示。

1.5.4　万能转换开关

万能转换开关是一种具有多个档位、多段式（具有多对触点）的能够控制多回路的主令电器。其主要用作各种配电装置的电源隔离、电路转换及电动机远距离控制；用作电压表、电流表的换相测量开关；也可用于小容量电动机的起动、换相及调速。因其控制电路多，用途广泛，故称为万能转换开关。

万能转换开关由操作机构、定位装置和多组相同结构的触点组件等部分组成，用螺栓叠装成整体，如属防护型产品，还设有金属外壳。LW5系列万能转换开关的结构如图1-33所示。

触点系统采用双端口桥式结构，由各自的凸轮控制其通断；定位装置采用棘轮棘爪式结构，不同的棘轮和凸轮可组成不同的定位模式，从而得到不同的开关状态，即手柄在不同的转换角度时，触点的状态是不同的。

触点系统的分合由凸轮控制，操作手柄时，使转轴带动凸轮转动，当正对着凸轮上的凹口时，触点闭合，否则断开。图1-33b所示仅为万能转换开关中的一层，实际的转换开关是由多层同样结构的触点组件叠装而成的，每层上的触点数根据型号的不同而不同，凸轮上的凹口数也不一定只有一个。

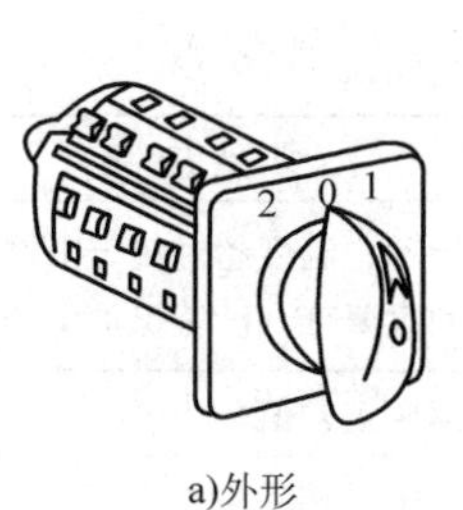

a)外形

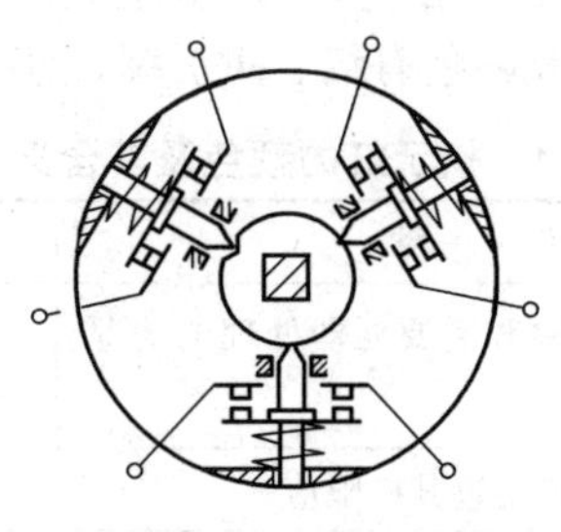
b)单层结构触点系统

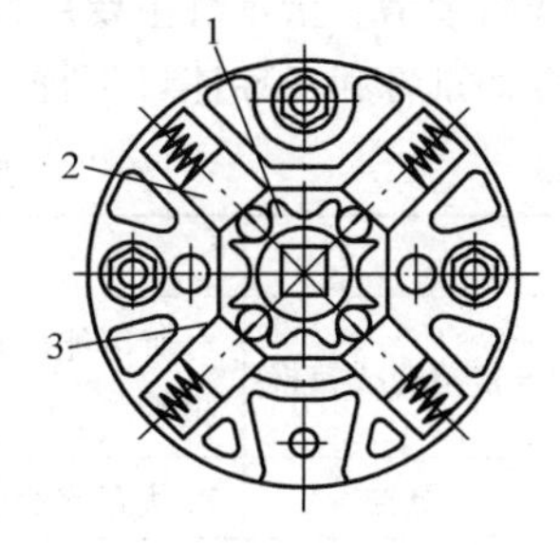

c)定位装置

图1-33 LW5系列转换开关

1—棘轮 2—滑块 3—滚轮

万能转换开关的手柄有普通手柄型、旋钮型、钥匙型和带信号灯型等多种形式，手柄操作方式有自复式和定位式两种。操作手柄至某一位置，当手松开后，自复式转换开关的手柄自动返回原位；定位式转换开关的手柄保持在该位置上。手柄的操作位置以角度表示，一般有30°、45°、60°、90°等角度，根据型号不同而有所不同。

万能转换开关的图形符号如图1-34a所示，文字符号为SC。

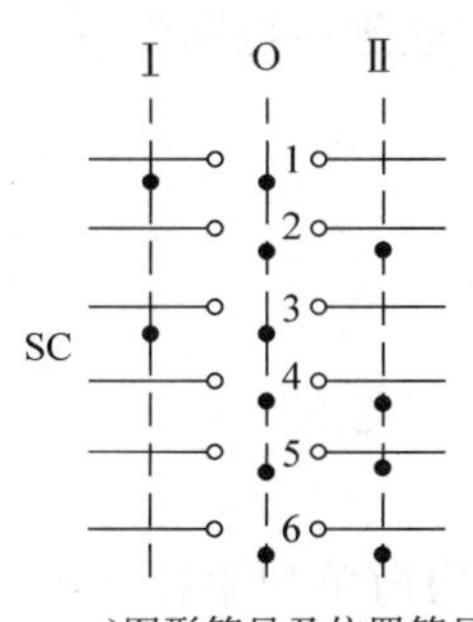

a)图形符号及位置符号

手柄定位 / 触点编号	Ⅰ	O	Ⅱ
1	×	×	
2		×	×
3	×	×	
4		×	×
5		×	×
6		×	×

b)触点通断表

图1-34 万能转换开关的图形符号与触点通断表

图形符号中“每一横线”代表一路触点，而用竖的虚线代表手柄的位置。哪一路接通，就在代表该位置的虚线上的触点下用黑点“•”表示。如果虚线上没有“•”，则表示当操作手柄处于该位置时，该对触点处于断开状态。为了更清楚地表示万能转换开关触点的分合状态与操作手柄的位置关系，在机电控制系统图中，经常把万能转换开关的图形符号和触点通断表结合使用。如图1-34b所示，表中“×”表示触点闭合，空白表示触点分断。例如，在图1-34a中，转换开关的手柄置于“Ⅰ”位置时，表示1、3触点接通，其他触点断开；置于“0”位置时，触点全部接通；置于“Ⅱ”位置时，触点2、4、5、6接通，其他触点断开。

万能转换开关的主要技术参数有额定电压、额定电流、手柄类型、定位特征、触点数量等，常用型号有LW5、LW8、LW12、LW21、LW98等系列，使用时可参考产品说明书。

1.6 信号电器

信号电器主要用来对电气控制系统中某些信号的状态、报警信息等进行指示，主要有信号灯（指示灯）、灯柱、电铃和蜂鸣器等。

指示灯在各类电气设备及电气电路中作电源指示、指挥信号、预告信号、运行信号、故障信号及其他信号的指示。指示灯主要由发光体、壳体及灯罩等组成。指示灯的外形结构多样，发光体主要有白炽灯、氖灯和半导体灯三种。发光颜色有红、黄、绿、蓝、白五种，具体含义见表1-3。

表1-3　指示灯的颜色及其含义

颜　色	含　义	解　释	典型应用
红色	异常情况或警报	对可能出现危险和需要立即处理的情况报警	电源指示；温度超过规定限制；设备的重要部分已被保护电器切断
黄色	警告	状态改变或变量接近其极限值	参数偏离正常值
绿色	准备、安全	安全运行条件指示或机械准备起动	冷却系统运转
蓝色	特殊指示	上述几种颜色未包括的任一种功能	选择开关处于指定位置
白色	一般信号	上述几种颜色未包括的各种功能，如某种动作正常	

指示灯的文字符号为HL，而照明灯的文字符号为EL。

信号灯柱是一种由几种颜色的环形指示灯叠装在一起的指示灯，可根据不同的控制信号而使不同的灯点亮。灯柱常用于生产线上不同的信号指示。

电铃和蜂鸣器属于声响类指示器件。在警报发生时，不仅需要指示灯指示具体的故障情况，还需要声响报警，以光、声方式告知操作人员。蜂鸣器一般用在控制设备上，而电铃主要用在较大场合的报警系统中。

1.7　开关电器

1.7.1　刀开关

刀开关（俗称闸刀开关）又称隔离开关，是一种结构简单的手控电器。它常常应用于各种配电设备和供电线路中，用来非频繁地接通和分断没有负载的低压供电线路，也可作为电源隔离开关，并可对小容量电动机做不频繁的直接起动。

1. 刀开关的类型

刀开关主要包括大电流刀开关、负荷开关、熔断器式刀开关三种。刀开关按触刀极数可分为单极式、双极式和三极式；按转换方式可分为单投式和双投式；按操作方式可分为手柄直接操作式和杠杆式。

大电流刀开关是一种新型电动操作并带手动的刀开关。它适用于频率为50Hz、交流电压至1000V、直流电压至1200V、额定工作电流为6000A及以下的电力线路中，作为无载操作、隔离电源之用。

负荷开关包括开启式负荷开关和封闭式负荷开关两种。

开启式负荷开关俗称胶盖瓷底开关（或闸刀开关），主要作为电气照明电路、电热电路及小容量电动机的不频繁带负荷操作的控制开关，也可作为分支电路的配电开关。开启式负荷开关由操作手柄、熔丝、触刀、触点座和底座组成，该开关装有熔丝，可起到短路保护作用。

封闭式负荷开关俗称铁壳开关，一般用于电力排灌、电热器及电气照明等设备中，用来不频繁地接通和分断电路及全电压起动小容量异步电动机，并对电路有过载和短路保护作用。封闭式负荷开关还具有外壳门机械闭锁功能，开关在合闸状态时，外壳门不能打开。

2. 刀开关的主要技术参数

1）额定电压：刀开关在长期工作中能承受的最大电压。一般为交流500V、直流440V以下。

2）额定电流：刀开关在合闸位置允许长期通过的最大工作电流。小电流刀开关的额定电流有10A、15A、20A、30A、60A五级，大电流刀开关的额定电流有100A、200A、400A、600A、1000A、1500A、3000A、6000A等级别。

3）通断能力：刀开关在额定电压下能可靠地接通和分断的最大电流。对于小电流刀开关，如开启式负荷开关和封闭式负荷开关，其通断电流为额定电流的二三十倍，但这并不是触点所能通断的电流，而是指与刀开关配用的熔丝或熔断器的通断能力，刀开关本身只能通断额定值以下的电流。

4）动稳定电流：当发生短路事故时，刀开关并不因短路电流所产生的电动力作用而发生变形、损坏或者触刀自动弹出等现象，这一短路电流（峰值）就是刀开关的动稳定电流，通常为其额定电流的数十倍。

5）热稳定电流：当发生短路事故时，刀开关能在一定时间（通常为1s）内通以某一最大短路电流，并不会因温度急剧升高而发生熔焊现象，这一短路电流称为热稳定电流。通常刀开关的热稳定电流也是其额定电流的数十倍。

常用的刀开关有HS型双投刀开关（刀形转换开关）、HR型熔断器式刀开关、HZ型组合开关、HK型开起式负荷开关和HY型倒顺开关等。

3. 刀开关的选用及表示方法

刀开关主要根据电源种类、电压等级、需要极数及通断能力等要求选用。

刀开关的额定电压、额定电流应大于或等于电路的实际工作电压和最大工作电流。对于电动机负载，开启式负荷开关的额定电流可取电动机额定电流的3倍，封闭式负荷开关的额定电流可取电动机额定电流的1.5倍。

刀开关在接线时应将电源线接在上端静触点上，负载接下端，这样拉闸后刀片与电源隔离，可确保更换熔丝和维修用电设备的安全。三相刀开关合闸时应使三相触点同时接通。

刀开关的文字符号为QS，图形符号如图1-35所示。

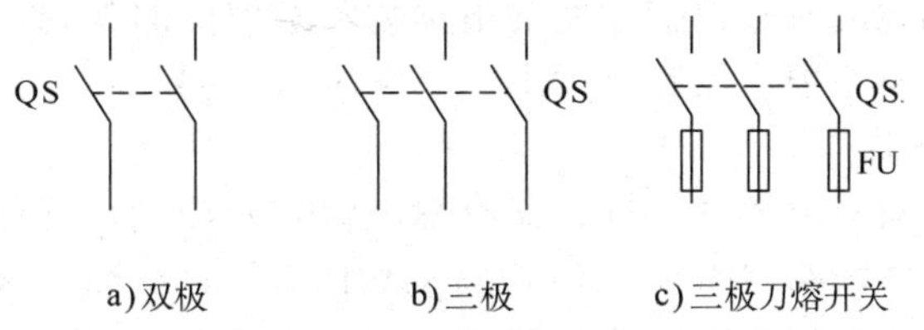

a）双极 b）三极 c）三极刀熔开关

图1-35 刀开关的图形符号

1.7.2 低压断路器

低压断路器（Low-Voltage Circuit Breaker）俗称自动开关或空气开关，是低压配电系统、电力拖动系统中非常重要的开关电器和保护电器。它主要在低压配电线路或开关柜（箱）中作为电源开关使用，并对线路、电动机等电气设备进行保护。它不仅可以用来接通和分断正常的负载电流、电动机工作电流和过载电流，而且可以不频繁地接通和分断短路电流。它相当于刀开关、熔断器、热继电器、过电流继电器和欠电压继电器的组合，是一种既有手动开关作用又能自动进行欠电压、失电压、过载和短路保护的电器。低压断路器与接触器的区别在于：接触器允许频繁地接通或分断电路，但不能分断短路电流；而低压断路器不仅可分断额定电流、一般故障电流，还能分断短路电流，但单位时间内允许的操作次数较少。

由于低压断路器具有操作安全、工作可靠、动作后（如短路故障排除后）不需要更换元件等优点，在低压配电系统、照明系统、电热系统等场合常被用作电源引入开关和保护电器，取代了过去常用的刀开关和熔断器的组合。

1. 低压断路器的主要类型

低压断路器按用途和结构特点可分为框架式（又称万能式）、塑料外壳式、快速式、限流式、漏电保护式等类型；按极数可分为单极式、双极式、三极式和四极式；按操作方式可分为直接手柄操作式、杠杆操作式、电磁铁操作式和电动机操作式。

（1）框架式断路器

框架式断路器具有绝缘衬底的框架结构底座，所有结构元器件都装在同一框架或底座上，可有较多结构变化方式和较多类型脱扣器。一般大容量断路器多采用框架式结构，用于配电网络的保护。其主要产品有 DW15、DW16、DW17（ME）、DW45 等系列，施耐德的 MT 系列，ABB 的 E 系列，额定电流可达 6300A。

（2）塑料外壳式断路器

塑料外壳式断路器（Moulded Case Circuit Breaker，MCCB）具有模压绝缘材料制成的封闭型外壳，可以将所有构件组装在一个塑料外壳内，结构紧凑、体积小。一般小容量断路器多采用塑料外壳式结构，用作配电网络的保护及电动机、照明电路、电热器等的控制开关。其主要产品有 DZ15、DZ20 等系列，施耐德的 NS 系列，ABB 的 S 系列。NS 系列能提供电磁脱扣或电子脱扣，还可选择电动操作功能。

微型断路器（MCB）产品有 DZ47 等系列，施耐德产品有 C65 系列。

（3）快速式断路器

快速式断路器具有快速电磁铁和强有力的灭弧装置，最快动作时间可在 0.02s 以内，用于半导体整流器件和整流装置的保护。其主要产品有 DS 系列。

（4）限流式断路器

限流式断路器一般具有特殊结构的触点系统，当短路电流通过时，触点在电动力作用下斥开而提前呈现电弧，利用电弧电阻来快速限制短路电流的增长。它比普通断路器有较大的开断能力，并能快速限制短路电流对被保护电路的电动力和热效应的作用，常用于短路电流相当大（高达 70kA）的电路中。其主要产品有 DWX15、DZX10 等系列。

（5）漏电保护式断路器

漏电保护式断路器既有断路器的功能，又有漏电保护的功能。当有人触电或电路泄漏电流超过规定值时，漏电保护式断路器能在 0.1s 内自动切断电源，保障人身安全和防止设备因发生泄漏电流造成的事故。漏电保护式断路器是目前民用住宅领域中最理想的配电保护开关，主要产品有 DZ302（DPN1）、DZ231、DZ47LE 等系列。

（6）智能断路器

以上介绍的断路器大多利用了热效应或电磁效应原理，通过机械系统的动作来实现开关和保护功能。目前，随着智能电网的出现及发展，发展智能电器已成为当前的一种趋势，智能电器是现代科学技术与传统电器技术相结合的产物，它融合了传统电器、现代传感器技术、计算机通信与网络、计算机控制技术、微电子技术等各门学科技术，进一步提高了开关设备的性能指标及自身的可靠性和安全性，同时为智能电网提供更加完全和丰富的数字化信息，进而提高系统的整体性能。电器智能化主要指开关电器具备灵敏的检测功能，正确的状态判断、控制功能和相应的操作功能，它包括智能测控、智能操作及状态在线监测故障诊断三个方面内容。智能断路器是采用了以微处理器或单片机为核心的智能控制器。它不仅具有普通断路器的各种保护功能，而且还具有实时显示电路中的电气参数，对电路进行在线监视、测量、自诊断和通信功能；还能够对各种保护功能的动作参数进行显示、设定和修改，并具有故障参数存储等功能。

施耐德 MT 断路器结合最新的数字化技术，为智能操作内置了具有通信功能的高精度电力/

电能测量模块，将配电推向物联网时代。通过集成式以太网连接，集成至后台远程运维管理平台系统，实现远程监控，随时随地查看状态，定期巡检、警告和报警，也可以使用智能终端手机实现本地监视和控制断路器，以保证预防性维护效率。

2. 低压断路器的主要技术参数及选用

低压断路器的主要技术参数有额定电压，额定电流，通断能力，分断时间，各种脱扣器的整定电流、极数、允许分断的极限电流等。额定电压是指断路器在长期工作时的允许电压；额定电流是指断路器在长期工作时的允许通过电流；通断能力是指断路器在规定的电压、频率以及规定的电路参数（交流电路为功率因数，直流电路为时间常数）下，所能接通和分断的短路电流值；分断时间是指断路器切断故障电流所需的时间。

低压断路器的选用原则：主要根据被控电路的额定电压、负载电流及短路电流的大小来选用相应额定电压、额定电流及分断能力的低压断路器。这就要求所选用断路器的额定电压和额定电流应大于或等于电路的正常工作电压和工作电流；极限分断能力要大于或等于电路的最大短路电流；欠电压脱扣器的额定电压应等于主电路的额定电压；热脱扣器的整定电流应与所控制电动机的额定电流或负载的额定电流相等；过电流脱扣器的瞬时脱扣整定电流应大于负载电路正常工作时的尖峰电流，保护电动机时取起动电流的1.7倍。

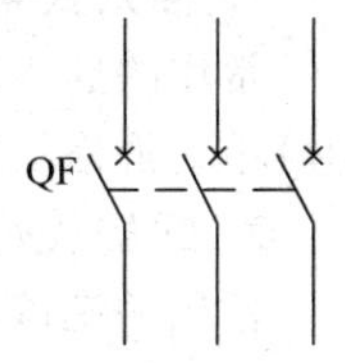

图1-36　低压断路器的图形符号

3. 低压断路器的图形符号与文字符号

低压断路器的文字符号为QF，图形符号如图1-36所示。

1.8　熔断器

熔断器（Fuse）是一种结构简单、使用方便、价格低廉的保护电器。它常用作电路或用电设备的严重过载保护和短路保护，主要用作短路保护。

1.8.1　熔断器的结构和工作原理

熔断器主要由熔体（俗称保险丝）、安装熔体的熔座（或熔管）和支座三部分组成。其中熔体是控制熔断特性的关键元件。熔体的材料、尺寸和形状决定了熔断特性。熔体材料分为低熔点和高熔点两类：低熔点材料如铅和铅合金，其熔点低，容易熔断，由于其电阻率较大，故制成熔体的截面积较大，熔断时产生的金属蒸气较多，只适用于低分断能力的熔断器；高熔点材料如铜和银，其熔点高，不容易熔断，但由于其电阻率较小，可制成比低熔点熔体较小的截面积，熔断时产生的金属蒸气少，适用于高分断能力的熔断器。熔体的形状有丝状和带状两种，改变其截面的形状可显著改变熔断器的熔断特性。熔管是装熔体的外壳，由陶瓷、绝缘钢纸或玻璃纤维制成，在熔体熔断时兼有灭弧作用。

熔断器的熔体串联在被保护电路中。当电路正常工作时，熔体允许通过一定大小的电流而长期不熔断；当电路严重过载时，熔体能在较短时间内熔断；当电路发生短路故障时，熔体能在瞬间熔断。熔断器的特性可用通过熔体的电流和熔断时间的关系曲线来描述，如图1-37所示，它是一反时限特性曲线。因为电流通过熔体时产生的热量与电流的二次方和电流通过的时间成正比，所以电流越大，熔体的熔断时间越短，这一特性又称为熔断器的安秒特性。表1-4中列出了某熔断器的安秒特性数值关系。

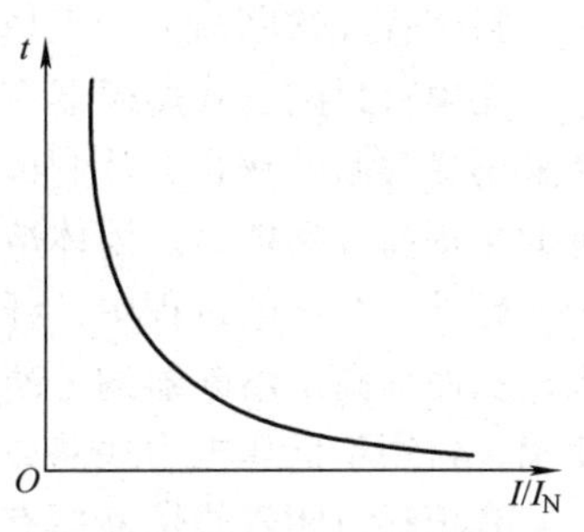

图1-37　熔断器的安秒特性

表 1-4　熔断器的安秒特性数值关系

熔断电流	(1.25～1.3) I_N	$1.6I_N$	$2I_N$	$2.5I_N$	$3I_N$	$4I_N$
熔断时间	∞	1h	40s	8s	4.5s	2.5s

注：I_N 为熔断器的额定电流。

1.8.2　熔断器的类型

熔断器的种类有很多，按使用电压可分为高压熔断器和低压熔断器；按结构可分为插入式熔断器、螺旋式熔断器、封闭管式熔断器；按用途可分为一般工业用熔断器、保护半导体器件熔断器及自复式熔断器等。

1. 插入式熔断器

常用的插入式熔断器有 RC1A 系列，其结构如图 1-38 所示。熔体由软铝丝或铜丝制成，结构简单，价格低廉，由于其分断能力较低，一般多用于民用和照明电路中。

2. 螺旋式熔断器

常用的螺旋式熔断器有 RL5、RL6、RL7、RL8 等系列，其结构如图 1-39 所示。熔体是一个瓷管，内装石英砂和熔丝，石英砂用于熔断时的灭弧和散热，瓷管头部装有一个染成红色的熔断指示器，一旦熔体熔断，指示器马上弹出脱落，透过瓷帽 1 上的玻璃孔可以看到。该熔断器具有较大的热惯性和较小的安装面积，常用于机床电气控制。

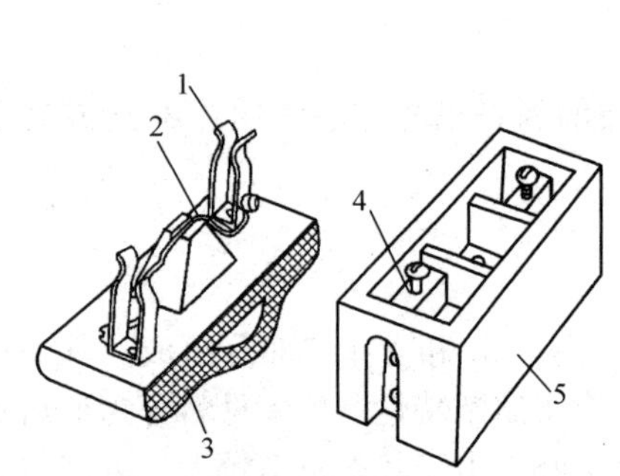

图 1-38　RC1A 插入式熔断器

1—动触头　2—熔丝　3—瓷盖
4—静触头　5—瓷座

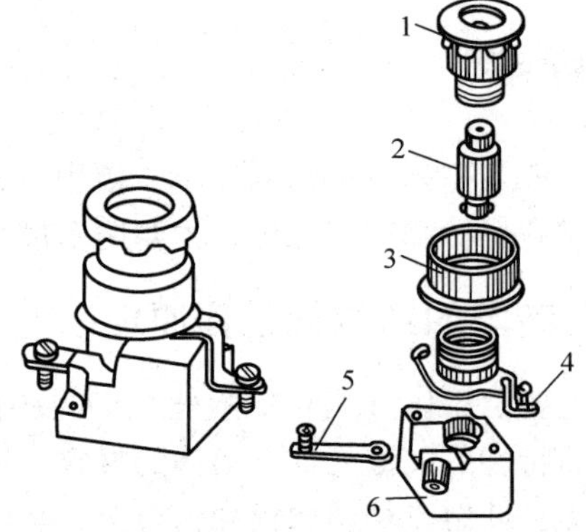

图 1-39　螺旋式熔断器外形与结构

1—瓷帽　2—熔管　3—瓷套　4—上接线柱
5—下接线柱　6—底座

3. 封闭管式熔断器

封闭管式熔断器分为无填料封闭管式、有填料封闭管式和快速熔断器三种。

无填料封闭管式熔断器有 RM10 等系列，其结构如图 1-40 所示。熔管采用纤维物制成，熔体采用变截面的锌合金片制成。当发生短路故障时，熔体在最细处熔断，并且多处同时熔断，这有助于提高分断能力。熔体熔断时，电弧被限制在封闭管内，不会向外喷出，故使用起来较为安全。另外，在熔断过程中，纤维熔管的部分纤维物因受热而分解，产生高压气体，使电弧很快熄灭，从而提高了熔断器的分断能力。无填料封闭管式熔断器一般与刀开关组成熔断器式刀开关使用，常用于低压电力线路或成套配电设备中，起连续过载和短路保护作用。

有填料封闭管式熔断器有 RTO 等系列，其结构如图 1-41 所示。熔体一般采用纯铜箔冲制的网状熔片并联而成，瓷质熔管内充满了石英砂填料（起冷却和灭弧的作用）。有填料封闭管式熔

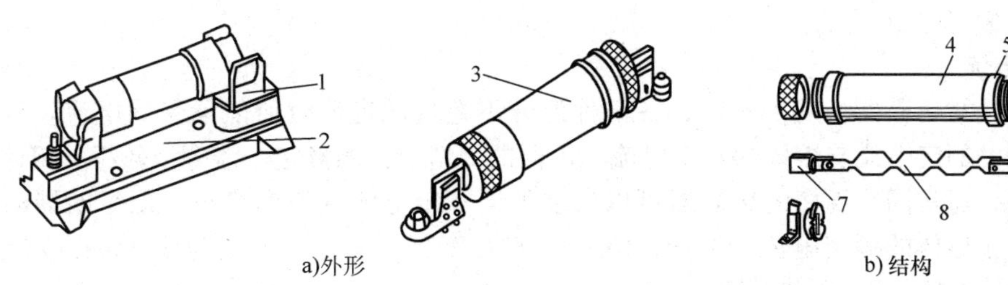

图 1-40　RM10 系列熔断器的外形和结构

1—夹座　2—底座　3—熔管　4—钢纸管　5—黄铜套　6—黄铜帽　7—触刀　8—熔体

断器的额定电流为 50 ~ 1000A，可以分断较大的电流，故常用于大容量的配电线路中。

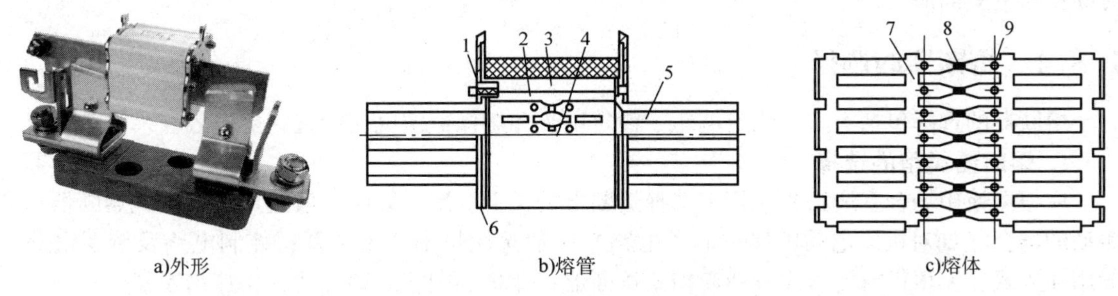

图 1-41　有填料封闭管式熔断器

1—熔断指示器　2—指示器熔体　3—石英砂　4—工作熔体　5—触刀　6—盖板
7—引弧栅　8—锡桥　9—变截面小孔

目前，照明用和小电流电气控制系统常用的熔断器有 RT 系列圆筒帽式熔断器，其外观如图 1-42所示。

图 1-42　RT 系列圆筒帽式熔断器的外观

4. 自复式熔断器

自复式熔断器采用低熔点金属钠作为熔体。当发生短路故障时，短路电流产生的高温使钠迅速气化，呈现高阻状态，从而限制了短路电流的进一步增加。一旦故障消失，温度下降，金属钠蒸气冷却并凝结，重新恢复原来的导电状态，为下一次动作做好准备。由于自复式熔断器只能限制短路电流，却不能真正切断电路，故常与断路器配合使用。它的优点是不必更换熔体，可重复使用。

1.8.3　熔断器的主要技术参数

1. 额定电压

额定电压是指熔断器长期工作时和分断后能够承受的电压，选用时，应保证其值大于或等于电气设备的额定电压。

2. 额定电流

额定电流是指熔断器长期工作时，各部件温升不超过规定值时所能承受的电流。应该指出的是，熔断器的额定电流与熔体的额定电流是不同的，熔断器的额定电流等级较少，熔体的额定电流等级较多，通常同一规格的熔断器可以安装不同额定电流规格的熔体，但熔断器的额定电流应大于或等于熔体的额定电流。例如，RL1-60型熔断器，其额定电流为60A，可安装熔体的额定电流可以为60A、50A、40A等。

3. 极限分断能力

极限分断能力是指熔断器在规定的额定电压和功率因数（或时间常数）的条件下，能分断的最大电流值。在电路中出现的最大电流一般是指短路电流，所以，极限分断能力反映了熔断器分断短路电流的能力。

1.8.4 熔断器的选择

熔断器的选择包括类型、额定电压、额定电流和熔体额定电流的选择等内容。

1. 熔断器类型的选择

应根据使用场合、线路要求等来选择熔断器的类型。配电系统一般选用封闭管式熔断器；有振动的场合（如对机床电动机保护的主电路）一般选用螺旋式熔断器；控制电路及照明电路一般用插入式、无填料封闭管式或圆筒帽式熔断器；保护晶闸管等则应选择快速熔断器。

2. 熔断器规格的选择

熔断器的额定电压应大于或等于电路的工作电压。

熔断器的额定电流必须大于或等于所装熔体的额定电流。

熔断器的额定分断能力必须大于电路中可能出现的最大短路电流。

熔体额定电流的选择是选择熔断器的核心，可分为下列几种情况选择：

1）对于电炉和照明等电阻性负载，熔体的额定电流应略大于或等于负载电流。

2）对于输配电线路，熔体的额定电流应略大于或等于线路的安全电流。

3）对于电动机负载，要考虑起动电流冲击的影响。

① 保护单台长期工作的电动机时，可按式（1-8）选择：

$$I_{FU} \geqslant (1.5 \sim 2.5) I_N \tag{1-8}$$

式中，I_{FU}为熔体的额定电流，单位为A；I_N为电动机的额定电流，单位为A。

对于频繁起动的电动机，式（1-8）中的系数可选2.5～3.5。

② 保护多台电动机时，可按式（1-9）选择：

$$I_{FU} \geqslant (1.5 \sim 2.5) I_{Nmax} + \sum I_N \tag{1-9}$$

式中，I_{Nmax}为容量最大的一台电动机的额定电流；$\sum I_N$为其余电动机的额定电流之和。

3. 熔断器上、下级的配合

为防止发生越级熔断，满足选择性要求，应注意上、下级（即供电干、支线）熔断器间的配合，为此，应使上一级熔断器的熔体电流比下一级大1～2个级差。

熔断器的文字符号为FU，图形符号如图1-43所示。

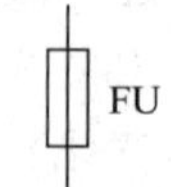

图1-43 熔断器的图形符号

1.9 电磁执行器件

能够根据控制系统的输出控制逻辑要求执行动作命令的器件称为执行器件。电磁执行器件都是基于电磁式电器的工作原理进行工作的执行器件。接触器就是一种典型的执行器件，此外，还有电磁铁、电磁阀等。电气控制系统、液压控制系统中均使用到这些执行器件。

1.9.1　电磁铁

电磁铁（Electromagnet）主要由电磁线圈、铁心和衔铁三部分组成。电磁线圈通电后便产生磁场和电磁力，衔铁被吸合，把电磁能转换为机械能，带动机械装置完成一定的动作。

电磁铁按工作电流的不同，可分为交流电磁铁和直流电磁铁。交流电磁铁起动力大、动作快，但换向冲击大，所以换向频率不能太高，且起动电流大，在阀芯被卡住时会使电磁铁线圈烧毁。直流电磁铁无论吸合与否，其电流基本不变，因此不会因阀芯被卡住而烧毁电磁铁线圈，工作可靠性好，换向冲击力小，换向频率较高，但需要有直流电源。

电磁铁按用途不同，可分为牵引电磁铁、起重电磁铁和制动电磁铁等。牵引电磁铁主要用来牵引机械装置、开起或关闭各种阀门，以执行自动控制任务。起重电磁铁用作起重装置来吊运钢锭、钢材、铁砂等铁磁性材料。制动电磁铁主要用于对电动机进行制动以达到准确停车的目的。

电磁铁的主要技术参数有额定行程、额定吸力、额定电压等，选用时主要考虑这些参数以满足机械装置的需求。

1.9.2　电磁阀

电磁阀（Solenoid Valve）是用来控制流体的自动化器件，用在工业控制系统中调整介质的流动方向、流量、速度和其他参数。电磁阀有很多种，一般用于液压系统，用来关闭和开通油路。最常用的有单向阀、溢流阀、电磁换向阀、速度调节阀等。电磁换向阀有滑阀和球阀两种结构，通常所说的电磁换向阀为滑阀结构，球状或锥状阀芯的电磁换向阀称为电磁换向座阀，也称电磁球阀。电磁换向阀通过变换阀芯在阀体内的相对工作位置，使阀体各油口连通或断开，从而控制执行器件的换向或起停。

电磁换向阀的品种繁多，按电源种类可分为直流电磁阀、交流电磁阀、交直流电磁阀、自锁电磁阀等；按用途可分为控制一般介质（气体、流体）电磁阀、制冷装置用电磁阀、蒸汽电磁阀、脉冲电磁阀等；按其复位和定位形式可分为弹簧复位式电磁阀、钢球定位式电磁阀、无复位弹簧式电磁阀；按其阀体与电磁铁的连接形式可分为法兰连接和螺纹连接等电磁阀。

电磁阀的结构性能常用它的位置数和通路数来表示，有单电磁铁（称为单电式）和双电磁铁（称为双电式）两种，其图形符号如图 1-44 所示。图 1-44f 为电磁阀的一般电气图形符号，文字符号为 YV。电磁阀接口是指阀上各种接油管的进、出口，进油口通常标为 P（左下），回油口则标为 O 或 T（右下），出油口则以 A、B 来表示。阀内阀芯可移动的位置数称为切换位置数，通常将接口称为“通”，将阀芯的位置称为“位”。因此，按其工作位置数和通路数的多少可分为二位三通、二位四通、三位四通等。

图形符号中“位”用方格表示，几位即几个方格，“通”用“↑”表示，“不通”用“⊥、⊤”表示，箭头首尾和堵截符号与一个方格有几个交点即为几通。三位是指电磁阀的阀芯有三个位置，三位电磁阀有两个线圈。线圈 1、2 均不通电时，阀芯处于第一个位置；线圈 1 通电时，阀芯动作处于第二个位置；线圈 1 断电、线圈 2 通电时，阀芯处于第三个位置。单电式电磁阀的图形符号中，与电磁铁邻接的方格中孔的通向表示的是电磁铁得电时的工作状态，与弹簧邻接的方格中表示的状态是电磁铁失电时的工作状态。双电式电磁阀的图形符号中，与电磁铁邻接的方格中孔的通向表示的是该侧电磁铁得电时的工作状态。

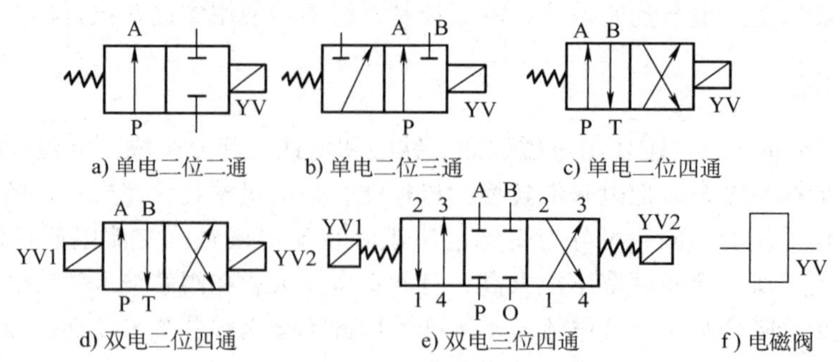

图 1-44 电磁阀的图形符号

1.9.3 电磁制动器

电磁制动器（Electromagnetic Brake）是现代工业中一种理想的自动化执行器件，在机械传动系统中主要起传递动力和控制运动等作用，使运动件停止或减速，也称电磁刹车或电磁抱闸。电磁制动器一般由制动架、电磁铁、摩擦片（制动件）或闸瓦等组成。所用摩擦材料（制动件）的性能直接影响制动过程。摩擦材料应具备高而稳定的摩擦系数和良好的耐磨性。摩擦材料分为金属和非金属两类。前者常用的有铸铁、钢、青铜和粉末冶金摩擦材料等，后者有皮革、橡胶、木材和石棉等。

利用电磁效应实现制动的制动器，分为电磁粉末制动器、电磁涡流制动器和电磁摩擦式制动器三种。

（1）电磁粉末制动器

励磁线圈通电时形成磁场，磁粉在磁场作用下磁化，形成磁粉链，并在固定的导磁体与转子间聚合，靠磁粉的结合力和摩擦力实现制动。励磁电流消失时磁粉处于自由松散状态，制动作用解除。这种制动器体积小、重量轻、励磁功率小，而且制动转矩与转动件转速无关，可通过调节电流来调节制动转矩，但磁粉会引起零件磨损。它便于自动控制，适用于各种机器的驱动系统。

（2）电磁涡流制动器

励磁线圈通电时形成磁场，制动轴上的电枢旋转切割磁力线而产生涡流，电枢内的涡流与磁场相互作用形成制动转矩。该制动器坚固耐用、维修方便、调速范围大，但低速时效率低、温升高，必须采取散热措施。这种制动器常用于有垂直载荷的机械中。

（3）电磁摩擦式制动器

励磁线圈通电时形成磁场，通过磁轭吸合衔铁，衔铁通过连接件实现制动。

习题与思考题

1. 电磁式电器主要由哪几部分组成？各部分的作用是什么？
2. 何谓电磁式电器的吸力特性和反力特性？吸力特性与反力特性应如何配合？
3. 如何区分直流电磁机构和交流电磁机构？如何区分电压线圈和电流线圈？
4. 单相交流电磁机构中的短路环的作用是什么？三相交流电磁机构是否也要安装短路环？为什么？
5. 交流电磁线圈通电后，衔铁长时间卡住不能吸合，会产生什么后果？
6. 低压电器中常用的灭弧方式有哪些？各适用于哪些场合？
7. 接触器的作用是什么？根据结构特征如何区分交、直流接触器？

8. 接触器和中间继电器有什么异同？选用接触器时应注意哪些问题？

9. 交流接触器在衔铁吸合前的瞬间，为什么在线圈中产生很大的冲击电流？直流接触器会不会出现这种现象？为什么？

10. 交流电磁线圈误接入直流电源，直流线圈误接入交流电源，会发生什么问题？为什么？

11. 继电器的作用是什么？何为返回系数和继电特性？时间继电器和中间继电器在电路中各起什么作用？

12. 星形联结的三相异步电动机能否用一般三相结构热继电器作断相保护？为什么？三角形联结的三相异步电动机为什么必须采用三相带断相保护的热继电器？

13. 固态继电器的特点是什么？选用时应注意哪些问题？

14. 什么是主令电器？常用的主令电器有哪些？控制按钮和行程开关有何异同？

15. 熔断器有哪些用途？一般应如何选用？在电路中应如何连接？

16. 既然在电动机主电路中装有熔断器，为什么还要装热继电器？两者能否相互代替？

17. 低压断路器有哪些功能？它与接触器的区别是什么？

18. 熔断器主要用于短路保护，低压断路器也具有短路保护功能，两者有什么区别？

19. 某设备所用电动机，额定功率为5.5kW，额定电压为380V，额定电流为11A，起动电流是额定电流的6.5倍，现用按钮进行起停控制，要求有短路保护和过载保护，试选用控制所需的合适的电器：接触器、按钮、熔断器、热继电器。

20. 画出下列低压电器的图形符号，并标注其文字符号：

1）时间继电器的所有线圈和触点。

2）热继电器的热元件和常闭触点。

3）行程开关的常开、常闭触点。

4）复合按钮。

5）熔断器和低压断路器。

6）速度继电器的常开、常闭触点。

第 2 章

基本电气控制电路

在各行各业广泛使用的电气设备和生产机械中，大多是以电动机作为原动机来拖动生产机械的，不同的生产机械和电气设备的控制要求不同，必须配备各种电气控制设备和保护设备，组成一定的电气控制电路，以满足生产工艺的要求，实现生产过程的自动化。

各种电气控制设备的种类繁多、功能各异，但就其控制原理、基本电气控制电路、设计方法等方面均相类同。电气控制系统中，把各种有触点的接触器、继电器、按钮、行程开关等电器元器件，用导线按一定的控制方式连接起来组成的电路，称为电气控制电路。这类电路组成的电气控制系统也称为继电器-接触器控制系统。

各种生产机械的电气控制电路无论是简单的还是复杂的，都是由一些比较简单的基本控制环节有机地组合而成的。在设计、分析控制电路和判断故障时，一般都是从这些基本控制环节入手的。因此，掌握电气控制电路的基本环节以及一些典型电路的工作原理、分析方法和设计方法，将有助于我们掌握复杂电气控制电路的分析、设计方法。

本章主要以电动机或其他执行器件（如电磁阀）为控制对象，介绍由各种低压电器构成的基本电气控制电路，包括三相笼型异步电动机的起动、运行、调速、制动等基本控制电路及顺序控制、行程控制、多地控制等典型控制电路。尽管这种有触点的控制方式在灵活性和可靠性方面不及后续介绍的 PLC 控制，但它以其逻辑清楚、结构简单、价格便宜、抗干扰能力强等优点而被广泛使用。本章是分析和设计机械设备电气控制电路的基础，要求大家熟练掌握，这样对后续学习 PLC 控制系统将会有很大的帮助。

2.1 电气控制电路的绘制原则及标准

电气控制电路是由若干电气元器件按照一定的要求用导线连接而成的，并实现一定功能的控制电路。为了表达生产机械电气控制系统的组成、工作原理等设计内容，便于电气系统的安装、调试和维护，需要将这些电气元器件及其连接用一定的图形表达出来，这种图就是电气控制系统图或称电气图。

电气控制系统图一般有三种：电气原理图、电气安装接线图和电气元器件布置图。它们用统一的图形符号及文字符号绘制而成。在图上用不同的图形符号来表示各种电气元器件，并用不同的文字符号来说明电气元器件的名称、用途、主要特征等。

2.1.1 电气图中的图形符号及文字符号

电气图形符号是电气技术领域必不可少的工程语言，只有正确识别和使用电气图形符号和文字符号，才能阅读电气图和绘制符合标准的电气图。

常用的电气图形符号及文字符号可参见附录 A。

2.1.2　电气原理图的绘制原则

1. 绘制电气原理图的基本原则

电气原理图是电气控制系统设计的核心，是为了便于阅读和分析控制的各种功能，用图形符号、文字符号和导线连接起来描述全部或部分电气设备工作原理的电路图。它具有结构简单、层次分明的特点。原理图便于详细理解工作原理，为测试和寻找故障提供信息，并作为编制接线图的依据。原理图中包括了所有电气元器件的导电部分和接线端点之间的相互关系，但并不按照电气元器件的实际布置位置和实际接线情况来绘制，也不反映电气元器件的实际大小。

原理图一般分为主电路和辅助电路两部分。主电路是电气控制电路中大电流通过的部分，包括从电源到电动机之间的电气元器件，一般由组合开关、熔断器、接触器主触点、热继电器热元件和电动机等组成。辅助电路是电气控制电路中除主电路以外的电路，包括控制电路、照明电路、信号电路和保护电路，辅助电路中流过的电流较小。其中控制电路由按钮、接触器和继电器的电磁线圈以及辅助触点、热继电器触点、保护电器触点等组成。现以图 2-1 所示的 CW6132 型车床的电气原理图为例来说明绘制电气原理图的基本原则和注意事项。

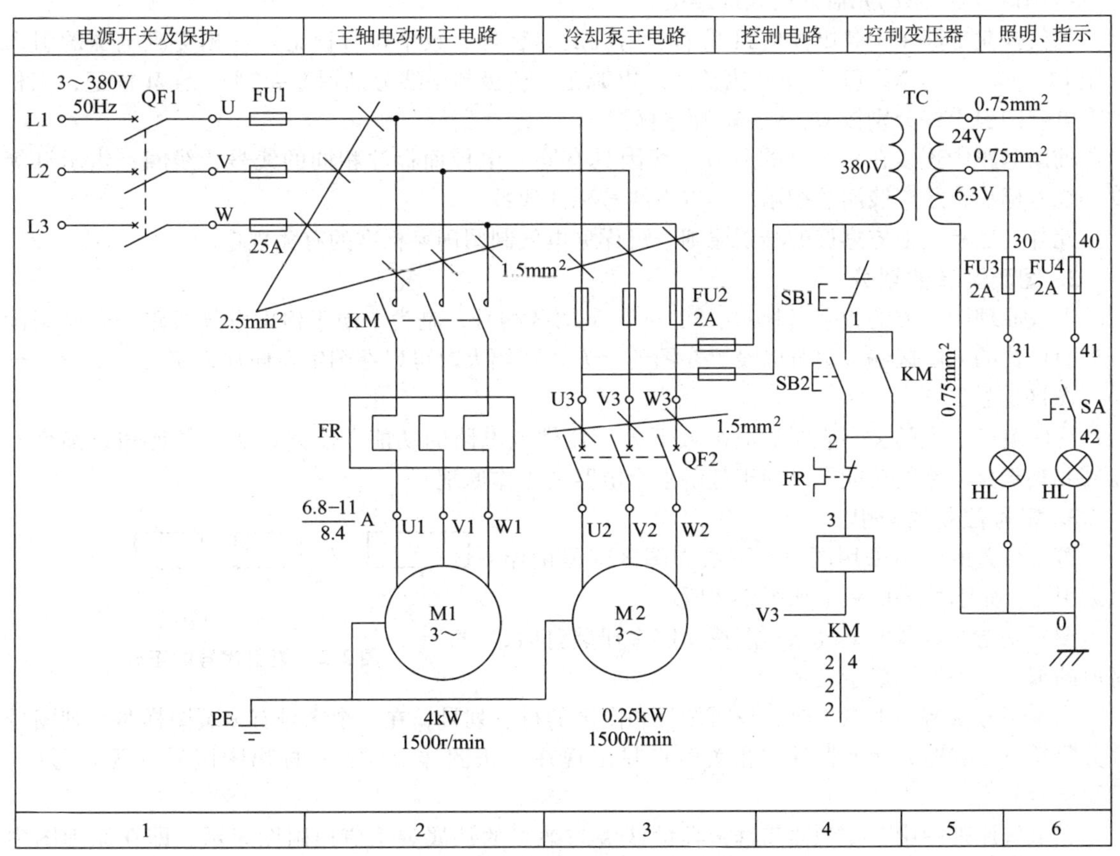

图 2-1　CW6132 型车床的电气原理图

绘制电气原理图的基本原则如下：

1）主电路、控制电路、信号电路等应分别绘出。电气原理图中同一电器的不同组成部分可不画在一起，但文字符号应标注一致。通常主电路用粗实线绘制在图纸的左方，其中，电源电路用水平线绘制，受电动力设备（电动机）及其保护电器支路，应垂直于电源电路画出。辅助电路用细实线绘制在图纸的右方，应垂直于电源电路绘制。（本书中的原理图大多为示意图，与正规图纸相比，进行了简化，未做粗细线条的区分）

2）电气原理图中电气元件的布局，应根据便于阅读的原则安排。无论主电路还是辅助电路，各电气元器件一般按动作顺序从上到下、从左到右依次排列。

3）各电气元器件不画实际的外形图，但要采用国家标准规定的图形符号和文字符号来绘制。属于同一电器的线圈和触点，都要采用同一文字符号表示。对同类型的电器，在同一电路中的表示可在文字符号后加阿拉伯数字序号来区分。

4）电气原理图中所有电器的触点，应按没有通电和没有外力作用时的开闭状态画出。对于继电器、接触器的触点，按其线圈不通电时的状态画出；控制器按手柄处于零位时的状态画出；对于按钮、行程开关等的触点，按未受到外力作用时的状态画出。

5）事故、备用、报警开关应表示在设备正常使用时的位置。若在特定的位置时，则图上应有说明。

6）应尽可能减少线条并避免交叉线。各导线之间有电联系时，对“T”形连接点，在导线交点处可以画实心圆点，也可以不画；对“+”形连接点，必须画实心圆点。

7）有机械联系的元器件用虚线连接。

电气控制电路图中各电器的接线端子用规定的字母、数字符号标记。三相交流电源的引入线用L1、L2、L3、N、PE标记，直流系统电源正、负极与中线分别用L+、L-与M标记，三相动力电器的引出线分别按U、V、W顺序标记。

辅助电路中连接在一点上的所有导线因具有同一电位而标注相同的线号，线圈、指示灯等以上线号标注奇数，线圈、指示灯等以下线号标注偶数。

此外，还有其他应遵循的绘图原则，可详见电气制图国家标准的有关规定。

2. 图面区域的划分

电气原理图下方的数字（1、2、3、…）是图区编号，是为了便于检索电气线路、方便阅读分析而设置的。图区编号也可以设置在图的上方。图幅大时可以在图纸左侧加入字母（a、b、c、…）图区编号。

图区编号下方的文字表明对应区域下方元器件或电路的功能，使读者能清楚地知道某个元器件或某部分电路的功能，以利于理解整个电路的工作原理。

3. 符号位置的索引

符号位置的索引采用图号、页次和图区编号的组合索引法，索引代号的组成如图2-2所示。

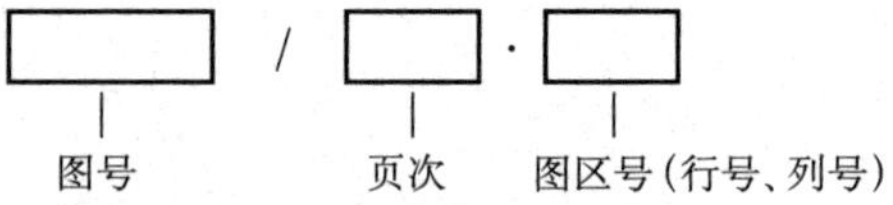

图2-2 索引代号的组成

图号是指某设备的电气原理图按功能多册装订时，每册的编号，一般用数字表示。

当某图号仅有一页图样时，只写图号和图区的行、列号；在一个图号有多页图样时，则图号和分隔符可以省略；而元器件的相关触点只出现在一张图样上时，只标出图区号（无行号时，只写列号）。

在电气原理图中，接触器和继电器的线圈与触点的从属关系应用附图表示，即在原理图中相应线圈的下方，给出触点的文字符号，并在其下面注明触点的索引代号，对未使用的触点用“×”表明，也可采用省略的表示方法。

对于接触器，附图中各栏的含义如图2-3所示。

对于继电器，附图中各栏的含义如图2-4所示。

4. 电气原理图中技术数据的标注

电气图中各电气元器件的型号，常在电气元器件文字符号下方标注出来。电气元器件的技术数据，除了在电气元器件明细表中标明外，也可用小号字体标注在其图形符号的旁边，如图 2-1中 FU2 的额定电流为 2A。

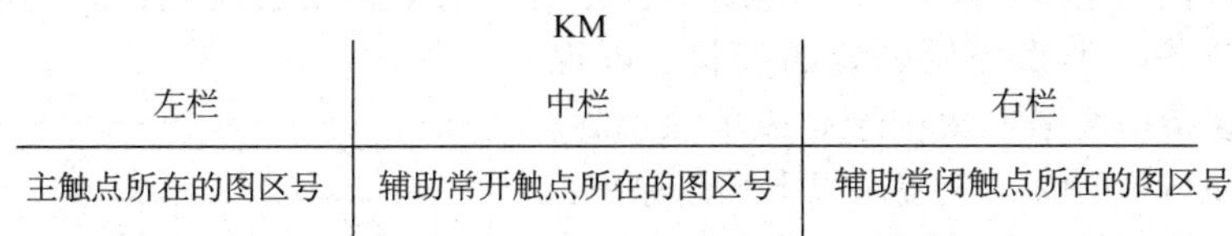

KM

左栏	中栏	右栏
主触点所在的图区号	辅助常开触点所在的图区号	辅助常闭触点所在的图区号

图 2-3　接触器在附图中各栏的含义

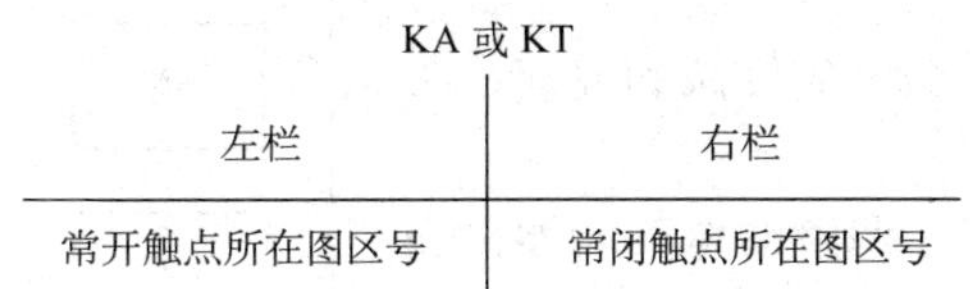

KA 或 KT

左栏	右栏
常开触点所在图区号	常闭触点所在图区号

图 2-4　继电器在附图中各栏的含义

2.1.3　电气安装接线图

电气安装接线图是电气设备进行施工配线、敷线和校线工作时所应依据的图样之一。它必须符合电气设备原理图的要求，并清晰地表示出各个电气元器件和装备的相对安装与敷设位置，以及它们之间的电连接关系。它是检修和查找故障时所需的技术文件，根据表达对象和用途不同，接线图有单元接线图、互连接线图和端子接线图等。其主要编制规则如下：

1）各电气元器件均按实际安装位置绘出，元器件所占图面按实际尺寸以统一比例绘制。

2）一个元器件中所有的带电部件均画在一起，并用点画线框起来，即采用集中表示法。

3）各电气元器件的图形符号和文字符号必须与电气原理图一致，并符合国家标准。

4）各电气元器件上凡是需要接线的部件端子都应绘出，并予以编号，各接线端子的编号必须与电气原理图上的导线编号相一致。

5）不在同一安装板或电气柜上的电气元器件或信号的电气连接一般应通过端子排连接，并按照电气原理图中的接线编号连接。

6）走向相同、功能相同的相邻多根导线可用单线或线束表示。画连接线时，应标明导线的规格、型号、颜色、根数和穿线管的尺寸。图 2-5 所示为 CW6132 型车床的电气互连接线图。

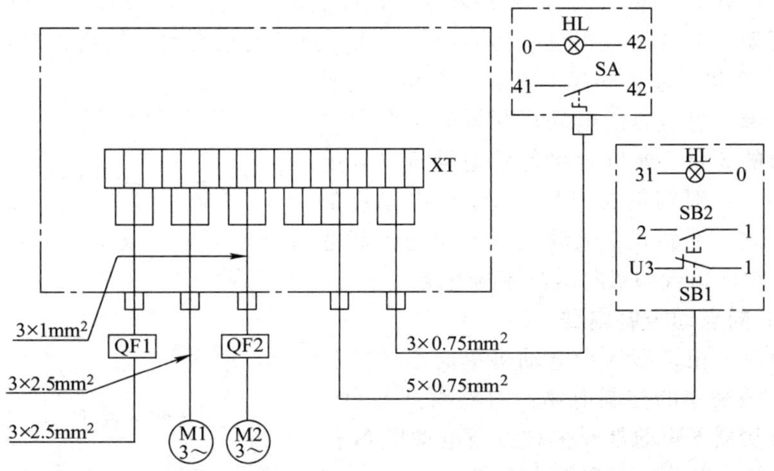

图 2-5　CW6132 型车床的电气互连接线图

2.1.4 电气元器件布置图

电气元器件布置图用来表明电气原理图中各元器件的实际安装位置，为机械电气控制设备的制造、安装、维护、维修提供必要的资料。可视电气控制系统的复杂程度采取集中绘制或单独绘制。在绘制电气元器件布置图时，应遵循以下几条原则：

1）体积大和较重的电气元器件应安装在电气安装板的下方，而发热元器件应安装在电气安装板的上方。

2）强电、弱电应分开，弱电应屏蔽和隔离，防止外界干扰。

3）需要经常维护、检修、调整的电气元器件安装位置不宜过高或过低。

4）电气元器件的布置应考虑整齐、美观、对称的方针。外形尺寸与结构类似的电器应安装在一起，以利安装和配线。

5）电气元器件布置不宜过密，应留有一定间距。若用线槽，应加大各排电器间距，以利布线和维修。图2-6所示为CW6132型车床的电气元器件布置图。

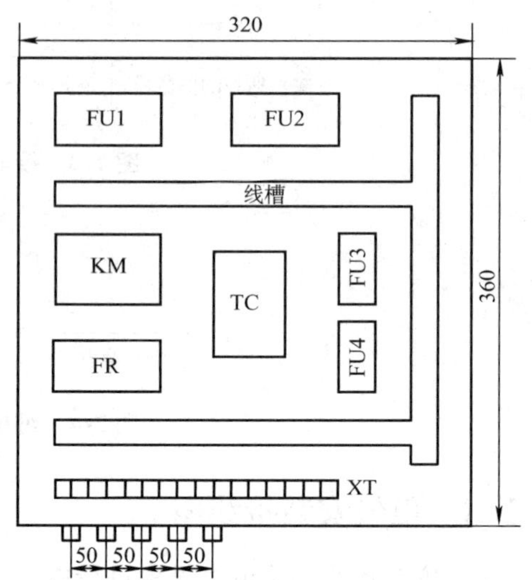

图2-6 CW6132型车床的电气元器件布置图

2.2 交流电动机的基本控制电路

三相笼型异步电动机由于结构简单、运行可靠、使用维护方便、价格便宜等优点得到了广泛的应用。三相笼型异步电动机的起动、停止、正反转、调速、制动等电气控制电路是最基本的控制电路。本节以三相笼型异步电动机为控制对象，介绍基本电气控制电路。电气控制电路应最大限度地满足生产工艺的要求。

2.2.1 三相笼型异步电动机直接起动控制电路

在电力拖动系统中，起、停控制是最基本的、最主要的一种控制方式。三相笼型异步电动机的起动有直接起动（全电压）和减压起动两种方式。直接起动简单、经济，但起动电流可能达到额定电流的4~7倍。过大的起动电流一方面会造成电网电压显著下降，另一方面电动机频繁起动会严重发热，加速绕组的老化。所以直接起动电动机的容量受到一定的限制，一般容量在10kW以下的电动机常采用直接起动方式。下面介绍电动机直接起动控制电路，包括电动机单向运行和双向运行控制电路。

1. 电动机单向点动控制电路

图2-7所示为三相笼型异步电动机单向点动控制电路。它是一个最简单的控制电路，由隔离开关QS、熔断器FU1、接触器KM的常开主触点与电动机M构成主电路。FU1作为电动机M的短路保护。

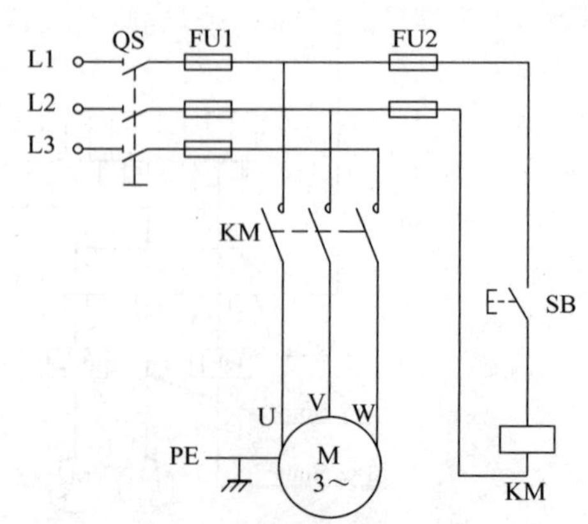

图2-7 单向点动控制电路

按钮SB、熔断器FU2、接触器KM的线圈构成控制电路。FU2作为控制电路的短路保护。

电路图中的电器一般不表示出空间位置，同一电器的不同组成部分可不画在一起，但文字符号应标注一致。例如，图2-7中接触器KM的线圈与主触点不画在一起，但必须用相同的文字符号KM来标注。

PE为电动机M的保护接地线。

电路的工作原理：起动时，合上隔离开关QS，接入三相电源，按下按钮SB，接触器KM的线圈得电吸合，KM的主触点闭合，电动机M因接通电源便起动运转；松开按钮SB，按钮就在自身弹簧的作用下恢复到原来断开的位置，接触器KM的线圈失电释放，KM的主触点断开，电动机失电停止运转。可见，按钮SB兼作停止按钮。

这种“一按（点）就动，一松（放）就停”的电路称为点动控制电路。点动控制电路常用于调整机床、对刀操作等。因短时工作，电路中可不设热继电器。

2. 电动机单向自锁控制电路

单向点动控制电路只适用于机床调整、刀具调整。而机械设备工作时，要求电动机做连续运行，即要求按下按钮后，电动机就能起动并连续运行直至加工完毕为止。单向自锁控制电路就是具有这种功能的电路。

图2-8所示为三相笼型异步电动机单向自锁控制电路。隔离开关QS、熔断器FU1、接触器KM的主触点、热继电器FR的热元件与电动机M构成主电路。

起动按钮SB2、停止按钮SB1、接触器KM的线圈及常开辅助触点、热继电器FR的常闭触点和熔断器FU2构成控制电路。

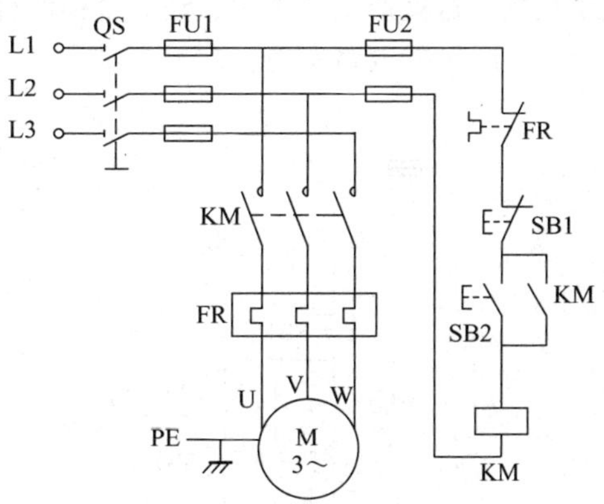

图2-8 单向自锁控制电路

（1）电路的工作原理

起动时，合上QS，接入三相电源，按下起动按钮SB2，交流接触器KM的电磁线圈通电，接触器的主触点闭合，电动机因接通电源直接起动运转。同时，与SB2并联的KM常开辅助触点闭合，这样当手松开、SB2自动复位时，接触器KM的线圈仍可通过接触器KM的常开辅助触点使接触器线圈继续通电，从而保持电动机的连续运行。这种依靠接触器自身辅助触点而使其线圈保持通电的现象称为自锁，起自锁作用的辅助触点称为自锁触点。

要使电动机M停止运转，只要按下停止按钮SB1，将控制电路断开即可。这时接触器KM的线圈断电释放，KM的常开主触点将三相电源切断，电动机M停止运转。当手松开按钮后，SB1的常闭触点在复位弹簧的作用下，虽又恢复到原来的常闭状态，但接触器线圈已不再能依靠自锁触点通电了，因为原来闭合的自锁触点早已随着接触器线圈的断电而断开了。

（2）电路的保护环节

1）短路保护。熔断器FU1、FU2用作短路保护，但达不到过载保护的目的。为使电动机在起动时熔体不被熔断，熔断器熔体的规格必须根据电动机起动电流的大小做适当选择。

2）过载保护。热继电器FR具有过载保护作用。使用时，将热继电器的热元件接在电动机的主电路中作检测元件，用以检测电动机的工作电流，而将热继电器的常闭触点接在控制电路中。当电动机长时间过载或严重过载时，热继电器才动作，其常闭触点断开，切断控制电路，接触器KM的线圈断电释放，电动机停止运转，实现过载保护。

3）欠电压和失电压保护。该电路依靠接触器本身实现欠电压和失电压保护。当电源电压由于某种原因而严重欠电压或失电压时，接触器的衔铁自行释放，电动机停止运转。而当电源电压恢复正常时，接触器的线圈也不能自动通电，只有在操作人员再次按下起动按钮 SB2 后，电动机才会起动。

控制电路具备了欠电压和失电压保护功能后，有以下三个方面的优点：

第一，防止电压严重下降时，电动机在低电压下运行。

第二，避免多台电动机同时起动而造成的电压严重下降。

第三，防止电源电压恢复时，电动机突然起动运转造成设备和人身事故。

防止电源电压恢复时电动机自起动的保护也称为零电压保护。

单向自锁控制电路不仅能实现电动机的频繁起动控制，而且可以实现远距离的自动控制，是最常用的简单控制电路。这三种保护也是三相笼型异步电动机最常用的保护，它们对电动机的安全运行非常重要。

3. 电动机单向点动、自锁混合控制电路

实际生产中，有的生产机械既需要连续运转进行加工生产，又需要在进行调整工作时采用点动控制，这就产生了单向点动、自锁混合控制电路。该电路的主电路同图 2-8，其控制电路可由图 2-9 所示的电路实现。

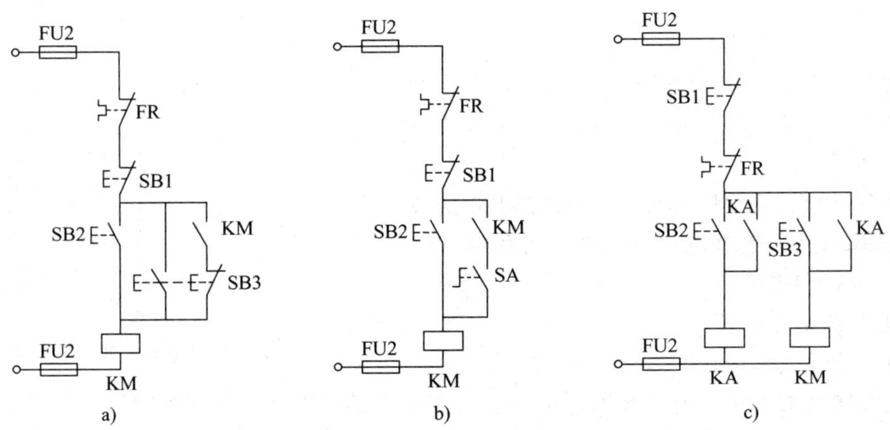

图 2-9 单向点动、自锁混合控制电路

图 2-9a 中采用一个复合按钮 SB3 来实现点动、自锁混合控制。点动控制时，按下复合按钮 SB3，其常闭触点先断开自锁电路，常开触点后闭合，使接触器 KM 的线圈通电，主触点闭合，电动机起动运转；当松开 SB3 时，SB3 的常开触点先断开，常闭触点后闭合，接触器 KM 的线圈失电，主触点断开，电动机停止运转，从而实现点动控制。若需要电动机连续运转，则按起动按钮 SB2 即可，停机时需按停止按钮 SB1。复合按钮 SB3 的常闭触点作为联锁触点串联在接触器 KM 的自锁触点电路中。注意：点动时，若接触器 KM 的释放时间大于按钮恢复时间，则点动结束，SB3 的常闭触点复位时，接触器 KM 的常开触点尚未断开，使接触器自保电路继续通电，就无法实现点动了。

图 2-9b 中采用转换开关 SA 来实现点动、自锁混合控制。需要点动时，将 SA 打开，自锁回路断开，按下 SB2 实现点动控制。需要连续运转时，合上转换开关 SA，将 KM 的自锁触点接入，就可实现连续运转了。

图 2-9c 中采用中间继电器 KA 来实现点动、自锁混合控制。按下按钮 SB3 时，KM 的线圈通电，主触点闭合，电动机起动运转。当松开 SB3 时，KM 的线圈断电，主触点断开，电动机停止运转。若需要电动机连续运转，则按下起动按钮 SB2 即可，此时中间继电器 KA 的线圈通电吸合

并自锁；KA 的另一触点接通 KM 的线圈。当需要停止电动机运转时，按下停止按钮 SB1 即可。中间继电器 KA 的使用，使点动与连续运转联锁可靠。

电动机点动和连续运转控制的关键是自锁触点是否接入。若能实现自锁，则电动机连续运转；若断开自锁回路，则电动机实现点动控制。

4. 电动机正、反转控制电路

生产机械的运动部件做正、反两个方向的运动（如车床主轴的正向、反向运转，龙门刨床工作台的前进、后退，电梯的上升、下降等），均可通过控制电动机的正、反转来实现。由三相交流电动机的工作原理可知，将电动机的三相电源进线中的任意两相对调，其旋转方向就会改变。为此，采用两个接触器分别给电动机接入正转和反转的电源，就能够实现电动机正转、反转的切换。

（1）正—停—反控制电路

图 2-10a 所示为电动机正转—停止—反转（简称正—停—反）控制电路。图中断路器 QF 作为电源引入开关，它具有短路保护、过载保护和失电压保护的功能。由于两个接触器 KM1、KM2 的主触点所接电源的相序不同，故可改变电动机的转向。接触器 KM1 和 KM2 的触点不可同时闭合，以免发生相间短路故障，为此就需要在各自的控制电路中串接对方的常闭触点，构成互锁。电动机正转时，按下正向起动按钮 SB2，KM1 的线圈得电并自锁，KM1 的常闭触点断开，这时，即使按下反向起动按钮 SB3，KM2 也无法通电。当需要反转时，先按下停止按钮 SB1，令接触器 KM1 的线圈断电释放，KM1 的常闭触点复位闭合，电动机停转；再按下反向起动按钮 SB3，接触器 KM2 的线圈才能得电，电动机反转。由于电动机由正转切换成反转时，需先停下来，再反向起动，故称该电路为正—停—反控制电路。图 2-10a 中，利用接触器辅助常闭触点互相制约的方法称为互锁，而实现互锁的辅助常闭触点称为互锁触点。

（2）正—反—停控制电路

图 2-10a 中，要使电动机由正转切换到反转，需先按停止按钮 SB1，这显然在操作上不便，为了解决这个问题，可利用复合按钮进行控制，将起动按钮的常闭触点串联接入到对方接触器线圈的电路中，就可以直接实现正反转的切换控制了，控制电路如图 2-10b 所示。

正转时，按下正转起动复合按钮 SB2，此时，接触器 KM1 的线圈通电吸合，同时，KM1 的辅助常闭触点断开，辅助常开触点闭合起自锁作用，KM1 的主触点闭合，电动机正转运行。欲切换电动机的转向，只需按下反向起动复合按钮 SB3 即可。按下 SB3 后，其常闭触点先断开接触器 KM1 的线圈回路，接触器 KM1 释放，其主触点断开正转电源，常闭辅助触点复位；复合按钮 SB3 的常开触点后闭合，接通接触器 KM2 的线圈回路，接触器 KM2 的线圈通电吸合且辅助常开触点闭合自锁，接触器 KM2 的主触点闭合，反向电源接入电动机绕组，电动机反向起动并运转，从而直接实现正、反向切换。要使电动机停止，按下停止按钮 SB1 即可使接触器 KM1 或 KM2 的线圈断电，主触点断开电动机电源而停机。

图 2-10a 中，由接触器 KM1、KM2 常闭触点实现的互锁称为“电气互锁”；图 2-10b 中，由复合按钮 SB2、SB3 常闭触点实现的互锁称为“机械互锁”。图 2-10b 中既有“电气互锁”，又有“机械互锁”，故称为“双重互锁”，该电路进一步保证了 KM1、KM2 不能同时通电，提高了可靠性。

欲使电动机由反向运转直接切换成正向运转，操作过程与上述类似。

5. 自动停止控制电路

具有自动停止的正反转控制电路（简称自动停止控制电路）如图 2-11 所示。它以行程开关作为控制元件来控制电动机的自动停止。在正转接触器 KM1 的线圈回路中，串联接入正向行程开关 SQ1 的常闭触点，在反转接触器 KM2 的线圈回路中，串联接入反向行程开关 SQ2 的常闭

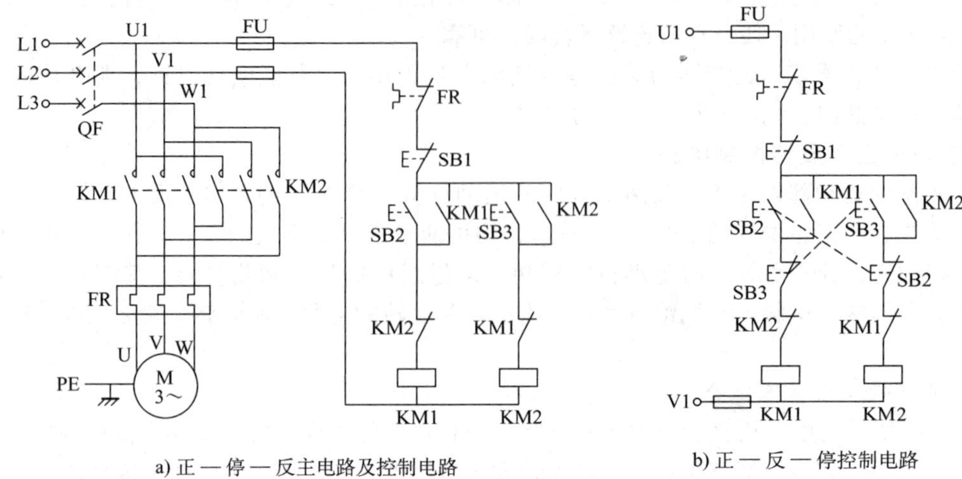

a) 正 — 停 — 反主电路及控制电路

b) 正 — 反 — 停控制电路

图 2-10　三相异步电动机正、反转控制电路

触点，这就成为具有自动停止的正反转控制电路。这种电路能使生产机械每次起动后自动停止在规定的地方，它也常用于机械设备的行程极限保护。

电路的工作原理：当按下正转起动按钮 SB2 后，接触器 KM1 的线圈通电吸合并自锁，电动机正转，拖动运动部件做相应的移动，当位移至规定位置（或极限位置）时，安装在运动部件上的挡铁（撞块）便压下行程开关 SQ1，SQ1 的常闭触点断开，切断 KM1 的线圈回路，KM1 断电释放，电动机停止运转。这时即使再按 SB2，KM1 也不会吸合，只有按反转起动按钮 SB3，电动机反转，使运动部件退回，挡铁脱离行程开关 SQ1，SQ1 的常闭触点复位，为下次正向起动做准备。反向自动停止的控制原理与上述相同。

这种选择运动部件的行程作为控制参量的控制方式称为按行程原则的控制方式。

6. 自动往返控制电路

生产实践中，有些生产机械的工作台需要自动往返控制，如龙门刨床和导轨磨床等，它们是采用复合行程开关 SQ1、SQ2 实现自动往返控制的。行程开关 SQ1、SQ2 的安装示意图如图 2-12a 所示。在图 2-11 所示电路的基础上，将右端行程开关 SQ1 的常开触点并联在 SB3 的两端，左端行程开关 SQ2 的常开触点并联在 SB2 的两端，即构成自动往返控制电路。

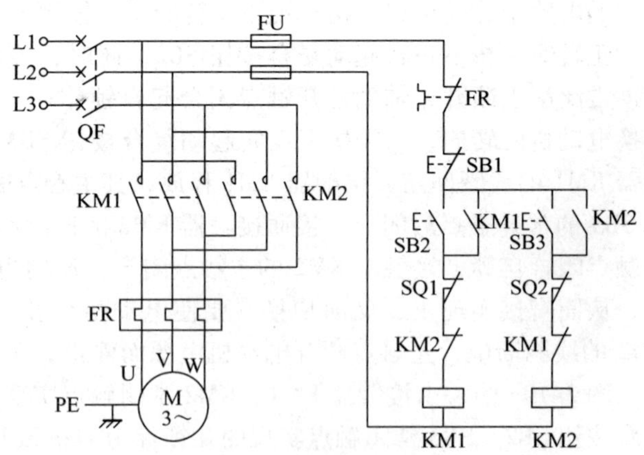

图 2-11　自动停止控制电路

电路的工作原理：当按下正转起动按钮 SB2 后，接触器 KM1 的线圈通电吸合并自锁，电动机正转，拖动运动部件向右移动，当位移至规定位置（或极限位置）时，安装在运动部件上的挡铁 1 便压下 SQ1，SQ1 的常闭触点断开，切断 KM1 的线圈回路，KM1 的主触点断开，且 KM1 的辅助常闭触点复位，由于 SQ1 的常闭触点断开后其常开触点闭合，这样，KM2 的线圈得电，其主触点接通反向电源，电动机反转，拖动运动部件向左移动，当挡铁 2 压到 SQ2 时，电动机又切换为正转。如此往返，直至按下停止按钮 SB1。

图 2-12b 中行程开关 SQ3、SQ4 安装在工作台往返运动的极限位置上，以防止行程开关 SQ1、SQ2 失灵，工作台继续运动不停止而造成事故，起到极限保护的作用。

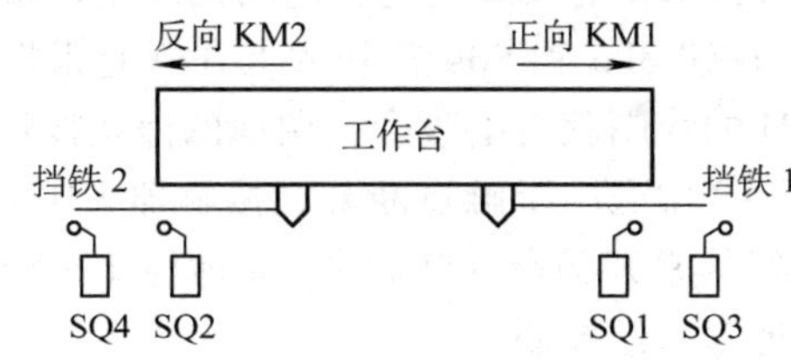

a) 行程开关安装示意图

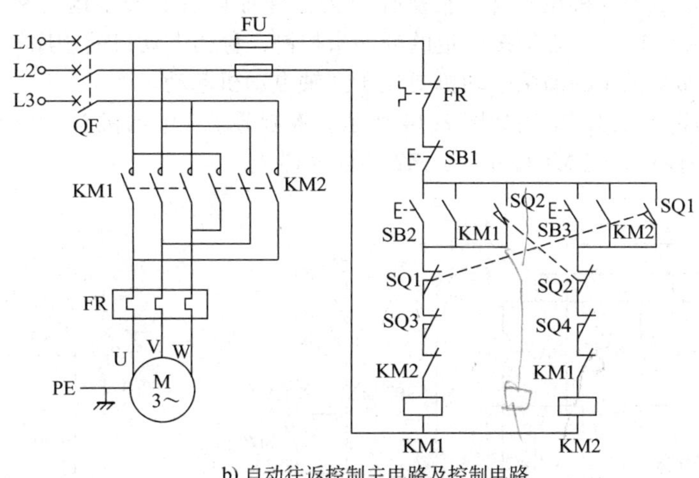

b) 自动往返控制主电路及控制电路

图 2-12　自动往返控制电路

自动往返控制电路的运动部件每经过一个自动往返循环，电动机要进行两次反接制动，会出现较大的反接制动电流和机械冲击。因此，该电路一般只适用于电动机容量较小、循环周期较长、电动机转轴具有足够刚性的拖动系统中。另外，接触器的容量应比一般情况下选择的容量大一些。自动往返控制的行程开关频繁动作，若采用机械式行程开关容易损坏，可采用接近开关来实现。

7. 其他典型控制电路

（1）多地控制电路

有些机械设备为了操作方便，常在两个或两个以上的地点进行控制。如重型龙门刨床有时在固定的操作台上控制，有时需要站在机床四周，操作悬挂按钮进行控制；又如自动电梯，人在轿厢里时可以控制，人在轿厢外也能控制；再如有些场合为了便于集中管理，由中央控制台进行控制，但每台设备调整、检修时，又需要就地进行控制。为了操作方便，X62W 型万能铣床在工作台的正面和侧面各有一组按钮供操作机床用。

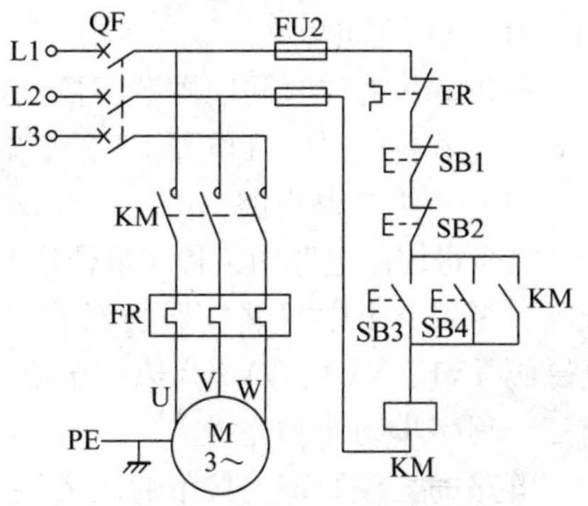

图 2-13　两地控制电路

两地控制电路如图 2-13 所示。图中，SB1 和 SB3 为安装在铣床正面的停止按钮和起动按钮，SB2 和 SB4 为安装在铣床侧面的停止按钮和起动按钮。操作者无论在铣床正面按下起动按钮SB3，或是在铣床侧面按下起动按钮SB4，都可使接触器KM的线圈得电，其主触点接通电动机电源而使电动机起动运转。此时若需停车，操作者无论在铣床正面按下SB1或在铣床侧面按下SB2，均可使KM的线圈失电，电动机停止运转。

图2-13中，两地的起动按钮SB3和SB4常开触点并联起来控制接触器KM的线圈，只要其中任一按钮闭合，接触器KM的线圈就得电吸合；两地的停止按钮SB1和SB2常闭触点串联起来控制接触器KM的线圈，只要其中有一个触点断开，接触器KM的线圈就断电。推而广之，n地控制电路只要将n地起动按钮的常开触点并联起来，n地停止按钮的常闭触点串联起来控制接触器KM的线圈，即可实现n地起、停控制。

（2）顺序起、停控制电路

具有多台电动机拖动的机械设备，在操作时为了保证设备的安全运行和工艺过程的顺利进行，对电动机的起动、停止，必须按一定的顺序来控制，称为电动机的顺序控制。顺序控制在机械设备中很常见，如某机床的油泵电动机要先于主轴电动机起动。

两台电动机顺序起动控制电路如图2-14所示。控制要求：电动机M2必须在M1起动后才能起动；M2可以单独停止，但M1停止时，M2要同时停止。

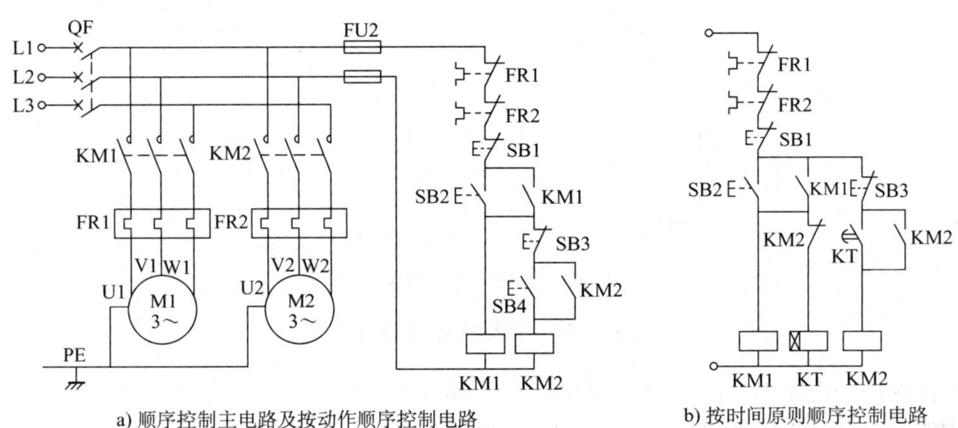

a) 顺序控制主电路及按动作顺序控制电路　　b) 按时间原则顺序控制电路

图2-14　两台电动机顺序起动控制电路

图2-14a所示电路的工作原理：合上断路器QF，按下起动按钮SB2，接触器KM1的线圈得电吸合且自锁，电动机M1起动运转。自锁触点KM1闭合为KM2的线圈得电做好准备。这时，按下起动按钮SB4，接触器KM2的线圈得电吸合并自锁，电动机M2起动运转。可见，只有使KM1的辅助常开触点闭合、电动机M1起动后，才为起动M2做好准备，从而实现了电动机M1先起动、M2后起动的顺序控制。按下按钮SB3，电动机M2可单独停止；若按下按钮SB1，则M1、M2同时停止。

图2-14b为按时间原则顺序控制电路。控制要求：电动机M1起动t秒后，电动机M2自动起动。这里利用时间继电器KT的延时闭合常开触点来实现顺序控制。

（3）步进控制电路

在步进控制电路中，程序是依次自动转换的。采用中间继电器组成的步进控制电路如图2-15所示，由每一个中间继电器线圈的“得电”和“失电”来表征某一程序的开始和结束。图中，电磁阀YV1、YV2、YV3为第一至第三程序步的执行电器；行程开关SQ1、SQ2、SQ3用于检测前三个程序步动作的完成。

电路的工作原理：按下起动按钮SB2，中间继电器KA1的线圈得电吸合且自锁，执行电器电磁阀YV1的线圈也得电吸合，执行第一程序步。这时，中间继电器KA1的另一个常开触点也已闭合，为继电器KA2的线圈得电做好准备。当第一程序步执行完毕后，行程开关SQ1动作，其常开触点闭合，使中间继电器KA2的线圈得电吸合且自锁，同时KA2的常闭触点断开，切断中间继电器KA1和电磁阀YV1的线圈通电回路，使KA1、YV1的线圈失电，即第一程序步结束。这时，电磁阀YV2的线圈得电吸合，使程序转到第二程序步。中间继电器KA2的常开触点闭合，为KA3的线圈得电做好准备……当第三程序步执行完毕后，行程开关SQ3动作，使中间继电器KA4的线圈得电吸合且自锁，同时切断KA3、YV3的线圈通电回路，第三程序步结束。

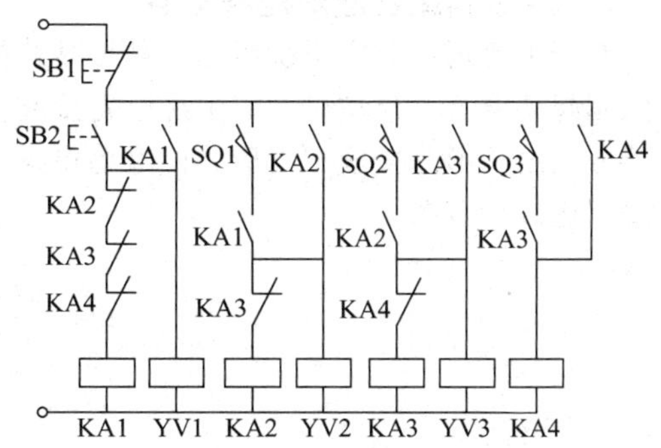

图2-15　步进控制电路

在上述控制过程中，每一时刻，保证只有一个程序步在工作。每个程序步均包含程序的开始（或程序的转移）、程序的执行、程序的结束三个阶段。这里以上一个程序步动作的完成作为转入下一个程序的转换信号，使程序依次自动地转换执行。

按下停止按钮SB1，中间继电器KA4的线圈失电，为下一次步进工作做好准备。

2.2.2　三相笼型异步电动机减压起动控制电路

由于大容量笼型异步电动机的直接起动电流很大，会引起电网电压降低，使电动机转矩减小，甚至起动困难，而且还会影响同一供电网络中其他设备的正常工作，所以容量大（大于10kW）的笼型异步电动机的起动电流应限制在一定的范围内，不允许直接起动，应采用减压起动的方法，即起动时降低加在电动机定子绕组上的电压，起动后再将电压恢复到额定值正常运行。由于电枢电流与外加电压成正比，所以降低电压可达到限制起动电流的目的。但由于电动机转矩与电压的二次方成正比，故减压起动将导致电动机起动转矩大为降低。因此，减压起动适用于空载或轻载下起动。

笼型异步电动机常用的减压起动方法有定子绕组串电阻减压起动、星-三角减压起动、自耦变压器减压起动、延边三角形减压起动和使用软起动器起动等方法。

1. 定子绕组串电阻减压起动控制电路

定子绕组串电阻减压起动控制电路如图2-16所示。电动机起动时，在三相定子电路中串接电阻*R*，使电动机定子绕组电压降低；待电动机转速接近额定转速时，再将串接电阻短接，使电动机在额定电压下正常运行。按下按钮SB2后，KM1首先得电并自锁，同时使时间继电器KT得电并开始计时，延时时间到，KM2得电并自锁，电动机定子绕组串接电阻被短接，电动机做正常全电压运行。

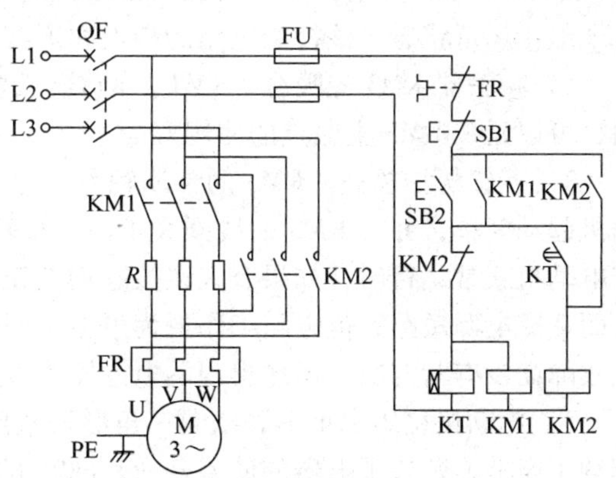

图2-16　定子绕组串电阻减压起动控制电路

这种起动方式不受电动机连接方式的限制，设备简单。在机床控制中，作为点动调整控制的电动机，常用定子绕组串电阻减压起动方式来限制起动电流。起动电阻一般采用由电阻丝绕制的板式电阻或铸铁电阻，电阻率大，限流能力强，但由于起动过程中能量消耗较大，也常将电阻改用电抗，但电抗价格高，成本高。

2. 星-三角减压起动控制电路

对于正常运行时定子绕组为三角形联结的笼型异步电动机，可采用星-三角减压起动的方法来限制起动电流。起动时，定子绕组先接成星形，待转速上升到接近额定转速时，将定子绕组的连接方式由星形改接成三角形，使电动机进入全电压正常运行状态。图 2-17a 所示为星-三角转换绕组连接示意图。

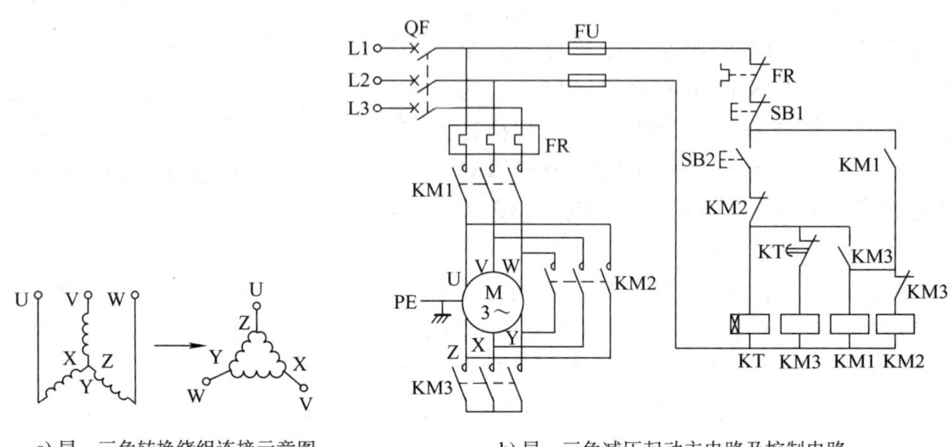

a) 星－三角转换绕组连接示意图　　b) 星－三角减压起动主电路及控制电路

图 2-17　星-三角减压起动控制电路

图 2-17b 所示为星-三角减压起动主电路及控制电路。该主电路由三只接触器进行控制，其中，KM3 的主触点闭合，则将电动机绕组连接成星形；KM2 的主触点闭合，则将电动机绕组连接成三角形；KM1 的主触点则用来控制电源的通断。KM2、KM3 不能同时吸合，否则将出现三相电源短路事故。

控制电路中，采用时间继电器来实现电动机绕组由星形联结向三角形联结的自动转换。

电路的工作原理：按下起动按钮 SB2，时间继电器 KT、接触器 KM3 的线圈得电，接触器 KM3 的主触点闭合，将电动机绕组接成星形。随着 KM3 得电吸合，KM1 的线圈得电并自锁，电动机绕组在星形联结下起动。待电动机转速接近额定转速时，KT 延时完毕，其常闭延时触点动作，接触器 KM3 失电，其常闭触点复位，KM2 得电吸合，将电动机绕组接成三角形，电动机进入全电压运行状态。该控制电路的特点如下：

1）接触器 KM3 先吸合，KM1 后吸合。这样，KM3 的主触点是在无负载的条件下进行接触的，可以延长 KM3 主触点的使用寿命。

2）互锁保护措施。KM3 的常闭触点在电动机起动过程中锁住 KM2 的线圈回路，只有在电动机起动完毕，并且 KM3 的线圈失电后，KM2 才可能得电吸合；KM2 的常闭触点与 SB2 串联，在电动机正常运行时，如果有人误按起动按钮 SB2，KM2 的常闭触点能防止接触器 KM3 得电动作而造成电源短路，使电路工作更为可靠，同时也可防止接触器 KM2 的主触点由于熔焊住或机械故障而没有断开时，可能出现的电源短路事故。

3）电动机绕组由星形联结向三角形联结自动转换后，随着 KM3 失电，KT 失电复位。这样，节约了电能，延长了电器的使用寿命，同时 KT 常闭触点的复位为第二次起动做好准备。

与其他减压起动方法相比，星-三角减压起动电路简单、操作方便、价格低，在机床电动机控制中得到了普遍应用。星-三角减压起动时，加到定子绕组上的起动电压降至额定电压的$1/\sqrt{3}$，起动电流降为三角形联结直接起动时的 1/3，从而限制了起动电流，但由于起动转矩也降低到了原来的 1/3，所以该起动方法仅适用于轻载或空载起动的场合。

3. 自耦变压器减压起动控制电路

在自耦变压器减压起动的控制电路中，电动机起动电流的限制是依靠自耦变压器的降压作用来实现的。电动机起动时，定子绕组得到的电压是自耦变压器的二次电压，一旦起动完毕，自耦变压器便被短接，自耦变压器的一次电压（即额定电压）直接加在定子绕组上，电动机进入全电压正常运行状态。

采用时间继电器完成的自耦变压器减压起动控制电路如图 2-18 所示。起动时，合上电源开关 QF，按下起动按钮 SB2，接触器 KM1、KM3 的线圈和时间继电器 KT 的线圈得电，KT 的瞬时动作常开触点闭合，接触器 KM1、KM3 的主触点闭合将电动机定子绕组经自耦变压器接至电源，开始减压起动。时间继电器经过一定时间延时后，其延时常闭触点打开，使接触器 KM1、KM3 的线圈失电，KM1、KM3 的主触点断开，从而将自耦变压器切除。同时，KT 的延时闭合常开触点闭合，使 KM2 的线圈得电，KM2 的常开辅助触点闭合自锁，电动机在全电压下运行，完成整个起动过程。

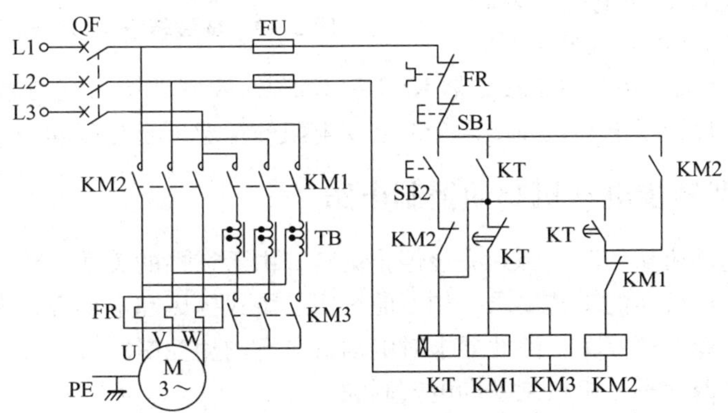

图 2-18　自耦变压器减压起动控制电路

自耦变压器减压起动时对电网的冲击电流小，功率损耗小，主要适用于起动较大容量的星形或三角形联结的电动机，起动转矩可以通过改变抽头的连接位置而改变。它的缺点是自耦变压器结构相对复杂，价格较高，而且不允许频繁起动。

2.2.3　三相绕线转子异步电动机起动控制电路

绕线转子异步电动机可以通过集电环在转子绕组中串接外加电阻来达到减小起动电流、提高转子电路的功率因数和增加起动转矩的目的。

串接在三相转子绕组中的外加起动电阻，一般都接成星形。在起动前，外加起动电阻全部接入转子绕组。随着起动过程的结束，外接起动电阻被逐段短接。

图 2-19 所示的主电路中，串接了两级起动电阻 R_1、R_2，起动过程中逐步短接起动电阻 R_1、R_2。串接起动电阻的级数越多，起动越平稳。接触器 KM2、KM3 为加速接触器。

控制过程中选择电流作为控制参量进行控制的方式称为电流原则。图 2-19 所示电路是按电流原则控制绕线转子异步电动机起动的。它采用电流继电器，并依据电动机转子电流的变化，来自动逐段切除转子绕组中所串接的起动电阻。

图 2-19 中，KI1 和 KI2 为电流继电器，其线圈串接在转子绕组电路中。这两个电流继电器的吸合电流大小相同，但释放电流不一样，KI1 的释放电流大，KI2 的释放电流小。刚起动时，转子绕组中起动电流很大，电流继电器 KI1 和 KI2 的线圈都吸合，它们接在控制电路中的常闭触点都断开，外接起动电阻全部接入转子绕组电路中；待电动机的转速升高后，转子绕组中的电流减

小，使电流继电器 KI1 先释放，KI1 的常闭触点复位闭合，使接触器 KM2 的线圈得电吸合，转子绕组电路中 KM2 的主触点闭合，切除电阻 R_1；当 R_1 被切除后，转子绕组中的电流重新增大使转速平稳，随着转速继续上升，转子绕组中的电流又会减小，使电流继电器 KI2 释放，其常闭触点复位，接触器 KM3 的线圈得电吸合，转子绕组电路中 KM3 的主触点闭合，把第二级电阻 R_2 又短接切除，至此电动机起动过程结束。

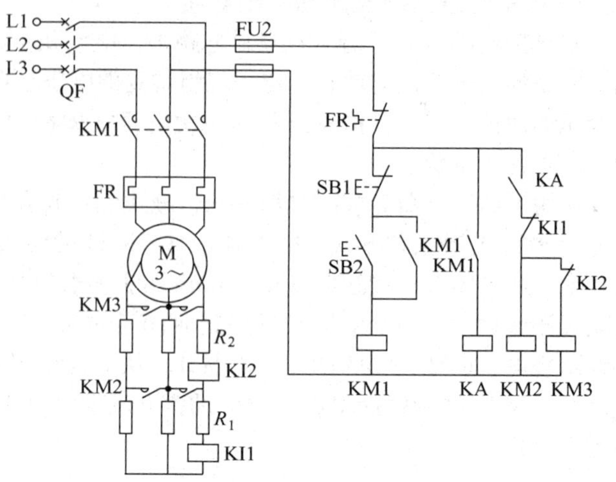

图 2-19　绕线转子异步电动机控制电路

图 2-19 中，中间继电器 KA 起转换作用，保证起动时全部起动电阻接入转子绕组电路。只有在中间继电器 KA 的线圈得电，KA 的常开触点闭合后，接触器 KM2 和 KM3 的线圈才有可能得电吸合，然后才能逐级切除电阻，这样就保证了电动机在串入全部起动电阻的情况下进行起动。

2.2.4　三相笼型异步电动机制动控制电路

三相笼型异步电动机从切除电源到完全停止旋转，由于惯性的关系，总要经过一段时间，这往往不能适应某些生产机械的工艺要求，如万能铣床、卧式镗床和电梯等，为提高生产效率及准确停位，要求电动机能迅速停车，因此要求对电动机进行制动控制。

制动方法一般有两大类：机械制动和电气制动。

机械制动是采用机械装置强迫电动机断开电源后迅速停转的制动方法，主要采用电磁抱闸、电磁离合器等制动，两者都是利用电磁线圈通电后产生磁场，使静铁心产生足够大的吸力吸合衔铁或动铁心（电磁离合器的动铁心被吸合，动、静摩擦片分开），克服弹簧的拉力而满足现场的工作要求。电磁抱闸是靠闸瓦的摩擦制动闸，电磁离合器是利用动、静摩擦片之间足够大的摩擦力使电动机断电后立即停车的。

电气制动是电动机在切断电源的同时给电动机一个和实际转向相反的电磁转矩（制动转矩）迫使电动机迅速停车的制动方法。常用的电气制动方法有反接制动和能耗制动。

1. 反接制动控制电路

反接制动是利用改变电动机电源相序，使定子绕组产生的旋转磁场与转子惯性旋转方向相反，从而产生制动作用的一种制动方法。

（1）单向运行反接制动控制电路

图 2-20 所示为单向运行反接制动控制电路。主电路中，接触器 KM1 的主触点用来提供电动机的工作电源，接触器 KM2 的主触点用来提供电动机停车时的制动电源。

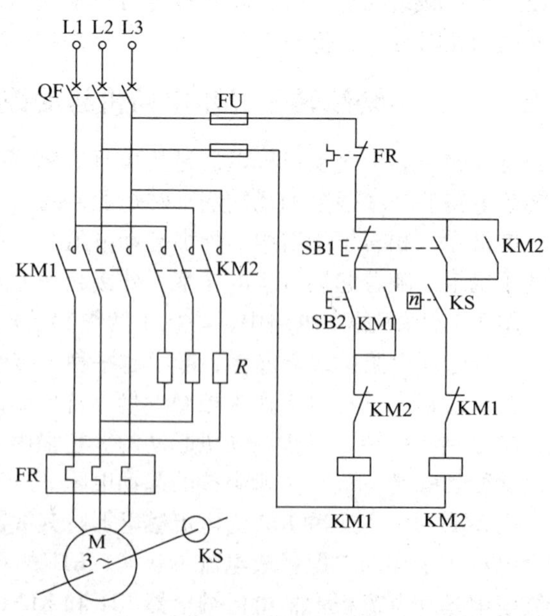

图 2-20　单向运行反接制动控制电路

电路的工作原理：起动时，合上电源开关QF，按下起动按钮SB2，接触器KM1的线圈得电吸合且自锁，KM1的主触点闭合，电动机起动运转；当电动机转速升高到一定数值时，速度继电器KS的常开触点闭合，为反接制动做好准备。停车时，按停止按钮SB1，接触器KM1的线圈失电释放，KM1的主触点断开电动机的工作电源；而接触器KM2的线圈得电吸合，KM2的主触点闭合，串入电阻 R 进行反接制动，电动机产生一个反向电磁转矩（即制动转矩），迫使电动机转速迅速下降，当转速降至100r/min以下时，速度继电器KS的常开触点复位打开，使接触器KM2的线圈失电释放，及时切断电动机的电源，防止电动机的反向再起动。

（2）可逆运行反接制动控制电路

图2-21所示为可逆运行反接制动控制电路。图中，KM1、KM2为正、反转接触器，KM3为短接电阻接触器；KA1～KA3为中间继电器；KS为速度继电器，其中，KS1为正转动作触点，KS2为反转动作触点。

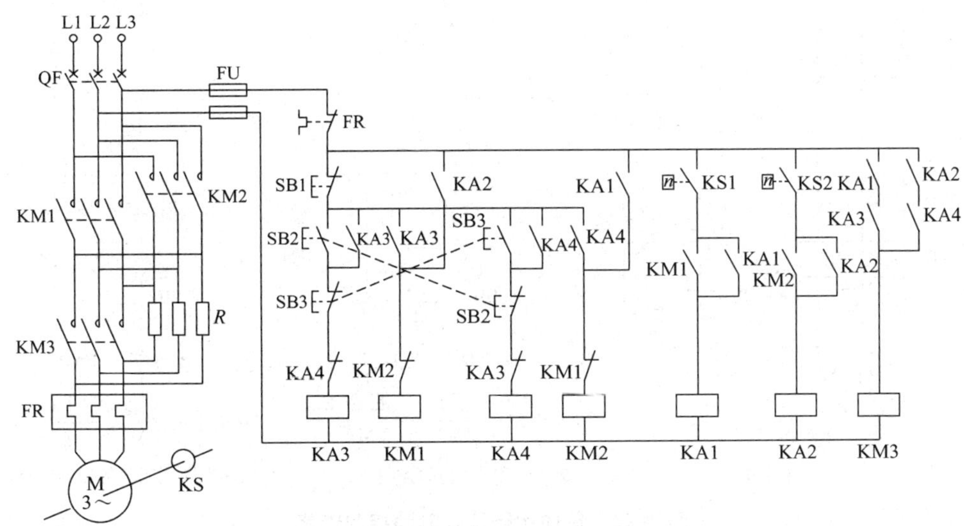

图2-21　可逆运行反接制动控制电路

电路的工作原理，请大家自行分析。

由于反接制动时转子与定子旋转磁场的相对速度接近于两倍的同步转速，所以定子绕组中流过的反接制动电流相当于全电压直接起动时电流的两倍。因此，反接制动的特点是制动迅速、效果好，但冲击力大，通常仅用于10kW以下的小容量电动机要求制动迅速及系统惯性大，不经常起动与制动的设备，如铣床、镗床等主轴的制动控制。为了减小冲击电流，通常要求在主电路中串接一定的电阻以限制反接制动电流，这个电阻称为反接制动电阻。

2. 能耗制动控制电路

能耗制动是在电动机脱离三相交流电源后，立即使其两相定子绕阻加上一个直流电源，即通入直流电流，利用转子感应电流与静止磁场的相互作用来达到制动目的的一种制动方法。该制动方法将电动机旋转的动能转换为电能，消耗在制动电阻上，故称为能耗制动。能耗制动可按时间原则由时间继电器来控制，也可按速度原则由速度继电器来控制。

（1）单向运行能耗制动控制电路

图2-22所示为单向运行能耗制动控制电路。图中，KM1为单向运行接触器，KM2为能耗制动接触器，TR为整流变压器，VC为桥式整流电路，R 为能耗制动电阻。

图2-22b所示为按时间原则控制的单向运行能耗制动控制电路。电动机起动时，合上电

源开关 QF，按下起动按钮 SB2，接触器 KM1 的线圈得电吸合，KM1 的主触点闭合，电动机起动运转。停车时，按下停止按钮 SB1，接触器 KM1 的线圈失电释放，接触器 KM2 和时间继电器 KT 的线圈得电吸合，KM2 的主触点闭合，电动机定子绕组通入全波整流脉动直流电进入能耗制动状态。当转子的惯性转速接近于零时，KT 的常闭触点延时断开，接触器 KM2 的线圈失电释放，KM2 的主触点断开全波整流脉动直流电源，电动机能耗制动结束。图中 KT 的瞬时常开触点的作用是为了防止发生时间继电器线圈断线或机械卡住故障时，电动机在按下停止按钮 SB1 后仍能迅速制动，两相的定子绕组不至于长期接入能耗制动的直流电流。所以，在 KT 发生故障后，该电路具有手动控制能耗制动的能力，即只要停止按钮处于按下的状态，电动机就能够实现能耗制动。

图 2-22c 所示为按速度原则控制的单向运行能耗制动控制电路，其能耗制动过程请读者自行分析。

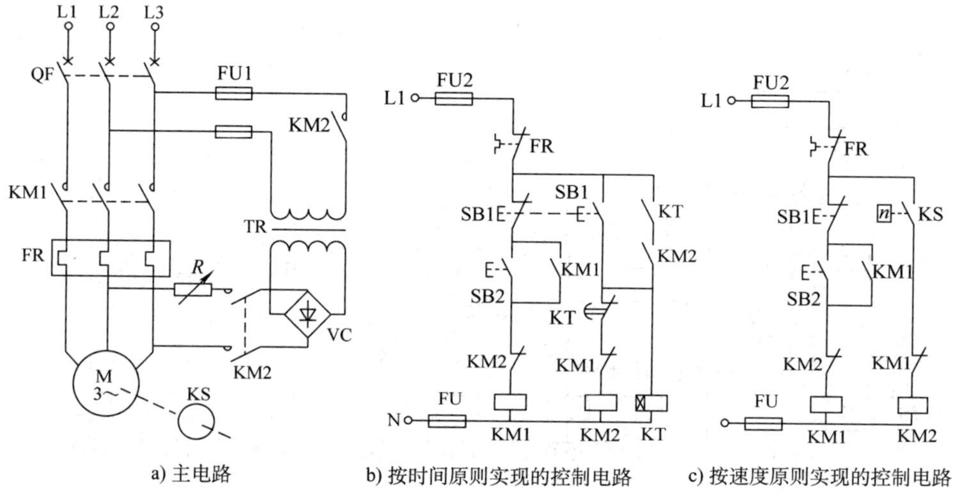

a) 主电路　　b) 按时间原则实现的控制电路　　c) 按速度原则实现的控制电路

图 2-22　单向运行能耗制动控制电路

（2）可逆运行能耗制动控制电路

图 2-23 所示为采用速度原则控制的可逆运行能耗制动控制电路。图中，KM1、KM2 为正、反转接触器，KM3 为能耗制动接触器；KS 为速度继电器，KS1 为正转动作触点，KS2 为反转动作触点。

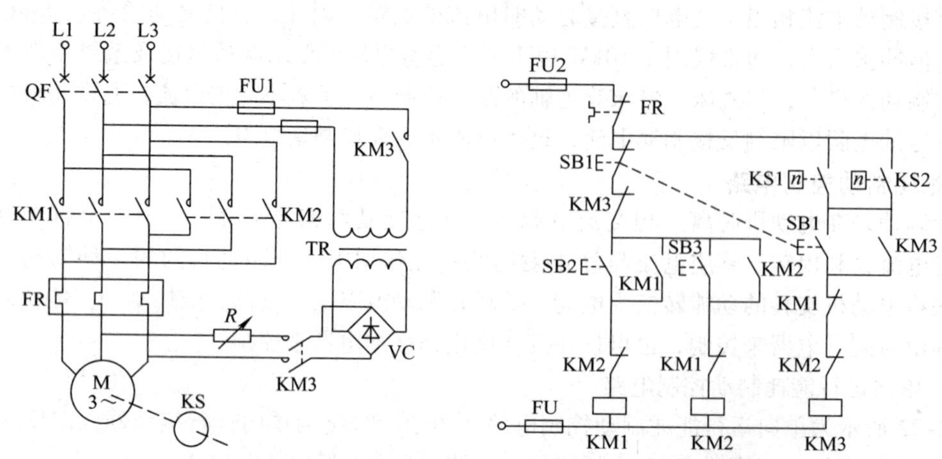

图 2-23　采用速度原则控制的可逆运行能耗制动控制电路

电路的工作原理，请读者自行分析。

可逆运行能耗制动也可按时间原则进行控制，用时间继电器取代速度继电器进行控制。

能耗制动的优点是制动准确、平稳且能量消耗较小，缺点是需要附加直流电源装置，制动效果不及反接制动明显。所以能耗制动一般用于电动机容量较大，起动、制动频繁的场合，如磨床、立式铣床等控制电路中。

2.2.5　三相笼型异步电动机调速控制电路

很多机械设备常要求拖动的三相笼型异步电动机可调速，以满足自动控制要求。电动机调速一般有两类方法：定速电动机与减速箱配合的调速方式和采用自身可调速的电动机。前者常采用机械式或油压式变速器，或者采用电磁转差离合器，其缺点是调速范围小、效率低。电动机直接调速的方法主要有变更定子绕组极对数的变极调速、变频调速和改变转差率调速等方式。变极调速虽然不能实现无级调速，但价格低，控制简单、可靠，因此在有级调速能够满足要求的机械设备上，广泛采用多速异步电动机作为主拖动电动机，如外圆磨床、镗床等。本节主要介绍变极调速原理及控制电路。变频调速的内容请参考其他书籍。

变极调速通过改变定子绕组极对数来改变电动机的转速，一般有双速、三速、四速之分。双速电动机定子装有一套绕组，而三速、四速电动机则有两套绕组。

1. 双速电动机的调速原理

双速电动机的变速是通过改变定子绕组的连接方式来改变极对数，从而实现转速的改变。常见的定子绕组连接方式有两种：三角形→双星形（△→YY）变换和星形→双星形（Y→YY）变换。

△→YY变换是定子绕组由三角形联结改为双星形联结，即由图 2-24a 所示的三角形联结变换成图 2-24c 所示的双星形联结。图 2-24a 中电动机的三相定子绕组为三角形联结，三个绕组的三个连接点有三个出线端 U1（W3）、V1（U3）、W1（V3），每相绕组的中点各接出一个出线端 U2、V2、W2，共有九个出线端。改变这九个出线端与电源的连接方式就可得到两种不同的转速。要使电动机低速工作，只需将三相电源接至电动机定子绕组三角形联结顶点的出线端 U1（W3）、V1（U3）、W1（V3）上，其余三个出线端 U2、V2、W2 空着不接，此时电动机定子绕组接成△联结，电动机极数为 4 极，同步转速为 1500r/min。若要电动机高速工作，则将电动机定子绕组的六个出线端 U1、V1、W1、U3、V3、W3 连接在一起，电源接到 U2、V2、W2 三个出线端上，这时电动机定子绕组接成YY联结，如图 2-24c 所示，此时电动机极数为 2 极，同步转速为 3000r/min。

Y→YY变换是定子绕组由星形联结改为双星形联结，即由图 2-24b 所示的星形联结变换成 2-24c 所示的双星形联结，电动机可由低速转为高速运行。

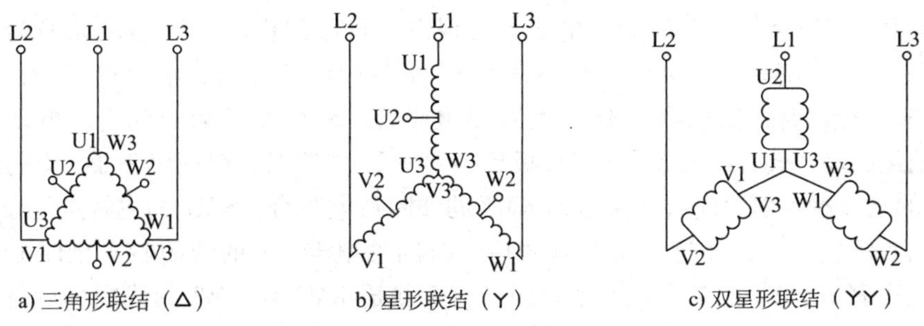

图 2-24　双速电动机定子绕组联结图

△联结和Y联结这两种连接方式变换成双星形联结均使电动机极对数减少一半，转速增加一倍。但△→YY变换适用于拖动恒功率性质的负载，而Y→YY变换适用于拖动恒转矩性质的负载。

应当注意，变极调速有“反转向”和“同转向”两种方法。若变极后电源相序不变，则电动机反转高速运行；若要保持电动机变极后转向不变，则必须在变极的同时改变电源的相序。

2. 双速电动机的控制电路

双速电动机的控制电路有很多种，用双速手动开关进行控制时，其电路较简单，但不能带负载起动，通常是用交流接触器来进行控制。

（1）接触器控制的双速电动机控制电路

图 2-25 所示为采用三只接触器实现双速电动机控制的主电路和控制电路。其工作原理如下：

低速控制时，先合上电源开关 QF，然后按下起动按钮 SB2，接触器 KM1 的线圈得电吸合，KM1 的主触点闭合，电动机绕组接成三角形联结，低速起动运转。

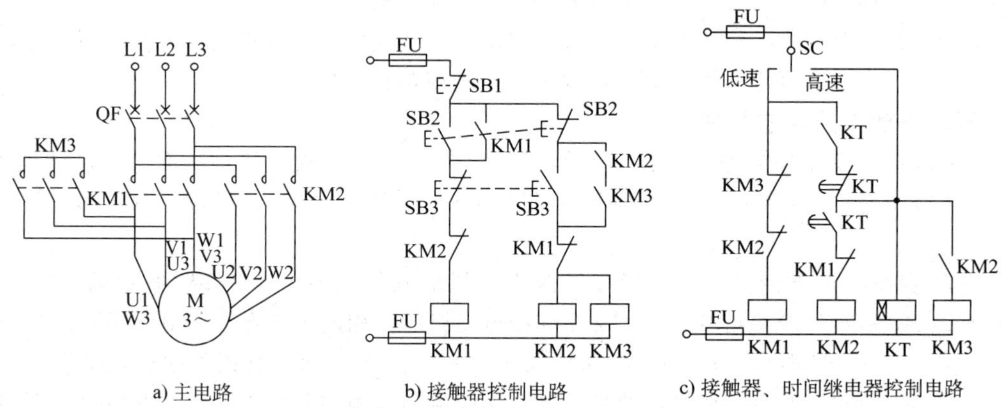

a) 主电路　　b) 接触器控制电路　　c) 接触器、时间继电器控制电路

图 2-25　双速电动机的主电路和控制电路

高速控制时，按下高速起动按钮 SB3，切断接触器 KM1 的线圈电路，KM3 和 KM2 的线圈同时得电吸合，KM3 的主触点闭合，将电动机的定子绕组 U1（W3）、V1（U3）、W1（V3）并头，KM2 的主触点闭合，将三相电源通入电动机定子绕组的 U2、V2、W2 端，电动机绕组接成YY，高速起动运转。

运行中，若要变速，则只要直接按下按钮 SB2 或 SB3，就可以实现由高速变低速或由低速变高速的运行。这种控制电路适合于小容量双速电动机的控制。

（2）采用接触器、时间继电器的控制电路

图 2-25c 中采用转换开关和时间继电器来实现电动机绕组由“△”自动切换为“YY”。图中 SC 为具有三个触点的转换开关。当转换开关 SC 扳到中间位置时，电动机停转；当转换开关 SC 扳到“低速”位置时，接触器 KM1 的线圈得电吸合，KM1 的主触点闭合，电动机定子绕组接成△，以低速起动运转；当转换开关 SC 扳到“高速”位置时，时间继电器 KT 的线圈首先得电吸合，KT 的动合触点瞬时闭合，接触器 KM1 的线圈得电吸合，KM1 的主触点闭合，电动机 M 定子绕组接成△低速起动，经过一定的延时后，时间继电器 KT 的常闭触点延时断开，接触器 KM1 的线圈失电释放，KT 的常开触点延时闭合，接触器 KM3 和 KM2 的线圈先后得电吸合，电动机定子绕组接成YY高速运转。

显然，该控制电路对双速电动机的高速起动是两级起动控制，以减少电动机在高速档起动时的能量消耗。该控制电路适用于较大容量双速电动机的控制。

2.2.6　组成电气控制电路的基本规律

前面几节主要介绍了三相笼型异步电动机的起动、制动、调速等基本控制电路，这里对组成电气控制电路的基本规律进行总结，以便读者更好地进行电气控制电路的分析与设计。按联锁控制和按控制过程的变化参量进行控制是组成电气控制电路的基本规律。

1. 按联锁控制的规律

电气控制电路中，各电器之间具有互相制约、互相配合的控制，称为联锁控制。在顺序控制电路中，要求接触器 KM1 得电后，接触器 KM2 才能得电，可以将前者的常开触点串接在 KM2 线圈的控制电路中，或者将 KM2 控制线圈的电源从 KM1 的自锁触点后引入。在电动机正、反转控制电路中，要求接触器 KM1 得电后，接触器 KM2 的线圈不能得电吸合，则需将前者的常闭触点串接在 KM2 的线圈电路中，反之亦然。这种联锁关系称为互锁。

在单向点动、自锁混合控制电路中，为了可靠地实现点动控制，要求电动机的正常连续工作与点动工作实现联锁控制，则需用复合按钮作点动控制按钮，并将点动按钮的常闭触点串接在自锁电路中。在具有自动停止的正、反转控制电路中，为使运动部件在规定的位置停下来，可以把正向行程开关 SQ1 的常闭触点串联接入正转接触器 KM1 的线圈电路中，把反向行程开关 SQ2 的常闭触点串联接入反转接触器 KM2 的线圈电路中。

综上所述，实现联锁控制的基本方法是采用反映某一运动的联锁触点控制另一运动的相应电器，从而达到联锁控制的目的。联锁控制的关键是正确选择联锁触点。

2. 按控制过程的变化参量进行控制的规律

在生产过程中，总伴随着一系列的参数变化，如电流、电压、压力、温度、速度、时间等参数。在电气控制中，常选择某些能反映生产过程的变化参数作为控制参量进行控制，从而实现自动控制的目的。

在星-三角减压起动控制电路中，选择时间作为控制参量，采用时间继电器实现电动机绕组由星形联结向三角形联结自动转换的控制。这种选择时间作为控制参量进行控制的方式称为按时间原则的控制方式。

在自动往返控制电路中，选择运动部件的行程作为控制参量，采用行程开关实现运动部件自动往返运动的控制。这种选择行程作为控制参量进行控制的方式称为按行程原则的控制方式。

在反接制动控制电路中，选择速度作为控制参量，采用速度继电器实现及时切断反向制动电源的控制。这种选择速度（转速）作为控制参量进行控制的方式称为按速度原则的控制方式。

在绕线转子异步电动机的起动控制电路中，选择电流作为控制参量，采用电流继电器实现电动机起动过程中逐段短接起动电阻的控制。这种选择电流作为控制参量进行控制的方式称为按电流原则的控制方式。

控制过程中选择电压、压力、温度等控制参量进行控制的方式分别称为按电压原则、压力原则、温度原则的控制方式。

按控制过程的变化参量进行控制的关键是正确选择控制参量、确定控制原则，并选定能反映该控制参量变化的电气元件。例如，按时间原则控制时，应选用时间继电器来反映时间参量的变化。

2.2.7　电气控制电路中的保护环节

电气控制系统除了应满足生产工艺的要求外，还应保证设备长期、安全、可靠、无故障地运行，在发生故障和不正常工作状态下，应能保证操作人员、电气设备和生产机械的安全，并能有效防止事故的扩大。因此，保护环节是所有电气控制系统不可缺少的组成部分。常用的保护环节有短路保护、过电流保护、过载保护、零电压保护、欠电压保护、弱磁保护等，还有保护接地、工作接地等。

1. 短路保护

电动机、电器以及导线的绝缘损坏或线路发生故障时，都可能造成短路事故。短路的瞬时故障电流可达到额定电流的几倍到几十倍，很大的短路电流和电动力可能使电气设备损坏。因此，一旦发生短路故障，要求控制电路能迅速切除电源。常用的短路保护元器件有熔断器和低压断路器。

如图2-8所示电路中的FU1，在对主电路采用三相四线制或对变压器采用中性点接地的三相三线制的供电线路中，必须采用三相短路保护。FU2是当主电动机容量较大时在控制电路中单独设置短路保护的熔断器。如果电动机容量较小，则控制电路不需要另外设置熔断器，主电路中的熔断器可作为控制电路中的短路保护。

短路保护也可采用断路器，如图2-10等所示的电路。此时，断路器除了作为电源引入开关外，还有短路保护和过载保护的功能。其中的过电流线圈具有反时限特性，用作短路保护，热元件用作过载保护。

2. 过电流保护

过电流保护是区别于短路保护的另一种电流型保护，一般采用过电流继电器，其动作电流比短路保护的电流值小，一般动作值为起动电流的1.2倍。过电流保护也要求有瞬动保护特性，即只要过电流值达到整定值，保护电器应立即切断电源。

过电流往往是由不正确的起动和过大的负载引起的，一般比短路电流要小，电动机运行中产生过电流比发生短路的可能性更大，频繁正、反转起动的重复短时工作制电动机更是如此。过电流保护广泛用于直流电动机或绕线转子异步电动机，对于三相笼型异步电动机，由于其短时过电流不会产生严重后果，故可不设置过电流保护。

3. 过载保护

电动机长期超载运行，绕组温升将超过其允许值，造成绝缘材料变脆、寿命降低，严重时会使电动机损坏，过载电流越大，达到允许温升的时间就越短。常用的过载保护元件是热继电器。过载保护要求保护电器具有反时限特性，即根据电流过载倍数的不同，其动作时间是不同的，它随着电流的增加而减小。

由于热惯性的原因，热继电器不会受电动机短时过载冲击电流或短路电流的影响而瞬时动作，所以在使用热继电器作过载保护的同时，还必须设有短路保护，并且选作短路保护的熔断器熔体的额定电流不应超过4倍热继电器发热元件的额定电流。

必须强调指出，短路、过电流、过载保护虽然都是电流保护，但由于故障电流、动作值以及保护特性、保护要求及使用元件的不同，它们之间是不能相互取代的。

4. 零电压保护和欠电压保护

在电动机正常运行中，如果电源电压因某种原因消失而使电动机停转，那么在电源电压恢复时，如果电动机自行起动，就可能造成生产设备损坏，甚至造成人身事故；对于供电电网，同时有许多电动机及其他用电设备自行起动也会引起不允许的过电流及瞬间网络电压下降。为了防止电源消失后恢复供电时电动机自行起动或电气元件的自行投入工作而设置的保护，称为零电压保护。

在单向自锁控制等电路中，起动按钮的自动复位功能和接触器的自锁触点，就使电路本身具有零电压保护的功能。若不采用按钮，而是用不能自动复位的手动开关、行程开关等控制接触器，则必须采用专门的零电压继电器。

当电动机正常运行时，电源电压过分地降低将引起一些电器释放，造成控制电路工作不正常，甚至产生事故；电网电压过低，如果电动机负载不变，则会造成电动机电流增大，引起电动机发热，严重时甚至烧坏电动机。此外，电源电压过低还会引起电动机转速下降，甚至停转。因此，在电源电压降到允许值以下时，需要采用保护措施，及时切断电源，这就是欠电压保护，通常采用欠电压继电器来实现。

2.3　典型生产机械电气控制电路的分析

电气控制系统是现在生产机械设备的重要组成部分，是保证机械设备各种运动的协调与准确动作、生产工艺各项要求得到满足、工作安全可靠及操作实现自动化的主要技术手段。电气控制设备种类繁多，拖动方式各异，控制电路也各不相同。本节在学习了基本电气控制电路的基础上，通过典型生产机械C650型卧式车床的电气控制电路的分析，使读者掌握其分析方法，从中找出分析规律，逐步提高阅读电气控制电路图的能力，为进行电气控制电路的设计、调试和维护等工作打下良好的基础。

2.3.1　电气控制电路分析的基础

1. 电气控制电路分析的依据

分析设备电气控制电路的依据是设备本身的基本结构、运动情况、加工工艺要求、电力拖动要求和电气控制要求等。这些依据来自设备本身的有关技术资料，如设备操作使用说明书、电气原理图、电气安装接线图及电气元器件明细表等。

2. 电气控制电路分析的内容和要求

分析电气控制电路的具体内容和要求，主要包括以下几个方面。

（1）设备操作使用说明书

设备操作使用说明书一般由机械（包括液压、气动部分）和电气两大部分组成，在分析时应重点了解以下内容：

1）设备的构造组成、工作原理，传动系统的类型及驱动方式，主要性能指标等。

2）电气传动方式，电动机及执行电器的数量、规格型号、用途、控制要求及安装位置等。

3）设备的操作方式，各种操作手柄、开关、按钮、指示灯的作用与安装位置。

4）与机械、液压部分直接关联的电气元器件，如行程开关、电磁阀、电磁离合器、各种传感器等元器件，它们的安装位置、工作状态及与机械、液压部分的关系，在控制中的作用等。

（2）电气原理图

电气原理图是控制电路分析的中心内容。在分析时，必须与阅读其他技术资料结合起来，例如，各种电动机及执行电器的控制方式、位置及作用，各种与机械设备有关的位置开关、主令电器的状态等。

2.3.2　电气原理图阅读分析的方法与步骤

阅读电气原理图的基本方法可总结为先机后电、先主后辅、化整为零、集零为整。具体的方法是查线分析法，即以某一电动机或电气元件（如接触器或继电器线圈）为对象，从电源开始，自上而下、自左而右，逐一分析其通断关系，并区分出主令信号、联锁条件和保护环节等，根据图区坐标所标注的检索可方便地分析出各控制条件与输出的因果关系。

电气原理图的分析方法与步骤如下。

（1）分析主电路

从主电路入手，根据每台电动机和执行电器的控制要求去分析各电动机和执行电器的类型、工作方式、起动方式、转向控制、调速和制动等基本控制要求。

（2）分析控制电路

分析控制电路最基本的方法是“查线读图”法。根据主电路中各电动机和执行电器的控制要求，逐一找出控制电路中的控制环节，用前面学过的基本控制电路的知识，将控制电路“化整为零”，按功能不同划分成若干个局部控制电路来进行分析。

（3）分析辅助电路

辅助电路包括执行电器的工作状态显示、电源显示、参数测定、照明和故障报警等部分。辅助电路中很多部分是由控制电路中的元器件来控制的，所以在分析辅助电路时，还要回过头来对照控制电路进行分析。

（4）分析联锁与保护环节

生产机械对于安全性和可靠性有很高的要求。为实现这些要求，除了合理地选择拖动与控制方案外，在控制电路中还设置了一系列电气保护和必要的电气联锁。在分析过程中，电气联锁与电气保护环节是一项重要内容，不能遗漏。

（5）分析特殊控制环节

在某些控制电路中，还设置了一些与主电路、控制电路关系不密切，相对独立的某些特殊环节，如产品计数装置、自动检测系统、晶闸管触发电路、自动调温装置等。这些特殊环节往往自成一个小系统，其读图分析的方法可参照上述分析过程，并灵活运用所学过的电子技术、变流技术、自控原理、检测与转换等知识逐一分析。

（6）总体检查

经过“化整为零”，逐步分析了每一局部电路的工作原理以及各部分之间的控制关系之后，还必须用“集零为整”的方法，检查整个控制电路，以免遗漏。特别要从整体角度去进一步检查和理解各控制环节之间的联系，以达到清楚地理解电路图中每一个电气元器件的作用、工作过程及主要参数。

2.3.3 C650型卧式车床电气控制电路的分析

卧式车床是一种应用极为广泛的金属切削机床，主要用于车削外圆、内圆，并可通过尾座进行钻孔、铰孔和攻螺纹等切削加工。

卧式车床通常由一台主轴电动机拖动，经由机械传动链，实现切削主运动和刀具进给运动的输出，其运动速度由变速齿轮箱通过手柄操作进行切换。刀具的快速移动、冷却泵和液压泵等常采用单独的电动机驱动。不同型号的卧式车床，其主电动机的工作要求不同，因而由不同的控制电路组成。下面以C650型卧式车床为例，进行电气控制电路的分析。

1. 车床的主要结构和运动形式

C650型卧式车床可加工的最大工件回转直径为1020mm，最大工件长度为3000mm，属于中型车床。

C650型卧式车床由床身、主轴变速箱、进给箱、溜板箱、刀架、尾座、丝杠、光杆等部分组成，其结构示意图如图2-26所示。

C650型卧式车床的切削加工包括主运动和进给运动。主运动是安装在床身主轴箱中的主轴转动，由主轴通过卡盘或顶尖带着工件做旋转运动。进给运动是溜板箱中的溜板带动刀架的直线运动，刀具安装在刀架上，与溜板一起随溜板箱沿主轴轴向方向实现进给移动。主轴的转动和溜板箱的移动均由

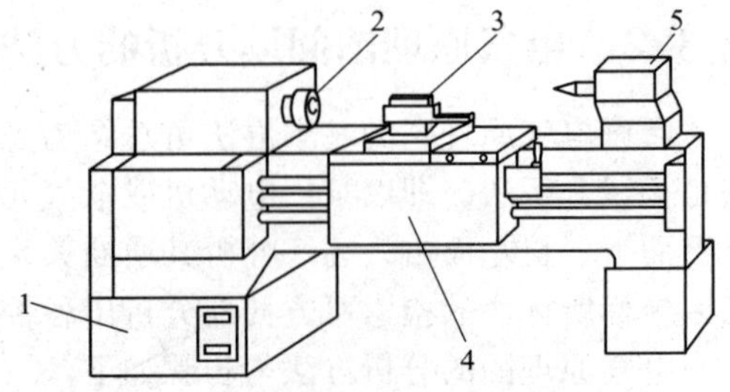

图2-26 C650型卧式车床的结构示意图

1—床身 2—主轴 3—刀架 4—溜板箱 5—尾座

主轴电动机驱动。主轴电动机传来的动力，经过主轴变速箱、挂轮箱传到进给箱，再由光杆或丝杠传到溜板箱，使溜板箱带动刀架沿床身导轨做纵向进给运动；或者传到溜板，使刀架做横向进给运动。所谓纵向进给，是指相对于操作者向左或向右的运动；所谓横向进给，是指相对于操作者往前或往后的运动。

由于加工的工件较长，加工时转动惯量也比较大，需停车时不易立即停止转动，所以其必须有停车制动的功能，这里采用反接制动的方法。为了加工螺纹等工件，主轴需要正、反转，主轴的转速应随工件的材料、尺寸要求及刀具的种类不同而变化，所以要求在较宽的范围内进行速度的调节。在加工过程中，还需提供冷却液，并且为减轻操作工的劳动强度和节省辅助工作时间，要求带动刀架移动的溜板能够快速移动。

2. 电力拖动和控制要求

（1）主轴电动机 M1

车床的主轴运动及溜板箱进给运动均由主轴电动机 M1 来拖动。主轴电动机采用直接起动方式，可正、反两个方向旋转，并可进行正、反两个旋转方向的电气停车制动。为加工调整方便，还应具有点动功能。

（2）冷却泵电动机 M2

车削加工时，为防止刀具和工件的温升过高，需要用冷却液冷却，因此需安装一台冷却泵，由冷却泵电动机拖动。它只需要单方向连续运转，采用直接起动及停止方式。

（3）快速移动电动机 M3

M3 拖动刀架快速移动，还可根据使用需要随时进行手动起、停控制。

（4）保护及照明电路

主轴电动机 M1 和冷却泵电动机 M2 应具有必要的短路保护和过载保护功能。

应具有局部照明装置。为安全起见，照明电路采用 36V 安全电压。

3. 电气控制电路的分析

C650 型卧式车床的电气控制电路如图 2-27 所示。使用的电气元器件符号与功能说明见表 2-1。

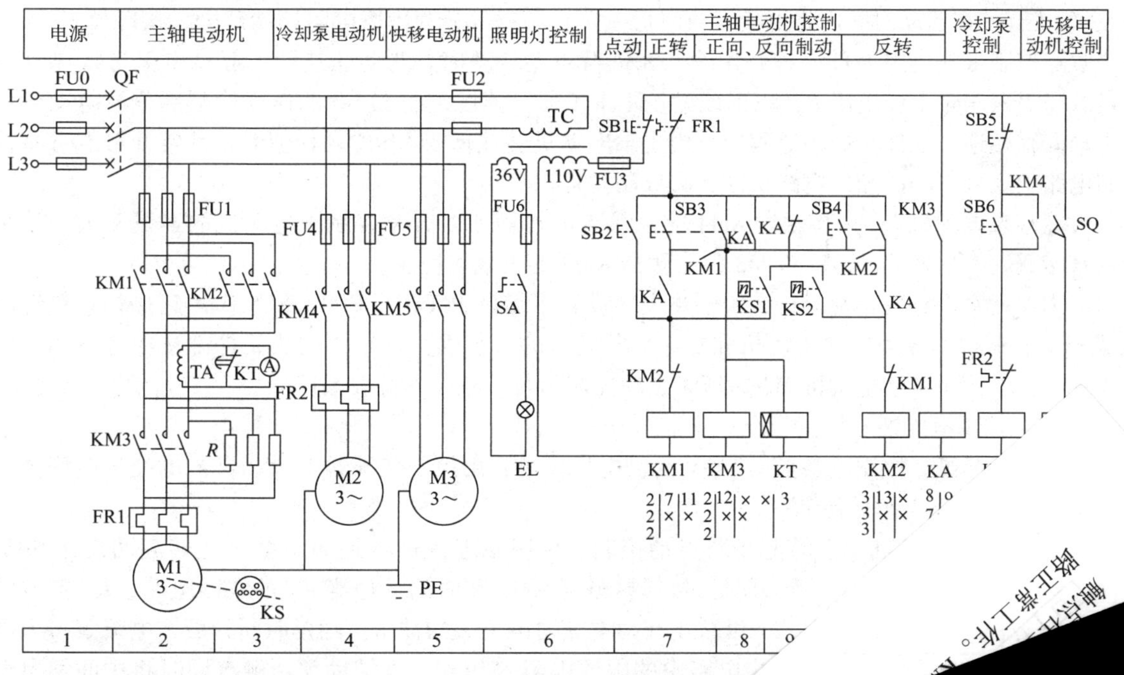

图 2-27 C650 型卧式车床的电气控制

表 2-1 电气元器件符号及功能说明表

符　号	名称及用途	符　号	名称及用途
M1	主轴电动机	SB1	总停按钮
M2	冷却泵电动机	SB2	主轴电动机正向点动按钮
M3	快速移动电动机	SB3	主轴电动机正向起动按钮
KM1	主轴电动机正转接触器	SB4	主轴电动机反向起动按钮
KM2	主轴电动机反转接触器	SB5	冷却泵电动机停止按钮
KM3	短接限流电阻接触器	SB6	冷却泵电动机起动按钮
KM4	冷却泵电动机起动接触器	TC	控制变压器
KM5	快速移动电动机起动接触器	FU0 ~ FU6	熔断器
KA	中间继电器	FR1	主轴电动机过载保护热继电器
KT	通电延时时间继电器	FR2	冷却泵电动机保护热继电器
SQ	快速移动电动机点动行程开关	R	限流电阻
SA	开关	EL	照明灯
KS	速度继电器	TA	电流互感器
A	电流表	QF	低压断路器

（1）主电路的分析

图 2-27 所示的主电路有三台电动机，电源由低压断路器 QF 引入。主轴电动机 M1 的电路接线分为三部分：第一部分为由正转控制接触器 KM1 和反转控制接触器 KM2 的两组主触点构成电动机的正、反转接线；第二部分为电流表 A 经电流互感器 TA 接在 M1 的主回路上，以监视电动机绕组工作时的电流变化，为防止电流表被起动电流冲击损坏，利用时间继电器的延时常闭触点（3 区），在起动时间内将电流表暂时短接掉；第三部分为串联电阻控制部分，接触器 KM3 的主触点控制限流电阻 R 的接入和切除。在进行点动调整时，为防止连续的起动电流造成电动机过载，串入三个限流电阻 R，以保证设备正常工作。速度继电器 KS 的速度检测部分与电动机的主轴同轴相连，在停车制动过程中，当主轴电动机转速低于 KS 的动作值时，其常开触点可将控制电路中反接制动的相应电路切断，完成制动停车。

冷却泵电动机 M2 由接触器 KM4 的主触点的接通或断开来控制。电动机的容量不大，故采用直接起动。快速移动电动机 M3 由接触器 KM5 的主触点控制。

为保证主电路的正常运行，主电路中还设置了熔断器 FU1、FU4、FU5 作短路保护。热继电器 FR1 和 FR2 分别作主轴电动机和冷却泵电动机的过载保护，它们的热元件都接在各自的主电路中。由于快速移动电动机 M3 为短时点动控制运行，故未设过载保护。

（2）控制电路的分析

为安全起见，控制电路采用 110V 交流电压供电，由控制变压器 TC 将 380V 的交流电压降压而得。熔断器 FU3 作短路保护。

1）主轴电动机正、反转起动与点动控制。控制原理：先合上 QF，按下正转起动按钮 SB3，其两常开触点同时闭合，一常开触点接通接触器 KM3 和时间继电器 KT 的线圈电路，KT 的常闭[illegible]在主电路中短接电流表 A，以防止起动电流对电流表的冲击，经延时断开后，电流表接入电[illegible]KM3 的主触点将主电路中的限流电阻 R 短接，其辅助常断触点同时将中间继电器

KA 的线圈电路接通，KA 的常闭触点将反接制动的基本电路切断，KA 的常开触点与 SB3 的常开触点均处于闭合状态，控制主轴电动机的接触器 KM1 的线圈电路得电工作并自锁，其主触点闭合，主轴电动机 M1 正向起动运转。接触器 KM1 的自锁电路由它的常开辅助触点和 KM3 线圈上方的 KA 的常开触点组成，来保持 KM1 线圈的通电。反向直接起动控制过程与正向相似，只是起动按钮为 SB4，反转接触器为 KM2。

SB2 为主轴电动机点动控制按钮。按下 SB2，直接接通 KM1 的线圈电路，电动机 M1 正向直接起动，这时 KM3 的线圈电路并没有接通，因此 KM3 的主触点不闭合，限流电阻 R 接入主电路限流，其辅助常开触点不闭合，KA 的线圈不能得电工作，从而使 KM1 的线圈电路不能自锁；松开 SB2，M1 停转，实现了主轴电动机串联电阻限流的点动控制。

2）主轴电动机反接制动控制。C650 型卧式车床采用反接制动的方式进行停车制动，停止按钮按下后开始制动过程。当电动机转速接近零时，速度继电器 KS 的触点打开，结束制动。下面以正转时进行停车制动为例，说明电路的工作原理。

当电动机 M1 正向转动时，速度继电器 KS 的常开触点 KS1 闭合，制动电路处于准备状态，按下停止按钮 SB1，切断控制电源，KM1、KM3、KA 的线圈均失电，这时 KA 的常闭触点恢复原状闭合，与 KS2 触点一起，将反转接触器 KM2 的线圈电路接通，电动机 M1 接入反相序电流，反向起动转矩将平衡正向惯性转动转矩，强迫电动机迅速停车。当电动机转速趋近于零时，KS2 复位打开，切断 KM2 的线圈电路，完成正转的反接制动。在反接制动过程中，KM3 失电，所以限流电阻 R 一直起限制反接制动电流的作用。反向转动时的反接制动过程相似，请读者自行分析。

3）冷却泵电动机和刀架快速移动电动机的控制。起动按钮 SB6、停止按钮 SB5 和接触器 KM4 的辅助触点组成自锁电路，并控制 KM4 线圈电路的通断，进而来控制冷却泵电动机 M2 的起动和停止。

转动刀架手柄压动行程开关 SQ，接通刀架快速移动电动机 M3 的控制接触器 KM5 的线圈电路，KM5 的主触点闭合，刀架快速移动电动机 M3 起动运行；拖动工作台按要求进给方向快速移动，将刀架手柄复位后，行程开关 SQ 断开，接触器 KM5 失电，刀架快速移动电动机 M3 停转。

（3）辅助电路的分析

控制变压器 TC 将 380V 交流电压降到 36V，作为照明电路的安全照明电压，由控制开关 SA 接入照明灯 EL。熔断器 FU6 作照明电路的短路保护。

2.4 电气控制电路的一般设计法

电气控制电路设计是电气控制系统设计的重要内容之一。电气控制电路的设计方法有两种：一般设计法（或称经验设计法）和逻辑设计法。在熟练掌握电气控制电路基本环节并能对一般生产机械电气控制电路进行分析的基础上，可以对简单的控制电路进行设计。对于简单的电气控制系统，由于成本问题，目前还在使用继电器-接触器控制系统，而稍微复杂的电气控制系统，目前大多采用 PLC 控制，所以本节仅简单介绍电气控制电路的一般设计法。

2.4.1 一般设计法的主要原则

一般设计法从满足生产工艺的要求出发，利用各种典型控制电路环节，直接设计出控制电路。这种设计方法比较简单，但要求设计人员必须熟悉大量的控制电路，掌握多种典型电路的设计资料，同时具有丰富的设计经验。该方法由于依靠经验进行设计，故灵活性很大。对于比较复杂的电路，可能要经过多次反复修改、试验，才能得到符合要求的控制电路。另外，设计的电路可能有多种，这就要加以分析，反复修改简化。即使这样，设计出来的电路可能不是最简单的，所用电器及触点不一定最少，设计方案也不一定是最佳方案。

设计电气控制电路时必须遵循以下几个原则：

1）最大限度地实现生产机械和工艺对电气控制电路的要求。

2）在满足生产要求的前提下，控制电路力求简单、经济、安全可靠。尽量选用标准的、常用的或经过实际考验过的电路和环节。

3）电路图中的图形符号及文字符号一律按国家标准绘制。

2.4.2 一般设计法中应注意的问题

1. 尽量缩小连接导线的数量和长度

设计控制电路时，应合理安排各电气元件的实际接线。如图 2-28 所示，起动按钮 SB1 和停止按钮 SB2 装在操作台上，接触器 KM 装在电气柜内。图 2-28a 所示的接线不合理，若按照该图接线就需要由电气柜引出四根导线到操作台的按钮上。改为图 2-28b 所示的接线后，起动按钮和停止按钮直接连接，两个按钮之间的距离最小，所需连接导线最短，且只要从电气柜内引出三根导线到操作台上，减少了一根引出线。

2. 正确连接触点，并尽量减少不必要的触点以简化电路

在控制电路中，尽量将所有的触点接在线圈的左端或上端，线圈的右端或下端直接接到电源的另一根母线上（左右端和上下端是针对控制电路水平绘制或垂直绘制而言的），这样可以减少电路内产生虚假回路的可能性，还可以简化电气柜的出线。

3. 正确连接电器的线圈

交流电器的线圈不能串联使用，即使两个线圈额定电压之和等于外加电压，也不允许串联使用。图 2-29a 电路为错误的接法，因为每个线圈上所分配到的电压与线圈阻抗成正比，两个电器动作总是有先有后，不可能同时吸合。当其中一个接触器先动作后，该接触器的阻抗要比未吸合的接触器的阻抗大。因此，未吸合的接触器可能会因线圈电压达不到其额定电压而不吸合，同时电路电流将增加，引起线圈烧毁。因此，若需要两个电器同时动作，其线圈应该并联连接，如图 2-29b 所示。

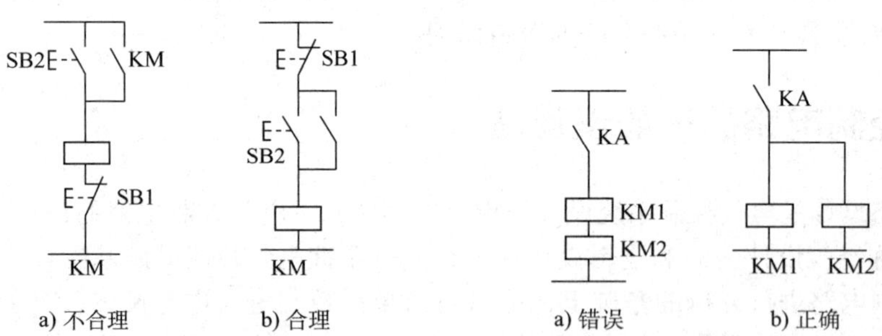

图 2-28 电器接线图　　**图 2-29 两个接触器线圈的接线图**

另外，若控制电路中采用小容量继电器的触点来断开或接通大容量接触器的线圈，要注意计算继电器触点断开或接通容量是否足够，不够时必须加小容量的接触器或中间继电器，否则工作不可靠。

2.4.3 一般设计法控制电路举例

控制要求：现有三台小容量交流异步电动机 M1、M2、M3，试设计一个控制电路，要求电动机 M1 运行 10s 后，电动机 M2 自动起动，运行 5s 后，M2 停止，并同时使电动机 M3 自动起动，再运行 15s 后，电动机全部停止。遇到紧急情况，三台电动机全部停止。三台电动机均只要求单向运转，控制电路应有必要的保护措施。

电路设计及分析：根据控制要求，采用一般设计法，逐步完善。该系统采用三只交流接触器 KM1、KM2、KM3 来控制三台电动机的起、停。有一个总起动按钮 SB2 和一个总停止按钮 SB1。另外，采用三只时间继电器 KT1、KT2、KT3 实现延时，KT1 定时值设为 10s，KT2 定时值设为 5s，KT3 定时值设为 15s。

设计的控制电路如图 2-30 所示。图中的 FR1、FR2、FR3 分别为三台电动机的过载保护用热继电器，如果工作时间很短，如 M2 只有 5s，则 FR2 可以省掉。设计时应根据控制要求考虑。

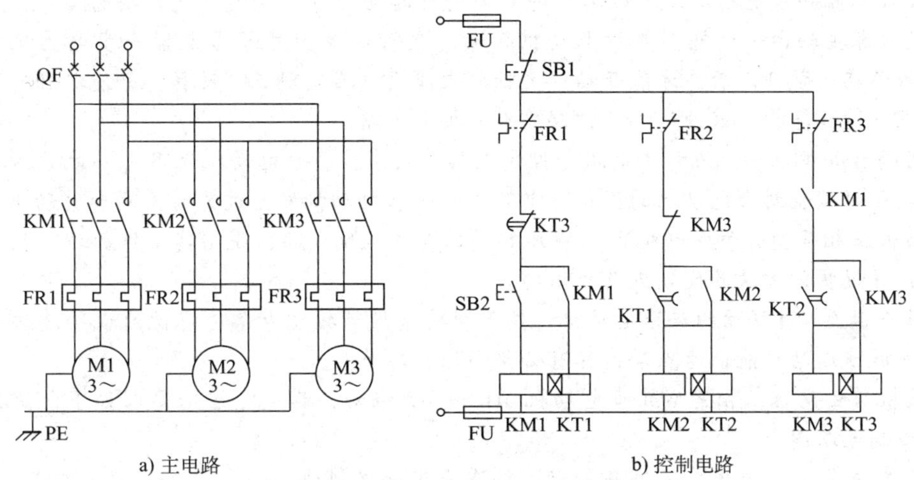

图 2-30 三台电动机起、停控制电路

习题与思考题

1. 电气图中，SB、SQ、FU、KM、KA、KT 分别是什么电气元器件的文字符号？

2. 说明“自锁”控制电路与“点动”控制电路的区别，“自锁”控制电路与“互锁”控制电路的区别。

3. 什么叫减压起动？常用的减压起动方法有哪几种？

4. 电动机在什么情况下应采用减压起动？定子绕组为Y联结的三相异步电动机能否用Y-△减压起动？为什么？

5. 什么是反接制动？什么是能耗制动？两者各有什么特点及适应什么场合？

6. 试设计一个具有点动和连续运转功能的混合控制电路，要求有合适的保护措施。

7. 某三相笼型异步电动机可自动切换正反运转，试设计主电路和控制电路，并要求有必要的保护措施。

8. 试设计一个机床刀架进给电动机的控制电路，并满足如下要求：按下起动按钮后，电动机正转，带动刀架进给；进给到一定位置时，刀架停止，进行无进刀切削；经一段时间后，刀架自动返回，回到原位又自动停止。

9. 一台三级带式运输机，分别由 M1、M2、M3 三台电动机拖动，其动作顺序如下：起动时，按下起动按钮后，要求按 M1→M2→M3 顺序起动；每台电动机顺序起动的时间间隔为 30s；停车时按下停止按钮后，M3 立即停车，再按 M3→M2→M1 顺序停车，每台电动机逆序停止的时间间隔为 10s。试设计其控制电路。

10. 设计小车运行的控制电路，小车由异步电动机拖动，其动作程序如下：小车由原位开始前进，到终端后自动停止，在终端停留2min后自动返回原位停止。要求小车在前进或后退途中的任意位置都能停止和起动。

11. 电动机控制的保护环节有哪些？

12. 组成电气控制电路的基本规律是什么？

13. 图2-12所示电路是自动往返控制电路，指出该电路中有哪些保护环节？这些保护环节各是采用什么电器实现保护功能的？该电路控制过程中，选择了哪些控制原则？这些控制原则是各采用什么电器实现控制的？

14. 设计三相异步电动机三地控制（即三地均可起动、停止）的电气控制电路。

15. 某机床主轴由一台笼型异步电动机带动，润滑油泵由另一台笼型异步电动机带动。要求：主轴必须在油泵开动后，才能开动；主轴要求能用电器实现正、反转，并能单独停车；有短路、零电压及过载保护。试设计满足控制要求的控制电路。

16. 为两台异步电动机设计主电路和控制电路，要求：两台电动机互不影响地独立操作起动与停止；能同时控制两台电动机的停止；当其中任一台电动机发生过载时，两台电动机均停止。

17. 画出三相笼型异步电动机Y-△减压起动的电气控制电路，说明其工作原理，指出电路的保护环节，并说明该方法的优缺点及适用场合。

18. 有一台△-YY联结的双速电动机，按下列要求设计控制电路：能低速或高速运行；高速运行时，先低速起动；能低速点动；具有必要的保护环节。

19. 某机床由两台三相笼型异步电动机M1和M2拖动，其电气控制要求如下，试设计出完整的电气控制电路图。

1）M1容量较大，采用Y-△减压起动，停车采用能耗制动。

2）M1运行10s后方允许M2直接起动。

3）M2停车后方允许M1停车制动。

4）M1、M2的起动、停止均要求两地操作。

5）设置必要的电气保护环节。

第3章 可编程序控制器概述

可编程序控制器（PLC）技术是在继电器-接触器控制技术、计算机技术和现代通信技术的基础上逐步发展起来的一项先进的控制技术。在现代工业发展中，PLC技术、CAD/CAM技术和机器人技术被称为现代工业自动化的三大支柱。PLC主要以微处理器为核心，用编写的程序进行逻辑控制、定时、计数和算术运算等，并通过数字量和模拟量的输入/输出（I/O）来控制各种生产过程。

3.1 PLC的产生及定义

3.1.1 PLC的产生

在PLC问世之前，工业控制领域中继电器控制占主导地位。继电器控制系统有着十分明显的缺点：体积大、耗电多、可靠性差、寿命短、运行速度慢、适应性差，尤其当生产工艺发生变化时，就必须重新设计、重新安装，造成时间和资金的严重浪费。为了改变这一状况，1968年美国最大的汽车制造商通用汽车公司（GM），为了适应汽车型号不断更新的需求，以在激烈竞争的汽车工业中占有优势，提出要研制一种新型的工业控制装置以取代继电器控制装置，并提出了著名的十项招标指标，即著名的“GM十条”：

1）编程简单，可在现场修改程序。

2）系统维护方便，采用插件式结构。

3）体积小于继电器控制柜。

4）可靠性高于继电器控制柜。

5）成本较低，在市场上可以与继电器控制柜竞争。

6）可将数据直接送入计算机。

7）可直接用交流115V输入（注：美国电网电压是110V）。

8）输出采用交流115V，可以直接驱动电磁阀、交流接触器等。

9）通用性强，扩展方便。

10）程序可以存储，存储器容量可以扩展到4KB。

如果说电子技术和电气控制技术是PLC出现的物质基础，那么“GM十条”就是PLC出现的技术要求基础，也是当今PLC最基本的功能。

1969年，美国数字设备公司（DEC）根据美国通用汽车公司的这种要求，研制成功了世界上第一台PLC，并在通用汽车公司的自动装配线上试用，取得了很好的效果。PLC具有体积小、灵活性强、可靠性高、使用寿命长、操作简单以及维护方便等优点，在美国各行业得到迅速推广。从此这项技术迅速发展起来。

3.1.2 PLC的定义

早期的PLC仅有逻辑运算、定时、计数等顺序控制功能，只是用来取代传统的继电器，通常称为可编程序逻辑控制器（Programmable Logic Controller），简称为PLC。随着微电子技术和计算机技术的发展，20世纪70年代中后期，微处理器技术应用到PLC中，作为其中央处理单元，使PLC不仅具有逻辑控制功能，还增加了算术运算、数据传送和数据处理等功能，可以用于定位、过程控制、PID控制等控制领域。美国电气制造协会将可编程序逻辑控制器正式命名为可编程序控制器（Programmable Controller），简称为PC。但由于PC容易与个人计算机（Personal Computer，PC）混淆，人们仍习惯将PLC作为可编程序控制器的简称。

20世纪80年代以后，随着大规模、超大规模集成电路等微电子技术的迅速发展，16位和32位微处理器应用于PLC中，使PLC得到迅速发展。PLC不仅控制功能增强，同时可靠性提高，功耗、体积减小，成本降低，编程和故障检测更加灵活方便，而且具有通信和联网、数据处理和图像显示等功能，使PLC真正成为具有逻辑控制、过程控制、运动控制、数据处理、联网通信等功能的名副其实的多功能控制器。

1987年2月，国际电工委员会（IEC）在可编程序控制器标准草案第三稿中对PLC做了如下定义：PLC是一种数字运算操作的电子系统，专为在工业环境下的应用而设计。它采用一类可编程序的存储器，具有用于其内部存储程序、执行逻辑运算、顺序控制、定时、计数和算术操作等面向用户的指令，并通过数字式和模拟式的输入和输出，控制各种类型的机械或生产过程。PLC及其有关外部设备，都应按易于与工业系统连成一个整体，易于扩充其功能的原则设计。

美国电气制造协会（NEMA）1987年对PLC的定义为，它是一种带有指令存储器、数字或模拟I/O接口，以位运算为主，能完成逻辑、顺序、定时、计数和算术运算功能，用于控制机器或生产过程的自动控制装置。

由以上定义可知，PLC是一种通过事先存储的程序来确定控制功能的工控类计算机，强调了PLC应直接应用于工业环境，对其通信和可扩展功能做了明确的要求。它必须具有很强的抗干扰能力、广泛的适应能力和应用范围。这是区别于一般微机控制系统的一个重要特征。

3.2 PLC的发展与应用

3.2.1 PLC的发展历程

20世纪60年代末，PLC产生于美国马萨诸塞州，MODICON084是世界上第一种投入生产的PLC。PLC崛起于20世纪70年代，首先在汽车流水线上大量应用。20世纪80年代，PLC走向成熟，全面采用微电子处理器技术，得到大量推广应用，年销售量始终以高于20%的增长率上升，奠定了其在工业控制中不可动摇的地位，在大规模、多控制器的应用场合展现出强大的生命力。

20世纪90年代，随着工控编程语言IEC 61131-3的正式颁布，PLC开始了它的第三个发展时期，在技术上取得新的突破，是PLC发展最快的时期，年增长率保持在30%以上。PLC在系统结构上，从传统的单机向多CPU和分布式及远程控制系统发展；在编程语言上，图形化和文本化语言的多样性，创造了更具表达控制要求、通信能力和文字处理的编程环境；从应用角度看，除了继续发展机械加工自动生产线的控制系统外，更发展了以PLC为基础的集散控制系统（DCS）、监控和数据采集（SCADA）系统、柔性制造系统（FMS）、安全联锁保护（ESD）系统等，全方位提高了PLC的应用范围和水平。从20世纪90年代末期至今，随着可编程序控制器国际标准IEC 61131的逐步完善和实施，特别是标准编程语言的推广，PLC真正走入了一个开放性和标准化的时代，为在工业自动化中实现互换性、互操作性和标准化带来了极大的方便。

进入工业4.0的智能制造时代以来，多样化的人机交互能力成为控制产品发展的重要方向。其中PLC作为现场控制层中的主力，需要处理大量数据，并将结果反馈给更高层的控制系统。PLC在先进自动化系统中扮演的角色日益重要，工业4.0制造自动化环境对PLC也提出了高性能的要求，并需要其支持安全企业互联和人机界面（HMI）。自从“中国制造2025”行动战略推出后，我国力争从“中国制造”向“中国智造”转变。工业自动化作为智能制造的关键技术更是不断被业内看好，也给PLC行业带来了一个千载难逢的发展良机。

3.2.2　PLC的发展趋势

随着技术的进步和市场的需求，PLC总的趋势是向高速度、高性能、高集成度、小体积、大容量、信息化、标准化、软PLC标准化，以及与现场总线技术紧密结合等方向发展，主要体现在以下几个方面。

1. PLC通信的网络化和无线化

在信息时代的今天，几乎所有PLC制造商都注意到了加强PLC联网通信的信息处理能力这一点。小型PLC都有通信接口，中、大型PLC都有专门的通信模块。随着计算机网络技术的飞速发展，PLC的联网通信能使其与PC和其他智能控制设备很方便地交换信息，实现分散控制和集中管理。也就是说，用户需要PLC与PC更好地融合，通过PLC在软件技术上协助改善被控过程的生产性能，在PLC这一级就可以加强信息处理能力了。

小型PLC之间通信“傻瓜化”。为了尽量减少PLC用户在通信编程方面的工作量，PLC制造商做了大量工作，使设备之间的通信周期性地自动进行，而不需要用户为通信编程，用户的工作只是在组成系统时做一些硬件或软件上的初始化设置。例如，欧姆龙公司的两台CPM1A之间一对一连接通信，只需用3根导线将它们的RS 232C通信接口连在一起后，将通信有关的参数写入5个指定的数据存储器中，即可方便地实现两台PLC之间的通信。

目前的计算机集散控制系统（Distributed Control System，DCS）中已有大量的PLC应用。伴随着计算机网络的发展，PLC作为自动化控制网络和国际通用网络的重要组成部分，将在工业及工业以外的众多领域发挥越来越大的作用。为了加强联网通信能力，PLC生产厂家之间也在协商制订通用的通信标准，以构成更大的网络系统，PLC已成为集散控制系统（DCS）不可缺少的重要组成部分。

随着多种控制设备协同工作的迫切需求，人们对PLC的Ethernet扩展功能以及进一步兼容Web技术提出了更高的要求。通过集成Webserver，用户无需亲临现场即可通过Internet浏览器随时查看CPU状态；过程变量以图形化方式进行显示，简化了信息的采集操作。以太网接口已成标配，工业网络已经不再是初期的奢侈品，而是现代工业控制系统的基础，这标志着以PLC为代表的控制系统正在从基于控制的网络发展成为基于网络的控制。

21世纪正处于“铜退光进”“铜退无线进”的网络通信时代，随之新一代PLC硬件上的革命号角也即将吹响。输入/输出部分可以与PLC分离，直接留在现场底层，通过光纤或无线与PLC以一种新标准的工业信号连接，使得PLC将回归它的“可编程序逻辑过程控制”本质功能。未来，PLC可以与智能手机互联，甚至配置WiFi，更会带来工业现场的无线化革命。

2. 开放性和编程软件标准化、平台化

早期PLC的缺点之一是它的软、硬件体系结构是封闭的，而不是开放的，如专用总线、通信网络及协议、I/O模块互不通用，甚至连机架、电源模块亦各不相同，编程语言之一的梯形图名称虽一致，但组态、寻址、语言结构均不一致。因此，几乎各个公司的PLC均互不兼容。现在的PLC采用了各种工业标准，如IEC 61131-3、IEEE 802.3以太网、TCP/IP、UDP/IP等，以及各种事实上的工业标准，如Windows NT、OPC等。PLC的国际标准IEC 61131-3为PLC从硬件设计、编程语言、通信联网等各方面都制定了详细的规范。

近几年，众多PLC厂商都开发了自己的模块型I/O或端子型I/O，而通信总线都符合IEC 61131-3标准，使PLC迅速向开放式系统发展。

高度分散控制是一种全新的工业控制结构，不但控制功能分散化，而且网络也分散化。所谓高度分散化控制，就是控制算法常驻在该控制功能的节点上，而不是常驻在PLC上或PC上，凡挂在网络节点上的设备，均处于同等的位置，将“智能”扩展到控制系统的各个环节，从传感器、变送器到I/O模块，乃至执行器，无处不采用微处理芯片，因而产生了智能分散系统（SDS）。

为了使PLC更具开放性和执行多任务，在一个PLC系统中同时装几个CPU模块，每个CPU模块都执行某一种任务。例如，三菱电机公司的小Q系列PLC可以在一个机架上插4个CPU模块，富士电机的MICREX-ST系列最多可在一个机架上插6个CPU模块，这些CPU模块可以进行专门的逻辑控制、顺序控制、运动控制和过程控制。这些都是在Windows环境下执行PC任务的模块，组成混合式的控制系统。

在实际工程中，工程师常常反映不同工控软件平台通信复杂造成工作效率低。为了实现简易编程、软件互通的功能，给软件的一体化和平台化提出了要求。在硬件主导市场的自动化领域，已经可以看到跨硬件的一体化设计软件，这是软件平台化的开端。随着软件价值在自动化系统中的提升，未来真正的自动化平台化软件指日可待。

3. 体积小型化、模块化、集成化

PLC小型化的好处是节省空间、降低成本、安装灵活。目前一些大型PLC，其外形尺寸比它们前一代的同类产品的安装空间要小50%左右。同时，用户对于功能的要求越来越高，这意味着产品的集成度更高。下一代PLC需要集成更多的操作和维护功能，如内置CPU显示屏，集成DIN导轨、屏蔽夹等。

近几年，很多PLC厂商推出了超小型PLC，用于单机自动化或组成分布式控制系统。西门子公司的超小型PLC称为通用逻辑模块LOGO!，它采用整体式结构，集成了控制功能、实时时钟和操作显示单元，可用面板上的小型液晶显示屏和6个键来编程。LOGO! 超小型PLC使用功能块图（FBD）编程语言，有在PC上运行的Windows 98/NT编程软件。

PLC的模块化能带来灵活的扩展性，延伸了PLC的应用范围。一般要求模块间的连接要抗振性能佳、可靠牢固、端口插拔方便、接线操作简单。西门子PLC在模块化设计方面是行业中的前沿，S7-300是模块化中型PLC系统，对不同模块可以进行任意组合来实现不同功能的系统。

4. 运算速度高速化，性能更可靠

运算速度高速化是PLC技术发展的重要特点。在硬件上，PLC的CPU模块采用32位的RISC芯片，使PLC的运算速度大为提高，一条基本指令的运算时间仅为数十纳秒（ns）。PLC主机的运算速度大大提高，与外设的数据交换速度也呈高速化。PLC的CPU模块通过系统总线与装插在基板上的各种I/O模块、特殊功能模块、通信模块等交换数据，基板上装的模块越多，PLC的CPU与模块之间数据交换的时间就会越长，这在一定程度上会使PLC的扫描时间加长。为此，不少PLC厂商采用新技术，增加PLC系统的带宽，使一次传送的数据量增多。在系统总线数据存取方式上，采用连续成组传送技术实现连续数据的高速批量传送，大大缩短了存取每个字所需的时间；通过向系统总线相连接的模块实现全局传送，即针对多个模块同时传送同一数据的技术，有效地利用了系统总线。

当前，不少PLC厂商采用了多CPU并行处理方式，用专门CPU处理编程及监控服务，大大减轻了对执行控制程序的 CPU 的影响，只让执行控制程序的 CPU 进行顺控和逻辑运算。未来，PLC 将拥有与 PC 相媲美的运算能力和数据处理能力。

当前 PLC 已经具有较强的抗干扰能力和较高的可靠性，但随着 PLC 控制系统的应用领域越来越广泛，使用环境越来越复杂，系统经受的干扰也随之增多。用户对下一代 PLC 的抗干扰能力和可靠性提出了更高的要求：应该具备更好的故障检测和处理能力。统计表明，在所有系统故障中，CPU 和 I/O 口故障仅占两成，其余都为外部故障，其中，传感器故障占 45%、执行器故障占 30%、接线故障占 5%。依靠 PLC 本身的硬软件就能实现对 CPU 和 I/O 口故障的自检测和处理，因此，应进一步研发检测外围故障的专用智能模块，来提高控制系统的抗干扰能力和可靠性。

5. 向超大型、超小型两个方向发展

当前市场上中、小型 PLC 比较多，为了适应市场的需要，今后 PLC 会向超大型和超小型两个方向发展。现有 I/O 点数达 14336 点的超大型 PLC，其使用 32 位微处理器和大容量存储器，多 CPU 并行工作，功能强。在不久的将来，大型 PLC 会全部使用 64 位 RISC 芯片。

小型 PLC 整体结构向小型模块化结构发展，使配置更加灵活。目前已开发了各种简易、经济的超小型或微型 PLC，最小配置的 I/O 点数为 8 ~ 16 点，以适应单机及小型自动控制的需要。根据统计结果，小型和微型 PLC 所占市场份额保持在七成左右，所以未来市场对超小型 PLC 的需求量很大。

6. 软 PLC 的发展

所谓软 PLC，实际就是在 PC 平台上，在 Windows 操作环境下，用软件来实现 PLC 的功能。也就是说，软 PLC 是一种基于 PC 开发结构的控制系统，它具有硬 PLC 的功能、可靠性、速度、故障查找等方面的特点，利用软件技术可以将标准的工业 PC 转换为全功能的 PLC 过程控制器。软 PLC 综合了计算机和 PLC 的开关量控制、模拟量控制、数学运算、数值处理、网络通信等功能，通过一个多任务控制内核，提供强大的指令集、快速而准确的扫描周期、可靠的操作和可连接各种 I/O 系统及网络的开放式结构。许多智能化的 I/O 模块本身带有 CPU，占用主 CPU 的时间很少，减小了对 PLC 扫描速度的影响，具有很强的信息处理能力和控制功能。配置上远程 I/O 和智能 I/O 后，软 PLC 能完成复杂的分布式控制任务。基于 PC + 现场总线 + 分布式 I/O 的控制系统简化了复杂控制系统的体系结构，提高了通信效率和速度，降低了投资成本。

Fanuc 公司推出了一种外形类似笔记本电脑的 PC，以 Windows CE 为操作系统，可实现 PLC 的 CPU 模块的功能，通过以太网和 I/O 模块、通信模块用于工厂的现场控制。在美国底特律汽车城，大多数汽车装配自动生产线、热处理工艺生产线等都已由传统 PLC 控制改为软 PLC 控制。

随着市场的需求和技术的发展，嵌入式软 PLC 技术也应运而生，这是对软 PLC 技术的一项重大突破。嵌入式软 PLC 技术是软 PLC 技术与嵌入式系统相结合的产物。嵌入式软 PLC 技术在提高生产监控环节的监控能力中有着无可比拟的优势，被广泛应用于工业控制环节，起着不可替代的作用。这项技术能够跨多个平台运行，而且具有执行速度快等优势，影响并且改变着世界工业的发展方向。

目前软 PLC 并没有出现预期中那样占据相当大市场份额的局面。这是因为软 PLC 对维护和服务人员的要求较高，在绝大多数的低端应用场合，软 PLC 没有优势可言。一旦发生电源故障，对系统影响较大，在可靠性方面和对工业环境的适应性方面，与硬 PLC 无法相提并论。同时，PC 发展速度太快，技术支持不容易得到保证。相信随着生产厂家的努力和技术的发展，软 PLC 会找到合适的应用场合，高性价比的软 PLC 会成为今后高档 PLC 的发展方向。

3.2.3 PLC 的应用领域

目前，PLC 在国内外已广泛应用于钢铁、石油、化工、电力、建材、机械制造、汽车、轻纺、交通运输、环保及文化娱乐等各个行业，使用情况大致可归纳为以下几类。

1. 中、小型单机电气控制系统

中、小型单机电气控制系统是PLC应用最广泛的领域，如注塑机、印刷机、订书机械、组合机床、磨床、包装生产线、电镀流水线及电梯控制等。这些设备对控制系统的要求大都属于逻辑顺序控制，所以也是最适合PLC使用的领域。在这里PLC用来取代传统的继电器顺序控制，应用于单机控制、多机群控等。

2. 制造业自动化

制造业是典型的工业类型之一，在该领域主要对物体进行品质处理、形状加工、组装，以位置、形状、力、速度等机械量和逻辑控制为主。其电气自动控制系统中的开关量占绝大多数，有些场合，数十台、上百台单机控制设备组合在一起形成大规模的生产流水线，如汽车制造和装配生产线等。由于PLC性能的提高和通信功能的增强，使得它在制造业领域的大、中型控制系统中也占绝对主导的地位。

3. 运动控制

PLC可用于圆周运动或直线运动的控制。从控制机构配置来说，早期直接用开关量I/O模块连接位置传感器和执行机构，现在一般使用专用的运动控制模块，如可驱动步进电动机或伺服电动机的单轴或多轴位置控制模块。世界上各主要PLC厂家的产品几乎都有运动控制功能，PLC的运动控制功能可用于精密金属切削机床、机械手、机器人等设备的控制。PLC具有逻辑运算、函数运算、矩阵运算等数学运算，数据传输、转换、排序、检索和移位以及数制转换、位操作、编码、译码等功能，能完成数据采集、分析和处理，可应用于大、中型控制系统，如数控机床、柔性制造系统、机器人控制系统。总之，PLC运动控制技术的应用领域非常广泛，遍及国民经济的各个行业。例如：

1）冶金行业中的电弧炉控制、轧机轧辊控制和产品定尺控制等。

2）机械行业中的机床定位控制和加工轨迹控制等。

3）制造业中各种生产线和机械手的控制。

4）信息产业中的绘图机和打印机的控制，软盘驱动器的磁头定位控制等。

5）军事领域中的雷达天线和各种火炮的控制等。

6）其他各种行业中的智能立体仓库和立体车库的控制等。

4. 过程控制

过程控制是指对温度、压力、流量等模拟量的闭环控制，从而实现这些参数的自动调节。作为工业控制计算机，PLC能编制各种各样的控制算法程序，完成闭环控制。从20世纪90年代以后，PLC具有了控制大量过程参数的能力，对多路参数进行PID调节也变得非常容易和方便。因为大、中型PLC都有PID模块，目前许多小型PLC也具有此功能模块。PID处理一般是运行专用的PID子程序。另外，和传统的集散控制系统相比，其价格方面也具有较大优势，再加上在人机界面和联网通信性能方面的完善和提高，PLC控制系统在过程控制领域也占据了相当大的市场份额。

目前，世界上有200多个厂家生产300多种PLC产品，主要应用在汽车、粮食加工、化学/制药、金属/矿山、纸浆/造纸等行业。我国应用的PLC几乎涵盖了世界所有的品牌，但从行业上分，有各自的适用范围。大、中型集控系统采用欧美PLC居多，小型控制系统、机床、设备单体自动化及OEM产品采用日本PLC居多。欧美PLC在网络和软件方面具有优势，而日本PLC在灵活性和价位方面占有优势。

5. 数据处理

现代PLC控制器具有数学运算（含矩阵运算、函数运算、逻辑运算）、数据传送、数据转换、排序、查表、位操作等功能，可以完成数据的采集、分析及处理。这些数据可以与存储在存储器中的参考值比较，完成一定的控制操作，也可以利用通信功能传送到别的智能装置，或将它们打印制表。数据处理一般用于大型控制系统，如无人控制的柔性制造系统；也可用于过程控制系统，如造纸、冶金和食品工业中的一些过程控制系统。

3.3　PLC 的特点

PLC 技术之所以高速发展，除了工业自动化的客观需要外，主要是因为它具有许多独特的优点，较好地解决了工业领域中普遍关心的可靠、安全、灵活、方便、经济等问题。PLC 主要有以下特点。

1. 可靠性高、抗干扰能力强

可靠性高、抗干扰能力强是 PLC 最重要的特点之一。PLC 的平均无故障时间可达几十万小时，之所以有这么高的可靠性，是由于它采用了一系列的硬件和软件的抗干扰措施。

硬件方面：所有的 I/O 接口电路均采用光电隔离，有效地抑制了外部干扰源对 PLC 的影响；供电电源及线路采用多种形式的滤波，从而消除或抑制了高频干扰；CPU 等重要部件采用良好的导电、导磁材料进行屏蔽，以减少空间电磁干扰；有些模块设置了联锁保护、自诊断电路等。

软件方面：PLC 采用扫描工作方式，减少了由于外界环境干扰引起的故障；PLC 系统程序中设有故障检测和自诊断程序，能对系统硬件电路等故障实现检测和判断；当由外界干扰引起故障时，能立即将当前重要信息加以封存，禁止任何不稳定的读/写操作，一旦外界环境正常后，便可恢复到故障发生前的状态，继续原来的工作。

对于大型 PLC 系统，还可以采用由双 CPU 构成冗余系统或由三 CPU 构成表决系统，使系统的可靠性更进一步提高。

2. 控制系统结构简单、通用性强

为了适应各种工业控制的需要，除单元式的小型 PLC 以外，绝大多数 PLC 均采用模块化结构。PLC 的各个部件，包括 CPU、电源、I/O 等均采用模块化设计，由机架及电缆将各模块连接起来，系统的规模和功能可根据用户的需要自行组合。用户在硬件设计方面，只是确定 PLC 的硬件配置和 I/O 通道的外部接线。在 PLC 构成的控制系统中，只需在 PLC 的端子上接入相应的输入、输出信号即可，不需要诸如继电器之类的物理电子器件和大量繁杂的硬件接线线路。PLC 的输入/输出可直接与交流 220V、直流 24V 等负载相连，并具有较强的带负载能力。

3. 丰富的 I/O 接口模块

PLC 针对不同的工业现场信号，如交流或直流、开关量或模拟量、电压或电流、脉冲或电位、强电或弱电等，都能选择到相应的 I/O 模块与之匹配。对于工业现场的元器件或设备，如按钮、行程开关、接近开关、传感器及变送器、电磁线圈、控制阀等，都能选择到相应的 I/O 模块与之相连接。

另外，为了提高操作性能，它还有多种人-机对话的接口模块；为了组成工业局部网络，它还有多种通信联网的接口模块等。

4. 编程简单、使用方便

目前，大多数 PLC 采用的编程语言是梯形图语言，它是一种面向生产、面向用户的编程语言。梯形图与电气控制电路图相似，形象、直观，很容易让广大工程技术人员掌握。当生产流程需要改变时，可以现场改变程序，使用方便、灵活。同时，PLC 编程软件的操作和使用也很简单，这也是 PLC 获得普及和推广的主要原因之一。许多 PLC 还针对具体问题，设计了各种专用编程指令及编程方法，进一步简化了编程。

5. 设计安装简单、维修方便

由于PLC用软件代替了传统电气控制系统的硬件，控制柜的设计、安装接线工作量大为减少。PLC的用户程序大部分可在实验室进行模拟调试，缩短了应用设计和调试周期。在维修方面，PLC的故障率极低，维修工作量很小；而且PLC具有很强的自诊断功能，如果出现故障，可根据PLC上指示或编程器上提供的故障信息，迅速查明原因，维修方便。

6. 体积小、重量轻、能耗低

由于PLC采用了半导体集成电路，其结构紧凑、体积小、能耗低，而且设计结构紧凑，易于装入机械设备内部。对于复杂的控制系统，使用PLC后，可以减少大量的中间继电器和时间继电器，小型PLC的体积仅相当于几个继电器的大小，因此可将开关柜的体积缩小到原来的1/10～1/2，因而是实现机电一体化的理想控制设备。

7. 功能完善、适应面广、性价比高

PLC有丰富的指令系统、I/O接口、通信接口和可靠的自身监控系统，不仅能完成逻辑运算、计数、定时和算术运算功能，配合特殊功能模块还可实现定位控制、过程控制和数字控制等功能。PLC既可以控制一台单机、一条生产线，也可以控制多个机群、多条生产线；可以现场控制，也可以远距离控制。在大系统控制中，PLC可以作为下位机与上位机或同级的PLC之间进行通信，完成数据处理和信息交换，实现对整个生产过程的信息控制和管理。与相同功能的继电器-接触器控制系统相比，具有很高的性价比。

总之，PLC是专为工业环境应用而设计制造的控制器，具有丰富的输入、输出接口，并且具有较强的驱动能力。但PLC产品并不针对某一具体工业应用，在实际应用时，其硬件需根据实际需要进行选用配置，其软件需根据控制要求进行设计编程。

3.4 PLC的分类

PLC产品种类繁多，其规格和性能也各不相同。PLC通常根据其结构形式的不同、功能的差异和I/O点数的多少等进行大致分类。

3.4.1 按结构形式分类

目前按PLC的硬件结构形式，可将PLC分为四种基本形式：整体式、模块式、叠装式以及分布式。

1. 整体式PLC

整体式PLC是一种整体结构、I/O点数固定的小型PLC（也称微型PLC），如图3-1所示。其处理器、存储器、电源、输入/输出接口、通信接口等都安装在基本单元上，I/O点数不能改变，且无I/O扩展模块接口。

图3-1 整体式PLC

它的主要特点是结构紧凑、体积小、安装简单，适用于I/O控制要求固定、点数较少（10～30点）的机电一体化设备或仪器的控制，特别是在产品批量较大时，可以降低生产成本，提高性价比。

作为功能的扩展，此类PLC一般可以安装少量的通信接口、显示单元、模拟量输入等微型功能选件，以增加必要的功能。

整体式PLC品种、规格较少，比较常用的有德国西门子公司的LOGO 8、日本三菱公司的FXLS-10/14/20/30系列等。

2. 模块式 PLC

模块式 PLC 是将 PLC 各组成部分，分别做成若干个单独的模块，如 CPU 模块、I/O 模块、电源模块（有的含在 CPU 模块中）以及各种功能模块，如图 3-2 所示。模块式 PLC 由机架（或基板）和各种模块组成，模块装在机架（或基板）的插座上。这种 PLC 的特点是配置灵活，可根据需要选配不同规模的系统，而且装配方便，便于扩展和维修。大、中型 PLC 一般采用模块式结构。

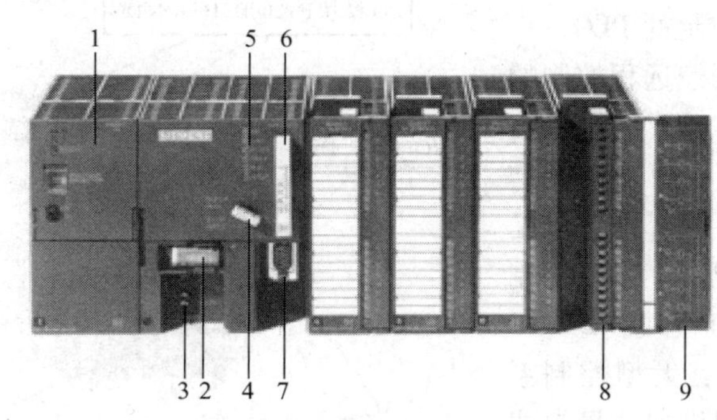

图 3-2　模块式 PLC

1—电源模块　2—电池　3—电源连接端　4—工作模式选择开关
5—状态指示灯　6—存储器卡　7—接口　8—连接器　9—盖板

3. 叠装式 PLC

叠装式 PLC（也称基本单元加扩展型 PLC）如图 3-3 所示。叠装式 PLC 是一种由整体结构、I/O 点数固定的基本单元和可选择扩展 I/O 模块构成的小型 PLC。PLC 的处理器、存储器、电源、固定数量的输入/输出接口、通信接口等安装于基本单元上，通过基本单元的扩展接口，可以连接扩展 I/O 模块与功能模块，进行 I/O 点数与控制功能的扩展。

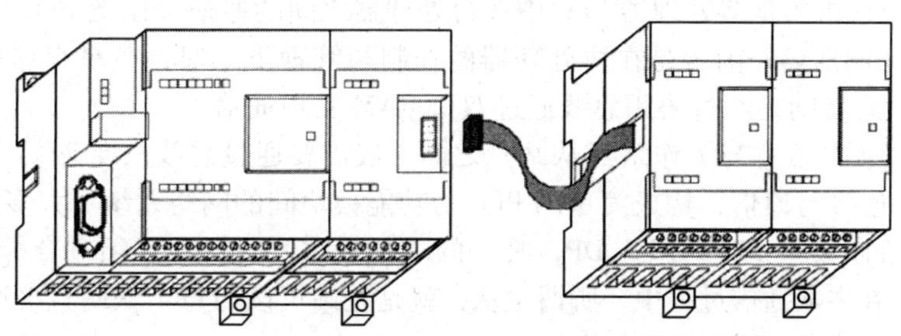

图 3-3　叠装式 PLC

叠装式 PLC 是将整体式 PLC 和模块式 PLC 的特点相结合，既具有整体式 PLC 结构紧凑、体积小、安装简单的特点，同时又可以根据设备的 I/O 点数与控制要求，增加 I/O 点数或功能模块，因此具有 I/O 点数可变与功能扩展容易的特点，可以灵活适应控制要求的变化。

叠装式 PLC 的主要特点如下：

1）叠装式 PLC 的基本单元本身具有集成、固定点数的 I/O，基本单元可独立使用。

2）叠装式 PLC 自成单元，不需要安装机架（或基板），因此在控制要求发生变化时，可在原有基础上，很方便地对 PLC 的配置进行改变。

3）叠装式 PLC 可以使用功能模块，由于基本单元具有扩展接口，故可以连接其他功能模块。

叠装式 PLC 的最大 I/O 点数通常可以达到 256 点以上，功能模块的规格与品种也较多，有模拟量输入/输出模块、位置控制模块、温度测量与调节模块、网络通信模块等。这类 PLC 在机电一体化产品中的实际用量最大，大部分生产厂家的小型 PLC 都采用了这种结构形式，如德国西门子公司的 S7-200 SMART（SR20/ST20/SR30/ST30/SR40/ST40/SR60/ST60）系列、日本三菱公司的 FX1N/FXLNC/FX2N/FX2NC/FX3UC 系列等。

4. 分布式 PLC

分布式 PLC 是一种用于大型生产设备或者生产线实现远程控制的 PLC，一般是通过在 PLC 上增加用于远程控制的“主站模块”以实现对远程 I/O 点的控制，如图 3-4 所示。中央控制 PLC 的结构形式原则上无固定的要求，即可以是叠装式 PLC 或者模块式 PLC。小型控制系统选用整体式结构主机模块，DI/DO 点在 8 或 16 点之内。中、大型控制系统选用模块式结构，采用机架或导轨式安装，除了主机架外还有扩展机架和远程 I/O 机架；采用层次化网络结构，从下至上依次分为数据采集层、直接控制层和操作管理层。

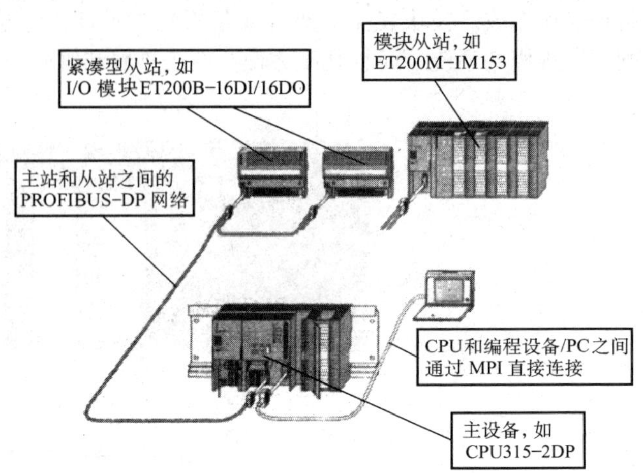

图 3-4 分布式 PLC 的组成示意图

分布式 PLC 的特点是各组成模块可以被安装在不同的工作场所，如可以将 CPU、存储器、显示器等以中央控制 PLC（通常称为主站）的形式安装于控制室，将 I/O 模块（通常称为远程 I/O）与功能模块以工作站（通常称为从站）的形式安装于生产现场的设备上。

在 PLC 及其网络中存在两类通信：一类是并行通信，另一类是串行通信。并行通信一般发生在 PLC 的内部，它指的是多处理器 PLC 中多台处理器之间的通信，以及 PLC 中 CPU 单元与智能模板的 CPU 之间的通信。前者是在协处理器的控制与管理下，通过共享存储区实现多处理器之间的数据交换；后者则是经过公用总线通过双口 RAM 实现通信。

中央控制 PLC（主站）与工作站（从站）之间一般需要通过总线（如西门子公司的 PROFIBUS-DP 等）进行连接与通信，构成简单的 PLC 与功能模块间的网络系统。大多数设备可以作为 DP 主站或 DP 从站连接至 PROFIBUS-DP，唯一的限制是它们的行为必须符合标准 IEC 61784-1：2002 Ed1 CP 3/1。在主从通信过程中，所谓主从，就是主站可以与每个从站直接通信，下达命令，接收反馈，从站与从站之间不能相互通信。

3.4.2 按功能分类

根据 PLC 所具有的功能不同，可将 PLC 分为低档、中档和高档三类。

1）低档 PLC：具有逻辑运算、定时、计数、移位以及自诊断、监控等基本功能，还可有少量模拟量输入/输出、算术运算、数据传送和比较、通信等功能，主要用于逻辑控制、顺序控制或少量模拟量控制的单机控制系统。

2）中档 PLC：除具有低档 PLC 的功能外，还具有较强的模拟量输入/输出、算术运算、数据传送和比较、数制转换、远程 I/O、子程序、通信联网等功能，有些还可增设中断控制、PID 控制等功能，适用于复杂控制系统。

3）高档 PLC：除具有中档 PLC 的功能外，还增加了带符号算术运算、矩阵运算、位逻辑运算、二次方根运算及其他特殊功能函数的运算、制表及表格传送功能等。高档 PLC 具有更强的通信联网功能，可用于大规模过程控制或构成分布式网络控制系统，实现工厂自动化。

3.4.3 按I/O点数分类

根据PLC的I/O点数的多少，可将PLC分为小型、中型和大型三类。

1）小型PLC：I/O点数在256点以下的为小型PLC，内存容量为1~3.6KB。其中，I/O点数小于64点的为超小型或微型PLC，内存容量为256~1000B。小型或超小型PLC常用于小型设备的开关量控制。

2）中型PLC：I/O点数在256~2048点之间的为中型PLC，内存容量为3.6~13KB，增加了数据处理能力，适用于小规模的综合控制系统。

3）大型PLC：I/O点数在2048点以上的为大型PLC，内存容量为13KB以上。其中，I/O点数超过8192点的为超大型PLC，多用于大规模的过程控制、集散式控制和工厂自动化控制。

在实际中，一般PLC功能的强弱与其I/O点数的多少是相互关联的，即PLC的功能越强，其可配置的I/O点数越多。因此，通常所说的小型、中型、大型PLC，除指其I/O点数不同外，同时也表示其对应功能为低档、中档、高档。

3.4.4 按生产厂家分类

PLC的生产厂家有很多，遍布国内外，其点数、容量和功能各有差异，自成系列，其中影响力较大的厂家及产品如下：

1）德国西门子（SIEMENS）公司的S7系列PLC。

2）美国Rockwell Allen-Bradley（AB）自动化公司的Micro800系列、MicroLogix系列和CompactLogix系列PLC。

3）日本三菱（Mitsubishi）公司的F、F1、F2、FX2系列PLC。

4）美国通用电气（GE）公司的GE系列PLC。

5）日本欧姆龙（Omron）公司的C系列PLC。

6）日本松下（Panasonic）电工公司的FP1系列PLC。

7）日本日立（Hitachi Limited）公司的箱体式的E系列和模块式的EM系列PLC。

8）法国施耐德（Schneider）公司的TM218、TWD、TM2、BMX、M340/258/238系列PLC。

9）其他PLC主要有台湾的台达、永宏、丰炜，以及北京和利时、无锡信捷、上海正航、南大傲拓PLC等。

3.5 PLC的硬件结构和各部分的作用

PLC的硬件主要由中央处理器（CPU）、存储器、输入单元、输出单元、通信接口、扩展接口、电源等部分组成。其中，CPU是PLC的核心，输入单元与输出单元是连接现场输入/输出设备与CPU之间的接口电路，通信接口用于与编程器、上位计算机等外设连接。

对于整体式PLC，所有部件都装在同一机壳内，其组成框图如图3-5所示。

尽管整体式与模块式PLC的结构不太一样，但各部分的功能作用是相同的，下面对PLC各主要组成部分进行简单介绍。

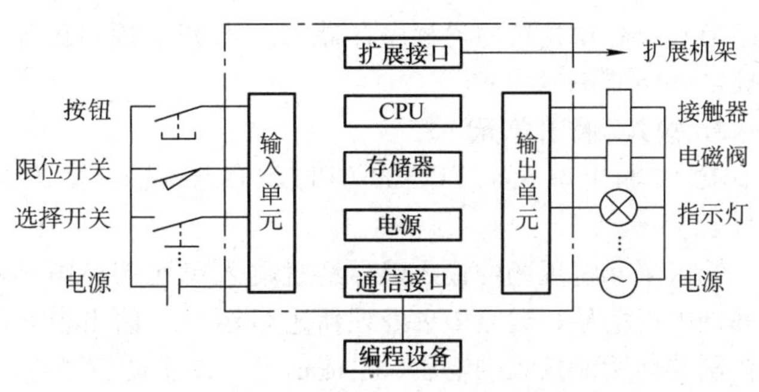

图3-5 整体式PLC的组成框图

1. 中央处理器（CPU）

中央处理器是PLC的核心部分，它包括微处理器和控制接口电路。

微处理器是PLC的运算和控制中心，由它实现逻辑运算、数字运算，协调控制系统内部各部分的工作。它的运行是按照系统程序所赋予的任务进行的。其主要任务：控制从编程器输入的用户程序和数据的接收与存储；用扫描的方式通过输入部件接收现场的状态或数据，并存入输入映像寄存器或数据存储器中；诊断电源、PLC内部电路的工作故障和编程中的语法错误等；PLC进入运行状态后，从存储器逐条读取用户指令，经过命令解释后按指令规定的任务进行数据传递、逻辑运算或数字运算等；根据运算结果，更新有关标志位的状态和输出映像寄存器的内容，再经由输出部件实现输出控制、制表打印或数据通信等功能。

PLC常用的微处理器主要有通用微处理器、单片机和位片式微处理器。

一般说来，小型PLC大多采用8位微处理器或单片机作为CPU，如Z80A、8085、8031等，具有价格低、普及通用性好等优点。

中型PLC大多采用16位微处理器或单片机作为CPU，如Intel 8086、Intel 96系列单片机，具有集成度高、运行速度快、可靠性高等优点。

大型PLC大多采用高速位片式微处理器，具有灵活性强、速度快、效率高等优点。

2. 存储器

存储器主要有两种：一种是随机读写存储器RAM；另一种是只读存储器ROM、PROM、EPROM和EEPROM。在PLC中，存储器主要用于存放系统程序、用户程序及工作数据。

系统程序关系到PLC的性能，是由PLC制造厂家编写的，直接固化在只读存储器中，用户不能访问和修改。系统程序与PLC的硬件组成有关，用来完成系统诊断、命令解释、功能子程序调用和管理、逻辑运算、通信及各种参数设置等功能，提供PLC运行的平台。

用户程序是由用户根据对象生产工艺的控制要求而编制的应用程序。为了便于读出、检查和修改，用户程序一般存放于CMOS静态RAM中，用锂电池作为后备电源，以保证掉电时不会丢失信息。为了防止干扰对RAM中程序的破坏，当用户程序经过运行正常，不需要改变时，可将其固化在只读存储器EPROM中。现在有许多PLC直接采用EEPROM作为用户程序存储器。

工作数据是PLC运行过程中经常变化、经常存取的一些数据。它存放在RAM中，以适应随机存取的要求。在PLC的工作数据存储器中，设有存放输入/输出继电器、辅助继电器、定时器、计数器等逻辑器件状态的存储区，这些器件的状态都是由用户程序的初始设置和运行情况而确定的。根据需要，部分数据在掉电时用后备电池维持其现有的状态，这部分在掉电时可保存数据的存储区域称为保持数据区。

由于系统程序及工作数据与用户无直接联系，所以在PLC产品样本或使用手册中所列存储器的形式及容量是指用户程序存储器。当PLC提供的用户程序存储器容量不够用时，许多PLC还提供存储器扩展功能。

3. 输入/输出单元

输入/输出单元是PLC的CPU与现场输入/输出装置或其他外部设备之间的连接接口部件。

输入单元将现场的输入信号经过输入单元接口电路的转换，转换为中央处理器能接收和识别的低电压信号，送给中央处理器进行运算；输出单元则将中央处理器输出的低电压信号转换为控制器件所能接收的电压、电流信号，以驱动信号灯、电磁阀和接触器线圈等。

所有输入/输出单元均带有光耦合电路，其目的是把PLC与外部电路隔离开来，以提高PLC

的抗干扰能力。

为了滤除信号的噪声和便于 PLC 内部对信号的处理，输入单元还有滤波、电平转换、信号锁存电路；输出单元也有输出锁存、显示、电平转换、功率放大电路。

通常，PLC 的输入单元类型有直流、交流和交直流方式；PLC 的输出单元类型有晶体管输出方式、晶闸管输出方式和继电器输出方式。此外，PLC 还提供一些智能型输入/输出单元。

4. 通信接口

PLC 配有各种通信接口，如以太网口、RS-485 通信口等。PLC 通过这些通信接口可与打印机、监视器、其他 PLC、计算机等设备实现通信。PLC 与打印机连接，可将过程信息、系统参数等输出打印；与监视器连接，可将控制过程图像显示出来；与其他 PLC 连接，可组成多机系统或连成网络，实现更大规模的控制；与计算机连接，可组成多级分布式控制系统，实现控制与管理相结合。

远程 I/O 系统也必须配备相应的通信接口模块。

5. 编程设备

编程设备用来编辑、调试和输入用户程序，也可在线监控 PLC 内部状态和参数，与 PLC 进行人机对话。它是开发、应用和维护 PLC 不可缺少的工具。编程设备可以是专用编程器，也可以是配有专用编程软件包的通用计算机系统。专用编程器由 PLC 厂家生产，专供该厂家生产的某些 PLC 产品使用，它主要由键盘、显示器和外存储器接插口等部件组成。

专用编程器只能对指定厂家的几种 PLC 进行编程，使用范围有限，价格较高。同时，由于 PLC 产品不断更新换代，所以专用编程器的生命周期也十分有限。因此，现在的趋势是使用以个人计算机为基础的编程设备，用户只需购买 PLC 厂家提供的编程软件和一根网线。这样，用户只用较少的投资即可得到高性能的 PLC 程序开发系统。

基于个人计算机的程序开发系统功能强大。它既可以编制、修改 PLC 的梯形图程序，又可以监视系统运行、打印文件和系统仿真等。配上相应的软件还可实现数据采集和分析等许多功能。

6. 电源

PLC 配有开关电源，以供内部电路使用。与普通电源相比，PLC 电源的稳定性好、抗干扰能力强。对电网提供的电源稳定度要求不高，一般允许电源电压在其额定值 ±15% 的范围内波动。许多 PLC 还向外提供直流 24V 稳压电源，用于对外部传感器供电。

7. 其他外部设备

除了以上所述的部件和设备外，PLC 还有许多外部设备，如 EPROM 写入器、外存储器、人-机接口装置等。

EPROM 写入器是用来将用户程序固化到 EPROM 存储器中的一种 PLC 外部设备。为了使调试好的用户程序不易丢失，经常用 EPROM 写入器将 PLC 内 RAM 的内容保存到 EPROM 中。

PLC 内部的半导体存储器称为内存储器。有时可用外部的软盘和半导体存储器做成的存储盒等来存储 PLC 的用户程序，这些存储器件称为外存储器，如 S7-200 SMART PLC 可使用 SD 卡。外存储器一般是通过编程器或其他智能模块提供的专用接口实现与内存储器之间相互传送用户程序的。

人机界面（Human Machine Interface，HMI）是用来实现操作人员与 PLC 控制系统对话的。最简单、最普遍的人机界面由安装在控制台上的按钮、转换开关、拨码开关、指示灯、显示器和声光报警器等器件构成。

3.6 PLC的工作原理

3.6.1 PLC控制系统的组成

PLC控制系统可分为三部分：输入部分、逻辑部分、输出部分和如图3-6所示。

输入部分由系统中全部输入器件构成，如控制按钮、操作开关、限位开关、传感器等。输入器件与PLC输入端子相连接，PLC存储器中有一输入映像寄存器区与输入端子相对应。通过PLC内部输入接口电路，将信号隔离、电平转换后，由CPU在固定的时刻读入相应的输入映像寄存器区。

输出部分由系统中的全部输出器件构成，如接触器线圈、电磁阀线圈等执行器件及信号灯，输出器件与PLC输出端子相连接，PLC存储器中有一输出映像寄存器区域与输出端子相对应。CPU执行完用户程序后会改写输出映像寄存器中的状态值，输出映像寄存器中的状态位，通过输出锁存器、输出接口电路隔离和功率放大后使输出端负载通电或断电。

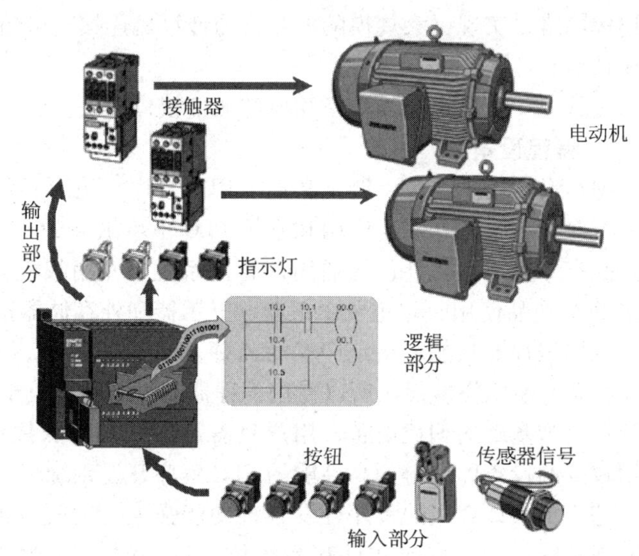

图3-6 PLC控制系统的组成

逻辑部分由微处理器、存储器组成，由计算机软件替代继电器控制电路，实现“软接线”，可以灵活编程。尽管PLC与继电器控制系统的逻辑部分组成器件不同，但在控制系统中所起的逻辑控制作用是一致的。因而可以把PLC内部看作由许多“软继电器”组成，如“输入继电器”“输出继电器”“中间继电器”“时间继电器”等。这样，就可以模拟继电器控制系统的编程方法，仍然按照设计继电器控制电路的形式来编制程序，这就是梯形图编程方法。使用梯形图编程时，完全可以不考虑微处理器内部的复杂结构，也不必使用计算机语言，使用起来极为方便。

虽然最初研制生产的PLC主要用于代替传统的继电器-接触器控制系统，且PLC梯形图与继电器控制电路图相呼应，但两者的运行方式是不相同的。继电器-接触器控制系统是一种“硬件逻辑系统”，如图3-7a所示。它的三条支路是并行工作的，当按下按钮SB1后，中间继电器KA得电，KA的三个常开触点同时闭合，接触器和电磁阀的线圈同时得电并产生动作，故继电器-接触器控制系统采用的是并行工作方式。

而PLC是一种工业控制计算机，它的工作原理是建立在计算机的工作原理基础之上的，即通过执行反映控制要求的用户程序来实现控制逻辑，如图3-7b所示。CPU是以分时操作方式来处理各项任务的，计算机在每一瞬间只能做一件事，所以程序的执行是按程序顺序依次完成相应各存储器单元（即软继电器）的写操作，它属于串行工作方式。

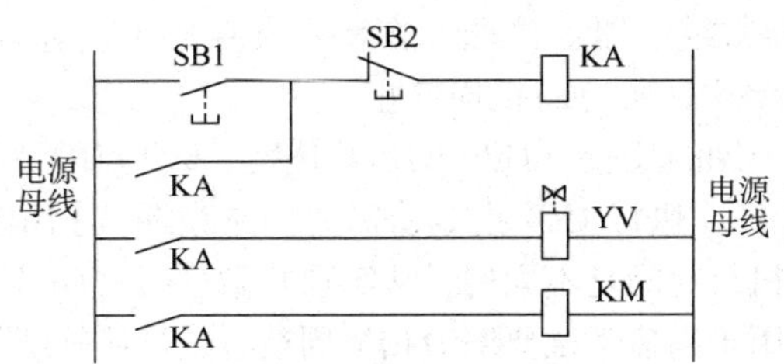

a) 继电器－接触器控制电路

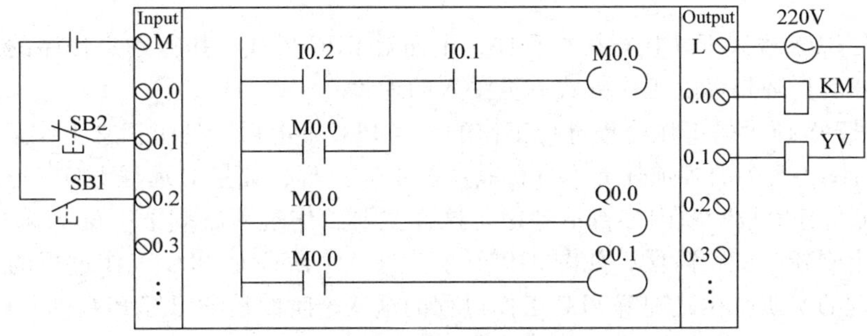

b) 用 PLC 实现控制功能的示意图

图 3-7　PLC 控制系统与继电器-接触器控制系统的比较

3.6.2　PLC 循环扫描的工作过程

PLC 通电后，首先对硬件和软件做一些初始化操作。为了使 PLC 的输出及时响应各种输入信号，初始化后 PLC 反复不停地分阶段处理各种不同的任务，如图 3-8 所示。这种周而复始的循环工作模式称为循环扫描。

PLC 的整个扫描工作过程可分为以下三部分：

第一部分是上电处理。PLC 上电后对 PLC 系统进行一次初始化工作，包括硬件初始化、I/O 模块配置运行方式检查、停电保持范围设置及其他初始化处理等。

第二部分是主要工作过程。PLC 上电处理完成以后进入主要工作过程。先完成输入处理，其次完成与其他外设的通信处理，再次进行时钟、特殊寄存器更新。当 CPU 处于 STOP 模式时，转入执行自诊断检查。当 CPU 处于 RUN 模式时，完成用户程序的执行和输出处理后，再转入执行自诊断检查。

第三部分是出错处理。PLC 每扫描一次，执行一次自诊断检查，确定 PLC 自身的动作是否正常，如 CPU、电池电压、程序存储器、I/O、通信等是否异常或出错，当检查出异常

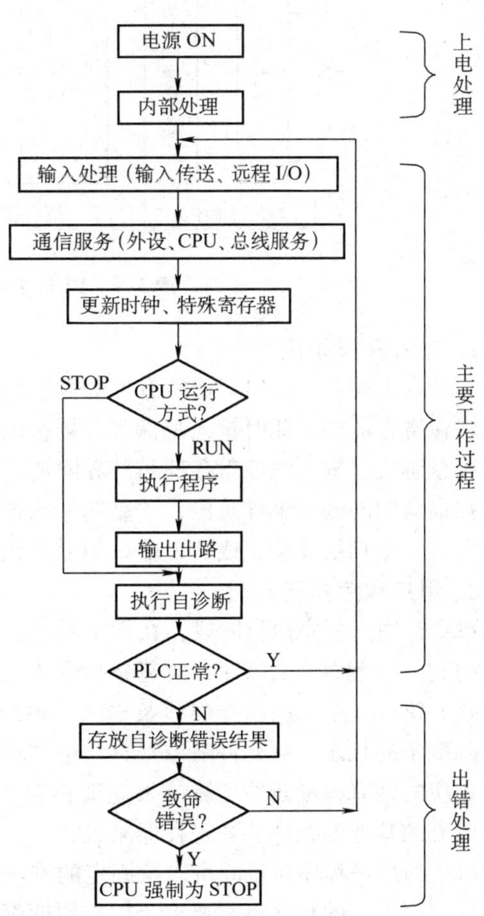

图 3-8　PLC 的工作流程

时，CPU 面板上的 LED 及异常继电器会接通，在特殊寄存器中会存入出错代码。当出现致命错误时，CPU 被强制为 STOP 模式，所有的扫描停止。

PLC 运行正常时，扫描周期的长短与 CPU 的运算速度、I/O 点的情况、用户应用程序的长短及编程情况等均有关。通常用 PLC 执行 1KB 指令所需时间来说明其扫描速度（一般 1 ~ 10ms/KB）。值得注意的是，不同指令其执行时间是不同的，从零点几微秒到上百微秒不等，故选用不同指令所用的扫描时间将会不同。若用于高速系统要缩短扫描周期时，可从软硬件上考虑。

3.6.3 PLC 用户程序的工作过程

PLC 只有在 RUN 模式下才执行用户程序，下面对 RUN 模式下执行用户程序的过程做详尽的讨论，以便对 PLC 循环扫描的工作方式有更深入的理解。

PLC 是按图 3-8 所示的工作流程进行工作的。当 PLC 上电后，处于正常工作运行时，将不断地循环重复执行图 3-8 中的各项任务。分析其主要工作过程，如果对远程 I/O、特殊模块、更新时钟和其他通信服务等枝叶项内容暂不考虑，这样主要工作过程就剩下“输入采样”“用户程序执行”和“输出刷新”三个阶段，如图 3-9 所示。这三个阶段是 PLC 工作过程的中心内容，也是 PLC 工作原理的实质所在，理解 PLC 工作过程的这三个阶段是学习好 PLC 的基础。

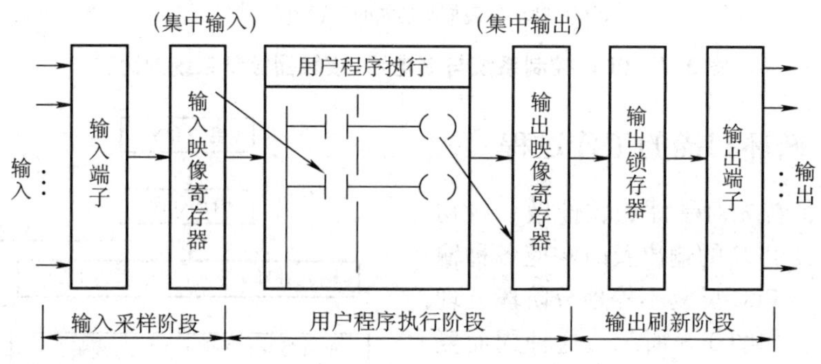

图 3-9 PLC 主要工作过程的中心内容

1. 输入采样阶段

在输入采样阶段，PLC 把所有外部数字量输入电路的 1/0 状态（或称 ON/OFF 状态）读入至输入映像寄存器中，此时输入映像寄存器被刷新。接着系统进入用户程序执行阶段，在此阶段和输出刷新阶段，输入映像寄存器与外界隔离，无论输入信号如何变化，其内容保持不变，直到下一个扫描周期的输入采样阶段，才重新写入输入端子的新内容。所以，一般来说，输入信号的宽度要大于一个扫描周期，或者说输入信号的频率不能太高，否则很可能造成信号的丢失。

2. 用户程序执行阶段

PLC 在用户程序执行阶段，在无中断或跳转指令的情况下，根据梯形图程序从首地址开始按自左向右、自上而下的顺序，对每条指令逐句进行扫描（即按存储器地址递增的方向进行），扫描一条，执行一条。当指令中涉及输入、输出状态时，PLC 就从输入映像寄存器中“读入”对应输入端子的状态，从元件映像寄存器中“读入”对应元件（“软继电器”）的当前状态，然后进行相应的运算，最新的运算结果立即再存入到相应的元件映像寄存器中。对除了输入映像寄存器以外的其他的元件映像寄存器来说，每一个元件的状态会随着程序的执行过程而刷新。

PLC 的用户程序执行既可以按固定的顺序进行，也可以按用户程序所指定的可变顺序进行。这不仅仅因为有的程序不需要每个扫描周期都执行，也因为在一个大控制系统中需要处理的 I/O 点数较多，通过不同的组织模块安排，采用分时分批扫描执行的办法，可缩短循环扫描的周期和提高控制的实时响应性能。

3. 输出刷新阶段

CPU 执行完用户程序后，将输出映像寄存器中所有“输出继电器”的状态（1/0）在输出刷新阶段一起转存到输出锁存器中。在下一个输出刷新阶段开始之前，输出锁存器的状态不会改变，从而相应输出端子的状态也不会改变。

输出锁存器的状态为“1”，输出信号经输出模块隔离和功率放大后，接通外部电路使负载通电工作。输出锁存器的状态为“0”，断开对应的外部电路使负载断电，停止工作。

用户程序在执行过程中，集中输入与集中输出的工作方式是 PLC 的一个特点，在采样期间，将所有输入信号（不管该信号当时是否要用）一起读入，此后在整个程序处理过程中 PLC 系统与外界隔开，直至输出控制信号。外界信号状态的变化要到下一个工作周期才会在控制过程中有所反应。这样从根本上提高了系统的抗干扰能力，提高了工作的可靠性。

3.6.4　PLC 工作过程举例说明

下面用一个简单的例子来进一步说明 PLC 循环扫描的工作过程。如果用 PLC 来控制一台三相异步电动机，组成一个主电路如图 2-8 所示的 PLC 控制系统，只需将输入设备 SB1、SB2 的触点与 PLC 的输入端连接，输出设备 KM 的线圈与 PLC 的输出端连接。设热继电器 FR 动作（其常闭触点断开）后需要手动复位，将 FR 的常闭触点与接触器 KM 的线圈串联。

图 3-10 所示梯形图中的 I0.0 和 I0.1 是输入变量，Q0.1 是输出变量，它们都是梯形图中的编程元件。I0.0 和 I0.1 的值取决于对应输入映像寄存器中的值，Q0.1 的值存放在对应的输出映像寄存器中。梯形图以指令的形式存储在 PLC 的用户程序存储器中。

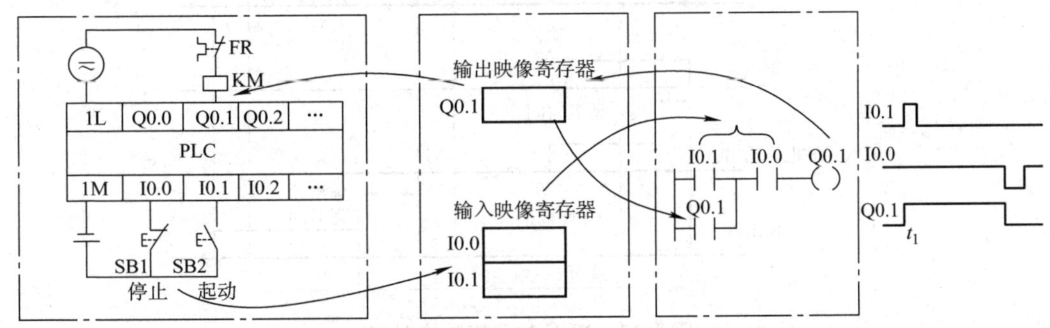

图 3-10　PLC 控制电动机起停外部接线图与梯形图

在输入采样阶段，CPU 将 SB1 和 SB2 触点的 ON/OFF 状态读入至相应的输入映像寄存器中，外部触点接通时将二进制数“1”存入寄存器，反之存入“0”。如图 3-10 所示，若按下起动按钮 SB2，则输入映像寄存器 I0.1 中的值为“1”。

在用户程序执行阶段，PLC 读取相应存储器中的值，按照用户程序进行“与”“或”“非”逻辑运算，并把逻辑运算结果写入至相应的存储器单元，本例中为 Q0.1。

在输出刷新阶段，CPU 将各输出映像寄存器中的二进制数传送给输出模块并锁存起来，如果输出映像寄存器 Q0.1 中存放的是二进制数“1”，外接的 KM 线圈得电，从而使电动机起动运行，反之电动机将停止。

3.6.5　输入、输出延迟响应

PLC 采用循环扫描的工作方式，即对信息采用串行处理方式，这必定导致输入、输出延迟响应。当 PLC 的输入端有一个输入信号发生变化时到 PLC 输出端对该输入变化做出反应，需要一段时间，这段时间就称为响应时间或滞后时间（通常滞后时间为几十毫秒）。这种现象称为输入、输出延迟响应或滞后现象。

响应时间与以下因素有关：

1）输入电路的滤波时间，它由RC滤波电路的时间常数决定。改变时间常数可调整输入延迟时间。

2）输出电路的滞后时间，它与输出电路的输出方式有关。继电器输出方式的滞后时间为10ms左右；双向晶闸管输出方式，在接通负载时滞后时间约为1ms，切断负载时滞后时间小于10ms；晶体管输出方式的滞后时间小于1ms。

3）PLC循环扫描的工作方式。

4）用户程序中语句的安排。

因素3）是由PLC的工作原理决定的，是无法改变的。但有些因素是可以通过恰当选择、合理编程得到改善的，如选用晶闸管输出方式或晶体管输出方式，则可以加快响应速度等。

由于PLC采用的是周期循环扫描工作方式，故响应时间与收到输入信号的时刻有关，在此对最短和最长响应时间进行讨论。

1. 最短响应时间

如果在一个扫描周期刚结束之前收到一个输入信号，在下一个扫描周期进入输入采样阶段，这个输入信号就被采样，使输入更新，这时响应时间最短，如图3-11所示。最短响应时间为

最短响应时间 = 输入延迟时间 + 一个扫描时间 + 输出延迟时间

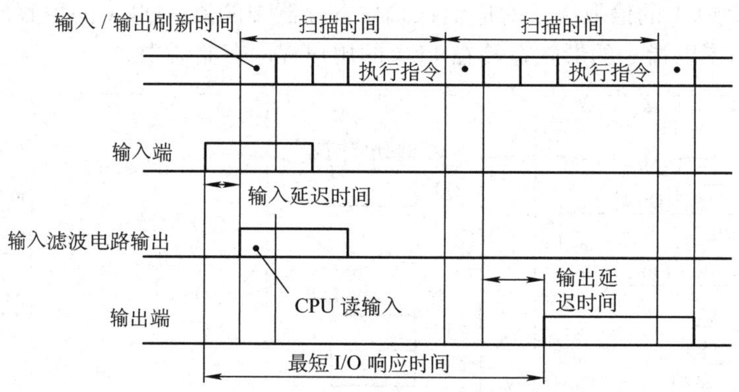

图3-11　PLC的最短响应时间

2. 最长响应时间

如果收到的一个输入信号经输入延迟后，刚好错过I/O刷新时间，在该扫描周期内这个输入信号无效，要到下一个扫描周期的输入采样阶段才被读入，使输入更新，这时响应时间最长，如图3-12所示。最长响应时间为

最长响应时间 = 输入延迟时间 + 两个扫描时间 + 输出延迟时间

由图3-12可见，输入信号至少应持续一个扫描周期的时间，才能保证被系统捕捉到。对于持续时间小于一个扫描周期的窄脉冲，可以通过设置脉冲捕捉功能，使系统捕捉到。设置脉冲捕捉功能后，输入端信号的状态变化被锁存并一直保持到下一个扫描周期的输入采样阶段。这样，可使一个持续时间很短的窄脉冲信号保持到CPU读到为止。

3. 用户程序的语句安排影响响应时间

用户程序的语句安排也会影响响应时间，分析图3-13所示梯形图中各元件状态的时序图可以看出这一点。

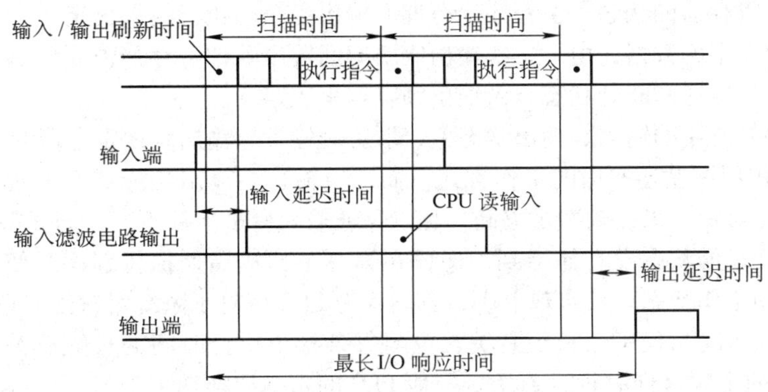

图 3-12　PLC 的最长响应时间

图 3-13 中，输入信号在第一个扫描周期的程序执行阶段被激励，该输入信号到第二个扫描周期的输入采样阶段才被读入，存入输入映像寄存器 I0.2。而后进入程序执行阶段，由于 I0.2 = 1，Q0.0 被激励为“1”，Q0.0 = 1 的状态存入输出映像寄存器 Q0.0，同时位存储器 M2.1 = 1。最后进入输出刷新阶段，将输出映像寄存器 Q0.0 = 1 的状态，转存到输出锁存器，直至输出端子 Q0.0 = 1，这是 PLC 的实际输出。位存储器 M2.0 要到第三个扫描周期才能被激励，这是由 PLC 执行程序时是按顺序扫描所致的。如果将网络 1（Network1）、网络 5（Network5）的位置对调一下，则位存储器 M2.0 在第二个扫描周期也能响应。可见，程序语句的安排影响了响应时间。

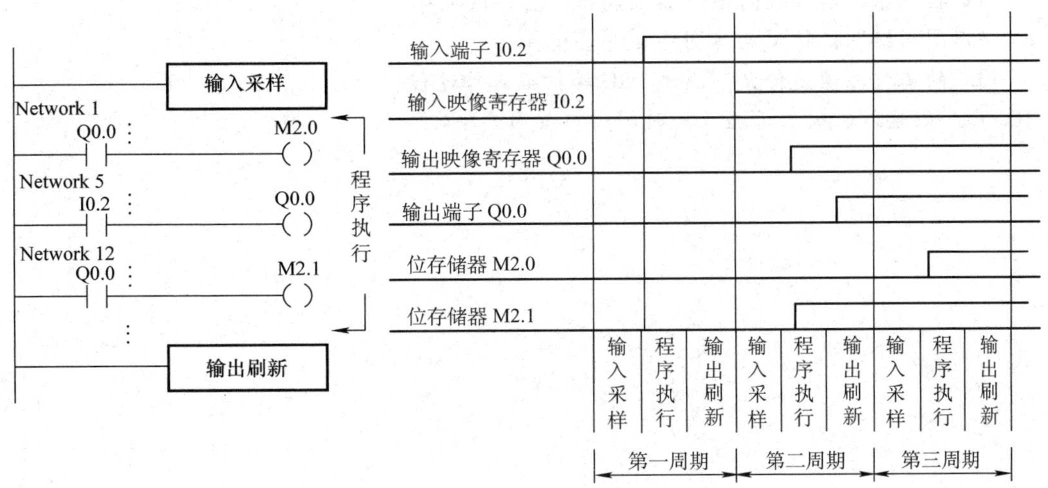

图 3-13　梯形图及各元件状态时序图

3.6.6　PLC 对输入、输出的处理规则

PLC 与继电器控制系统对信息的处理方式是不同的：继电器控制系统是“并行”处理方式，只要电流形成通路，就可能有几个电器同时动作；而 PLC 是以扫描的方式处理信息的，它是顺序地、连续地、循环地逐条执行程序，在任何时刻它只能执行一条指令，即以“串行”处理方式进行工作。因而在考虑 PLC 的输入、输出之间的关系时，应充分注意它的周期扫描工作方式。在用户程序执行阶段 PLC 对输入、输出的处理必须遵守以下规则：

1）输入映像寄存器的数据，由上一个扫描周期输入端子板上各输入点的状态决定。

2）输出映像寄存器的状态，由程序执行期间输出指令的执行结果决定。

3）输出锁存器中的数据，由上一次输出刷新期间输出映像寄存器中的数据决定。

4）输出端子的接通和断开状态，由输出锁存器来决定。

5）执行程序时所用的输入、输出状态值，取决于输入、输出映像寄存器的状态。

尽管PLC采用周期循环扫描的工作方式，而产生输入、输出响应滞后的现象，但只要使它的一个扫描周期足够短，采样频率足够高，足以保证输入变量条件不变，即如果在第一个扫描周期内对某一输入变量的状态没有捕捉到，保证在第二个扫描周期执行程序时使其存在。这样完全符合实际系统的工作状态。从宏观上讲，我们认为PLC恢复了系统对输出变量控制的并行性。

扫描周期的长短既与程序的长短有关，也与每条指令执行时间的长短有关。而后者又与指令的类型和CPU的主频（即时钟）有关。一般PLC的扫描周期均小于50～60ms。

习题与思考题

1. PLC的定义是什么？
2. 简述PLC的发展概况和发展趋势。
3. PLC有哪些主要功能？
4. PLC有哪些基本组成部分？
5. 简述PLC输入接口、输出接口电路的作用。
6. PLC开关量输出接口按输出开关器件的种类不同，有哪几种形式？
7. PLC控制系统与传统的继电器控制系统有何区别？
8. 梯形图与继电器控制电路图存在哪些差异？
9. PLC的工作原理是什么？简述PLC的扫描工作过程。
10. PLC的输入、输出延迟响应时间由哪些因素决定？

第 4 章

S7-200 SMART PLC的接口模块与系统配置

本章主要介绍西门子 S7-200 SMART PLC 的硬件特点和系统配置。介绍 S7-200 SMART 控制系统的基本构成，各种扩展模块的功能、特点和使用方法及 PLC 的系统配置等内容。要求掌握 S7-200 SMART 各种 CPU 模块的基本技术指标与输入输出接线方法，数字量扩展模块的接口电路与外部接线，PLC 对模拟量信号的处理方式，模拟量扩展模块的技术参数与外部接线，信号板的特点与使用；掌握 S7-200 SMART 系统配置的原则、编址方法与电源校验方法。

4.1 S7-200 SMART PLC 控制系统的基本构成

一个最基本的 S7-200 SMART PLC 控制系统由基本单元（S7-200 SMART CPU 模块）、个人计算机、STEP 7-Micro/WIN SMART 编程软件及通信网络设备构成。在需要进行系统扩展时，系统组成中还可包括信号板、数字量/模拟量扩展模块及人机界面（HMI）等，如图 4-1 所示。

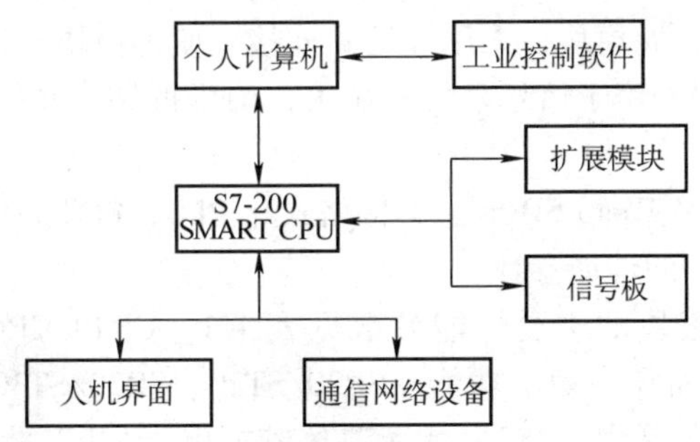

图 4-1 S7-200SMART PLC 控制系统的构成

1. 基本单元

基本单元（S7-200 SMART CPU 模块）也称为主机，由微处理器、集成电源与数字量输入输出单元组成。这些都被紧凑地安装在一个独立的装置中。基本单元可以构成一个独立的控制系统。

S7-200 SMART PLC 有两种不同类型的 CPU 模块：标准型和经济型。标准型 CPU 可以连接扩展模块，适用于 I/O 规模较大、逻辑控制较为复杂的应用场合；经济型 CPU 不能连接扩展模块，通过主机本体满足相对简单的控制要求。

（1）S7-200 SMART CPU 的外形

S7-200 SMART CPU 的外形结构如图 4-2 所示。

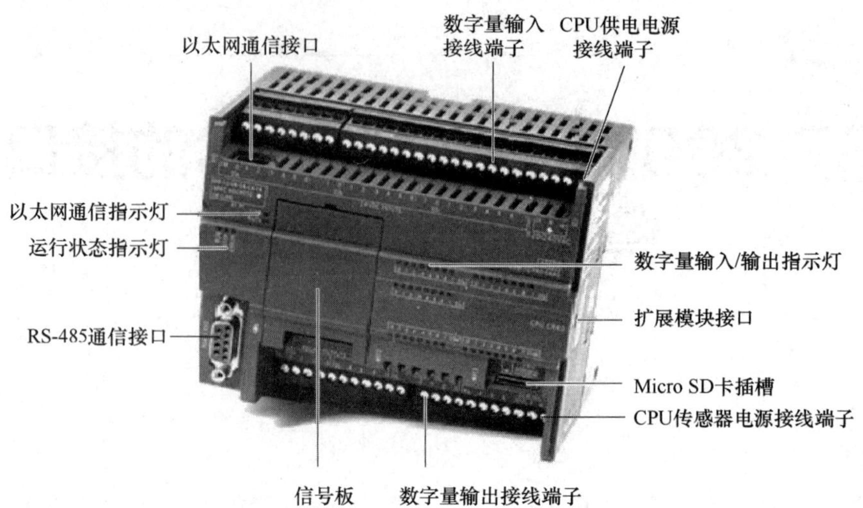

图 4-2 S7-200 SMART CPU 模块

以太网通信接口用于程序下载，与触摸屏、计算机和其他西门子 PLC 通信。

以太网通信指示灯显示以太网的通信状态，有 LINK 和 RX/TX 两种状态。

运行状态指示灯显示 PLC 的工作状态，有运行、停止和报错三种状态。PLC 处于停止状态时，不执行程序，可进行程序的编写、上传和下载；PLC 处于运行状态时，执行用户程序，也可对程序进行编辑与下载；PLC 处于报错状态时，表示系统故障，PLC 停止运行。

RS-485 通信接口用于串口通信，如自由口通信、USS 通信和 Modbus 通信等，可通过该接口与仪表、触摸屏、变频器、扫描仪等进行通信，但不能用于下载程序。

信号板可扩展通信端口、数字量输入/输出、模拟量输入/输出及电池板，同时不占用电控柜空间。

扩展模块接口用于连接扩展模块，采用插针式连接，使得模块连接更加紧密。

数字量输入/输出接线端子用于信号采集和输出，均可拆卸，其接线端子的状态由数字量输入/输出指示灯显示。

Micro SD 卡插槽支持通用 Micro SD 卡，支持格式化 PLC、PLC 固件更新和程序移植。

(2) S7-200 SMART CPU 的性能参数

S7-200 SMART 各 CPU 模块的主要性能参数见表 4-1。CR40/CR60 为经济型 CPU，价格便宜，无扩展功能、实时时钟和脉冲输出功能。SR20/ST20、SR30/ST30、SR40/ST40、SR60/ST60 为标准型 CPU，有扩展功能，其中，“ST” 表示晶体管输出，“SR” 表示继电器输出。

表 4-1 S7-200 SMART CPU 性能参数

特　性	CR40/CR60	SR20/ST20	SR30/ST30	SR40/ST40	SR60/ST60
本机数字量 I/O 点数	CR40：24DI/16DO CR60：36DI/24DO	12DI/8DO	18DI/12DO	24DI/16DO	36DI/24DO
用户程序区	12KB	12KB	18KB	24KB	30KB
用户数据区	8KB	8KB	12KB	16KB	20KB
扩展模块数	—	6			
信号板	—	1			
数字量 I/O 映像区	256 位输入（I）/256 位输出（Q）				

（续）

特　　性	CR40/CR60	SR20/ST20	SR30/ST30	SR40/ST40	SR60/ST60
模拟量 I/O 映像区	—	56 个字的输入（AI）/56 个字的输出（AQ）			
定时器	256				
计数器	256				
布尔运算速度	0.15μs				
定时中断	2 个，分辨率为 1ms				
通信端口数	以太网：1 个 RS485 端口：1 个	以太网：1 个 RS485 端口：1 个 附加串行端口：1 个（带有可选 RS232/485 信号板）			
高速计数器	共 4 个，单相 200kHz 时 4 个，100kHz 时 2 个，对 A/B 相				
最大脉冲输出频率	—	2 个 100kHz （仅 ST20）	3 个 100kHz（仅 ST30/ST40/ST60）		
脉冲捕捉输入点数	14	12	14	14	14
实时时钟，可保持 7 天	—	有			
存储卡	Micro SD 卡（可选）				
DC 5V 电源供电能力	—	1400mA			
传感器 24V 电源供电能力	300mA				

（3）外部端子接线图

以 CPU SR40 为例介绍 CPU 模块的输入/输出端子接线。图 4-3 所示为 CPU SR40 AC/DC/继电器模块的外部端子接线图。其中，“AC” 表示 CPU 供电电源是交流，“DC” 表示输入端的电源电压是直流，“继电器” 表示输出为继电器方式。24 个数字量输入由 I0.0 ~ I0.7、I1.0 ~ I1.7、I2.0 ~ I2.7 组成，每个外部输入的开关信号均由各输入端子接入，经一个直流电源终至公共端 1M。N 和 L1 为交流电源接入端子，通常为 AC120 ~ 240V，为 PLC 供电。16 个数字量输出由 Q0.0 ~ Q0.7、Q1.0 ~ Q1.7 组成，每四个输出端子与相应的公共端（1L、2L、3L、4L）构成一组，共四组。每个负载的一端与输出端子相连，另一端经外接电源与公共端相连。由于是继电器输出方式，所以既可带直流负载，也可带交流负载。负载的激励源由负载性质确定。M 和 L + 端子为 DC 24V 的电源输出端子，为传感器供电。

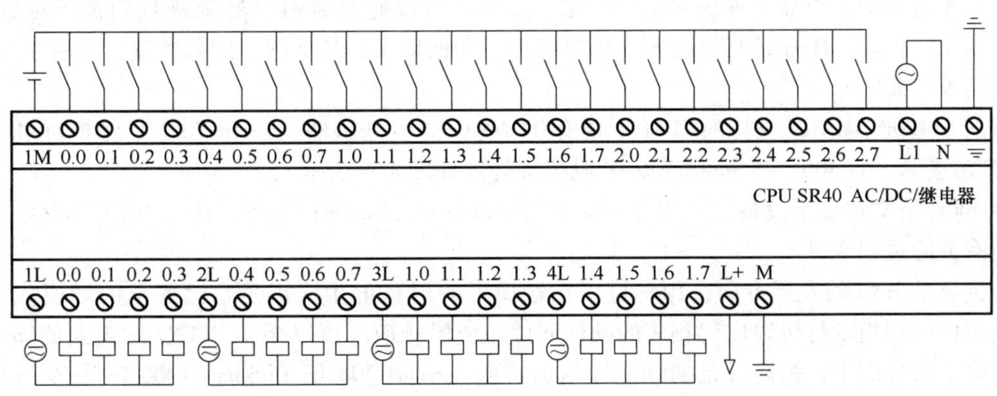

图 4-3　CPU SR40 AC/DC/继电器模块的外部端子接线图

另外，S7-200 SMART CPU 的数字量输入都是24V 直流回路，可以支持漏型输入和源型输入两种输入方式。漏型输入时，回路电流从外部输入设备流向 CPU DI 端；源型输入时，回路电流从 CPU DI 端流向外部输入设备，如图 4-4 所示。

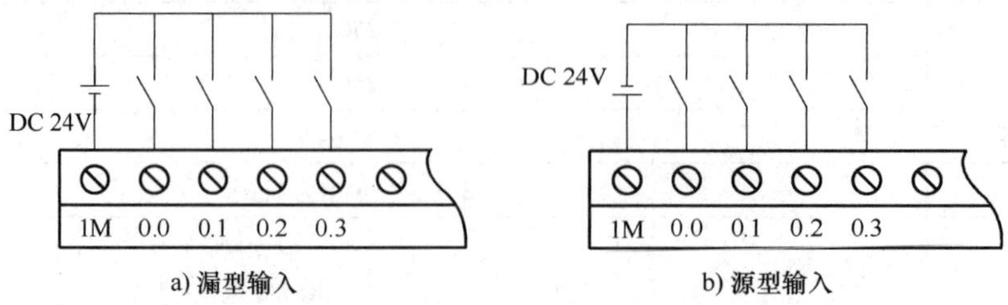

图 4-4　两种数字量输入的接线方式

S7-200 SMART CPU 的数字量输出有两种类型：24V 直流晶体管输出和继电器输出。接线方式如图 4-5 所示。注意：晶体管输出的 CPU 只支持源型输出（回路电流从 CPU DO 端流向外部设备）。继电器输出可以接直流信号，也可以接 120V/230V 的交流信号，具体取决于负载的电源性质。

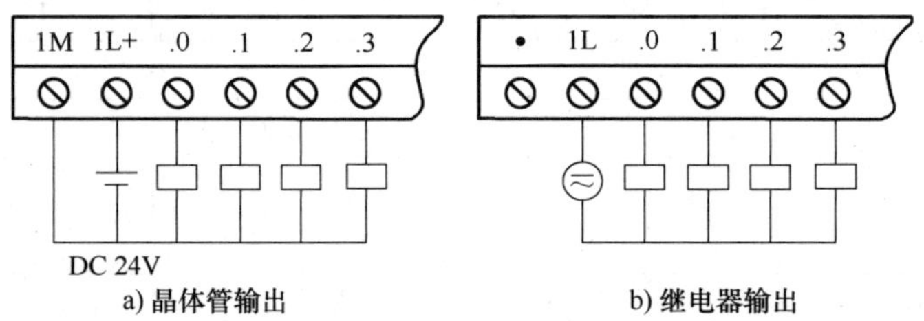

图 4-5　两种数字量输出的接线方式

2. 编程设备

目前广泛采用个人计算机作为编程设备，但需配置西门子提供的专用编程软件。S7-200 SMART PLC 的编程软件是 STEP 7-Micro/WIN SMART，该软件系统在 Windows 平台上运行；支持语句表、梯形图、功能块图这 3 种编程语言；具有指令向导功能和密码保护功能；内置 USS 协议库、Modbus 从站协议指令、PID 整定控制界面和数据归档等；支持 TD400C 文本显示单元；PLC 通过以太网口连接计算机编程，只需网线连接，不需要其他编程电缆。

3. 人机界面

人机界面（Human Machine Interface，HMI）是操作人员与控制系统之间进行对话和相互作用的专用设备。HMI 可以在恶劣的工业环境中长时间连续运行，是 PLC 的最佳搭档。HMI 用字符、图形和动画动态地显示现场数据和状态，操作员可以通过 HMI 来控制现场的被控对象和修改工艺参数。另外，HMI 还具有报警、用户管理、数据记录、趋势图、配方管理、显示和打印报表、通信等功能。

目前 S7-200 SMART 支持的 HMI 主要有 TD400C 文本显示器、Smart 700 IE 触摸屏和 Smart 1000 IE 触摸屏。TD400C 和 Smart 700 IE 触摸屏外观如图 4-6 所示。

TD400C 是文本显示设备，使用文本显示向导可以对 CPU 进行编程，还可查看、监视、更改与应用有关的过程变量。

触摸屏是 HMI 的发展方向，用户可以在触摸屏的屏幕上生成满足自己要求的触摸式按键。画面上的按钮和指示灯可以取代相应的硬件元件，使用触摸屏可以减少 PLC 实际需要的输入/输出点，降低系统成本，提高设备的性能和附加价值。Smart 700 IE 和 Smart 1000 IE 是专门与 S7-200、S7-200 SMART 配套的触摸屏。其中，Smart 700 IE 性价比较高，一般作为 S7-200 SMART

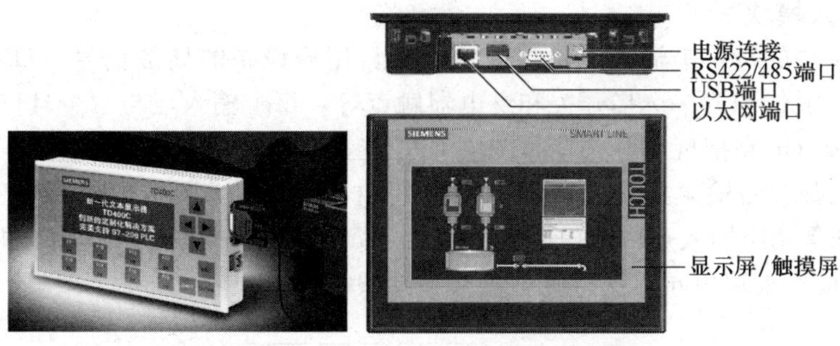

a) TD400C 文本显示器　　b) Smart 700 IE触摸屏

图 4-6　文本显示器和触摸屏外观图

的首选 HMI。采用 800×480 高分辨率宽屏设计、高速外部总线、64MB DDR 内存和 400MHz 主频的高端 ARM 处理器，支持趋势图、配方管理和报警功能。集成的以太网端口和 RS-422/485 端口可以自适应切换，串口通信速率最高达 187.5Kbit/s，通过串口可以连接 S7-200 SMART。以太网端口、RS-422/485 端口均可通过 WinCC flexible 2008 软件进行组态。

4.2　S7-200 SMART PLC 的扩展模块

当 S7-200 SMART 主机的 I/O 点数不能满足控制要求时，可以选配各种输入/输出接口模块进行扩展。S7-200 SMART PLC 的扩展模块分成两大类：EM 扩展模块和 SB 信号板。EM 扩展模块是连接到 CPU 右侧的模块，用来扩展 CPU 的 I/O 点数，按照类型可以分为数字量扩展模块、模拟量扩展模块、温度采集模块和通信模块。SB 信号板安装在标准型 CPU 的正面插槽里，用来扩展少量的 I/O 点、通信接口和电池接口板。

4.2.1　数字量扩展模块

数字量扩展模块有数字量输入模块、数字量输出模块和数字量输入/输出模块三种，见表 4-2。

表 4-2　S7-200 SMART 数字量扩展模块

型　号	输入点数	输出点数	输入类型	输出类型	电流消耗	
					DC 5V	DC 24V
EM DE08	8	0	漏型/源型	—	105mA	每点输入 4mA
EM DE16	16	0	漏型/源型	—	105mA	每点输入 4mA
EM DR08	0	8	—	继电器	120mA	11mA
EM DT08	0	8	—	固态-MOSFET（源型）	120mA	—
EM QR16	0	16	—	继电器	110mA	150mA（所有继电器开启）
EMQT16	0	16	—	固态-MOSFET（源型）	120mA	50mA
EM DR16	8	8	漏型/源型	继电器	145mA	每点输入 4mA
EM DT16	8	8	漏型/源型	固态-MOSFET（源型）	145mA	每点输入 4mA
EM DR32	16	16	漏型/源型	继电器	180mA	每点输入 4mA
EM DT32	16	16	漏型/源型	固态-MOSFET（源型）	185mA	每点输入 4mA

1. 数字量输入模块

数字量输入模块的每一个输入点可接收一个来自用户设备的离散信号（ON/OFF），典型的输入设备有按钮、限位开关、选择开关和继电器触点等。每个输入点与一个且仅与一个输入电路相连，通过输入接口电路把现场开关信号变成CPU能接收的标准电信号。

图4-7所示为数字量输入扩展模块EM DE08的端子接线图。图中，8个数字量输入点分成两组，1M、2M分别是两组输入点内部电路的公共端，每组需用户提供一个DC 24V的电源。其输入端与CPU数字量输入端相同，支持漏型输入和源型输入两种输入方式。

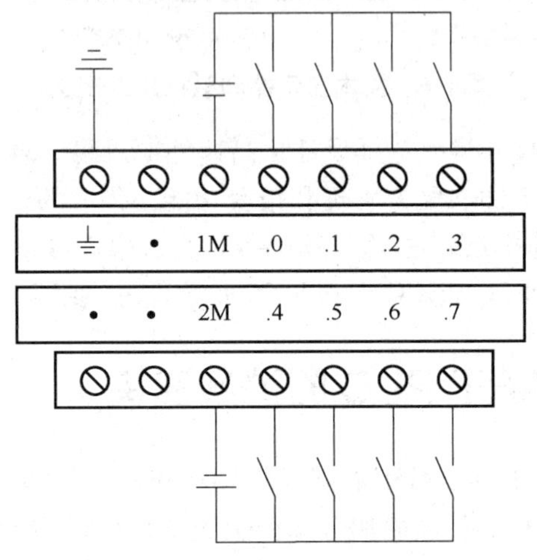

图4-7　EM DE08端子接线图

EM DE08的内部输入电路如图4-8所示。直流输入电路的工作原理：当现场开关闭合后，经R_1、双向光耦合器的发光二极管和VL构成通路，输入指示灯VL亮，表明该路输入的开关量状态为“1”，输入信号经光耦合器隔离后，经内部电路与CPU相连，将外部输入开关的状态“1”输入PLC内部；当现场开关断开时，R_1、双向光耦合器的发光二极管和VL没有构成通路，输入指示灯VL不亮，表明该路输入的开关量状态为“0”，输入信号经光耦合器隔离后，经内部电路与CPU相连，将外部输入开关的状态“0”输入PLC内部。

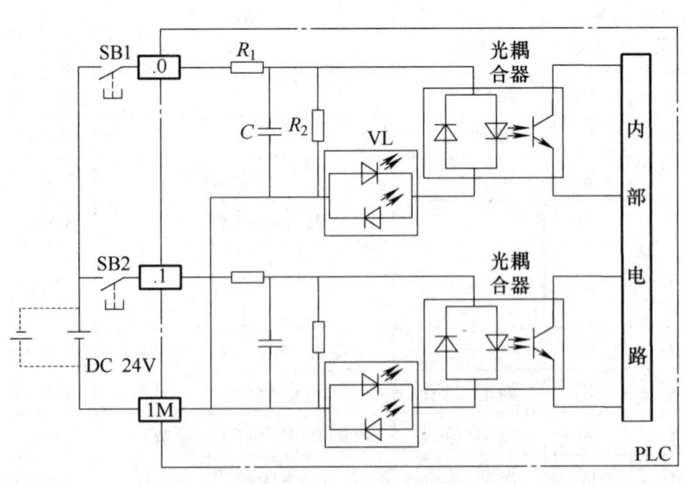

图4-8　输入电路

2. 数字量输出模块

数字量输出模块的每一个输出点都能控制一个用户的离散型（ON/OFF）负载。典型的负载包括继电器线圈、接触器线圈、电磁阀线圈和指示灯等。每一个输出点与一个且仅与一个输出电路相连，通过输出电路把 CPU 运算处理的结果转换成驱动现场执行机构的各种大功率的开关信号。

EM DT08 的端子接线图如图 4-9 所示。8 个数字量输出点分成两组，每组需用户提供一个 DC 24V 的电源。与晶体管输出的 CPU 相同，EM DT08 仅支持源型输出。

EM DT08 的输出电路如图 4-10 所示。光耦合器实现光电隔离，MOSFET 作为功率驱动的开关电器，稳压二极管用于防止输出端过电压以保护 MOSFET，发光二极管 VL 用于指示输出状态。该输出电路的工作原理是，PLC 进入输出刷新阶段时，通过数据总线把 CPU 的运算结果由输出映像寄存器集中传送给输出锁存器；输出锁存器的输出使光耦合器的发光二极管发光，光敏晶体管受光导通后，使 MOSFET 饱和导通，相应的直流负载在外部直流电源的激励下通电工作。当对应的输出映像寄存器为“1”状态时，负载在外部电源激励下通电工作；当对应的输出映像寄存器为“0”状态时，外部负载断电，停止工作。

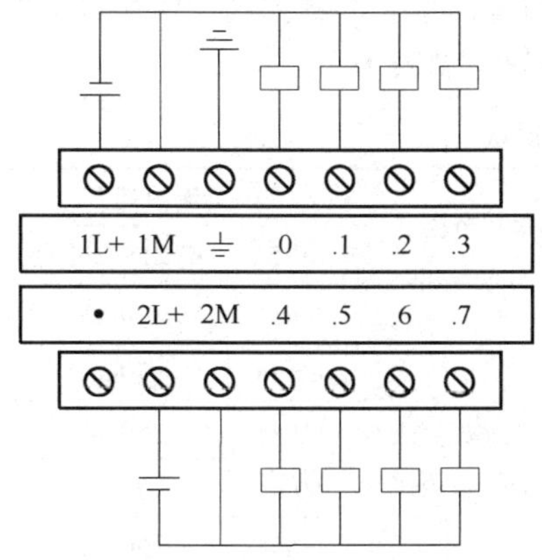

图 4-9　EM DT08 端子接线图

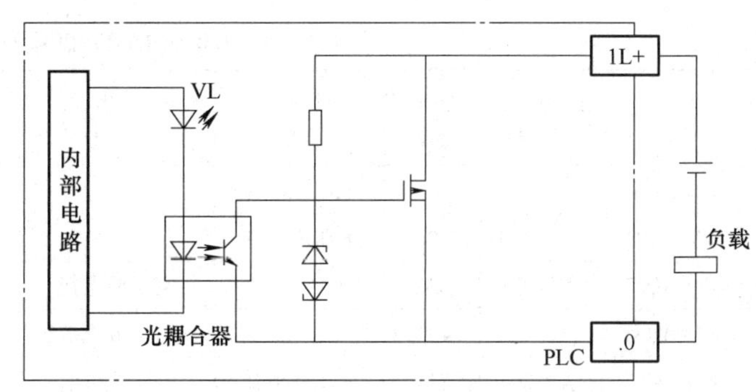

图 4-10　EM DT08 的输出电路

EM DR08 的端子接线图如图 4-11 所示。该模块有 8 个输出点，分成两组，每组需用户提供一个外部电源（可以是直流或交流电源）。

EM DR08 的输出电路如图 4-12 所示。继电器作为功率放大的开关器件，同时又是电气隔离器件。为消除继电器触点的火花，并联有阻容熄弧电路。电阻 R_1 和发光二极管 VL 组成输出状态显示电路。该输出电路的工作原理：若输出映像寄存器输出为“0”，则继电器线圈失电，继电器触点断开，负载与电源不会接成回路；若输出映像寄存器输出为“1”，则输出接口电路使继电器线圈激励，继电器触点闭合使负载回路接通，同时状态指示发光二极管 VL 导通点亮。根据负载的性质（直流负载或交流负载）来选用负载回路的电源（直流电源或交流电源）。

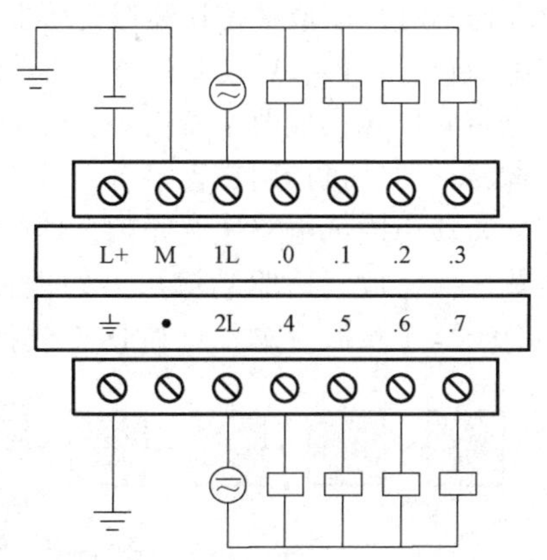

图 4-11　EM DR08 端子接线图

3. 数字量输入/输出模块

S7-200 SMART PLC 配有数字量输入/输出模块（见表 4-2）。在一块模块上既有数字量输入点又有数字量输出点，这种模块称为组合模块或输入/输出模块。数字量输入/输出模块的输入电路及输出电路的类型与上述介绍的相同。数字量输入/输出模块可使 I/O 配置更加灵活。

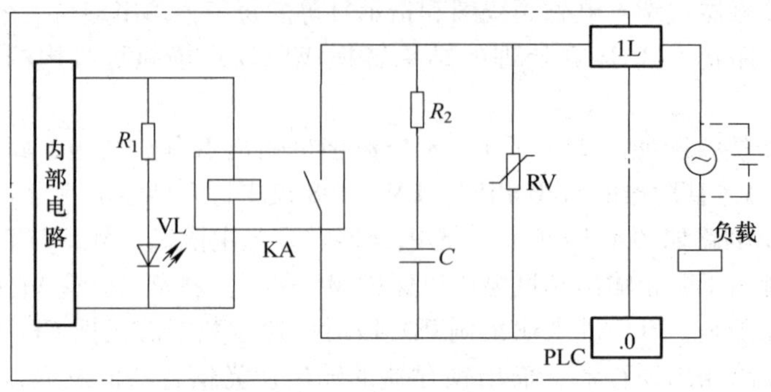

图 4-12　EM DR08 的输出电路

4.2.2　模拟量扩展模块

工业控制中，除了用数字量信号来控制外，有时还要用模拟量信号来进行控制。模拟量扩展模块有模拟量输入模块、模拟量输出模块和模拟量输入/输出模块，见表 4-3。

表 4-3　S7-200 SMART 模拟量扩展模块

型　　号	输入点数	输出点数	输入类型	输出类型	满量程范围	电流消耗	
						DC 5V	DC 24V（空载）
EM AE04	4	0	电压或电流	—	电压：-27648～27648 电流：0～27648	80mA	40mA
EM AE08	8	0	电压或电流	—		80mA	70mA
EM AQ02	0	2	—	电压或电流		60mA	50mA
EM AQ04	0	4	—	电压或电流		60mA	75mA
EM AM03	2	1	电压或电流	电压或电流		60mA	30mA
EM AM06	4	2	电压或电流	电压或电流		80mA	60mA

1. PLC 对模拟量的处理

在工业控制中，某些输入（如压力、位移、温度和速度等）是模拟量，某些执行机构（如变频器和电动调节阀等）要求 PLC 输出模拟量信号，而 PLC 的 CPU 只能处理数字量，因此应用 PLC 控制时，模拟量首先经过传感器和变送器转换成标准量程的电流或电压（如 4～20mA 的直流电流信号，1～5V 或 -5～5V 的直流电压信号等），该信号经过滤波、放大后，PLC 用 A-D 转换器将它们转换成数字量信号，经光耦合器进入 PLC 内部电路。在输入采样时送入模拟量输入映像寄存器。执行用户程序后，PLC 输出的数字量信号存放在模拟量输出映像寄存器内。在输出刷新阶段由内部电路送至光耦合器的输入端，再进入 D-A 转换器，转换后的直流模拟量信号经运算放大器放大后驱动输出，处理过程如图 4-13 所示。模拟量 I/O 模块的主要任务就是实现 A-D转换（模拟量输入）和 D-A 转换（模拟量输出）。

图 4-13　S7-200 SMART 对模拟量的处理过程

例如，在恒温控制实验中，电热丝的温度用 Pt100 温度传感器检测，变送器将温度转换为 4～20mA 的标准电信号后送入 PLC 的模拟量输入模块，经 A-D 转换后得到与温度值成正比的数字量，CPU 将此值与温度设定值比较，并运用 PID 算法对差值进行运算，将运算结果（数字量）送给模拟量输出模块，经 D-A 转换后，以 0～20mA 模拟量输出到晶闸管调功器来控制电热丝的加热功率，实现对温度的闭环控制。

2. 模拟量输入模块

（1）模拟量输入模块的输入特性与端子接线图

模拟量输入模块 EM AE04 具有 4 个模拟量输入通道，分别为通道 0、通道 1、通道 2、通道 3。每个模拟量输入占用存储器 AI 区域 2B，且输入值为只读数据。电压输入范围为 ±10V、±5V、±2.5V，电流输入范围为 0～20mA。S7-200 SMART 通过编程软件选择模拟量输入的类型和量程。模拟量到数字量的最大转换时间为 625μs。

模拟量输入模块的分辨率通常以 A-D 转换后的二进制位数来表示。对于 EM AE04 模块，电压模式的分辨率为 12 位 + 符号位，电流模式的分辨率为 12 位。单极性满量程对应的数字量范围为 0～27648，双极性满量程对应的数字量范围为 −27648～27648。

图 4-14 所示为模拟量输入模块 EM AE04 的端子接线图。每个通道占用两个端子。其中，通道 0、通道 1 不能同时测量电流和电压信号，通道 2 和通道 3 同理。L+ 端是电源端，需要外接 24V 直流电源。

（2）模拟量输入模块的输入数据值转换为实际物理量

转换时应考虑现场信号变送器的输入/输出量程（如 4～20mA）与模拟量输入/输出模块的量程（如 0～20mA），找出被测物理量与 A-D 转换后的二进制数值之间的关系。

例： 量程为 0～10NTU 浊度仪的输出信号为 4～20mA，模拟量输入模块将 0～20mA 的电流信号转换为 0～27648 的数字量，设转换后的二进制数为 x，试求以 NTU 为单位的浊度值 y。

解： 由于浊度仪的输出信号为电流，模拟量输入模块应采用 0～20mA 的量程，因此 A-D 转换后的二进制数据应是一个单极性的数据（数字量输出范围为 0～27648）。4～20mA 的模拟量对应于数字量 5530～27648，即 0～10NTU 对应于数字量 5530～27648，如图 4-15 所示。因此，当转换后的二进制数为 x 时，对应的浊度应为

$$y=\frac{(10-0)}{(27648-5530)}(x-5530)=\frac{10}{22118}(x-5530)\,\text{NTU}$$

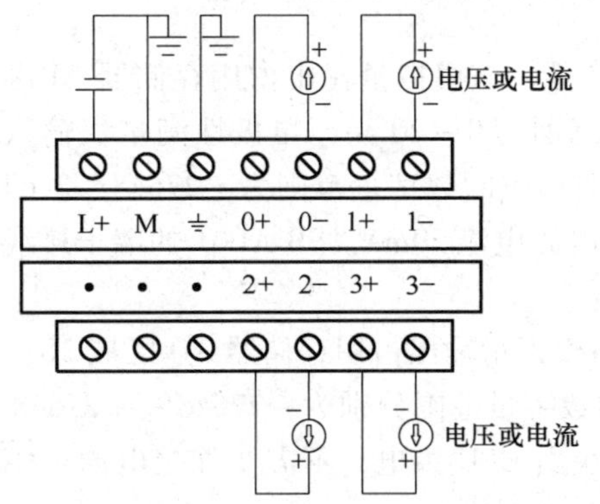

图 4-14　EM AE04 端子接线图

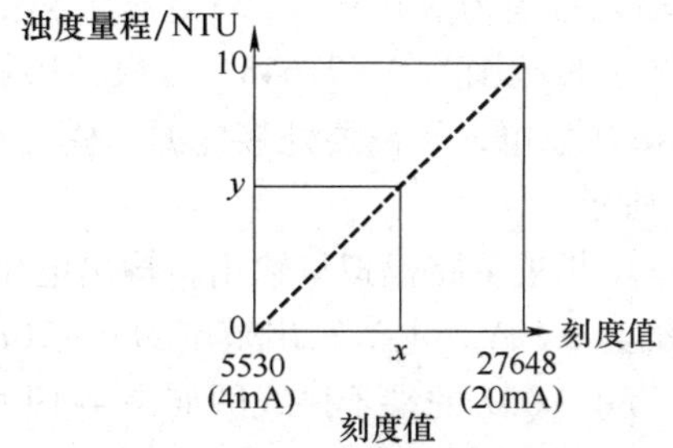

图 4-15　浊度刻度值换算比例图

3. 模拟量输出模块

（1）模拟量输出模块的输出特性与端子接线图

模拟量输出模块 EM AQ02 具有 2 个模拟量输出通道，即通道 0 和通道 1。每个模拟量输

出占用存储器 AQ 区域 2B。电压输出范围为 ±10V，电流输出范围为 0 ~ 20mA，对应的数字量范围分别为 -27648 ~ 27648 和 0 ~ 27648。S7-200 SMART 通过编程软件选择模拟量输出的类型和量程。

模拟量输出模块的分辨率通常以 D-A 转换前待转换的二进制数字量的位数来表示。电压模式的分辨率为 11 位 + 符号位，电流模式的分辨率为 11 位。

图 4-16 所示为模拟量输出模块 EM AQ02 的端子接线图。每个通道占用两个端子。L + 端是电源端，需要外接 24V 直流电源。

4. 模拟量输入/输出模块

模拟量输入/输出模块 EM AM03 具有 2 个模拟量输入和 1 个模拟量输出，EM AM06 具有 4 个模拟量输入和 2 个模拟量输出。该模块的输入/输出特性和外部端子接线分别与 EM AE04、EM AQ02 模块相同。

4.2.3 信号板

S7-200 SMART 标准型 CPU 的 SB 信号板有 5 个型号：SB DT04、SB AE01、SB AQ01、SB CM01 和 SB BA01。

SB DT04 扩展 2 路数字量输入（漏型输入）和 2 路数字量输出（晶体管输出）。模块消耗 DC 5V 电源电流 50mA，所用的每点输入消耗 DC 24V 电源电流 4mA。端子接线图如图 4-17 所示。

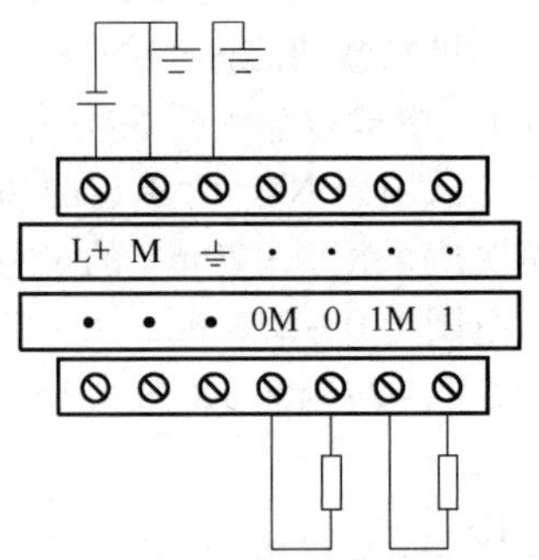

图 4-16　EM AQ02 端子接线图

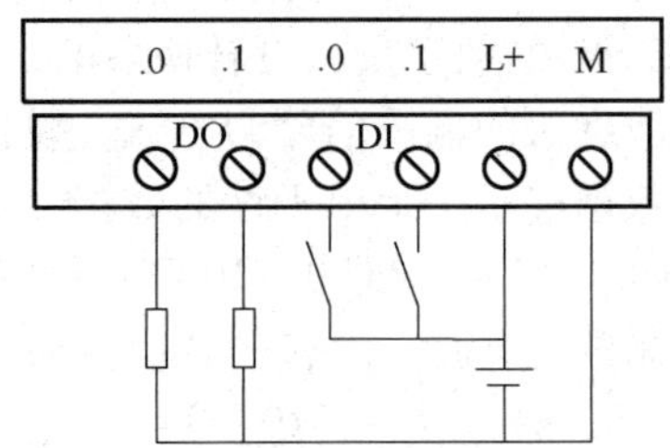

图 4-17　SB DT04 端子接线图

SB AE01 扩展 1 路模拟量输入，可输入电压或电流信号。该模拟量输出占用存储器 AI 区域 2B。电压输入范围为 ±10V、±5V、±2.5V，电流输入范围为 0 ~ 20mA。单极性满量程输入范围对应的数字量范围为 0 ~ 27648，双极性满量程输入范围对应的数字量范围为 -27648 ~ 27648。该模块由 CPU 供电，不需要外接电源。模块消耗 DC 5V 电源电流 50mA。SB AE01 的端子接线图如图 4-18 所示。

SB AQ01 扩展 1 路模拟量输出，输出电压或电流。该模拟量输出占用存储器 AQ 区域 2B。电压输出范围为 ±10V，电流输出范围为 0 ~ 20mA，对应的数字量范围分别为 -27648 ~ +27648 和 0 ~ 27648。SB AQ01 的端子接线图如图 4-19 所示。该模块由 CPU 供电，不需要外接电源。模块消耗 DC 5V 电源电流 15mA，空载时消耗 DC 24V 电源电流 40mA。

SB CM01 提供额外的 RS232 或 RS485 串行通信端口，在组态和使用时只能选择其中一种。通过编程软件选择通信端口的类型。不同的通信端口，模块的外部端子接线也不相同，如图 4-20所示。图中，上方是模块接线端子，下方是计算机侧端口。该模块由 CPU 供电，不需要外接电源。模块消耗 DC 5V 电源电流 50mA。

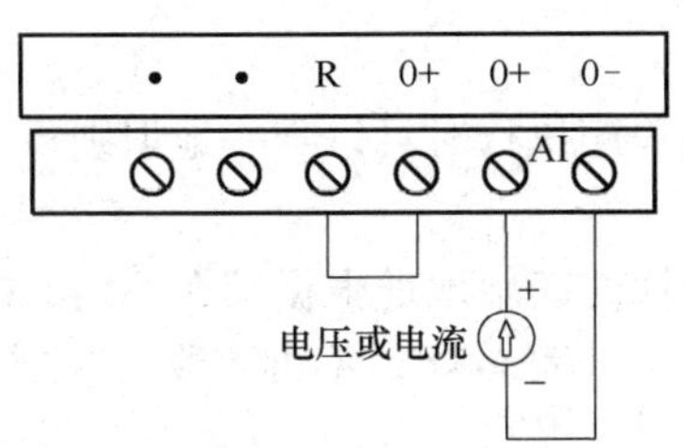

图 4-18　SB AE01 端子接线图

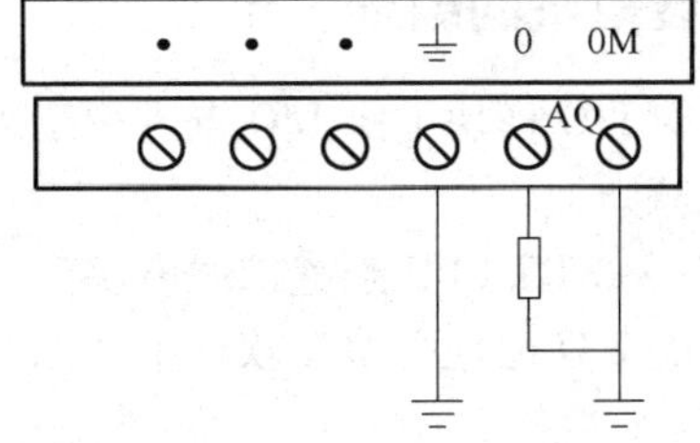

图 4-19　SB AQ01 端子接线图

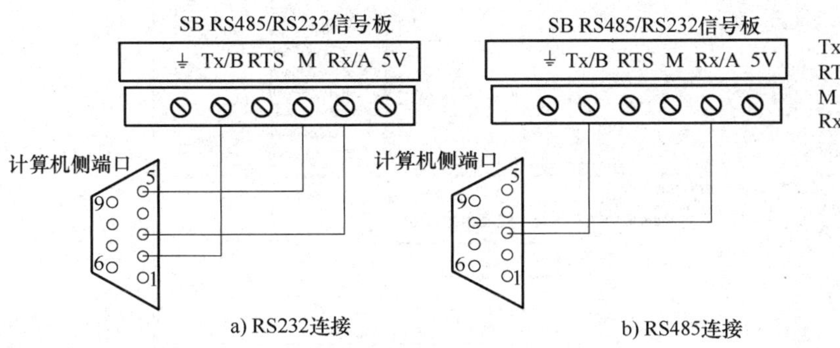

Tx/B：RS232-Tx/RS485-B
RTS：发送请求
M：逻辑公共端
Rx/A：RS232-Rx/RS485-A

图 4-20　SB CM01 端子接线图

SB BA01 使用 CR1025 纽扣电池，能保持实时时钟运行大约一年。模块消耗 DC 5V 电源电流 18mA。

4.3　S7-200 SMART PLC 的系统配置

S7-200 SMART 任一型号的主机都可单独构成基本配置，作为一个独立的控制系统。S7-200 SMART 各型号主机的 I/O 配置是固定的，具有固定的 I/O 地址。对于标准型 CPU，可以用 EM 扩展模块和 SB 信号板来增加 I/O 点数。

4.3.1　最大 I/O 配置的限制条件

S7-200 SMART 主机在扩展时受到相关因素的限制。每种 CPU 的最大 I/O 配置必须服从如下限制。

（1）主机能够扩展的模块数量

经济型 CPU 不允许配置扩展模块。标准型 CPU 可以扩展 EM 模块和 SB 信号板。Firmware V1.0 版本的 CPU 最多可以扩展 4 个 EM 模块和 1 个 SB 信号板，Firmware V2.0 版本的 CPU 最多可以扩展 6 个 EM 模块和 1 个 SB 信号板。

（2）数字量输入/输出映像区的大小

S7-200 SMART 各类主机提供的数字量 I/O 映像区为 256 位数字量输入（I0.0 ~ I31.7）和 256 位数字量输出（Q0.0 ~ Q31.7），数字量最大 I/O 配置不能超出此区域。

（3）模拟量输入/输出映像寄存区的大小

S7-200 SMART 各类标准型主机提供的模拟量 I/O 映像区为模拟量输入（AIW16 ~ AIW110）和模拟量输出（AQW16 ~ AQW110），模拟量的最大 I/O 配置不能超出此区域。

4.3.2 扩展模块的编址

编址就是对 I/O 模块上的 I/O 点进行编码，以便程序执行时可以唯一地识别每个 I/O 点。具体有以下几个原则：

1）S7-200 SMART CPU 配置扩展模块后，扩展模块的起始地址根据其在不同的槽位而有所不同，所有模块的 I/O 地址由编程软件中“系统块”统一自动分配，不可更改。“系统块”窗口如图 4-21 所示。

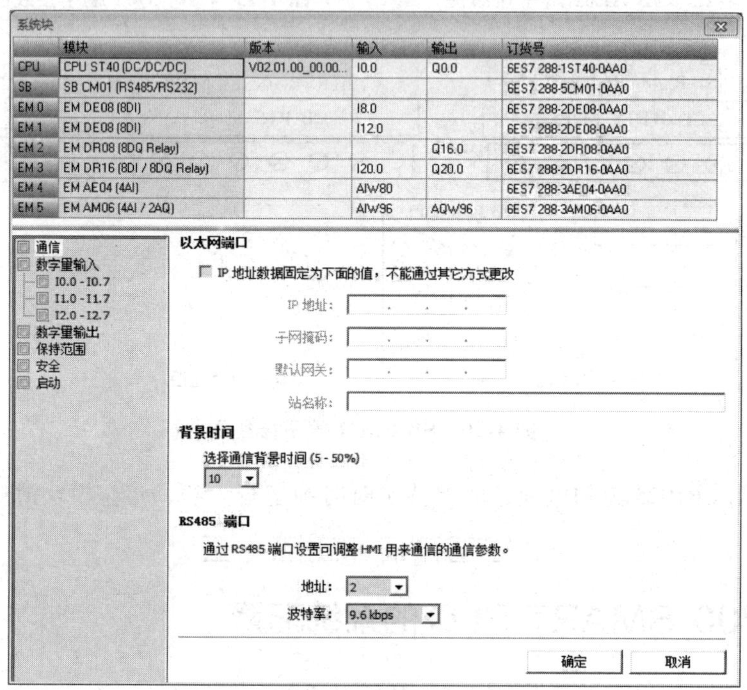

图 4-21 “系统块”窗口

S7-200 SMART 各 CPU、信号板和 I/O 扩展模块的输入/输出起始地址见表 4-4。

2）数字量 I/O 点的编址以 B（8 位）为单位，采用存储区标识符（I 或 Q）、字节号和位号的组成形式，在字节号和位号之间以点分隔。每个 I/O 点具有唯一地址，如 I0.3、Q1.5 等。有些 CPU 和信号板的数字量 I/O 点数不是 8 的整倍数，最后一个字节中未用的位不会分配给 I/O 链中的后续模块。在每次输入更新时，输入模块中的输入字节未用的位被清零。

3）模拟量 I/O 的编址以字长（16 位）为单位。在读/写模拟量信息时，模拟 I/O 以字为单位读/写。模拟量输入只能进行读操作，而模拟量输出只能进行写操作，每个模拟 I/O 点都是一个模拟量通道。模拟量通道的地址由存储器标识符（AI 或 AQ）、数据长度标志（W）和字节地址（0～110 之间的十进制偶数）组成。模拟量通道的地址取决于扩展模块所在的物理位置，当模拟量模块位置确定后，其地址在组态系统中自动生成。信号板中模拟量起始地址从 12 开始，紧挨着信号板的模拟量扩展模块起始地址从 16 开始，其他模拟量模块起始地址以 16 递增（如 AIW16、AQW16 和 AIW32、AQW32 等），每一个扩展模拟量模块各通道地址以 2 递增（见表 4-5 中的模块 4），不允许对模拟量端口以奇数编址。

例如，某主机与扩展模块配置情况如图 4-21 所示，各模块的编址情况见表 4-5。

表 4-4　CPU 与扩展模块的 I/O 起始地址

模　块	CPU	SB	EM0	EM1	EM2	EM3	EM4	EM5
输入/输出起始地址	I0.0	I7.0	I8.0	I12.0	I16.0	I20.0	I24.0	I28.0
	Q0.0	Q7.0	Q8.0	Q12.0	Q16.0	Q20.0	Q24.0	Q28.0
	—	AIW12	AIW16	AIW32	AIW48	AIW64	AIW80	AIW96
	—	AQW12	AQW16	AQW32	AQW48	AQW64	AQW80	AQW96

表 4-5　各模块的编址情况

主　机	信号板	模块 0	模块 1	模块 2	模块 3	模块 4	模块 5
CPU ST40	SB RS485/RS232	EM DE08	EM DE08	EM DR08	EM DR16	EM AE04	EM AM06
I0.0　Q0.0		I8.0	I12.0	Q16.0	I20.0　Q20.0	AIW80	AIW96　AQW96
I0.1　Q0.1		I8.1	I12.1	Q16.1	I20.1　Q20.1	AIW82	AIW98　AQW98
I0.2　Q0.2		I8.2	I12.2	Q16.2	I20.2　Q20.2	AIW84	AIW100
I0.3　Q0.3		I8.3	I12.3	Q16.3	I20.3　Q20.3	AIW86	AIW102
I0.4　Q0.4		I8.4	I12.4	Q16.4	I20.4　Q20.4		
I0.5　Q0.5		I8.5	I12.5	Q16.5	I20.5　Q20.5		
I0.6　Q0.6		I8.6	I12.6	Q16.6	I20.6　Q20.6		
I0.7　Q0.7		I8.7	I12.7	Q16.7	I20.7　Q20.7		
I1.0　Q1.0							
I1.1　Q1.1							
I1.2　Q1.2							
I1.3　Q1.3							
I1.4　Q1.4							
I1.5　Q1.5							
I1.6　Q1.6							
I1.7　Q1.7							
I2.0							
I2.1							
I2.2							
I2.3							
I2.4							
I2.5							
I2.6							
I2.7							

4.3.3　内部电源的负载能力

1. PLC 内部 DC 5V 电源的负载能力

每个扩展模块与 CPU 通信时都要消耗 5V 电源一定的功率，该电源由 CPU 向扩展模块提供，不能通过外接 5V 电源进行供电。因此 CPU 内部 5V 电源的供电能力，对扩展模块的个数起决定作用。在配置扩展模块时，应注意 CPU 模块所提供 DC 5V 电源的负载能力。电源超载会发生难以预料的故障或事故。为确保电源不超载，应使各扩展模块消耗 DC 5V 电源的电流总和不超过 CPU 模块所提供的电流值。否则，要对系统重新配置。因此系统配置后，必须对 S7-200 SMART 主机内部的 DC 5V 电源的负载能力进行校验。

S7-200 SMART不同型号CPU的5V电源供电能力见表4-1，各EM扩展模块和SB信号板模块消耗的5V电源的电流值见4.2节。

例如，图4-21所示的系统配置，CPU ST40提供DC 5V电流为1400mA，SB信号板与6个EM扩展模块消耗DC 5V电源的总电流为（50+105+105+120+145+80+80）mA=685mA，小于1400mA，因此配置可行。

2. PLC内部DC 24V电源的负载能力

S7-200 SMART所有型号的CPU都提供一个DC 24V电源。该电源是“传感器电源”，硬件接线端子在CPU的右下角。传感器电源从CPU向外供电，电流大小为300mA，用户可以使用该电源作为扩展模块的24V工作电源。当使用该电源为主机输入点、扩展模块输入点和扩展模块继电器线圈供电时，需要校验DC 24V电源的负载能力，使主机与各扩展模块所消耗电流的总和不超过300mA。如果超过300mA，可以增加外部DC 24V电源给扩展模块供电。

习题与思考题

1. 简述S7-200 SMART控制系统的基本构成。

2. S7-200 SMART标准型CPU有哪些型号？各型号之间有什么差异？

3. 画出CPU SR40 AC/DC/继电器模块的外部端子接线图。

4. S7-200 SMART数字量输出有哪两种类型？分别画出它们的外部端子接线图。

5. S7-200 SMART模拟量扩展模块的性能指标有哪些？画出模拟量输入与输出模块的外部端子接线图。

6. 用于测量温度（0～99℃）的变送器输出信号为4～20mA，模拟量输入模块将0～20mA转换为数字0～27648，试求当温度为40℃时，转换后得到的二进制数N？

7. S7-200 SMART的信号板有哪几种类型？

8. S7-200 SMART标准型CPU扩展配置时，应考虑哪些因素？I/O是如何编址的？

9. 一个由CPU SR40、SB AQ01、EM DE08、EM DR16配置的系统，试对主机与扩展模块的I/O进行编址，并对主机内部的DC 5V电源的负载能力进行校验。

10. 一个PLC控制系统如果需要数字量输入点40个，数字量输出点20个，模拟量输入端口6个，模拟量输出端口2个。请给出两种配置方案：

1）选择主机型号、扩展模块型号。

2）画出主机与扩展模块输入/输出端子的接线图。

3）对主机与扩展模块编址。

4）对主机内部的DC 5V电源的负载能力进行校验。

第5章 S7-200 SMART PLC的基本指令及应用

本章是学习PLC编程的重点，主要介绍S7-200 SMART PLC的基本逻辑指令、定时器指令、计数器指令及其使用方法。通过一些小型实例程序的介绍，掌握基本逻辑指令、定时器指令、计数器指令、比较指令、顺序控制继电器指令（SCR）和移位寄存器指令（SHRB）的使用方法，掌握PLC的一般编程规则。实例介绍注重程序设计的完整性，大部分实例给出了输入/输出接线图。同时，通过同一种控制要求，介绍多种编程方法，让大家能更好地理解和灵活应用PLC基本指令，编写出满足控制要求的PLC程序。

5.1 PLC的编程语言

编程语言是PLC的重要组成部分，不同厂家生产的PLC为用户提供了多种类型的编程语言，以适应不同用户的需要。PLC的编程语言通常有梯形图、功能块图、语句表、顺序功能图和结构化文本等类型。虽然同一厂家的PLC使用不同的编程语言编写的程序可以通过编程软件相互转换，但不同厂家的PLC用同一类编程语言编写的程序却不能相互兼容，这大大限制了PLC使用的开放性、可移植性和互换性。为此，国际电工委员会（IEC）制定了IEC 61131国际标准，其中的IEC 61131-3是PLC的编程语言标准。它是IEC工作组对不同PLC厂家的编程语言合理地吸收和借鉴的基础上，形成的一套针对工业控制系统的国际编程语言标准。目前，大多数PLC制造商均提供符合IEC 61131-3标准的产品。

IEC 61131-3详细说明了三种图形化语言和两种文本语言的句法和语义。三种图形化语言，即梯形图（Ladder Diagram，LAD）、功能块图（Function Block Diagram，FBD）和顺序功能图（Sequential Function Chart，SFC）；两种文本语言，即指令表（Instruction List，IL）和结构化文本（Structured Text，ST）。不同的编程语言有各自的特点及其使用场合，不同国家的电气工程师对编程语言的使用习惯也不一样。在我国，大多使用者习惯使用梯形图编程。

1. 梯形图（LAD）

梯形图（LAD）是使用最多、最普遍的一种面向对象的图形化编程语言。与继电器控制系统中的电路图很相似，它沿用了继电器、触点、串并联等术语和类似的图形符号，还增加了一些功能性的指令。梯形图信号流向清楚、简单、直观、易懂，很容易被电气工程人员掌握，特别适合于数字量逻辑控制。各PLC生产商通常都把它作为第一编程语言。使用编程软件可以直接生成和编辑梯形图。

2. 功能块图（FBD）

功能块图（FBD）是一种类似于数字逻辑电路的编程语言。一般用类似于与门、或门的功能框来表示逻辑运算功能。一个功能框通常有若干个输入端和若干个输出端。左侧输入端是功能框的运算条件，右侧输出端是功能框的运算结果。输入、输出端的小圆圈表示“非”运算。

功能块图有基本逻辑功能、计时和计数功能、运算和比较功能及数据传送功能等。可以通过“软导线”把所需的功能框连接起来，用于实现系统控制。图5-1所示的功能块图中，没有梯形图中的触点和线圈，也没有左、右母线。程序逻辑由这些功能框之间的连接决定，“能流”自左向右流动。一个功能框（如AND）的输出连接到另一功能框（如定时器T33）的允许输入端，建立所需的控制逻辑。FBD的这种表示格式有利于程序流的跟踪，它的直观性大大方便了设计人员的编程和组态，有较好的操作性。

功能块图与梯形图可以互相转换。对于熟悉逻辑电路和程序设计经验丰富的技术人员来说，使用功能块图编程也是非常方便的。

3. 语句表（STL）

S7系列PLC将指令表称为语句表（STL）。语句表用助记符表达PLC的各种控制功能。它类似于计算机的汇编语言，但比汇编语言直观易懂，编程简单，因此也是应用很广泛的一种编程语言。图5-2右侧为梯形图所对应的语句表。

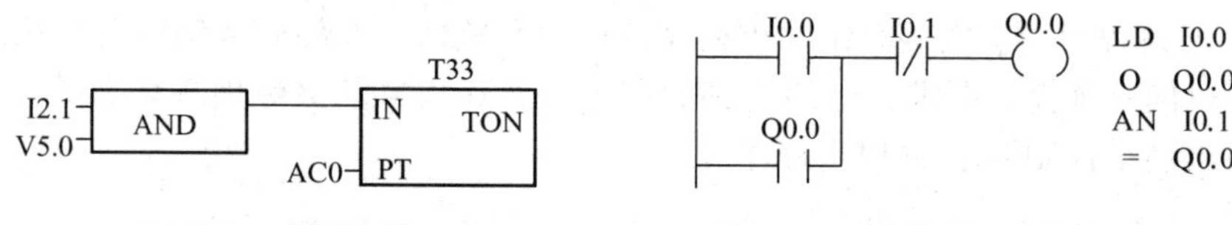

图5-1 功能块图 **图5-2 梯形图与对应的语句表**

在STEP7编程软件中，如果程序块没有错误且程序段划分正确，则梯形图、功能块图和语句表三种语言程序之间可以方便地转换。梯形图中输入信号与输出信号之间的逻辑关系一目了然，易于理解。而语句表程序较长时，很难一眼看出其中的逻辑关系，在设计复杂的PLC控制程序时建议采用梯形图语言。而在设计通信和数学运算等高级应用程序时，可以使用语句表语言编程。S7-200 SMART PLC可以使用LAD、STL和FBD三种编程语言。

5.2 数据类型与存储区域

5.2.1 数制

1. 二进制数

计算机内部的数据都以二进制存储，二进制数的1位（bit）只有1和0两种取值，可以用来表示开关量（或数字量）的两种不同状态，例如触点的接通和断开，线圈的通电和断电等。如果二进制位值为1，则表示梯形图中常开触点（┤ ├）的位状态为1和常闭触点（┤/├）的位状态为0；反之，如果二进制位值为0，则表示梯形图中常开触点（┤ ├）的位状态为0和常闭触点（┤/├）的位状态为1。

二进制数的运算规则为逢2进1。可以用多位二进制数来表示大于1的数字，每一位都有一个固定的权值，从右向左的第n位（最低位为第0位）的权值为2^n，第3位至第0位的权值分别为8、4、2、1，所以二进制数又称为8421码。

S7-200 SMART PLC用2#表示二进制常数，如2#0001 0100 0010 1010就是16位二进制常数，对应的十进制数为$2^{12}+2^{10}+2^5+2^3+2^1=5162$。

2. 十六进制数

十六进制数使用 10 个数字 0 ~ 9 和 6 个字母 A ~ F（对应于十进制的 10 ~ 15）表示。S7-200 SMART PLC 用 16#表示十六进制常数。4 位二进制数对应于 1 位十六进制数，如二进制常数 2#1001 1110 0010 1010 对应的十六进制数为 16#9E2A。

十六进制数的运算规则为逢 16 进 1，从右向左的第 n 位（最低位为第 0 位）的权值为 16^n，16#2A 对应的十进制数为 $2\times16^1+10\times16^0=42$。

3. BCD 码

BCD（Binary Coded Decimal）码用 4 位二进制数（或者 1 位十六进制数）表示 1 位十进制数。十进制数 0 ~ 9 的 BCD 码为 0000 ~ 1001。BCD 码不能使用十六进制的 A ~ F（2#1010 ~ 2#1111）这 6 个数字。BCD 码本质上是十进制数，因此相邻两位逢 10 进 1。以 BCD 码 1001 0010 0110 0111 为例，对应的十进制数为 9267。BCD 码没有单独的表示方法，而是借用了十六进制的表示方法，如 12 位二进制数 2#100000101001 对应的 BCD 码表示为 16#829。

5.2.2　数据类型与范围

1. 常数

在 PLC 编程中经常会使用常数，常数的数据长度可分为字节、字和双字。由 8 位二进制数组成 1 个字节（BYTE），其中第 0 位为最低位（LSB），第 7 位为最高位（MSB）。两个字节组成 1 个字（WORD），两个字组成 1 个双字（DWORD）。

CPU 以二进制形式存储常数。但常数的表示可以用二进制、十进制、十六进制、ASCII 码或实数（浮点数）等多种形式，详见表 5-1。

表 5-1　常数的几种表示方式

进　制	书写格式	举　例
二进制	2#二进制数值	2#0101 1010 1100 0010
十进制	十进制数值	2010
十六进制	16#十六进制数值	16#4AE8
ASCII 码	‘ASCII 文本’	‘file’
浮点数	按照 ANSI/IEEE 754-1985 标准（单精度）格式	125.2 或 1.252×10^2

注意：表中的“#”为常数的进制格式说明符，如果常数无任何格式说明符，则系统默认为十进制数。浮点数的书写必须有小数点。

ASCII 字符（美国信息交换标准代码）由美国国家标准局（ANSI）制定，它已被国际标准化组织（ISO）定为国际标准（ISO 646 标准）。标准 ASCII 码也称为基础 ASCII 码，用 7 位二进制数来表示所有的英文大写、小写字母，数字 0 ~ 9、标点符号以及在美式英语中使用的特殊控制字符。数字 0 ~ 9 的 ASCII 码为十六进制 30H ~ 39H，英文大写字母 A ~ Z 的 ASCII 码为 41H ~ 5AH，英文小写字母 a ~ z 的 ASCII 码为 61H ~ 7AH。

2. 数据类型

S7-200 系列 PLC 的基本数据类型有布尔型（BOOL）、字节型（BYTE）、无符号整型（WORD）、有符号整型（Integer，INT）、无符号双字整型（Double Word，DWORD）、有符号双字整型（Double Integer，DINT）、实数型（REAL）和字符串型（STRING）。不同的数据类型具有不同的数据长度和数值范围，详见表 5-2。

数据类型为 STRING 的字符串由若干个 ASCII 码字符组成，字符串的第一个字节定义字符串的长度（0～254），即字符数，后面的每一个字符占1B。变量字符串最多为255B（长度字节加上254个字符）。

表5-2　S7-200 SMART PLC 的数据类型及范围

基本数据类型		数据的位数	表示范围	
			十进制	十六进制
布尔型（BOOL）		1	0，1	
无符号数	字节型（BYTE）	8	0～255	16#00～16#FF
	整型（WORD）	16	0～65535	16#0000～16#FFFF
	双字型（DWORD）	32	0～（$2^{32}-1$）	16#00000000～16#FFFF FFFF
有符号数	字节型（BYTE）	8	−128～127	16#80～16#7F
	整型（INT）	16	−32768～32767	16#8000～16#7FFF
	双字整型（DINT）	32	-2^{31}～（$2^{31}-1$）	16#8000 0000～16#7FFF FFFF
实数型（REAL）		32	±1.175495E−38～±3.402823E+38	

5.2.3　存储器与存储区

1. 存储器类型

S7-200 SMART PLC 采用多种形式的存储器来进行 PLC 程序与数据的存储，以防止数据的丢失。主要有保持性存储器、永久存储器和存储器卡。

（1）保持性存储器

在一次上电循环中保持不变的可选择存储区。可在系统数据块中组态保持性存储器。在所有存储区中，只有 V、M 和定时器与计数器的当前值存储区能组态为保持性存储区。

（2）永久存储器

用于存储程序块、数据块、系统块、强制值以及组态为保持性的值的存储器。

（3）存储器卡

存储器卡为可选件，用户可以根据需要选用。存储器卡为保持性存储器，可以作为 PLC 保持性存储器的扩展与后备。S7-200 SMART CPU 支持使用 Micro SD 卡用于作为程序传送卡存储项目块，实现程序和项目数据的便携式存储；也可用于擦除所有保留数据，将 CPU 重置为出厂默认状态；并可用于 CPU 和连接的扩展模块固件的更新。标准型商业 Micro SD 卡容量为4～16GB。

2. 存储区的分类

S7-200 SMART PLC 的存储区分为程序存储区、系统存储区和数据存储区。

程序存储区用于存储 PLC 用户程序，存储器为 EEPROM。

系统存储区用于存储 PLC 配置参数，如 PLC 主机及扩展模块的 I/O 配置和地址分配设定、程序保护密码、停电记忆保持区域的设定和软件滤波参数等，存储器为 EEPROM。

数据存储区是 PLC 提供给用户的编程元件的特定存储区域。它包括输入映像寄存器、输出映像寄存器、变量存储器、内部标志位存储器、顺序控制继电器存储器、特殊标志位存储器、局部存储器、定时器存储器、计数器存储器、模拟量输入映像寄存器、模拟量输出映像寄存器、累加器和高速计数器。数据存储区是用户程序执行过程中的内部工作区域，用于存储 PLC 运算、处理的中间结果（如输入/输出映像，标志、变量的状态，计数器、定时器的中间值等），它使 CPU 的运行更快、更有效。

3. 数据区存储器的编址格式

存储器是由许多存储单元组成的，每个存储单元都有唯一的地址，可以依据存储器地址来存取数据。S7-200 SMART PLC 的存储单元按字节进行编址，数据区存储器地址的表示格式有位、字节、字和双字地址格式。

（1）位地址格式

数据存储器区域的某一位的地址格式是由存储器区域标识符、字节地址及位号构成的，例如图 5-3 中黑色标记的位地址表示 I5.4。I 是输入映像寄存器的区域标识符，5 是字节地址，4 是位号，在字节地址 5 与位号 4 之间用点号“·”隔开。

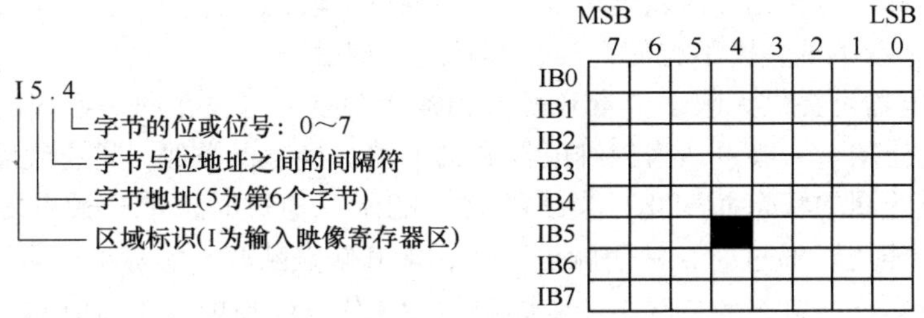

图 5-3　位地址表示方法示例

（2）字节、字和双字地址格式

数据存储器区域的字节、字和双字地址格式由区域标识符、数据长度以及该字节、字或双字的起始字节地址构成。图 5-3 中，IB5 表示输入字节（B 是 Byte 的缩写），由 I5.0 ~ I5.7 这 8 位组成。图 5-4 中，用 VB100、VW100、VD100 分别表示字节、字、双字的地址。VW100 表示由 VB100、VB101 相邻的两个字节组成的一个字。VD100 表示由 VB100 ~ VB103 四个字节组成的一个双字，100 为起始字节地址。编号最小的字节 VB100 为 VW100 和 VD100 的最高位字节，编号最大的字节为字和双字的最低位字节。

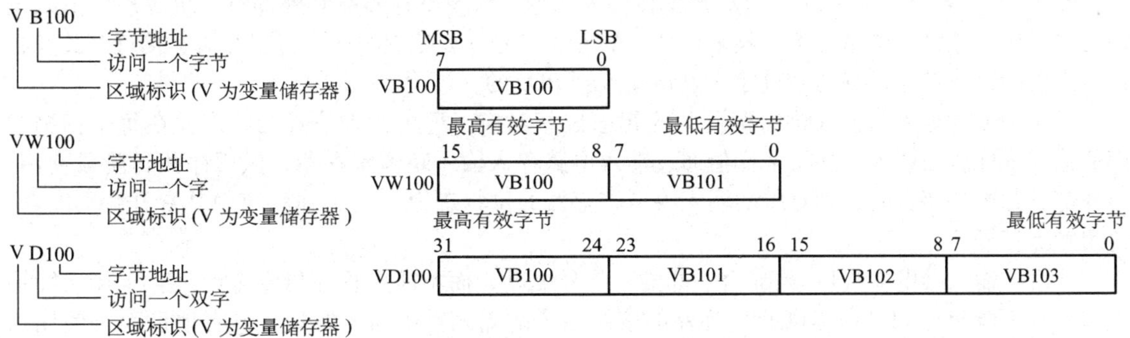

图 5-4　存储器中的字节、字和双字的地址表示

（3）其他地址格式

数据区存储器区域中，还包括定时器（T）、计数器（C）、累加器（AC）和高速计数器（HC）等，它们的地址格式为区域标识符和元件号，例如 T24 表示某定时器的地址，T 是定时器的区域标识符，24 是定时器号。

5.3　S7-200 SMART PLC 的编程元件

PLC 的数据存储区在系统软件的管理下，被划分出若干小区，并将这些小区赋予不同的功能，由此组成了各种内部器件，这些内部器件就是PLC的编程元件。每一种PLC提供的编程元件的数量是有限的。这些编程元件沿用了传统继电器控制系统中继电器的名称，并根据其功能，分别被称为输入继电器、输出继电器、辅助继电器、变量存储器、定时器和计数器等。

在PLC内部，这些具有一定功能的编程元件，并不是真正存在的实际物理器件，而是由电子电路、寄存器或存储器单元等组成的，有固定的地址。例如，输入继电器由输入电路和输入映像寄存器构成；输出继电器由输出电路和输出映像寄存器构成；定时器和计数器由特定功能的寄存器构成。它们虽具有继电器特性，但却没有机械触点。为了将这些编程元件与传统的物理继电器区别开来，又称之为软元件或软继电器。这些软继电器的特点如下：

1）软继电器是看不见、摸不着的，没有实际的物理触点。

2）每个软继电器可提供无限多个常开触点和常闭触点，可放在同一程序的任何地方，即其触点可以无限次地使用。一般可认为软继电器和继电器、接触器类似，具有线圈和常开、常闭触点。触点的状态随线圈的状态而变化，当线圈有“能流”通过时，常开触点闭合，常闭触点断开，当线圈没有“能流”通过时，常闭触点接通，常开触点断开。实际上，常开触点“┤├”表示的物理意义为取某存储单元的位状态，常闭触点“┤/├”的物理意义为取某存储单元的位状态的反。因此，可以无限次使用常开、常闭触点。

3）体积小、功耗低、寿命长。各种编程元件，各自占有一定数量的存储单元，编程时，只要使用这些编程元件的地址编号即可（如I0.0、Q2.1、IB1、QB2、VB100、MW10、T37和AIW0等），实际上就是对相应的存储单元以位、字节、字（或通道）或双字的形式进行存取。

5.3.1 编程元件的分类

S7-200 SMART PLC提供了13种类型的编程元件，分别介绍如下。

（1）输入继电器（I）

输入继电器（I）就是位于PLC数据存储区的输入映像寄存器。其外部有一个物理的输入电路与之对应，该输入电路用于接收来自现场的开关信号，如控制按钮、行程开关、接近开关及各种传感器的输入信号，都是通过输入电路接入到PLC的。

每一个输入电路与输入映像寄存器的相应位相对应。现场输入信号的状态，在每个扫描周期的输入采样阶段读入，并将采样值通过输入电路存入输入映像寄存器，供程序执行阶段使用。当外部常开按钮闭合时，则对应的输入映像寄存器的位状态为“1”，在程序中其常开触点闭合，常闭触点打开。

注意：输入继电器（I）只能由外部输入信号驱动，而不能由程序指令来改变。现场实际输入信号数不能超过PLC所提供的具有外部接线端子的输入继电器的数量，具有地址而未使用的输入映像寄存器区可能剩余，为避免出错，建议将这些地址空置。

输入继电器（I）可以按位地址、字节、字或双字地址格式存取，有效地址范围：I0.0～I31.7，共256点；IB0～IB31，共32个字节；IW0～IW30，共16个字；ID0～ID28，共8个双字。

（2）输出继电器（Q）

输出继电器（Q）就是位于PLC数据存储区的输出映像寄存器。其外部有一个物理输出电路与之对应。该输出电路可直接与现场各种被控负载相连，如接触器线圈、指示灯和电磁阀等负载。

每一个输出电路与输出映像寄存器的相应位相对应，或者说以字节（B）为单位的输出映像寄存器的每一位对应1个数字量输出电路。CPU将程序执行结果存放到输出映像寄存器中，而不是直接送到输出电路。在每个扫描周期的输出刷新阶段，CPU以批处理方式集中将输出映像寄存器的数值送到输出锁存器，刷新相应的输出电路，作为控制外部负载的开关信号。可见，PLC 的输出电路是 PLC 向外部负载发出控制命令的窗口。当程序使得输出映像寄存器的某位状态为"1"时，相应的输出电路常开触点闭合，对应的外部负载接通。

注意：输出继电器（Q）使用时不能超过 PLC 所提供的具有外部接线端子的输出电路数量，具有地址而未使用的输出映像寄存器区可能剩余，为避免出错，建议将这些地址空置。

输出继电器（Q）可以按位地址、字节、字或双字地址格式存取，有效地址范围：Q0.0 ~ Q31.7、QB0 ~ QB31、QW0 ~ QW30、QD0 ~ QD28。

I/O 映像寄存器区实际上就是外部输入/输出设备状态的映像区，PLC 通过 I/O 映像区的各个位与外部物理设备建立联系。I/O 映像区每个位都可以映像输入/输出模块上的对应端子状态。

在程序的执行过程中，对于输入/输出状态的读写通常是通过映像寄存器，而不是实际的输入/输出端子。CPU 执行有关输入/输出程序时的操作过程如图 5-5 所示。

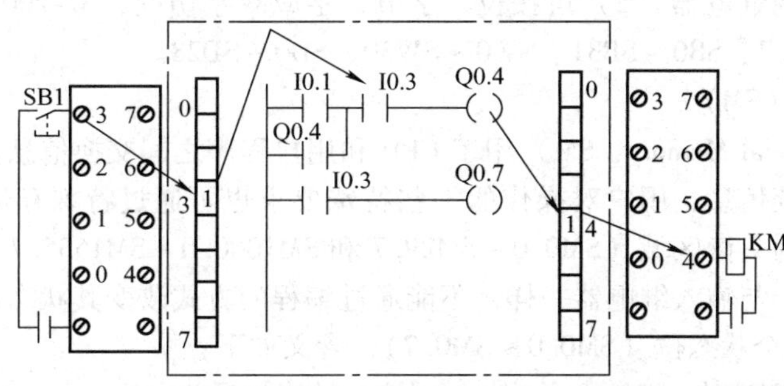

图 5-5　CPU 执行输入/输出的操作

在执行梯形图程序时，输入继电器、输出继电器的状态即为输入、输出映像寄存器相应位的状态，这使得系统在程序执行期间完全与外界隔开，从而提高了系统的抗干扰能力。建立了 I/O 映像区，用户程序存取映像寄存器中的数据比存取输入、输出物理点要快得多，加速了运算速度。此外，外部输入点的存取只能按位进行，而 I/O 映像寄存器的存取可按位、字节、字或双字进行，因而使得操作更快、更灵活。

（3）辅助继电器（M）

辅助继电器（M）位于 PLC 数据存储区的位存储器区，其作用和物理的中间继电器相似，用于存放中间操作状态和控制信息。辅助继电器没有外部的输入端子或输出端子与之对应，因此它不受外部输入信号的直接控制，其触点也不能直接驱动外部负载，这是与输入继电器（I）和输出继电器（Q）的主要区别。每个辅助继电器对应着数据存储区的一个存储单元，可按位、字节、字或双字来存取 M 区数据。有效地址范围：M0.0 ~ M31.7、MB0 ~ MB31、MW0 ~ MW30、MD0 ~ MD 28。

（4）变量存储器（V）

变量存储器（Variable，V）用于存放全局变量、程序执行过程中控制逻辑操作的中间结果或其他相关的数据。变量存储器不能直接驱动外部负载。V 全局有效。全局有效是指同一个存储器可以在任一程序（主程序、子程序或中断程序）中被访问。变量存储器可按位、字节、字或双字来存取 V 区数据。S7-200 SMART CPU SR40/ST40 的有效地址范围：V0.0 ~ V16383.7、VB0 ~ VB16383、VW0 ~ VW16382、VD0 ~ VD16380。

（5）局部存储器（L）

S7-200 SMART PLC 将主程序、子程序和中断程序统称为程序组织单元（POU），各 POU 都有自己的 64 个字节的局部存储器，使用梯形图和功能块图编程时，STEP7-Micro/WIN SMART 将保留 LB60 ~ LB63 这 4 个字节。

局部存储器（Local，L）用来存放局部变量。L 局部有效。局部有效是指某一变量只能在某一特定程序（主程序、子程序或中断程序）中使用。局部存储器常用于带参数的子程序调用过程中。不同程序的局部存储器不能互相访问。程序运行时，根据需要动态分配局部存储器，在执行主程序时，分配给子程序或中断程序的局部存储区是不存在的，只有当子程序调用或出现中断时，才为之分配局部存储器。

局部存储器可按位、字节、字或双字访问。S7-200 SMART PLC 局部存储器的有效地址范围：L0.0 ~ L63.7、LB0 ~ LB63、LW0 ~ LW62、LD0 ~ LD60。

（6）顺序控制继电器（S）

顺序控制继电器（S）用于顺序控制或步进控制。顺序控制继电器（Sequence Control Relay，SCR）指令是基于顺序功能图（SFC）的编程指令。SCR 指令将控制程序进行逻辑分段，从而实现顺序控制。顺序控制继电器（S）可按位、字节、字或双字访问，S7-200 SMART PLC 的有效地址范围：S0.0 ~ S31.7、SB0 ~ SB31、SW0 ~ SW30、SD0 ~ SD28。

（7）特殊存储器（SM）

特殊存储器（Special Memory，SM）用于 CPU 和用户程序之间交换信息。它为用户提供一些特殊的控制功能及系统信息，用户对操作的一些特殊要求也可通过特殊存储器通知系统。特殊存储器标志位区域分为只读区域（SM0.0 ~ SM29.7 和 SM1000.0 ~ SM1535.7）和可读写区域。在只读区的特殊存储器，与输入继电器一样，不能通过编程的方式改变其状态，用户只能使用其触点。例如 SMB0，有 8 个状态位（SM0.0 ~ SM0.7），含义如下：

SM0.0：CPU 在 RUN 时，SM0.0 总为 1，即该位始终接通为 ON。

SM0.1：PLC 由 STOP 转为 RUN 时，SM0.1 接通一个扫描周期，常用作初始化脉冲。

SM0.2：若 NAND 闪存数据丢失，SM0.2 接通一个扫描周期。

SM0.3：PLC 上电或暖启动条件进入 RUN 方式时，SM0.3 接通一个扫描周期，可用于在开始操作之前给机器提供预热时间。

SM0.4：分时钟脉冲，提供占空比为 50%，30s 接通、30s 断开，周期为 1min 的脉冲串。

SM0.5：秒时钟脉冲，提供占空比为 50%，0.5s 接通、0.5s 断开，周期为 1s 的脉冲串。

SM0.6：该位是扫描周期时钟，接通一个扫描周期，然后断开一个扫描周期，在后续扫描中交替接通和断开。该位可用作扫描计数器输入。

SM0.7：指令执行状态位，指令执行的结果溢出或检测到非法数值时，该位置 1。

可读写特殊继电器用于特殊控制功能，例如，用于自由口通信设置的 SMB30（端口 0）和 SMB130（端口 1）；用于定时中断时间间隔设置的 SMB34（定时中断 0）和 SMB35（定时中断 1）；用于高速计数器设置的 SMB36 ~ SMB65 等。

附录 B 列出了部分特殊存储器（SM）的详细信息。特殊存储器可按位存取，也可按字节、字或双字来存取数据。有效地址范围：SM0.0 ~ SM1535.7、SMB0 ~ SM1535、SMW0 ~ SMW1534、SMD0 ~ SMD 1532。

（8）定时器（T）

定时器（Timer，T）是 PLC 中重要的编程元件，是累计时间增量的内部元件。其作用类似于继电器控制系统中的时间继电器，用于需要延时控制的场合。S7-200 SMART PLC 有三种类型定时器：接通延时定时器（TON），断开延时定时器（TOF）和保持型接通延时定时器（TONR）。定时器的定时时基有三种：1ms、10ms 和 100ms。使用时需要提前设置时间设定值，通常设定值由程序赋予，需要时也可通过外部触摸屏等设定。

与定时器相关的有两个变量：定时器的当前值和定时器的位。

定时器当前值为 16 位的有符号整数，用于存储定时器累计的时基基准增量值（1 ~ 32767）。

定时器的位用来描述定时器延时动作的触点状态。当定时器的输入条件满足时开始计时，当前值从 0 开始按一定的时间单位（取决于定时器的定时时基，又称分辨率）增加，当定时器的当前值大于或等于设定值时，定时器（状态）位被置为 1，梯形图中对应的常开触点闭合，常闭触点断开。

用定时器地址（如 T20）来访问定时器的当前值和定时器位，用带位操作数的指令访问定时器的位，用带字操作数的指令访问定时器的当前值。

S7-200 SMART PLC 定时器的有效地址范围为 T0 ~ T255。

（9）计数器（C）

计数器（Counter，C）用来累计其计数输入端脉冲电平由低到高（上升沿）的次数，常用来对产品进行计数或进行特定功能的编程。S7-200 SMART PLC 有三种类型计数器：增计数器（CTU）、减计数器（CTD）和增减计数器（CTUD）。使用时需要提前设定计数设定值，通常设定值由程序赋予，需要时也可通过外部触摸屏等设定。

与计数器相关的有两个变量：计数器的当前值和计数器的位。

计数器的当前值为 16 位的有符号整数，用于存储计数器累计的脉冲个数（1 ~ 32767）。

计数器的位用来描述计数器动作的触点状态。当计数器的输入条件满足时，计数器当前值从 0 开始累计它的输入端脉冲上升沿（正跳变）的次数，当计数器的计数值大于或等于设定值时，计数器的位被置为 1，梯形图中对应的常开触点闭合，常闭触点断开。

S7-200 SMART PLC 计数器存储器的有效地址范围为 C0 ~ C255。

（10）模拟量输入映像寄存器（AI）

模拟量输入模块电路将外部输入的模拟信号（如温度、压力和流量等）转换成 1 个字长（16 位）的数字量，存放在模拟量输入映像寄存器（AI）中，供 CPU 运算处理。AI 中的值为只读值，只能进行读取操作。模拟量输入映像寄存器（AI）的地址必须用偶数字节地址，如 AIW0、AIW2、AIW4…来读取。其有效地址范围为 AIW0 ~ AIW110。

（11）模拟量输出映像寄存器（AQ）

CPU 运算的相关结果存放在模拟量输出映像寄存器（AQ）中，供 D-A 转换器将 1 个字长的数字量转换为模拟量，以驱动外部模拟量控制的设备。模拟量输出映像寄存器（AQ）中的数字量为只写值，用户不能读取模拟量输出值。模拟量输出映像寄存器（AQ）的地址也必须用偶数字节地址，如 AQW0、AQW2、AQW4…来存放。有效地址范围为 AQW0 ~ AQW110。

（12）累加器（AC）

累加器（AC）是用来暂时存储计算中间值的存储器，也可用于向子程序传递参数或返回参数。S7-200 SMART PLC 提供了四个 32 位累加器（AC0、AC1、AC2 和 AC3）。

对累加器可进行读和写两种操作，可按字节、字或双字来存取累加器中的数据。被访问的数据大小取决于访问累加器时所使用的指令。例如，MOVB 指令存取累加器的字节，DECW 指令存取累加器的字，INCD 指令存取累加器的双字。按字节或字存取时，累加器只存取存储器中数据的低 8 位或低 16 位；以双字存取时，则存取存储器的 32 位。具体实例如图 5-6所示。

（13）高速计数器（HC）

高速计数器（High-speed Counter，HC）用来累计比 CPU 扫描速率更快的高速脉冲信号，计数过程与扫描周期无关。高速计数器的当前值和预设值为 32 位有符号整数，当前值为只读数据。读取高速计数器当前值应以双字来寻址。S7-200 SMART PLC 高速计数器的有效地址范围为

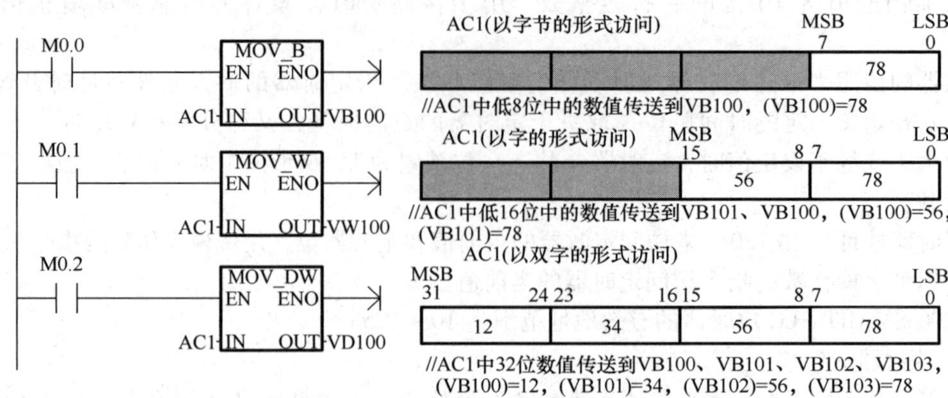

图 5-6 按字节、字和双字来存取累加器中数据的示例

HC0、HC1、HC2 和 HC3。

5.3.2 编程元件的地址范围

S7-200 SMART PLC 提供的编程元件及有效地址范围见表 5-3。编程时，应注意各类编程元件的有效地址范围和寻址方式。

表 5-3 S7-200 SMART PLC 提供的编程元件及有效地址范围

<table>
<tr><th>寻址方式</th><th>元件名称</th><th>CPU CR40
CPU CR60</th><th>CPU SR20
CPU ST20</th><th>CPU SR30
CPU ST30</th><th>CPU SR40
CPU ST40</th><th>CPU SR60
CPU ST60</th></tr>
<tr><td rowspan="5">位访问
（字节、位）</td><td>I、Q、M、S</td><td colspan="5">I0.0～I31.7、Q0.0～Q31.7、M0.0～M31.7、S0.0～S31.7</td></tr>
<tr><td>SM</td><td colspan="5">SM0.0～SM1535.7</td></tr>
<tr><td>T、C</td><td colspan="5">T0～T255、C0～C255</td></tr>
<tr><td>L</td><td colspan="5">L0.0～L63.7</td></tr>
<tr><td>V</td><td colspan="2">V0.0～V8191.7</td><td>V0.0～V12287.7</td><td>V0.0～V16383.7</td><td>V0.0～V20479.7</td></tr>
<tr><td rowspan="5">字节访问</td><td>IB、QB、
MB、SB</td><td colspan="5">IB0～IB31、QB0～QB31、MB0～MB31、SB0～SB31</td></tr>
<tr><td>SMB</td><td colspan="5">SMB0～SMB1535</td></tr>
<tr><td>LB</td><td colspan="5">LB0～LB63</td></tr>
<tr><td>VB</td><td colspan="2">VB0～VB8191</td><td>VB0～VB12287</td><td>VB0～VB16383</td><td>VB0～VB20479</td></tr>
<tr><td>AC</td><td colspan="5">AC0～AC3</td></tr>
<tr><td rowspan="7">字访问</td><td>IW、QW、
MW、SW</td><td colspan="5">IW0～IW30、QW0～QW30、MW0～MW30、SW0～SW30</td></tr>
<tr><td>SMW</td><td colspan="5">SMW0～SMW1534</td></tr>
<tr><td>T、C</td><td colspan="5">T0～T255、C0～C255</td></tr>
<tr><td>LW</td><td colspan="5">LW0～LW62</td></tr>
<tr><td>AC</td><td colspan="5">AC0～AC3</td></tr>
<tr><td>VW</td><td colspan="2">VW0～VW8190</td><td>VW0～VW12286</td><td>VW0～VW16382</td><td>VW0～VW16382</td></tr>
<tr><td>AIW、AQW</td><td colspan="5">AIW0～AIW110、AQW0～AQW110</td></tr>
</table>

（续）

寻址方式	元件名称	CPU CR40 CPU CR60	CPU SR20 CPU ST20	CPU SR30 CPU ST30	CPU SR40 CPU ST40	CPU SR60 CPU ST60
双字访问	ID、QD、MD、SD	ID0 ~ ID28、QD0 ~ QD28、MD0 ~ MD28、SD0 ~ SD28				
	SMD	SMD0 ~ SMD1532				
	LD	LD0 ~ LD60				
	AC、HC	AC0 ~ AC3、HC0 ~ HC3				
	VD	VD0 ~ VD8188		VD0 ~ VD12284	VD0 ~ VD16380	VD0 ~ VD20476

5.4 寻址方式

PLC 编程时，无论采用何种语言，均需给出每条指令的操作码和操作数。操作码指出这条指令的功能是什么，操作数则指明操作码所需要的数据。编程时提供操作数或操作数地址的方式称为寻址方式。S7-200 SMART PLC 的寻址方式有立即寻址、直接寻址和间接寻址三种方式。

1. 立即寻址

指令直接给出操作数，操作数紧跟着操作码，在取出指令的同时也就取出了操作数，所以称为立即操作数或立即寻址。立即寻址方式可用来提供常数、设置初始值等。例如，传送指令"MOVD 256，VD100"的功能就是将十进制常数 256 传送到 VD100 单元，这里 256 就是源操作数，直接跟在操作码后，不用再去寻找源操作数了，所以这个操作数叫作立即数，这种寻址方式就是立即寻址方式。

指令中的立即数常使用常数。常数值可分为字节、字和双字等类型。

2. 直接寻址

指令中直接给出操作数地址的寻址方式称为直接寻址。操作数的地址应按规定的格式表示，如采用位地址寻址方式，或字节、字、双字地址寻址格式。一般使用时必须指出数据存储区的区域标识符（编程元件名称）、数据长度及起始地址。举例如下：

位寻址：A Q5. 5

这里操作数以位地址格式 Q5. 5 给出。

字寻址：MOVW　AC0，AQW2

双字寻址：MOVD　VD100，VD200

该指令功能是将起始地址为 100 的变量存储器（V）中的双字数据传送到起始地址为 200 的变量存储器（V）中，指令中源操作数的数值并未在指令中给出，而是给出了操作数存放的地址 VD100，寻址时要到 VD100 中寻找操作数，即到 VB100、VB101、VB102、VB103 中寻找。

PLC 存储区中还有一些编程元件，不用指出它们的字节地址，而是在区域标识符后直接写出其编号。这类元件包括定时器、计数器、高速计数器和累加器，如 T39、C20、HC1 和 AC0 等。其中，T 和 C 的地址编号均包含两个含义，如 C20，既表示计数器的位状态信息，又表示计数器的当前值。

3. 间接寻址

间接寻址在指令中给出的不是操作数的值或者操作数的地址，而是给出了存放操作数地址的存储单元的地址。存储单元的地址又称为指针。间接寻址常用于循环程序和查表程序。可以使用指针进行间接寻址的存储器区域有 I、Q、V、M、S、T（仅当前值）和 C（仅当前值）。间接寻址不可以访问单个位地址、HC、L 存储区和累加器。

使用间接寻址存取数据的步骤如下。

（1）建立指针

使用间接寻址对某个存储单元读或写前，应先建立指针。指针为双字长，存放所要访问存储单元的 32 位物理地址。以指针中的内容值为地址就可以进行间接寻址。可作为指针的存储区有 V、L 或累加器（AC1、AC2、AC3），AC0 不能用作间接寻址的指针。建立指针时，必须使用双字传送指令 MOVD，将存储器所要访问单元的地址移入另一存储器或累加器中作为指针。建立指针后，就可借用指针从指针处取出的数值完成指令所需的操作运算。

例如，执行指令“MOVD &VB200，AC1”，即把“VB200”的地址送入 AC1 建立指针。这里的“VB200”地址只是一个 32 位的直接地址编号，并不是它的物理地址。指针中的第二个地址数据长度必须为双字长，如 LD、VD 和 AC。指令操作数“&VB200”中的“&”符号，表示取存储器的地址，而不是取存储器的内容。

（2）使用指针来存取数据

编程时在指令中的操作数前加“＊”，表示该操作数为一个指针，并依据指针中的内容值作为地址存取数据。例如，执行指令“MOVW ＊AC1，AC0”，AC1 为地址指针，存放 VB200 的地址，由于指令 MOVW 的标识符是“W”，因而指令操作数的数据长度应是字型，把 VB200、VB201 处 2 个字节的内容传送到 AC0 的低 16 位。如图 5-7 所示，指针所指向存储单元的值（即 1234）为字型数据，执行指令后，将其存入 AC0。使用指针可存取字节、字或双字型的数据。

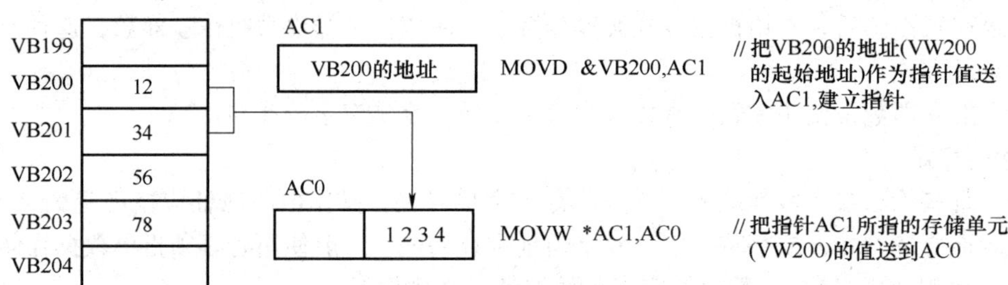

图 5-7 使用指针间接寻址示例

（3）修改指针

存取连续地址的存储单元中的数据时，通过修改指针可以非常方便地存取数据。

在 S7-200 SMART PLC 中，指针的内容不会自动改变，可用自增或自减等指令修改指针值。这样就可连续地存取存储单元中的数据。指针中的内容为双字型数据，应使用双字指令来修改指针值。

图 5-8 中，用两次自增指令“INCD AC1”，AC1 中的内容加 2 即为 VB202 的地址，指针即指向 VB202。执行指令“MOVW ＊AC1，AC0”，这样就可在变量存储器（V）中连续地存取数据，将 VB202、VB203 两个字节的数据（5678）传送到 AC0。

修改指针值时，应根据存取的数据长度来进行调整。若对字节进行存取，指针值加 1（或减 1）；若对字进行存取，或对定时器、计数器的当前值进行存取，指针值加 2（或减 2）；若对双字进行存取，则指针值加 4（或减 4）。图 5-8 中，存取的数据长度是字型数据，因而指针值加 2。

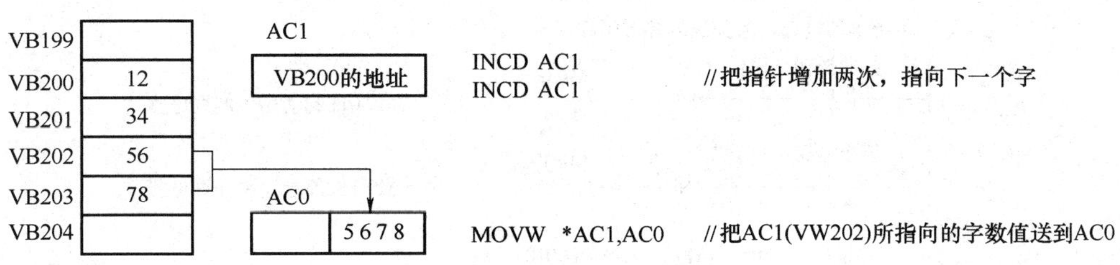

图 5-8　修改指针的示例

5.5　程序结构与编程规约

5.5.1　程序结构

S7-200 SMART PLC 的用户程序一般由一个主程序、若干个子程序和若干个中断程序组成。

主程序（OB1）是用户程序的主体，每一个项目都必须有且只有一个主程序。CPU 在每个扫描周期都要执行一次主程序。

子程序是用户程序的可选部分，只有被其他程序调用时，才能够执行。在重复执行某项功能时，使用子程序是非常有用的，同一子程序可以在不同的地方被多次调用。合理使用子程序，可以优化程序结构，减少扫描时间。

中断程序也是用户程序的可选部分，用来及时处理与用户程序的执行时序无关的操作，或者用来处理不能事先预测何时发生的中断事件。中断程序不是由主程序调用的，只有当中断事件发生时，才由 PLC 的操作系统调用。

可以通过 STEP7-Micro/WIN SMART 编程软件的程序编辑窗口下部的选项卡来选择主程序、子程序或中断程序的编辑。因为各个程序已分别编辑，各程序结束时不需要加入无条件结束指令或无条件返回指令。

5.5.2　编程的一般规约

1. 程序段

程序段是 S7-200 SMART PLC 编程软件中的一个特殊标记。一个梯形图程序就是由若干个程序段组成的。编辑器在程序段的左边自动地按顺序给程序段编号，如 1、2、3 等。每一个程序段由触点、线圈或功能框组成。每一个程序段就是完成一定功能的最小的、独立的逻辑块。一个程序段只能有一个独立的逻辑块，否则编译时将会出错。图 5-9 所示为单台电动机起、停控制的梯形图程序，由 3 个程序段组成。

在功能块图和语句表程序中，也使用程序段概念给程序分段。

使用 STEP7-Micro/WIN SMART 编程软件中的梯形图、功能块图和语句表编辑器，均可以程序段为单位给程序添加注释，并可添加一个总标题，以增加程序的可读性，如图 5-9 所示。

只有对梯形图、功能块图或语句表使用程序段进行程序分段后，才可能通过编程软件实现它们之间自动的相互转换。

2. 梯形图和功能块图

梯形图中左、右垂直线称为左、右母线。使用 STEP7-Micro/WIN SMART 梯形图编辑器编辑程序时，通常将右母线省略。左、右母线之间是由触点和线圈（或功能框）组合的有序程序段。梯形图总是从左母线开始，经过触点和线圈（或功能框），终止于右母线，从而构成一个程序

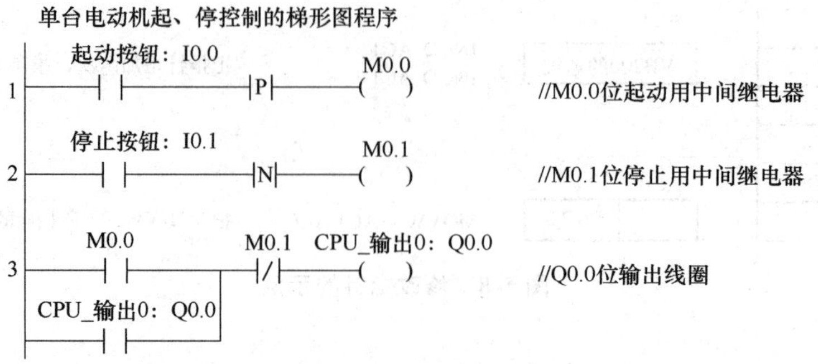

```
单台电动机起、停控制的梯形图程序
    起动按钮：I0.0                M0.0
1 ──┤ ├──────────┤P├────────( )        //M0.0位起动用中间继电器

    停止按钮：I0.1                M0.1
2 ──┤ ├──────────┤N├────────( )        //M0.1位停止用中间继电器

      M0.0           M0.1  CPU_输出0：Q0.0
3 ──┤ ├──────┬───┤/├────────( )        //Q0.0位输出线圈
 CPU_输出0：Q0.0 │
  ──┤ ├──────┘
```

图 5-9　单台电动机起、停控制的梯形图程序

段。可把左母线看作是提供能量的母线。在一个程序段中，左、右母线之间是一个完整的“电路”，“能流”只能从左向右流动，不允许“短路”“开路”，也不允许“能流”反向流动。

梯形图中的基本编程元素有触点、线圈和功能框。

触点：代表逻辑控制条件。触点闭合时表示“能流”可以流过。触点分常开触点“┤ ├”和常闭触点“┤/├”两种形式。

线圈：通常代表逻辑“输出”的结果。“能流”到，则该线圈被“激励”。

功能框：代表某种特定功能的指令。“能流”通过功能框时，则执行功能框所代表的功能。功能框所代表的功能有多种，例如定时器、计数器或数据运算等。

梯形图中，每个输出元素（线圈或功能框）可以构成一个程序段。每个梯形图程序由一个或多个程序段组成。

梯形图与继电器控制电路图相呼应，但决不是一一对应的。由于 PLC 的结构及工作原理与继电器控制系统截然不同，因而梯形图与继电器控制电路图之间又存在着许多差异。

在功能块图中，输入总是在功能框的左边，输出总是在功能框的右边，如图 5-10 所示。

3. 允许输入端（EN）和允许输出端（ENO）

在梯形图及功能块图中，功能框的 EN 端是允许输入端，功能框的允许输入端必须存在“能流”，才能执行该功能框的功能。

在语句表中没有允许输入端（EN），但是允许执行 STL 指令的条件是栈顶的值必须为“1”。

在梯形图及功能块图中，功能框的 ENO 端是允许输出端，允许功能框的布尔量输出，可用于指令的级联。

如果允许输入端（EN）存在“能流”，且功能框准确无误地执行了其功能，那么允许输出端（ENO）将把“能流”传到下一个功能框，此时，ENO = 1。如果执行过程中存在错误，那么“能流”就在出现错误的功能框终止，即 ENO = 0。ENO 可作为下一个功能框的 EN 输入，将几个功能框串联在一行，如图 5-10 所示。只有前一个功能框被正确执行，后一个功能框才可能被执行。EN 和 ENO 的操作数均为“能流”，数据类型为布尔型。

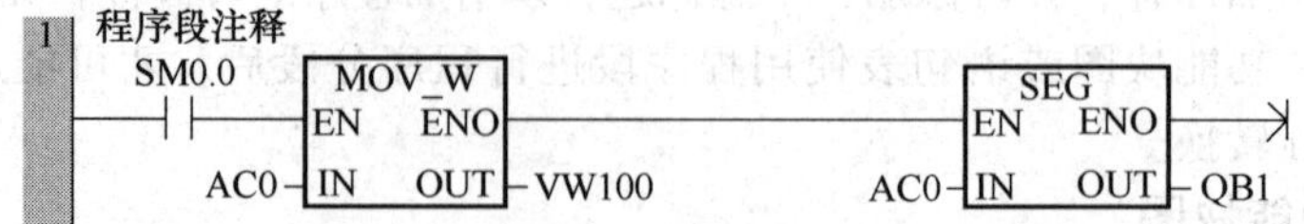

图 5-10　允许输入端及允许输出端举例

语句表中用 AENO（And ENO）指令访问，可以产生与功能框的 ENO 相同的效果。

4. 条件输入和无条件输入

必须有“能流”通过才能执行的线圈或功能框称为条件输入指令。它们不允许直接与左母线连接，例如 SHRB、MOVB 和 SEG 指令等。如果需要无条件执行这些指令，可以在左母线上连接 SM0.0（该位始终为 1）的常开触点来驱动它们。

无需“能流”就能执行的线圈或功能框称为无条件输入指令。与“能流”无关的线圈或功能框可以直接与左母线连接，例如 LBL、NEXT、SCR 和 SCRE 等。

不能级联的功能框没有允许输出端（ENO）和“能流”流出。如 CALL SBR_N 子程序调用指令和 LBL、SCR、SCRE、CRET、JMP、LBL、NEXT 等指令。

5.6 S7-200 SMART PLC 的基本指令

本节通过实例详细介绍 S7-200 SMART PLC 基本逻辑指令的功能及编程方法。基本逻辑指令以位逻辑操作为主，在位逻辑指令中，除另有说明外，可用作操作数的编程元件有 I、Q、M、SM、T、C、V、S 和 L，且数据类型为 BOOL 型（如 I0.0、Q0.0）。下面主要介绍梯形图和语句表程序，对功能块图指令只做简略介绍。

5.6.1 位逻辑指令

1. 标准触点指令

梯形图中常开和常闭触点指令用触点表示，常闭触点中带有“/”符号，如图 5-11 所示，图中左边为梯形图，右边为与梯形图对应的语句表。当存储器某地址的位（bit）值为 1 时，则与之对应的常开触点的位（bit）值也为 1，表示该常开触点闭合；而与之对应的常闭触点的位（bit）值为 0，表示该常闭触点断开。

在功能块图中，常开触点和常闭触点的串联、并联指令用 AND/OR 方框表示。常闭触点指令在输入信号旁加一个取非的圆圈来表示。AND/OR 指令方框最多可以使用 7 个输入端，如图 5-12 所示。

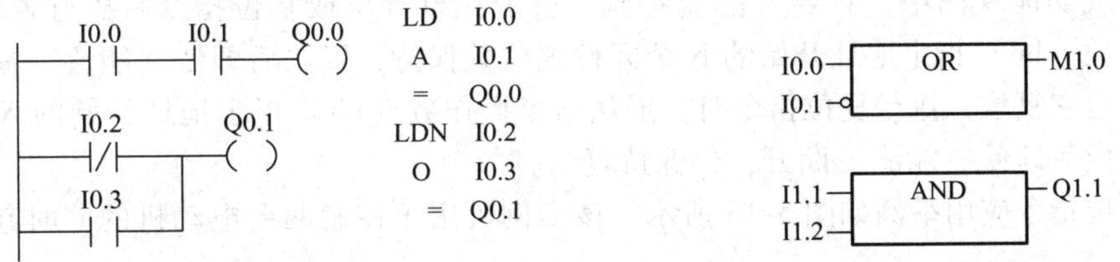

图 5-11　触点指令举例（LAD、STL）

图 5-12　触点指令举例（FBD）

在语句表中，触点指令有 LD（Load）、LDN（Load Not）、A（And）、AN（And Not）、O（Or）和 ON（Or Not），详见表 5-4。

表 5-4　标准触点指令

语　句	功　能
LD　bit	取指令，用于程序段开始的常开触点与母线的连接
A　bit	与指令，用于单个常开触点的串联
O　bit	或指令，用于单个常开触点的并联
LDN bit	取非指令，用于程序段开始的常闭触点与母线的连接
AN　bit	与非指令，用于单个常闭触点的串联
ON　bit	或非指令，用于单个常闭触点的并联

取指令LD表示一个程序段编程的开始，用于常开触点与左母线的连接（包括在分支点引出的母线）。与指令A、或指令O分别表示串联、并联单个常开触点，可以连续使用。而LDN、AN和ON指令是对常闭触点编程，分别表示程序段开始、串联和并联单个常闭触点。AN和ON指令可以连续使用，具体编程实例如图5-11所示。

2. 输出指令

输出指令又称为线圈驱动指令，表示对继电器输出线圈（包括内部继电器线圈和输出继电器线圈）编程。

在梯形图中，用“()”表示线圈。当执行输出指令时，“能流”到，则线圈被“激励”。输出映像寄存器或其他存储器的相应位为“1”，反之为“0”。输出指令应放在梯形图的最右边。不同地址的继电器线圈可以采用并联输出结构。

在语句表中，用“=”表示输出指令，将栈顶值复制到由操作数地址指定的存储器位(bit)。输出指令执行前后堆栈各级栈值不变。

3. 置位和复位指令

置位（Set，S）和复位（Reset，R）指令的梯形图和语句表的形式及功能见表5-5。

表5-5 置位和复位指令的形式与功能

指令	LAD	STL	功能
置位指令	bit —(S) N	S bit，N	把从指令操作数（bit）指定的地址（位地址）开始的连续N个元件置位（置1）并保持
复位指令	bit —(R) N	R bit，N	把从指令操作数（bit）指定的地址（位地址）开始的连续N个元件复位（清零）并保持

在梯形图或功能块图中，只要“能流”到，就能执行置位或复位指令。执行置位指令时，把从指令操作数（bit）指定地址开始的N个元件置位并保持，置位后即使“能流”断开，仍保持置位，除非对它复位；执行复位指令时，把从指令操作数（bit）指定地址开始的N个元件复位并保持，复位后即使“能流”断开，仍保持复位。

置位和复位指令应用举例如图5-13所示。该实例可用于控制两台电动机的同时起动、同时停止。

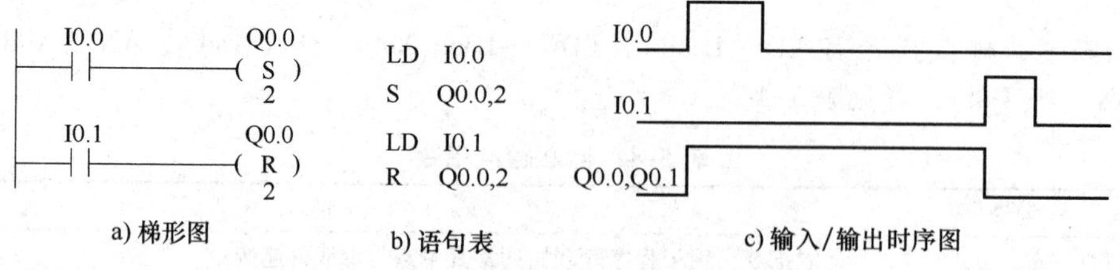

图5-13 置位和复位指令应用举例

使用置位和复位指令时注意：

1）置位或复位的元件数N的常数范围为1~255，图5-13中的N均为2。N也可为VB、IB、QB、MB、SMB、SB、LB、AC、*VD、*AC、*LD，一般情况下均使用常数。

2）当用复位指令对定时器（T）或计数器（C）复位时，定时器的位或计数器的位被复位为 OFF，同时定时器或计数器的当前值被清零。

3）由于 PLC 采用循环扫描工作方式，程序中写在后面的指令有优先权。图 5-13 中，若 I0.0 和 I0.1 同时为 1，则 Q0.0 和 Q0.1 肯定处于复位状态，状态位值为 0。

4. 置位和复位优先双稳态触发器指令

置位优先双稳态触发器指令（SR）和复位优先双稳态触发器指令（RS）相当于置位指令（S）和复位指令（R）的组合，用置位输入和复位输入同时来控制功能框上面的位地址。可选的 OUT 连接反映功能框上面位地址（bit）的信号状态。SR 和 RS 指令的形式和功能见表 5-6。

表 5-6　SR 和 RS 指令的形式与功能

指　　令	LAD/FBD	功　　能
SR	bit S1 OUT SR R	位（bit）为要置位或复位的布尔型地址。置位（S1）和复位（R）信号均为 1，则 bit 置位为 1，且输出（OUT）为 1；S1 为 1、R 为 0，则 bit 位和 OUT 均为 1；S1 为 0、R 为 1，则 bit 位和 OUT 均为 0；S1 和 R 均为 0，则 bit 位和 OUT 的状态为先前状态
RS	bit S OUT RS R1	位（bit）为要置位或复位的布尔型地址。置位（S）和复位（R1）信号均为 1，则复位为 0，且输出（OUT）为 0；S 为 1、R1 为 0，则 bit 位和 OUT 均为 1；S 为 0、R1 为 1，则 bit 位和 OUT 均为 0；S 和 R1 均为 0，则 bit 位和 OUT 的状态为先前状态

STL 中无 SR、RS 指令。bit 的操作数可以是 I、Q、V、M、S。

5.6.2　立即 I/O 指令

前面介绍的指令均遵循 CPU 的扫描规则，程序执行过程中梯形图中各 I 和 Q 触点的状态取自于 I/O 映像寄存器。为了加快输入/输出响应速度，S7-200 SMART PLC 引入立即 I/O 指令。该指令允许对物理输入点和输出点进行快速直接存取，而不受 PLC 循环扫描工作方式的影响。立即 I/O 指令包括立即触点指令、立即输出指令、立即置位指令和立即复位指令。

1. 立即触点指令

执行立即（Immediate）触点指令时，直接读取物理输入点的值，相应的输入映像寄存器中的值并不更新。指令操作数仅限于输入物理点的值。

在梯形图中，立即触点指令用常开立即触点和常闭立即触点表示，如图 5-14a 所示。当某物理输入点的触点闭合时，相应的常开立即触点的位值为 1，常闭立即触点的位值为 0。

在语句表中，常开立即触点由 LDI、AI、OI 指令描述，常闭立即触点由 LDNI、ANI、ONI 指令描述，如图 5-14b 所示。

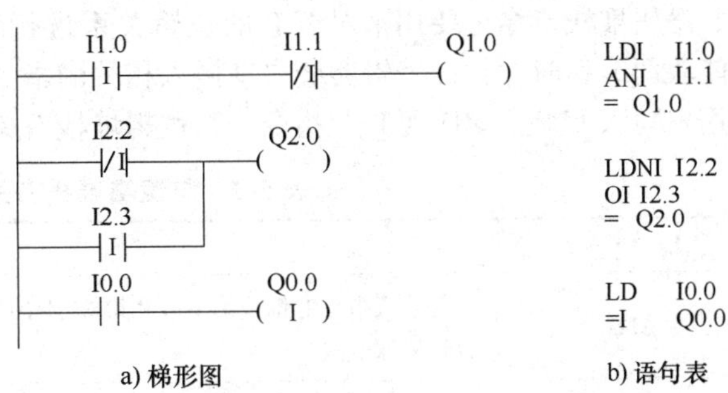

图 5-14　立即 I/O 指令编程

执行 LDI（立即取）指令，把物理输入点的位值立即装入栈顶。

执行 AI（立即与）指令，把物理输入点的位值“与”栈顶值，运算结果仍存入栈顶。

执行 OI（立即或）指令，把物理输入点的位值“或”栈顶值，运算结果仍存入栈顶。

执行 LDNI、ANI、ONI 指令，把物理输入点的位值取反后，再做相应的“取”“与”“或”操作。

2. 立即输出指令

立即输出指令（=I）只能用于输出继电器（Q）。执行该指令时，栈顶值被同时立即写到指定的物理输出点和相应的输出映像寄存器（立即赋值），而不受扫描过程的影响。这不同于一般的输出指令，后者只是把新值写到输出映像寄存器。立即输出指令的应用如图5-14中的Q0.0。

立即I/O指令不受PLC循环扫描工作方式的约束，允许对输入/输出物理点进行快速直接存取。执行立即输入指令时，CPU绕过输入映像寄存器，直接读入物理输入点的状态作为程序执行期间的数据，输入映像寄存器不做刷新处理；执行立即输出指令时，则将结果同时立即写到物理输出点和相应的输出映像寄存器，而不是等待程序执行阶段结束后，转入输出刷新阶段时才把结果传送到物理输出点，从而加快了输入/输出响应速度。

必须指出：立即I/O指令是直接访问物理输入/输出点的，比一般指令访问输入/输出映像寄存器占用CPU时间要长，因而不能盲目地使用立即指令，否则，会增加扫描周期的时间，反而对系统造成不利的影响。

3. 立即置位和立即复位指令

当执行立即置位（Set Immediate，SI）或立即复位（Reset Immediate，RI）指令时，从指令操作数指定的位地址开始的N个连续的物理输出点将被立即置位或立即复位且保持。N的常数范围为1~255。该指令只能用于输出继电器（Q）。执行该指令时，新值被同时写到物理输出点和相应的输出映像寄存器。

立即置位、复位指令的应用举例如图5-15所示。

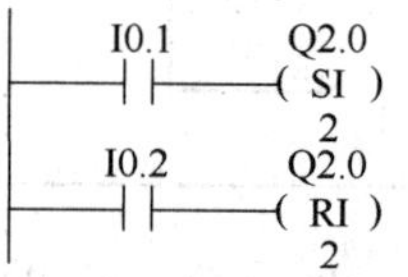

图5-15 立即置位、复位指令实例

5.6.3 逻辑堆栈指令

STEP 7-Micro/WIN SMART程序编译器使用逻辑堆栈将LAD和FBD程序的图形I/O程序段转换为语句表（STL）程序。得出的STL程序在逻辑上与原始LAD或FBD程序相同，并且可以执行。所有成功编译的LAD或FBD程序均可在STL中查看，但并不是所有成功编译的STL程序均可在LAD或FBD中查看。

S7-200 SMART PLC有一个32位的逻辑堆栈（Stack），是一组能够存储和取出数据的暂存单元，最上面的一层称为栈顶，用来存储逻辑运算的结果，下面的31位用来存储中间运算结果。堆栈中的数据一般按照“先进后出”的原则存取。每一次进行入栈操作，新值放入栈顶，栈底值丢失；每一次进行出栈操作，栈顶值弹出，栈底值补进随机数。

逻辑堆栈指令主要用来对复杂的逻辑关系进行编程，且只用于语句表编程。使用梯形图或功能块图编程时，软件编辑器会自动插入相关的指令处理堆栈操作。而使用语句表编程时，必须由用户写入LPS、LRD和LPP指令。与逻辑堆栈有关的指令与功能见表5-7。

表5-7 与逻辑堆栈有关的指令与功能

指令	功能
ALD	与装载指令对堆栈第1层和第2层中的值做逻辑“与”运算，结果装载到栈顶。执行ALD后，栈深度减一
OLD	或装载指令对堆栈第1层和第2层中的值做逻辑“或”运算，结果装载到栈顶。执行OLD后，栈深度减一
LPS	逻辑进栈指令复制堆栈顶值并将该值推入堆栈，栈底值被推出并丢失
LRD	逻辑读栈指令将堆栈第2层中的值复制到栈顶，此时不执行进栈或出栈，原来的栈顶值被复制值替代

（续）

指　令	功　能
LPP	逻辑出栈指令将栈顶值弹出，堆栈第 2 层中的值成为新的栈顶值
LDS n	装载堆栈指令用于复制堆栈中第 n 层的值到栈顶，栈底值被推出并丢失
AENO	AENO 对 ENO 位和栈顶值执行逻辑与运算，产生的效果与 LAD/FBD 功能框的 ENO 位相同。与操作的结果值成为新的栈顶值

（1）与装载指令（ALD）

与装载指令（And Load，ALD）用于两个或两个以上的触点组的串联。执行 ALD 指令，对逻辑堆栈中第 1 层和第 2 层的值做“与”运算，将运算结果置于栈顶，并将堆栈中的第 3～32 层的值依次上弹一层。

（2）或装载指令（OLD）

或装载指令（Or Load，OLD）用于两个或两个以上的触点组的并联。执行 OLD 指令，对堆栈中的第 1 层和第 2 层的值做“或”操作，将运算结果置于栈顶，并将堆栈中其余各层的值依次上弹一层。ALD 和 OLD 指令的操作过程如图 5-16 所示，图中“x”表示不确定值。

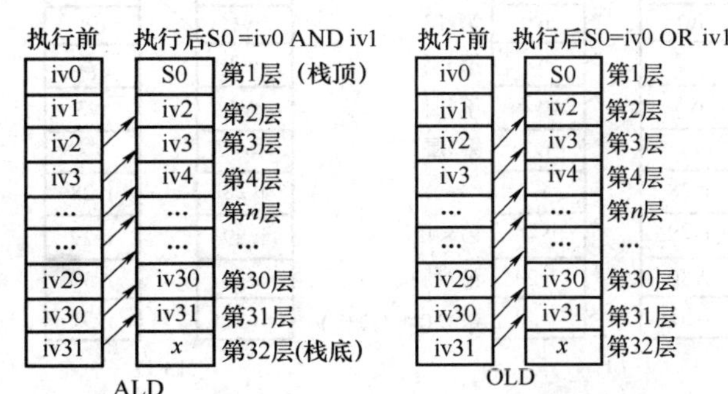

图 5-16　ALD 与 OLD 指令的堆栈操作过程

使用 ALD 和 OLD 指令时，注意与 LD、A、O、LDN、AN、ON 的区别。

执行取指令（LD）时，将指令指定的位地址中的二进制数装载入栈顶。执行与指令（A）时，将指令指定的位地址中的二进制数和栈顶中的二进制数相“与”，结果存入栈顶。执行或指令（O）时，将指令指定的位地址中的二进制数和栈顶中的二进制数相“或”，结果存入栈顶。执行常闭触点对应的 LDN、AN、ON 时，取出指令指定的位地址中的二进制数，将它取反（将 1 变为 0，0 变为 1），再做相应的装载、“与”“或”操作，结果存入栈顶。

触点的串、并联指令只能将单个触点与别的触点或电路串、并联。而 ALD、OLD 指令用于两个或两个以上的触点组的串联、并联。触点组开始时要使用 LD、LDN，每完成一次触点组的串联或并联操作，要写上一个 ALD 或 OLD。ALD 和 OLD 指令均无操作数。ALD、OLD 指令的用法如图 5-17 所示。

a) 梯形图

```
LD   I0.0
AN   I0.1
LDN  Q2.0
A    I1.0
OLD
LD   M2.0
O    I1.2
ALD
O    T37
=    Q0.0
```

b) 语句表

图 5-17　ALD 和 OLD 指令举例

（3）其他逻辑堆栈指令

执行逻辑入栈（Logic Push，LPS）指令，复制栈顶的值并将这个值压入栈顶的下一层，原堆栈中各层栈值依次下压一层，栈底值丢失。LPS 用于分支电路的开始，即用于生成一条新的左母线。

执行逻辑读栈（Logic Read，LRD）指令，将堆栈中第 2 层的值复制到栈顶，原栈顶值被新的复制值取代。第 2 ~ 32 层的数据不变。

执行逻辑出栈（Logic POP，LPP）指令，将原堆栈各层的值依次上弹一层，堆栈第 2 层的值成为新的栈顶值。原来栈顶的值从栈中消失。LPP 用于分支电路的结束，即新母线结束，返回原母线。

执行装入堆栈（Load Stack，LDS n）指令，复制堆栈中的第 n 层的值到栈顶，原堆栈各层栈值依次下压一层，栈底值丢失。n 为 0 ~ 31 的整数。编程时一般很少使用该指令。

LPS、LRD、LPP、LDS n 指令的堆栈操作过程如图 5-18 所示。图中“x”表示不确定值。

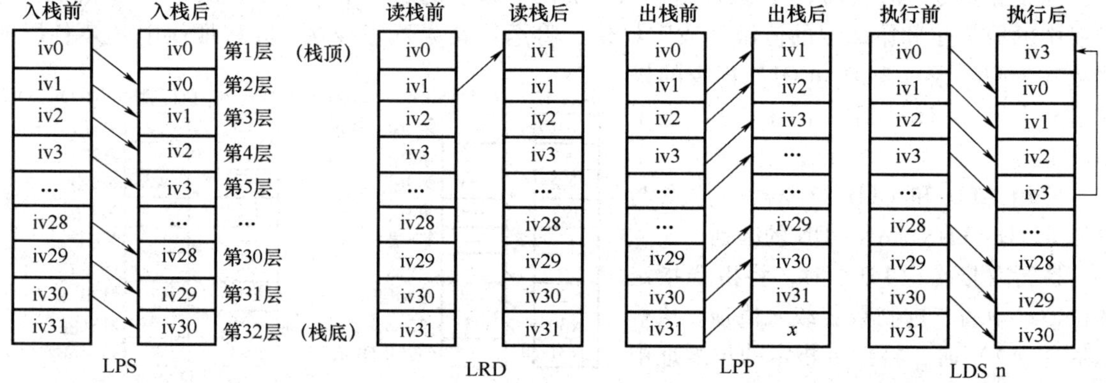

图 5-18 LPS、LRD、LPP、LDS n 指令的堆栈操作过程

LPS、LRD、LPP 指令的使用举例分别如图 5-19、图 5-20 所示。

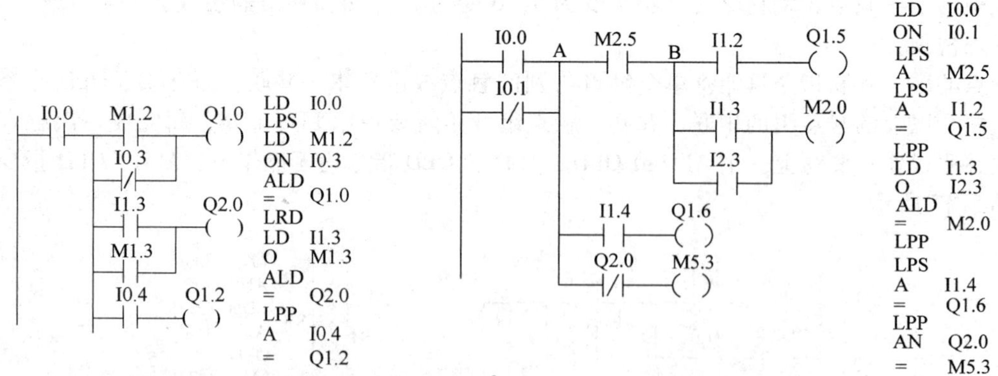

图 5-19 分支电路与逻辑堆栈指令

图 5-20 双重分支电路与逻辑堆栈指令

合理运用 LPS、LRD、LPP 指令可达到简化程序的目的，但应注意以下几点：

1）由于受堆栈空间的限制（32 层堆栈），LPS 和 LPP 指令连续使用时应少于 32 次。

2）LPS 与 LPP 必须成对使用，它们之间可以使用 LRD 指令。

3）LPS、LRD、LPP 指令均无操作数。

5.6.4　取反指令与空操作指令

1. 取反指令（NOT）

取反指令（NOT）可用来改变“能流”的状态。“能流”到达取反触点时，“能流”就停止；“能流”未到达取反触点时，“能流”就通过。

在梯形图中，取反指令用取反触点“-|NOT|-”表示，将它左边的逻辑运算结果取反。

在语句表中，取反指令对堆栈的栈顶值进行取反操作，改变栈顶值。栈顶值由 0 变为 1，或者由 1 变为 0。取反指令无操作数。

取反指令使用举例如图 5-21 所示。该例中，当 I0.0 接通、“能流”通过时，Q1.5 断开，而 Q1.6 接通，Q1.5 和 Q1.6 输出相反。当然，也可以使用其他指令实现该功能。

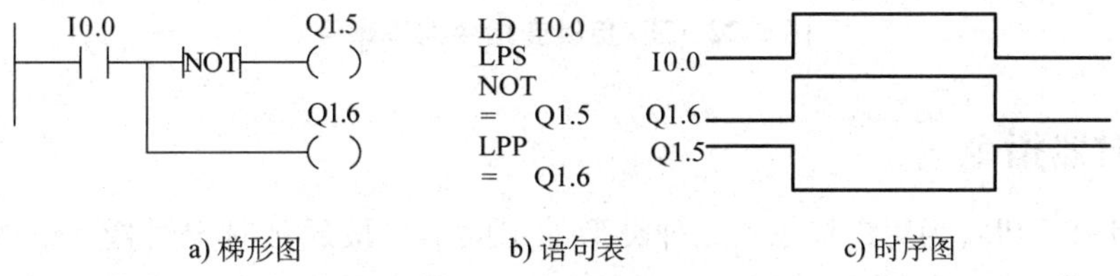

a) 梯形图　　b) 语句表　　c) 时序图

图 5-21　取反指令使用举例

2. 空操作指令

空操作指令（NOP N，N 是一个 0 ~ 255 之间的常数）主要是为了方便对程序的检查和修改，预先在程序中设置了一些 NOP 指令，在修改和增加其他指令时，可使程序地址的更改量减小。NOP 指令对程序的执行和运算结果没有影响。

5.6.5　正/负跳变指令

正跳变（Positive Transition）指令在检测到每一次正跳变（触点的输入信号由 OFF 到 ON）时，让“能流”通过一个扫描周期的时间，产生一个宽度为一个扫描周期的脉冲。

负跳变（Negative Transition）指令在检测到每一次负跳变（触点的输入信号由 ON 到 OFF）时，让“能流”通过一个扫描周期的时间，产生一个宽度为一个扫描周期的脉冲。

正/负跳变指令在梯形图和语句表中的表示和功能见表 5-8。

表 5-8　正/负跳变指令

指令名称	LAD	STL	功　　能
正跳变指令	-|P|-	EU	在上升沿产生一个宽度为一个扫描周期的脉冲
负跳变指令	-|N|-	ED	在下降沿产生一个宽度为一个扫描周期的脉冲

在 LAD 中，正/负跳变指令用正/负跳变触点表示。在 STL 中，正跳变指令用 EU（Edge Up）表示，一旦发现栈顶的值出现正跳变（由 0 到 1）时，该栈顶值被置 1，并持续一个扫描周期；负跳变指令用 ED（Edge Down）表示，一旦发现栈顶的值出现负跳变（由 1 到 0）时，该栈顶值被置 1，并持续一个扫描周期。可以用正/负跳变触点检测上升沿/下降沿信号。正/负跳变指令编程举例如图 5-22 所示。

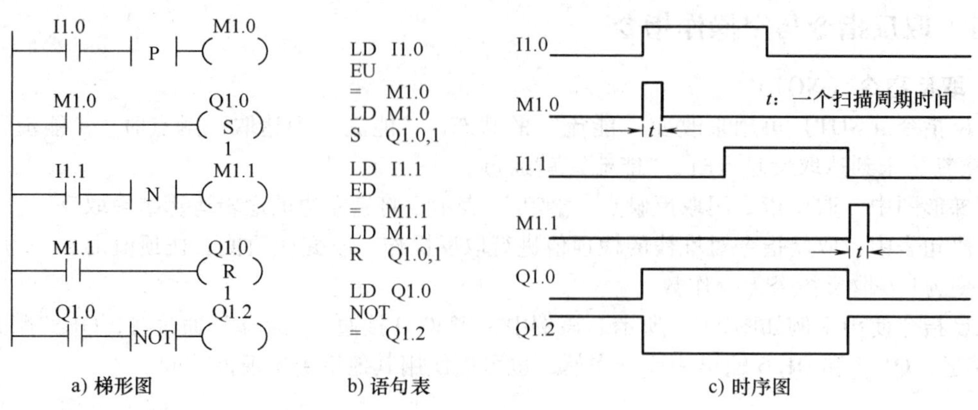

图 5-22 正/负跳变指令编程举例

5.6.6 定时器指令

S7-200 SMART PLC 为用户提供了三种类型的定时器：接通延时定时器（TON）、保持型接通延时定时器（TONR）和断开延时定时器（TOF）。其表示形式见表 5-9。表中的“???”和“????”表示需要输入地址或数值。

表 5-9 定时器指令的表示形式

类　型	接通延时定时器	保持型接通延时定时器	断开延时定时器
LAD	T??? IN TON ????-PT ???ms	T??? IN TONR ????-PT ???ms	T??? IN TOF ????-PT ???ms
STL	TON T???，PT	TONR T???，PT	TOF T???，PT

S7-200 SMART PLC 定时器的分辨率（时基）有三种：1ms、10ms 和 100ms。定时器的分辨率由定时器号决定，详见表 5-10。

表 5-10 定时器号和分辨率

类　型	分辨率/ms	定时最大值/s	定 时 器 号
TON/TOF	1	32.767	T32、T96
	10	327.67	T33 ~ T36，T97 ~ T100
	100	3276.7	T37 ~ T63，T101 ~ T255
TONR	1	32.767	T0、T64
	10	327.67	T1 ~ T4，T65 ~ T68
	100	3276.7	T5 ~ T31，T69 ~ T95

S7-200 SMART PLC 共有定时器 256 个，定时器号范围为 T0 ~ T255。使用时必须指明定时器号，如 T39、T64 等。一旦定时器号确定了，其分辨率也就确定了。

使用定时器时，还必须给出设定值 PT（Preset Time），设定值为 16 位有符号整数（INT），其常数范围为 1 ~ 32767。操作数还可为 VW、IW、QW、MW 等。

定时器的定时时间 $T = PT \times$ 分辨率。例如，TON 指令使用 T40（分辨率为 100ms），设定值 PT = 20，则实际定时时间为 20 × 100ms = 2000 ms。

每个定时器号包含两个变量信息：定时器当前值和定时器的位。

定时器当前值：累计定时时间的当前值，它存放在定时器的当前值寄存器中，其数据类型为 16 位有符号整数（INT）。

定时器的位：当定时器当前值大于或等于设定值时，定时器的位状态立即变化（置位或复位）。

可以通过使用定时器号（如 T3、T20）来存取这些变量。定时器的位或当前值的存取取决于使用的指令：位操作数指令存取定时器的位，字操作数指令存取定时器当前值。

1. 接通延时定时器（TON）

接通延时定时器（On-Delay Timer，TON）模拟通电延时型物理时间继电器功能，用于单一时间间隔的定时。上电初期或首次扫描时，定时器的位为 OFF，当前值为 0。当输入端（IN）接通或"能流"通过时，定时器的位为 OFF，定时器当前值从 0 开始计时，当定时器的当前值大于或等于设定值时，该定时器的位被置位为 ON，当前值仍继续计数，一直计到最大值 32767。输入端（IN）一旦断开，定时器立即复位，定时器的位为 OFF，当前值为 0。

TON 指令的编程举例如图 5-23 所示。

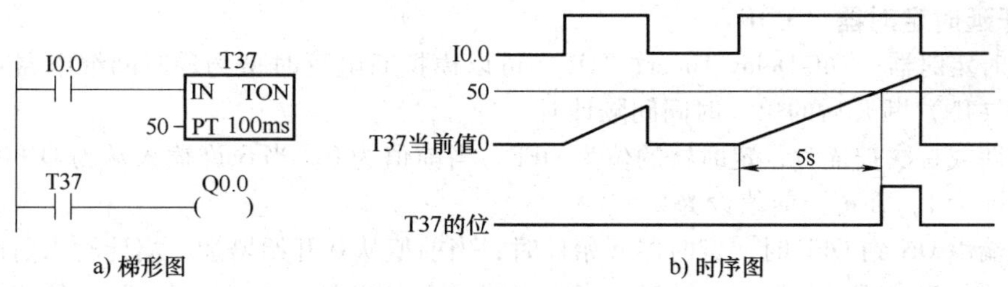

图 5-23　TON 指令的编程举例

图 5-23 中，当定时器 T37 的允许输入端 I0.0 为 ON 时，T37 开始计时，T37 的当前值从 0 开始增加。当 T37 当前值达到设定值 50（设定时间为 50 × 100ms = 5s）时，T37 的位状态为 ON，T37 的常开触点立即接通，使得 Q0.0 为 ON。此时，只要 I0.0 仍然为 ON，T37 当前值继续累加，直到最大值 32767，T37 的位仍保持为 ON。一旦 I0.0 断开为 OFF，T37 复位，定时器的位状态为 0，常开触点为 OFF，同时当前值清零。在程序中也可以使用复位指令（R）使得定时器复位。

2. 保持型接通延时定时器（TONR）

保持型接通延时定时器（Retentive On-Delay Timer，TONR）用于多个时间间隔的累计定时。上电初期或首次扫描时，定时器的位为掉电前的状态，当前值保持为掉电前的值。当输入端（IN）接通或"能流"通过时，定时器当前值从上次的保持值开始再往上累计时间，继续计时，当累计当前值大于或等于设定值时，该定时器的位被置位为 ON。当前值可继续计数，一直计数到最大值 32767。当输入端（IN）断开时，定时器当前值保持不变，定时器的位不变。当输入端（IN）再次接通时，定时器当前值从原保持值开始再往上累计时间，继续计时。可以用 TONR 指令累计多次输入信号的接通时间。

可利用复位指令清除 TONR 的当前值，复位后定时器的位状态为 OFF，当前值为 0。

TONR 指令的编程举例如图 5-24 所示。

图 5-24 中，第 1 个程序段实现保持型接通延时定时器 T3 上电清零。当 T3 允许输入端 I0.0 为 ON 时，T3 从 0 开始增加，t_1（$t_1 < 200$ms）时间后，I0.0 为 OFF 时，T3 的当前值保持。当

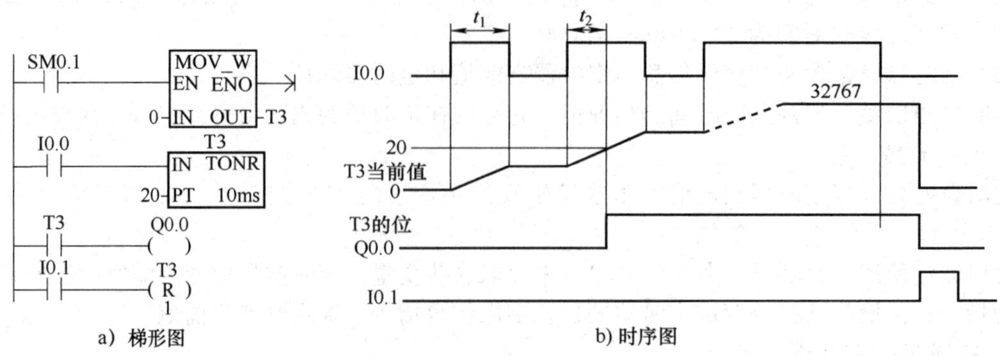

a）梯形图 b) 时序图

图 5-24 TONR 指令的编程举例

I0.0 再次为 ON 时，T3 的当前值在保持值的基础上继续累加，直到当前值达到设定值 PT（本例为 20×10ms＝200ms，即 $t_1+t_2=200$ms）时，T3 的位状态为 ON，T3 常开触点闭合，使得 Q0.0 为 ON。此时，T3 的当前值继续累加，即使 I0.0 再次为 OFF，T3 也不会复位。当 I0.0 又一次为 ON 时，当前值继续累加到最大值 32767。直到 I0.1 接通，T3 才立即复位，当前值为 0，定时器的位为 OFF。

3. 断开延时定时器（TOF）

断开延时定时器（Off-Delay Timer，TOF）可以模拟断电延时型物理时间继电器功能，用于允许输入端（IN）断开后的单一时间间隔计时。

上电初期或首次扫描时，定时器的位为 OFF，当前值为 0。当允许输入端为 ON 时，定时器的位状态立即为 1，并把当前值设为 0。

当输入端由 ON 到 OFF 时，定时器开始计时，当前值从 0 开始增加，当计时当前值等于设定值时，定时器位为 OFF，并且停止计时。当输入端再次由 OFF 变为 ON 时，TOF 复位，定时器的位为 ON，当前值为 0。TOF 指令必须用负跳变（由 ON 到 OFF）的输入信号启动计时。TOF 指令的编程举例如图 5-25 所示。

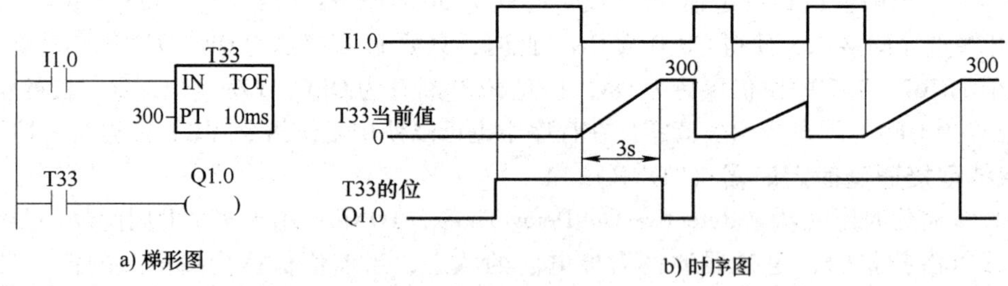

a) 梯形图 b) 时序图

图 5-25 TOF 指令的编程举例

4. 应用定时器指令的注意问题

1）不能把同一个定时器号同时用作 TON 和 TOF（相当于同一定时器号既用作模拟通电延时型的物理时间继电器功能，又用作模拟断电延时型的物理时间继电器功能）。

2）在第一个扫描周期，所有的定时器位被清零。使用复位指令对定时器复位后，定时器的位为 OFF，定时器当前值为 0。

3）不同分辨率的定时器，它们当前值的刷新周期是不同的，具体情况如下：

① 1ms 定时器。1ms 定时器起动后，定时器对 1ms 的时间间隔（即时基信号）进行计时。

定时器当前值每隔 1ms 刷新一次，当扫描周期大于 1ms 时，定时器的位和当前值在该扫描周期内更新多次，定时器的位和当前值的更新与扫描周期不同步。1ms 定时器的应用实例如图 5-26 所示。在图 5-26a 中，T32 定时器每隔 1ms 更新一次。当定时器当前值 200 在图示 *A* 处刷新，Q1.0 可以接通一个扫描周期，若在其他位置刷新，Q1.0 则永远不会接通。而在 *A* 点刷新的概率是很小的。若改为图 5-26b，就可保证当定时器当前值达到设定值时，Q1.0 接通一个扫描周期。

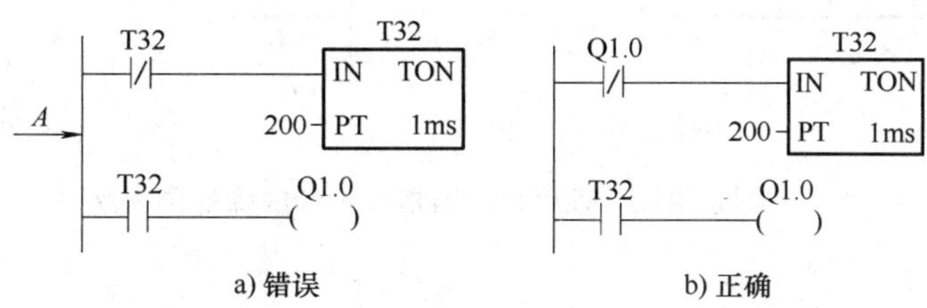

图 5-26　1ms 定时器的应用实例

② 10ms 定时器。10ms 定时器起动后，定时器对 10ms 的时间间隔进行计时。程序执行时，在每个扫描周期的开始对定时器的位和当前值刷新，定时器的位和当前值在整个扫描周期内保持不变。图 5-26a 的模式同样不适合 10ms 定时器，而图 5-26b 的模式则同样可用于 10ms 定时器在计时时间到产生宽度为一个扫描周期的脉冲信号。

③ 100ms 定时器。100ms 定时器起动后，定时器对 100ms 的时间间隔进行计时。只有在执行定时器指令时，定时器的位和当前值才被刷新。为使定时器正确定时，100ms 定时器只能用于每个扫描周期内同一定时器指令必须执行一次且仅执行一次的场合。

子程序和中断程序中不宜用 100ms 定时器。子程序和中断程序不是每个扫描周期都执行的，那么在子程序和中断程序中的 100ms 定时器的当前值就不能及时刷新，造成时基脉冲丢失，致使计时失准。在主程序中，不能重复使用同一编号的 100ms 定时器，否则该定时器指令在一个扫描周期中多次被执行，定时器的当前值在一个扫描周期中被多次刷新。这样，该定时器就会多计了时基脉冲，同样造成计时失准。

图 5-27 所示的梯形图同样可产生宽度为一个扫描周期的脉冲信号。该 100ms 定时器是一种自复位式的定时器，T39 的常开触点每隔 30 × 100ms = 3s 就闭合一次，且持续一个扫描周期。可以利用这种特性产生脉宽为一个扫描周期的脉冲信号。改变定时器的设定值，就可改变脉冲信号的频率。T39 和 Q0.0 常开触点状态的时序图如图 5-28 所示。

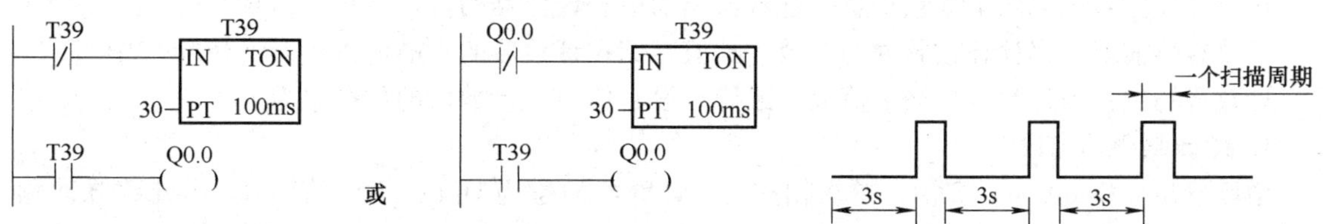

图 5-27　100ms 定时器编程

图 5-28　T39 和 Q0.0 常开触点状态的时序图

实际应用中，只有正确使用不同分辨率的定时器，才能达到预期的定时效果。

5. 定时器指令的应用举例

【例 5-1】 试用定时器指令设计能实现图 5-29 时序图所示的梯形图程序。

从图 5-29 中的 I/O 时序图可看出，当 I0.0 由 OFF 到 ON 时，输出 Q0.1 延时 9s 接通，当 I0.0 由 ON 到 OFF 时，输出 Q0.1 延时 7s 断开，该时序图有两个确定的延时时间，分别采用接通延时定时器 T37 和断开延时定时器 T38 两个定时器实现该时序图功能，这也是典型的延时接通、延时断开电路的梯形图程序。

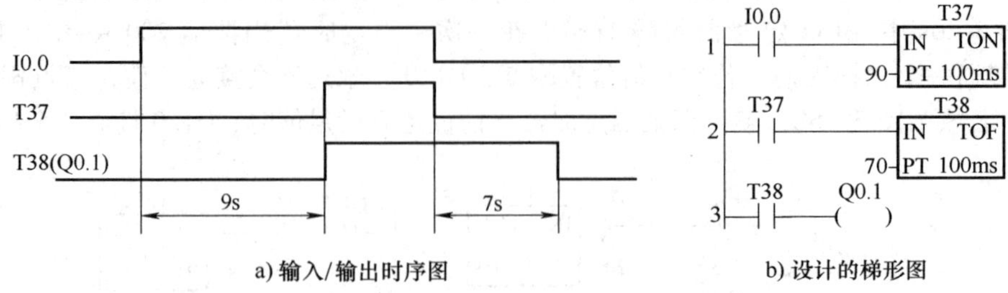

a) 输入/输出时序图　　b) 设计的梯形图

图 5-29　采用定时器指令设计的梯形图程序

5.6.7　计数器指令

定时器用来对 PLC 内部的时钟脉冲进行计数，而计数器用来对外部的或由程序产生的计数脉冲进行计数。S7-200 SMART PLC 为用户提供了三种类型的计数器：增计数器（CTU）、减计数器（CTD）、增减计数器（CTUD）。这三种计数器指令的表示形式见表 5-11。

表 5-11　计数器指令的表示形式

类　型	增计数器	减计数器	增减计数器
LAD	C??? CU CTU R ????-PV	C??? CD CTD LD ????-PV	C??? CU CTUD CD R ????-PV
STL	CTU　C???, PV	CTD　C???, PV	CTUD　C???, PV

S7-200 SMART PLC 共有计数器 256 个，计数器号范围为 C0 ~ C255。使用时必须指明计数器号，如 C20、C53 等。同时必须给出设定值 PV，设定值的数据类型为 16 位有符号整数（INT），其常数范围为 1 ~ 32767。PV 操作数还可为 VW、IW、QW、MW 等。

每个计数器号包含两个变量信息：计数器当前值和计数器的位。

计数器当前值：累计计数脉冲的个数，其值存储在计数器的当前值寄存器（16bit）中。

计数器的位：当计数器的当前值大于或等于设定值时，计数器的位被置为 1。

1. 增计数器（CTU）

增计数器（Count Up，CTU）首次扫描时，计数器的位为 OFF，当前值为 0。当计数脉冲输入端（CU）有一个上升沿（由 OFF 到 ON）信号时，增计数器被起动，计数器当前值从 0 开始加 1，计数器做递增计数，累计其计数输入端的计数脉冲由 OFF 到 ON 的次数，直至最大值 32767 时停止计数。当计数器当前值大于或等于设定值（PV）时，该计数器的位被置位 ON。当复位输入端（R）有效或对计数器执行复位指令时，计数器被复位，计数器的位为 OFF，当前值被清零。

增计数器指令使用举例如图 5-30 所示。

2. 减计数器（CTD）

减计数器（Count Down，CTD）首次扫描时，计数器的位为 0，当前值为设定值 PV。当计数

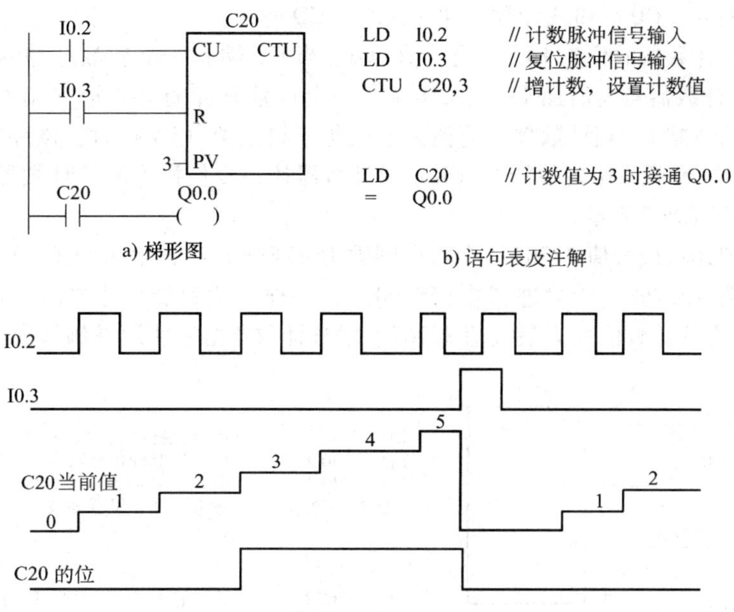

图 5-30　增计数器指令使用举例

输入端（CD）有一个计数脉冲的上升沿（由 OFF 到 ON）信号时，计数器从设定值开始作递减计数，直至计数器当前值等于 0 时，停止计数，同时计数器位被置位。减计数器指令在复位输入端（LD）接通时，使计数器复位并把设定值装入当前值寄存器中。

减计数器指令使用举例如图 5-31 所示。注意：减计数器的复位端为 LD，而不是 R。

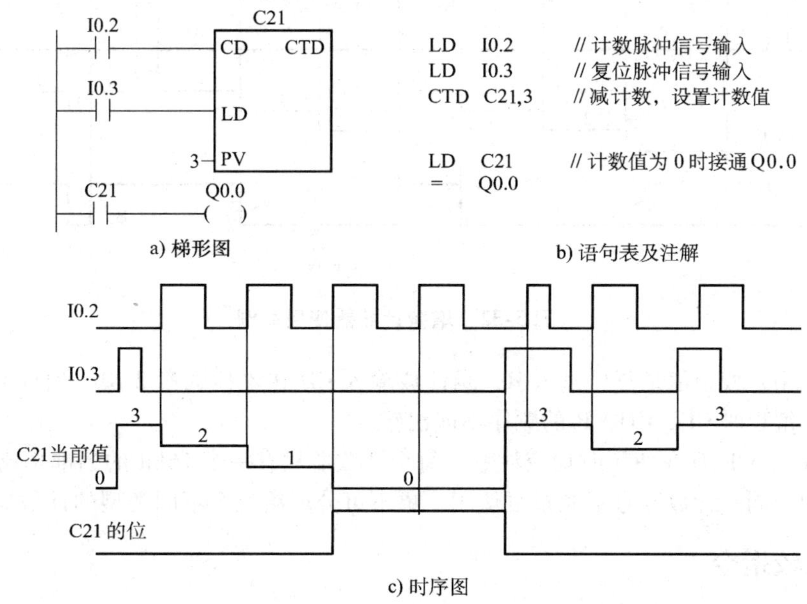

图 5-31　减计数器使用举例

3. 增减计数器（CTUD）

增减计数器（CTUD）有两个计数脉冲输入端和一个复位输入端（R）。两个计数脉冲输入端为增计数脉冲输入端（CU）和减计数脉冲输入端（CD）。

首次扫描时，计数器的位为OFF，当前值为0。当CU端有一个计数脉冲的上升沿（由OFF到ON）信号时，计数器当前值加1；当CD端有一个计数脉冲的上升沿（由OFF到ON）信号时，计数器的当前值减1。当计数器当前值大于或等于设定值（PV）时，该计数器的位被置位。当复位输入端（R）有效或用复位指令（R）对计数器执行复位操作时，计数器被复位，即计数器的位为OFF，且当前值清零。

计数器在达到计数最大值32767（十六进制数16#7FFF）后，下一个CU输入端上升沿将使计数值变为最小值-32768（十六进制数16#8000），同样在达到最小计数值-32768后，下一个CD输入端上升沿将使计数值变为最大值32767。增减计数器指令使用举例如图5-32所示。

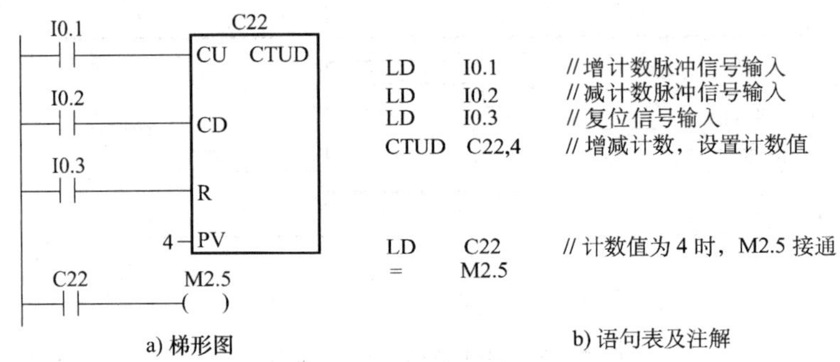

a) 梯形图　　b) 语句表及注解

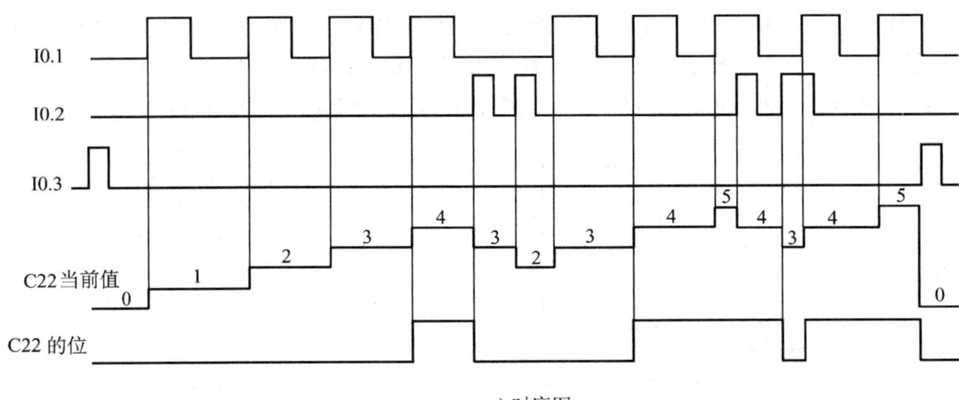

c) 时序图

图5-32　增减计数器使用举例

在语句表中，栈顶值是复位输入R，减计数输入CD在堆栈的第2层，加计数输入CU在堆栈的第3层。编程时CU、CD、R的顺序不能出错。

CTU、CTD、CTUD在使用时均应注意：每个计数器只有一个16bit的当前值寄存器地址。在同一个程序中，同一计数器号不能重复使用，更不可分配给几个不同类型的计数器。

5.6.8　比较指令

比较指令用来比较两个数据类型相同的操作数IN1和IN2的大小。在梯形图中，如果“能流”存在，则执行比较指令，将两个操作数IN1和IN2按指定的比较条件作比较，比较条件成立则比较触点闭合，所以比较指令实际上也是一种位指令。比较指令为上、下限控制及数值条件判断提供了方便。

在语句表中，比较触点使用 LD 指令时，比较条件成立则将栈顶置 1。使用 A/O 指令时，比较条件成立则在栈顶执行 AND/OR 操作，并将结果放入栈顶。

数值比较指令的运算符有六种：=（等于）、>=（大于等于）、<=（小于等于）、>（大于）、<（小于）和< >（不等于）。字符串比较指令只有 = 和< >两种。

比较指令的两个操作数 IN1 和 IN2 的数据类型可以是字节型（BYTE）、有符号整型（INT）、有符号双字整型（DINT）和实数型（REAL）。按操作数的数据类型，比较指令的类型可分为字节比较、整数比较、双字整数比较、实数比较和字符串比较。梯形图中比较指令的表示形式和寻址范围见表 5-12。

表 5-12　比较指令的表示形式和寻址范围

形式	字节比较	整数比较	双字整数比较	实数比较	字符串比较
LAD	IN1 ──┤==B├── IN2	IN1 ──┤==I├── IN2	IN1 ──┤==D├── IN2	IN1 ──┤==R├── IN2	IN1 ──┤==S├── IN2
IN1 和 IN2 寻址范围	IB、QB、MB、SMB、VB、SB、LB、AC、*VD、*AC、*LD、常数	IW、QW、MW、SMW、VW、SW、LW、AC、*VD、*AC、*LD、常数	ID、QD、MD、SMW、VW、SW、LW、AC、*VD、*AC、*LD、常数	ID、QD、MD、SMW、VW、SW、LW、AC、*VD、*AC、*LD、常数	VB、LB、*VD、*AC、*LD

注：梯形图中，只示出了“==”的比较条件。

字节比较指令用于两个无符号整数字节 IN1 和 IN2 的比较。

整数比较指令用于两个有符号整数 IN1 和 IN2 的比较，整数范围为 16#8000 ~ 16#7FFF。

双字整数比较指令用于两个有符号的双字整数 IN1 和 IN2 的比较，双字整数范围为 16#8000 0000 ~ 16#7FFF FFFF。

实数比较指令用于两个有符号的双字长实数 IN1 和 IN2 的比较，正实数的范围为 1.175495E-38 ~ 3.402823E+38，负实数的范围为 -1.175495E-38 ~ -3.402823E+38。

字符串比较指令用于比较两个字符串的 ASCII 字符是否相等。字符串的长度不能超过 254 个字符。

比较指令的使用举例如图 5-33 所示。

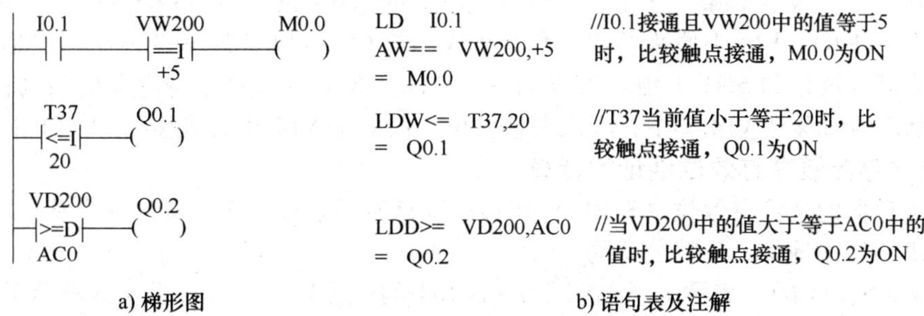

图 5-33　比较指令使用举例

5.6.9　移位寄存器指令

移位寄存器指令（SHRB）用来将位值移入移位寄存器，从而可轻松实现对产品流或数据的顺序控制。使用该指令可在每次扫描时将整个寄存器移动一位。在梯形图中，该指令以功能框编程，如图5-34所示。

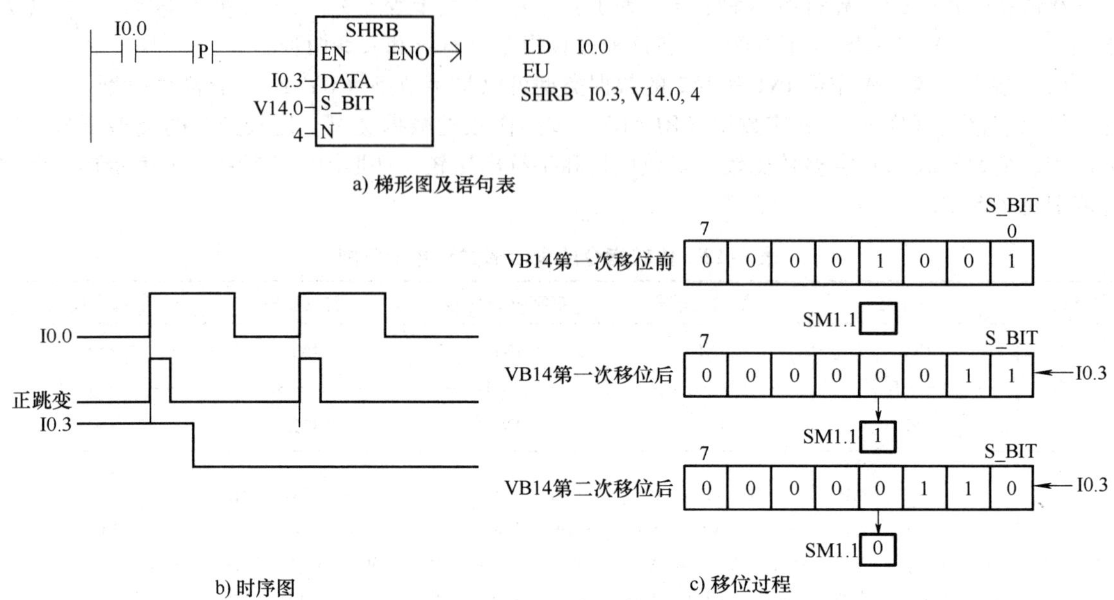

a) 梯形图及语句表

b) 时序图

c) 移位过程

图5-34 移位寄存器指令的移位过程

在移位寄存器指令允许输入端（EN）的每个上升沿（由OFF到ON），把数据输入端（DATA）的数值（位值）移入移位寄存器，并进行移位。S_BIT指定移位寄存器最低位的地址，字节型变量N指定移位寄存器的长度和移位方向。当N为正数时，表示正向移位（左移），N为负数时，表示反向移位（右移）。SHRB指令移出的位被传送到溢出标志位SM1.1中。N为字节型数据，最大长度为64bit。操作数DATA、S-BIT均为布尔型数据。

在EN端的每个上升沿时刻，SHRB指令对数据输入端（DATA）采样一次，把DATA端的位值移入移位寄存器。正向移位时，输入数据从移位寄存器的最低有效位移入，从最高有效位移出；反向移位时，输入数据从移位寄存器的最高有效位移入，从最低有效位移出。图5-33中N为4，即在I0.0的第一个上升沿时刻，将I0.3的值1从移位寄存器的最低位V14.0移入，寄存器VB14中的各位由低位向高位移动（左移）一位，被移动的最高位V14.3原来的值1被移到溢出标志位SM1.1。在I0.0的第二个上升沿时刻，I0.3的值0从最低位V14.0移入，V14.0原来的值1移送到V14.1中，V14.1原来的值1移送到V14.2中，V14.2原来的值0移送到V14.3中，V14.3原来的值0被移到SM1.1中。当N为-4时，I0.3的值从移位寄存器的最高位V14.3移入，V14.3原来的值移到V14.2中，顺次右移一位，最低位V14.0的值移到SM1.1中。

1. 移位寄存器最高有效位地址的计算

由移位寄存器的最低有效位（S_BIT）和移位寄存器的长度（N）可计算出移位寄存器最高有效位（MSB.b）的地址。计算公式为

MSB.b =［S_BIT的字节号+（$|N|$ -1 +S_BIT的位号）÷8］.［除以8所得的余数］

例如，如果S_BIT是V33.4，N是14，那么MSB.b是V35.1。

具体计算过程为，

MSB.b = V33 + (|14| − 1 + 4)/8 = V33 + 17/8 = V33 + 2.1(余数为1) = V35.1

2. 移位寄存器应用举例

【例5-2】 试用移位寄存器指令设计8盏彩灯每隔3s依次顺序点亮，全亮3s后全灭再循环

的梯形图程序。

采用移位寄存器设计的梯形图程序如图 5-35 所示。图中，VB100 的初始值赋值为 0，定时器 T37 用作 3s 脉冲发生器，控制 SHRB 每 3s 移位一次，每次都将 M0.0 的值 1 移入 V100.0，V100.1 中的值移入 V100.2，依此类推，V100.6 中的值移入 V100.7，V100.7 中的值移入 SM1.1。每次移位依次点亮一盏灯，当进行到第 8 次移位时，V100.6 中的值 1 被移送到 V100.7，Q0.7 线圈得电，此时 VB100 的 8 位全部为 1，8 盏灯都被点亮。T37 继续工作，3s 后 SHRB 再次移位，V100.7 中的值 1 被移到 SM1.1 中，进而 VB100 重新赋值为 0，8 盏灯全部熄灭，3s 后第 1 盏灯再次被点亮，依此循环进行。

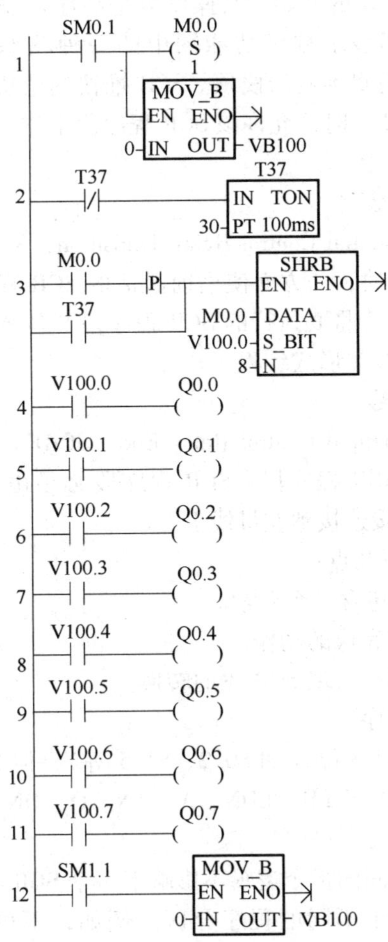

图 5-35　采用移位寄存器设计的梯形图程序

5.6.10　顺序控制继电器指令

S7-200 SMART PLC 中的顺序控制继电器（SCR）指令专门用于编写顺序控制程序。顺序控制程序被划分为 LSCR 与 SCRE 指令之间的若干个 SCR 段，一个 SCR 段对应于顺序功能图中的一步。

顺序功能图（Sequential Function Chart，SFC）编程语言是 IEC61131 标准规定的用于顺序控制的标准化语言，它是一种基于工艺流程的高级语言。顺序功能图主要由步、有向连线、转换、转换条件和动作（或命令）组成。

顺序控制继电器（SCR）指令依据被控对象的SFC进行编程，将控制程序进行逻辑分段，从而实现顺序控制。用SCR指令编制的顺序控制程序清晰、明了、规范、可读性强，尤其适合初学者和不熟悉继电器控制系统的人员使用。

SCR指令包括LSCR（程序段的开始）、SCRT（程序段的转换）和SCRE（程序段的结束）指令，从LSCR开始到SCRE结束的所有指令组成一个SCR程序段。一个SCR程序段对应顺序功能图中的一个顺序步，简称步。

1. 顺序控制继电器装载指令

顺序控制继电器装载（Load Sequential Control Relay，LSCR）指令用来表示一个顺序控制继电器（SCR）程序段（或一个步）的开始。其操作数是顺序控制继电器（S），表示形式和范围为S0.0～S31.7。每一个S位都表示顺序功能图中的一种状态。可用LSCR指令把S位（如S0.1）的值装载到SCR堆栈和逻辑堆栈的栈顶。SCR堆栈的值决定该SCR段是否执行。当SCR程序段的S位置位（如S0.1为1）时，允许该SCR程序段工作。在梯形图中，LSCR指令用功能框形式编程，直接连接到左母线上。

2. 顺序控制继电器转换指令

顺序控制继电器转换（Sequential Control Relay Transition，SCRT）指令执行SCR程序段的转换。当“能流”通过SCRT指令时，一方面使当前激活的SCR程序段的S位复位，使该SCR程序段停止工作；另一方面使下一个将要执行的SCR程序段S位置位，以便下一个SCR程序段工作。在梯形图中，SCRT指令以线圈形式编程。

3. 顺序控制继电器结束指令

顺序控制继电器结束（Sequential Control Relay End，SCRE）指令表示一个SCR程序段的结束，它使程序退出一个激活的SCR程序段。SCR程序段必须由SCRE指令结束。在梯形图中，SCRE指令以线圈形式编程，直接连接到左母线上。

使用SCR指令时应注意以下几点：

1）每一个SCR程序段中均包含三个要素。

输出对象：在这一步序中应完成的动作。

转换条件：满足转换条件后，实现SCR段的转换。

转换目标：转换到下一个步序。

2）SCR指令的操作数只能是S位（如S0.2、S1.5等），但S位也具有一般继电器的功能，不仅可用在SCR指令中，还可用于LD、LDN、A、AN、O、ON、=、S、R等指令中，作为操作数。

3）SCRE与下一个LSCR之间的指令逻辑不影响下一个SCR程序段的执行。

4）同一地址的S位不可用于不同的程序分区。例如，不可将S0.5同时用于主程序和子程序中。

5）在一个SCR段内，不允许使用JMP、LBL、FOR、NEXT和END指令。

6）使用SCR指令时，状态位S的地址编号一般按顺序编排，但也可不按顺序编排。

4. SCR指令的编程举例

【例5-3】 根据舞台灯光效果的要求，控制红、绿、黄三色灯。

控制要求：红灯先亮，2s后绿灯亮，再过2s后黄灯亮。待红、绿、黄灯全亮3min后，全部熄灭。试用SCR指令设计其控制程序。

分析：根据控制要求，需要1个起动按钮作输入信号和3个输出信号控制三色灯。

I/O地址编号分配见表5-13。I/O接线图如图5-36所示。用SCR指令编写的梯形图程序如图5-37所示，该程序共由16个程序段组成。每个程序段的作用见相应的注解。

表 5-13　I/O 地址编号表

种　类	名　称	地　址
输入信号	起动按钮 SB1	I 0.1
输出信号	红灯	Q 0.0
	绿灯	Q 0.1
	黄灯	Q 0.2

S7–200 SMART SR40
起动按钮SB1
I0.1
Q0.0
红灯
Q0.1
绿灯
M
1M
Q0.2
黄灯
L+
DC 24V
1L
负载电源(AC或DC),需外接

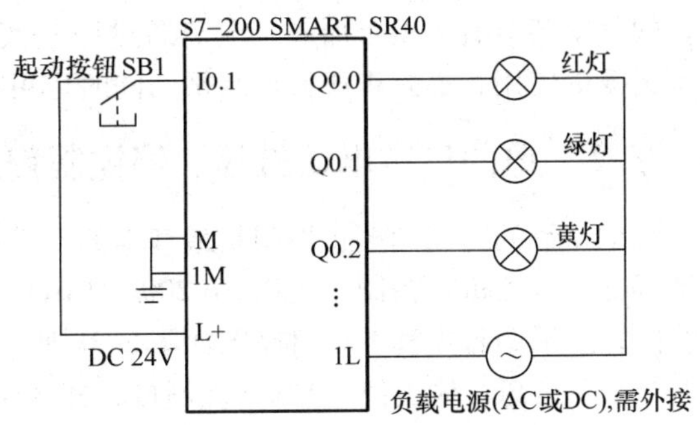

图 5-36　I/O 接线图

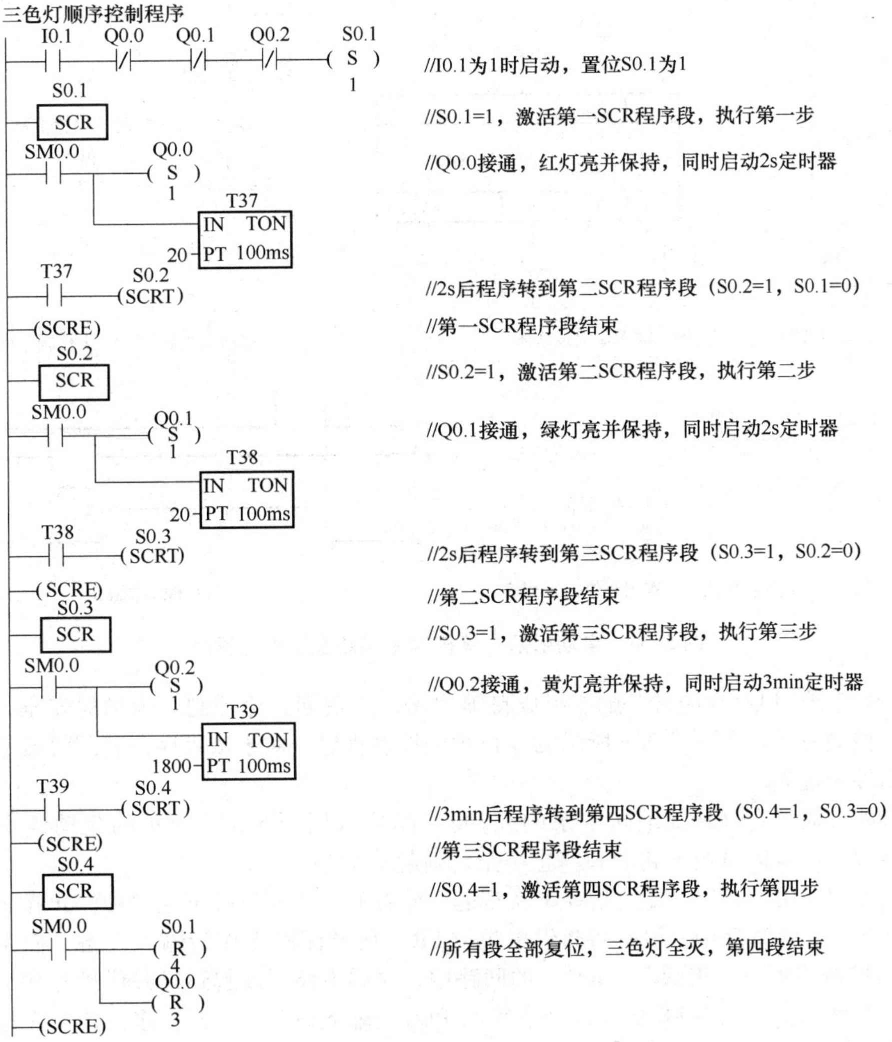

三色灯顺序控制程序
I0.1 Q0.0 Q0.1 Q0.2 S0.1 (S) 1
//I0.1为1时启动，置位S0.1为1
S0.1 SCR
//S0.1=1，激活第一SCR程序段，执行第一步
SM0.0 Q0.0 (S) 1
T37 IN TON 20 PT 100ms
//Q0.0接通，红灯亮并保持，同时启动2s定时器
T37 S0.2 (SCRT)
//2s后程序转到第二SCR程序段（S0.2=1，S0.1=0）
(SCRE)
//第一SCR程序段结束
S0.2 SCR
//S0.2=1，激活第二SCR程序段，执行第二步
SM0.0 Q0.1 (S) 1
T38 IN TON 20 PT 100ms
//Q0.1接通，绿灯亮并保持，同时启动2s定时器
T38 S0.3 (SCRT)
//2s后程序转到第三SCR程序段（S0.3=1，S0.2=0）
(SCRE)
//第二SCR程序段结束
S0.3 SCR
//S0.3=1，激活第三SCR程序段，执行第三步
SM0.0 Q0.2 (S) 1
T39 IN TON 1800 PT 100ms
//Q0.2接通，黄灯亮并保持，同时启动3min定时器
T39 S0.4 (SCRT)
//3min后程序转到第四SCR程序段（S0.4=1，S0.3=0）
(SCRE)
//第三SCR程序段结束
S0.4 SCR
//S0.4=1，激活第四SCR程序段，执行第四步
SM0.0 S0.1 (R) 4
Q0.0 (R) 3
//所有段全部复位，三色灯全灭，第四段结束
(SCRE)

图 5-37　用 SCR 指令编写的三色灯梯形图程序

5.7　典型控制环节的 PLC 程序设计

应用 PLC 的基本逻辑指令，就可以实现一些简单的逻辑控制。复杂的应用程序可由一些典

型的基本环节有机组合而成，本节通过一些实用的典型控制程序的介绍，让大家更好地掌握基本指令的使用，提高程序设计水平，同时也可在工程设计中借鉴和使用这些典型的控制程序。

5.7.1 单向运转电动机起、停控制程序

电动机的起动和停止控制是最基本的、最简单的控制，通常采用起动按钮、停止按钮及接触器等低压电器进行控制。选用 S7-200 SMART SR20 PLC 进行控制时，控制系统的主电路、I/O 接线图、梯形图程序和 I/O 时序图如图 5-38 所示。PLC 输入信号有起动按钮 I0.0 和停止按钮 I0.1 两个设备，PLC 输出信号 Q0.0 控制接触器 KM。

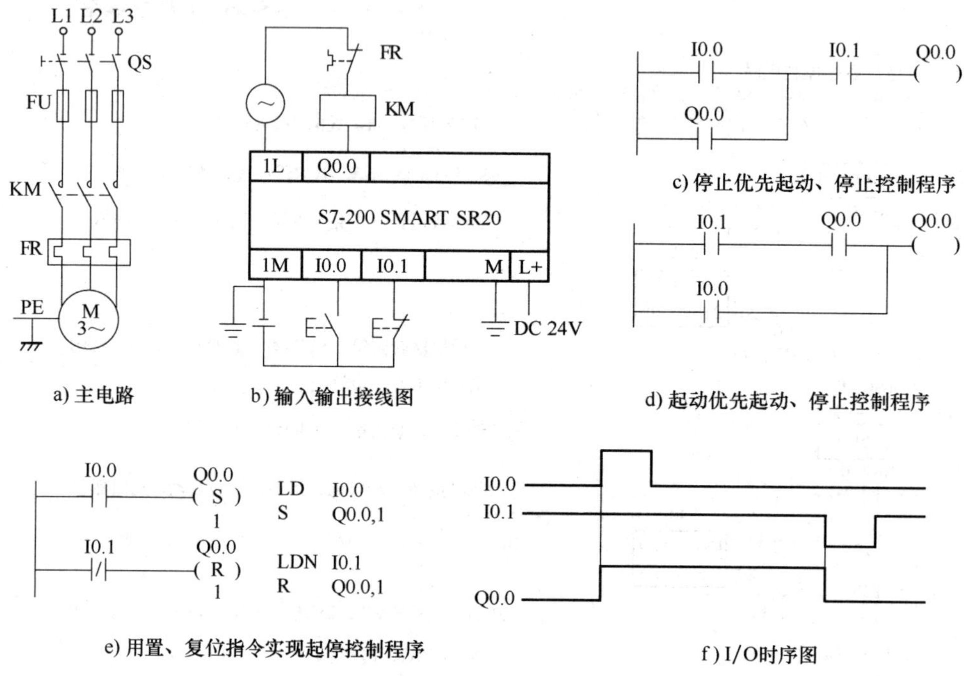

a) 主电路　b) 输入输出接线图　c) 停止优先起动、停止控制程序　d) 起动优先起动、停止控制程序　e) 用置、复位指令实现起停控制程序　f) I/O时序图

图 5-38　电动机起、停控制主电路及梯形图程序

图 5-38c 中采用 Q0.0 的常开触点组成自锁回路，实现起、停控制。为确保安全，通常电动机的起、停控制总是选用图 5-38c 所示的停止优先控制程序。对于该程序，若同时按下起动和停止按钮，则停止优先。

对于有些控制场合（例如消防水泵的起动），需要选用图 5-38d 所示的起动优先的控制程序。对于该程序，若同时按下起动和停止按钮，则起动优先。

图 5-38e 中采用了置位、复位指令来实现起、停控制。若同时按下起动和停止按钮，则复位优先。必须指出：该程序中，没有将热继电器（FR）的常闭触点作为输入设备，而是将其串接在 PLC 输出控制设备——接触器（KM）的回路中，这样不仅可以起到过载保护作用，还可以节省输入点。当然，也可以将 FR 的常闭触点作为 PLC 的输入设备，这时要多占用一个输入点，且控制程序要进行相应修改。

5.7.2 单按钮起、停控制程序

5.7.1 节例子中，一台电动机的起动、停止控制是通过起动、停止两只按钮分别控制的，当控制多台具有起动、停止操作的设备时，就要占用很多输入端子（点），为了节省输入点，可采用单按钮，通过软件编程来实现起动、停止控制。实现单按钮起、停控制的方法有很多，

图 5-39a所示程序为其中一种。图中 I0.0 作为起动、停止按钮的地址，第一次按下时 Q0.0 有输出，第二次按下时 Q0.0 无输出，第三次按下时 Q0.0 又有输出，如此反复。

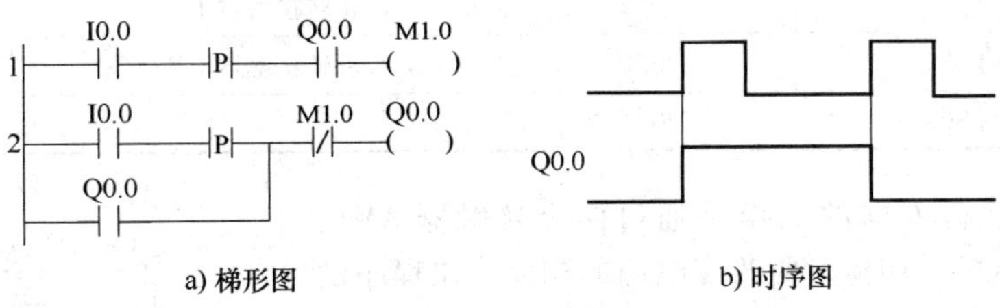

a) 梯形图　　b) 时序图

图 5-39　单按钮起、停控制程序及时序图

5.7.3　具有点动调整功能的电动机起、停控制程序

有些设备运动部件的位置常常需要小范围调整，这就需要其具有点动调整的功能。这样，除了起动按钮 SB2 和停止按钮 SB1 外，还需要增添点动按钮 SB3 实现点动调整功能。I/O 地址分配见表 5-14，PLC 的 I/O 接线图如图 5-40 所示。

表 5-14　I/O 地址分配表

输入信号和地址		输出信号和地址	
停止按钮 SB1	I0.0	正转接触器 KM1	Q0.1
起动按钮 SB2	I0.1		
点动按钮 SB3	I0.2		

在继电器-接触器控制系统中，点动控制可采用复合按钮实现，即利用常开、常闭触点先断后合的特点实现。而 PLC 梯形图中的“软继电器”的常开触点和常闭触点的状态转换是同时发生的，这时，可采用图 5-41 所示的 M2.0 及其常闭触点来模拟先断后合型电器的特性。该程序运用了 PLC 循环扫描工作方式而造成的输入、输出延迟响应来达到先断后合的效果。

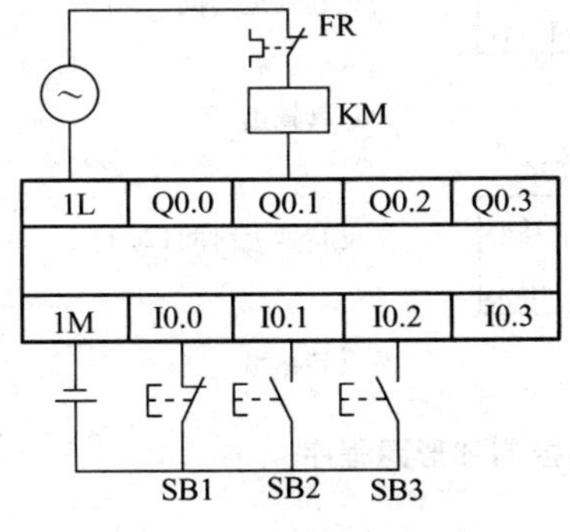

图 5-40　I/O 接线图

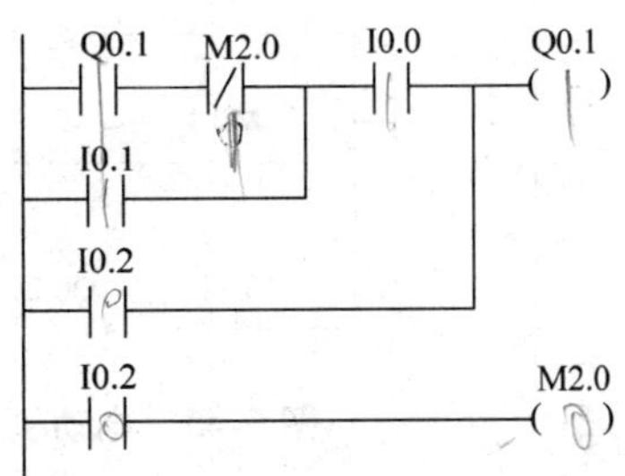

图 5-41　电动机的点动控制程序

5.7.4　电动机的正、反转控制程序

电动机的正、反转控制是常用的控制形式，输入信号设有停止按钮 SB1、正向起动按钮 SB2 和反向起动按钮 SB3，输出信号设正、反转接触器 KM1、KM2，I/O 地址分配见表 5-15，I/O 接线图如图 5-42 所示。

表 5-15　I/O 地址分配表

输入信号和地址		输出信号和地址	
停止按钮 SB1	I0.0	正转接触器 KM1	Q0.1
正向起动按钮 SB2	I0.1	反转接触器 KM2	Q0.2
反向起动按钮 SB3	I0.2		

电动机可逆运行方向的切换是通过两个接触器 KM1、KM2 的切换来实现的。切换时要改变电源的相序。在程序设计时，必须防止由于电源换相所引起的短路事故，例如，由正向运转切换到反向运转时，当正转接触器 KM1 断开时，由于其主触点内瞬时产生的电弧，使这个触点仍处于接通状态，如果这时使反转接触器 KM2 闭合，就会造成电源短路。因此，必须在完全没有电弧的情况下才能使反转的接触器接通。

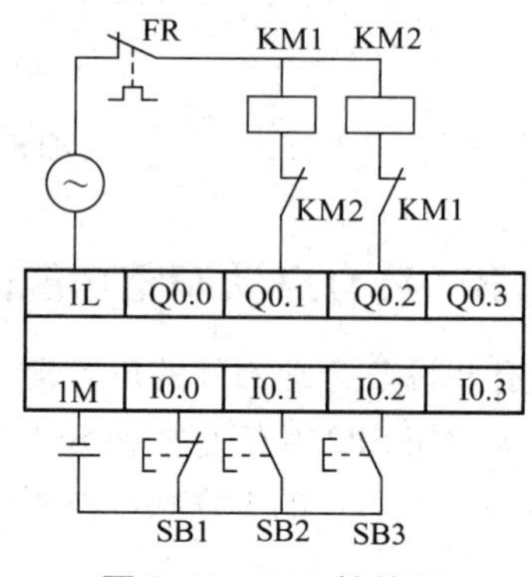

图 5-42　I/O 接线图

由于 PLC 内部处理过程中，同一软元件的常开、常闭触点的切换没有时间延迟，所以必须采用防止电源短路的方法。图 5-43 所示的梯形图中，采用定时器 T33、T34 分别作为正转、反转切换的延迟时间，从而防止切换时发生电源短路故障。为防止电源短路，在 I/O 接线图中还采用了硬件互锁方式（见图 5-42）。

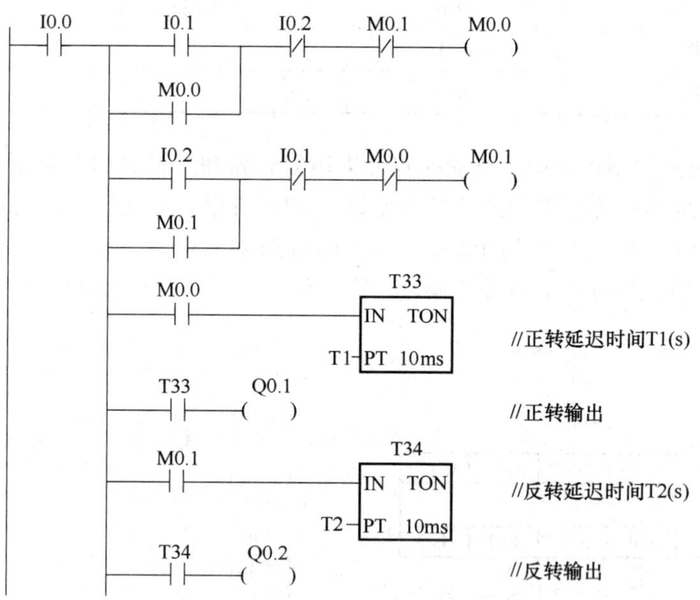

图 5-43　电动机正、反转控制梯形图程序

5.7.5　大功率电动机的星-三角减压起动控制程序

大功率电动机的星-三角减压起动控制的主电路如图 2-17 所示。图中，电动机由接触器 KM1、KM2 和 KM3 控制，其中，KM3 将电动机绕组连接成星形联结，KM2 将电动机绕组连接成三角形联结。KM2 与 KM3 不能同时吸合，否则会造成电源短路。在程序设计过程中，应充分考虑由星形向三角形切换的时间，即当电动机绕组从星形联结切换到三角形联结时，由 KM3 完全断开（包括灭弧时间）到 KM2 接通这段时间应锁定住，以防电源短路。

PLC 输入信号由停止按钮 SB1、起动按钮 SB2 提供，输出信号控制接触器 KM1、KM2、KM3。I/O 地址分配见表 5-16，I/O 接线图如图 5-44 所示。

表 5-16　I/O 地址分配表

输入信号和地址		输出信号和地址	
停止按钮 SB1	I0.0	接触器 KM1	Q0.1
起动按钮 SB2	I0.1	接触器 KM2	Q0.2
		接触器 KM3	Q0.3

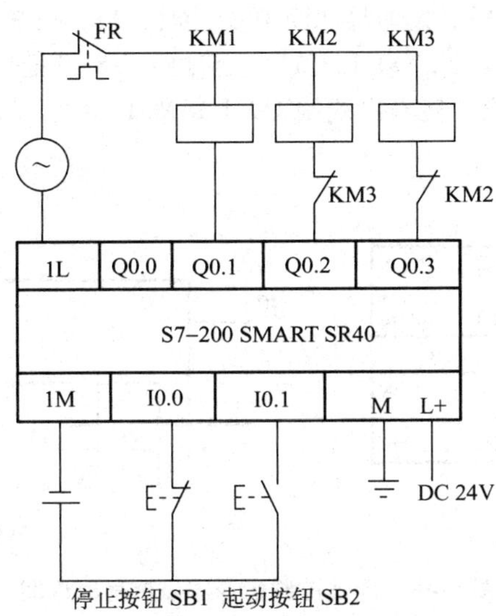

图5-44　星-三角减压起动控制的 I/O 接线图

图 5-45 所示为电动机星-三角减压起动控制梯形图程序。图中用定时器 T38 使 KM3 断电

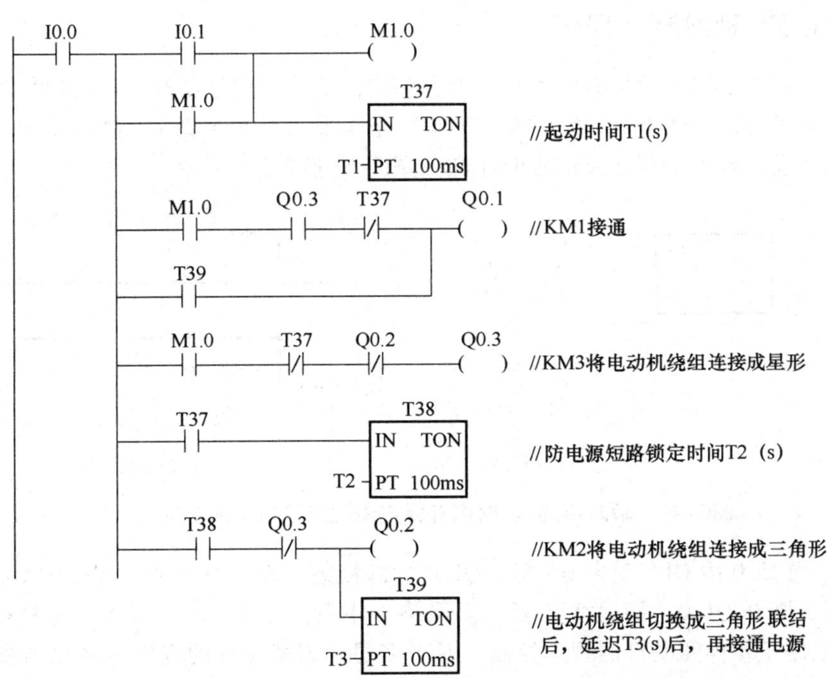

图 5-45　电动机星-三角减压起动控制梯形图程序

T2（s）后再让KM2通电，保证KM3、KM2不同时接通，避免电源相间短路。定时器T37、T38、T39的延时时间T1（s）、T2（s）、T3（s）可根据电动机起动电流的大小、所用接触器的型号，通过实验调整，选定合适的数值（均可取1s）。T1、T2、T3过长或过短均对电动机起动均不利。

5.7.6 闪烁控制程序

闪烁电路常用在景观照明、娱乐和报警等场所。闪烁电路实际上就是一个时钟电路，它可以等间隔的通断，也可以不等间隔的通断。图5-46所示为闪烁控制梯形图程序及信号时序图。当输入信号I0.1有效时（I0.1=1），定时器T37开始计时，1s后使输出信号Q0.1激励，同时定时器T38开始计时；2s后，T37复位，Q0.1失励，定时器T38也复位；一个扫描周期后，定时器T37又开始计时，重复上述过程。使输出线圈Q0.1每隔1s持续接通2s。调整T37、T38的设定值时间，就可以改变闪烁频率。

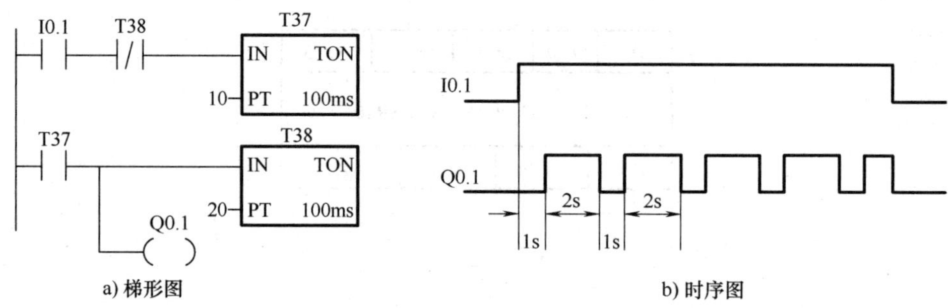

图5-46 闪烁控制梯形图及信号时序图

这里输入信号I0.1可由带锁键的按钮驱动，使其在工作期间，始终保持接通状态，直至工作结束时，再次按下此按钮使其断开。

5.7.7 瞬时接通/延时断开程序

在有些场合，要求在输入信号有效时，立即有输出。而输入信号断开时，输出信号延时一段时间才断开。该要求可以用断电延时定时器（TOF）来实现（见图5-25），也可以用通电延时定时器（TON）来实现，梯形图程序及信号时序图如图5-47所示。

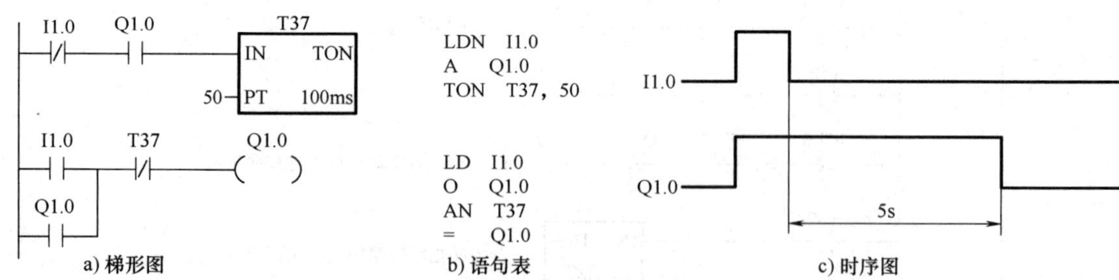

图5-47 瞬时接通/延时断开梯形图程序及信号时序图

图5-47中，当I1.0由OFF变为ON时，Q1.0立即接通，而当I1.0由ON变为OFF时，T37开始计时，5s后，断开Q1.0，同时T37复位。网络1中利用了I1.0的常闭触点来起动定时器T37。该程序可以用于楼梯照明灯的程序控制，对于多层公寓楼梯灯的程序控制也可参照该例编程。当然，楼梯照明灯的程序控制还可以采用置位、复位指令编程。

5.7.8　定时器、计数器的扩展程序

S7-200 SMART PLC 单一定时器的最大计时时间为 3276.7s（即 PT 的最大设定值为 32767），当需要设定的定时值超过 3276.7s 值时，可通过扩展的方法来扩大定时器的定时范围。

1. 多个定时器串联扩展计时范围

两个或多个定时器的串联组合可扩大定时器的计时范围，梯形图程序如图 5-48 所示。图中，从输入信号 I2.0 接通后到输出线圈 Q2.0 有输出，共延时 $T = (30000 + 30000) \times 0.1s = 6000s$。若还要增大计时范围，可增加串联的定时器数目。

2. 定时器、计数器串联扩展计时范围

扩大计时范围也可采用定时器和计数器串联的方法，梯形图程序如图 5-49 所示。从电源接通到输出线圈 Q2.0 有输出，共延时 $T = 3000s \times 20000 = 6 \times 10^7 s$，若还要增大计时范围，可增加串联的计数器数目。

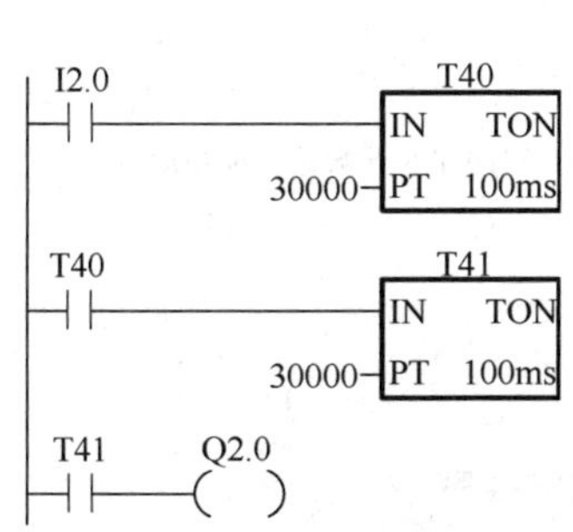

图 5-48　定时器串联使用

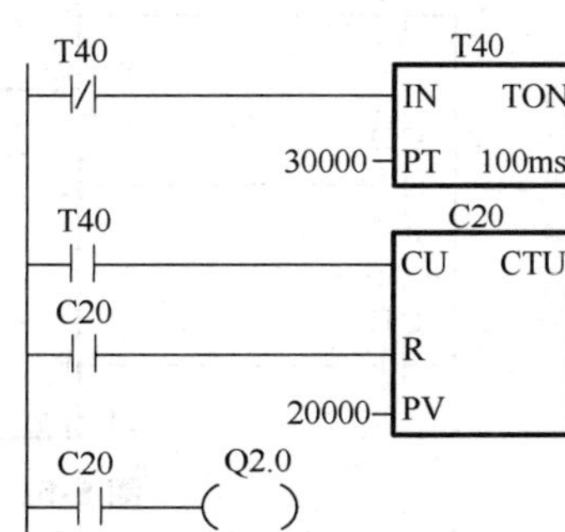

图 5-49　定时器、计数器串联使用

3. 计数器串联扩展计数范围

S7-200 SMART PLC 单一计数器的最大计数值为 32767（即 PV 的最大设定值为 32767），若需要更大的计数范围可将多个计数器串联使用。图 5-48 中，若增计数器 C51 的输入信号 I0.3 是一个光电脉冲（如用来统计工件数），从检测到第一个工件的光电脉冲起，到输出线圈 Q1.0 有输出，共计数 $N = 30000 \times 30000 = 9 \times 10^8$ 个工件，即当 I0.3 的上升沿脉冲数到 9×10^8 时，Q1.0 才有输出。

使用时应注意计数器复位输入端的逻辑信号，图 5-50 中，C51 计数到 30000 时，C51 的位状态为 1，使得 C52 计数加 1，在 C52 计数加 1 之后的下一个扫描周期，C51 的常开触点使得自己复位（C51 的当前值和位状态均为 0）。I0.4 为外置复位信号，一旦 I0.4 由 OFF 变为 ON，C52 立即复位。

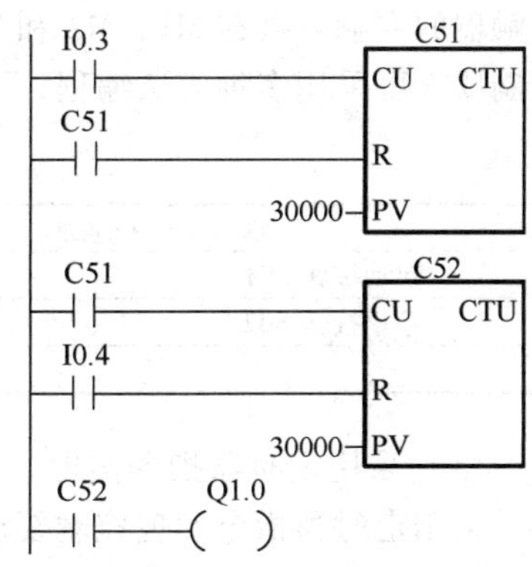

图 5-50　计数器串联使用

5.7.9　高精度时钟程序

图 5-51 所示为高精度时钟程序，秒时钟脉冲特殊存储器 SM0.5 作为秒发生器，用作增计数器 C51 的计数脉冲信号，当 C51 的计数累计值达到设定值 60 时（即 1min），计数器的位置 1，即 C51 的常开触点闭合，该信号将作为增计数器 C52 的计数脉冲信号，使得 C52 当前值加 1，同时 C51 复位端的另一常开触点使计数器 C51 复位（称为自复位式），使得计数器 C51 从 0 开始重新计数。类似地，计数器 C52 计数到 60 时（即 1h），其两个常开触点闭合，一个作为计数器 C53 的计数脉冲

信号，另一个使计数器 C52 自复位，C52 又重新开始计数；直至计数器 C53 计数到 24 时（即 1 天，24h），其常开触点闭合，使计数器 C53 自复位，又重新开始计数，从而实现时钟功能。输入信号 I0.4、I0.2 用于建立期望的时钟设置，即调整分针、时针。

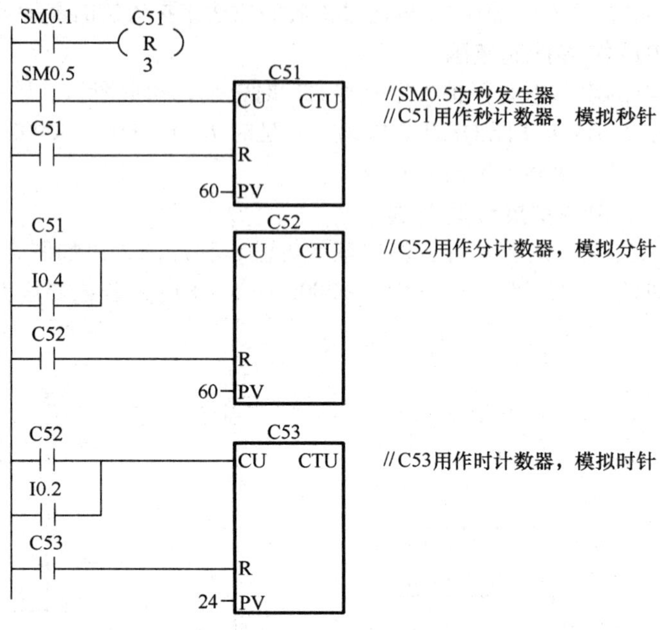

图 5-51　高精度时钟程序

5.7.10　多台电动机顺序起、停控制程序

在一些生产机械中，常要求多台电动机的起动和停止按一定顺序进行。如要求三台电动机 M1、M2、M3 在按下起动按钮后自动顺序起动，起动的顺序为 M1→M2→M3，顺序起动的时间间隔为 1min，起动完毕，三台电动机正常运行；按下停止按钮后逆序停止，即停止的顺序为 M3→M2→M1，停止的时间间隔为 30s。

对于该控制要求，可选用 S7-200 SMART SR20 进行控制，主电路如图 5-52 所示。输入/输出信号的地址分配见表 5-17。PLC 的输出信号控制三只接触器 KM1、KM2、KM3 的线圈，三只接触器的主触点接在 M1、M2 和 M3 的主电路中。PLC 的 I/O 外部接线图如图 5-53 所示。对于该控制要求可采用多种方法编程，下面介绍三种编程方法。

表 5-17　I/O 地址分配表

输入信号和地址		输出信号和地址	
起动按钮 SB1	I0.1	接触器 KM1	Q0.1
停止按钮 SB2	I0.2	接触器 KM2	Q0.2
		接触器 KM3	Q0.3

（1）采用定时器指令实现

采用定时器指令实现控制要求的梯形图程序如图 5-54 所示。图中采用 T37、T38 两个定时器来控制三台电动机的顺序起动，用 T39、T40 两个定时器来控制三台电动机的逆序停止。

（2）采用比较指令实现

采用比较指令实现控制要求的梯形图程序如图 5-55 所示。图中使用了断电延时定时器 T38，注意：T38 计时值到设定值时，当前值停在设定值处，而不像通电延时定时器那样继续向上计时。

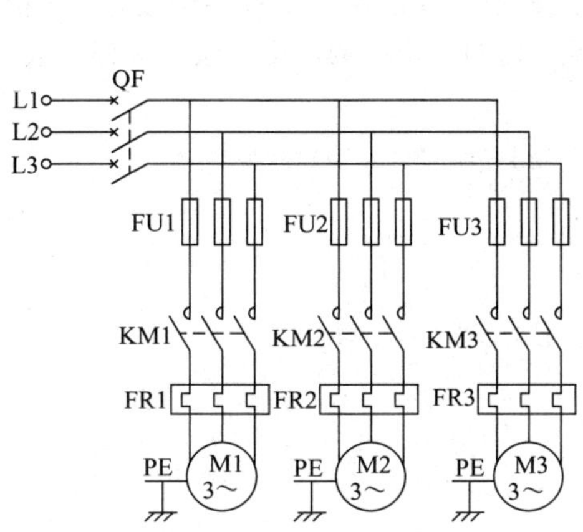

图 5-52　三台电动机的主电路

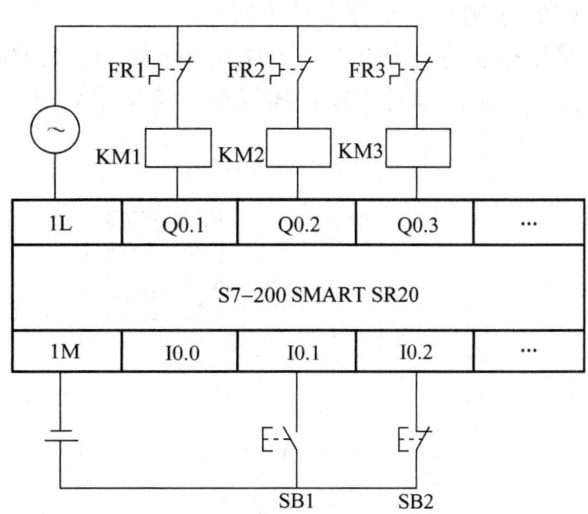

图 5-53　PLC 的 I/O 接线图

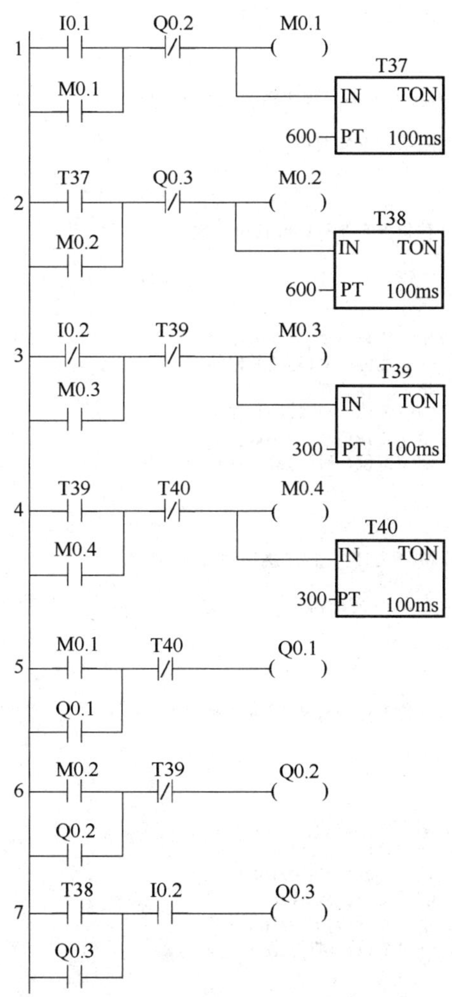

图 5-54　采用定时器指令编写的程序

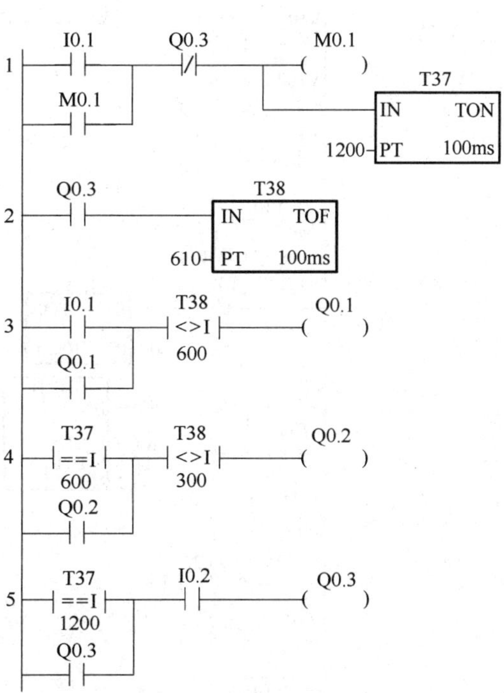

图 5-55　采用比较指令编写的程序

（3）采用移位寄存器指令实现

采用移位寄存器指令（SHRB）设计的梯形图程序如图 5-56 所示。该程序中使用了 JMP 和 LBL 指令，可以缩短程序扫描周期。这里主要是为了说明这两个指令的使用方法，该程序去掉与

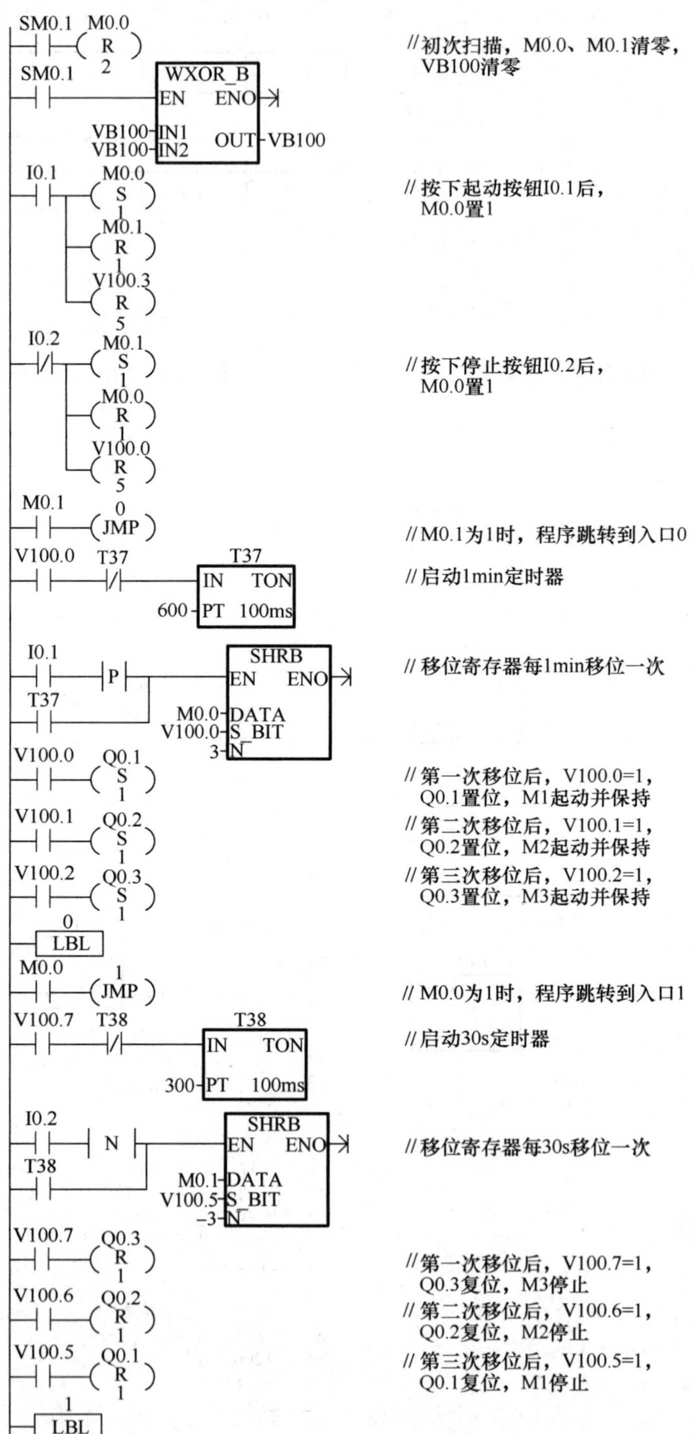

图 5-56　采用 SHRB 指令编写的程序

JMP 和 LBL 相关的程序段并不会影响程序执行结果。为避免程序出现死循环，初学者应慎用 JMP 和 LBL 指令。还需注意的是，该程序中起动按钮 I0.1 和停止按钮 I0.2 到底该用常开触点还是常闭触点，取决于外部接线（见图 5-53）。实际工程应用中，一般起动按钮采用物理的常开触点，停止按钮采用物理的常闭触点，因此，程序中第 2 个移位寄存器指令的使能端应采用下降沿触发指令。如果停止按钮实际的外部接线采用常开按钮，则程序中 I0.2 均应该使用常开触点，同时 SHRB 指令的使能端改为上升沿触发，读者编程时要注意这一点。

对于多台电动机的顺序起、停控制除了可以使用定时器指令、计数器指令和移位寄存器指令来编程外，还可以使用 SCR 指令编程，限于篇幅，这里不再给出程序。

5.7.11　故障报警程序

故障报警是电气控制系统中不可缺少的重要环节，标准的报警功能应该是声光报警。当故障发生时，报警指示灯闪烁，报警电铃（或蜂鸣器）鸣响。值班人员发现故障发生后，按下消铃按钮，关掉电铃（或蜂鸣器），报警指示灯从闪烁变为长亮。故障消失后，报警指示灯熄灭。另外，还应设置试灯、试铃按钮，用于平时检测报警指示灯和电铃（或蜂鸣器）的好坏。

实际应用系统中可能出现多种故障，一般一种故障对应一个故障指示灯，但一个系统只能有一个电铃。报警指示灯采用闪烁控制，利用两个定时器配合实现脉冲输出控制故障指示灯。当任何一种故障发生时，按下消铃按钮后，不能影响其他故障发生时报警电铃的正常鸣响。

假设报警信号有 2 个，分别来自电动机 M1 和 M2 的过载信号，输入信号一共 4 个，输出信号共 3 个，输入/输出信号和地址分配见表 5-18。I/O 接线图如图 5-57 所示。PLC 控制程序如图 5-58 所示。

表 5-18　I/O 地址分配表

输入信号和地址		输出信号和地址	
电动机 M1 过载信号 FR1	I0.0	电动机 M1 过载指示 HL1	Q0.0
电动机 M2 过载信号 FR2	I0.1	电动机 M2 过载指示 HL2	Q0.1
消铃按钮 SB1	I0.2	报警电铃 HA	Q0.2
试灯、试铃按钮 SB2	I0.3		

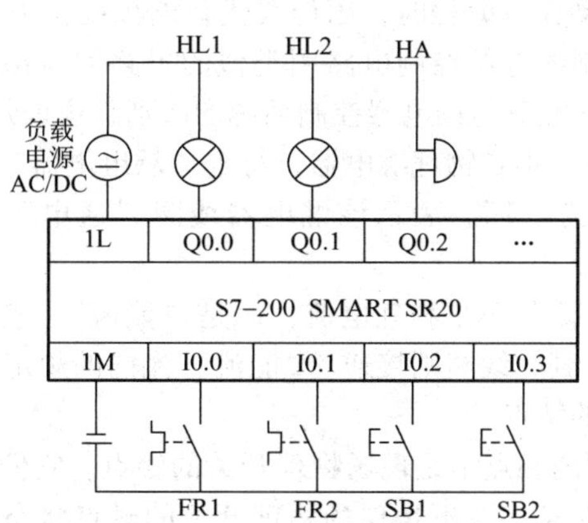

图 5-57　PLC 的 I/O 接线图

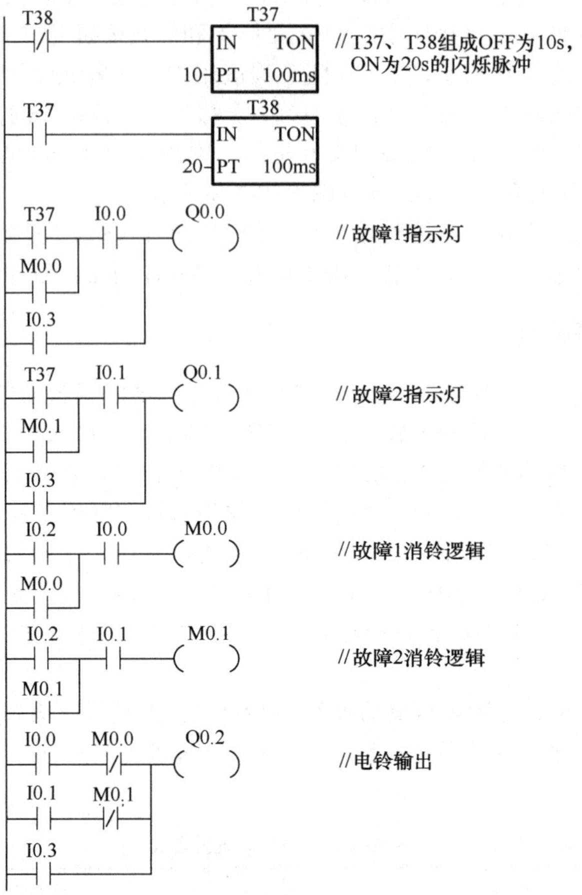

图 5-58　故障报警 PLC 控制程序

5.8　梯形图编写规则

PLC 中的编程元件具有和物理继电器类似的特点，具有常开、常闭触点及线圈，且线圈的得电及失电将导致触点的相应动作。编程时，用母线代替电源线，用“能流”概念来代替继电器电路中的电流概念，采用绘制继电器控制电路图类似的思路编写梯形图程序，但采用梯形图编程有它自身的特点，使用时应注意与继电器控制系统的区别，这里归纳如下：

1）PLC 中的“软继电器”不是物理继电器，每个“软继电器”实为存储区中的一个存储单元，存储单元相应的位状态为“1”，表示该继电器线圈“通电”，故称之为“软继电器”或“软元件”。

2）梯形图中流过的“电流”不是物理电流，而是“能流”，它只能从左到右、自上而下流动，而不允许倒流。“能流”到，线圈则接通。“能流”流向的规定顺应了 PLC 的扫描过程是自左向右、自上而下顺序进行的特点。

3）梯形图中的常开、常闭触点不是现场物理开关的触点。它们对应于输入、输出映像寄存器或数据存储器中相应位的状态，而不是现场物理开关的触点状态。梯形图中的常开触点应理解为“取位状态”，常闭触点应理解为“位状态取反”操作。因此在梯形图中，同一元件的一对常开、常闭触点的切换没有时间的延迟，常开、常闭触点只是互为相反状态，而继电器控制系统中的复合常开常闭触点具有先断后合的特点。

4）梯形图中的输出线圈不是物理线圈，不能用它直接驱动现场执行机构。输出线圈的状态对应输出映像寄存器相应位的状态，而不是现场物理开关的实际状态，逻辑运算结果可以立即被后面的程序使用。

5）PLC 的 I、Q、M、T、C 等编程元件的常开/常闭触点可无限次反复使用，因为存储单元中的位状态可取用任意次，而继电器控制系统中的继电器触点数是有限的。

编写梯形图程序时，还应遵循下列规则：

1）梯形图由多个程序段组成，每一个程序段开始于左母线，终止于右母线，线圈与右母线直接相连（S7-200 SMART PLC 绘图时，将右母线省略）。触点不能放在线圈的右边，如图 5-59 所示。

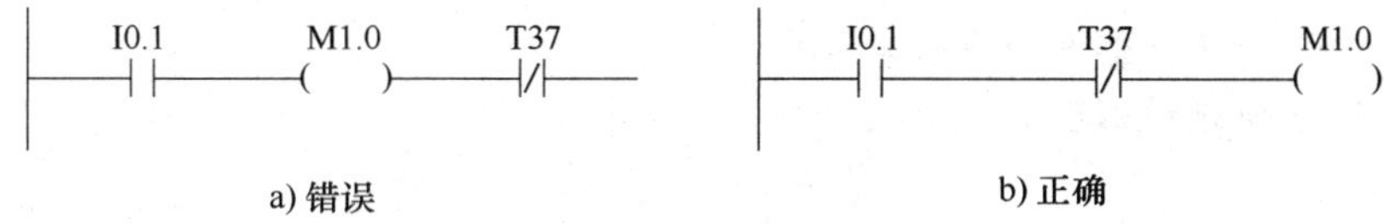

a) 错误　　b) 正确

图 5-59　梯形图画法示例 1

2）梯形图中的线圈、定时器、计数器和数值运算功能框等一般不能直接连接在左母线上，可通过特殊继电器 SM0.0 来完成，如图 5-60 所示。

3）在同一程序中，同一地址编号的线圈只能出现一次，通常不能重复使用，但是它的触点可以无限次使用。同一地址编号的线圈使用两次及两次以上称作双线圈输出，S7-200 SMART PLC 不允许双线圈输出。但是在置位、复位指令中，允许出现双线圈输出，置位指令将某继电器线圈置位或激励，复位指令又可将该继电器复位或失励，这时程序中出现的双线圈是允许的，它们实际上是一个继电器线圈的两个输入端。

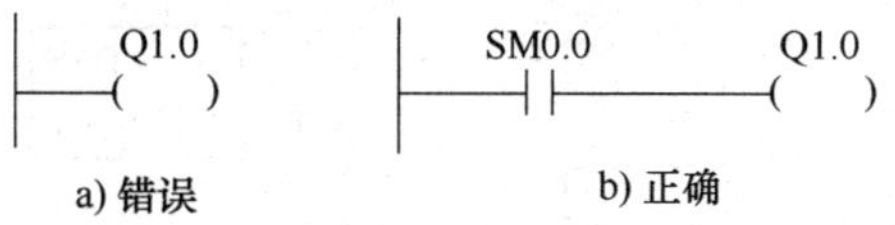

a) 错误　　b) 正确

图 5-60　梯形图画法示例 2

4）几个串联支路相并联，应将串联多的触点组尽量安排在最上面；几个并联回路相串联，应将并联支路多的触点组尽量安排在最左边，如图 5-61 所示。按此规则编写的梯形图可减少用户程序步数，缩短程序扫描时间。

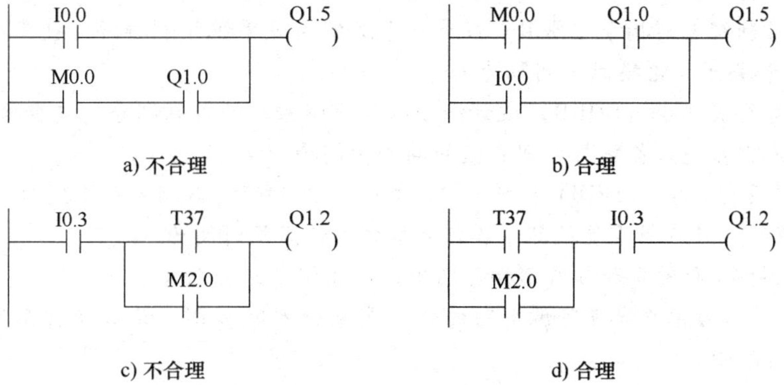

a) 不合理　　b) 合理

c) 不合理　　d) 合理

图 5-61　梯形图的合理画法

习题与思考题

1. S7-200 系列 PLC 的基本数据类型有哪些？
2. 立即 I/O 指令有何特点？它应用于什么场合？
3. 逻辑堆栈指令有哪些？各用于什么场合？
4. 定时器有几种类型？各有何特点？与定时器相关的变量有哪些？梯形图中如何表示这些变量？
5. 计数器有几种类型？各有何特点？与计数器相关的变量有哪些？梯形图中如何表示这些变量？
6. 不同分辨率的定时器的当前值是如何刷新的？
7. 写出图 5-62 所示梯形图的语句表程序。
8. 写出图 5-63 所示梯形图的语句表程序。

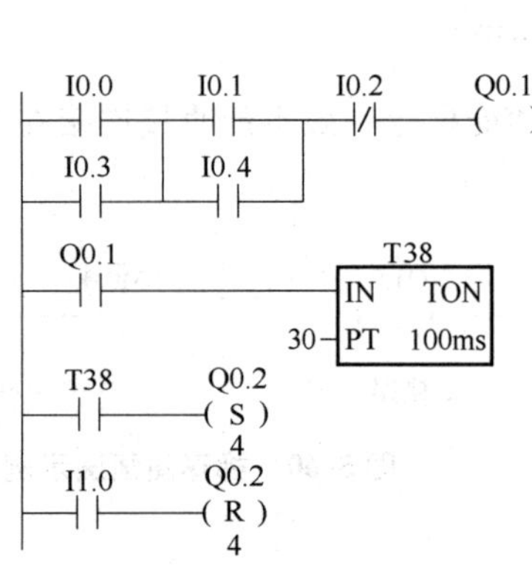

图 5-62 题 7 梯形图

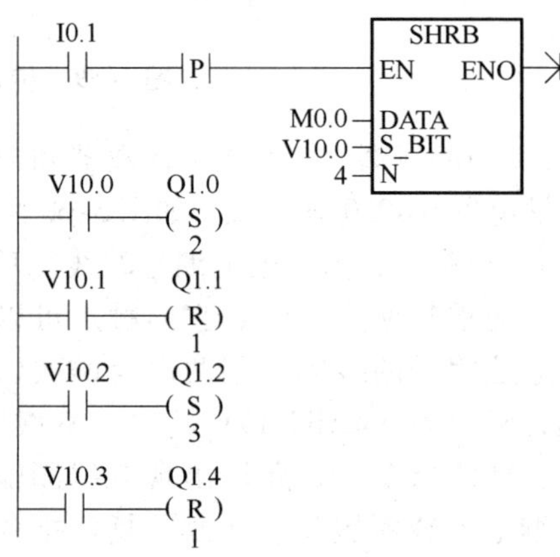

图 5-63 题 8 梯形图

9. 用定时器指令设计一个周期为 5s、脉宽可调的脉冲串信号发生程序。
10. 设计一个计数范围为 50000 的计数器程序。
11. 试设计一个 2h 30min 的长延时电路程序。
12. 用置位、复位指令设计一台电动机的起、停控制程序。
13. 用顺序控制继电器指令（SCR）设计一个居室通风系统控制程序，使三个居室的通风机自动轮流地打开和关闭，轮换时间间隔为 1h。
14. 用移位寄存器指令（SHRB）设计一个路灯照明系统的控制程序，四台路灯按 H1→H2→H3→H4 的顺序依次点亮。各路灯之间点亮的间隔时间为 10s。
15. 用移位寄存器指令（SHRB）设计一组景观彩灯控制程序，8 路彩灯串按 H1→H2→H3→…→H8 的顺序依次点亮，且不断重复循环。各路彩灯之间的间隔时间为 2s。
16. 指出图 5-64a 和图 5-64b 所示梯形图中的语法错误，并改正。
17. 图 5-65 所示为脉冲宽度可调电路的梯形图及输入时序图，试分析梯形图执行过程，并画出 Q1.0 输出时序图。
18. 试设计满足图 5-66 所示时序图的梯形图程序。
19. 试用 SCR 指令设计满足 5.7.10 节中三台电动机顺序起动、逆序停止的控制要求的梯形图程序（I/O 地址和接线图参考教材内容）。

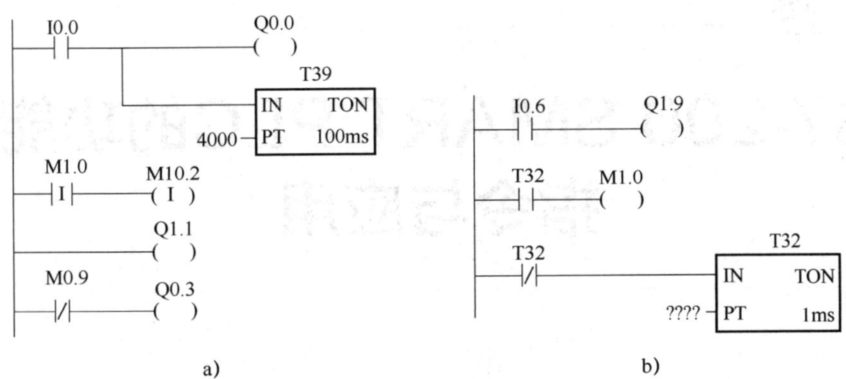

图 5-64 题 16 梯形图

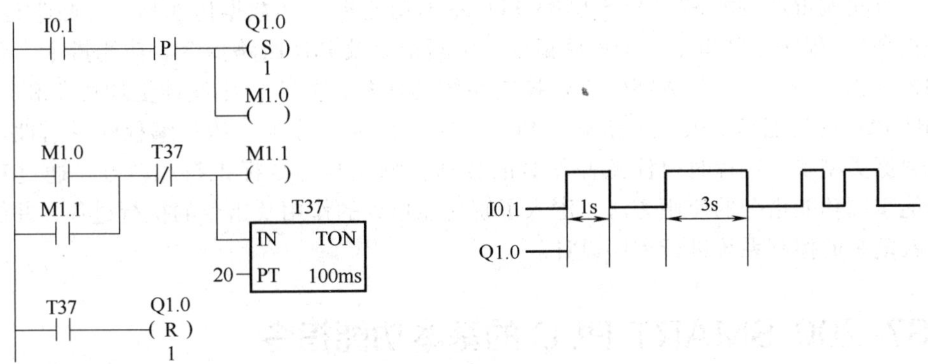

图 5-65 题 17 梯形图及输入信号时序图

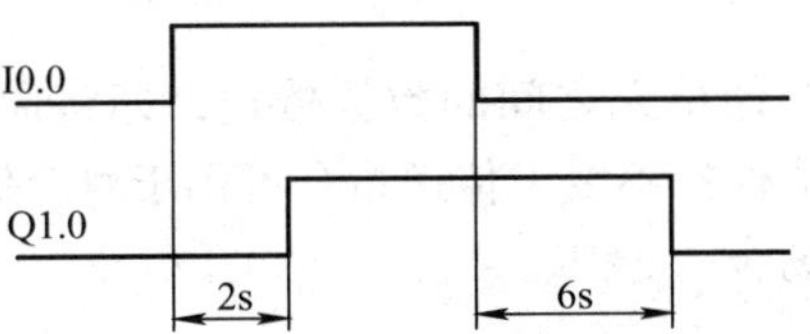

图 5-66 题 18 输入、输出时序图

第 6 章

S7-200 SMART PLC的功能指令与应用

本章结合实例重点讲解 S7-200 SMART PLC 基本功能指令（数据传送指令、数学运算指令、数据处理指令）、程序控制指令、子程序指令、中断指令及 PID 回路指令。功能指令主要用于更为复杂的控制程序的设计，完成特殊工业控制系统的任务，并使程序设计更加优化和方便。S7-200 SMART PLC 的功能指令极大地拓宽了 PLC 的应用领域，增强了 PLC 编程的灵活性。功能指令涉及的数据类型多，编程时要注意操作数的数据类型应与指令标识符相匹配。通过对本章的学习，应能掌握功能指令的使用方法，深入了解功能指令的作用及指令的执行过程，并能根据需要，对比较复杂的控制系统进行程序设计。

6.1 S7-200 SMART PLC 的基本功能指令

6.1.1 数据传送指令

数据传送指令可用于各个存储单元之间的数据传送，即将原存储单元中的数据复制到新的存储单元中，传送过程中数据值保持不变。传送指令可用于对存储单元进行赋值，也可用于存储单元的清零、程序的初始化等场合。

1. 单一数据传送指令

单一数据传送指令用来进行一个数据的传送，在不改变原值的情况下，将输入端（IN）指定的数据送到输出端（OUT）。数据传送指令按操作数的数据类型可以分为字节传送指令（MOVB）、字传送指令（MOVW）、双字传送指令（MOVD）和实数传送指令（MOVR）。

单一数据传送指令格式见表 6-1。

功能框中，EN 为使能输入端，ENO 为使能输出端，当 EN 端有效时，指令才能被执行。当指令被正确执行后，ENO 输出为 1。使 ENO = 0 的错误条件为 0006H（间接寻址错误）。

2. 数据块传送指令

数据块传送指令为多个数据传送指令，可把输入端（IN）为起始地址的 N 个连续字节、字、双字的存储单元中的内容传送到以输出端（OUT）为起始地址的 N 个连续字节、字、双字的存储单元中去。N 的数据范围为 1 ~ 255。数据块传送指令按操作数的数据类型可分为字节块传送（BMB）、字块传送（BMW）、双字块传送（BMD）。

数据块传送指令格式见表 6-2。

使 ENO = 0 的错误条件为 0006H（间接寻址错误）、0091H（操作数超出范围）。

表 6-1　单一数据传送指令格式

指令名称	梯形图	语句表	操作数	功能
字节传送	MOV_B EN ENO ????-IN OUT-????	MOVB　IN, OUT	IN：IB、QB、VB、MB、SMB、SB、LB、AC、＊VD、＊LD、＊AC、常数 OUT：IB、QB、VB、MB、SMB、SB、LB、AC、＊VD、＊LD、＊AC	当 EN＝1 时，将一个字节由 IN 传送到 OUT
字传送	MOV_W EN ENO ????-IN OUT-????	MOVW　IN, OUT	IN：IW、QW、VW、MW、SMW、SW、T、C、LW、AIW、AC、＊VD、＊LD、＊AC、常数 OUT：IW、QW、VW、MW、SMW、SW、T、C、LW、AQW、AC、＊VD、＊LD、＊AC	当 EN＝1 时，将一个字由 IN 传送到 OUT
双字传送	MOV_DW EN ENO ????-IN OUT-????	MOVD　IN, OUT	IN：ID、QD、VD、MD、SMD、SD、LD、HC、AC、&VB、&IB、&QB、&MB、&SB、&T、&C、&SMB、&AIW、&AQW、＊VD、＊LD、＊AC、常数 OUT：ID、QD、VD、MD、SMD、SD、LD、AC、＊VD、＊LD、＊AC	当 EN＝1 时，将一个双字由 IN 传送到 OUT
实数传送	MOV_R EN ENO ????-IN OUT-????	MOVR　IN, OUT	IN：ID、QD、VD、MD、SMD、SD、LD、AC、＊VD、＊LD、＊AC、常数 OUT：ID、QD、VD、MD、SMD、SD、LD、AC、＊VD、＊LD、＊AC	当 EN＝1 时，将一个实数由 IN 传送到 OUT

表 6-2　数据块传送指令格式

指令名称	梯形图	语句表	操作数	功能
字节块传送	BLKMOV_B EN ENO ????-IN OUT-???? ????-N	BMB　IN, OUT, N	IN：IB、QB、VB、MB、SMB、SB、LB、＊VD、＊LD、＊AC OUT：IB、QB、VB、MB、SMB、SB、LB、＊VD、＊LD、＊AC N：IB、QB、VB、MB、SMB、SB、LB、AC、＊VD、＊LD、＊AC、常数	当 EN＝1 时，将从 IN 开始的 *N* 个字节传送到以 OUT 为起始地址的 *N* 个字节型存储单元
字块传送	BLKMOV_W EN ENO ????-IN OUT-???? ????-N	BMW　IN, OUT, N	IN：IW、QW、VW、MW、SMW、SW、T、C、LW、AIW、＊VD、＊LD、＊AC OUT：IW、QW、VW、MW、SMW、SW、T、C、LW、AQW、＊VD、＊LD、＊AC N：IB、QB、VB、MB、SMB、SB、LB、AC、＊VD、＊LD、＊AC、常数	当 EN＝1 时，将从 IN 开始的 *N* 个字传送到以 OUT 为起始地址的 *N* 个字型存储单元

（续）

指令名称	梯形图	语句表	操作数	功能
双字块传送	BLKMOV_D EN ENO ????-IN OUT-???? ????-N	BMD IN, OUT, N	IN：ID、QD、VD、MD、SMD、SD、LD、＊VD、＊LD、＊AC OUT：ID、QD、VD、MD、SMD、SD、LD、＊VD、＊LD、＊AC N：IB、QB、VB、MB、SMB、SB、LB、AC、＊VD、＊LD、＊AC、常数	当EN=1时，将从IN开始的N个双字传送到以OUT为起始地址的N个双字型存储单元

3. 交换字节指令

交换字节指令（SWAP）将输入端（IN）指定数据类型为WORD的字的高字节内容与低字节内容互相交换，交换结果仍存放在输入端（IN）指定的地址中。该指令采用脉冲输入，否则每个扫描周期都会执行交换。交换字节指令格式见表6-3。

表6-3 交换字节指令格式

指令名称	梯形图	语句表	操作数	功能
交换字节	SWAP EN ENO ????-IN	SWAP IN	IN：IW、QW、VW、MW、SMW、SW、T、C、LW、AC、＊VD、＊LD、＊AC	当EN=1时，将IN中指定字型数据的高字节内容与低字节内容互相交换，交换的结果仍存放在输入端指定的地址中

4. 字节传送立即读、写指令

字节传送立即读指令（BIR）读取输入端（IN）指定字节地址的物理输入点（IB）的值，并写入输出端（OUT）指定的字节地址中，相应的输入映像寄存器并不刷新。该指令用于对输入端子信号的立即响应。

字节传送立即写指令（BIW）将输入端（IN）指定字节地址的内容写入输出端（OUT）指定字节地址的物理输出点（QB），同时刷新相应的输出映像寄存器。该指令用于把数据立即输出到输出端子。

字节传送立即读、写指令格式见表6-4。

表6-4 字节传送立即读、写指令格式

指令名称	梯形图	语句表	操作数	功能
字节传送立即读	MOV_BIR EN ENO ????-IN OUT-????	BIR IN, OUT	IN：IB、＊VD、＊LD、＊AC OUT：IB、QB、VB、MB、SMB、SB、LB、＊VD、＊LD、＊AC	当EN=1时，读取IN指定的物理字节输入，并传送到OUT指定的地址
字节传送立即写	MOV_BIW EN ENO ????-IN OUT-????	BIW IN, OUT	IN：IB、QB、VB、MB、SMB、SB、LB、AC、＊VD、＊LD、＊AC、常数 OUT：QB 、＊VD、＊LD、＊AC	当EN=1时，将IN中的字节传送到OUT指定的物理输出点

使ENO=0的错误条件为0006H（间接寻址错误）、无法访问扩展模块。

【例 6-1】　传送指令的使用举例，如图 6-1 所示。

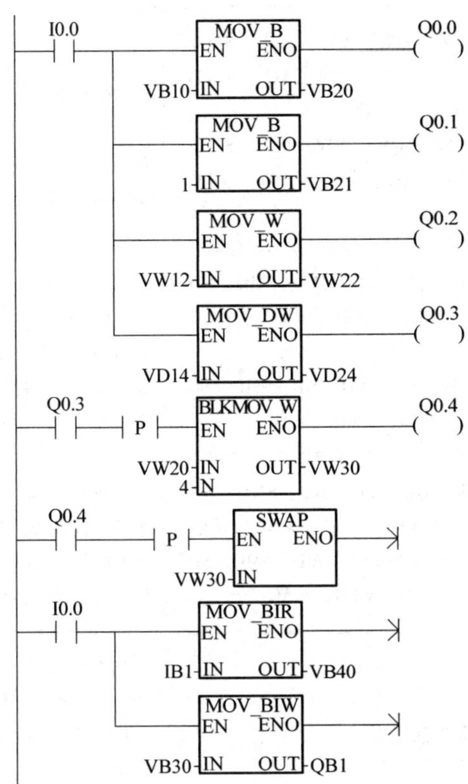

I0. 0 = 0 时：

VB10	2	VB20	X	VB30	X
VB11	X	VB21	X	VB31	X
VB12	3	VB22	X	VB32	X
VB13	4	VB23	X	VB33	X
VB14	5	VB24	X	VB34	X
VB15	6	VB25	X	VB35	X
VB16	7	VB26	X	VB36	X
VB17	8	VB27	X	VB37	X

I0. 0 = 1 时：程序执行传送指令，同时执行字节立即读、写指令，将 IB1 的状态立即读入 VB40 中，将 VB30 中的值立即输出到 QB1 中。

VB10	2	VB20	2	VB30	1
VB11	X	VB21	1	VB31	2
VB12	3	VB22	3	VB32	3
VB13	4	VB23	4	VB33	4
VB14	5	VB24	5	VB34	5
VB15	6	VB25	6	VB35	6
VB16	7	VB26	7	VB36	7
VB17	8	VB27	8	VB37	8

图 6-1　数据传送指令的使用举例

6.1.2　数学运算指令

1. 四则运算指令

（1）加法指令

加法指令将两个输入端（IN1、IN2）指定的有符号数相加，结果存入输出端（OUT）指定的地址中。

加法指令可分为整数、双字整数和实数加法指令，各自对应的操作数分别为有符号整数（INT）、有符号双字整数（DINT）和实数（REAL）。

在 LAD 中，执行结果为 IN1 + IN2→OUT；在 STL 中，操作数 IN2 通常与 OUT 共用一个地址单元，因此执行结果为 IN1 + OUT→OUT。

（2）减法指令

减法指令对两个输入端（IN1、IN2）指定的有符号数进行相减操作，结果送到输出端（OUT）指定的存储单元中去。

减法指令可分为整数、双字整数和实数减法指令，各自对应的操作数分别为有符号整数（INT）、有符号双字整数（DINT）和实数（REAL）。

在 LAD 中，执行结果为 IN1 - IN2→OUT；在 STL 中，操作数 IN2 通常与 OUT 共用一个地址单元，因此执行结果为 OUT - IN1→OUT。

加、减法指令格式见表 6-5。

表 6-5　加、减法指令格式

指令名称	梯形图	语句表	操作数	功能
整数加法	ADD_I EN ENO ????-IN1 OUT-???? ????-IN2	+I　IN1, OUT	IN：IW、QW、VW、MW、SMW、SW、T、C、LW、AIW、AC、＊VD、＊LD、＊AC、常数 OUT：IW、QW、VW、MW、SMW、SW、T、C、LW、AC、＊VD、＊LD、＊AC	当 EN = 1 时，将两个 16 位有符号整数 IN1 和 IN2 相加，结果为 16 位有符号整数，存入 OUT
双字整数加法	ADD_DI EN ENO ????-IN1 OUT-???? ????-IN2	+D　IN1, OUT	IN：ID、QD、VD、MD、SMD、SD、LD、AC、HC、＊VD、＊LD、＊AC、常数 OUT：ID、QD、VD、MD、SMD、SD、LD、AC、＊VD、＊LD、＊AC	当 EN = 1 时，将两个32位有符号双字整数 IN1 和 IN2 相加，结果为32位有符号双字整数，存入 OUT
实数加法	ADD_R EN ENO ????-IN1 OUT-???? ????-IN2	+R　IN1, OUT	IN：ID、QD、VD、MD、SMD、SD、LD、AC、＊VD、＊LD、＊AC、常数 OUT：ID、QD、VD、MD、SMD、SD、LD、AC、＊VD、＊LD、＊AC	当 EN = 1 时，将两个 32 位实数 IN1 和 IN2 相加，结果为 32 位实数，存入 OUT
整数减法	SUB_I EN ENO ????-IN1 OUT-???? ????-IN2	-I　IN1, OUT	同整数加法指令	当 EN = 1 时，将两个 16 位有符号整数 IN1 和 IN2 相减，结果为 16 位有符号整数，存入 OUT
双字整数减法	SUB_DI EN ENO ????-IN1 OUT-???? ????-IN2	-D　IN1, OUT	同双字整数加法指令	当 EN = 1 时，将两个32位有符号双字整数 IN1 和 IN2 相减，结果为32位有符号双字整数，存入 OUT
实数减法	SUB_R EN ENO ????-IN1 OUT-???? ????-IN2	-R　IN1, OUT	同实数加法指令	当 EN = 1 时，将两个 32 位实数 IN1 和 IN2 相减，结果为 32 位实数，存入 OUT

（3）乘法指令

乘法指令将两个输入端（IN1、IN2）指定的有符号数相乘，结果存入输出端（OUT）指定的地址中。

乘法指令可分为整数、双字整数、实数乘法指令和整数相乘得双字整数的乘法指令。前三种指令各自对应的操作数的数据类型分别为有符号整数、有符号双字整数、实数。在 LAD 中，执行结果为 IN1 × IN2→OUT；在 STL 中，操作数 IN2 通常与 OUT 共用一个地址单元，因而执行结果为 IN1 × OUT→OUT。

整数相乘得双字整数的乘法指令（MUL），把输入端（IN1、IN2）指定的两个 16 位有符号整数相乘，产生一个 32 位的双字整数，并存入输出端（OUT）指定的地址中。在 STL 中，32 位 OUT 的低 16 位被用作其中一个乘数。

加法、减法、乘法指令影响的特殊存储器位：SM1.0（零）、SM1.1（溢出）、SM1.2（负）。

（4）除法指令

除法指令将两个输入端（IN1、IN2）指定的有符号数相除，结果存入输出端（OUT）指定的地址中。

除法指令可分为整数、双字整数、实数除法指令和整数相除得商和余数指令。前三种指令各自对应的操作数分别为有符号整数、有符号双字整数、实数。整数和双字整数除法指令执行时，只保留商，不保留余数；实数除法指令结果为 32 位的实数。在 LAD 中，执行结果为 IN1/IN2→OUT；在 STL 中，操作数 IN2 通常与 OUT 共用一个地址单元，因而执行结果为 OUT/ IN1→OUT。

整数相除得商和余数指令（DIV），把输入端（IN）指定的两个 16 位有符号整数相除，产生一个 32 位的结果，存入输出端（OUT）指定的地址中。其中，OUT 的高 16 位为余数，低 16 位为商。在 STL 中，32 位的 OUT 的低 16 位被用作被除数。

除法指令影响的特殊存储器位：SM1.0（零）、SM1.1（溢出）、SM1.2（负）、SM1.3（除数为 0）。

乘法、除法指令格式见表 6-6。

表 6-6　乘法、除法指令格式

指令名称	梯形图	语句表	操作数	功能
整数乘法	MUL_I EN ENO ????-IN1 OUT-???? ????-IN2	*I　IN1，OUT	IN：IW、QW、VW、MW、SMW、SW、T、C、LW、AIW、AC、*VD、*LD、*AC、常数 OUT：IW、QW、VW、MW、SMW、SW、T、C、LW、AC、*VD、*LD、*AC	当 EN = 1 时，将两个 16 位有符号整数 IN1 和 IN2 相乘，结果为 16 位有符号整数，存入 OUT
双字整数乘法	MUL_DI EN ENO ????-IN1 OUT-???? ????-IN2	*D　IN1，OUT	IN：ID、QD、VD、MD、SMD、SD、LD、AC、HC、*VD、*LD、*AC、常数 OUT：ID、QD、VD、MD、SMD、SD、LD、AC、*VD、*LD、*AC	当 EN = 1 时，将两个 32 位有符号双字整数 IN1 和 IN2 相乘，结果为 32 位有符号双字整数，存入 OUT
实数乘法	MUL_R EN ENO ????-IN1 OUT-???? ????-IN2	*R　IN1，OUT	IN：ID、QD、VD、MD、SMD、SD、LD、AC、*VD、*LD、*AC、常数 OUT：ID、QD、VD、MD、SMD、SD、LD、AC、*VD、*LD、*AC	当 EN = 1 时，将两个 32 位实数 IN1 和 IN2 相乘，结果为 32 位实数，存入 OUT
整数相乘得双字整数的乘法	MUL EN ENO ????-IN1 OUT-???? ????-IN2	MUL　IN1，OUT	IN：IW、QW、VW、MW、SMW、SW、T、C、LW、AIW、AC、*VD、*LD、*AC、常数 OUT：ID、QD、VD、MD、SMD、SD、LD、AC、*VD、*LD、*AC	当 EN = 1 时，将两个 16 位有符号整数 IN1 和 IN2 相乘，结果为 32 位有符号双字整数，存入 OUT

（续）

指令名称	梯形图	语句表	操作数	功能
整数除法	DIV_I EN ENO ????-IN1 OUT-???? ????-IN2	/I IN1, OUT	同整数乘法指令	当 EN = 1 时，将两个 16 位有符号整数 IN1 和 IN2 相除，结果为 16 位有符号整数，存入 OUT
双字整数除法	DIV_DI EN ENO ????-IN1 OUT-???? ????-IN2	/D IN1, OUT	同双字整数乘法指令	当 EN = 1 时，将两个 32 位有符号双字整数 IN1 和 IN2 相除，结果为 32 位有符号双字整数，存入 OUT
实数除法	DIV_R EN ENO ????-IN1 OUT-???? ????-IN2	/R IN1, OUT	同实数乘法指令	当 EN = 1 时，将两个 32 位实数 IN1 和 IN2 相除，结果为32 位实数，存入 OUT
整数相除得商和余数的除法	DIV EN ENO ????-IN1 OUT-???? ????-IN2	DIV IN1, OUT	同整数相乘得双字整数的乘法指令	当 EN = 1 时，将两个 16 位有符号整数 IN1 和 IN2 相除，产生一个 32 位双字整数，存入 OUT。其中，低 16 位为商，高 16 位为余数

【例 6-2】 四则运算指令的使用举例，如图 6-2 所示。本例中若 VW10 = 100，VW12 = 15，则执行完该段程序后，各存储单元的数值：VW20 = 115，VW22 = 85，VW24 = 1500，VW26 = 6，VD30 = 1500，VW40 = 10，VW42 = 6。

（5）递增和递减指令

递增和递减指令，对输入端（IN）进行加 1 或减 1 操作，结果存入输出端（OUT）指定的地址中。在 LAD 中，递增和递减指令执行结果分别为 IN + 1→OUT 和 IN − 1→OUT；在 STL 中，操作数 IN 通常与 OUT 共用一个地址单元，因而执行结果分别为 OUT + 1→OUT 和 OUT − 1→OUT。

字节递增和递减指令的操作数数据类型是无符号字节（BYTE），字、双字递增和递减指令的操作数数据类型分别是有符号整数（INT）、有符号双字整数（DINT），指令影响的特殊存储器位：SM1.0（零）、SM1.1（溢出）、SM1.2（负）。

递增、递减指令格式见表 6-7。

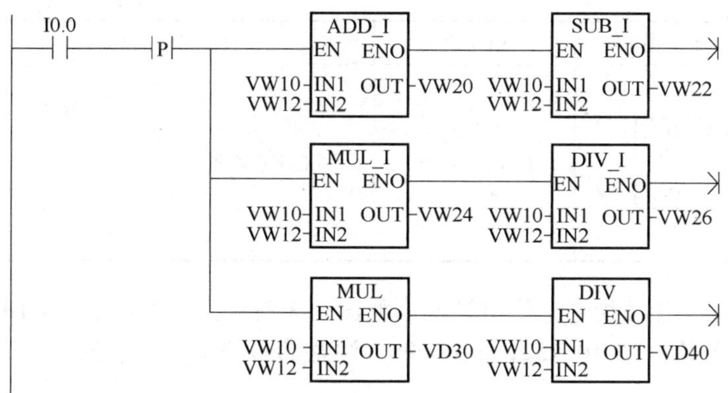

图 6-2　四则运算指令的使用举例

表 6-7　递增、递减指令格式

指令名称	梯　形　图	语句表	操　作　数	功　　能
字节递增	INC_B EN ENO ????-IN OUT-????	INCB　OUT	IN：IB、QB、VB、MB、SMB、SB、LB、AC、＊VD、＊LD、＊AC、常数 OUT：IB、QB、VB、MB、SMB、SB、LB、AC、＊VD、＊LD、＊AC	当 EN = 1 时，将字节输入 IN 加 1，结果存入 OUT
字递增	INC_W EN ENO ????-IN OUT-????	INCW　OUT	IN：IW、QW、VW、MW、SMW、SW、LW、T、C、AC、AIW、＊VD、＊LD、＊AC、常数 OUT：IW、QW、VW、MW、SMW、SW、LW、T、C、AC、＊VD、＊LD、＊AC	当 EN = 1 时，将16 位有符号整数 IN 加 1，结果为16 位有符号整数，存入 OUT
双字递增	INC_DW EN ENO ????-IN OUT-????	INCD　OUT	IN：ID、QD、VD、MD、SMD、SD、LD、HC、AC、＊VD、＊LD、＊AC、常数 OUT：ID、QD、VD、MD、SMD、SD、LD、AC、＊VD、＊LD、＊AC	当 EN = 1 时，将32 位有符号双字整数 IN 加 1，结果为32 位有符号双字整数，存入 OUT
字节递减	DEC_B EN ENO ????-IN OUT-????	DECB　OUT	同字节递增指令	当 EN = 1 时，将字节输入 IN 减 1，结果存入 OUT
字递减	DEC_W EN ENO ????-IN OUT-????	DECW　OUT	同字递增指令	当 EN = 1 时，将16 位有符号整数 IN 减 1，结果存入 OUT

（续）

指令名称	梯形图	语句表	操作数	功能
双字递减	DEC_DW EN ENO ????-IN OUT-????	DECD OUT	同双字递增指令	当 EN = 1 时，将32位有符号双字整数 IN 减 1，结果存入 OUT

【例 6-3】 递增、递减指令的使用举例，如图 6-3 所示。本例中若 VW10 = 50，AC0 = 100，各存储单元的最终数值：VW10 = 52，AC0 = 98。注意 I0.0 有 2 个上升沿。

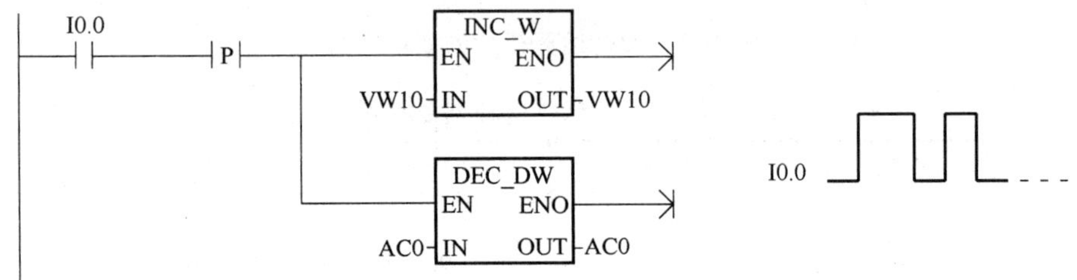

图 6-3 递增、递减指令的使用举例

2. 数学功能指令

数学功能指令包括二次方根、自然对数、自然指数、三角函数（正弦、余弦、正切）指令。数学功能指令的操作数均为实数（REAL），当运算结果大于 32 位的实数范围时，则产生溢出。

（1）二次方根（Square Root）指令

二次方根指令（SQRT）把输入端（IN）的 32 位实数开方，得到 32 位实数结果，并把结果存入输出端（OUT）指定的地址中。

（2）自然对数（Natural Logarithms）指令

自然对数指令（LN）将输入端（IN）的 32 位实数取自然对数，结果存入输出端（OUT）指定的地址中。

求以 10 为底的常用对数（lg$x$）时只要将其自然对数（LNx）除以 2.302585（LN10）即可。

（3）自然指数（Natural Exponential）指令

自然指数指令（EXP）将输入端（IN）的 32 位实数取以 e 为底的指数，结果存入输出端（OUT）指定的地址中。

自然指数指令与自然对数指令相配合，即可完成以任意实数为底的指数运算。例如，求 x 的 y 次幂，使用公式：EXP（y · LNx）。

例如：$5^3 = \mathrm{EXP}(3 \times \mathrm{LN5}) = 125$

$$\sqrt{5^3} = \mathrm{EXP}\left(\frac{3}{2} \times \mathrm{LN5}\right) = 11.18034$$

（4）正弦、余弦、正切指令

正弦、余弦、正切指令，分别计算输入参数（IN）的正弦值、余弦值和正切值，结果存入输出端（OUT）指定的地址中。如果输入值为角度值，应先将角度值转换为弧度值。

数学功能指令影响的特殊存储器位：SM1.0（零），SM1.1（溢出），SM1.2（负数）。数学功能指令格式见表 6-8。

表 6-8　数学功能指令格式

指令名称	梯形图	语句表	操作数	功能
二次方根	SQRT EN　ENO ????-IN　OUT-????	SQRT　IN, OUT	IN：ID、QD、VD、MD、SMD、SD、LD、AC、*VD、*LD、*AC、常数 OUT：ID、QD、VD、MD、SMD、SD、LD、AC、*VD、*LD、*AC	当 EN = 1 时，将实数 IN 开平方，结果存入 OUT
自然对数	LN EN　ENO ????-IN　OUT-????	LN　IN, OUT		当 EN = 1 时，将实数 IN 取自然对数，结果存入 OUT
自然指数	EXP EN　ENO ????-IN　OUT-????	EXP　IN, OUT		当 EN = 1 时，将实数 IN 取以 e 为底的指数，结果存入 OUT
正弦	SIN EN　ENO ????-IN　OUT-????	SIN　IN, OUT		当 EN = 1 时，将实数 IN（弧度值）取正弦，结果存入 OUT
余弦	COS EN　ENO ????-IN　OUT-????	COS　IN, OUT		当 EN = 1 时，将实数 IN（弧度值）取余弦，结果存入 OUT
正切	TAN EN　ENO ????-IN　OUT-????	TAN　IN, OUT		当 EN = 1 时，将实数 IN（弧度值）取正切，结果存入 OUT

【例 6-4】　数学函数指令的使用举例如图 6-4 所示。本例中求 75°的余弦值，并将结果置于 AC1 中。

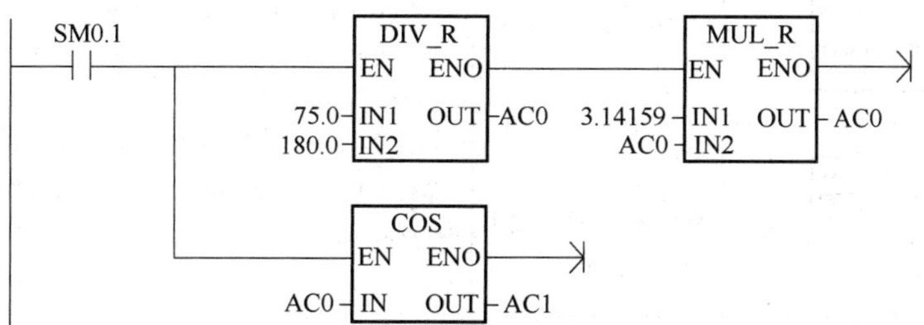

图 6-4　数学函数指令的使用举例

3. 逻辑运算指令

逻辑运算指令按运算性质的不同，有逻辑“与”、逻辑“或”、逻辑“异或”和取反指令等，操作数的数据类型有字节（BYTE）、无符号整数（WORD）和无符号双字整数（DWORD）。

逻辑“与”指令、逻辑“或”指令及逻辑“异或”指令分别对两个输入端（IN1、IN2）的操作数按位“与”“或”和“异或”，结果存入输出端（OUT）指定的地址中。

在 STL 中，逻辑“与”“或”和“异或”运算指令通常将操作数 IN2 与 OUT 共用一个地址单元。

取反指令对输入端（IN）的操作数按位取反，结果存入输出端（OUT）指定的地址中。在 STL 中，取反指令通常将操作数 IN 与 OUT 共用一个地址单元。

逻辑运算指令影响的特殊存储器位为 SM1.0（零）。指令格式见表 6-9。

表 6-9　逻辑运算指令格式

指令名称	梯形图	语句表	操作数	功能
字节“与”	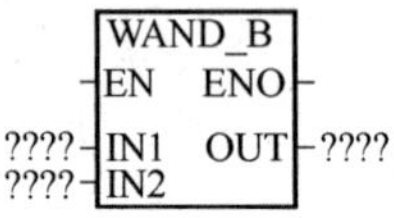 WAND_B EN ENO ????-IN1 OUT-???? ????-IN2	ANDB IN1，OUT	IN：IB、QB、VB、MB、SMB、SB、LB、AC、＊VD、＊LD、＊AC、常数 OUT：IB、QB、VB、MB、SMB、SB、LB、AC、＊VD、＊LD、＊AC	当 EN = 1 时，将输入字节 IN 按位进行逻辑“与”“或”“异或”或“取反”操作，结果存入 OUT
字节“或”	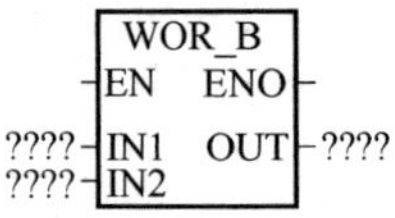 WOR_B EN ENO ????-IN1 OUT-???? ????-IN2	ORB IN1，OUT		
字节“异或”	 WXOR_B EN ENO ????-IN1 OUT-???? ????-IN2	XORB IN1，OUT		
字节“取反”	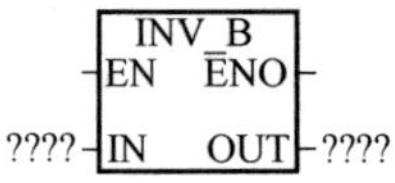 INV_B EN ENO ????-IN OUT-????	INVB OUT		
字“与”	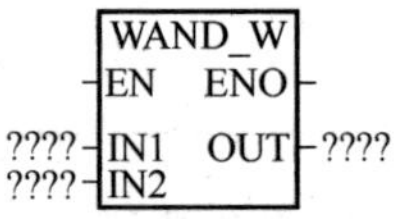 WAND_W EN ENO ????-IN1 OUT-???? ????-IN2	ANDW IN1，OUT	IN：IW、QW、VW、MW、SMW、SW、LW、T、C、AC、AIW、＊VD、＊LD、＊AC、常数 OUT：IW、QW、VW、MW、SMW、SW、LW、T、C、AC、＊VD、＊LD、＊AC	当 EN = 1 时，将 16 位无符号整数 IN 按位进行逻辑“与”“或”“异或”或“取反”操作，结果为 16 位无符号整数，存入 OUT
字“或”	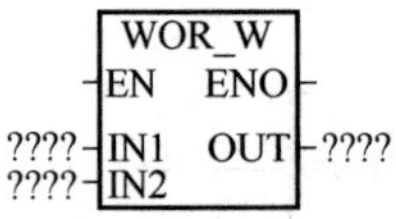 WOR_W EN ENO ????-IN1 OUT-???? ????-IN2	ORW IN1，OUT		
字“异或”	 WXOR_W EN ENO ????-IN1 OUT-???? ????-IN2	XORW IN1，OUT		
字“取反”	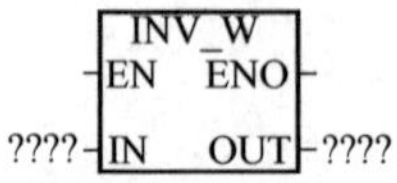 INV_W EN ENO ????-IN OUT-????	INVW OUT		

（续）

指令名称	梯形图	语句表	操作数	功能
双字“与”	WAND_DW EN ENO ????-IN1 OUT-???? ????-IN2	ANDD　IN1，OUT	IN：ID、QD、VD、MD、SMD、SD、LD、HC、AC、＊VD、＊LD、＊AC、常数 OUT：ID、QD、VD、MD、SMD、SD、LD、AC、＊VD、＊LD、＊AC	当 EN = 1 时，将 32 位无符号双字整数 IN 按位进行逻辑“与”“或”“异或”或“取反”操作，结果为 32 位无符号双字整数，存入 OUT
双字“或”	WOR_DW EN ENO ????-IN1 OUT-???? ????-IN2	ORD　IN1，OUT		
双字“异或”	WXOR_DW EN ENO ????-IN1 OUT-???? ????-IN2	XORD　IN1，OUT		
双字“取反”	INV_DW EN ENO ????-IN OUT-????	INVD　OUT		

【例 6-5】 逻辑运算指令的使用举例，如图 6-5 所示。

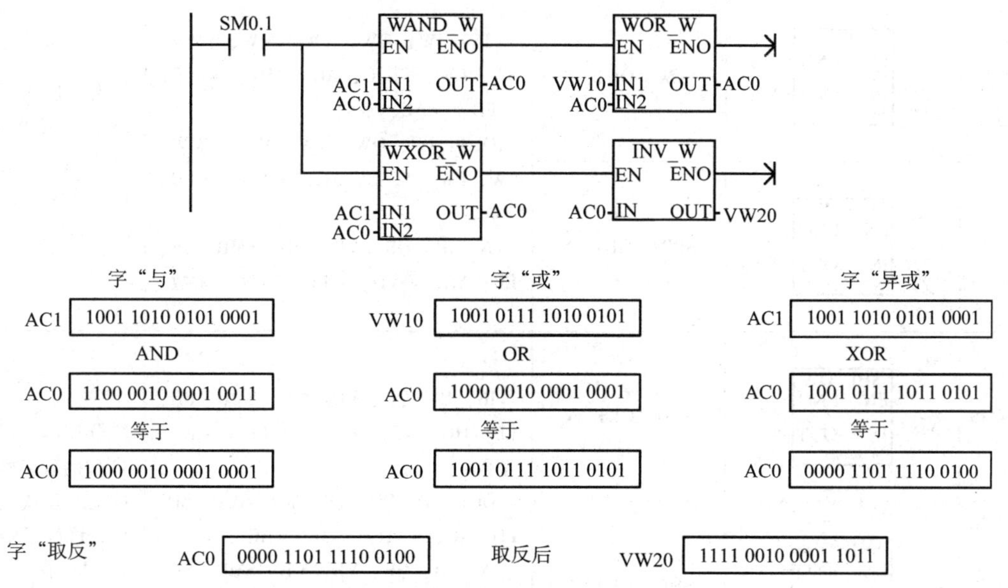

图 6-5　逻辑运算指令的使用举例

6.1.3　数据处理指令

1. 移位和循环移位指令

（1）移位指令

移位指令有左移指令和右移指令两种，所移数据的数据类型可以是字节（BYTE）、字

（WORD）和双字（DWORD）。字节、字、双字移位指令允许的最大移位次数分别为8、16、32。移位次数输入端（N）的数据类型为BYTE型。

左移位指令把输入端（IN）指定的数据左移N位，移走后留下的空位补0，其结果存入输出端（OUT）指定的存储单元中。

右移位指令把输入端（IN）指定的数据右移N位，移走后留下的空位补0，其结果存入输出端（OUT）指定的存储单元中。

移位后溢出位（SM1.1）的值就是最后一次移出的位值。如果移出的数据是0，则零存储器位（SM1.0）就置位。在STL中，移位指令通常将操作数IN与OUT共用一个地址单元。

移位指令格式见表6-10。

表6-10　移位指令格式

指令名称	梯形图	语句表	操作数	功能
字节左移	SHL_B EN ENO ????-IN OUT-???? ????-N	SLB　OUT, N	IN：IB、QB、VB、MB、SMB、SB、LB、AC、＊VD、＊LD、＊AC、常数 OUT：IB、QB、VB、MB、SMB、SB、LB、AC、＊VD、＊LD、＊AC N：IB、QB、VB、MB、SMB、SB、LB、AC、＊VD、＊LD、＊AC、常数	当EN＝1时，将8位的字节IN按位左移或右移N位，移位后空位补0，结果存入OUT
字节右移	SHR_B EN ENO ????-IN OUT-???? ????-N	SRB　OUT, N		
字左移	SHL_W EN ENO ????-IN OUT-???? ????-N	SLW　OUT, N	IN：IW、QW、VW、MW、SMW、SW、LW、T、C、AC、AIW、＊VD、＊LD、＊AC、常数 OUT：IW、QW、VW、MW、SMW、SW、LW、T、C、AC、＊VD、＊LD、＊AC N：IB、QB、VB、MB、SMB、SB、LB、AC、＊VD、＊LD、＊AC、常数	当EN＝1时，将16位的整数IN按位左移或右移N位，移位后空位补0，结果存入OUT
字右移	SHR_W EN ENO ????-IN OUT-???? ????-N	SRW　OUT, N		
双字左移	SHL_DW EN ENO ????-IN OUT-???? ????-N	SLD　OUT, N	IN：ID、QD、VD、MD、SMD、SD、LD、HC、AC、＊VD、＊LD、＊AC、常数 OUT：ID、QD、VD、MD、SMD、SD、LD、AC、＊VD、＊LD、＊AC N：IB、QB、VB、MB、SMB、SB、LB、AC、＊VD、＊LD、＊AC、常数	当EN＝1时，将32位的双字整数IN按位左移或右移N位，移位后空位补0，结果存入OUT
双字右移	SHR_DW EN ENO ????-IN OUT-???? ????-N	SRD　OUT, N		

（2）循环移位指令

循环移位指令有循环左移和循环右移两种，根据所移数据的类型又可分为字节型、字型和双字型。循环移位的数据移出的位被移到另一端的同时，也被存入SM1.1（溢出）位存储单元。如在执行循环右移时，移位数据最右端的位移入最左端，同时又存入SM1.1。

循环左移位指令把输入端（IN）指定的数据循环左移 N 位，其结果存入输出端（OUT）指定的地址中。

循环右移位指令把输入端（IN）指定的数据循环右移 N 位，其结果存入输出端（OUT）指定的地址中。

移位次数输入端（N）的数据类型为 BYTE 型。对于字节、字、双字循环移位指令，如果所需移位次数 N 小于 8、16、32，则执行 N 次移位；如果所需移位次数 N 大于或等于 8、16、32，那么 CPU 在执行循环移位前，会先对 N 取以 8、16、32 为底的模，取得有效循环移位次数。因此，对于字节、字、双字循环移位指令，如果所需移位次数 N 为 8、16、32 的倍数时，实际并不执行移位操作。

执行循环移位后如果移位的结果是 0，则零存储器位（SM1.0）就置位。移位和循环移位指令影响的特殊存储器位：SM1.0（零）、SM1.1（溢出）。

在 STL 中，循环移位指令的操作数 IN 与 OUT 共用一个地址单元。指令格式见表 6-11。

表 6-11　循环移位指令格式

指令名称	梯形图	语句表	操作数	功能
字节循环左移	ROL_B EN ENO ????-IN OUT-???? ????-N	RLB　OUT，N	IN：IB、QB、VB、MB、SMB、SB、LB、AC、＊VD、＊LD、＊AC、常数 OUT：IB、QB、VB、MB、SMB、SB、LB、AC、＊VD、＊LD、＊AC N：IB、QB、VB、MB、SMB、SB、LB、AC、＊VD、＊LD、＊AC、常数	当 EN＝1 时，将 8 位的字节 IN 按位循环左移或右移 N 位，结果存入 OUT
字节循环右移	ROR_B EN ENO ????-IN OUT-???? ????-N	RRB　OUT，N		
字循环左移	ROL_W EN ENO ????-IN OUT-???? ????-N	RLW　OUT，N	IN：IW、QW、VW、MW、SMW、SW、LW、T、C、AC、AIW、＊VD、＊LD、＊AC、常数 OUT：IW、QW、VW、MW、SMW、SW、LW、T、C、AC、＊VD、＊LD、＊AC N：IB、QB、VB、MB、SMB、SB、LB、AC、＊VD、＊LD、＊AC、常数	当 EN＝1 时，将 16 位的整数 IN 按位循环左移或右移 N 位，结果存入 OUT
字循环右移	ROR_W EN ENO ????-IN OUT-???? ????-N	RRW　OUT，N		
双字循环左移	ROL_DW EN ENO ????-IN OUT-???? ????-N	RLD　OUT，N	IN：ID、QD、VD、MD、SMD、SD、LD、HC、AC、＊VD、＊LD、＊AC、常数 OUT：ID、QD、VD、MD、SMD、SD、LD、AC、＊VD、＊LD、＊AC N：IB、QB、VB、MB、SMB、SB、LB、AC、＊VD、＊LD、＊AC、常数	当 EN＝1 时，将 32 位的双字整数 IN 按位循环左移或右移 N 位，结果存入 OUT
双字循环右移	ROR_DW EN ENO ????-IN OUT-???? ????-N	RRD　OUT，N		

对移位指令和循环移位指令，如果操作数 IN 与 OUT 共用一个地址单元，允许输入端应采用脉冲型输入。对于字操作和双字操作，如果使用有符号数据，符号位也进行移位。

【例 6-6】　移位和循环移位指令的使用举例如图 6-6 所示，当 I0.0 由 OFF 变成 ON 时，执行一次移位和循环移位。

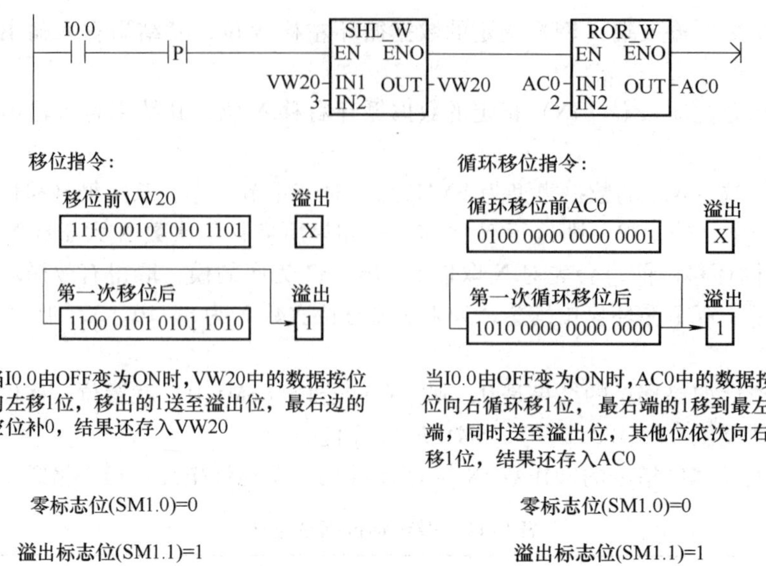

图 6-6　移位和循环指令的使用举例

2. 数据转换指令

数据转换指令是指对操作数的类型进行转换，包括数据的类型转换、码的转换以及数据和码之间的类型转换。其主要数据类型包括字节、整数、双字整数和实数；主要的码制有 BCD 码、ASCII 码和十进制数等。不同的指令往往对操作数的类型有不同的要求，在指令使用前应将操作数转化成相应的类型。

（1）BCD 码与整数的转换

BCD 码转为整数指令（BCDI）将输入端（IN）指定的 BCD 码转换成整数，并将结果存入输出端（OUT）指定的地址中。输入数据的范围是 0 ~ 9999 的 BCD 码。

整数转为 BCD 码指令（IBCD）将输入端（IN）指定的整数转换成 BCD 码，并将结果存入输出端（OUT）指定的地址中。输入数据的范围是 0 ~ 9999 的整数。

BCD 码与整数的转换数据类型均为 WORD 型。指令影响的特殊存储器位为 SM1.6（非法 BCD）。

在 STL 中，BCD 码与整数的转换指令通常将操作数 IN 与 OUT 共用一个地址单元。

BCD 码与整数的转换指令格式见表 6-12。

表 6-12　BCD 码与整数的转换指令格式

<table>
<tr><th>指令名称</th><th>梯　形　图</th><th>语句表</th><th>操　作　数</th><th>功　　能</th></tr>
<tr><td>BCD 码转换为整数</td><td>BCD_I
EN ENO
????-IN OUT-????</td><td>BCDI　OUT</td><td rowspan="2">IN：IW、QW、VW、MW、SMW、SW、LW、T、C、AC、AIW、＊VD、＊LD、＊AC、常数
OUT：IW、QW、VW、MW、SMW、SW、LW、T、C、AC、＊VD、＊LD、＊AC</td><td>当 EN＝1 时，将 IN 指定的 BCD 码转换成整数，并将结果存放到 OUT，输入数据的范围是 0 ~ 9999 的 BCD 码</td></tr>
<tr><td>整数转换为 BCD 码</td><td>I_BCD
EN ENO
????-IN OUT-????</td><td>IBCD　OUT</td><td>当 EN＝1 时，将 IN 指定的整数转换成 BCD 码，并将结果存放到 OUT，输入数据的范围是 0 ~ 9999 的整数</td></tr>
</table>

【例 6-7】 BCD 码与整数的转换指令的使用举例如图 6-7 所示。

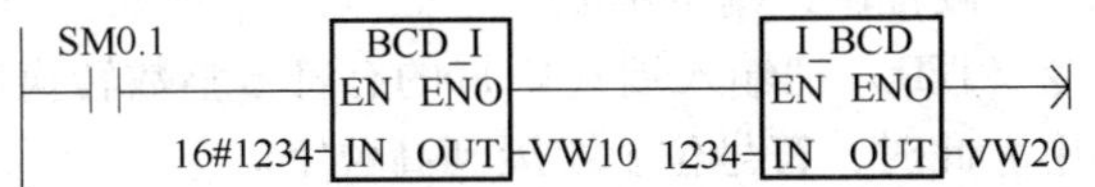

图 6-7　BCD 码与整数的转换指令的使用举例

本例中，各个存储单元的最终数值：VW10 = 1234，VW20 = 16#1234。

（2）双字整数与实数的转换

双字整数转为实数指令（DTR）将输入端（IN）指定的 32 位有符号双字整数转换成实数，并将结果存入输出端（OUT）指定的地址中。

实数转换为双字整数指令可分为小数部分四舍五入取整指令（ROUND）和小数部分截断取整指令（TRUNC）。

ROUND 取整指令将输入端（IN）指定的 32 位实数转换成有符号双字整数，结果存入输出端（OUT）指定的地址中。转换时实数的小数部分四舍五入。

TRUNC 取整指令将输入端（IN）指定的 32 位实数的整数部分转换成有符号双字整数，结果存入输出端（OUT）指定的地址中，小数部分直接舍去。

取整指令中被转换的输入值应为有效的实数，如果实数值过大，使输出无法表示，那么溢出位（SM1.1）被置位，输出不变。

双字整数与实数的转换指令格式见表 6-13。

表 6-13　双字整数与实数的转换指令格式

<table>
<tr><th colspan="2">指令名称</th><th>梯　形　图</th><th>语句表</th><th>操　作　数</th><th>功　　能</th></tr>
<tr><td colspan="2">双字整数转换为实数</td><td>DI_R
EN ENO
????-IN OUT-????</td><td>DTR　IN, OUT</td><td rowspan="3">IN：ID、QD、VD、MD、SMD、SD、LD、HC、AC、＊VD、＊LD、＊AC、常数
OUT：ID、QD、VD、MD、SMD、SD、LD、AC、＊VD、＊LD、＊AC</td><td>当 EN = 1 时，将 32 位有符号双字整数 IN 转换成实数，并将结果存放到 OUT</td></tr>
<tr><td rowspan="2">实数转换为双字整数</td><td>小数四舍五入取整</td><td>ROUND
EN ENO
????-IN OUT-????</td><td>ROUND　IN, OUT</td><td>当 EN = 1 时，将实数 IN 转换成有符号双字整数，并将结果存放到 OUT，转换时实数的小数部分四舍五入</td></tr>
<tr><td>小数截断取整</td><td>TRUNC
EN ENO
????-IN OUT-????</td><td>TRUNC　IN, OUT</td><td>当 EN = 1 时，将实数 IN 转换成有符号双字整数，并将结果存放到 OUT，转换时实数的小数部分直接舍去</td></tr>
</table>

（3）双字整数与整数的转换

双字整数转为整数指令（DTI）把输入端（IN）的有符号双字整数转换成整数，并将结果存入输出端（OUT）指定的地址中。被转换的输入值应是有效的双字整数，如果过大，无法用整数表示，则溢出位（SM1.1）被置位，输出不变。

整数转为双字整数指令（ITD）把输入端（IN）的有符号整数转换成双字整数，并存入到输出端（OUT）指定的地址中。此时，符号位要扩展到高位字。

若要将整数转换为实数，可先用ITD指令把整数转换为双字整数，然后再用DTR指令把双字整数转换为实数。

双字整数与整数的转换指令格式见表6-14。

表6-14　双字整数与整数的转换指令格式

指令名称	梯　形　图	语句表	操　作　数	功　　能
双字整数转换为整数	DI_I EN　ENO ????-IN　OUT-????	DTI　IN，OUT	IN：ID、QD、VD、MD、SMD、SD、LD、HC、AC、＊VD、＊LD、＊AC、常数 OUT：IW、QW、VW、MW、SMW、SW、LW、T、C、AC、＊VD、＊LD、＊AC	当EN=1时，将有符号双字整数IN转换成整数，并将结果存放到OUT
整数转换为双字整数	I_DI EN　ENO ????-IN　OUT-????	ITD　IN，OUT	IN：IW、QW、VW、MW、SMW、SW、LW、T、C、AC、AIW、＊VD、＊LD、＊AC、常数 OUT：ID、QD、VD、MD、SMD、SD、LD、AC、＊VD、＊LD、＊AC	当EN=1时，将有符号整数IN转换成双字整数，并将结果存放到OUT

（4）字节与整数的转换

字节转为整数指令（BTI）把输入端（IN）指定的字节值转换成整数值，并存入到输出端（OUT）指定的地址中。由于字节是无符号的，所以不需要进行符号扩展。

整数转为字节指令（ITB）把输入端（IN）的无符号整数，转换成一个字节值，并将结果存入输出端（OUT）指定的地址中。被转换的值应为0～255范围内的有效整数，否则将导致溢出，溢出位（SM1.1）被置位。

字节与整数的转换指令格式见表6-15。

表6-15　字节与整数的转换指令格式

指令名称	梯　形　图	语句表	操　作　数	功　　能
字节转换为整数	B_I EN　ENO ????-IN　OUT-????	BTI　IN，OUT	IN：IB、QB、VB、MB、SMB、SB、LB、AC、＊VD、＊LD、＊AC、常数 OUT：IW、QW、VW、MW、SMW、SW、LW、T、C、AC、＊VD、＊LD、＊AC	当EN=1时，将字节值IN转换成整数值，并将结果存放到OUT
整数转换为字节	I_B EN　ENO ????-IN　OUT-????	ITB　IN，OUT	IN：IW、QW、VW、MW、SMW、SW、LW、T、C、AC、AIW、＊VD、＊LD、＊AC、常数 OUT：IB、QB、VB、MB、SMB、SB、LB、AC、＊VD、＊LD、＊AC	当EN=1时，将整数值IN转换成字节值，并将结果存放到OUT

【例 6-8】 数据类型转换指令的使用举例如图 6-8 所示。

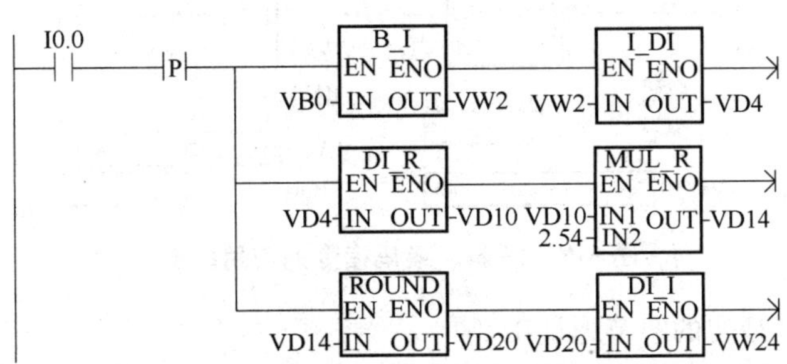

图 6-8　数据类型转换指令的使用举例

本例将单位英寸转换为厘米。若 VB0 = 101 (in)，各存储单元的最终数值：VW2 = 101 (in)，VD4 = 101 (in)，VD10 = 101.0 (in)，VD14 = 256.54 (cm)，VD20 = 257 (cm)，VW24 = 257 (cm)。

(5) 解码、编码指令

解码指令（DECO）又称译码，根据输入字节（IN）低 4 位表示的位号，置输出字（OUT）的相应位为 1，其他位置为 0。

编码指令（ENCO）将输入字（IN）的最低有效位的位号编码成 4 位二进制数，写入输出字节（OUT）的低 4 位。

解码、编码指令格式见表 6-16。

表 6-16　解码、编码指令格式

指令名称	梯形图	语句表	操作数	功能
解码	DECO EN ENO ???? - IN OUT - ????	DECO　IN, OUT	IN：IB、QB、VB、MB、SMB、SB、LB、AC、*VD、*LD、*AC、常数 OUT：IW、QW、VW、MW、SMW、SW、LW、AQW、T、C、AC、*VD、*LD、*AC	当 EN = 1 时，根据输入字节 IN 的低 4 位对应的十进制数，置 16 位无符号整数 OUT 的相应位为 1，其他位置为 0
编码	ENCO EN ENO ???? - IN OUT - ????	ENCO　IN, OUT	IN：IW、QW、VW、MW、SMW、SW、LW、T、C、AC、AIW、*VD、*LD、*AC、常数 OUT：IB、QB、VB、MB、SMB、SB、LB、AC、*VD、*LD、*AC	当 EN = 1 时，对输入 16 位无符号整数 IN 中的最低有效位位号进行编码，存入输出字节（OUT）的低 4 位中

【例 6-9】 解码、编码指令的使用举例如图 6-9 所示。

本例中，AC0 = 5，解码指令使 VW10 的位号 5 置 1（位号为 0 ~ 15）；VW20 中为“1”的最低有效位位号为 9，则编码指令将 9 送入 VB30。

(6) 段码指令

段码指令（SEG）将输入端（IN）的字节低 4 位的有效值（16#0 ~ F）转换成七段显示码，

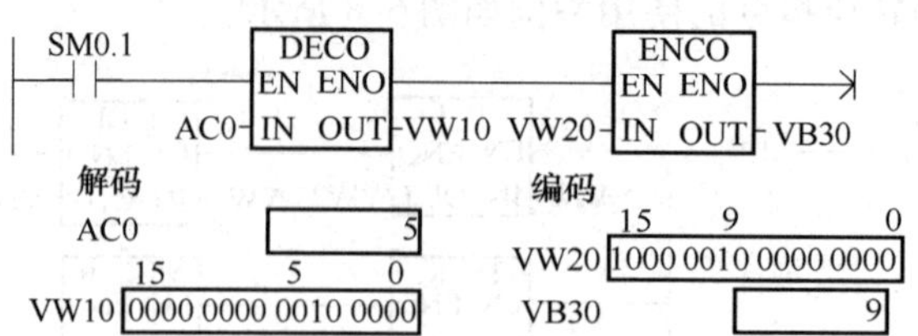

图 6-9　解码、编码指令的使用举例

并存入输出端（OUT）指定的字节地址中。

表 6-17 给出了段码指令（SEG）的七段显示码编码。每个七段显示码占用一个字节（1B），用它显示一个字符。段码指令格式见表 6-18。

表 6-17　七段显示码编码

输入 LSD	七段码显示	–	g	f	e	d	c	b	a	七段码显示器	输入 LSD	七段码显示	–	g	f	e	d	c	b	a	七段码显示器
0	0	0	0	1	1	1	1	1	1	a f g b e c d	8	8	0	1	1	1	1	1	1	1	a f g b e c d
1	1	0	0	0	0	0	1	1	0		9	9	0	1	1	0	0	1	1	1	
2	2	0	1	0	1	1	0	1	1		A	A	0	1	1	1	0	1	1	1	
3	3	0	1	0	0	1	1	1	1		B	b	0	1	1	1	1	1	0	0	
4	4	0	1	1	0	0	1	1	0		C	C	0	0	1	1	1	0	0	1	
5	5	0	1	1	0	1	1	0	1		D	d	0	1	0	1	1	1	1	0	
6	6	0	1	1	1	1	1	0	1		E	E	0	1	1	1	1	0	0	1	
7	7	0	0	0	0	0	1	1	1		F	F	0	1	1	1	0	0	0	1	

表 6-18　段码指令格式

指令名称	梯形图	语句表	操　作　数	功　　能
段码	SEG EN ENO ????-IN OUT-????	SEG　IN, OUT	IN：IB、QB、VB、MB、SMB、SB、LB、AC、＊VD、＊LD、＊AC、常数 OUT：IB、QB、VB、MB、SMB、SB、LB、AC、＊VD、＊LD、＊AC	当 EN = 1 时，将字节 IN 的低 4 位的有效值转换成七段显示码，将其存入 OUT 指定的字节地址中

【例 6-10】　段码指令的使用举例如图 6-10 所示。

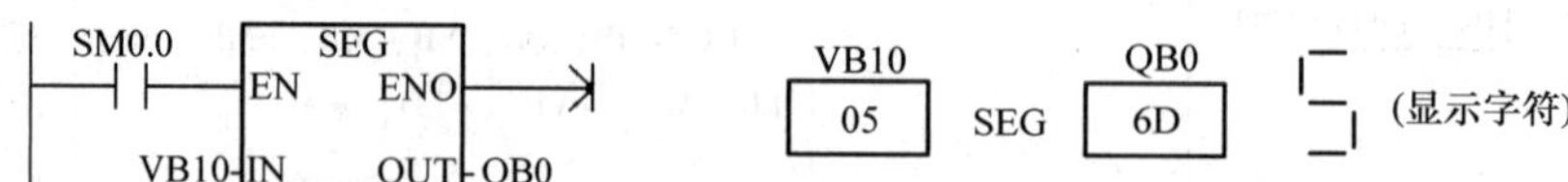

图 6-10　段码指令的使用举例

（7）ASCII 码与十六进制数的转换指令

ASCII 码转换成十六进制数指令（ATH）将输入端（IN）为起始字节地址、长度为 LEN 的 ASCII 码字符转换为十六进制数，并将转换结果存入以输出端（OUT）为起始字节地址的存储区中。LEN 最大为 255。

十六进制数转换成 ASCII 码指令（HTA）将输入端（IN）为起始字节地址、长度为 LEN 的十六进制数转换成 ASCII 码字符，并将转换结果存入以输出端（OUT）为起始字节地址的存储区中。最多可转换 255 个十六进制数。

十六进制数（0 ~ F）对应的有效 ASCII 码字符为 30 ~ 39 和 41 ~ 46。

ATH、HTA 指令的操作数数据类型均为字节型（BYTE）。

指令影响的特殊存储器标志位为 SM1.7（非法 ASCII 值）。

ASCII 码与十六进制数的转换指令格式见表 6-19。

【例 6-11】 ASCII 码与十六进制数的转换指令使用举例，如图 6-11 所示。

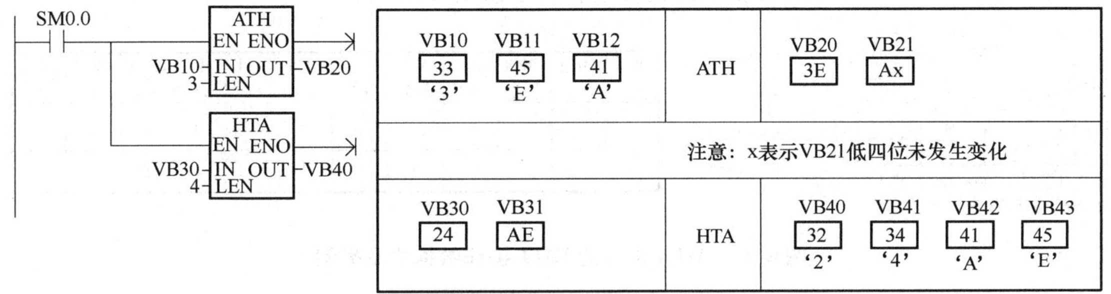

图 6-11　ASCII 码与十六进制数的转换指令的使用举例

（8）整数、双字整数、实数转为 ASCII 码指令

整数转为 ASCII 码指令（ITA）把输入端（IN）的有符号整数（INT）转换成 ASCII 码字符数组。转换的结果存入以 OUT 为起始字节地址的 8 个连续字节的输出缓冲区中。指令的格式操作数（FMT）指定 ASCII 字符中分隔符的位置和表示方法。FMT 的定义如图 6-12 所示。FMT 占用一个字节，高 4 位必须为 0，c 位指定整数和小数之间的分隔符：c = 1，整数和小数之间用逗号“,”分隔；c = 0，用小数点“.”分隔。nnn 位用于指定输出缓冲区中分隔符右侧的小数位数，其数值有效范围为 0 ~ 5。若 nnn = 0，则将指定输出缓冲区中分隔符右侧的位数为 0，表示转换值中没有分隔符；nnn > 5（例 nnn 为 110）为非法格式，此时无输出，输出缓冲区用 ASCII 空格字符填充。

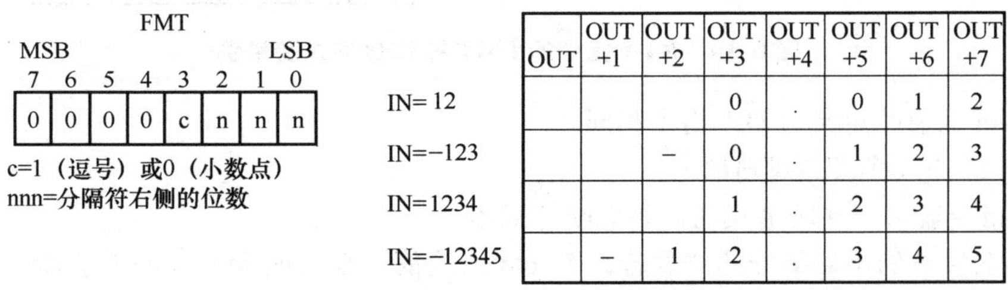

图 6-12　ITA 指令的 FMT 操作数格式及举例

输出缓冲区的大小始终是 8 个字节（可表示 8 个 ASCII 字符），如图 6-12 所示。图中将输入端的整数（INT）按 FMT 数值进行转换：若 FMT = 3（00000011），则 c = 0，表示用小数点作分隔符；nnn = 3，说明小数点右侧有 3 位。例如将整数 −12345 转换为 ASCII 码为 −12.345。

输出缓冲区格式化的规则如下：

1）正值不带符号写入输出缓冲区。

2）负值带负号写入输出缓冲区。

3）对分隔符左边的无效零进行删除处理。

4）缓冲区中数值采用右对齐。

双字整数转为ASCII码指令（DTA）把输入端（IN）的有符号双字整数（DINT）转换成ASCII字符数组，转换的结果存入以OUT为起始字节地址的输出缓冲区中。

DTA指令的输出缓冲区为12个字节。指令格式操作数（FMT）的定义和输出缓冲区数据格式的规则与ITA指令相同。

如图6-13所示，指令格式操作数FMT=4（00000100），则c=0；nnn=100。则转换数据格式为，采用小数点作为整数和小数之间的分隔符；小数点右侧有4位。

FMT

MSB 7 6 5 4 3 2 1 0 LSB

0	0	0	0	c	n	n	n

c=1（逗号）或0（小数点）
nnn=分隔符右侧的位数

	OUT	OUT +1	OUT +2	OUT +3	OUT +4	OUT +5	OUT +6	OUT +7	OUT +8	OUT +9	OUT +10	OUT +11
IN=−12						−	0	.	0	0	1	2
IN=1234567					1	2	3	.	4	5	6	7

图6-13　DTA指令的FMT操作数格式及举例

实数转为ASCII码指令（RTA）把输入端（IN）的实数（REAL）转换成ASCII码字符数组。转换的结果存入以OUT为起始字节地址的输出缓冲区中。

指令的格式操作数（FMT）的定义如图6-14所示。FMT操作数占用1B，高4位ssss区的值指定输出缓冲区的大小（3～15B），并规定输出缓冲区的大小应大于输入实数小数点右边的位数。如实数－3.67526，小数点右边有5位，则ssss应大于5，输出缓冲区至少为6B。

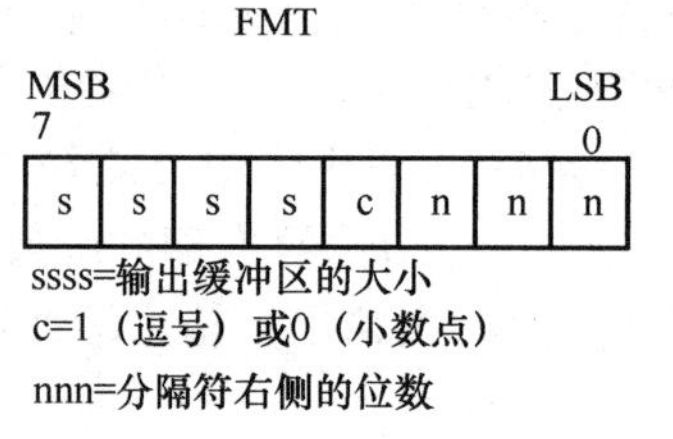

	OUT	OUT +1	OUT +2	OUT +3	OUT +4	OUT +5
IN=1234.5	1	2	3	4	.	5
IN=−0.0004				0	.	0
IN=3.67526				3	.	7
IN=1.95				2	.	0

图6-14　RTA指令的FMT操作数格式及举例

c位及nnn区值的定义与ITA指令相同。

设置输出缓冲区格式的规则如下：

1）ITA指令输出缓冲区格式的4条规则都适用。

2）转换前实数的小数部分的位数若大于nnn区的值，则用四舍五入的方法删去多余的小数部分。

3）输出缓冲区的大小必须不小于3B，还要大于输入实数小数点右边的位数。

如图6-14所示，指令格式操作数（FMT）的高4位取ssss=0110，缓冲区的大小是6B；FMT的低4位取c=0，nnn=001。那么，转换数据格式：采用小数点作为整数和小数之间的分隔符；在小数点右边有一位数字。例如输入端（IN）的实数是3.67525，因其小数部分有5位多于nnn区的值（nnn=001），则用四舍五入的方法删去多余的4位，转换结果为3.7。

整数、双字整数和实数与ASCII码的转换指令格式见表6-19。

表 6-19 ASCII 码的转换指令格式

指令名称	梯形图	语句表	操作数	功能
ASCII 码转换成十六进制数	ATH EN ENO ????-IN OUT-???? ????-LEN	ATH IN, OUT, LEN	IN：IB、QB、VB、MB、SMB、SB、LB、＊VD、＊LD、＊AC OUT：IB、QB、VB、MB、SMB、SB、LB、＊VD、＊LD、＊AC LEN：IB、QB、VB、MB、SMB、SB、LB、AC、＊VD、＊LD、＊AC、常数	当 EN＝1 时，将从 IN 开始的长度为 LEN 的 ASCII 码转换为十六进制数，并送入 OUT 开始的字节地址单元中
十六进制数转换成 ASCII 码	HTA EN ENO ????-IN OUT-???? ????-LEN	HTA IN, OUT, LEN		当 EN＝1 时，将从 IN 开始的长度为 LEN 的十六进制数转换为 ASCII 码，并送入 OUT 开始的字节地址单元中
整数转换成 ASCII 码	ITA EN ENO ????-IN OUT-???? ????-FMT	ITA IN, OUT, FMT	IN（ITA）：IW、QW、VW、MW、SMW、SW、LW、T、C、AC、AIW、＊VD、＊LD、＊AC、常数 IN（DTA）：ID、QD、VD、MD、SMD、SD、LD、HC、AC、＊VD、＊LD、＊AC、常数 IN（RTA）：ID、QD、VD、MD、SMD、SD、LD、AC、＊VD、＊LD、＊AC、常数 OUT：IB、QB、VB、MB、SMB、SB、LB、＊VD、＊LD、＊AC FMT：IB、QB、VB、MB、SMB、SB、LB、AC、＊VD、＊LD、＊AC、常数	当 EN＝1 时，将有符号整数、双字整数、实数 IN 转换为 ASCII 码字符数组，并送入 OUT 开始的输出缓冲区。FMT 指定分隔符是逗号还是点号，并指定分隔符右侧的位数，即转换精度
双字整数转换成 ASCII 码	DTA EN ENO ????-IN OUT-???? ????-FMT	DTA IN, OUT, FMT		
实数转换成 ASCII 码	RTA EN ENO ????-IN OUT-???? ????-FMT	RTA IN, OUT, FMT		

【例 6-12】 整数、双字整数、实数与 ASCII 码转换指令的使用举例，如图 6-15 所示。

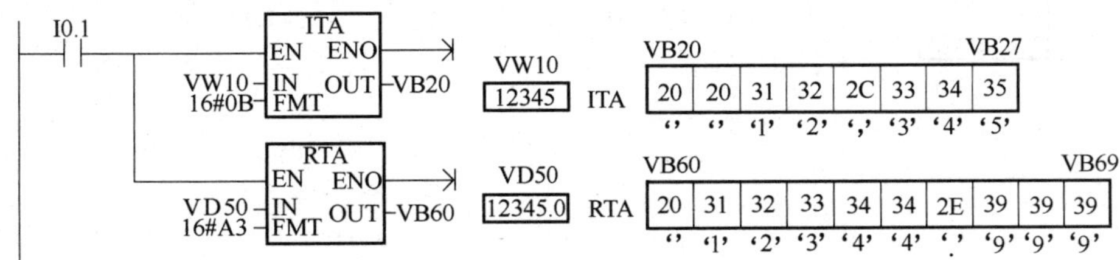

图 6-15 整数、双字整数、实数与 ASCII 码转换指令的使用举例

本例中，16#0B 表示用逗号作分隔符，分隔符右侧保留三位小数；16#A3 表示 OUT 的大小为 10B，用点号（小数点）作分隔符，分隔符右侧保留三位小数。

注意：12345.0 转换后结果应为 12345.000，但由于受精度的影响，结果会出现误差，所以实际结果为 12344.999。

3. 表功能指令

表功能指令包括填表指令、查表指令、先进先出、后进先出指令和存储器填充指令，具体格式见表6-20。

表6-20　表功能指令格式

指令名称	梯形图	语句表	操作数	功能
填表	AD_T_TBL EN　ENO ???? DATA ???? TBL	ATT　DATA, TBL	DATA: IW、QW、VW、MW、SMW、SW、LW、T、C、AC、AIW、＊VD、＊LD、＊AC、常数 TBL: IW、QW、VW、MW、SMW、SW、LW、T、C、＊VD、＊LD、＊AC	当EN=1时，将输入的有符号整数DATA添加到TBL指定的表格中
查表	TBL_FIND EN　ENO ???? TBL ???? PTN ???? INDX ???? CMD	FND=　TBL, PTN, INDX (查表条件: =PTN) FND< >　TBL, PTN, INDX (查表条件: < >PTN) FND<　TBL, PTN, INDX (查表条件: < PTN) FND>　TBL, PTN, INDX (查表条件: >PTN)	TBL: IW、QW、VW、MW、SMW、LW、T、C、＊VD、＊LD、＊AC PTN: IW、QW、VW、MW、SMW、SW、LW、T、C、AC、AIW、＊VD、＊LD、＊AC、常数 INDX: IW、QW、VW、MW、SMW、SW、LW、T、C、AC、＊VD、＊LD、＊AC CMD: 1 (=)、2 (< >)、3 (<)、4 (>)	当EN=1时，在TBL指定的表格中查找符合条件的数据在表中的编号
先进先出	FIFO EN　ENO ???? TBL　DATA ????	FIFO　TBL, DATA	TBL: IW、QW、VW、MW、SMW、SW、LW、T、C、＊VD、＊LD、＊AC DATA: IW、QW、VW、MW、SMW、SW、LW、T、C、AC、AQW、＊VD、＊LD、＊AC	当EN=1时，从TBL指定的表格中移走第一个（最后一个）数据，并送入DATA指定的地址
后进先出	LIFO EN　ENO ???? TBL　DATA ????	LIFO　TBL, DATA		
存储器填充	FILL_N EN　ENO ???? IN　OUT ???? ???? N	FILL　IN, OUT, N	IN: IW、QW、VW、MW、SMW、SW、LW、T、C、AC、AIW、＊VD、＊LD、＊AC、常数 OUT: IW、QW、VW、MW、SMW、SW、LW、T、C、AQW、＊VD、＊LD、＊AC N: IB、QB、VB、MB、SMB、SB、LB、AC、＊VD、＊LD、＊AC、常数	当EN=1时，将16位有符号整数填充到以OUT为起始地址的N个字型存储单元中

（1）填表指令

填表指令（ATT）将输入的字型数据（DATA）添加到指定表格中。TBL 指明表格的首地址，用以指明被访问的表格。表中第一个数是最大表格长度（TL）；第二个数是实际填表数（EC），指出已填入表的数据个数。新的数据添加在表的末尾。每向表中添加一个新的数据，EC 自动加 1。最多可向表中填入 100 个数据。填入表格数据超过 100 时，表格溢出，SM1.4 被置 1。DATA 数据类型是 INT 型，TBL 数据类型为 WORD 型。

【例 6-13】 填表指令的使用举例如图 6-16 所示。

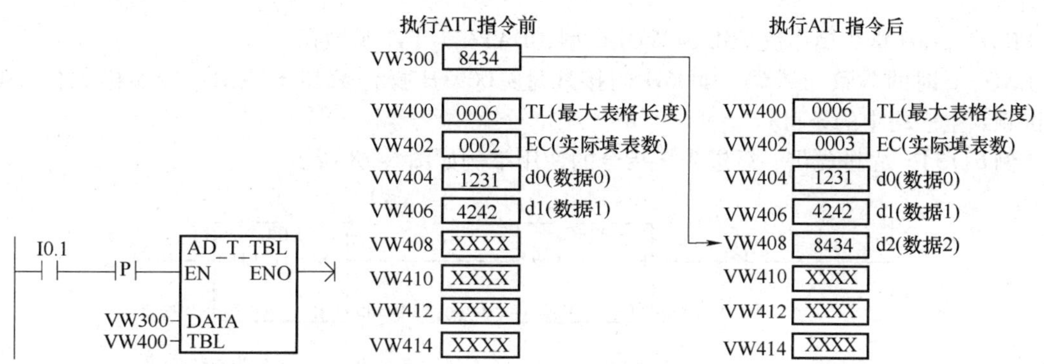

图 6-16 填表指令的使用举例

（2）查表指令

查表指令（FND）可以从表格中查找出符合条件的数据在表中的编号。TBL 端指明被访问表格的首地址；PTN 端用来描述查表时进行比较的数据；命令参数 CMD 表明查找条件，它是一个 1～4 的数值，分别代表 =、< >、<、> 符号，INDX 用来指定表中符合查找条件的数据的编号。表中数据的编号总数（搜索区域）为 0～99。

如果发现一个符合条件的数据，那么 INDX 指向表中该数据的编号。为了查找下一个符合条件的数据，在激活查表指令前，必须先对 INDX 加 1。如果没有发现符合条件的数据，那么 INDX 等于 EC。

指令操作数 TBL 为 WORD 型，PTN 为 INT 型、INDX 为 WORD 型，CMD 为 BYTE 型。

【例 6-14】 查表指令的使用举例如图 6-17 所示。

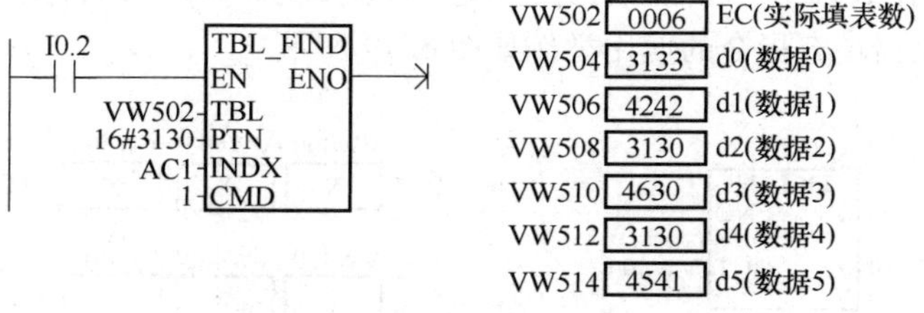

图 6-17 查表指令的使用举例

为了从表头开始查找，AC1 必须置 0。当 I0.2 = 1 时，从表头开始查找符合条件（即数值为 16#3130）的数据项编号。查找完后，AC1 的数值为 2，表明查找到一个符合条件的数据，其位置在 VW508。如果想继续往下查找，令 AC1 加 1，再执行一次查找。查找完后，AC1 的数值为 4，表明又查找到一个符合条件的数据，其位置在 VW512。如果想继续往下查找，令 AC1 加 1，再执行一次查找。查找完后，AC1 中的数值为 6（EC），表明整个表已查完，没有发现符合条件的数据。再次重新查表前，AC1 应复位到 0。

(3) 先进先出、后进先出指令

先进先出指令（FIFO）从表（TBL）中移走第一个数据（最先进入表中的数据 d0），并将此数据输出到 DATA 所指定的地址中。每执行一次指令，剩余数据依次上移一个位置，表中的实际填表数（EC）减 1。

后进先出指令（LIFO）从表（TBL）中移走最后一个数据（最后进入表中的数据），并将此数据输出到 DATA 所指定的地址中。每执行一次指令，表中的实际填表数（EC）减 1，剩余数据保持不变。

FIFO、LIFO 指令操作数 TBL 为 WORD 型，DATA 为 INT 型数据。

ENO = 0 时的非致命错误：0006H 间接地址；0091H 操作数超出范围；错误标志位 SM1.5（尝试删除空表格中的条目）。

【例 6-15】 先进先出、后进先出指令的使用举例如图 6-18 所示。

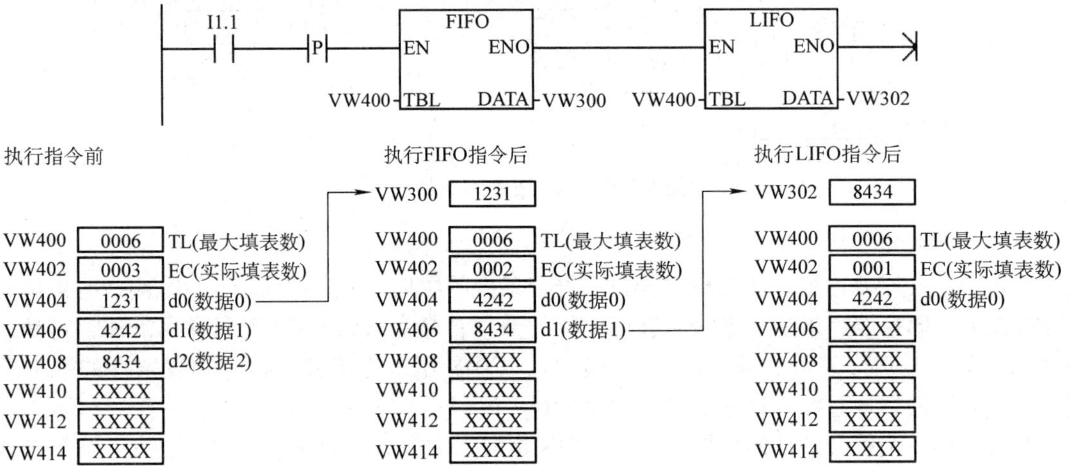

图 6-18 先进先出、后进先出指令的使用举例

(4) 存储器填充指令

存储器填充指令（FILL）用输入端（IN）的字填充以输出端（OUT）为起始地址的 N 个字型存储单元。指令操作数 IN，OUT 的数据类型为 INT；N 为 BYTE，取值 1 ~ 255。

【例 6-16】 存储器填充指令的使用举例如图 6-19 所示。

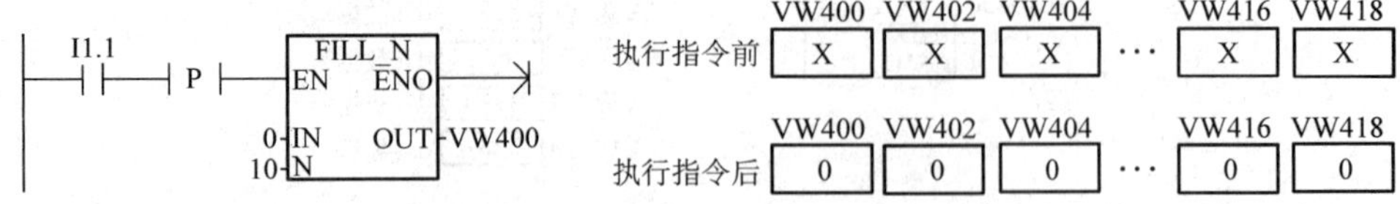

图 6-19 存储器填充指令的使用举例

本例中，执行 FILL 指令后，VW400 ~ VW418 的区域被清零。

4. 实时时钟指令

(1) 读取和设置实时时钟指令

读取实时时钟指令（TODR）从 CPU 实时时钟读取当前时间和日期，并装入以 T 为起始字节地址的 8 个字节缓冲区，依次存放年、月、日、时、分、秒、0 和星期。操作数 T 的数据类型为

8 位 BCD 码。

设置实时时钟指令（TODW）把起始地址为 T、含有新的时间和日期的 8B 缓冲区的内容写入实时时钟。

S7-200 SMART PLC 不接受无效日期（如 2 月 30 日），否则会出现非致命错误（0007H）。因此，必须确保输入时间和日期的准确性。不要同时在主程序和中断程序中使用 TODR/TODW 指令，否则会产生非致命错误。

时钟缓冲区格式见表 6-21。经济型 CPU（CR40/CR60）不支持实时时钟指令。

表 6-21　时钟缓冲区格式

字节	T	T+1	T+2	T+3	T+4	T+5	T+6	T+7
含义	年	月	日	小时	分钟	秒	保留	星期
范围	00 ~ 99	01 ~ 12	01 ~ 31	00 ~ 23	00 ~ 59	00 ~ 59	00	0 ~ 7

注：1. 所有日期和时间值必须采用 BCD 码格式。

2. 表示年份时，只用最低两位数，例如，2009 年表示为 16#09。

3. 表示星期时，16#1 = 星期日，16#7 = 星期六，16#0 禁止星期表示法。

4. 若缓冲区中存放的数值为 16#0410011430150003，则表示日期和时间为 2004 年 10 月 1 日 14 时 30 分 15 秒（星期二）。

读取和设置实时时钟指令格式见表 6-22。

表 6-22　读取和设置实时时钟指令格式

指令名称	梯形图	语句表	操作数	功能
读取实时时钟	READ_RTC EN ENO ????-T	TODR　T	T：IB、QB、VB、MB、SMB、SB、LB、*VD、*LD、*AC	当 EN = 1 时，从 PLC 实时时钟读取当前时间和日期，并装入以 T 为起始字节地址的 8B 缓冲区
设置实时时钟	SET_RTC EN ENO ????-T	TODW　T		当 EN = 1 时，把含有当前时间和日期的 8B 缓冲区（起始地址是 T）的内容装入实时时钟

【例 6-17】　读取实时时钟指令的使用举例如图 6-20 所示。检测开关检测到故障时，I0.0 = 1，使输出 Q0.1 立即置位，同时将故障发生的日期和时间保存在 VB100 ~ VB107 的缓冲区。

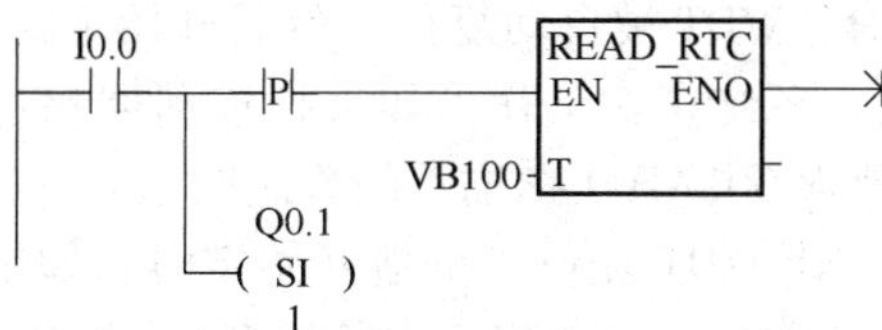

图 6-20　读取实时时钟指令的使用举例

（2）读取、设置扩展实时时钟指令

读取扩展实时时钟指令（TODRX）从 PLC 中读取夏令时时间和日期，并将其装载到以 T 为起始地址的19B缓冲区中。

设置扩展实时时钟指令（TODWX）将起始地址为T的19B缓冲区的新的夏令时时间和日期写入到PLC中。

我国不使用夏令时，在其他使用夏令时的国家可参照系统手册应用该指令。

6.2 程序控制指令

程序控制指令可用于控制程序的走向。合理使用该类指令可以优化程序结构，增强程序的灵活性。

6.2.1 有条件结束指令

有条件结束指令（END）用于当前面的逻辑条件成立时终止当前扫描周期。END指令可在主程序中使用，但不能在子程序或中断程序中使用。系统自动在主程序结束时加上一个无条件结束指令（MEND），用户不需要在程序末尾添加结束语句。

END指令用在无条件结束指令（MEND）之前，在调试程序时，可在程序的适当位置插入无条件结束指令以实现程序的分段调试；在实际应用中，也可以利用程序的运行结果、系统状态或外部输入信号来使用有条件结束指令结束程序。

6.2.2 暂停指令

暂停指令（STOP）能够引起CPU工作方式发生变化，从RUN模式进入STOP模式，立即终止程序的执行。如果在中断程序中执行STOP指令，中断程序立即终止，并且忽略所有等待执行的中断，继续执行主程序的剩余部分，在本次扫描结束后，完成CPU从RUN模式到STOP模式的转换。

【例6-18】 有条件结束和暂停指令的使用举例如图6-21所示。

在本例中，当I0.0接通时，Q0.0有输出，当I0.1接通，执行END指令，终止用户程序，END指令下面的程序不会继续执行，返回主程序的起点，Q0.0仍然保持接通。

若I0.1断开，接通I0.2，则Q0.1有输出，若将I0.3接通，则执行STOP指令，立即终止程序的执行，CPU转为STOP模式，Q0.0和Q0.1输出均为0。

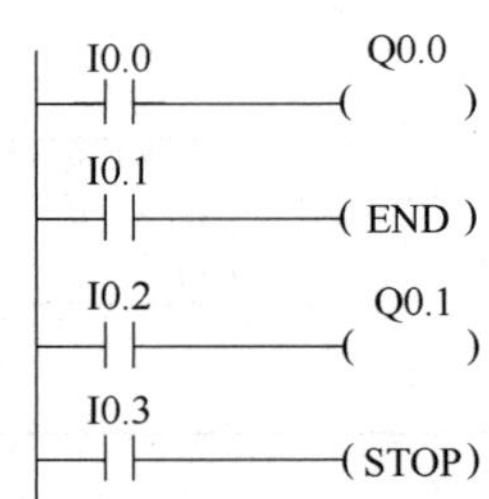

图6-21 有条件结束和暂停指令的使用举例

6.2.3 监视定时器复位指令

监视定时器（Watchdog Timer，WDT）又称看门狗定时器，它的定时时间为500ms，每次扫描时，WDT被自动复位，然后开始定时。当PLC扫描周期小于500ms时，系统正常工作。如果扫描周期超过500ms，则CPU会自动切换到STOP模式，并产生非致命错误001AH（扫描看门狗超时）。

看门狗复位指令（WDR），让WDT复位，重新开始定时。如果扫描周期确实较长，可能超过500ms，可以在WDT超时错误出现前，在程序中使用WDR指令，以延长允许的扫描周期。如果扫描持续时间超过5s，即使采用WDR指令，CPU也会无条件地切换到STOP模式，因此要谨慎使用WDR指令。

如果程序执行循环阻止扫描完成或扫描周期被过度延长，在该扫描周期完成之前禁止以下过程：自由端口模式之外的通信；I/O更新（立即I/O除外）、强制更新和SM位更新；运行时间诊断；在中断程序中的 STOP 指令。

6.2.4　跳转与标号指令

程序执行时，可能需要根据不同的条件而产生不同的分支，可采用跳转与标号指令来实现这种分支。跳转指令（JMP）可使程序流程转到同一程序中的标号（n）处。标号指令（LBL）用以标记跳转目的地（n）。指令操作数 n 为常数（0～255）。JMP 和对应的 LBL 指令必须用在同一个程序段中。跳转与标号指令格式见表 6-23。

表 6-23　跳转与标号指令格式

指令名称	梯形图	语句表	功能
跳转	n —(JMP)	JMP n	跳转到程序中标号为 n 的地方执行分支操作
标号	n —[LBL]	LBL n	标记跳转目的地 n 的位置

编程时，多条跳转指令可使用同一标号，但不允许一个跳转指令对应两个标号，即在同一程序中不允许存在两个相同的标号；可以在主程序、子程序或者中断程序中使用跳转指令，但跳转指令和与之相对应的标号指令必须在同一程序段中，不能由主程序跳转到子程序或中断程序，同样也不能从子程序或中断程序跳出；可以在 SCR 程序中使用跳转指令，但相应的标号指令也必须在同一 SCR 段中；一般将标号指令设在相关的跳转指令之后，这样可以减少程序执行时间，跳转和对应标号指令中间的程序不执行。

【例 6-19】　跳转与标号指令的使用举例如图 6-22 所示。

在本例中，当 I0.0＝1 时，手动程序不执行，直接执行自动程序，当 I0.0＝0 时，跳过自动程序，执行手动程序。

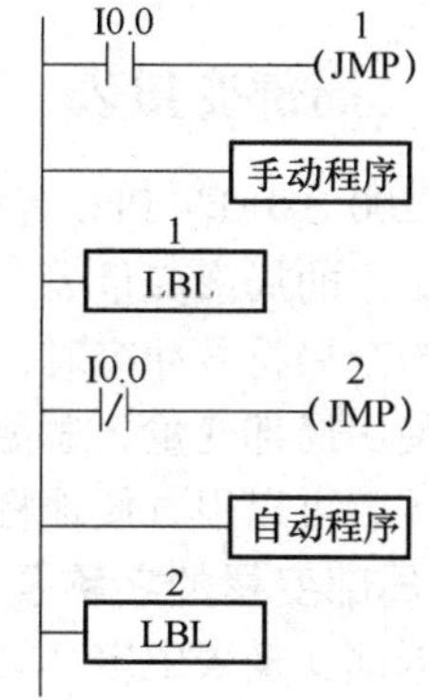

图 6-22　跳转与标号指令的使用举例

6.2.5　循环指令

在控制系统中经常遇到需要重复执行若干次同样任务的情况，这时可以使用循环指令。循环开始指令（FOR）标记循环体的开始；循环结束指令（NEXT）标记循环的结束。循环指令格式见表 6-24。

表 6-24　循环指令格式

指令名称	梯形图	语句表	功能
循环开始	FOR 功能框：EN、ENO、INDX、INIT、FINAL	FOR INDX，INIT，FINAL	当 EN＝1 时，开始循环执行 FOR 和 NEXT 指令之间的程序，循环次数由当前循环次数计数（INDX）、循环初值（INIT）和循环终值（FINAL）确定
循环结束	—(NEXT)	NEXT	标记循环程序段的结束

FOR 与 NEXT 指令之间的程序为循环体，FOR 指令的逻辑条件满足时，反复执行循环体中的程序。在 FOR 指令中，必须设定当前循环次数计数（INDX）、循环初值（INIT）和循环终值

（FINAL），它们的数据类型均为有符号整数（INT）。当FOR指令允许输入端有效时，启动循环，将初值INIT送入当前循环次数的计数器INDX，每执行一次循环体，INDX增加1，并将其值同终值FINAL做比较，如果INDX大于终值，那么终止循环。例如，给定初值（INIT）为1，终值（FINAL）为10，那么随着当前计数值（INDX）从1增加到10，FOR与NEXT之间的程序被循环执行10次。

在FOR/NEXT循环执行的过程中可以修改终值。当允许输入端重新有效时，指令自动将初值复制到计数器INDX中。FOR指令和NEXT指令必须成对使用。允许循环嵌套，嵌套深度可达8层，但各个嵌套之间不允许有交叉现象。

【例6-20】 循环指令的使用举例如图6-23所示。

本例为2层循环嵌套，循环程序为VW300中的数值递增（自加1），当2层循环条件同时满足，程序执行后，VW300中的数值加了200个1。

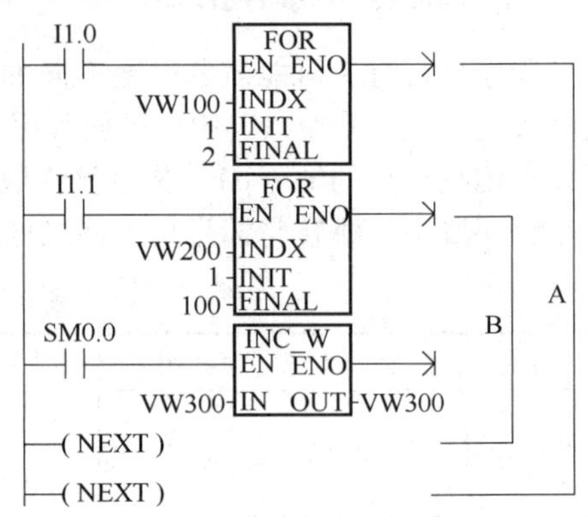

图6-23 循环指令的使用举例

6.3 局部变量表与子程序

6.3.1 局部变量表

S7-200 SMART PLC程序中的每个程序组织单元（Program Organizational Unit，POU）均有L存储器组成的局部变量表。局部变量表中定义的局部变量只在它被创建的POU中有效，当局部变量名与全局符号冲突时，在创建该局部变量的POU中，该局部变量的定义优先。在子程序中应尽量使用局部变量，避免使用全局变量，这样可以避免与其他POU中的变量发生冲突，不做任何改动就可以很方便地将子程序移植到别的项目中去。

1. 局部变量的名称及类型

在局部变量表中定义局部变量时，需为各个变量命名。局部变量名又称局部符号名，最多23个字符，首字符不能是数字。选用合适的变量名可大大方便编程，并增强程序的可读性。

局部变量表中的变量类型有输入子程序参数（IN）、输入/输出子程序参数（IN/OUT）、输出子程序参数（OUT）、临时变量（TEMP）4种类型。

IN：将参数输入到子程序。可以是直接寻址数据（如VB10）、间接寻址数据（如*AC1）、常数（如16#1234）或地址（&VB100）。

IN/OUT：输入/输出子程序参数。调用时，将指定参数位置的值输入到子程序；返回时，从子程序得到的结果值被输出到同一地址。参数可采用直接寻址和间接寻址，但常数和地址不允许作为输入/输出参数。

OUT：输出子程序参数。将从子程序来的结果值返回到指定参数位置。输出参数可以采用直接寻址和间接寻址，但不可以是常数或地址。

TEMP：临时变量，暂时保存在局部数据区的变量。只有在执行某个POU时，它的对应临时变量才有效，不能用来传递参数。没有用于传递参数的任何局部存储器都可作为临时存储单元使用。

2. 局部变量的地址分配及增加新变量

在局部变量表中定义局部变量时，只需指定局部变量的变量类型（IN、IN/OUT、OUT或TEMP）和数据类型，程序编辑器会自动在最左边分别为各个局部变量分配地址：起始地址是L0.0；

1~8 连续位参数值分配一个字节（1B），从 Lx.0~Lx.7（x 为字节地址）。字节、字和双字值在局部变量存储器中按照顺序分配，例如 LBx、LWx 或 LDx。局部变量表地址分配举例见表 6-25。

表 6-25 局部变量表地址分配举例

	名 称	变量类型	数据类型
	EN	IN	BOOL
L0.0	IN1	IN	BOOL
LB1	IN2	IN	BYTE
L2.0	IN3	IN	BOOL
LD3	IN4	IN	DWORD
LW7	INOUT1	IN_OUT	WORD
LD9	OUT1	OUT	DWORD

在带参数调用子程序时，局部变量表参数按照一定的顺序排列，输入参数（IN）在最前面，然后依次是输入/输出参数（IN/OUT）、输出参数（OUT）和临时变量（TEMP）。要添加新参数行，将光标置于要添加参数的变量类型上。单击鼠标右键，选择“插入”选项，然后选择“行”选项，所选参数类型条目增加一行。

6.3.2 子程序

S7-200 SMART PLC 程序主要分为三大类：主程序（MAIN）、子程序（SBR_N）和中断程序（INT_N）。在实际应用中，往往需要重复完成一些相同的任务，这时可通过编写一系列子程序块来实现。在执行程序时，根据需要随时调用这些子程序块，而无需重复编写该程序。在编写复杂 PLC 程序时，也往往将全部的控制功能分解成若干个任务简单的子功能块，然后再针对各个子功能块进行子程序设计。子程序使程序结构简单清晰，易于调试与维护。子程序只有在条件满足时才被调用，未调用时不执行子程序中的指令，因此使用子程序还可以减少 PLC 扫描时间。

1. 子程序的创建

可采用下列方式创建子程序：打开程序编辑器，在“编辑”菜单中执行命令“插入”→“子程序”；或在程序编辑器视窗中单击鼠标右键，在弹出菜单中执行命令“插入”→“子程序”；或用鼠标右键单击项目树上的“程序块”图标，在弹出菜单中执行命令“插入”→“子程序”，程序编辑器将自动生成并打开新的子程序，在程序编辑器中出现标有新的子程序的选项。鼠标右键单击项目树中子程序的图标，在弹出的窗口中选择“重命名”，可以修改子程序的名称。

2. 子程序调用指令、子程序返回指令

子程序调用指令（CALL）在使能输入有效时把程序控制权交给子程序（SBR_N），可以带参数或不带参数调用子程序。

有条件子程序返回指令（CRET）在允许输入端有效时，终止子程序（SBR_N），返回原程序。STEP7-Micro/WIN SMART 编程软件为每个子程序自动加入无条件返回指令（RET）。

子程序被调用时，系统会保存当前的逻辑堆栈，然后置栈顶值为 1，堆栈的其他值为零，把控制权交给所调用的子程序。子程序执行完毕，通过返回指令自动恢复逻辑堆栈原值，控制权返回到原程序中 CALL 指令的下一条指令。

除了主程序，在中断程序、子程序中也可调用子程序。允许子程序递归调用（子程序调用自己），但在进行递归调用时应非常慎重。主程序嵌套调用子程序，最大嵌套深度为 8 层；中断程序嵌套调用子程序，嵌套深度为 4 层。

主程序和子程序共用累加器，调用子程序时无须对累加器做存储及重装操作。

3. 带参数调用子程序

子程序可带参数调用，使得子程序调用灵活方便，可移植性更强。子程序的调用过程：如果存在数据的传递，则在调用指令中应包含相应的参数。先建立子程序的局部变量表，参数在其中定义，最多可以传递16个参数。子程序指令格式见表6-26。

表6-26 子程序指令格式

指令名称	梯形图	语句表	功能
子程序调用	SBR_n EN	CALL SBR_n	当EN=1时，调用子程序SBR_n
参数子程序调用	SBR_n EN ????-IN OUT-???? ??.?-IN OUT	CALL SBR_n，IN，IN_OUT，OUT	当EN=1时，带参数调用子程序SBR_n
子程序返回	-(RET)	CRET	逻辑条件满足时从子程序SBR_n返回

【例6-21】 子程序调用指令的使用举例。要求将以度（°）为单位的角度值保存在MD20中，通过子程序求取其余弦值并存放在VD20中。局部变量表设置见表6-27，主程序与子程序如图6-24所示。

表6-27 局部变量表设置

	符号	变量类型	数据类型	注释
	EN	IN	BOOL	
LD0	IN_DEG_REAL	IN	REAL	输入角度，单位：度（°），数据类型：REAL
		IN_OUT		
LD4	OUT_COS_REAL	OUT	REAL	输出余弦值，数据类型：REAL
LD8	TEMP_RAD_REAL	TEMP	REAL	临时变量，单位：弧度，数据类型：REAL

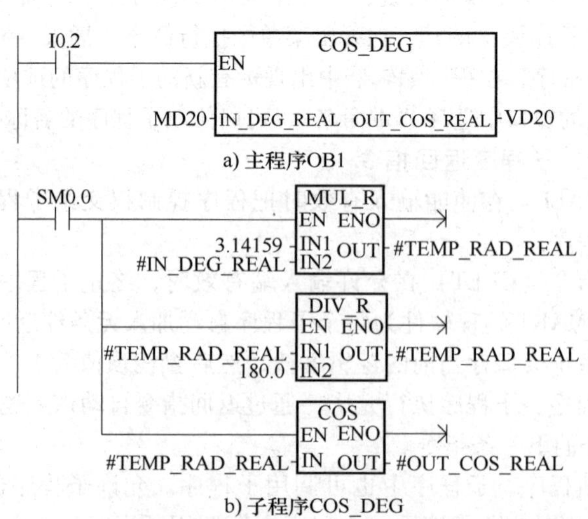

图6-24 子程序调用指令的使用举例

6.4　中断程序与中断指令

6.4.1　中断程序

中断是指 CPU 在正常运行时，如果有一些急需处理的中断事件（如异常情况或特殊请求等），CPU 将中断正在执行的程序，而转到中断服务程序去处理，处理后返回原程序时，恢复当时的程序执行状态并继续执行。中断事件往往是不能预测的事件，与用户程序的执行时序无关。中断程序又称中断服务程序，是处理中断事件的程序，但不能由用户程序调用，而是在特定的中断事件触发时执行。S7-200 SMART CPU 最多可以使用 128 个中断。

系统允许在主程序和多个中断程序之间共享数据，但中断事件具有随机性，中断程序不能影响到其他程序需要使用的数据，因此在中断程序中应尽量使用局部变量存储器。中断处理提供对突发中断事件的快速响应和处理，执行完特定的任务后应立即返回主程序，因此中断程序应尽量短小，以减小中断程序的执行时间，否则可能引起主程序控制设备异常操作。

6.4.2　中断指令

1. 中断事件

S7-200 SMART CPU 可处理的中断事件按优先级分为三类，并为每一中断事件分配唯一的事件号以标识不同中断事件。

（1）通信口中断

PLC 的串行通信口可由用户程序来控制。通信口的这种操作模式称为自由端口模式。在自由端口模式下，字符接收、接收完成、发送完成均可以产生中断事件。利用接收和发送中断可简化程序对通信的控制。通信口中断事件的事件号有 8、9、23 ~ 26。

（2）I/O 中断

I/O 中断包含了 I/O 上升沿或下降沿中断、高速计数器中断和脉冲串输出（PTO）中断。

S7-200 SMART CPU 可以为输入通道 I0.0 ~ I0.3 以及标准型 CPU 可带的数字量输入信号板的输入通道 I7.0 和 I7.1 生成输入上升沿或下降沿中断，CPU 检测这些上升沿或下降沿事件，用于指示某个事件发生时必须立即处理的状况。

高速计数器中断允许响应诸如当前值等于预置值、与轴旋转方向相对应的计数方向发生改变和计数器外部复位等 PLC 扫描速度下无法控制的高速事件而产生中断。

脉冲串输出中断允许对完成指定脉冲数输出的响应，指示脉冲数输出已完成，经常用于步进电动机控制。

I/O 中断事件的事件号有 0 ~ 7、12 ~ 20、27 ~ 38。

（3）时基中断

时基中断包括定时中断和定时器 T32/T96 中断。

定时中断按指定的周期时间循环产生周期性中断事件（包括定时中断 0 和定时中断 1），以 1ms 为增量，周期时间可为 1 ~ 255ms，通过特殊存储器 SMB34 和 SMB35 分别设置定时中断 0 和定时中断 1 的周期时间。常用定时中断以固定的时间间隔去控制模拟量的采集和执行 PID 回路程序。定时中断 0 和定时中断 1 对应的事件号为 10 和 11。

定时器 T32/T96 中断在定时器给定时间到达时产生中断。定时器中断只支持 1ms 分辨率的延时接通定时器（TON）和延时断开定时器（TOF）T32 和 T96。T32 和 T96 定时器与其他定时器的功能相同，只是在中断激活后，当定时器 T32/T96 的当前值等于设定值时产生中断。定时器

T32 和 T96 中断对应的事件号分别为 21 和 22。

2. 中断优先级

中断事件的优先级顺序：通信口中断为最高优先级，I/O 中断为中等优先级，时基中断为最低优先级。

CPU 接到中断请求后，先查看各中断的优先级，按优先级从高到低的顺序处理各中断事件。在优先级相同时，CPU 按“先来先服务”的原则处理中断。中断程序不能再被中断，任何时刻只能执行一个中断程序，不会被别的中断程序（即使优先级更高）所打断。当 CPU 正在执行中断程序时，新出现的中断需在中断队列中排队等待。各中断队列深度即能容纳的最大中断事件数见表 6-28。

表 6-28　中断队列容纳的最大中断事件数

队　　列	中断队列深度
通信口中断队列	4
I/O 中断队列	16
时基中断队列	8

在中断队列排满后，如果再出现中断事件，则中断队列溢出，相应的特殊标志位存储器表明丢失的中断事件的类型。通信口中断、I/O 中断、时基中断的中断队列溢出位分别是 SM4.0、SM4.1、SM4.2，见表 6-29。中断队列溢出标志位只在中断程序中使用，在队列变空或返回到主程序时，这些标志位就会被复位。

表 6-29　中断队列溢出的特殊标志位存储器

描述（0 = 不溢出；1 = 溢出）	SM 位
通信口中断队列溢出	SM4.0
I/O 中断队列溢出	SM4.1
时基中断队列溢出	SM4.2

表 6-30 是按优先级排列的中断事件及其事件号。

表 6-30　按优先级排列的中断事件及其事件号

事　件　号	中 断 描 述	优　先　组	优先组中的优先级
8	通信口 0：接收字符	通信口中断（最高优先级）	0
9	通信口 0：发送完成		0
23	通信口 0：接收信息完成		0
24	通信口 1：接收信息完成		1
25	通信口 1：接收字符		1
26	通信口 1：发送完成		1
19	PLS0 脉冲计数完成	I/O 中断（中等优先级）	0
20	PLS1 脉冲计数完成		1
34	PLS2 脉冲计数完成		2
0	I0.0 上升沿		3
2	I0.1 上升沿		4
4	I0.2 上升沿		5

（续）

事 件 号	中 断 描 述	优 先 组	优先组中的优先级
6	10. 3 上升沿		6
35	I7. 0 上升沿（信号板）		7
37	I7. 1 上升沿（信号板）		8
1	10. 0 下降沿		9
3	10. 1 下降沿		10
5	10. 2 下降沿		11
7	10. 3 下降沿		12
36	I7. 0 下降沿（信号板）		13
38	I7. 1 下降沿（信号板）		14
12	HSC0 CV = PV（当前值 = 设定值）		15
27	HSC0 输入方向改变		16
28	HSC0 外部复位		17
13	HSC1 CV = PV（当前值 = 设定值）		18
16	HSC2 CV = PV（当前值 = 设定值）		19
17	HSC2 输入方向改变		20
18	HSC2 外部复位		21
32	HSC3 CV = PV（当前值 = 设定值）		22
10	定时中断 0　SMB34 控制时间间隔	时基中断（最低优先级）	0
11	定时中断 1　SMB35 控制时间间隔		1
21	定时器 T32　CT = PT 中断		2
22	定时器 T96　CT = PT 中断		3

3. 中断指令

中断指令包括全局中断允许、全局中断禁止指令，中断连接、中断分离指令，清除中断事件指令，中断返回指令。中断指令格式、操作数类型及功能见表 6-31。

（1） 全局中断允许、全局中断禁止指令

全局中断允许指令（ENI）全局地允许所有被连接的中断事件。CPU 进入 RUN 模式时自动禁止了中断。在 RUN 模式下，可通过执行全局中断允许指令（ENI）来启用中断处理。

全局中断禁止指令（DISI）全局地禁止处理所有中断事件。执行 DISI 指令后，出现的中断事件就进入中断队列排队等候，直到全局中断允许指令（ENI）重新允许中断。

（2） 中断连接、中断分离指令

中断连接指令（ATCH）用来建立某个中断事件（EVNT）和处理这个事件的中断程序（INT）之间的联系，并允许这个中断事件。

在执行一个中断程序前，必须用 ATCH 指令建立某中断事件与对应中断程序的连接，建立连接后，当中断事件发生时，执行关联的中断程序。多个中断事件可调用同一个中断程序，但一个中断事件不能同时与多个中断程序建立连接，否则，在中断允许且某个中断事件发生时，系统默认执行与该事件建立连接的最后一个中断程序。

中断分离指令（DTCH）用来解除某个中断事件（EVNT）和所有中断程序之间的联系，使该中断回到不激活或无效状态。

表 6-31　中断指令

指令名称	梯形图	语句表	操作数	功能
全局中断允许	—(ENI)	ENI	无操作数	全局允许启用对中断事件的处理
全局中断禁止	—(DISI)	DISI	无操作数	全局禁止启用中断事件的处理
中断连接	ATCH EN ENO ????-INT ????-EVNT	ATCH　INT，EVNT	INT：常数（0～127） EVNT：常数，中断事件编号	当 EN = 1 时，建立中断事件 EVNT 和中断程序 INT 之间的联系，并允许这个中断事件
中断分离	DTCH EN ENO ????-EVNT	DTCH　EVNT		当 EN = 1 时，解除某个中断事件 EVNT 和所有中断程序之间的联系
清除中断事件	CLR_EVNT EN ENO EVNT	CEVNT EVNT	EVNT：常数，中断事件编号	从中断队列中移除所有类型为 EVNT 的中断事件
中断返回	—(RETI)	CRETI	无操作数	从中断程序中有条件返回

（3）清除中断事件指令

清除中断事件指令（CEVNT）从中断队列中清除所有编号为 EVNT 的中断事件。使用该指令可将不需要的中断事件从中断队列中清除，例如用来清除由于机械振动造成的高速计数器产生的错误中断。如果该指令用于清除假的中断事件，则应在执行 CEVNT 之前分离该中断事件。否则，执行该指令后，由于错误继续存在，还会向中断队列中添加新的事件。

（4）中断返回指令

有条件中断返回指令（CRETI）用于中断程序中，根据控制条件从中断程序返回到原程序扫描周期的断点。可以用无条件中断返回指令（RETI）或有条件中断返回指令（CRETI）退出中断程序，将控制权交还给原程序。程序编译时，由 STEP 7-Micro/WIN SMART 编程软件自动在中断程序结尾加上无条件中断返回指令（RETI），不需要用户在程序末尾添加。

在中断程序中不能使用 DISI、ENI、HDEF（高速计数器定义）和 END 指令。

中断前后系统保存和恢复逻辑堆栈、累加器、特殊存储器标志位（SM）。从而避免了中断程序返回后对用户主程序执行现场造成破坏。

在中断程序中最多可调用四个嵌套的子程序，累加器和逻辑堆栈在中断程序和被调用的子程序中是共用的。

【例 6-22】 使用定时中断采集模拟量。

特殊存储器位 SMB34 值设为 100，表示每隔 100ms 产生一次定时中断，对模拟量进行一次采集。主程序、初始化子程序与中断程序如图 6-25 所示。

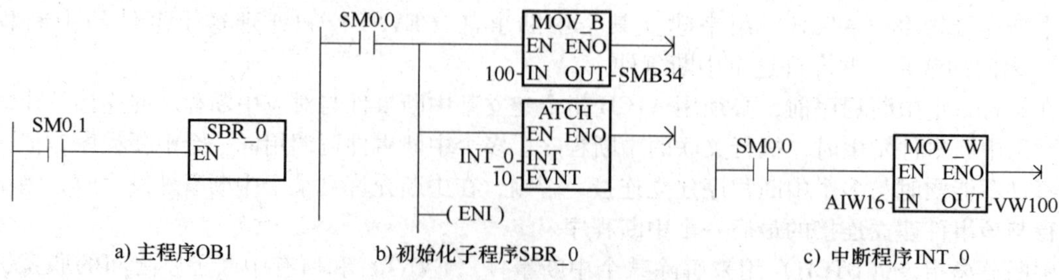

图 6-25　定时中断采集模拟量使用举例

【例 6-23】 使用定时器中断控制 8 路彩灯。彩灯初始状态是最右边 1、2 两路亮，然后每隔 2s 循环左移 1 位，即 2、3 两路亮，依次循环。使用定时器 T32 中断，主程序与中断程序如图 6-26 所示。

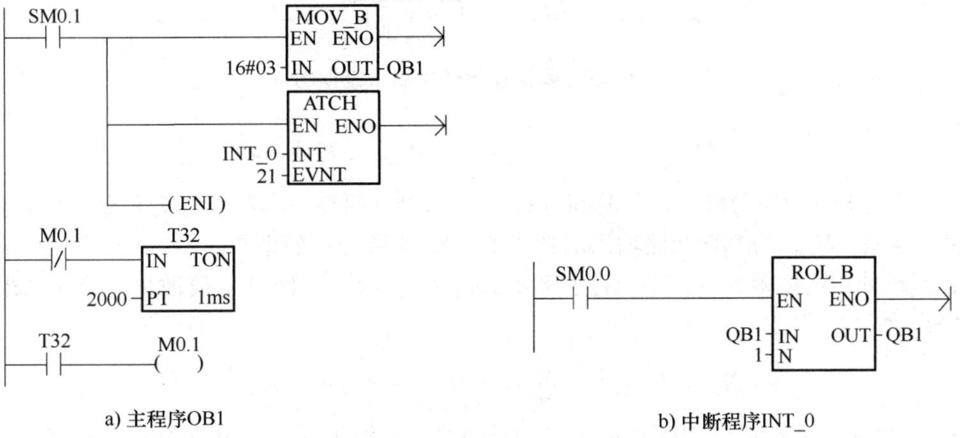

SM0.1 MOV_B EN ENO 16#03 IN OUT QB1
ATCH EN ENO INT_0 INT 21 EVNT
(ENI)
M0.1 T32 IN TON 2000 PT 1ms
T32 M0.1 ( )

a) 主程序OB1

SM0.0 ROL_B EN ENO QB1 IN OUT QB1 1 N

b) 中断程序INT_0

图 6-26 定时器中断控制 8 路彩灯举例

6.5 PID 指令及应用

在工业控制过程中，对温度、压力、液位和流量等模拟量的闭环控制通常采用 PID 控制（即比例-积分-微分控制）。通用控制器 PLC 一般都具有 PID 控制功能，如西门子 PLC 就有 PID 指令及 PID 向导等功能器件，并有 PID 自整定功能。在 PLC 中，实现 PID 控制一般采取以下方法：

1）用 PID 指令自编程的方法。该方法利用的 STEP7-Micro/WIN SMART 软件由用户自己编程，其中包括主程序、子程序、中断程序，模拟量 I/O、数据换算及 PID 指令应用等。

2）用 PID 向导编程的方法。即通过编程软件的向导功能自动生成控制程序，用户只要在相关“窗口”内按向导提示“勾选回路”和“遴选参数”后，即可自动完成 PID 向导编程。

3）用 S7-200 SMART PLC 与智能仪表联用完成 PID 控制功能。

上述三种方法各有优劣，第一种方法需要具备足够的专业知识和经验才能取得好的效果，如果程序质量好，可获得很高的控制精度和性能；第二种方法学习容易，并且向导配置的回路支持 PID 自整定功能，用户可方便快捷地完成 PID 控制设计；第三种方法可充分利用 PLC 和智能仪表各自的优势实现 PID 控制，例如，S7-200 SMART CPU 带 Modbus 通信可作系统控制，一台智能仪表可适配十几至几十种传感器、自带 PID（参数可自整定）、带数据显示设置终端，具有自动检测功能、数据设置显示功能和 PID 功能等，还可大大扩充 PID 回路数。

初学者主要学习掌握第一种方法，它也是第二种方法的基础。第二种方法由于采用向导设置，操作容易，也应当熟练掌握；第三种方法在综合性设计中可以学习使用。

6.5.1 PID 回路指令及应用

1. PID 算法

典型的 PID 模拟量控制系统如图 6-27 所示。图中，PID 控制器根据给定值（SP）和过程变量（PV）的偏差（e）调节回路输出值以保证偏差（e）为零或趋于零，使系统达到稳定状态。如果 PID 回路的输出变量 $M(t)$ 是时间 t 的函数，则可以看作是比例项、积分项、微分项三项之和，如式（6-1）所示。

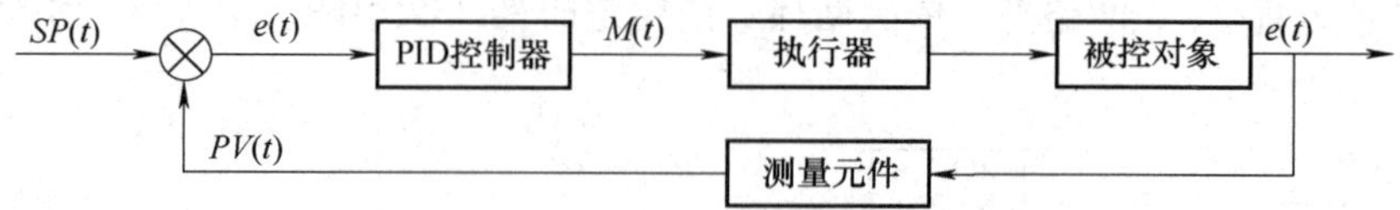

图 6-27 模拟量闭环控制系统框图

$$M(t) = K_C e + K_I \int_0^t e\mathrm{d}t + M_{\mathrm{initial}} + K_D \mathrm{d}e/\mathrm{d}t \tag{6-1}$$

式中，$M(t)$ 为 PID 回路的输出，是时间函数；K_C 为 PID 回路的增益；K_I 为积分项的系数；e 为 PID 回路的偏差；M_{initial} 为 PID 回路输出的初始值；K_D 为微分项的系数。

用计算机处理连续函数时，必须将连续函数离散化。将式（6-1）离散化，第 n 次采样时控制器的输出为

$$M_n = K_C e_n + K_I \sum_{i=1}^{n} e_i + M_{\mathrm{initial}} + K_D(e_n - e_{n-1}) \tag{6-2}$$

式中，M_n 为第 n 个采样时刻 PID 回路输出的计算值；e_n 为第 n 个采样时刻的偏差值；e_{n-1} 为第 $n-1$ 个采样时刻的偏差值（偏差前值）；M_{initial} 为 PID 回路输出的初值；K_C、K_I 和 K_D 分别为 PID 回路的增益、积分项的系数和微分项的系数。

式（6-2）中，积分项是包括从第 1 次采样到当前采样的所有偏差。实际计算时，没有必要也不可能保存所有采样的偏差，只需保存上一次采样的偏差值和上一次积分项 MX（积分项前值）即可。利用迭代运算，可将式（6-2）转化为递推方程，简化的递推方程为

$$M_n = K_C e_n + K_I e_n + MX + K_D(e_n - e_{n-1}) = MP_n + MI_n + MD_n \tag{6-3}$$

式中，MX 为积分项前值（在第 $n-1$ 个采样时刻的积分项）；MP_n 为第 n 个采样时刻的比例项；MI_n 为第 n 个采样时刻的积分项；MD_n 为第 n 个采样时刻的微分项。

（1）比例项

比例项 MP_n 是增益 K_C 和偏差 e_n 的乘积，增益 K_C 决定输出对偏差的灵敏度，即

$$MP_n = K_C e_n = K_C(SP_n - PV_n) \tag{6-4}$$

式中，SP_n 为第 n 个采样时刻的给定值；PV_n 为第 n 个采样时刻的过程变量值（即反馈值）。

（2）积分项

积分项值 MI_n 与历次采样时刻的偏差的累加和成正比，即

$$MI_n = K_I e_n + MX = K_C T_S / T_I (SP_n - PV_n) + MX \tag{6-5}$$

式中，T_S 为采样周期；T_I 为积分时间常数；MX（积分项前值）为第 $n-1$ 个采样时刻的积分项。

在每次计算出 MI_n 之后，都要用 MI_n 去更新 MX。第一次计算时 MX 的初值被设置为 M_{initial}（初值）。采样周期 T_S 是重新计算输出的时间间隔，而积分时间常数 T_I 控制积分项在整个输出结果中影响的程度。

（3）微分项

微分项值 MD_n 与偏差的变化成正比，即

$$MD_n = K_D(e_n - e_{n-1}) = K_C T_D / T_S[(SP_n - PV_n) - (SP_{n-1} - PV_{n-1})] \tag{6-6}$$

为了避免给定值变化的微分作用而引起的跳变，可设定给定值不变（$SP_n = SP_{n-1}$），则微分项的计算式为

$$MD_n = K_C T_D / T_S(SP_n - PV_n - SP_{n-1} + PV_{n-1}) = K_C T_D / T_S(PV_{n-1} - PV_n) \tag{6-7}$$

式中，T_D 为微分时间常数；SP_{n-1} 为第 $n-1$ 个采样时刻的给定值；PV_{n-1} 为第 $n-1$ 个采样时刻的过程变量值（过程变量前值）。

为了计算下一个采样时刻的微分项，应将本次的过程变量值 PV_n 存储起来，作为下一次的过程变量前值 PV_{n-1}。在第一个采样时刻时，将 PV_{n-1} 初始化为 PV_n。

2. PID 回路指令

（1）PID 回路指令格式与说明

PID 回路指令运用回路表中的输入信息和组态信息，进行 PID 运算，编程简便。该指令有两个操作数：TBL（TABLE）和 LOOP。其中，TBL 是回路表的起始地址，操作数限用 VB 区域（BYTE 型）；LOOP 是回路号，可以是 0～7 的整数（BYTE 型）。进行 PID 运算的前提条件是逻辑堆栈栈顶值必须为 1。一个程序中最多可用 8 条 PID 指令。PID 回路指令不可重复使用同一个回路号，否则会产生不可预料的结果。

PID 回路指令格式见表 6-32。

表 6-32　PID 回路指令格式

指令名称	梯形图	语句表	操作数	功能
PID 回路指令	PID EN　ENO ????-TBL ????-LOOP	PID　TBL，LOOP	TBL：VB LOOP：常数（0～7）	当 EN＝1 时，运用回路表 TBL 中输入和配置的信息，在回路号 LOOP 指定的回路中进行 PID 运算

回路表包含 9 个参数，用来控制和监视 PID 运算。这些参数分别是过程变量当前值（PV_n）、过程变量前值（PV_{n-1}）、给定值（SP_n）、输出值（M_n）、增益（K_C）、采样时间（T_S）、积分时间（T_I）、微分时间（T_D）和积分项前值（MX）。36 个字节的回路表变量名和偏移地址见表 6-33。

表 6-33　回路表变量名和偏移地址

偏移地址	变量名	数据类型	变量类型	描述
0	过程变量当前值（PV_n）	实数	输入	必须在 0.0～1.0 之间
4	给定值（SP_n）	实数	输入	必须在 0.0～1.0 之间
8	输出值（M_n）	实数	输入/输出	必须在 0.0～1.0 之间
12	增益（K_C）	实数	输入	比例常数，可正可负
16	采样时间（T_S）	实数	输入	单位为 s（秒），必须是正数
20	积分时间（T_I）	实数	输入	单位为 min（分钟），必须是正数
24	微分时间（T_D）	实数	输入	单位为 min（分钟），必须是正数
28	积分项前值（MX）	实数	输入/输出	必须在 0.0～1.0 之间
32	过程变量前值（PV_{n-1}）	实数	输入/输出	最近一次 PID 运算的过程变量值，必须在 0.0～1.0 之间
36～79	PID 扩展表，用于 PID 自整定			

若要以一定的采样频率进行 PID 运算，采样时间必须输入到回路表中。且 PID 指令必须编入定时发生的中断程序中，或者在主程序中由定时器控制 PID 指令的执行频率。

（2）控制方式

S7-200 系列 PLC 执行 PID 指令时为自动运行方式，不执行 PID 指令时为手动运行方式。

PID 指令的使能输入端检测到一个正跳变（从 0 到 1）信号，PID 回路就从手动方式切换到自动方式。为了保证能从手动方式顺利向自动方式切换，系统必须把手动方式的当前输出值填入回路表中的 M_n 栏，用来初始化输出值 M_n，且进行一系列操作对回路表中的值进行组态：

1）置给定值（SP_n）=过程变量当前值（PV_n）。

2）置过程变量前值（PV_{n-1}）=过程变量当前值（PV_n）。

3）置积分项前值（MX）=输出值（M_n）。

梯形图中，若PID指令的允许输入端（EN）直接接至左母线，在启动CPU或CPU从STOP模式转换到RUN模式时，PID使能位的默认值是1，可以执行PID指令，但无正跳变信号，因而不会自动地执行无扰动的自动切换功能。

（3）回路输入/输出变量的数值转换

1）回路输入变量的转换和标准化。每个PID回路有两个输入变量，给定值*SP*和过程变量*PV*。给定值通常是一个固定的值，如水箱水位的给定值。过程变量与PID回路输出有关，并反映了控制的效果。在水箱控制系统中，过程变量就是水位的测量值。

给定值和过程变量都是实际工程物理量，其数值大小、范围和测量单位都可能不一样。执行PID指令前必须把它们转换成无量纲且标准的浮点型实数。转换步骤如下：

① 4～20mA输入变量的数据转换：

```
MOVW    AIW16, VW162    //4～20mA输入值移到VW162中，A-D转换后为5530～27648
-I      5530, VW162     //把AIW16的输入值-5530存入VW162
DTR     VD160, AC0      //把输入值16位整数先转成32位双字整数再转成实数，存入AC0
```

② 实数值的标准化：

把实数值进一步标准化为0.0～1.0之间的实数。实数标准化的公式为

$$R_{Norm}=R_{Raw}/Span+Offset \tag{6-8}$$

式中，R_{Norm}为标准化的实数值；R_{Raw}为未标准化的实数值；*Offset*为补偿值或偏置，单极性为0.0，双极性为0.5；*Span*为值域大小，为最大允许值减去最小允许值，单极性数值范围为0～27648，此时输入信号为正值（单极性20%偏移量数值范围为5530～27648，相当于I/O信号4～20mA；双极性数值范围为-27648～27648，相当于I/O信号由负到正的范围内变化）。

双极性实数标准化的程序为

```
/R      55296.0, AC0    //累加器中的实数值除以55296.0
+R      0.5, AC0        //加上偏置，使其落在0.0～1.0之间
MOVR    AC0, VD100      //标准化的值存入回路表
```

单极性实数标准化的程序为

```
/R      27648.0, AC0    //累加器中的实数值除以27648.0，使其落在0.0～1.0之间
MOVR    AC0, VD100      //标准化的值存入回路表
```

2）回路输出值转换成刻度整数值。回路输出值是用来控制外部设备的，如控制水泵的速度。PID运算的输出值是0.0～1.0之间的标准化了的实数值，在输出值传送给D-A模拟量单元之前，必须把回路输出值转换成相应的16位整数。这一过程是实数值标准化的逆过程。

① 回路输出值的刻度化：

把回路输出的0.0～1.0之间的标准化实数转换成实数，公式为

$$R_{Scal}=(M_n-Offset)*Span \tag{6-9}$$

式中，R_{Scal}为回路输出的刻度实数值；M_n为回路输出的标准化实数值；*Offset*、*Span*定义同式（6-8）。

双极性回路输出值的刻度化的程序为

```
MOVR     VD108, AC0        //把回路输出变量移入累加器 AC0
-R       0.5, AC0          //对双极性输出值，Offset 为 0.5
*R       55296.0, AC0      //得到回路输出变量的刻度值
```

② 将实数转换为 16 位整数：

把输出值的刻度值转换成 16 位整数（INT）的程序为

```
ROUND    AC0, AC0          //把实数转换为 32 位整数
DTI      AC0, AC0          //把双字整数转换为整数
MOVW     AC0, AQW16        //把 16 位整数写入模拟量输出寄存器
```

（4）变量和范围

过程变量和给定值是 PID 运算的输入变量，因此在回路表中这些变量只能被回路指令读取而不能改写。

输出变量是由 PID 运算产生的，在每一次 PID 运算完成之后，需要把新的输出值写入回路表，以驱动相应的外部设备以及供下一次 PID 运算。输出值被限定为 0.0～1.0 之间的实数。

如果使用积分控制，积分项前值（*MX*）要根据 PID 运算结果更新。每次 PID 运算后更新了的积分项前值要写入回路表，用作下一次 PID 运算的输入值。当输出值超过范围（大于 1.0 或小于 0.0），那么积分项前值必须进行调整，调整公式为

$$MX = 1.0 - (MP_n + MD_n) \quad (\text{当计算输出值 } M_n > 1.0) \tag{6-10}$$

$$MX = -(MP_n + MD_n) \quad (\text{当计算输出值 } M_n < 0.0) \tag{6-11}$$

式中，*MX* 为经过调整了的积分项前值；MP_n为第 n 个采样时刻的比例项；MD_n为第 n 个采样时刻的微分项；M_n为第 n 个采样时刻的回路输出值。

修改回路表中积分项前值时，应保证 *MX* 的值在 0.0～1.0 之间。调整积分项前值后使输出值回到 0.0～1.0 范围，可以提高系统的响应性能。

（5）选择回路控制类型

对于比例、积分、微分回路的控制，有些控制系统只需要其中的一种或两种回路控制类型。通过设置相关参数可选择所需的回路控制类型。

如果只需要比例、微分回路控制，可以把积分时间常数设为无穷大值“INF”，此时积分项为初值 *MX*。

如果只需要比例、积分回路控制，可以把微分时间常数置为零。

如果只需要积分或积分微分回路，可以把回路增益 K_C 设为 0.0。但由于回路增益同时会影响到方程中的积分项和微分项，因此规定：在计算积分项和微分项时，系统把回路增益 K_C 约定为 1.0。

（6）报警与出错

在实际应用中，如果其他过程需要对回路变量进行报警等特殊操作，可以用其他基本指令编程实现这些特殊功能。

如果回路控制参数表的起始地址或 PID 回路编号不符合要求，则在编译时，CPU 会产生一个编译错误信息并报告编译失败。

如果指令操作数超出范围，CPU 也会产生编译错误，致使编译失败。PID 指令不检查回路表中的值是否在范围之内，必须确保过程变量、给定值、输出值、积分项前值和过程变量前值在 0.0～1.0 之间。

如果 PID 运算发生错误，那么特殊存储器标志位 SM1.1（溢出或非法值）会被置 1，并且中止 PID 指令的执行。要想消除这种错误，单靠改变回路表中的输出值是不够的，正确的方法是在执行 PID 运算之前，改变引起运算错误的输入值，而不是更新输出值。

【例 6-24】 PID 指令编程举例。某水箱需要维持一定的水位，该水箱里的水以变化的速度

流出。这就需要有一个水泵以变化的速度给水箱供水以维持水位（满水位的75%）不变，这样才能使水箱不断水。

分析：本系统的给定值是水箱满水位75%时的水位，过程变量由水位测量仪提供。输出值是水泵的速度，可以为允许最大值的0%~100%。

给定值可以预先设定后直接输入到回路表中，过程变量值是来自水位测量仪的单极性模拟量，回路输出值也是一个单极性模拟量，用来控制水泵速度。

本系统中选择比例和积分控制，其回路增益和时间常数通过工程计算初步确定。但还需要进一步调整以达到最优控制效果。回路增益和时间常数初设：$K_C = 5.2$，$T_S = 0.1\text{s}$，$T_I = 30.0\text{min}$，$T_D = 0.15\text{min}$。

系统启动时关闭出水口，用手动方式控制水泵速度使水位达到满水位的75%，然后打开出水口，同时水泵控制从手动方式切换到自动方式。这种切换可由一个手动开关（编址I0.0）控制：I0.0位控制手动与自动的切换，0代表手动；1代表自动。无扰动切换时系统把手动方式下的当前输出值M_n，即水泵速度（0.0~1.0的实数）填入回路表中的M_n栏（VD108）。

图6-28所示水箱水位PID控制的主程序、初始化子程序和中断程序。

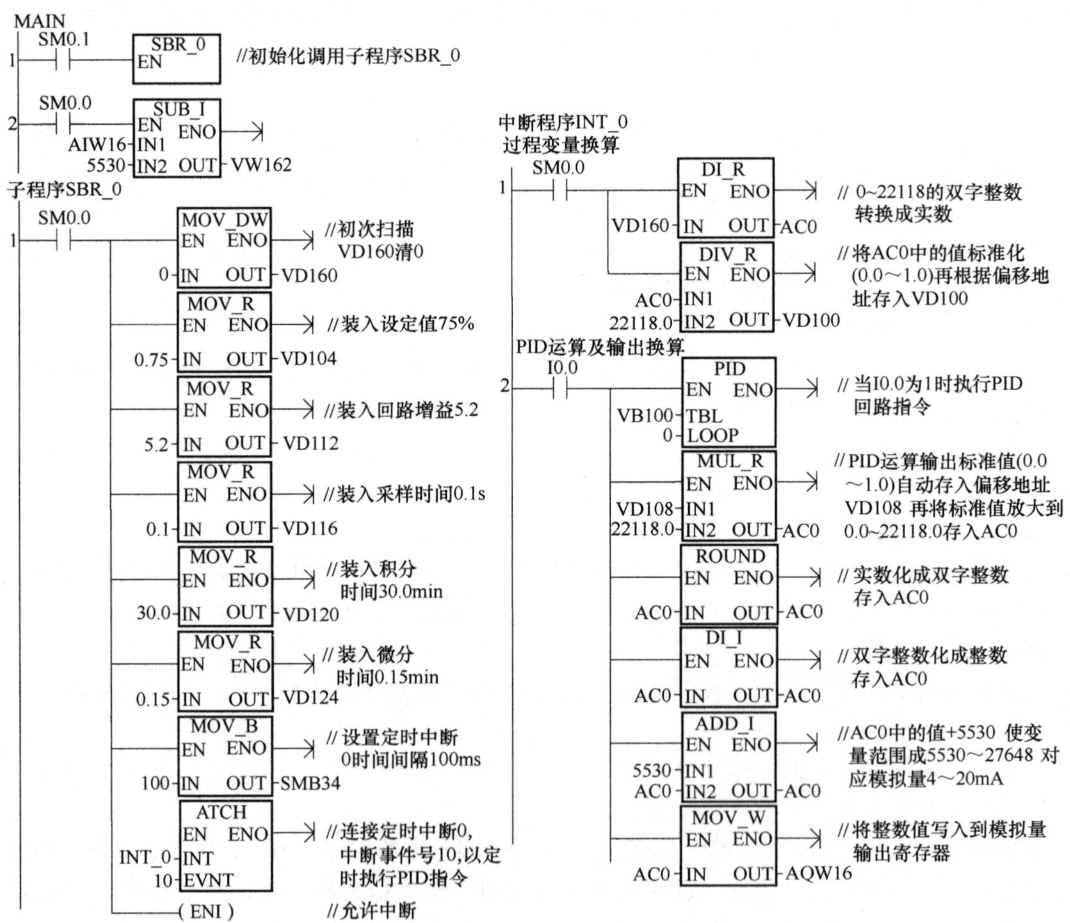

图6-28　水箱水位PID控制程序（主程序、子程序和中断程序）

6.5.2　PID向导

STEP 7-Micro/WIN SMART提供PID向导，指导用户为闭环控制过程定义PID算法。从“工具”（Tools）菜单中选择“指令向导”（Instruction Wizard）命令，然后从“指令向导”窗口中选择“PID”，即可配置PID向导。向导配置完成后用户只需在主程序中直接调用PID向导生成的子程序，就能实现PID调节任务。

S7-200 SMART PID控制既支持模拟量输出，又支持数字量输出，即PWM脉宽调制。一句控制要求可使用户改变PID控制器的控制模式，自动模式下可以切换到手动模式，反之亦然。注意：PID控制器本身不具备无扰切换的功能，因此在控制器模式切换时需自行编程来防止被控对象有较大的波动。

1. PID向导配置步骤

1）单击工具栏指令向导的PID向导，出现如图6-29所示的对话框。从对话框可知，S7-200 SMART CPU最多支持8个PID回路，当勾选某回路时，对话框左边自动显示被勾选回路的PID组态结构。

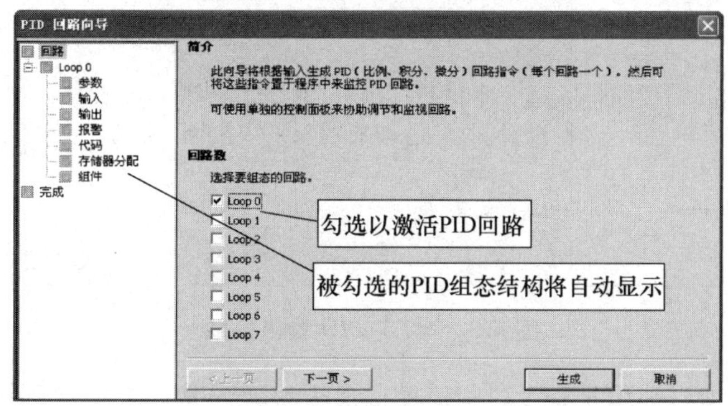

图6-29　选择PID回路

单击“下一页”，到Loop0对话框对回路进行命名。如果Loop0命名为“Loop0温度控制”，左边回路名就显示“Loop0温度控制”。再单击“下一页”，就会出现“参数”对话框。

2）“参数”对话框如图6-30所示，此框中需要填写PID参数和选择采样时间，图中显示值为默认值。其参数的含义见表6-33回路表格式中的描述，参数的选取与前面PID回路指令一样，通过工程法选取或S7-200 SMART CPU支持的PID自整定功能得到（参见6.5.3节内容）。

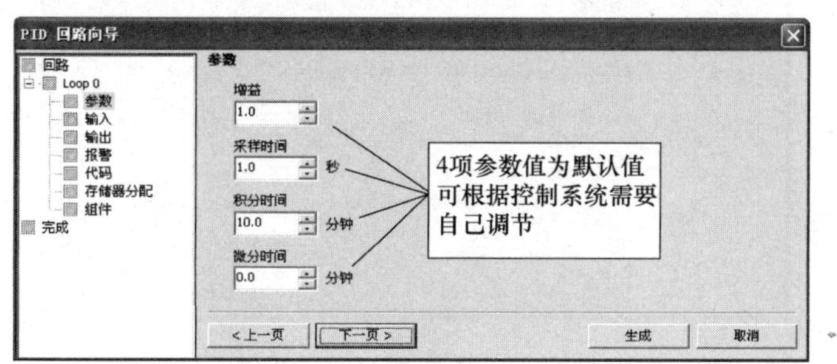

图6-30　填写PID回路参数

3）单击“下一步”出现如图6-31所示“输入”对话框，框中有“类型”和“标定”两个选项需要选择，根据对话框的提示选取即可。其中温度×10℃/℉为RTD或TC模块时选用。

4）单击“下一步”出现如图6-32所示“输出”对话框，框中先选“类型”，再由①“模拟量”标定及范围选项需要选择；②“数字量”选择循环时间设定。

5）单击“下一步”出现设定回路报警对话框，其中三个选项（也可不选）反映三个输出过

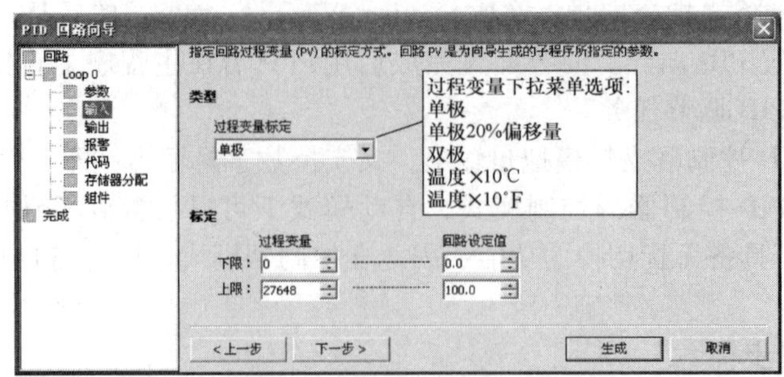

图 6-31　设定 PID 输入参数

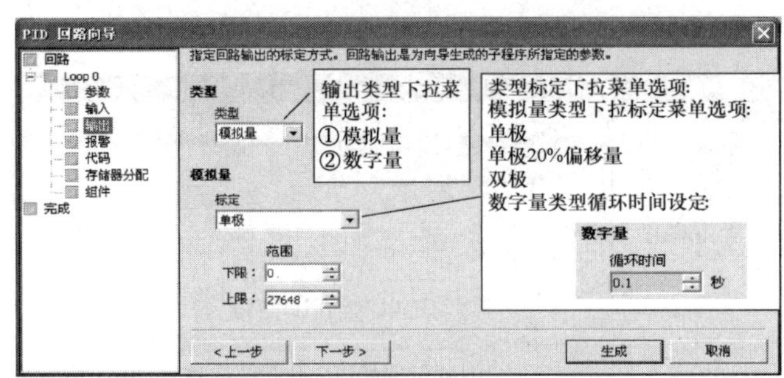

图 6-32　设定 PID 输出参数

程值（*PV*）的低值报警、高值报警及过程值模拟量模块错误状态。当达到报警值时，相应的输出位置为 ON，这些功能在勾选了相应的复选框之后启用报警功能。

6）第六步为“代码”对话框，如图 6-33 所示。按回路顺序初始化调用 PID 组态子程序，对此子程序可进行命名。建议勾选“添加 PID 的手动控制”复选框，以利于执行自编“无扰切换”功能程序。

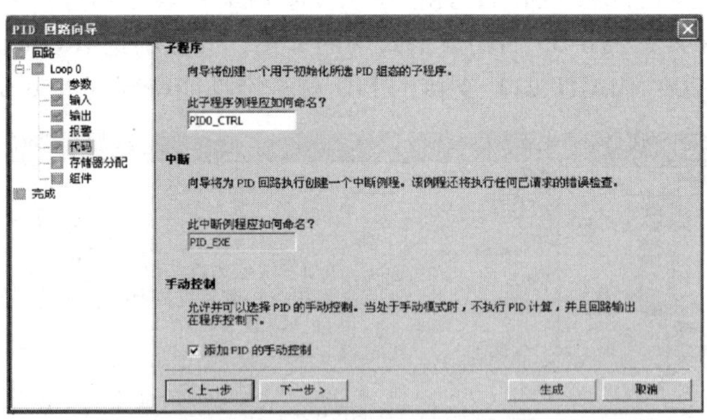

图 6-33　添加 PID 手动控制

7）为配合“代码”对话框要求，需生成 PID 子程序、中断程序及符号表等。如图 6-34 所示，在 MAIN 程序中，①用 SM0.0 调用向导生成的子程序“PID0-CTRL”。其中②⑥为被控对象的模拟量输入/输出地址；③为设定值输入点，设定值可以是常数，也可以是设定值变量的地址（VDxx）；④为手/自动控制方式选择，即 I0.0 为 True 时，PID 控制器处于自动运行状态，反之 I0.0 为 False 时，PID 控制器处于手动状态；⑤为手动控制输出值，数值范围为 0.0～1.0 的实数。

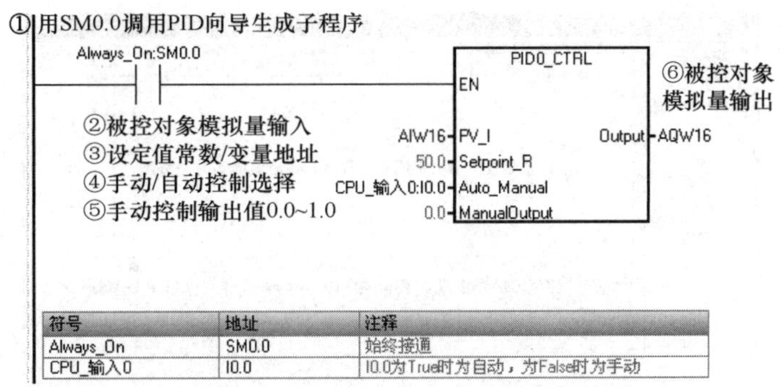

符号	地址	注释
Always_On	SM0.0	始终接通
CPU_输入0	I0.0	I0.0为True时为自动，为False时为手动

图 6-34　调用 PID 向导生成的子程序

2. PID 向导符号表

当 PID 向导配置完成后，用户可在线修改 PID 部分参数。如图 6-35 中“注释”栏所示，其中“微分时间”“积分时间”“回路增益”等可在线修改，“采样时间”则不支持在线修改，若需要修改，则必须通过向导进行修改，向导部分经编译、下载后，方可使新的采样时间生效。另外，还可以通过 STEP 7-Micro/WIN SMART 软件的状态表、程序或 HMI 设备修改 PID 参数。

符号表

			符号	地址	注释
1			PID0_Mode	V122.0	
2			PID0_WS	VB122	
3			PID0_D_Counter	VW120	
4			PID0_D_Time	VD24	微分时间
5			PID0_I_Time	VD20	积分时间
6			PID0_SampleTime	VD16	采样时间（要进行修改，请重新运行 PID 向...
7			PID0_Gain	VD12	回路增益
8			PID0_Output	VD8	计算得出的标准化回路输出
9			PID0_SP	VD4	标准化过程设定值
10			PID0_PV	VD0	标准化过程变量
11			PID0_Table	VB0	PID 0的回路表起始地址

图 6-35　PID 符号表

6.5.3　PID 参数自整定

确定 PID 参数是 PID 控制非常重要的内容，也是 PID 控制的难点。必须掌握 PID 参数整定的一般方法才能成功利用 PID 控制实现理想的控制要求。不管是 PLC 还是智能仪表，一般都支持 PID 自整定功能，通过自整定得到的 PID 参数既快又可获得接近最优的参数，是一般手动整定无法比拟的。

1. PID 整定控制面板

S7-200 SMART CPU 支持 PID 自整定功能。在 STEP7-Micro/WIN SMART 软件的工具菜单栏中有用于手动和自动调节操作的 PID 自整定控制面板，该面板如图 6-36 所示，图中附加了 11 条注释，对面板的各部分进行说明。通过控制面板操作手动 PID 调节和 PID 自整定，坐标框可同时显示设定值 SP（绿）、过程值 PV（红）和输出值 OUT（蓝）的实时趋势图，用户从该页面进入手动 PID 调节和 PID 自整定的操作，通过实时趋势图观察得到过程值 PV 的响应曲线的振荡次数，从而手动或软件自动修正 PID 参数。自整定功能由标注⑨所指的按钮启动，自整定可得到接近最优的 PID 参数。

S7-200 SMART CPU 在同一时间最多支持 8 个 PID 回路进行自整定。

图 6-36 中注释⑪所指“高级选项”，单击“选项”按钮，出现如图 6-37 所示的 PID 自整定的高级选项。图 6-37 中注释①：可以勾选“自动计算值”，即让自整定器自动计算“滞后”值

189

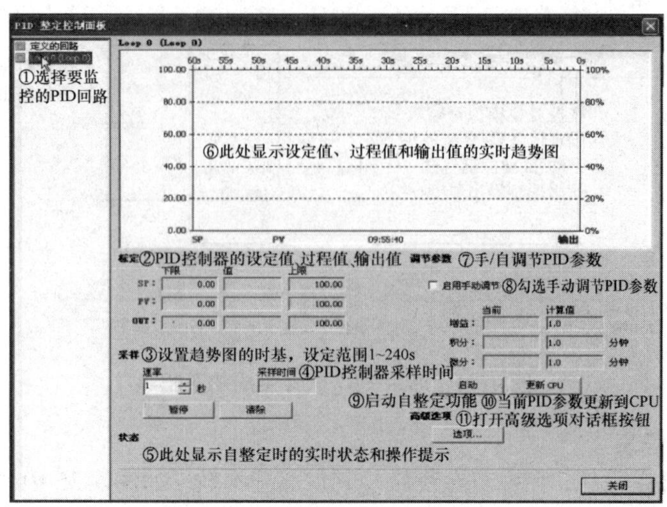

图 6-36　PID 自整定控制面板

和“偏差”值（默认设置）。该两项设置值，“滞后”值是指允许过程值偏离设定值的最大范围，“偏差”值是指允许过程值偏离设定值的峰-峰值。为了最大程度地减小自整定过程对控制过程的干扰，也可以自己输入这些值，“滞后”与“偏差”的数值应当保持 1∶4 的比例关系。

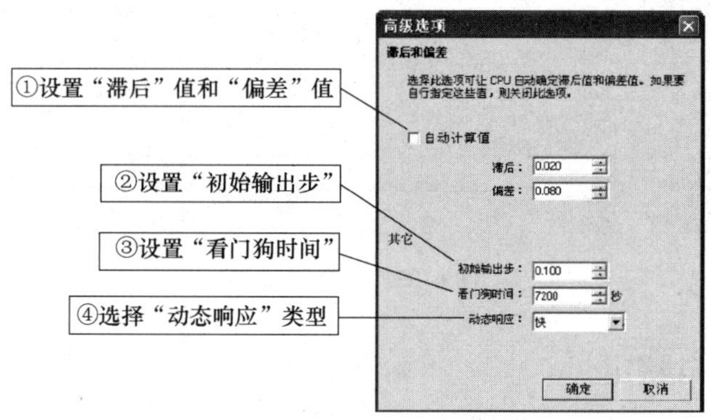

图 6-37　PID 自整定的高级选项

图 6-37 中注释②是“初始输出步”选项。该项是 PID 控制器在自整定开始后输出的变动第一步的变化值，以占实际输出量程的“%”表示，其默认值为 0.1。

图 6-37 中注释③是“看门狗时间”选项。该项是指过程值必须在看门狗处置的时间内达到或穿越设定值，否则会出现看门狗超时错误。默认的看门狗时间为 7200s。

图 6-37 中注释④“动态响应”选项中，可使用下拉按钮，选择希望在控制过程中使用的回路响应类型（“快速”“中速”“慢速”或“极慢速”）。快速响应可能产生过调，并符合欠阻尼整定条件，具体取决于控制过程；中速响应可能濒临过调，并符合临界阻尼整定条件；慢速响应不会导致过调，符合强衰减整定条件；极慢速响应不会导致过调，符合强过阻尼整定条件。

一旦完成了选择，可以单击“确定”按钮返回 PID 整定控制面板的主画面。

2. PID 自整定过程

整定控制面板支持手动整定和自整定。自整定相对手动整定更能取得最优 PID 参数，手动整定即人工设定 PID 参数，一般只用作微调。通过勾选“启动手动调节”复选框，即可实现手动整定。本节仅介绍 PID 自整定。

（1）PID 自整定前的准备工作

1）在 PID 自整定前，首先按照前面介绍的内容用 PID 向导生成控制程序（PIDx_Gain）。PID 整定控制面板仅适用于向导配置的回路，不支持通过 PID 指令编程的回路。控制程序（PIDx_Gain）需下载到 S7-200 SMART 的 CPU 中。其中程序部分还要增加便于整定操作的程序段，如图 6-38 主程序所示。图中，当“CPU 输入 1”：I0.1，外接的小开关操作为 ON 时，设定值从 0.0% 跳变到 70.0%；当“CPU 输入 1”：I0.1 外接的小开关操作为 OFF 时，设定值从 70.0% 跳变到 0.0%。

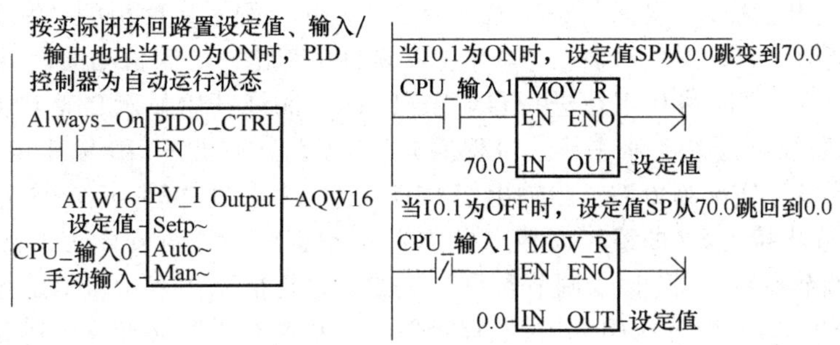

图 6-38　PID 自整定主程序

2）硬件方面的准备工作。如果采用实际工业被控对象，则需要准备系统回路连接。如果以学习为目的 PID 自整定实验，采用实际工业被控对象则往往功率过大、整定周期过长。若采用实验室条件下小型实物被控对象自整定，虽可以取得相对较短的过程，但小型实物被控对象自整定过程仍然较长。因此，可采用“运算放大器”为核心组成“模拟被控对象电路”，如图 6-39 所示，即用两级典型惯性环节组成的“PI 调节器”串联形成的模拟被控对象，学习者自己搭建和使用十分方便快捷。建议电路中的电阻、电容取得大一些，使传递函数中的时间常数为秒级。也可以采用梯形图程序形成模拟被控对象的功能，形成“软模拟被控对象”使用和调试更为方便。而且，软被控对象由程序形成“闭环”，不需要外部接线和模拟量扩展模块，即可进行自整定实验。这对于学习者进行 PID 自整定是首选的模拟被控对象。

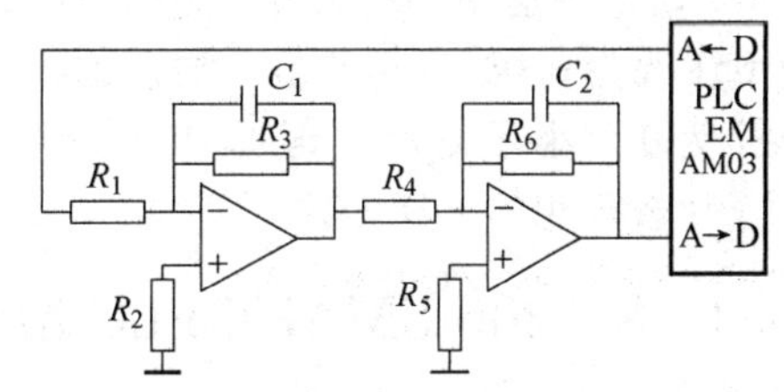

图 6-39　典型环节组成的模拟被控对象电路

如果 PID 自整定采取硬件“被控对象”，硬件连线将“控制器”→“执行器”→“被控对象”→“反馈回路”→“控制器”连成闭环控制回路，并在 PLC 的开关量输入端连接 PID 向导子程序，手动/自动选择等小开关（参见图 6-38 所示的 CPU_输入 0（I0.0））和连接写入设定值的小开关（参见图 6-38 所示的 CPU_输入 1（I0.1））。

3）按照本节内容，在软件的“工具”项调出“PID 整定控制面板”，并调出“高级选项”的界面做好 PID 自整定的准备，一般高级选项选默认值即可。

（2）PID 自整定操作

准备工作完成后即可开始 PID 自整定。运行 PLC，使 PID 向导开始工作。闭合手动/自动选择 CPU_输入 0（I0.0）的小开关，使 PID 向导处于“PID 自动控制”模式。运行 PID 整定控制面板。此时面板显示设定值 SP、过程值 PV、输出值 OUT 为 0，因此 3 条曲线显示也均为 0。初始采样时间和 PID 参数是 PID 向导内给定的，采样时间为 0.2s，增益为 1.8，积分为 0.2，微分为 0.002。此时不勾选“启用手动调节”复选框，即按向导设定的采样时间和控制面板当前 PID 参数自动运行。

1）闭合写入设定值的小开关 CPU_输入 1（I0.1），设定值 SP 产生 70% 的阶跃给定。如图 6-40a 所示，最初过程值 PV 出现超过 20% 的超调。由于在 PID 的调节作用下，过程值 PV 振荡逐步收敛，振荡越来越减小，如图 6-40b 所示 PV 曲线接近 SP 曲线。PID 整定控制面板下面的“状态”区提示：“调节算法正常完成。按下更新 CPU 授受建议的调节参数”。但此时自整定尚未开始，上述显示还是上一次自整定结束时显示的内容。单击控制面板中的“启动”按钮，开始进入 PID 自整定。

2）PID 自整定开始后，“启动”按钮显示变成“停止”显示，面板的“状态”区显示：“回路 0 正在进行自调节，自动滞后计算”。等待并观察曲线变化……当自动滞后计算结束以后，面板的“状态”区显示：“回路 0 正在进行自调节”。此时曲线开始显示自整定波形，如图 6-40c 所示：设定值 SP 曲线仍为 70% 水平线、过程值 PV 为振荡正弦波、PID 输出值 OUT 曲线由于传输滞后显示为梯形波，实际为方波。当输出值 OUT 方波 12 次过“0”后自整定结束，方波变成平滑波，PV 曲线逐步接近 SP 曲线。面板“状态”区重提示：“调节算法正常完成。按下更新 CPU 授受建议的调节参数”。此时“调节参数”区的“计算值”项显示自整定得到的 PID 参数如增益 2.984、积分 0.051、微分 0.018。按照提示单击“更新 CPU”按钮，上述新 PID 参数下载到 CPU，先使小开关 I0.1 置为 OFF，此时设定值 SP 阶跃下降为 0.0%，稍后 PV 曲线逐步下降到 0，再将小开关 I0.1 置为 ON，设定值 SP 阶跃上升为 70.0%，开始用自整定得到的 PID 参数进行 PID 控制。

3）图 6-40d 中的超调量比图 6-40a 中的超调量大为下降（约 10%），经过一个周波左右，PV 曲线基本与 SP 曲线重合。虽然超调量下降了一半还多，但还不是十分理想。可进行 PID 参数手动微调，实现性能的进一步优化。

4）勾选“启用手动调节”复选框，此时“调节参数”区的“计算值”项可修改，仅将积分 0.051 改为 0.081。再单击“更新 CPU”按钮，下载参数后再执行小开关 I0.1 置 OFF 后，等参数全为 0 后小开关 I0.1 再置 ON，得到如图 6-40e 所示的 PV 曲线，超调量再下降一半左右，得到了比较理想的 PID 参数。

6.5.4 S7-200 SMART PLC 结合智能仪表实现 PID 控制

采用 S7-200 SMART PLC 与智能仪表联用可以方便地完成 PID 控制功能。智能仪表作为一种标准化的自动化仪表是计算机集成技术、通信与信息技术、自动检测与自动控制技术综合发展的结果，技术已十分成熟。智能仪表品牌、型号/规格众多，能兼容各种工业信号，在工控领域得到了广泛应用。PLC 与智能仪表联用实际上是将第三方设备集成到 PLC 控制系统中来，可以发挥各家之长，大大增加控制器功能。智能仪表有强大的传感、变送功能，能直接驱动晶闸管、继电器、晶闸管调整器等功率元件，自带 PID 控制等多种复杂运算功能，因此，使用智能仪表可大大节省 PLC 模拟量模块，大大缩短和简化 PLC 程序。

本书以国产某品牌的通用型温控智能仪表为例，简单介绍智能仪表结合 PLC 实现 PID 控制的过程。

1. 常用智能仪表面板说明

常用的智能仪表面板如图 6-41 所示，各部分说明如下：

① PV——测量值显示窗。

② SV——给定值显示窗。

③ A-M——手动指示灯/自整定。

④ ALM1——AL1 事件动作时点亮对应的灯。

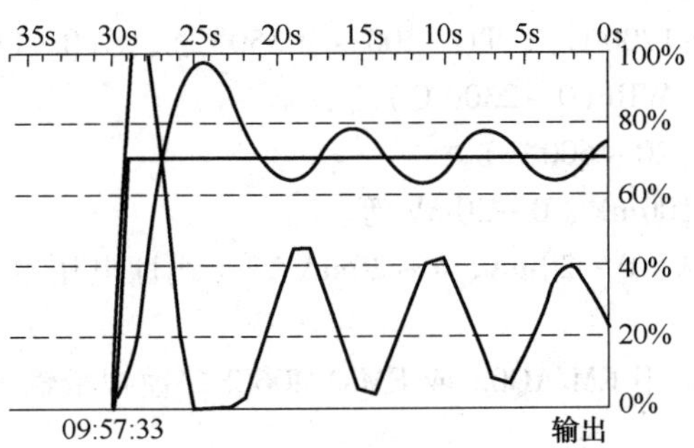

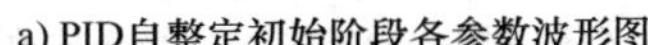
a) PID自整定初始阶段各参数波形图

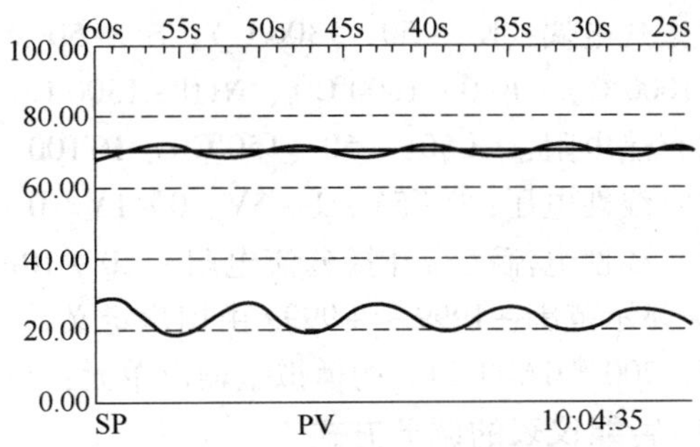

b) PID自整定振荡过程各参数波形图

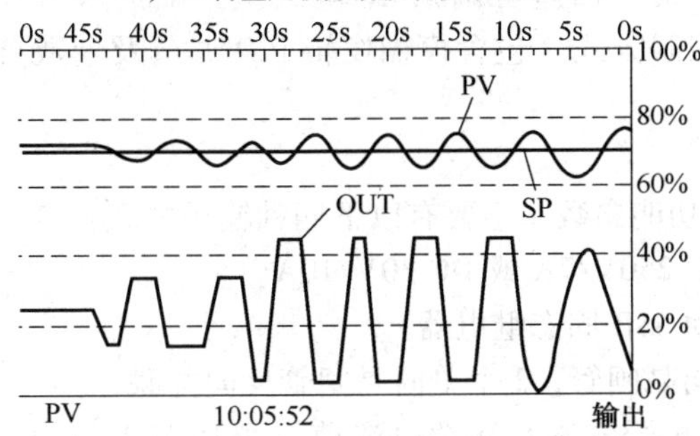

c) 自动滞后计算结束后参数波形图

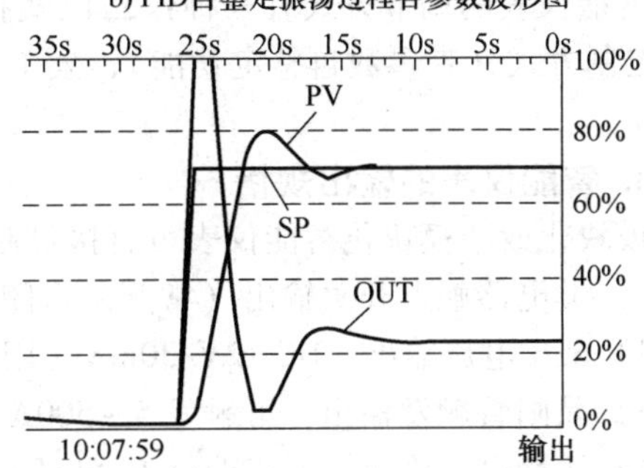

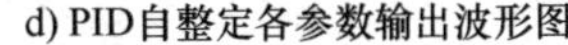
d) PID自整定各参数输出波形图

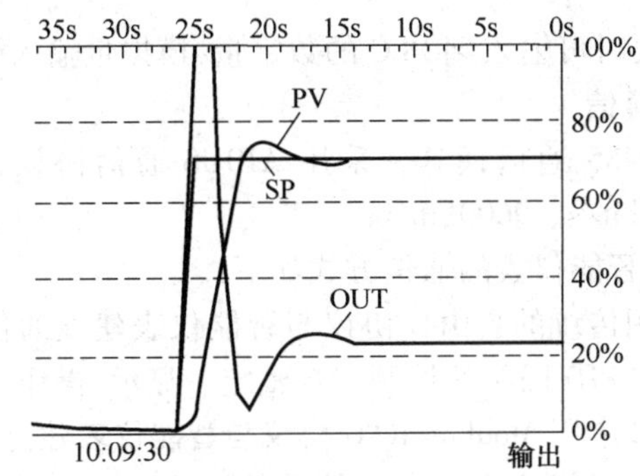

e) PID自整定手动调节后各参数波形图

图 6-40　PID 自整定各阶段波形

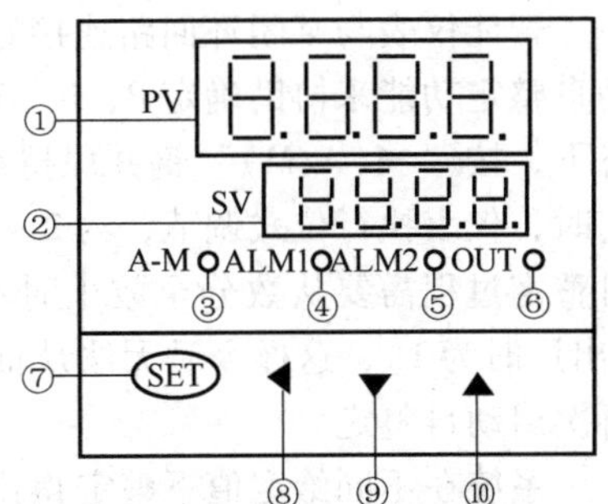

图 6-41　常用智能仪表面板说明

⑤ ALM2——AL2 事件动作时点亮对应的灯。

⑥ OUT——调节输出指示灯。

⑦ SET——功能键。

⑧ ◀——数据移位（兼手动/自动切换）。

⑨ ▼——数据减少键。

⑩ ▲——数据增加键。

智能仪表上电后，上显示窗口显示过程值 PV，下显示窗口显示设定值 SV。

OUT 输出指示灯：输出指示灯在线性电流输出时通过亮/暗变化反映输出电流的大小，在时间比例方式输出（继电器、固态继电器及晶闸管过零触发输出）时，通过闪动时间比例反映输出大小。

2. 智能仪表输入规格及 PLC 模拟量输出模块

智能仪表测量精度为 0.5 级 ±1 字。其输入参数范围如下：

1）热电偶：K(-50 ~ 1300℃)、S(-50 ~ +1700℃)、T(-200 ~ +350℃)、E(0 ~ 800℃)、J(0 ~ 1000℃)、B(0 ~ 1800℃)、N(0 ~ 1300℃)、WRe(0 ~ 2300℃)。

2）热电阻：CU50(-50 ~ 150℃)、PT100(-20 ~ 600℃)。

3）线性电压：0 ~ 5V、1 ~ 5V、0 ~ 1V、0 ~ 100mV、0 ~ 20mV 等。

4）线性电流（需外接分流电阻）：0 ~ 10mA、0 ~ 20mA、4 ~ 20mA 等（线性电压电流输入的最大显示范围 -1999 ~ +9999 由用户定义）。

S7-200 SMART PLC 的模拟量输出单元：可采用 EM AQ02 或 EM AM06 2 路模拟量输出模块。

3. 智能仪表的调节方式

智能仪表的调节方式有三种：二位式控制方式（回差可调），继电式执行器的输入；常规 PID 控制方式（带参数自整定功能）；人工智能控制方式（包含模糊逻辑 PID 调节及参数自整定功能）。

4. 智能仪表的输出规格

模块化或非模块化智能仪表可直接订制输出功能参数，主要有以下四种输出方式：

1）继电器触点开关输出（常开 + 常闭）：AC 250V/7A 或 DC 30V/10A。

2）SSR 电压输出：DC 12V/30mA（用于驱动 SSR 固态继电器）。

3）晶闸管触发输出：可触发 5 ~ 500A 的双向晶闸管，2 个单向晶闸管反向并联。

4）线性电流输出：0 ~ 24mA 间可任意定义起始电流及终端电流值（电压范围为 DC 11 ~ 23V）。

上述仪表的输出，必要时可输入到 PLC 的数字量/模拟量输入端。

5. 智能仪表及 PLC 通信

智能仪表通信支持 RS485 通信模式，采用 AIBUS 通信协议，波特率支持以下几种选择：1200bit/s、4800bit/s、7200bit/s、9600bit/s。

S7-200 SMART PLC 与智能仪表的通信方式如下：

1）S7-200 SMART 可用传统的自由口协议与智能仪表建立通信。实现 PLC 控制多台智能仪表，一台智能仪表负责某一 PID 回路的控制、自整定、显示/操作终端等。

2）S7-200 SMART PLC 应用 Modbus RTU 协议与智能仪表建立通信。其中 S7-200 SMART 作主站时，最多可控制 247 个智能仪表、变频器等第三方从站。具体应用参见本书 Modbus 有关内容。

6. 智能仪表 PID 自整定操作举例

智能仪表与某闭环回路连接好后，PID 参数自整定（At）开始，初次使用智能仪表时，可启动自整定功能来协助确定 P、I、D 等控制参数。初次启动自整定时，可将仪表切换到正常显示状态下，按“◀(A/M)”键并保持约 3s（At = 1 时），此时下排显示器交替显示“At”字样。自整定时，仪表执行位式调节，约 2 ~ 3 次振荡后，自动计算出 P、I、D 等控制参数。视不同系统，自整定过程需要从数分至数小时不等的时间。仪表在自整定成功后，会将参数“At”设置为 3（出厂时为 1），这样今后无法从面板再按“◀(A/M)”键启动自整定，可以避免人为的误操作再次启动自整定。

系统在不同给定值下整定得出的参数值不完全相同，执行自整定功能前，应先将给定值设置在最常用值或是中间值上。参数 t（控制周期）及 Hy（回差）的设置对自整定过程也有影响，一般来说，这两个参数的设定值越小，自整定参数准确度越高。但 Hy 值如果过小，则仪表可能因输入波动而在给定值附近引起位式调节的误动作，这样反而可能整定出彻底错误的参数。推荐 $t = 0.2\text{s}$，$Hy = 0.3$。

智能仪表操作流程图如图 6-42 所示。

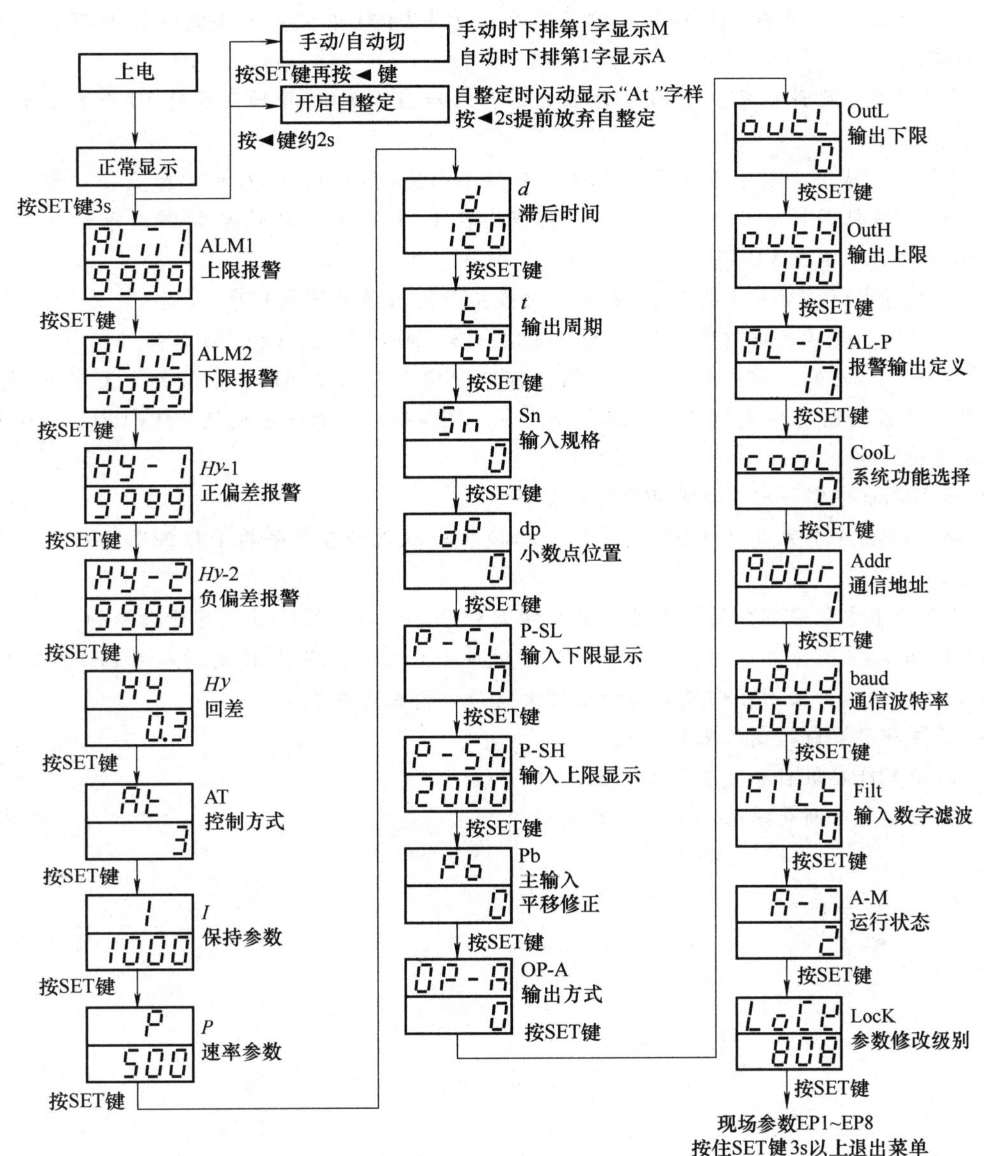

图 6-42　智能仪表操作流程图

习题与思考题

1. 将一个 16 位有符号整数（2800）转换成（0.0～1.0）之间的实数，结果存入 VD200。

2. 将实数 0.75 转换成一个有符号整数（INT），结果存入 AQW2。

3. 用整数除法指令将 VW100 中的（240）除以 8 后存放到 AC0 中。

4. 在 I0.2 的下降沿，将变量存储区 VW20～VW40 清零。

5. 半径（<10000 的整数）在 VW10 中，取圆周率为 3.1416，用数学运算指令计算圆周长，运算结果四舍五入转换为整数后，存放在 VW20 中。

6. 用循环移位指令设计一个彩灯控制程序，8 路彩灯串按 H1→H2→H3→…的顺序依次点亮，且不断重复循环。各路彩灯之间的间隔时间为 1s。

7. 有一个20层的电梯，轿厢所在楼层数存放于VW100中，将之转换成BCD码，并在电梯外显示楼层数。

8. 用循环指令设计程序，在I0.0的上升沿，求地址VD100开始存放的10个实数的和，结果存放于VD200。

9. 用带参数调用子程序方法设计程序。子程序求圆的面积，输入参数为直径（整数，小于27648），输出参数为圆的面积（实数），主程序在I0.1的上升沿带参数调用子程序，直径为10cm，运算结果存放在VD100中。

10. 用定时中断设置一个每0.1s采集一次模拟量输入值的控制程序。

11. 用时钟指令控制路灯的定时接通和断开，18：00时开灯，06：30时关灯。

12. 某一过程控制系统，其中一个单极性模拟量输入参数从AIW0采集到PLC中，通过PID指令计算出的控制结果从AQW0输出到控制对象。PID参数表的起始地址为VB100。试设计一段程序完成下列任务：

1）每100ms中断一次，执行中断程序。

2）在中断程序中完成对AIW0的采集、转换及标准化处理，并将PID回路输出值转换为刻度化整数。

13. PID输出中积分部分的作用是什么？增大积分时间对系统的性能有什么影响？

14. PID输出中微分部分的作用是什么？控制滞后系统时，用PI控制还是用PID控制？

15. PID控制，如果闭环响应的超调量过大，应调哪些参数？

16. 怎样确定PID控制的采样周期？

17. 启动PID参数自整定应满足什么条件？

18. 调用定时中断是瞬间调用还是长期调用？

第 7 章

S7-200 SMART PLC的通信及网络

随着计算机网络技术的发展和现代化企业自动化程度的不断提高，自动控制已由传统的集中式向多级分布式发展。为了适应这种要求，几乎所有的 PLC 生产厂家都为自己的产品配置了通信和联网功能，研制开发了 PLC 网络系统。利用网络通信功能，用户可以方便地构成一个灵活的集中分布式控制系统。

本章介绍西门子网络通信的基本概念及所采用的数据传送方式，着重介绍 S7-200 SMART PLC 通信功能。通过举例说明 S7-200 SMART PLC 以太网通信与自由口通信的实现方法，并结合实例讲解通信指令的使用。通过对本章的学习，能够根据需要配置 S7-200 SMART PLC 通信网络，通过以太网、自由口、Modbus RTU 以及 USS 通信等实现 S7-200 SMART PLC 的通信功能。在实际应用中，能够解决 PLC 与计算机、PLC 与 PLC、PLC 与其他智能控制设备之间的联网通信问题。

7.1 SIEMENS 工业自动化网络

7.1.1 SIEMENS PLC 网络的层次结构

现代大型工业企业中，一般采用多级工业控制网络。PLC 的制造商通常采用企业自动化网络金字塔模型来描述其产品可实现的功能。自动化网络金字塔的特点是上层负责生产管理，中间层负责生产过程的监控与优化，底层负责现场的检测与控制。

SIEMENS 公司的 S7 系列自动化网络金字塔模型如图 7-1 所示。

S7 系列自动化网络金字塔由 4 级组成，由上到下依次是公司管理级、工厂过程管理级、过程监控级和过程测量与控制级。通过 3 层工业控制总线将这 4 级子网连接起来。

最高层是工业以太网，其是一种开放式网络，使用通用协议，用于传送生产管理信息、实现管理—控制网络的一体化，可以集成到互联网，为全球联网提供条件。以太网在局域网（LAN）领域中的市场占有率高达 80%，通过广域网（如 ISDN 或 Internet），可以实现全球性的远程通信。网络距离可达 1.5km（电气网络）或 200km（光纤网络），规模可达 1024 站。

中间层为工业现场总线 PROFIBUS，主要可以完成现场管理、过程控制和监控的通信。PROFIBUS 是用于车间级和现场级的国际标准，是不依赖生产厂家的、开放式的现场总线，各种自动化设备都可以通过同样的接口交换信息。PROFIBUS 的传输速率最高为 12Mbit/s，响应时间的典型值为 1ms，使用屏蔽双绞线电缆时最长通信距离为 9.6km，使用光缆时最长通信距离为 90km，最多可接 127 个从站。

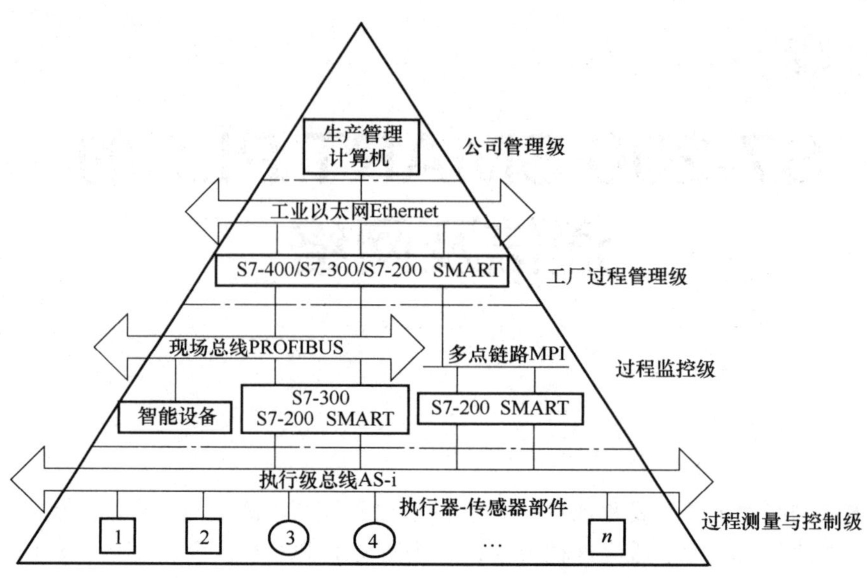

图 7-1 S7 系列自动化网络金字塔模型

最底层为 AS-i 总线。AS-i 是执行器-传感器接口（Actuator Sensor interface）的简称，是传感器和执行器通信的国际标准（EN50925 和 IEC62062-2），属于主从式网络，主要负责现场传感器和执行器的通信，也可以是远程 I/O 总线，负责 PLC 主机与远程分布式 I/O 模块之间的通信。AS-i 总线使用未屏蔽双绞线作为通信介质，响应时间小于 5ms，最长通信距离为 300m，最多可接 62 个从站，由总线提供电源，特别适合需要传送开关量的传感器和执行器。

7.1.2 网络通信设备

1. 通信端口

每个 S7-200 SMART 带有一个以太网通信端口和一个 RS485 端口（端口 0），标准型 CPU 额外支持 SB CM01 信号板（端口 1），信号板可以通过 STEP 7- Micro/WIN SMART 软件组态为 RS232 通信端口或 RS485 通信端口。外观如图 7-2 所示。

S7-200 SMART 的以太网通信端口支持以太网和基于 TCP/IP 的通信标准，通过以太网端口可以实现 S7-200 SMART 与编程设备、HMI 及其他 CPU 之间的数据通信。通过以太网端口进行通信是 S7-200 SMART PLC 相比较于 S7-200 PLC 最明显的一个特征。关于以太网的通信及应用将在 7.2 节中详细介绍。

另外，端口 0、端口 1 通信口是符合欧洲标准 EN 50170 中 PROFIBUS 标准的 RS485 兼容 9 针 D 型接口。接口引脚如图 7-3 所示，端口 0 的 RS485 引脚与 PROFIBUS 的对应关系见表 7-1。

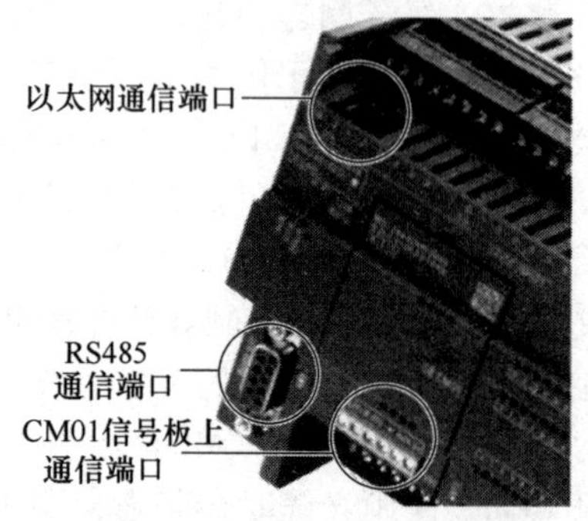

图 7-2 S7-200 SMART 通信端口

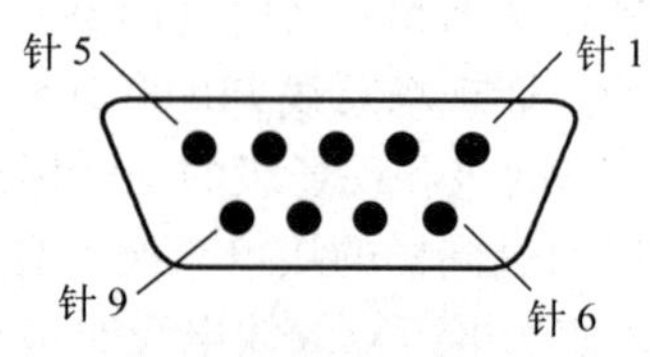

图 7-3 RS485 引脚

表 7-1　端口 0 的 RS485 引脚与 PROFIBUS 的对应关系

针　　号	PROFIBUS 名称
1	屏蔽
2	+24V 地
3	RS485 信号 B
4	请求发送信号（TTL）
5	+5V 地
6	+5V
7	+24V
8	RS485 信号 A
9	不用
端口外壳	屏蔽

2. 网络连接器

为了能够把多个设备很容易地连接到网络中，西门子公司提供了两种网络连接器，一种标准网络连接器（引脚分配见表 7-1）和一种带编程接口的连接器（见图 7-4），后者允许在不影响现有网络连接的情况下，再连接一个编程器或者一个操作面板到网络中。带编程接口的连接器可将 S7-200 SMART PLC 的所有信号（包括电源引脚）传到编程接口，这对于需要从 S7-200 SMART PLC 取电源的设备（如文本显示器 TD 400C）尤为有用。

网络连接器的开关在 ON 位置时，表示内部有终端匹配和偏置电阻，接线图如图 7-5 所示。在 OFF 位置时表示未接终端电阻。接在网络两个末端的连接器必须有终端匹配和偏置电阻，即开关应放在 ON 位置。

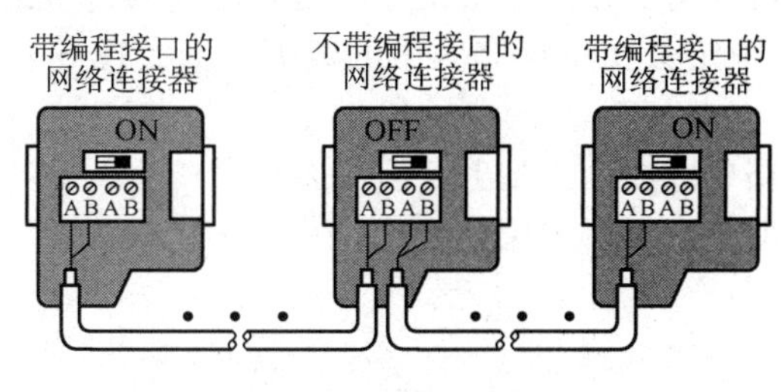

图 7-4　网络连接器

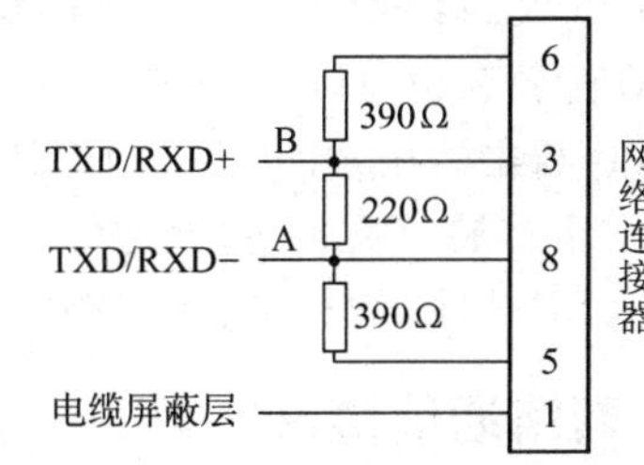

图 7-5　开关在 ON 位置时终端连接器接线图

3. 通信电缆

通信电缆主要有 PROFIBUS 网络电缆、PC/PPI 电缆和 PPI 多主站电缆。

（1）PROFIBUS 网络电缆

现场 PROFIBUS 总线使用屏蔽双绞线电缆。PROFIBUS 网络电缆的最大长度取决于通信波特率。当波特率为 9600 bit/s 时，网络电缆最大长度为 1200m。

（2）PC/PPI 电缆

PC/PPI 电缆是一种老型号 PLC 编程电缆，一端是 RS-485 接口，另一端是 RS-232C 接口，用于连接 PLC 和计算机等其他设备，与编程软件配合使用。S7-200 PLC 即使用 PC/PPI 编程电缆与编程设备通信。

（3）PPI 多主站电缆

PPI 多主站电缆的一端是 RS-485 接口，用来连接 PLC 主机；另一端是 RS-232C 或 USB 通信接口，用于连接计算机等其他设备，因此有 RS-232C/PPI 和 USB/PPI 两种电缆。RS-232C/PPI 多主站电缆的设置与 PC/ PPI 电缆略有不同，可根据具体需要来设置。RS-232C/PPI 多主站电缆经过适当的设置后，可以与 PC/PPI 电缆一样使用。USB/PPI 电缆不支持自由口通信。

4. 网络中继器

在网络中使用中继器可延长网络通信距离，增加接入网络的设备，并且能隔离不同的网络段，提高网络通信质量，如图 7-6 所示。RS485 中继器为网络段提供偏置电阻和终端电阻。

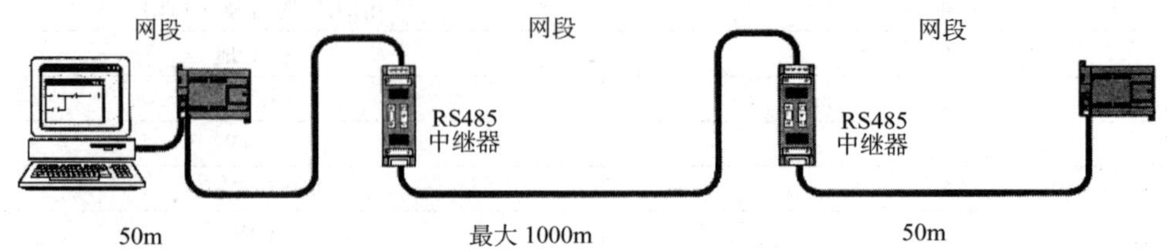

图 7-6　带有中继器的网络

若使用两个中继器而中间没有其他节点，网络的通信距离按照所使用的波特率可扩展一个网段的长度（最多 1000m）。在一个串联网络中，最多可使用 9 个中继器，每个中继器最多可增加 32 个设备，但网络总长度不能超过 9600m。

网络中继器虽被作为网段的一个节点，但不必指定站地址。

5. PROFIBUS-DP 通信模块

使用 EM DP01 扩展模块可以将 S7-200 SMART CPU 作为 PROFIBUS-DP 从站连接到 PROFIBUS 通信网络，PROFIBUS-DP 网络通常由一个主站和多个从站组成。EM DP01 扩展模块通过 DP 通信端口连接到 PROFIBUS-DP 网络中的一个主站，通过串行 I/O 总线连接到 S7-200 SMART CPU 模块。EM DP01 扩展模块上的 DP 从站端口可按 9600bit/s ~ 12Mbit/s 的波特率运行，最大允许 244 输入字节和 244 输出字节。EM DP01 扩展模块可作为从站向主站发送数据和接收来自主站的数据及 I/O 配置，也可以读写 S7-200 SMART CPU 中定义变量存储区中的数据块，实现 S7-200 SMART CPU 与主站在 PROFIBUS-DP 协议下通信。

EM DP01 扩展模块通过 DP 通信端口连接到网络中的一个主站上，但仍能作为一个从站与同一网络中的 SIMATIC 编程器、S7-300 或 S7-400 CPU 等其他主站通信。

7.1.3　网络通信协议

西门子 S7-200 SMART PLC 所用的不同形式的通信可以分别使用相应的协议。

1. 以太网通信协议

S7-200 SMART CPU 以太网通信端口从 V2.2 版本开始支持 TCP、UDP 和 ISO on TCP 等开放式用户通信（OUC）及 Modbus TCP 通信。

开放式用户通信提供了一种可使程序通过以太网发送和接收消息的机制。下面介绍以太网通信协议的传输机制：UDP、TCP 或 ISO-on-TCP。

UDP（用户数据报协议）：UDP 使用一种协议简单的无连接传输模型。UDP 的可靠性仅等同于底层网络，无法确保对发送、定序或重复消息提供保护。对于数据的完整性，UDP 还提供了校验和，并且通常用不同的端口号来寻址不同函数。

TCP（传输控制协议）：TCP 是一个因特网核心协议。在通过以太网通信的主机上运行的应用程序之间，TCP 提供了可靠、有序并能够进行错误校验的消息发送功能，能保证接收和发送的所有字节内容和顺序完全相同。TCP 在主动设备（发起连接的设备）和被动设备（接受连接的设备）之间创建连接，一旦建立连接，任一方均可发起数据传送。TCP 是一种“流”协议。这意味着消息中不存在结束标志。所有接收到的消息均被认为是数据流的一部分。

ISO-on-TCP 是一种使用 RFC 1006 的协议扩展。ISO-on-TCP 的主要优点是数据有一个明确的结束标志，这样就可以知道何时接收到了整条消息。Put/Get 使用了 ISO-on-TCP。ISO-on-TCP 仅使用 102 端口，并利用 TSAP（传输服务访问点）将消息路由至适当接收方。ISO-on-TCP 对接收到的每条消息进行划分。例如，客户端使用 ISO-on-TCP 向服务器发送三条消息。即使服务器在对收到的消息进行校验前会等待集齐所有消息，每条消息一经发出，服务器仍会接收每条消息且明确看到的是三条不同消息。这是 TCP 与 ISO-on-TCP 的不同之处。

2. PPI 协议

PPI（Point-to-Point Interface）协议用于点对点接口，它是一个主/从协议。其特点是主站设备向从站设备发送请求，从站设备进行响应。从站设备并不发出消息，而是等待主站向其发送请求或对其轮询，要求其进行响应。

主站通过由 PPI 协议管理的共享连接与从站进行通信。PPI 不会限制可以与从站通信的任何一个主站，并且在同一网络中最多安装 32 个主站。

PPI 高级协议允许网络设备在设备之间建立逻辑连接。对于 PPI 高级协议，每台设备可提供的连接数是有限的。比如，端口 0 或者端口 1 在波特率为 9.6kbit/s、19.2kbit/s 或 187.5kbit/s 时都最多支持 4 个连接。

所有的 S7-200 SMART CPU 都支持 PPI 协议和 PPI 高级协议。但是端口 0 和端口 1 不支持 CPU 之间的 PPI 通信，可以支持 CPU 与 HMI 之间的 PPI 通信。

3. PROFIBUS 协议

PROFIBUS 协议是一种根据欧洲标准 EN 50170 定义的远程 I/O 通信协议。遵循这一标准的设备即使由不同的公司所制造，也能够互相兼容。PROFIBUS DP 标准通信中，DP 代表分布式设备，即远程 I/O；PROFIBUS 代表过程现场总线。PROFIBUS 系统使用一个总线控制器轮询 RS485 串行总线上多点型分布的 DP I/O 设备。

PROFIBUS 设备种类繁多，许多制造商都能提供。这些设备从简单的输入或输出模块到复杂的电动机控制器和 PLC，应有尽有。PROFIBUS DP 设备是指任何能够处理信息并将其输出发送到主站的外围设备。DP 设备因其没有总线访问权，构成网络中的被动站，只能对接收到的消息给予确认或应主站请求发送响应信息。所有 PROFIBUS DP 设备均具有相同的优先级，所有网络通信均源自主站。

PROFIBUS 描述了总线访问与传输协议，并规定了数据传输介质的属性。PROFIBUS DP（DP 标准）描述了 DP 主站与 DP 设备之间的周期性高速数据交换。该标准定义了组态与参数分配的过程，解释了如何使用分布式 I/O 功能实现周期性数据交换，并列出了所支持的诊断选项。

S7-200 SMART CPU 可通过 EM DP01 扩展模块连接到 PROFIBUS DP 网络。该端口支持 9.6kbit/s ~ 12Mbit/s 之间的任一 PROFIBUS 波特率。EM DP01 不仅限于传输 I/O 数据，还传送输入、计数器值、定时器值或任何其他输入 S7-200 SMART CPU 中变量存储器的值。EM DP01 作为 PROFIBUS DP 设备，可从 DP 主站接受多种不同的 I/O 组态，这有助于用户根据应用要求定制数据传输量。

4. USS 协议

STEP7-Micro/WIN SMART 指令库中提供专门用于通过 USS 协议与电动机变频器进行通信的预组态子例程和中断例程，从而更加便捷地控制西门子变频器。可使用 USS 指令控制物理变频器和读/写变频器参数。关于使用 USS 协议的要求可以参考本章第 7.5.1 节。

5. 自由口协议

自由口协议是指通过用户程序控制 CPU 主机的自由端口的操作模式，用自定义的通信协议来进行通信。自由端口在 S7-200 SMART PLC 上包括 RS485 端口（端口 0）或者信号板上 RS485/RS232

端口（端口 1），它可以使 S7-200 SMART PLC 与任何通信协议公开的设备或控制器进行通信。

当选择自由口模式且主机处于 RUN 模式下，用户可通过发送/接收中断、发送/接收指令编写的程序来控制串行通信口的运作。当主机处于 STOP 模式时，自由口通信被终止，通信口自动切换到正常的 PPI 协议操作。

通信协议完全由用户程序控制，通过 SMB30（端口 0）或者 SMB130（端口 1）可设置允许自由口模式。

7.1.4 通信连接

在 7.1.1 节中提到，西门子 S7-200 SMART PLC 的通信口包括以太网通信端口和 RS485 端口。其中，以太网通信端口支持与编程设备、HMI 以及支持 S7 协议、支持 TCP/IP 的设备进行通信；另外，CPU 上或者信号板上的 RS485 端口可以实现串口通信，支持自由口协议、USS 协议、Modbus RTU 协议以及 PPI 协议等。通信功能及通信连接如图 7-7 所示。

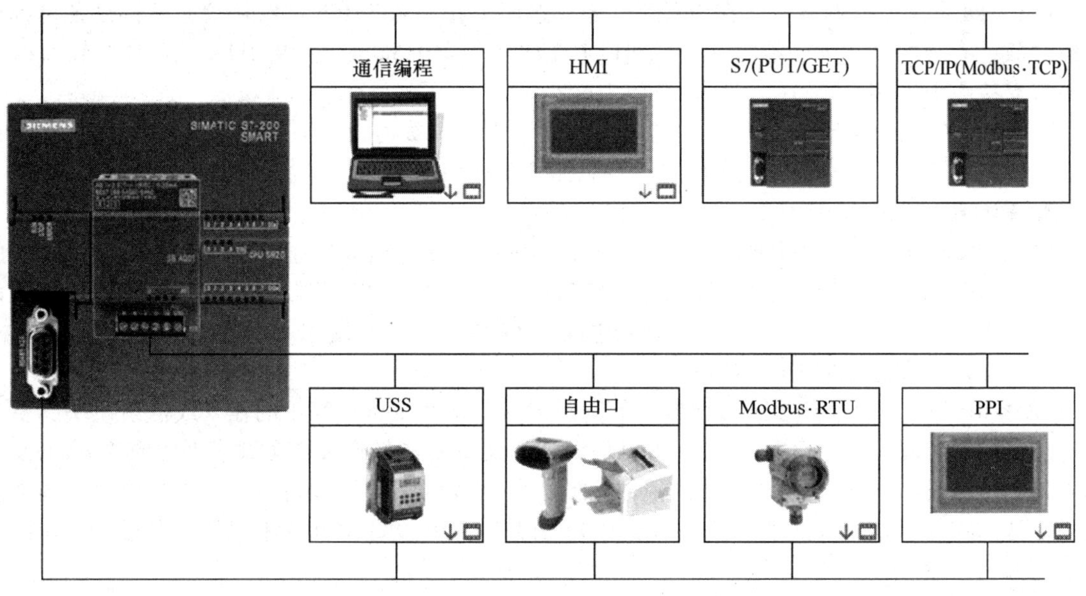

图 7-7 S7-200 SMART PLC 通信功能及通信连接

S7-200 SMART 可实现 CPU、编程设备和 HMI 之间的多种通信。另外，CPU 最多可支持下列数量的异步通信连接：

1）以太网通信端口：

① HMI/OPC 连接：8 个专用 HMI/OPC 连接。

② PG 连接：1 个编程设备（PG）连接。

③ 对等（GET/PUT）连接：8 个支持 S7-200 SMART CPU 或其他网络设备的连接。

④ 开放式用户通信（OUC）连接：8 个主动（客户端）连接和 8 个被动（服务器）连接。

2）集成的 RS485 端口（端口 0）：4 个支持 HMI 设备的连接。

3）CM01 信号板（SB）RS232/RS485 端口（端口 1）：4 个支持 HMI 设备的连接。

4）PROFIBUS 端口：每个 EM DP01 模块可支持 6 个连接，其中 1 个预留给 HMI 设备。

还需要说明的是：

1）S7-200 SMART CPU 使用 GET 和 PUT 指令进行 CPU 间的通信。

2）STEP7-Micro/WIN SMART 只能通过以太网通信端口连接到 S7-200 SMART CPU。

3）一个编程设备一次只能监视一个 CPU。

4）RS485 和 RS232 端口仅适用于 HMI 访问（数据读/写）和自由端口通信。

7.2　以太网通信及应用

7.2.1　以太网通信概述

以太网是一种差分（多点）网络，最多可有 32 个网段、1024 个节点。以太网可实现高速（高达 100Mbit/s）长距离（铜缆：最远约为 1.5km；光纤：最远约为 4.3km）数据传输。

S7-200 SMART CPU 以太网通信端口不支持 TCP、UDP 和 ISO on TCP 等开放式用户通信及 Modbus TCP 通信，只支持专为西门子控制产品优化设计的 S7 协议。

使用 S7-200 SMART CPU 以太网网络时，有三种不同类型的通信选项：将 CPU 连接到编程设备；将 CPU 连接到 HMI；将 CPU 连接到另一个 S7-200 SMART CPU。如图 7-8 所示。

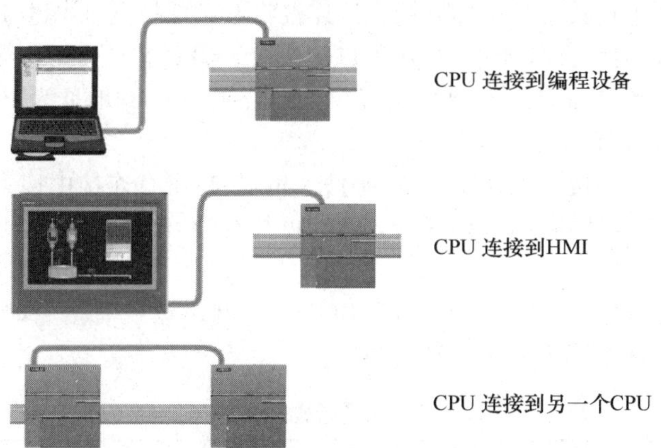

图 7-8　三种不同类型的以太网通信

编程设备或 HMI 与 CPU 之间的直接连接不需要以太网交换机，由于 CPU 上的以太网通信端口不包含以太网交换设备，含有两个以上的 CPU 或 HMI 设备网络通信时需要以太网交换机，如图 7-9 所示。可以使用普通交换机来连接多个 CPU 和 HMI 设备，图 7-9 中使用的是西门子 4 端口专用以太网交换机 CSM1277。

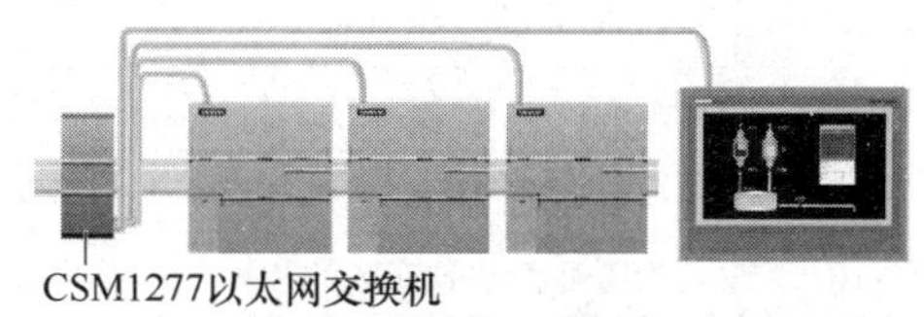

图 7-9　多个设备通过以太网交换机连接

本小节主要介绍 S7-200 SMART CPU 之间的以太网通信以及 S7-200 SMART CPU 与 HMI 设备之间的以太网通信。

7.2.2　S7-200 SMART CPU 之间的通信

S7-200 SMART CPU 之间可以通过 GET/PUT 指令实现通信。GET/PUT 指令还可以实现 S7-200 SMART CPU 与 S7-300/400/1200 CPU 之间的以太网通信。

1. GET 和 PUT 指令

（1）指令格式

GET 和 PUT 指令格式见表 7-2。

表7-2　GET和PUT指令格式

指令名称	梯形图	语句表	操作数	功能
网络GET	GET: EN ENO, TABLE	GET table	TBL：IB、QB、VB、MB、SMB、SB、＊VD、＊LD、＊AC	GET指令启动以太网端口上的通信操作，从远程设备获取数据（如说明表(TABLE)中的定义） GET指令可从远程站读取最多222B的信息
网络PUT	PUT: EN ENO, TABLE	PUT table	TBL：IB、QB、VB、MB、SMB、SB、＊VD、＊LD、＊AC	PUT指令启动以太网端口上的通信操作，将数据写入远程设备（如说明表(TABLE)中的定义） PUT指令可向远程站写入最多212B的信息

程序中可以有任意数量的GET和PUT指令，但在同一时间最多只能激活16个GET或PUT指令。例如，在给定的CPU中可以同时激活8个GET和8个PUT指令，或6个GET和10个PUT指令。当执行GET或PUT指令时，CPU与GET或PUT表中的远程IP地址建立以太网连接。该CPU可同时保持最多8个连接。连接建立后，该连接将一直保持到在CPU进入STOP模式为止。

针对所有与同一IP地址直接相连的GET/PUT指令，CPU采用单一连接。例如，远程IP地址为192.168.2.10，如果同时启用3个GET指令，则会在一个IP地址为192.168.2.10的以太网连接上按顺序执行这些GET指令。

如果尝试创建第9个连接（第9个IP地址），CPU将在所有连接中搜索，查找处于未激活状态时间最长的一个连接。CPU将断开该连接，然后再与新的IP地址创建连接。

（2）传送数据表

1）数据表（TBL）格式。S7-200 SMART CPU执行网络读、写指令时，CPU之间的数据以数据表的格式传送。传送数据表的格式见表7-3。

表7-3　传送数据表的格式

字节偏移量	名　称	描　述
0	状态字节	反映网络指令的执行结果状态及错误码
1~4	远程站IP地址	被访问网络的PLC远程从站地址
5	预留	必须设置为零
6	预留	必须设置为零
7~10	指向远程站数据区的指针	存放被访问远程从站数据区（I、Q、M、V或DB1数据区）的首地址
11	数据长度	远程从站上被访问的数据区的长度
12~15	指向本地站数据区的指针	存放本地站数据区（I、Q、M、V或DB1数据区）的首地址

2）状态字节。传送数据表中的第一个字节为状态字节，各位含义如下：

第7位　　　　　　　　　　　　第0位

D	A	E	0	E1	E2	E3	E4

D位：操作完成位。0：未完成；1：已完成。

A位：有效位，操作已被排队。0：无效；1：有效。

E位：错误标志位。0：无错误；1：有错误。

E1~E4为错误码。如果执行读、写指令后E位为1，则由这4位返回一个错误码。这4位组成的错误编码及含义参阅S7-200 SMART PLC系统手册。

2. GET 和 PUT 指令应用实例

本实例中以两台 S7-200 SMART CPU 之间的以太网通信为例，介绍使用 GET/PUT 指令实现 S7-200 SMART CPU 之间以太网通信的编程方法。

如图 7-10 所示，假设两台 S7-200 SMART CPU 分别是 CPU1 和 CPU2，通过交换机或者路由器与编程设备之间形成以太网通信，编程设备已安装 STEP7-Micro/WIN SMART 编程软件。其中，CPU1 为甲站，CPU2 为乙站，设置甲站 CPU1 的 IP 地址为 192. 168. 2. 100，设置乙站 CPU2 的 IP 地址为 192. 168. 2. 101，实验要求通过调用 GET/PUT 指令将 CPU1 的实时时钟信号写入 CPU2 中，并把 CPU2 中的实时时钟信号读入 CPU1 中。甲站、乙站 CPU 的主程序如图 7-11 所示。

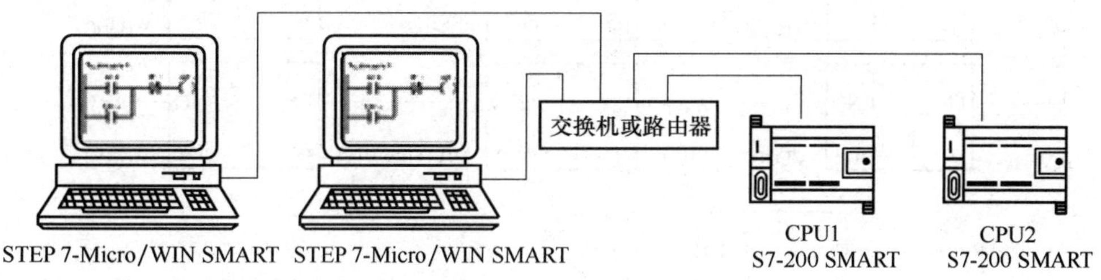

图 7-10　网络结构

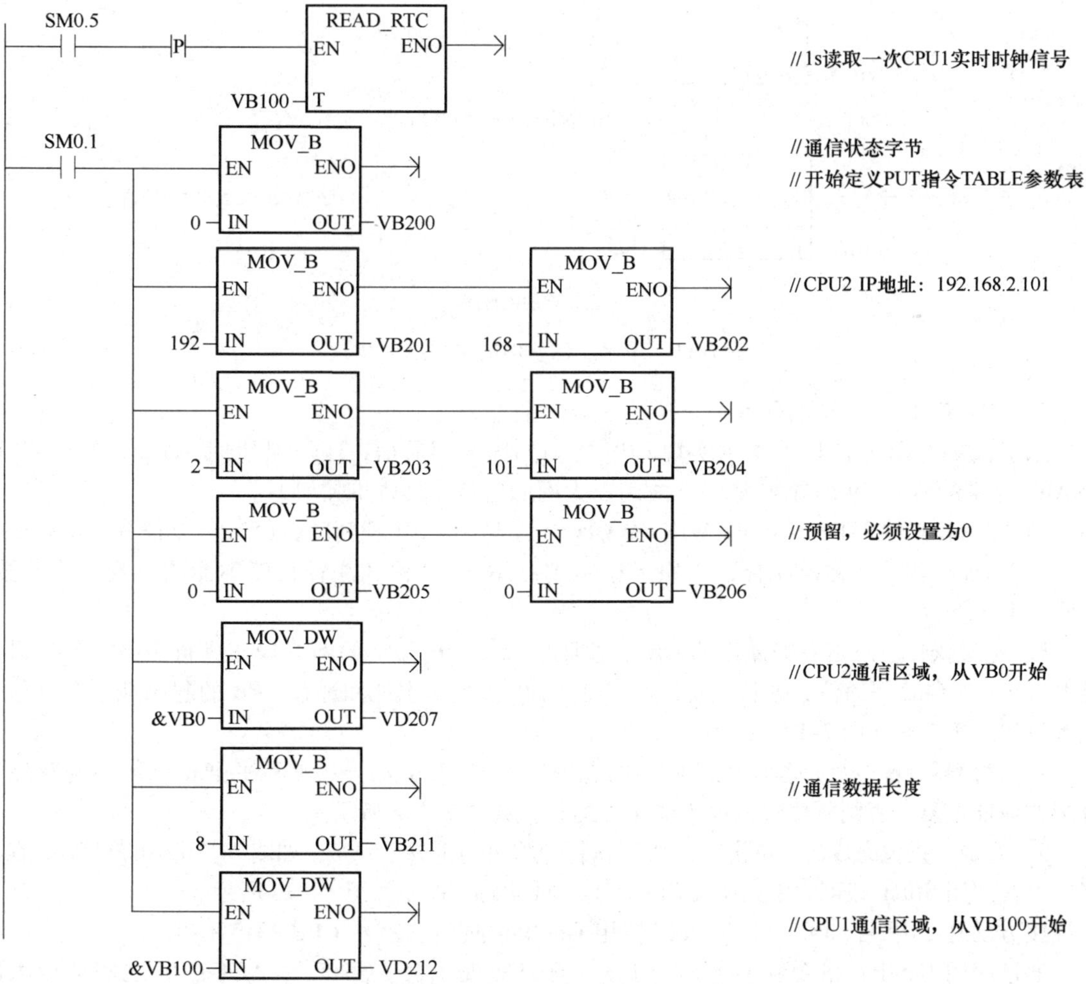

```
SM0.5 ─| |─|P|─ READ_RTC (EN, ENO; T: VB100)                 //1s读取一次CPU1实时时钟信号

SM0.1 ─| |─┬─ MOV_B (EN, ENO; IN: 0, OUT: VB200)              //通信状态字节
           │                                                  //开始定义PUT指令TABLE参数表
           ├─ MOV_B (IN: 192, OUT: VB201) ── MOV_B (IN: 168, OUT: VB202)   //CPU2 IP地址：192.168.2.101
           ├─ MOV_B (IN: 2, OUT: VB203) ── MOV_B (IN: 101, OUT: VB204)
           ├─ MOV_B (IN: 0, OUT: VB205) ── MOV_B (IN: 0, OUT: VB206)       //预留，必须设置为0
           ├─ MOV_DW (IN: &VB0, OUT: VD207)                   //CPU2通信区域，从VB0开始
           ├─ MOV_B (IN: 8, OUT: VB211)                       //通信数据长度
           └─ MOV_DW (IN: &VB100, OUT: VD212)                 //CPU1通信区域，从VB100开始
```

a) 甲站中的主程序

图 7-11　甲站、乙站中的主程序

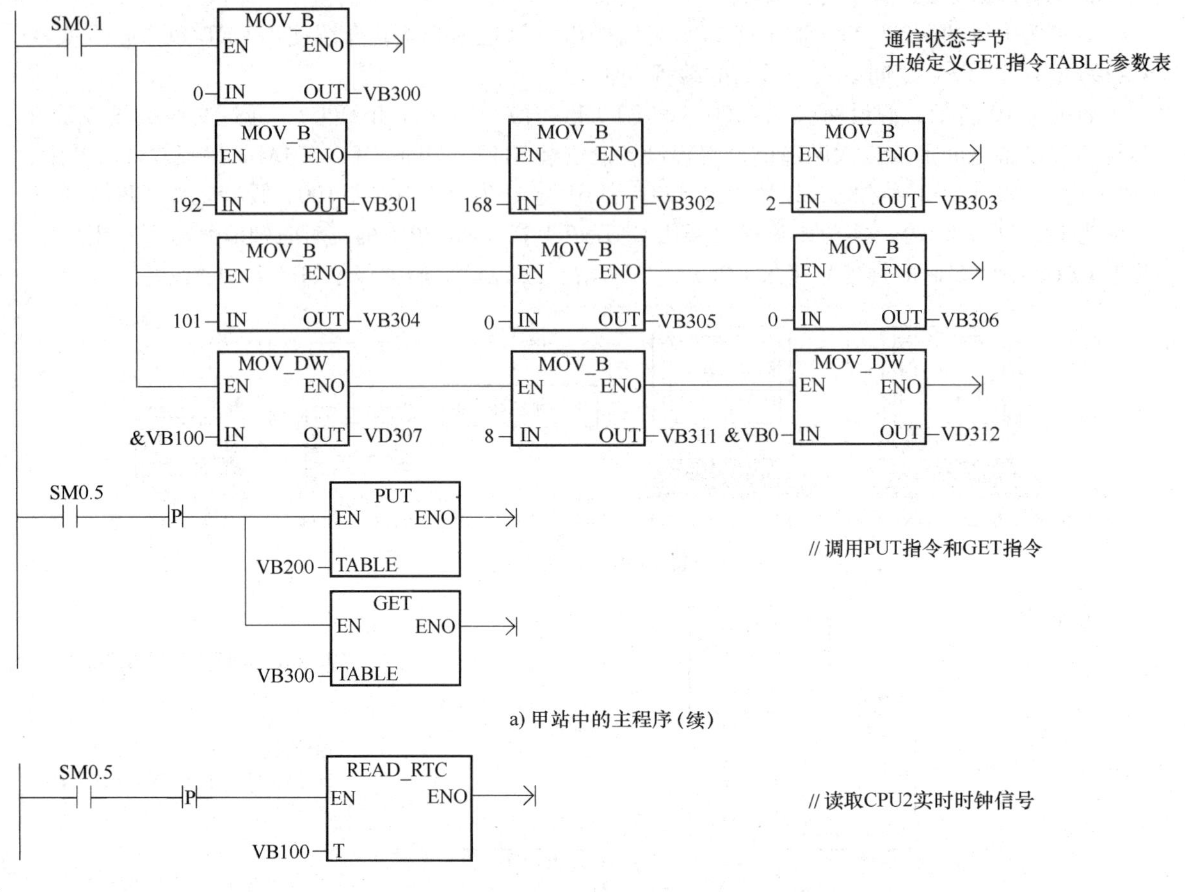

a) 甲站中的主程序（续）

b) 乙站中的主程序

图 7-11 甲站、乙站中的主程序（续）

3. 使用 Get/Put 向导编程

除了直接用 GET 和 PUT 指令实现 CPU 之间的以太网通信，还可以使用 STEP 7-Micro/WIN SMART 自带的 Get/Put 向导实现 CPU 之间以太网的通信。具体步骤如下：

1）在编程软件 STEP 7-Micro/WIN SMART“工具”菜单下找到“Get/Put”功能并单击启动。

2）添加操作的名称及注释，比如“甲站到乙站”，名称和注释长度不能超过规定字符数。如图 7-12a 所示。

3）定义操作。双击左侧操作的名称，按照要求，对已添加的两个操作进行定义，包括操作类型（Put 或 Get）、通信数据长度、远程 CPU 的 IP 地址、本地和远程 CPU 的起始地址和通信区域等，如图 7-12b 和图 7-12c 所示。

4）存储器分配。确保程序中已使用的地址以及 Get/Put 向导中使用的通信区域不与存储器分配的地址重复，否则将导致程序不能正常运行。如图 7-13a 所示。

5）生成。设置完成后，单击“生成”按钮，将自动生成子程序，如图 7-13b 中的 SBR1，在程序中直接调用 SBR1 即可。甲站中使用 Get/Put 向导的主程序如图 7-13b 所示。

该方法中，甲站 CPU 主程序可以使用 Get/Put 向导，乙站 CPU 程序不变。

通过使用 Get/Put 指令和 Get/Put 向导均可以实现 2 台 S7-200 SMART CPU 之间的以太网通信。

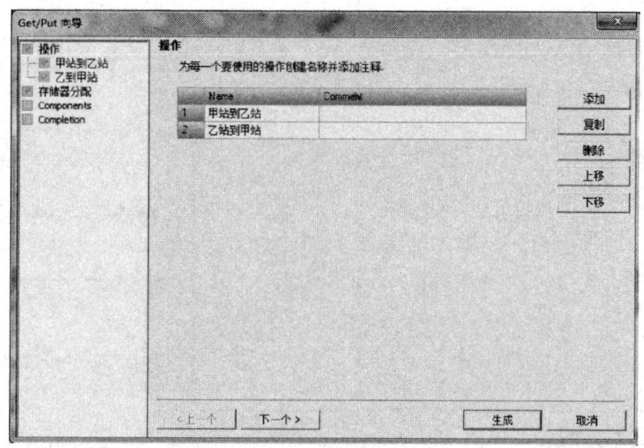

a) 添加操作的名称及注释

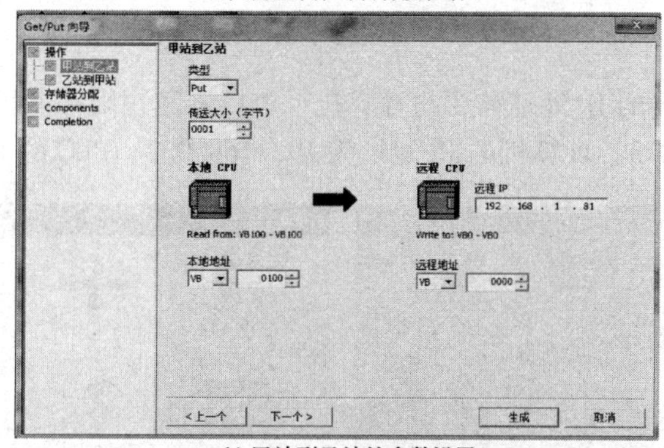

b) 甲站到乙站的参数设置

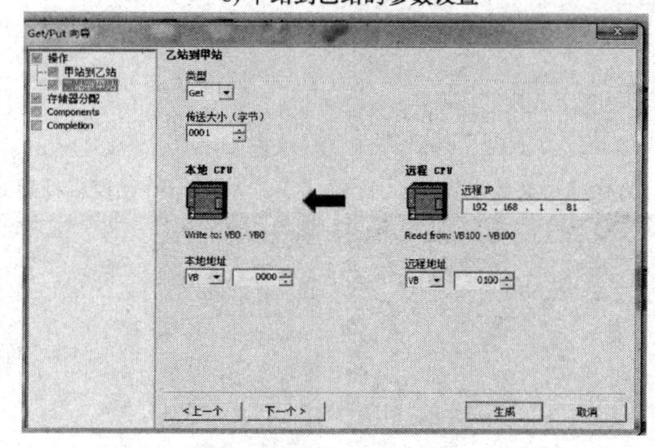

c) 乙站到甲站的参数设置

图 7-12　添加操作及参数设置

7.2.3　S7-200 SMART CPU 与 SMART LINE 触摸屏之间的通信

本节以西门子 SMART 700 IE V3 触摸屏为例，通过以太网实现上位机与触摸屏之间、PLC 与触摸屏之间的通信。下面将详细介绍具体操作过程。

1. 触摸屏参数设置

首次使用触摸屏时，需先设置触摸屏 IP 地址等参数。通电后，触摸屏会进入装载主界面，如图 7-14a 所示，单击“Control Panel”按钮，进入触摸屏控制面板（见图 7-14b），双击“Transfer”图标，进入“Transfer Settings”对话框，选中激活“Enable Channel”和“Remote Control”（“☒”图标为选中），如图 7-14c 所示，在“Advance”下的“IP Address”选项卡中设置 IP 地址、子网掩码和网关，如图 7-14d 所示，也可以在“Control Panel”控制面板菜单下，双击“Ethernet”查看或修

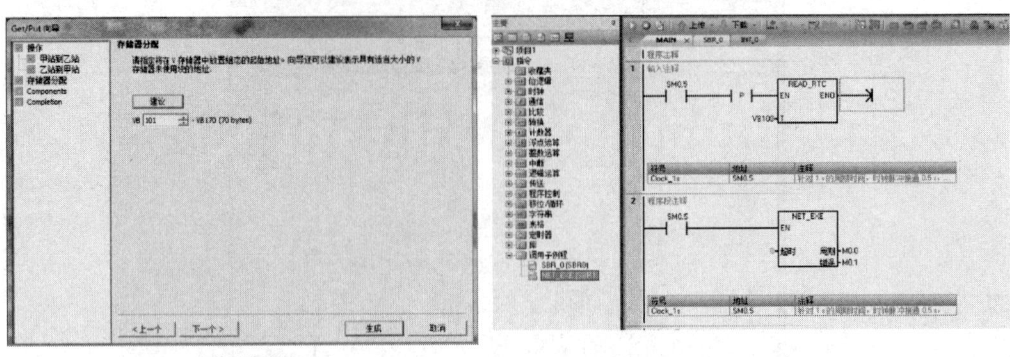

a) 存储器分配　　b) 调用向导

图 7-13　设置参数及调用向导

改 IP 地址。注意：触摸屏的 IP 地址需要与计算机、PLC 之间在同一网段（本节示例中设置触摸屏的 IP 地址为 192. 168. 0. 3，计算机的 IP 地址为 192. 168. 0. 2，PLC 的 IP 地址为 192. 168. 0. 1）。

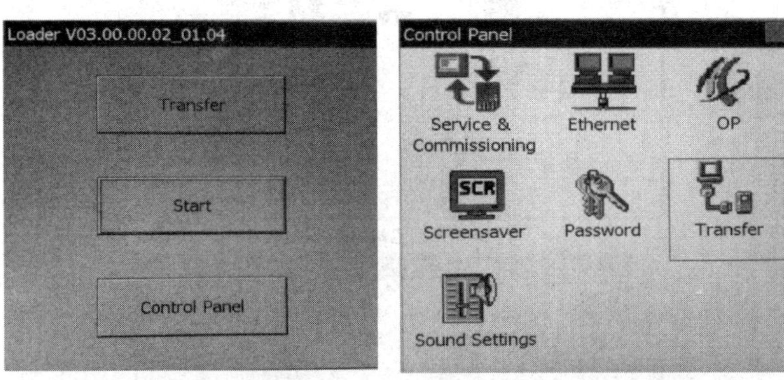

a) 触摸屏装载主界面　　b) 触摸屏控制面板

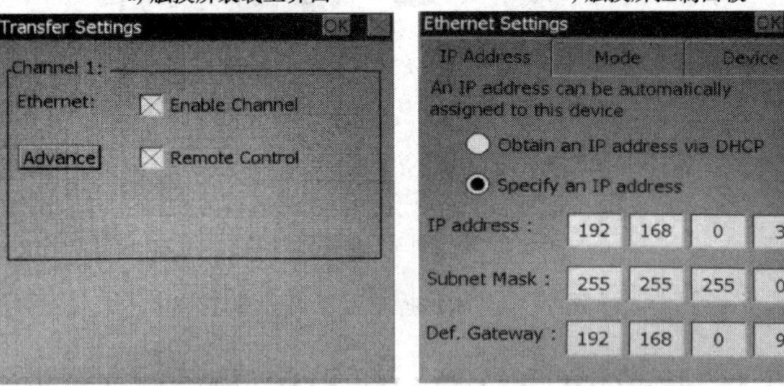

c) Transfer Settings 界面　　d) Ip Address 选项卡

图 7-14　触摸屏装载主界面及参数设置界面

2. WinCC 软件的使用

（1）编辑图像

选择 WinCC Flexible SMART V3 版本软件作为触摸屏的编程软件。安装完成后，打开软件，创建一个新项目并选择对应的屏幕型号（这里选择 SMART 700 IE V3），默认为画面 1，在右侧工具栏选择对应的图形或者按钮等对象拖动到中间画图区域进行编辑，如图 7-15a 所示。双击画图区域中新增的图形或者按钮，可以对其属性、动画和事件等进行设置，如图 7-15b 所示。这里以

3 个开关控制 3 个颜色彩灯的简单程序为例介绍 WinCC 软件的使用方法，对应的 PLC 的程序如图 7-15c 所示。

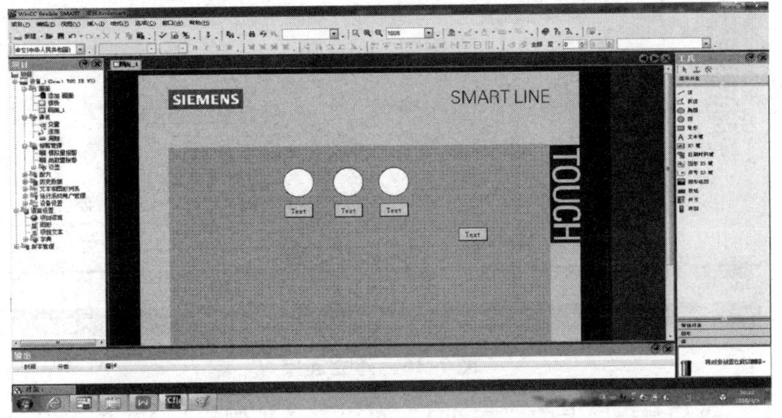

a) WinCC主界面

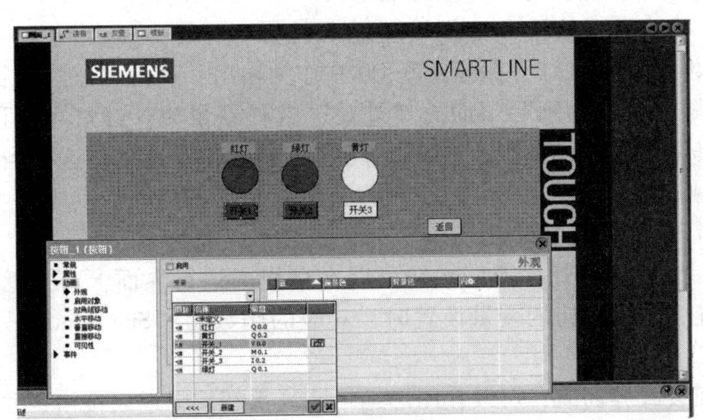

b) 图形或者按钮属性编辑界面

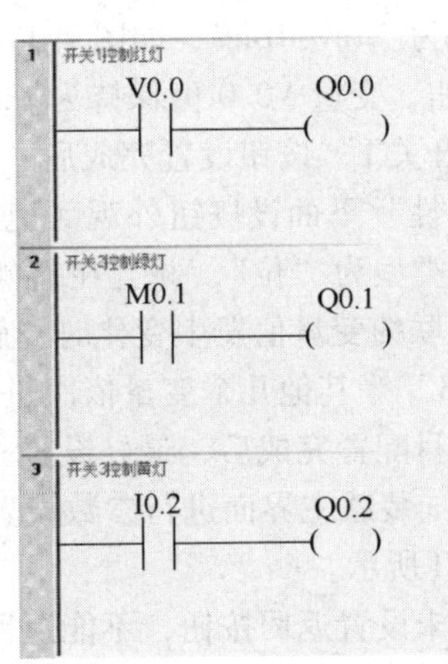

c) PLC中的梯形图程序

图 7-15　编辑图像与 PLC 编程

（2）建立连接

双击主界面左侧项目栏中的“连接”，添加一个新的 SIMATIC S7 200 Smart 连接，在该连接下面的参数区域，选择“以太网”接口，并填写 PLC 和 HMI 设备 IP 地址，再次强调，PLC 和 HMI 设备 IP 地址必须与编程设备（计算机）的 IP 地址在同一网段，如图 7-16 所示。

（3）设置与关联变量

图形和按钮等所需对象编辑完成，并且建立连接后就可以设置变量了。双击左侧项目栏中的“变量”，根据实际需要来设置 WinCC 中的变量，这里设置 6 个变量，3 个输入（V0.0、M0.1、I0.2），3 个输出（Q0.0、Q0.1、Q0.2），数据类型均设为 BOOL 型，如图 7-17a 所示。

变量设置完成后，将其关联到图像和按钮，双击编辑区域中的图像或按钮，通过设置其相关属性参数（“常规”“属性”“动画”“事件”），可以关联图像和按钮对应的变量，如图 7-17b 所示。

比如，设置“开关 1”按钮关联变量 V0.0，双击“开关 1”按钮，在“常规”下面设开关状态下的文本；在“属性”下面设按钮外观颜色等；在“动画”下面的“外观”选择变量为“开关 1”，如图 7-17b 所示。同时，在“事件”下面，设置“按下”的函数为“SetBit”，并且选择对应的变量为“开关 1”，如图 7-17b ~ c 所示；“释放”的函数为“ResetBit”，选择对应的

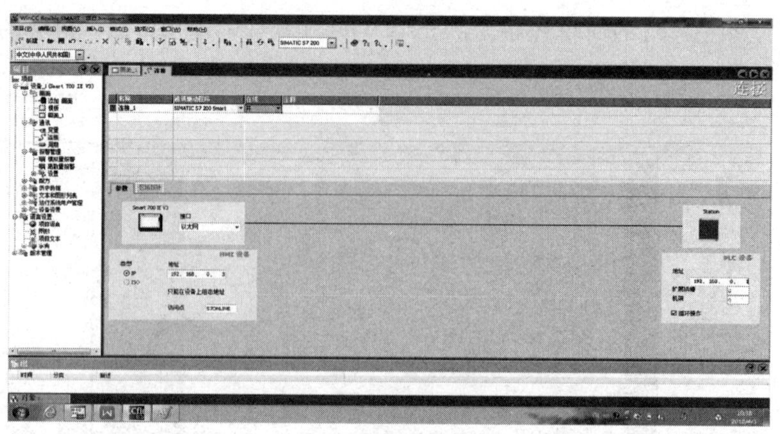

图 7-16 建立连接

变量为“开关 1”。这样触摸屏上的“按钮 1”可以直接控制变量 V0.0，按下按钮，变量 V0.0 值为 1，释放按钮，变量 V0.0 值为 0。另外，对“事件”属性进行设置时，还可以设置“单击”的函数为“InvertBit”，如图 7-17d 所示，并且选择对应的变量为“开关 1”，这样，按下“开关 1”按钮，变量 V0.0 值保持为 1，再次按下按钮，变量 V0.0 值保持为 0。

“开关 1”按钮设置完成后，再设置“红灯”图像关联 Q0.0 作为输出。双击“红灯”图像，在“属性”下面设按钮外观颜色等；在“动画”下面的“外观”选择变量为“红灯”，可以选择数据类型为“位”，并且在右侧设置“0”和“1”对应不同的前景色和背景色，这样当“红灯”关联的变量值发生变化时，触摸屏上该图像的颜色也跟着变化，如图 7-17e 所示。“开关 2”“开关 3”等其他几个变量依次进行相应的关联设置。

项目配置完成后，最好设置一个返回按钮，返回按钮可以在触摸屏运行界面上直接返回到图 7-14a 装载主界面进行参数设置。返回按钮的变量设置时，对应的函数为“StopRuntime”，如图 7-17f 所示。

若未设置返回按钮，不能返回装载界面时，可以在图形编辑区域重新编辑返回按钮，并直接重新编译传送；若不能确定触摸屏的 IP 地址并且无法编译传送时，可以将触摸屏断电重启，开机时，触摸屏会在装载主界面停留大约 3s 时间，此时迅速按下控制面板按钮重新设置参数。

（4）编译及传送

单击“生成”按钮，对配置好的项目进行编译，编译通过后可以传送。单击“传输”按钮或者在工具栏“项目”中单击“传送”按钮，在“计算机名或 IP 地址”栏填写触摸屏的 IP 地址，将项目下载到 SMART 700 IE 触摸屏上，如图 7-18a 所示。

需要注意的是，如果是首次下载传送，在单击“传送”按钮之前，需先在触摸屏装载界面上单击“Transfer”，待出现图 7-18b 连接到主机界面时，再单传送按钮，否则会传送失败。如果是已经传送过，且当前触摸屏界面正处于操作界面时，直接单击“传送”按钮，下载项目即可。

本实例中，根据 PLC 程序控制，触摸屏中按钮 1 将控制红灯的亮灭，按钮 2 控制绿灯的亮灭。需要注意的是，按钮 3（关联的变量为 I0.2）不能控制黄灯的亮灭，究其原因，是触摸屏上的按钮为虚拟按钮，而 I0.2 为实体按钮，须遵循虚拟按钮不能控制实体按钮原则。

上面实例介绍时使用的仅仅是简单对象，在实际使用时，WinCC 还支持其他的增强对象和插入图形，还可以使用库文件等，功能非常强大。

以上主要通过一个简单的实例介绍触摸屏的使用以及演示 S7-200 SMART CPU 与 SMART LINE 触摸屏之间实现通信的操作过程，关于触摸屏使用时的其他功能和一些使用细节，请读者自行探讨。

由于触摸屏、PLC、编程设备上均只有一个以太网端口，可以使用交换机实现多个设备之间的通信。这样可以在上位机上使用 STEP 7-Micro/WIN SMART 编写 PLC 梯形图程序下载到 CPU，以及使用 WinCC Flexible SMART 编辑并配置项目传输到触摸屏，直接实现触摸屏和 PLC 之间的以太网通信。

名称	连接	数据类型	地址	数组计数	采集周期
开关_1	连接_1	Bool	V 0.0	1	1 s
红灯	连接_1	Bool	Q 0.0	1	1 s
开关_2	连接_1	Bool	M 0.1	1	1 s
绿灯	连接_1	Bool	Q 0.1	1	1 s
开关_3	连接_1	Bool	I 0.2	1	1 s
黄灯	连接_1	Bool	Q 0.2	1	1 s

a) 变量设置

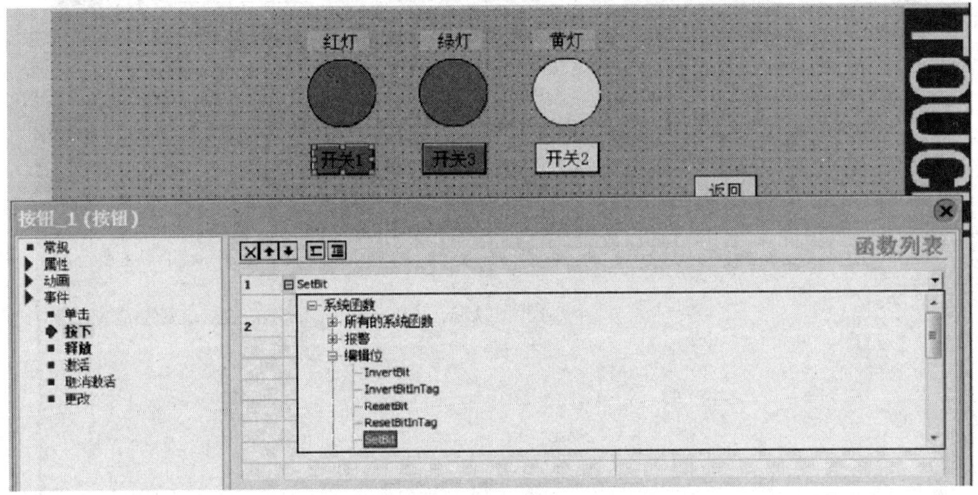

b) 设置其相关属性参数

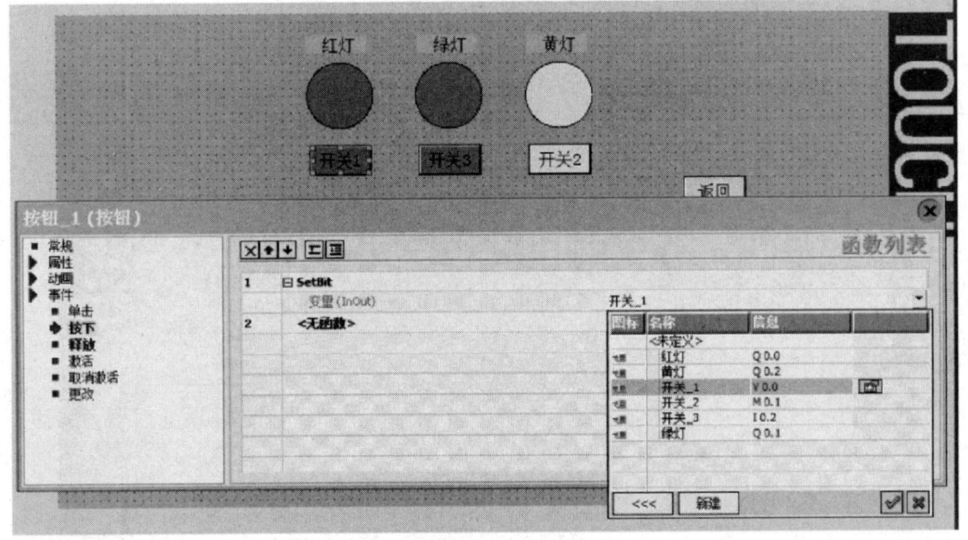

c) 设置其相关属性参数

图 7-17　在 WinCC 中进行变量和相关参数设置

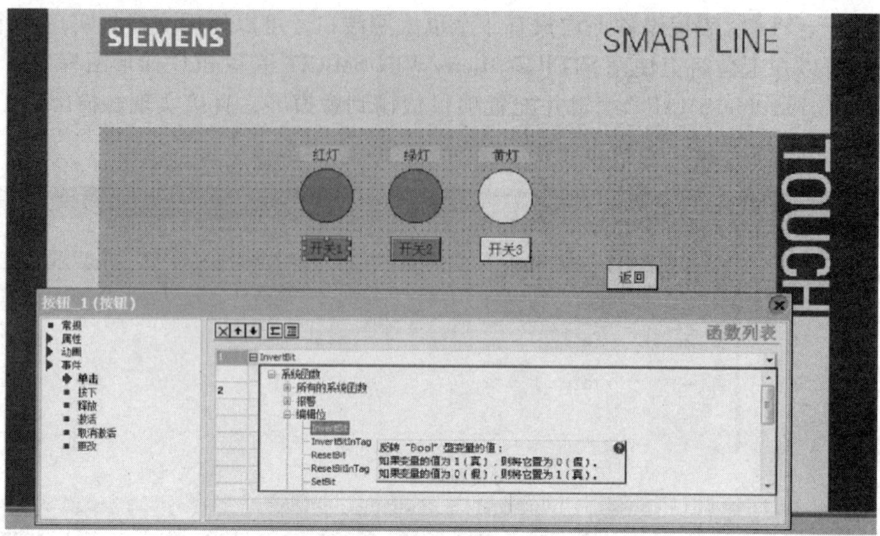

d) 按钮“事件”功能设置

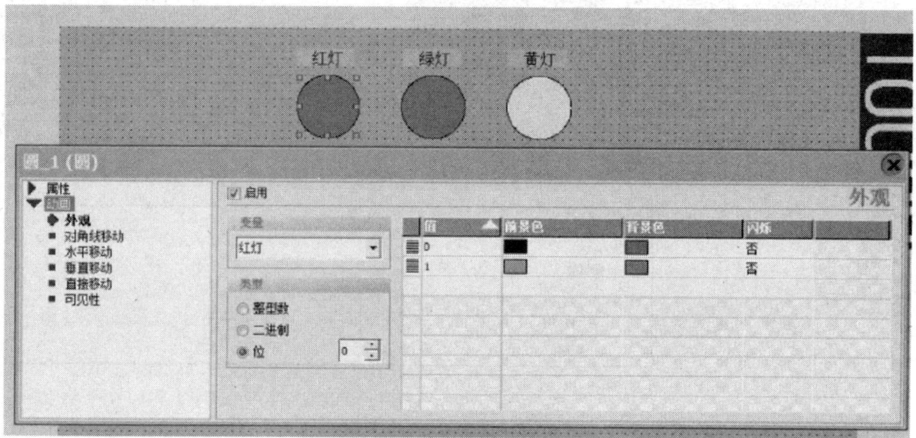

e) 图像“动画”参数设置

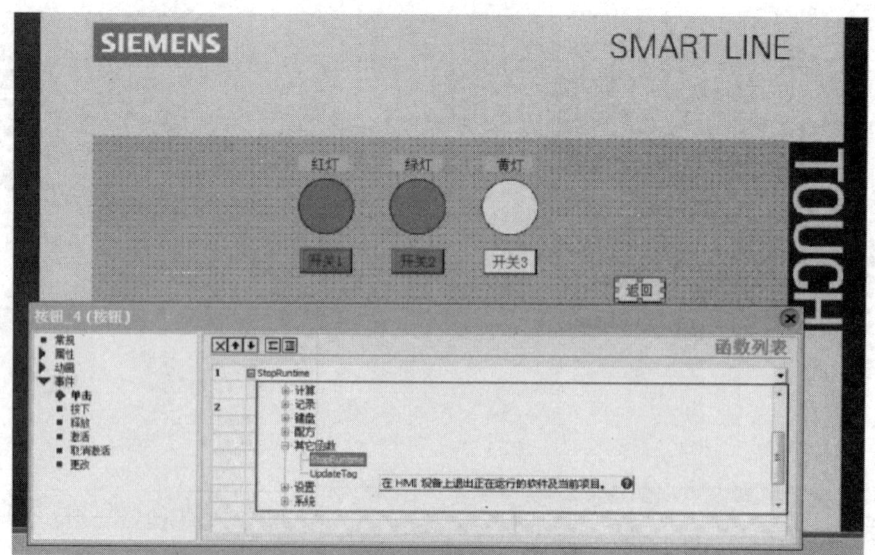

f) 返回按钮的函数设置

图7-17　在WinCC中进行变量和相关参数设置（续）

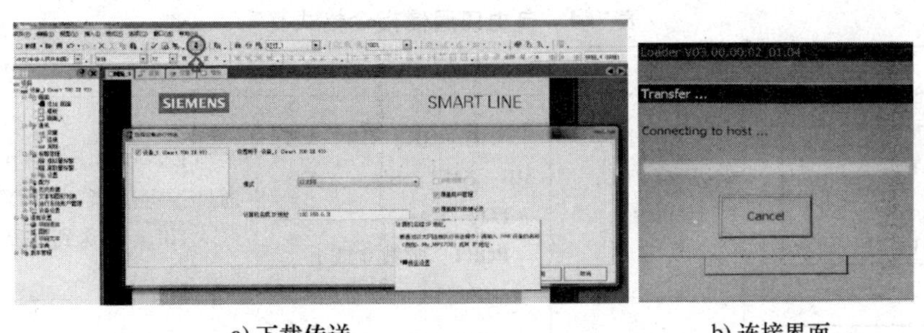

a) 下载传送　　b) 连接界面

图 7-18　在 WinCC 中进行下载和连接的界面

7.3　自由口通信及应用

7.3.1　自由口通信概述

S7-200 SMART 除了支持以太网通信，还可以通过 485 端口实现串口通信，而自由口通信就是其中一种串口通信。

RS485 网络是一种差分（多点）网络，每个网络最多可有 126 个可寻址节点，每个网段最多可有 32 个设备。中继器用来分割网络，不是可寻址节点，因此，中继器不包括在可寻址节点计数中，但会包括在每个网段的装置计数中。RS485 支持高速数据传输（12Mbit/s 时传输距离为 100m，187.5kbit/s 时传输距离为 1km）。PPI 协议可在 RS485 或 RS232（半双工）上运行，可以连接 PPI 协议设备和 RS485 HMI 显示器。

自由口模式允许应用程序控制 S7-200 SMART PLC 的串行通信口使用自定义通信协议与多种类型的智能设备通信，即在自由口模式下，S7-200 SMART CPU 处于 RUN 模式时，用户可以用发送/接收指令或发送/接收中断指令，结合自定义通信协议编写程序控制通信端口操作。

自由口协议通信具有以下特点：

1）RS485 端口为半双工接口，发送和接收不可同时进行。

2）支持 1.2～115.2kbit/s 通信速率。

3）支持 1 个起始位，7～8 个数据位，1 个停止位。可以设置 1 个校验位。

4）CPU 集成通信口，扩展 SB 均支持自由口通信。

5）通信功能完全由用户程序控制，通信协议完全由用户编写。

6）自由口通信时，发送和接收是以字节（B）为单位进行的。

7.3.2　自由口通信指令

1. 发送和接收指令

自由口通信指令包括自由口发送指令（XMT）和自由口接收指令（RCV）。指令格式见表 7-4。

发送指令（XMT）：允许输入端 EN 有效时，在自由口通信模式下通过指定端口（PORT）将数据缓冲区（TBL）发送到远程设备。数据缓冲区的第一个字节定义发送的字节数。

接收指令（RCV）：允许输入端 EN 有效时，在自由口通信模式下通过指定端口（PORT）从远程设备上读取数据存储于数据缓冲区（TBL）。数据缓冲区的第一个字节定义接收的字节数。

表7-4　自由口通信指令格式

指令名称	梯形图	语句表	操作数	功能
XMT	XMT EN　ENO TBL PORT	XMT TBL，PORT	TBL：IB、QB、VB、MB、SMB、SB、＊VD、＊LD、＊AC PORT：常数0或1	当EN＝1时，在自由口通信模式下通过指定端口（PORT）将数据缓冲区（TBL）发送到远程设备
RCV	RCV EN　ENO TBL PORT	RCV TBL，PORT	TBL：IB、QB、VB、MB、SMB、SB、＊VD、＊LD、＊AC PORT：常数0或1	当EN＝1时，在自由口通信模式下通过指定端口（PORT）从远程设备上读取数据存储于数据缓冲区（TBL）

接收缓冲区和发送缓冲区数据格式如下，其中，“起始字符”与“结束字符”是可选项。

字节数	起始字符	数据区	结束字符

XMT、RCV指令中合法的操作数：TBL可以是VB、IB、QB、MB、SB、SMB、＊VD、＊AC和＊LD，数据类型为BYTE；PORT是常数0或1，数据类型为BYTE。

输出端口ENO＝0时的非致命错误可以查阅S7-200 SMART PLC系统手册。

2. 相关寄存器及标志

（1）控制寄存器

用特殊标志寄存器中的SMB30和SMB130的各个位分别配置通信端口0和通信端口1，为自由通信端口选择通信参数，如波特率、奇偶校验和数据位等。

SMB30控制和设置通信端口0，如果S7-200 SMART PLC上有CM01信号板（即端口1），则用SMB130来进行控制和设置。SMB30和SMB130的各位及其含义见表7-5。

表7-5　自由端口控制寄存器（SMB30、SMB130）

端口0	端口1	描述
SMB30的格式	SMB130的格式	自由口模式的控制字节 MSB　　　　LSB P P D B B B M M
SM30.7、SM30.6	SM130.7、SM130.6	PP：奇偶选择 00＝无奇偶校验　01＝偶校验 10＝无奇偶校验　11＝奇校验
SM30.5	SM130.5	D：每个字符的数据位 0＝每个字符8位 1＝每个字符7位
SM30.4～SM30.2	SM130.4～SM130.2	BBB：自由口波特率/（bit/s） 000＝38400　001＝19200 010＝9600　011＝4800 100＝2400　101＝1200 110＝115200　111＝57600

（续）

端　口　0	端　口　1	描　　述
SM30.1、SM30.0	SM130.1、SM130.0	MM：协议选择 00 = 点到点接口协议（PPI 从站模式） 01 = 自由口协议 10 = 保留（默认设置为 PPI 从站模式） 11 = 保留（默认设置为 PPI 从站模式） 注：在 PPI 模式下，将忽略位 2 至位 7

（2）特殊标志位及中断

接收字符中断：中断事件号为 8（端口 0）和 25（端口 1）。

发送信息完成中断：中断事件号为 9（端口 0）和 26（端口 1）。

接收信息完成中断：中断事件号为 23（端口 0）和 24（端口 1）。

发送结束标志位 SM4.5 和 SM4.6：分别用来标志端口 0 和端口 1 发送空闲状态，发送空闲时置 1。

（3）特殊功能存储器

执行接收指令（RCV）时用到一系列特殊功能存储器。对端口 0 用 SMB86 ~ SMB94，对端口 1 用 SMB186 ~ SMB194，各字节及其内容描述见表 7-6。

表 7-6　特殊寄存器字节 SMB86 ~ SMB94、SMB186 ~ SMB194

端　口　0	端　口　1	描　　述
SMB86	SMB186	接收信息状态字节　第 7 位 … 第 0 位：n | r | e | 0 | 0 | t | c | p n = 1：用户通过禁止命令终止接收信息 r = 1：接收信息终止：缺少起始条件，或在传送激活情况下执行消息接收 e = 1：收到结束字符 t = 1：接收信息终止：超时 c = 1：接收信息终止：字符数超长 p = 1：接收信息终止：奇偶校验、组帧、中断或超限错误
SMB87	SMB187	接收信息控制字节　第 7 位 … 第 0 位：en | sc | ec | il | c/m | tmr | bk | 0 en：0 = 禁止接收信息；1 = 允许接收信息（每次执行 RCV 指令时检查允许/禁止接收信息位） sc：0 = 忽略 SMB88 或 SMB188；1 = 使用 SMB88 或 SMB188 的值检测起始信息 ec：0 = 忽略 SMB89 或 SMB189；1 = 使用 SMB89 或 SMB189 的值检测结束信息 il：0 = 忽略 SMW90 或 SMW190；1 = 使用 SMW90 或 SMW190 的值检测空闲状态 c/m：0 = 定时器是字符间超时定时器；1 = 定时器是信息定时器 tmr：0 = 忽略 SMW92 或 SMW192；1 = 超过 SMW92 或 SMW192 中设置的时间时终止接收 bk：0 = 忽略 break 条件；1 = 用 break 条件检测起始信息

（续）

端口0	端口1	描述
SMB87	SMB187	接收信息控制字节位可用来作为定义识别信息的标准。信息的起始和结束均需定义： 起始信息：il * sc + bk * sc 结束信息：ec + tmr + 最大字符数 起始信息编程： 1. 空闲线检测：il = 1，sc = 0，bk = 0，SMW90（或 SMW190）>0 2. 起始字符检测：il = 0，sc = 1，bk = 0，忽略 SMW90（或 SMW190） 3. break 检测：il = 0，sc = 0，bk = 1，忽略 SMW90（或 SMW190） 4. 对一个信息的响应：il = 1，sc = 0，bk = 0，SMW90（或 SMW190）= 0（可用信息定时器来终止信息接收） 5. break 和一个起始字符：il = 0，sc = 1，bk = 1，忽略 SMW90（或 SMW190） 6. 空闲和一个起始字符：il = 1，sc = 1，bk = 0，SMW90（或 SMW190）>0 7. 空闲和起始字符（非法）：il = 1，sc = 1，bk = 0，SMW90（或 SMW190）= 0
SMB88	SMB188	信息的起始字符
SMB89	SMB189	信息的结束字符
SMB90 SMB91	SMB190 SMB191	空闲线时间段按毫秒设置。空闲线时间结束后的第一个字符是新信息的起始字符。SMB90（或 SMB190）为高字节，SMB91（或 SMB191）为低字节
SMB92 SMB93	SMB192 SMB193	字符间超时/信息定时器溢出值按毫秒设置。如果超时，则终止接收信息。SMB92（或 SMB192）为高字节，SMB93（或 SMB193）为低字节
SMB94	SMB194	要接收的最大字符数（1～255B） 注：即使未使用字符计数消息终止，此范围也必须设置为所需的最大缓冲区大小

3. 用 XMT 指令发送数据

用 XMT 指令可以方便地发送 1～255 个字符，如果有一个中断服务程序连接到发送结束事件上，在发送完缓冲区的最后一个字符时，会产生一个发送中断（对端口 0 为中断事件 9，对端口 1 为中断事件 26）。可以通过检测发送完成状态位 SM4.5 或 SM4.6 的变化来判断发送是否完成。

如果将字符数设置为 0 并执行 XMT 指令，则可以产生一个 break 状态，这个 break 状态可以在线上持续以当前波特率传输 16 位数据所需要的时间。发送 break 的操作与发送其他信息一样，操作完成时也会产生一个发送中断，SM4.5 或 SM4.6 反映发送操作的当前状态。

4. 用 RCV 指令接收数据

用 RCV 指令可方便地接收一个或多个字符，最多可达 255 个字符。如果有一个中断服务程序连接到接收信息完成事件上，在接收完最后一个字符时，会产生一个接收中断（对端口 0 为中断事件 23，对端口 1 为中断事件 24）。接收信息状态寄存器 SMB86 或 SMB186 反映执行 RCV 指令的当前状态：当 RCV 指令未被激活或已被终止时，它们不为 0；当接收正在进行时，它们为 0。

使用 RCV 指令时，应为信息接收功能定义一个信息起始条件和结束条件。

RCV 指令支持的几种起始条件如下：

1）空闲线检测：il = 1，sc = 0，bk = 0，SMW90（或 SMW190）>0。执行 RCV 指令时，信息接收功能会自动忽略空闲线时间到之前的任何字符并按 SMW90（或 SMW190）中的设定值重新启动空闲线定时器，把空闲线时间之后接收到的第一个字符作为接收信息的第一个字符存入信息缓冲区，如图 7-19 所示。空闲线时间应该设置为大于指定波特率下传输一个字符（包括起始位、数据位、校验位和停止位）的时间。空闲线时间的典型值为指定波特率下传输 3 个字符的时间。

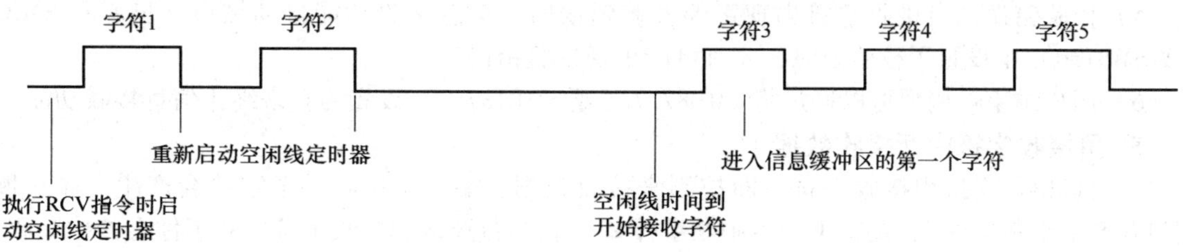

图 7-19 空闲线检测

2）起始字符检测：il = 0，sc = 1，bk = 0，忽略 SMW90（或 SMW190）。信息接收功能会将 SMB88（或 SMB188）中指定的起始字符作为接收信息的第一个字符，并将起始字符和起始字符之后的所有字符存入信息缓冲区，而自动忽略起始字符之前接收到的字符。

3）break 检测：il = 0，sc = 0，bk = 1，忽略 SMW90（或 SMW190）。信息接收功能以接收到的 break 作为接收信息的开始，将接收 break 之后接收到的字符存入信息缓冲区，自动忽略 break 之前接收到的字符。

4）对一个信息的响应：il = 1，sc = 0，bk = 0，SMW90（或 SMW190）= 0。执行 RCV 指令后信息接收功能就可立即接收信息并把接收到的字符存入信息缓冲区。若使用信息定时器，即 il = 1，sc = 0，bk = 0，SMW90（或 SMW190）= 0，c/m = 1，tmr = 1，SMW92（或 SMW192）= 信息超时时间，信息定时器超时时会终止信息接收功能，这对于自由口主站协议非常有用，可用来检测从站响应是否超时。

5）break 和一个起始字符：il = 0，sc = 1，bk = 1，忽略 SMW90（或 SMW190）。信息接收功能接收到 break 后继续搜寻特定的起始字符，如果接收到起始字符以外的其他字符，则重新等待新的 break，并自动忽略接收到的字符；如果信息接收功能接收到 break 后接收的第一个字符即为特定的起始字符，则将起始字符和起始字符之后的所有字符存入信息缓冲区。

6）空闲和一个起始字符：il = 1，sc = 1，bk = 0，SMW90（或 SMW190）> 0。信息接收功能在满足空闲线条件后继续搜寻特定的起始字符，如果接收到起始字符以外的其他字符，则重新检测空闲线条件，并自动忽略接收到的字符；如果信息接收功能满足空闲线条件后接收的第一个字符即为特定的起始字符，则将起始字符和起始字符之后的所有字符存入信息缓冲区。

RCV 指令支持的几种结束信息的方式如下：

1）结束字符检测：ec = 1，SMB89/SMB189 = 结束字符。信息接收功能在找到起始条件开始接收字符后，检查每个接收到的字符，并判断它是否与结束字符相匹配，如果接收到结束字符，则将其存入信息缓冲区，信息接收功能结束。

2）字符间超时定时器超时：c/m = 0，tmr = 1，SMW92/SMW192 = 字符间超时时间。字符间隔是从一个字符的结尾（停止位）到下一个字符的结尾（停止位）之间的时间。如果信息接收功能接收到的两个字符之间的时间间隔超过字符间超时定时器的设定时间，则信息接收功能结束。字符间超时定时器设定值应大于指定波特率下传输一个字符（包括起始位、数据位、校验位和停止位）的时间。

3）信息定时器超时：c/m = 1，tmr = 1，SMW92/SMW192 = 信息超时时间。信息接收功能在找到起始条件开始接收字符时，启动信息定时器，信息定时器时间到，则信息接收功能结束。

4）最大字符计数：当信息接收功能接收到的字符数大于 SMB94（或 SMB194）时，信息接收功能结束。接收指令要求用户设置一个希望最大的字符数，从而能确保信息缓冲区之后的用户数据不会被覆盖。最大字符计数总是与结束字符、字符间超时定时器、信息定时器结合在一起作为结束条件使用。

5）校验错误：当接收字符出现奇偶校验错误时，信息接收功能自动结束。只有在 SMB30（或 SMB130）中设置了校验位时，才有可能出现校验错误。

6）用户结束：用户可以通过将 SMB87.7（或 SMB187.7）设置为 0 来终止信息接收功能。

5. 用接收字符中断接收数据

自由口协议支持用接收字符中断控制来接收数据。端口每接收一个字符会产生一个中断：端口 0 产生中断事件 8，端口 1 产生中断事件 25。在执行连接到接收字符中断事件上的中断程序前，接收到的字符存储在 SMB2 中，奇偶校验状态（如果允许奇偶校验）存储在 SMB3 中，用户可以通过中断访问 SMB2 和 SMB3 来接收数据。端口 0 和端口 1 共用 SMB2 和 SMB3。

7.3.3 自由口通信应用实例

1. 自由口通信实例一

图 7-20 所示为一简单网络，两台 S7-200 SMART PLC 分别是 CPU1 和 CPU2，两台 PLC 上的端口 0 通过 RS485 电缆相连实现自由口通信，CPU1 和 CPU2 通过交换机或路由器连接到编程设备。CPU1 的 I1.0 ~ I1.7、I2.0 ~ I2.7 的状态通过 Q0.0 ~ Q0.7、Q1.0 ~ Q1.7 输出的同时传送给 CPU2，CPU2 将其取反后通过 Q0.0 ~ Q0.7、Q1.0 ~ Q1.7 输出。

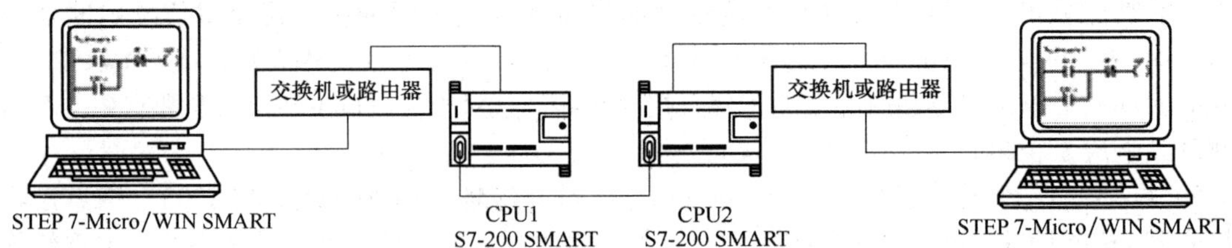

图 7-20 网络结构

站 A（CPU1）中的主程序如图 7-21 所示。站 B（CPU2）若采用 RCV 指令接收数据，则主程序如图 7-22 所示；若采用接收字符中断接收数据，则程序如图 7-23（主程序）和图 7-24（中断程序）所示。

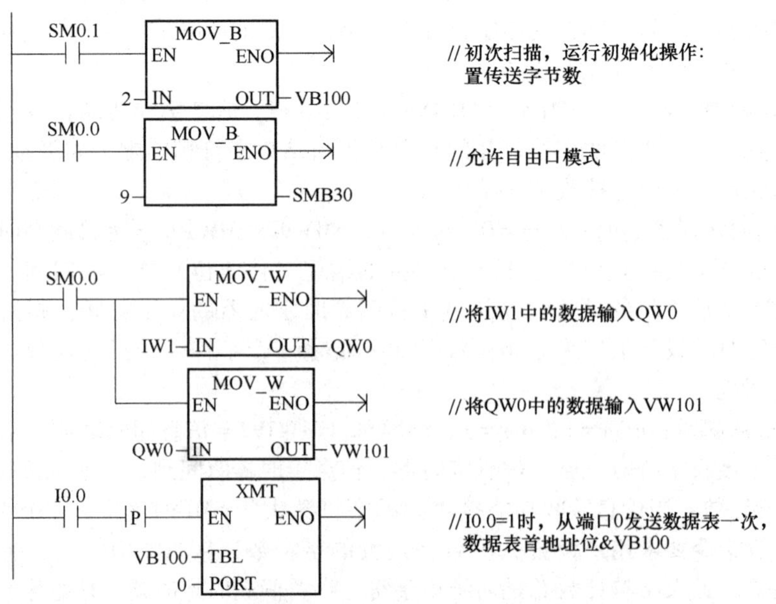

图 7-21 站 A 中的主程序

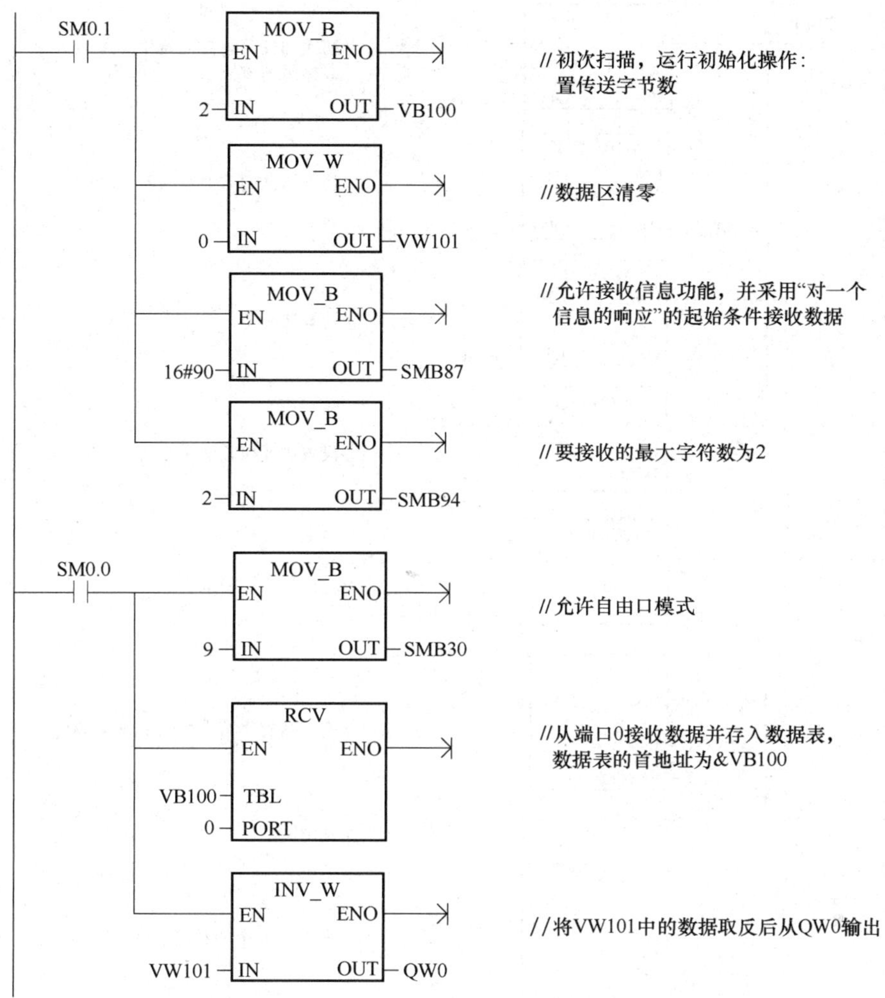

图 7-22　站 B 中采用 RCV 指令接收数据的主程序

2. 自由口通信实例二

在实际应用中，往往需要实现 S7-200 SMART PLC 与计算机和其他有串行通信接口的设备之间的通信，此时可采用以太网连接 S7-200 SMART PLC 和计算机等编程设备，并采用自由口模式对 S7-200 SMART PLC 之间进行通信任务。为保证通信简单、有效、可靠，在编程时应注意以下几个问题。

（1）通信线路冲突

为了避免争用通信线路，一般采用主从方式进行通信，即计算机等设备为主站，S7-200 SMART PLC 为从站。只有主站才有权主动发送请求信息（请求报文），从站收到后做出响应。由于 S7-200 SMART PLC 的通信端口是半双工的 RS485，所以应确保不会同时执行 XMT 和 RCV 指令，可以通过接收/发送完成中断，在中断程序中启动 XMT/RCV 指令。

（2）切换时间的处理

S7-200 SMART PLC 用户程序中应考虑接收/发送模式的切换时间。S7-200 SMART CPU 接收到主站的请求信息后，应该延迟一段时间后再发送响应信息，延迟时间须大于以太网通信的切换时间，可以通过定时中断实现切换延时。

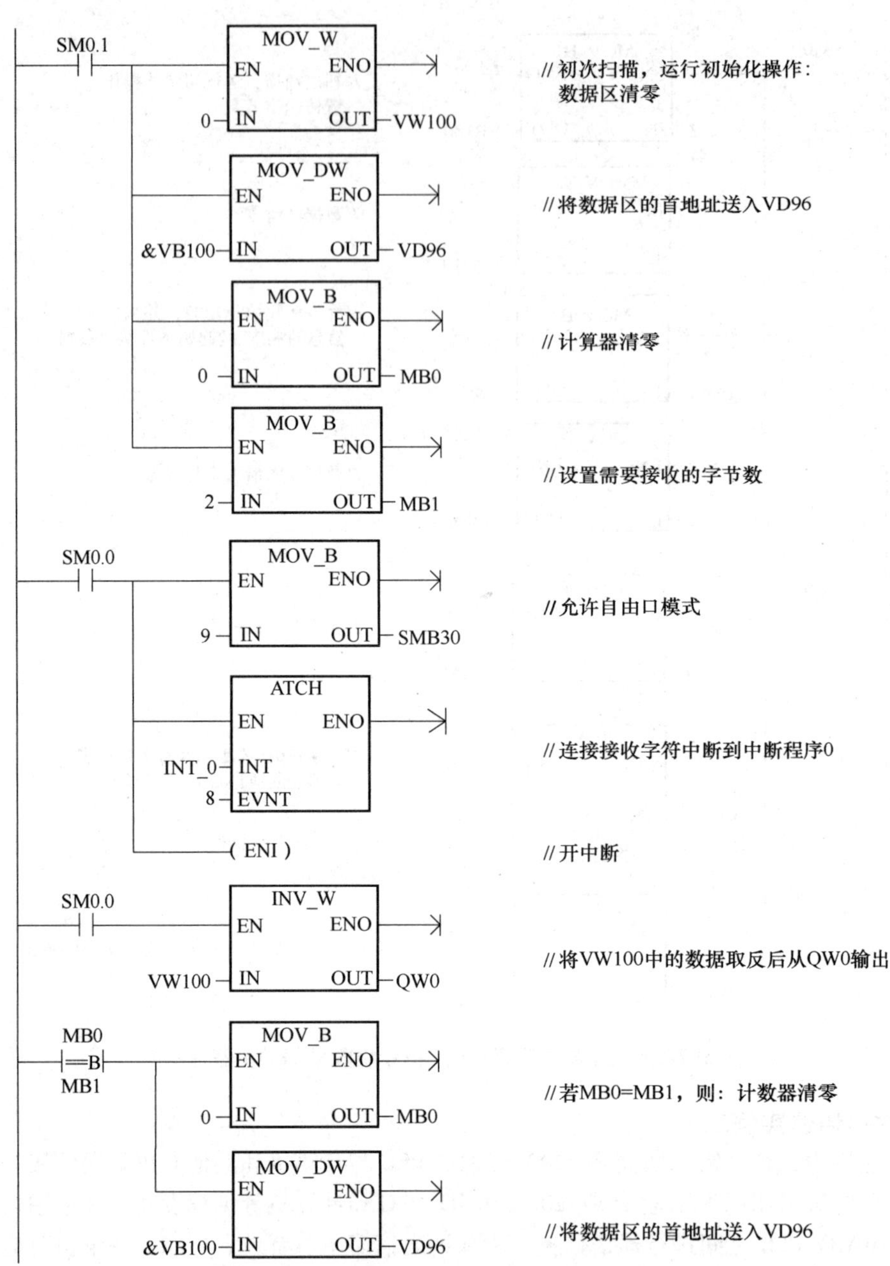

图 7-23　站 B 中采用接收字符中断接收数据的程序（主程序 OB1）

（3）数据校验

为保证接收数据的正确性，需对接收数据进行校验。异或校验和求和校验是提高通信可靠性的重要措施之一，用得较多的是异或校验，即将所有要发送的有效数据进行异或运算，并将异或运算结果（异或校验码）作为报文的一部分一起发送。接收方接收到该报文后，对报文中的有效数据重新进行异或运算，并将异或运算结果与收到的异或校验码进行比较，如果不同，则认定通信有误，要求发送方重发。

（4）结束字符与数据字符混淆

发送的报文数据区内有可能会出现与结束字符相同的数据字符，接收方会误将此数据字符

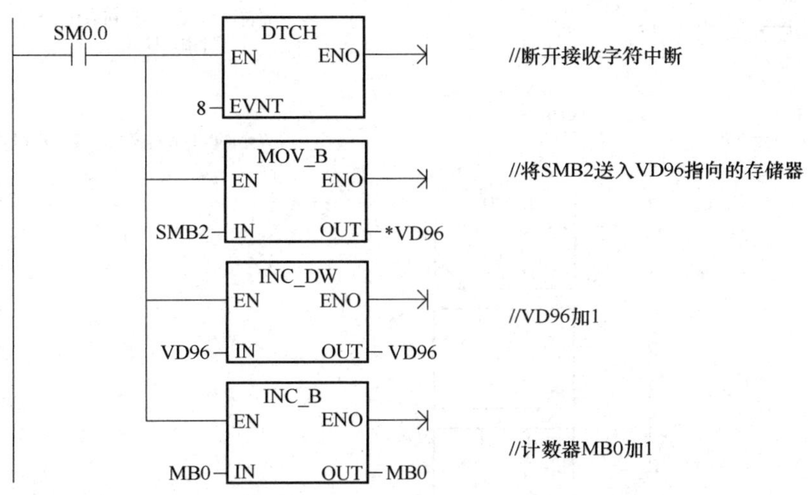

图7-24 站B中采用接收字符中断接收数据的程序（中断程序INT0）

当作结束字符提前结束接收操作。可以采用以下几种方法解决结束字符与数据字符混淆的问题：

1）选择某些特殊值作为结束字符，如16#FF，但这种方法只可能尽量减少并不能完全杜绝结束字符与数据字符混淆的现象。

2）发送方将数据字符转换为ASCII码后再发送，接收方收到后将数据字符还原为原来的数据格式，这样虽然可以避免结束字符与数据字符混淆的情况，但是会增加编程的工作量和数据传送的时间。

3）采用接收字符中断对收到的每个字符进行判断或处理，也可解决结束字符与数据字符混淆的问题。例如，发送方在报文中提供数据字符的字节数，接收方在接收字符中断程序中对接收到的数据字符进行计数，以此来判断是否应停止接收报文。不过，这样会增加中断程序的处理量和中断处理的时间。

下面的计算机与S7-200 SMART PLC通信例子中，采用主从通信方式，计算机为主站，S7-200 SMART PLC为从站。计算机可以主动向PLC发送信息，若PLC正确接收后，则返回接收到的数据；若PLC发现传送的信息有误，则将错误指示位Q0.0置1。为保证可靠通信，发送的报文采用异或校验，并选用16#FF作为结束字符。PLC使用RCV指令和接收完成中断接收数据，接收缓冲区的数据见表7-7。VB200存放CPU计算出的异或校验结果，VB201和VB209分别存放计算机发送来的校验码和数据区字节数。PLC中的主程序、初始化子程序、校验码子程序、中断程序0、中断程序1和中断程序2分别如图7-25～图7-30所示。

表7-7 本实例中CPU接收缓冲区的数据

VB100	VB101	VB102	VB103	…	…
接收到的字节数	起始字符	数据字节数	数据区	校验码	结束字符

图7-27a程序中Point是数据区首地址指针，Number是数据区字节数，Xorc是异或校验码，Number_Temp是数据区字节数，Temp1是循环变量。

在子程序SRB_1中编程时，需要对其中的变量在变量表中单独定义，选择对应的变量类型和数据类型，前面的地址自动生成，如图7-27b所示。子程序SRB_1将在中断INT_0中调用。

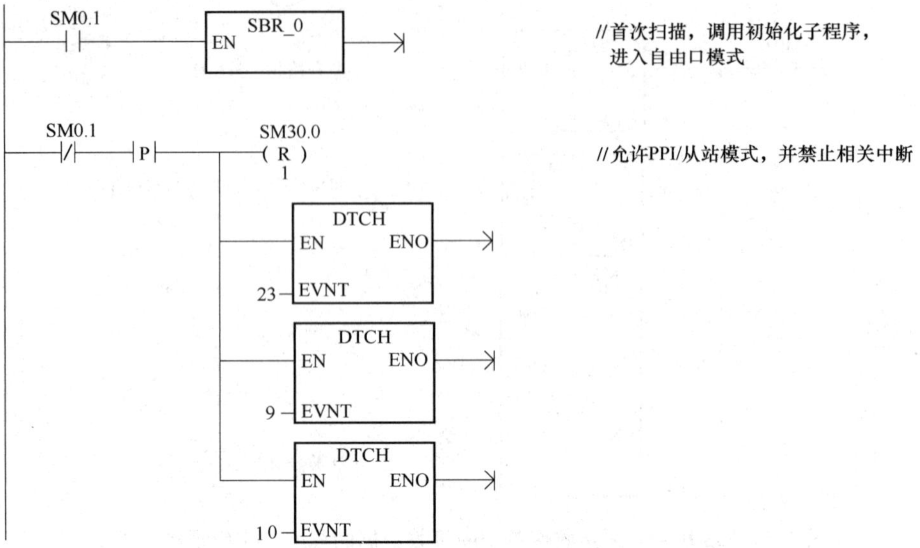

SM0.1 —| |— SBR_0 EN

//首次扫描，调用初始化子程序，进入自由口模式

SM0.1 —|/|—|P|— SM30.0 —(R) 1

//允许PPI/从站模式，并禁止相关中断

DTCH EN ENO 23 — EVNT

DTCH EN ENO 9 — EVNT

DTCH EN ENO 10 — EVNT

图 7-25　S7-200 SMART 主程序（OB1）

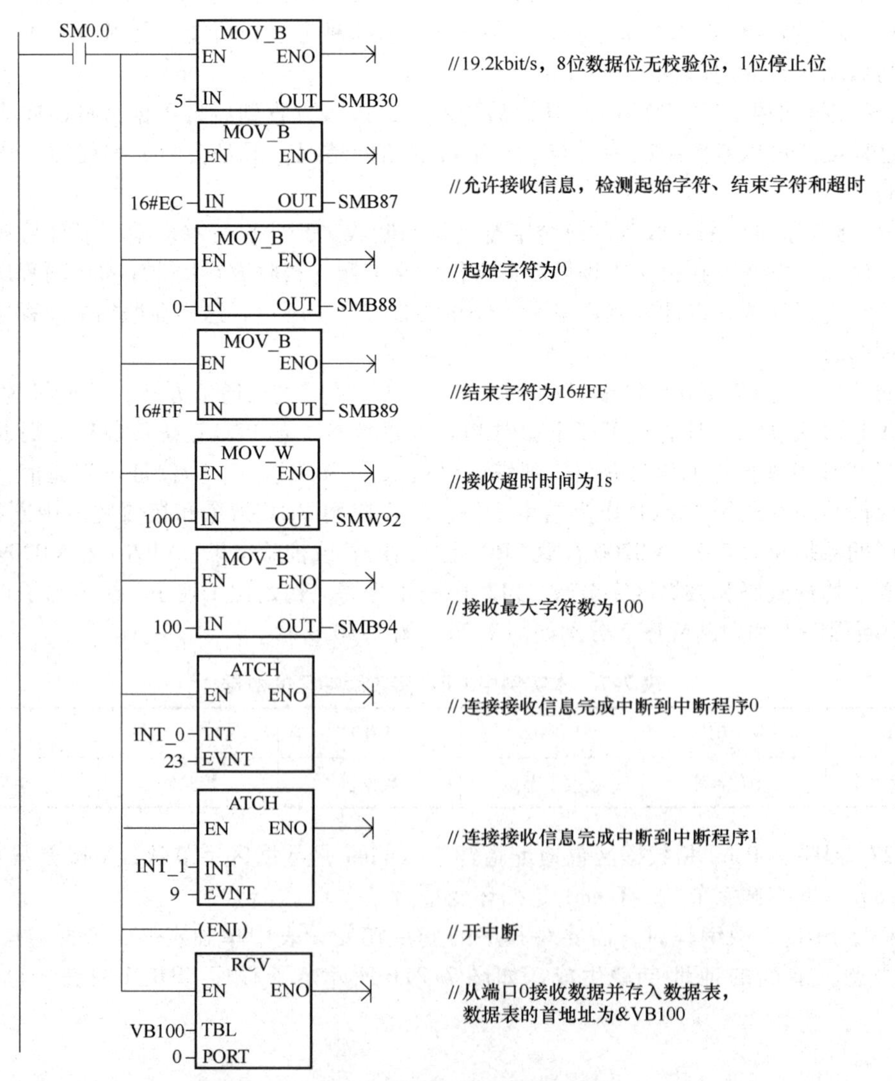

图 7-26　S7-200 SMART 初始化子程序（SRB-0）

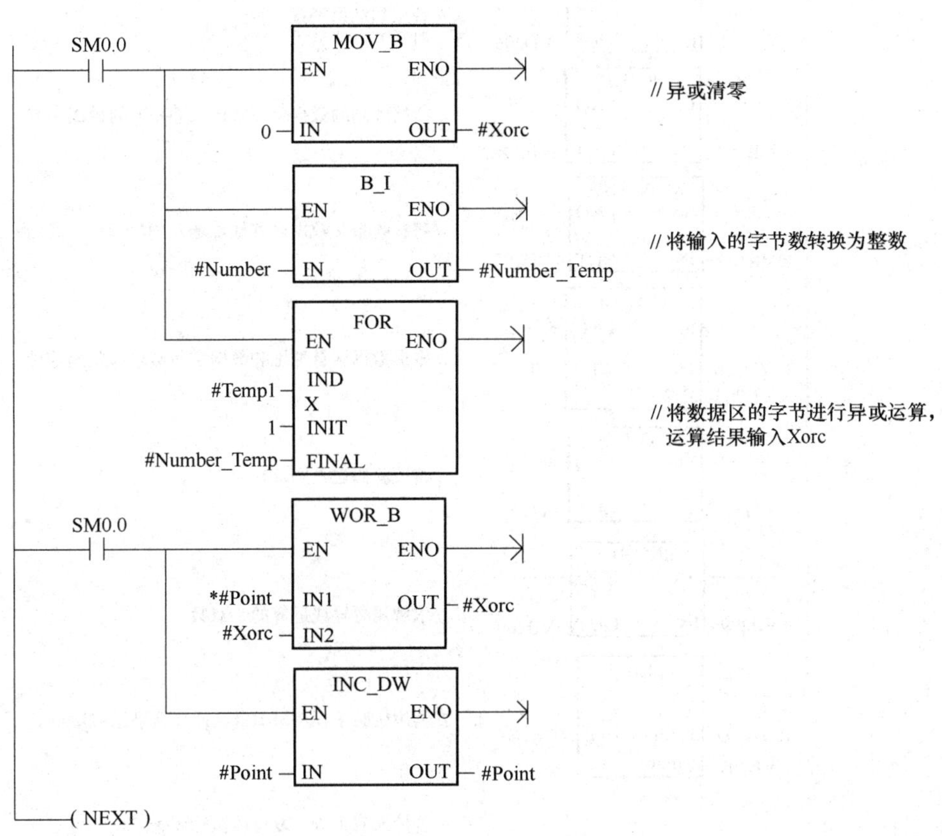

a) S7-200 SMART校验码子程序(SRB_1)

变量表

	地址	符号	变量类型	数据类型	注释
1		EN	IN	BOOL	
2	LD0	Point	IN	DWORD	
3	LB4	Number	IN	BYTE	
4			IN_OUT		
5	LB5	Xorc	OUT	BYTE	
6	LW6	Number_Temp	TEMP	INT	
7	LW8	Temp1	TEMP	INT	

b) 校验码子程序(SRB_1)对应的变量表

图 7-27　S7-200 SMART 校验码子程序（SRB_1）及变量表

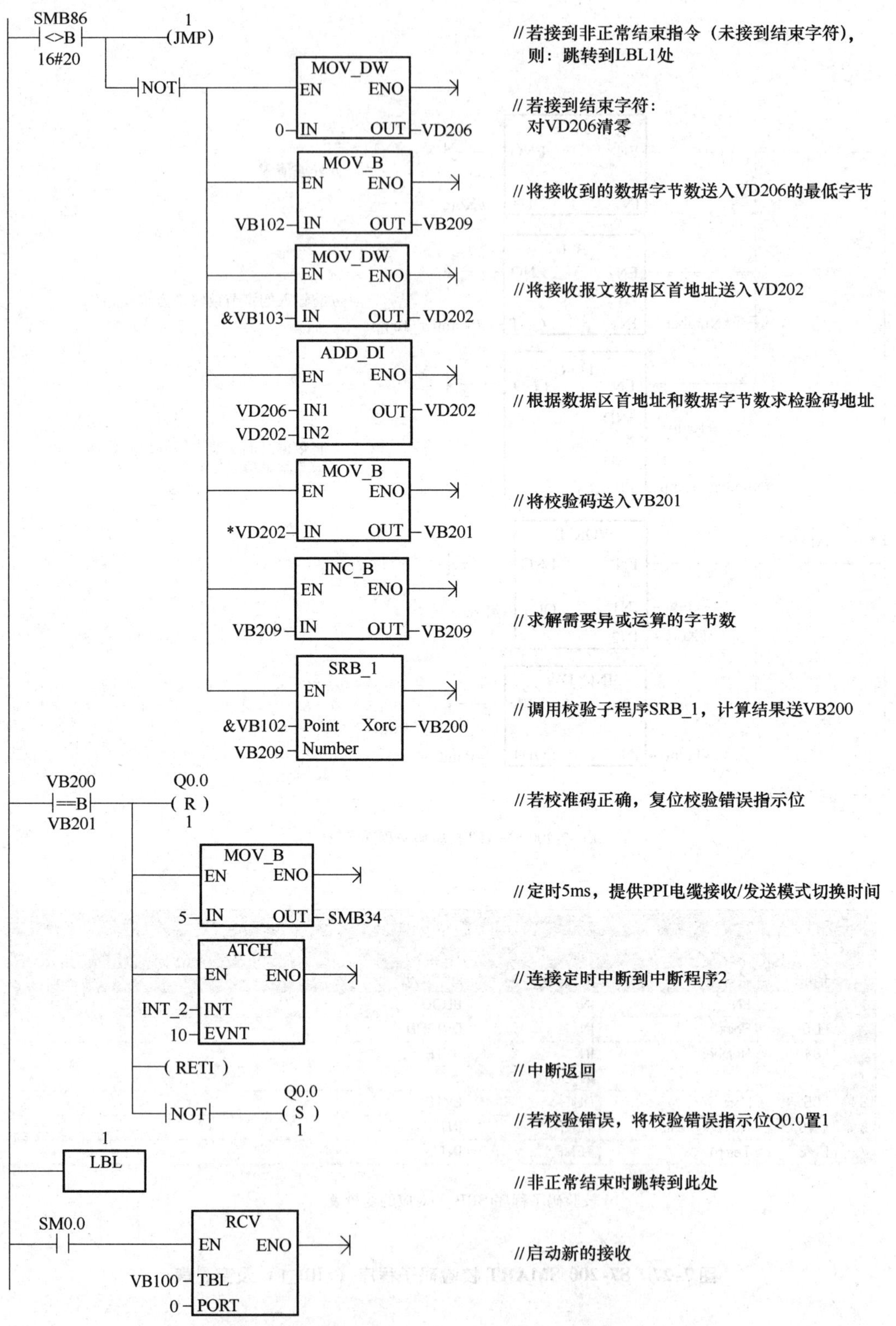

图 7-28 S7-200 SMART 中断程序 0（INT_0）

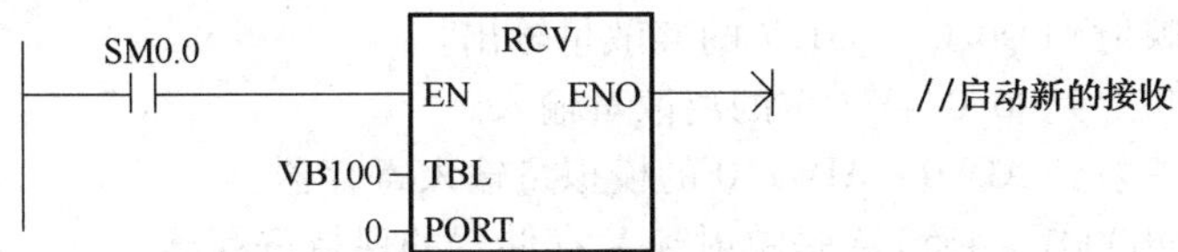

图 7-29　S7-200 SMART 中断程序 1（INT_1）

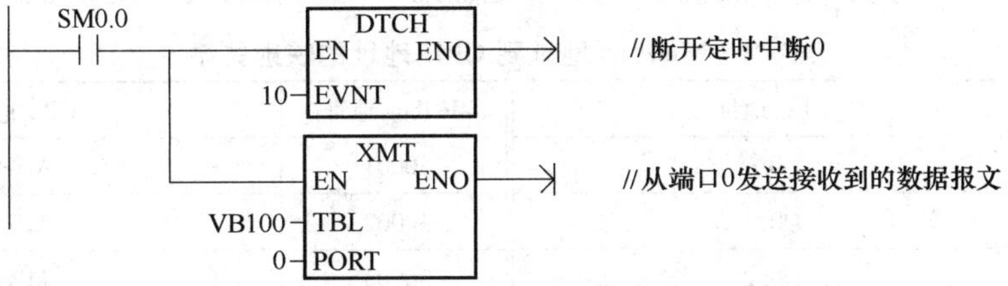

SM0.0
DTCH
EN　ENO　//断开定时中断0
10 EVNT
XMT
EN　ENO　//从端口0发送接收到的数据报文
VB100 TBL
0 PORT

图 7-30　S7-200 SMART 中断程序 2（INT_2）

7.4　Modbus RTU 通信及应用

7.4.1　Modbus RTU 通信概述

Modbus 通信协议分为两种串行通信模式，即 ASCII 和 RTU 通信模式。配置每台 PLC 时，须选择通信模式以及 RS485 串行口的通信参数（波特率、奇偶校验等），确保在 Modbus 总线上的所有设备应具有相同的通信模式和串行通信参数。

STEP 7-Micro/WIN SMART 支持主站和从站设备均通过 RS485 端口（集成端口 0 和可选信号板端口 1）进行 Modbus 通信，但是端口 0 和端口 1 不能同时作为主站或者同时作为从站。Modbus RTU 主站（从站）指令可组态 S7-200 SMART，使其作为 Modbus RTU 主站（从站）设备运行，并与一个或多个 Modbus RTU 从站（主站）设备通信。最多可以配置 2 个 Modbus RTU 主站，每个主站最多可以控制 247 个从站。

另外，可以创建模拟另一网络中的从站设备的用户程序，将 S7-200 SMART CPU 连接到 Modbus 网络，CPU 中的用户程序模拟 Modbus 从站，如图 7-31 所示。

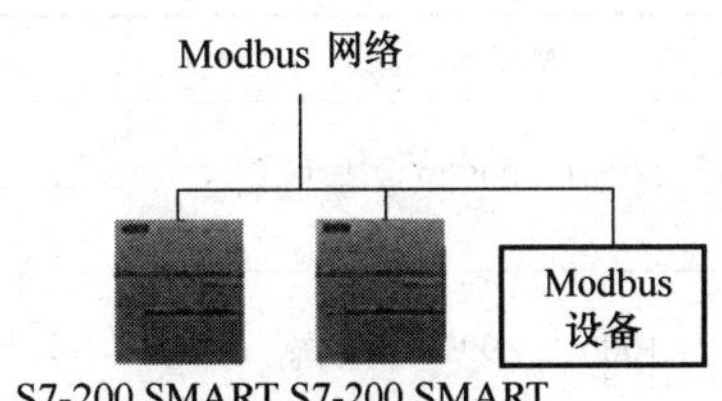

图 7-31　Modbus 网络结构

1. Modbus 寻址

Modbus 地址为 5 ~ 6 位数，包含了数据类型和地址值。第一个字符确定数据类型，后面 4 个字符选择数据类型内的正确数值。

（1）Modbus RTU 主站寻址

Modbus RTU 主站指令将地址映射到正确函数，从而发送到从站设备。Modbus 地址定义如下：

1）00001 ~ 09999 是离散量输出（线圈）。

2）10001 ~ 19999 是离散量输入（触点）。

3）30001 ~ 39999 是输入寄存器（通常是模拟量输入）。

4）40001 ~ 49999 和 400001 ~ 465535 是保持寄存器。

有效地址的实际范围取决于从站设备，不同的设备支持不同的数据类型和地址范围。

（2）Modbus RTU 从站寻址

Modbus RTU 从站指令支持以下地址：

1）00001～00256 是映射到 Q0.0～Q31.7 的离散量输出。

2）10001～10256 是映射到 I0.0～I31.7 的离散量输入。

3）30001～30056 是映射到 AIW0～AIW110 的模拟量输入寄存器。

4）40001～49999 和 400001～465535 是映射到 V 存储器的保持寄存器。

（3）将 Modbus 地址映射到 CPU 地址

所有 Modbus 地址均从 1 开始编号，Modbus 地址到 CPU 地址的映射关系见表 7-8。

表 7-8　Modbus 地址到 CPU 地址的映射关系

Modbus 地址	CPU 地址	Modbus 地址	CPU 地址
00001	Q0.0	30001	AIW0
00002	Q0.1	30002	AIW2
00003	Q0.2	30003	AIW4
…	…	…	…
00255	Q31.6	30056	AIW110
00256	Q31.7	40001	V*x*（保持寄存器起始地址）
10001	I0.0	40002	V*x*+2=（保持寄存器起始地址+2）
10002	I0.1	40003	V*x*+4=（保持寄存器起始地址+4）
10003	I0.2	…	…
…	…	4*yyyy*	V*x*+2(*yyyy*−1)
10255	I31.6		
10256	I31.7		

2. Modbus 读取和写入功能

Modbus RTU 主站指令使用表 7-9 中的 Modbus 功能读取/写入特定的 Modbus 地址。Modbus RTU 从站设备必须支持相应的 Modbus 功能，从而读取/写入特定 Modbus 地址。

表 7-9　所需的 Modbus 从站功能支持

Modbus 地址	读取/写入	所需的 Modbus 从站功能
00001～09999 离散输出	读取	功能 1
	写入	功能 5 适用于单个输出点，功能 15 适用于多个输出点
10001～19999 离散输入	读取	功能 5
	写入	不可以
30001～39999 输入寄存器	读取	功能 4
	写入	不可以
40001～49999 保持寄存器 400001～465535	读取	功能 3
	写入	功能 6 适用于单个寄存器，功能 16 适用于多个寄存器

S7-200 SMART CPU 支持的 Modbus 消息为每条最多 240B（1920 位或 120 个寄存器）的数据。有些从站设备支持的数据可能小于 240B。

7.4.2　Modbus RTU 主站指令与从站指令

1. Modbus RTU 主站指令

STEP 7-Micro/WIN SMART 和 S7-200 SMART CPU 支持两个 Modbus RTU 主站。对于单个

Modbus RTU 主站，使用指令 MBUS_CTRL 和 MBUS_MSG。对于第二个 Modbus RTU 主站，使用指令 MBUS_CTRL2 和 MBUS_MSG2。在项目中使用两个 Modbus 主站，则要确保 MBUS_CTRL 和 MB_CTRL2 使用不同的端口号。MBUS_MSG 和 MB_MSG2 具有相同的作用和参数。Modbus RTU 主站指令格式见表 7-10。

程序在每次扫描时都会调用 MBUS_CTRL 指令，以便能及时处理 MBUS_MSG 指令启动的任何待处理进程。除非每次扫描时都执行 MBUS_CTRL，否则 Modbus 主站协议将不能正确工作。

EN 输入必须接通才能启用发送请求，并且必须保持接通状态，直到指令为 Done 位返回接通。当 EN 输入和 First 输入同时接通时，MBUS_MSG 指令会向 Modbus 从站发起主站请求。发送请求、等待响应和处理响应通常需要多个 PLC 扫描时间。

任一时刻只能有一条 MBUS_MSG 指令处于激活状态。如果程序启用多条 MBUS_MSG 指令，则 CPU 将处理第一条 MBUS_MSG 指令，所有后续 MBUS_MSG 指令将中止并生成错误代码。

表 7-10　Modbus RTU 主站指令格式

指令名称	MBUS_CTRL	MBUS_MSG
梯形图	MBUS_CTRL EN Mode Baud　Done Parity　Error Port Timeout	MBUS_MSG EN First Slave　Done RW　Error Addr Count DataPtr
语句表	CALL MBUS_CTRL，Mode，Baud，Parity，Port，Timeout，Done，Error	CALL MBUS_MSG，First，Slave，RW，Addr，Count，DataPtr，Done，Error
操作数	Mode：I、Q、M、S、SM、T、C、V、L Baud：VD、ID、QD、MD、SD、SMD、LD、AC、常数、*VD、*AC、*LD Parity、Port：VB、IB、QB、MB、SB、SMB、LB、AC、常数、*VD、*AC、*LD Timeout：VW、IW、QW、MW、SW、SMW、LW、AC、常数、*VD、*AC、*LD Done：I、Q、M、S、SM、T、C、V、L Error：VB、IB、QB、MB、SB、SMB、LB、AC、*VD、*AC、*LD	First：I、Q、M、S、SM、T、C、V、L（受上升沿检测控制的能流） Slave /RW：VB、IB、QB、MB、SB、SMB、LB、AC、常数、*VD、*AC、*LD Addr：VD、ID、QD、MD、SD、SMD、LD、AC、常数、*VD、*AC、*LD Count：VW、IW、QW、MW、SW、SMW、LW、AC、常数、*VD、*AC、*LD DataPtr：&VB Done：I、Q、M、S、SM、T、C、V、L Error：VB、IB、QB、MB、SB、SMB、LB、AC、*VD、*AC、*LD
功能	程序调用 MBUS_CTRL 指令来初始化、监视或禁用 Modbus 通信 在执行 MBUS_MSG 指令前，程序必须先执行 MBUS_CTRL 且不出现错误。该指令完成后，将 Done 位置为 ON，然后再继续执行下一条指令 EN 输入接通时，在每次扫描时均执行该指令	程序调用 MBUS_MSG 指令，启动对 Modbus 从站的请求并处理响应

MBUS_CTRL 参数说明见表 7-11。

表7-11　MBUS_CTRL参数说明表

参　数	说　明
Mode	输入的值用于选择通信协议。输入值为1时，将CPU端口分配给Modbus协议并启用该协议。输入值为0时，将CPU端口分配给PPI系统协议并禁用Modbus协议
Parity	应设置为与从站设备的奇偶校验相匹配。所有设置使用一个起始位和一个停止位。可以设置以下值：0（无奇偶校验）、1（奇校验）和2（偶校验）
Port	设置物理通信端口。0：端口0，1：端口1
Timeout	设为等待从站做出响应的毫秒数。该值可以设置为1~32767ms之间的任何值。典型值是1000ms（1s）。超时参数应设置得足够大，以便从站设备有时间在所选的波特率下做出响应。超时值决定着Modbus主站设备在发送请求的最后一个字符后等待出现响应的第一个字符的时长。如果在超时时间内至少收到一个响应字符，则Modbus主站将接收Modbus从站设备的整个响应
Done	该位置1表示MBUS_CTRL指令完成
Error	在完成位为1时，生成的错误代码才有效，MBUS_CTRL指令的错误代码系统手册或编程软件的帮助

MBUS_MSG参数说明见表7-12。

表7-12　MBUS_MSG参数说明表

参　数	说　明
First	当有新的请求要发送时，将First置1，并保持一个扫描周期。First输入以脉冲方式通过上升沿或者下降沿检测，使得程序发送一次请求
Slave	Modbus从站设备的地址，地址范围为0~247。地址0是广播地址。S7-200 SMART Modbus从站库不支持广播地址
RW	指示当前是读取还是写入该消息。0表示读取，1表示写入。离散量输出（线圈）和保持寄存器支持读请求和写请求。离散量输入（触点）和输入寄存器仅支持读请求
Addr	起始Modbus地址。S7-200 SMART支持以下地址范围： 对于离散量输出（线圈），为00001~09999 对于离散量输入（触点），为10001~19999 对于输入寄存器，为30001~39999 对于保持寄存器，为40001~49999和400001~465535 Modbus从站设备支持的地址决定了Addr的实际取值范围
Count	用于分配要在该请求中读取或写入的数据元素数。对于位数据类型，Count是位数，对于字数据类型，则表示字数 对于地址0xxxx，是要读取或写入的位数 对于地址1xxxx，是要读取的位数 对于地址3xxxx，是要读取的输入寄存器字数 对于地址4xxxx或4yyyyy，是要读取或写入的保持寄存器字数。 MBUS_MSG指令最多读取或写入120个字或192个位（240B的数据）。Count的实际限值取决于Modbus从站设备的限制
DataPtr	间接地址指针，用于指向CPU中与读/写请求相关的数据的V存储器。对于读请求，将DataPtr设置为用于存储从Modbus从站读取的数据的第一个CPU存储单元。对于写请求，将DataPtr设置为要发送到Modbus从站的数据的第一个CPU存储单元。程序将DataPtr值以间接地址指针的形式传递到MBUS_MSG。例如，如果要写入到Modbus从站设备的数据始于CPU的地址VW200，则DataPtr的值将为&VB200（地址VB200）。指针必须始终是VB类型，即使它们指向字数据

（续）

参　数	说　明
Done	当读写功能完成或者发生错误时，该位会自动置 1。多条 MBUS_MSG 指令执行时，可以使用该完成位激活下一条 MBUS_MSG 指令
Error	在完成位为 1 时，生成有效的错误代码。MBUS_MSG 指令的错误代码参考 PLC 系统手册

2. Modbus RTU 从站指令

Modbus 从站指令支持 Modbus RTU 协议。这些指令利用 S7-200 SMART CPU 的自由端口功能支持最常用的 Modbus 功能，支持的 Modbus 功能见 PLC 系统手册。Modbus RTU 从站指令格式见表 7-13。

表 7-13　Modbus RTU 从站指令格式

指令名称	MBUS_INIT	MBUS_SLAVE
梯形图	MBUS_INIT EN Mode　Done Addr　Error Baud Parity Port Delay MaxIQ MaxAI MaxHold HoldStart	MBUS_SLAVE EN Done Error
语句表	CALL MBUS_INIT，Mode，Addr，Baud，Parity，Port，Delay，MaxIQ，MaxAI，MaxHold，HoldStart，Done，Error	CALL MBUS_SLAVE，Done，Error
操作数	Baud、HoldStart：VD、ID、QD、MD、SD、SMD、LD、AC、常数、＊VD、＊AC、＊LD Delay/MaxIQ/MaxAI、MaxHold：VW、IW、QW、MW、SW、SMW、LW、AC、常数、＊VD、＊AC、＊LD Done：I、Q、M、S、SM、T、C、V、L Error：VB、IB、QB、MB、SB、SMB、LB、AC、＊VD、＊AC、＊LD	Done：I、Q、M、S、SM、T、C、V、L Error：VB、IB、QB、MB、SB、SMB、LB、AC、＊VD、＊AC、＊LD
功能	MBUS_INIT 指令用于启用、初始化或禁用 Modbus 通信。在使用 MBUS_SLAVE 指令之前，必须先无错误地执行 MBUS_INIT。该指令完成后，立即置位 Done 位，然后继续执行下一条指令 EN 输入接通时，会在每次扫描时执行该指令	MBUS_SLAVE 指令用于处理来自 Modbus 主站的请求，并且必须在每次扫描时执行，以便检查和响应 Modbus 请求 EN 输入接通时，会在每次扫描时执行该指令 MBUS_SLAVE 指令没有输入参数

每次通信状态改变时程序必须执行 MBUS_INIT 指令一次。因此，EN 输入以脉冲方式通过边沿检测，或者仅在首次扫描时执行 MBUS_INIT。

MBUS_INIT 参数说明见表 7-14。

表 7-14 MBUS_INIT 参数说明

参　数	说　明
Mode	输入的值用于选择通信协议：输入值为 1 时，分配 Modbus 协议并启用该协议；输入值为 0 时，分配 PPI 协议并禁用 Modbus 协议
Addr	将地址设置为 1～247 之间（包括边界）的值
Baud	可以将波特率设置为 1.2kbit/s、2.4kbit/s、4.8kbit/s、9.6kbit/s、19.2kbit/s、38.4kbit/s、57.6kbit/s 或 115.2kbit/s
Parity	应设置为与主站设备的奇偶校验相匹配。所有设置使用一个起始位和一个停止位。可以设置以下值：0（无奇偶校验）、1（奇校验）和 2（偶校验）
Port	设置物理通信端口。0：端口 0，1：端口 1
Delay	通过使标准 Modbus 信息超时时间增加分配的毫秒数来延迟标准 Modbus 信息结束超时条件。在有线网络上运行时，该参数的典型值应为 0。如果使用具有纠错功能的调制解调器，则将延时设置为 50～100ms 之间的值。如果使用扩频无线通信，则将延时设置为 10～100ms 之间的值。该值可以在 0～32767ms 之间
MaxIQ	用于设置 Modbus 地址 0xxxx 和 1xxxx 可用的 I 和 Q 点数，取值范围是 0～256。值为 0 时，将禁用所有对输入和输出的读写操作。建议将 MaxIQ 值设置为 256
MaxAI	用于设置 Modbus 地址 3xxxx 可用的字输入（AI）寄存器数，取值范围是 0～56。值为 0 时，将禁止读取模拟量输入。MaxAI 可以设置为 0 或 56，其中，0 针对 CPU CR40 和 CR60，56 针对所有其他 CPU 型号
MaxHold	用于设置 Modbus 地址 4xxxx 或 4yyyyy 可访问的 V 存储器中的字保持寄存器数。例如，如果要允许 Modbus 主站访问 2000B 的 V 存储器，请将 MaxHold 的值设置为 1000 个字（保持寄存器）
HoldStart	V 存储器中保持寄存器的起始地址。该值通常设置为 VB0，因此参数 HoldStart 设置为 &VB0。也可将其他 V 存储器地址指定为保持寄存器的起始地址，以便在项目中的其他位置使用 VB0。Modbus 主站可访问起始地址为 HoldStart，字数为 MaxHold 的 V 存储器

MBUS_SLAVE 参数说明如下：

1）当 MBUS_SLAVE 指令响应 Modbus 请求时，Done 输出置 1。若未处理任何请求，则该位输出置 0。

2）Error 输出包含指令的执行结果。仅当 Done 置 1 时，该输出才有效。如果 Done 置 0，则错误参数不会改变。Modbus RTU 从站执行错误代码见 PLC 系统手册。

7.4.3 Modbus RTU 通信应用实例一

本实例使用两台 S7-200 SMART CPU，CPU 之间采用 Modbus RTU 协议进行通信。通信任务：当输入 I0.0 接通时，如何使用 Modbus 主站指令对 Modbus 从站的四个保持寄存器执行读写操作。CPU 会将从 VW100 开始的四个字写入 Modbus 从站从地址 40001 开始的保持寄存器。CPU 随后会读取 Modbus 从站从 40010～40013 的四个保持寄存器，并将数据存入 CPU 中从 VW200 开始的 V 存储器中。

程序数据传送示例如图 7-32 所示。

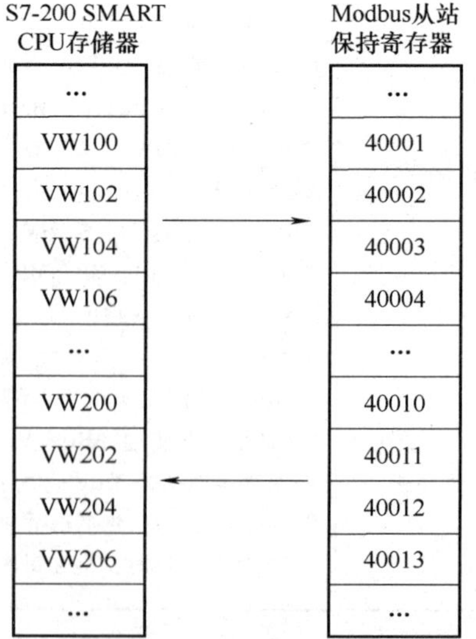

图 7-32 程序数据传送示例

1. Modbus RTU 从站编程

在 Modbus 从站项目中完成硬件组态和符号定义后，在指令树中展开库文件夹下的 Modbus RTU Slave 文件夹，如图 7-33a 所示，主程序使用 SM0.1 调用

MBUS_INIT 指令用于启动和初始化 Modbus RTU 从站通信；使用 SM0.0 调用 MBUS_SLAVE 指令。在文件菜单功能区，单击存储器按钮，如图 7-33c，打开库存储器分配对话框，输入该指令库存储区的起始地址，例如 VB1000。注意：该存储区不能再重复使用，也可以单击建议地址按钮，系统自动计算可用的存储区地址，如图 7-33b 所示。

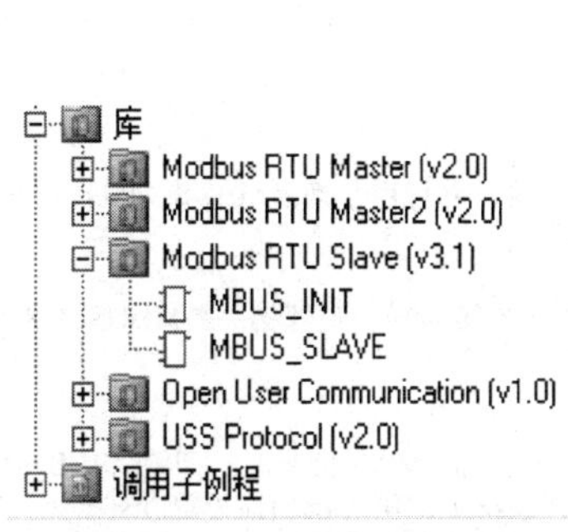

a) 从站指令库

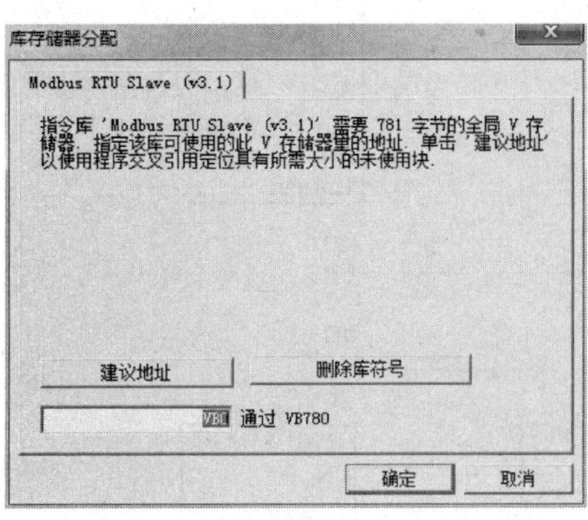

b) 库存储器分配

c) 库存储器按钮

图 7-33　从站指令库查找方法和库存储器分配

Modbus RTU 从站运行程序如图 7-34 所示。

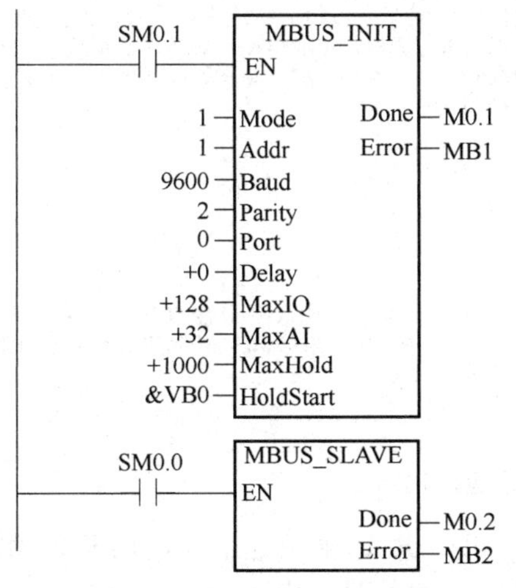

//首次扫描时初始化Modbus从站协议。将从站地址设置为1，将端口0设置9600波特并且进行偶校验，允许访问所有I、Q和AI值，允许访问从VB0起的1000各保存寄存器（2000B）

//每次扫描时执行Modbus从站协议

图 7-34　Modbus RTU 从站运行程序

2. Modbus RTU 主站编程

在 Modbus 主站项目中完成硬件组态和符号定义后，在指令树中展开库文件夹下的 Modbus RTU Master 文件夹（见图 7-33a），与从站类似，打开库存储器分配对话框，分配库存储器。然后编写实现 Modbus 主站读写 Modbus 从站的通信程序。Modbus RTU 主站运行程序如图 7-35 所示。

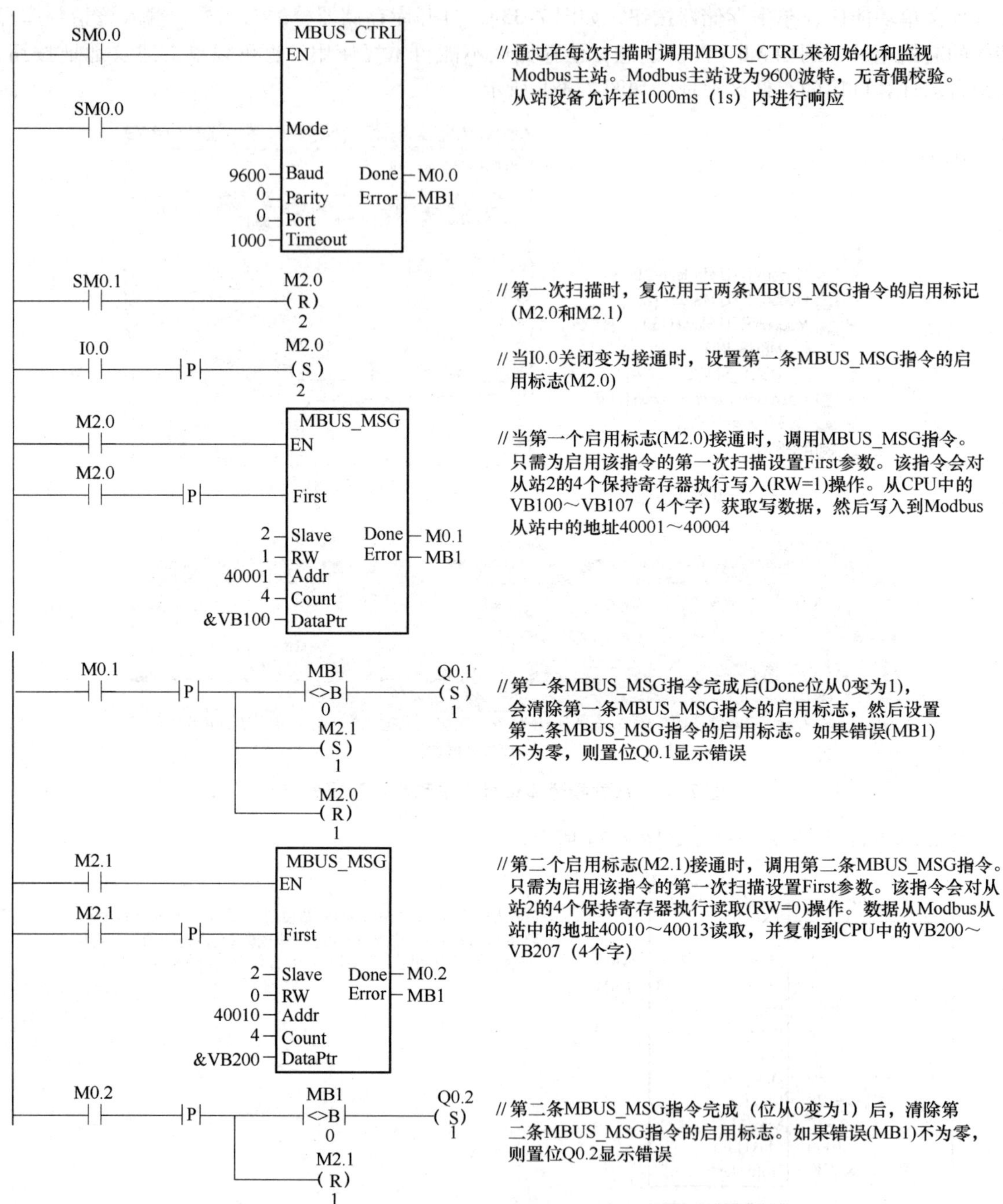

图 7-35　Modbus RTU 主站运行程序

主程序需要调用 MBUS_CTRL 指令启用和初始化 Modbus RTU 主站通信，调用两条 MBUS_MSG 指令读取 Modbus 从站保持寄存器数据。另外，需要注意的是，由于同一时刻只能有一条 MBUS_MSG 指令处于激活状态，所以主程序中 MBUS_MSG 指令的执行需采用轮询方式。

3. 库的存储地址

主站和从站的编程完成后必须要在 Micro/WIN 中定义库的存储地址，当定义完存储区后，要保证在任何情况下不能再被其他程序所使用，包括 MBUS_MSG 指令中 DataPtr 数据指针也不能指向库存储区。

例如从站中的库存储区设置如下：

在文件菜单功能区，单击“存储器”按钮，如图 7-36b 所示，打开库存储器分配对话框，输入该指令库存储区的起始地址，例如 VB1000。注意：该存储区不能再重复使用，也可以单击“建议地址”按钮，系统自动计算可用的存储区地址，如图 7-36a 所示。

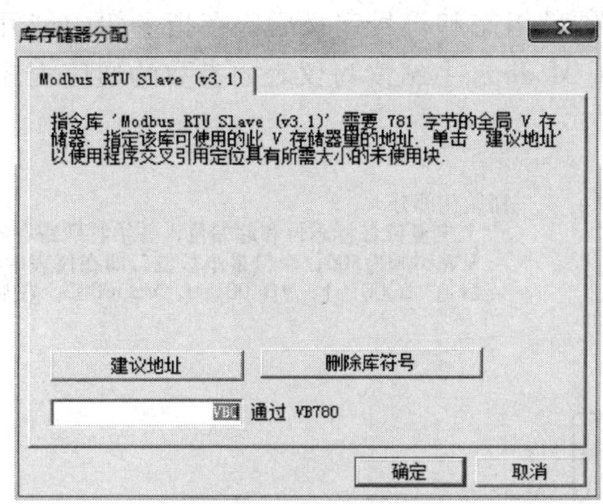

a）库存储器分配对话框

b）库存储器按钮

图 7-36　库存储器分配

7.4.4　Modbus RTU 通信应用实例二

本实例使用 1 台 S7-200 SMART CPU 和 1 台带有 485 通信接口的智能仪表，采用 Modbus RTU 协议进行通信。通信任务：通过 Modbus RTU 通信协议，主站 PLC 控制从站智能仪表实现 PID 温度控制，同时使用 Modbus 主站指令读取智能仪表的温度测量值（PV），通过主站从 PC 端在线修改仪表的温度设定值（SV），还可以从主站启动/取消仪表 PID 自整定（At）功能。

图 7-37 所示为一个典型的智能仪表外部端子的接线图。仪表采用 AC 220V 电源供电，输入输出方式可以有多种选择，根据实际控制对象，选择1～5V 电压信号输入，4～20mA 电流信号输出，实际控制对象为本书附录部分实验 9 使用的温度控制模块。

主站通信口为 S7-200 SMART CPU 的端口 0，从站通信接口为智能仪表的端子 1 和 4，参照表 7-1，主站的端口 0 中，引脚 3 为 RS485 信号 B，引脚 8 为 RS485 信号 A，对应仪表的 1 号端子和 4 号端子（实验验证，引脚 3 接 1 号端子，引脚 8 接 4 号端子）。

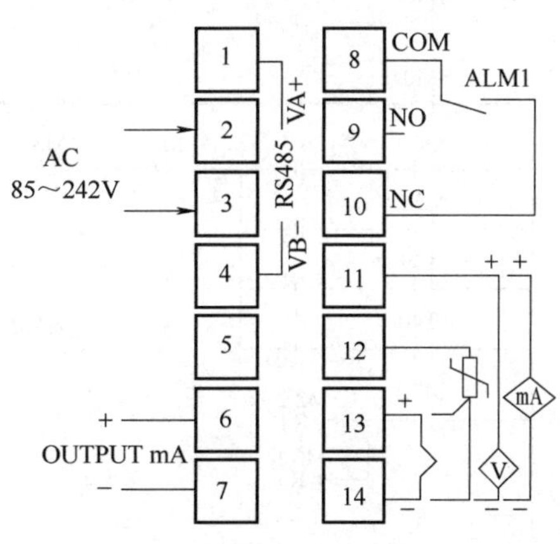

图 7-37　智能仪表外部端子接线图

1. 仪表初始化设定

该仪表需要设置参数 Baud 和 Addr 才能作为从站和主站（PLC）通信。Baud 和 Addr 参数可选范围由仪表本身决定。这里设置 Baud 为默认值 9600 和 Addr 参数为 3（即 3 号从站）。另外，根据实际控制对象还需要设置输入（Sn）为 1～5V、输出（OP-A）为 4～20mA。

2. Modbus RTU 主站编程

Modbus 主站项目中完成硬件组态和符号定义后，在指令树中展开库文件夹下的 Modbus RTU Master 文件夹，然后编写实现 Modbus 主站读写仪表内参数的通信程序。Modbus RTU 主站程序如图 7-38 所示。

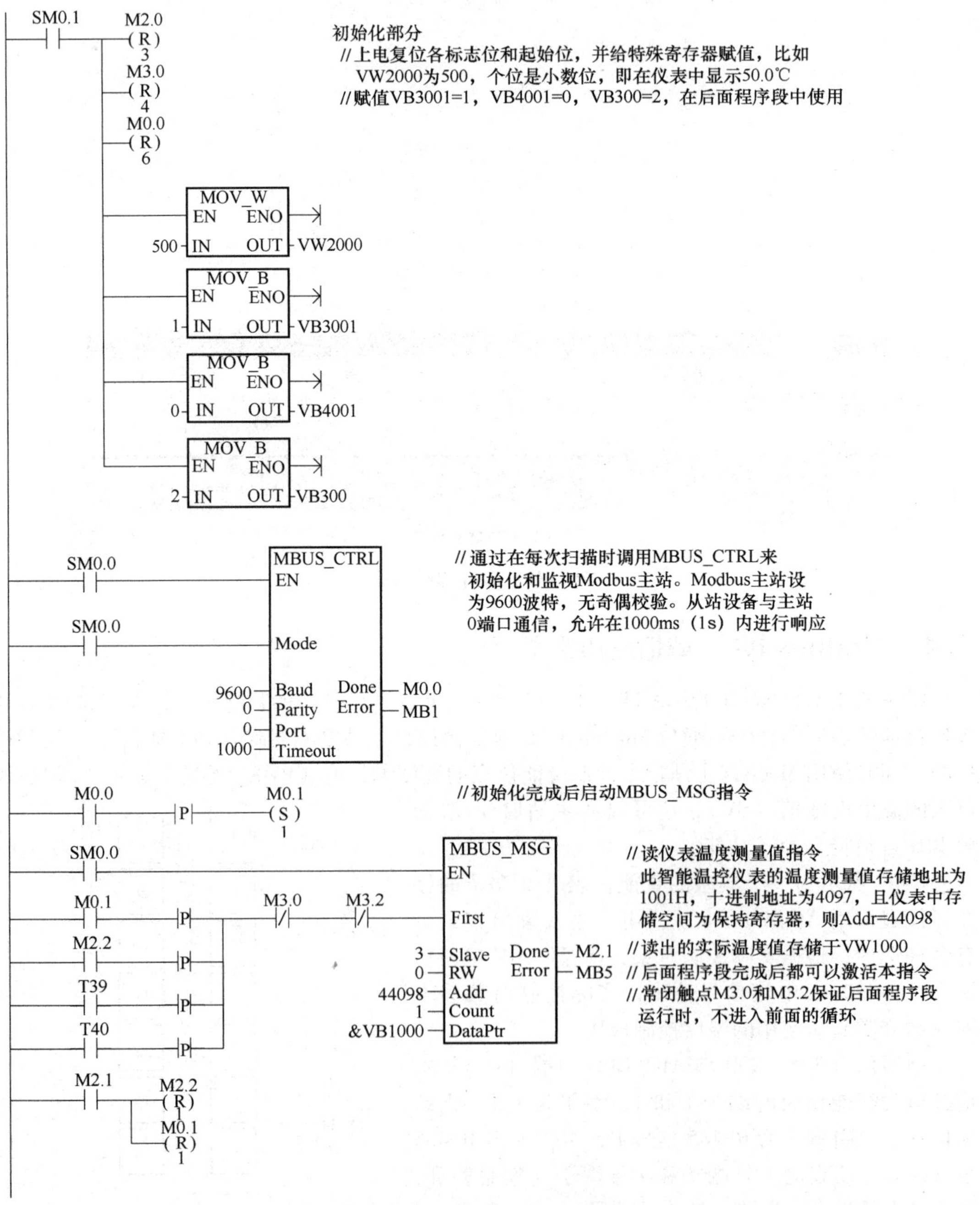

图 7-38 主站的梯形图程序

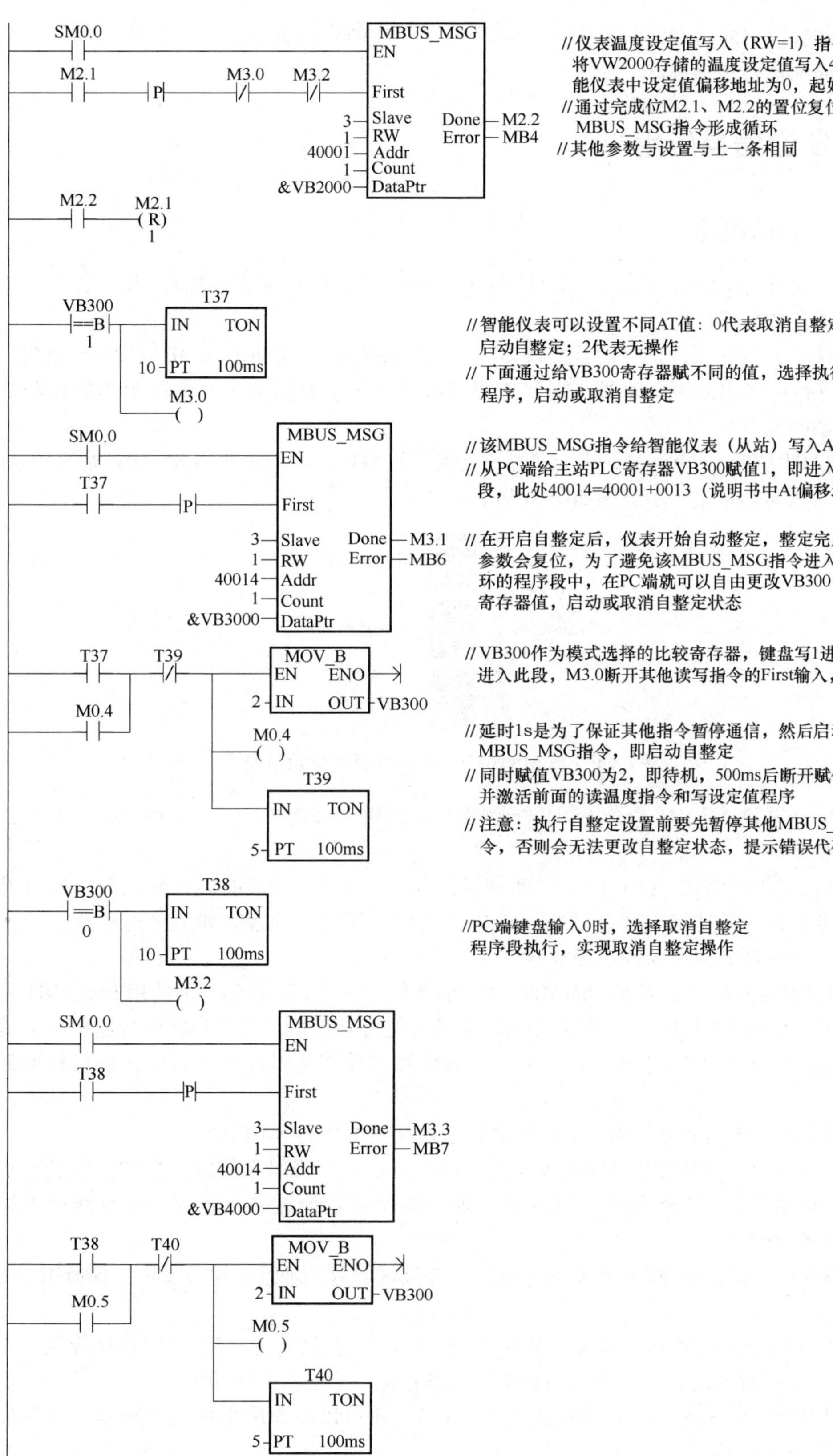

图 7-38　主站的梯形图程序（续）

235

同样，主站编程完成后必须要在 Micro/WIN 中定义库的存储地址，注意事项跟前一个案例中定义库的存储地址要求一致。

7.5 USS 通信及应用

7.5.1 USS 通信概述

USS 协议，即通用串行接口协议，是西门子专为驱动装置开发的通信协议，是一种基于串行总线进行数据通信的协议。

西门子设计了 USS 通信库，目的是支持西门子的通用驱动，如 Siemens Micromaster 系列。但 USS 通信库不支持特殊用途的驱动器，如 V90 伺服驱动（主要原因是 V90 伺服驱动的控制接口不同于通用驱动的接口）。

S7-200 SMART CPU 与 MicroMaster 变频器进行通信，STEP 7-Micro/WIN SMART 提供 USS 库，CPU 为主站，变频器为从站。示意图如图 7-39 所示。

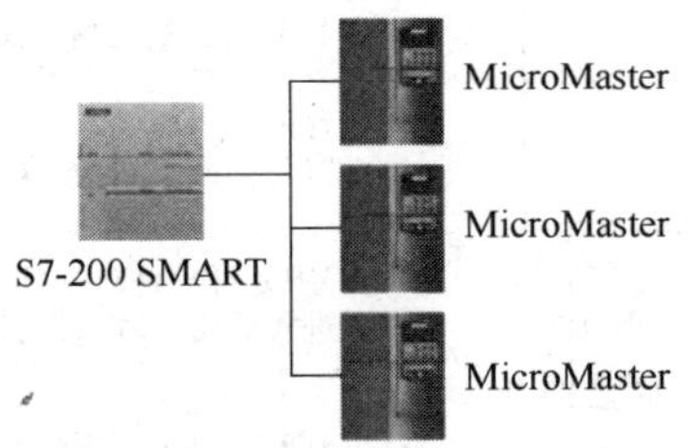

图 7-39 CPU 与 MicroMaster 变频器通信示意图

STEP 7-Micro/WIN SMART 指令库提供子例程、中断例程和指令来支持 USS 协议。USS 指令使用时的要求如下：

1）USS 协议受中断驱动，接收消息中断例程的执行最多需要 2.5ms。在此期间，所有其他中断事件都需要排队，等待接收消息中断例程执行完毕后再进行处理。如果延迟不符合应用的要求，则可能需要采用其他协议控制变频器。

2）初始化 USS 协议，使 S7-200 SMART CPU 端口专门用于 USS 通信。可使用 USS_INIT 指令为端口 0 或端口 1 选择 USS 或 PPI。当某个端口设置为使用 USS 协议与变频器进行通信后，就不能再作他用，包括不能与 HMI 进行通信。第二个通信端口允许编程软件在 USS 协议运行期间监视控制程序。

3）USS 指令会影响与所分配端口上自由端口通信相关的所有 SM 位置。

4）USS 子例程和中断例程已存储在程序中。USS 指令最多将程序所需的存储器容量增加至 3050B。根据所使用的特定 USS 指令，这些指令的支持例程可使控制程序的存储空间至少增加 2150B，最多增加 3050B。

5）USS 指令的变量需要 400B 的 V 存储区。该存储区的起始地址由用户指定，保留用于 USS 变量。

6）某些 USS 指令还需要 16B 的通信缓冲区。作为指令的参数，需要为该缓存区提供一个 V 区的起始地址。使用时可以为 USS 指令的每个实例都指定一个唯一的缓冲区。

7）执行计算时，USS 指令使用累加器 AC0 ~ AC3。还可以在程序中使用累加器，但累加器中的数值将由 USS 指令改动。

8）USS 指令不能用在中断例程中。

7.5.2 USS 指令介绍

1. USS_INIT 指令

USS_INIT 指令格式见表 7-15。

表 7-15　USS_INIT 指令格式

指令名称	USS_INIT
梯形图	USS_INIT EN Mode　Done Baud　Error Port Active
语句表	CALL USS_INIT，Mode，Baud，Port，Active，Done，Error
操作数	Mode、Port：VB、IB、QB、MB、SB、SMB、LB、AC、常数、*VD、*AC、*LD Baud、Active：VD、ID、QD、MD、SD、SMD、LD、AC、常数、*VD、*AC、*LD Done：I、Q、M、S、SM、T、C、V、L Error：VB、IB、QB、MB、SB、SMB、LB、AC、*VD、*AC、*LD
功能	USS_INIT 指令用于启用和初始化或禁用 Siemens 变频器通信。在使用任何其他 USS 指令之前，必须执行 USS_INIT 指令且无错。该指令完成后，立即置 Done=1，然后继续执行下一条指令

EN 输入接通后，在每次扫描时均执行该指令。每次通信状态变化时执行 USS_INIT 指令一次。使用边沿检测指令使 EN 输入以脉冲方式接通。要更改初始化参数，需要执行新的 USS_INIT 指令。USS_INIT 参数说明见表 7-16。

表 7-16　USS_INIT 参数说明

参数	说明
Mode	用于选择通信协议，设置值如下： 输入值为 1 时，将端口分配给 USS 协议并启用该协议 输入值为 0 时，将端口分配给 PPI 协议并禁用 USS 协议
Baud	可以将波特率设置为 1200bit/s、2400bit/s、4800bit/s、9600bit/s、19200bit/s、38400bit/s、57600bit/s 或 115200bit/s
Port	设置物理通信端口。0：端口 0，1：端口 1
Active	指示激活的变频器。需要注意变频器的地址范围，有些变频器仅支持地址 0～30
Done	当 USS_INIT 指令完成时，该位输出高电平
Error	该输出字节包含指令执行的结果。USS 协议执行错误代码定义了执行该指令产生的错误状况（USS 协议执行错误代码参考 PLC 系统手册）

2. USS_CTRL 指令

USS_CTRL 指令格式见表 7-17。每台变频器只能分配一条 USS_CTRL 指令。有些变频器仅以正值形式报告速度。如果速度为负值，则变频器将速度报告为正值，但取反 D_Dir（方向）位。EN 位必须接通才能启用 USS_CTRL 指令，而且应始终启用。

表7-17　USS_CTRL指令格式

指令名称	USS_CTRL
梯形图	USS_CTRL功能块：输入EN、RUN、OFF2、OFF3、F_ACK、DIR、Drive、Type、Speed_SP；输出Resp_R、Error、Status、Speed、Run_EN、D_Dir、Inhibit、Fault
语句表	CALL USS_CTRL，RUN，OFF2，OFF3，F_ACK，DIR，Drive，Type，Speed_SP，Resp_R，Error，Status，Speed，Run_EN，D_Dir，Inhibit，Fault
操作数	RUN/OFF2/OFF3/F_ACK/DIR：I、Q、M、S、SM、T、C、V、L、能流 Resp_R/Run_EN/D_Dir/Inhibit/Fault：I、Q、M、S、SM、T、C、V、L Drive/Type：VB、IB、QB、MB、SB、SMB、LB、AC、*VD、*AC、*LD、常数 Error：VB、IB、QB、MB、SB、SMB、LB、AC、*VD、*AC、*LD Status：VW、T、C、IW、QW、SW、MW、SMW、LW、AC、AQW、*VD、*AC、*LD Speed_SP：VD、ID、QD、MD、SD、SMD、LD、AC、*VD、*AC、*LD、常数 Speed：VD、ID、QD、MD、SD、SMD、LD、AC、*VD、*AC、*LD
功能	USS_CTRL指令用于控制激活的Siemens变频器。USS_CTRL指令将所选命令放置到通信缓冲区中，如果已在USS_INIT指令的Active参数中选择变频器，则该命令随后将发送到这一被寻址的变频器（“变频器”参数）

RUN（RUN/STOP）指示变频器是接通（1）还是关闭（0）。当运行（RUN）位接通时，变频器收到一条命令，以指定速度和方向开始运行。

为使变频器运行，必须符合以下条件：

1）变频器在USS_INIT中必须选为激活（Active）。

2）OFF2和OFF3必须设置为0。

3）故障（Fault）和禁止（Inhibit）必须为0。

当RUN关闭时，会向变频器发送一条命令，将速度降低，直至电动机停止：a）OFF2位用于允许变频器自然停止；b）OFF3位用于命令变频器快速停止。

变频器的标准状态字和主反馈的状态位参考PLC系统手册。

USS_CTRL参数说明见表7-18。

表7-18　USS_CTRL参数说明

参　数	说　明
Resp_R	确认来自变频器的响应。系统轮流询问所有激活的变频器以获取最新的变频器状态信息。每次CPU收到来自变频器的响应时，Resp_R位将接通一个扫描周期，并且以下所有值将更新
F_ACK	确认变频器发生故障的位。当F_ACK从0变为1时，变频器将清除故障

（续）

参　数	说　明
DIR	指示变频器移动方向的位
Drive	表示接收 USS_CTRL 命令的变频器地址的输入。有效地址为 0～31
Type	选择变频器类型的输入
Speed_SP	变频器速度，该速度是全速的一个百分数：Speed_SP 为负值将导致变频器调转其旋转方向，范围为 -200.0%～200.0%
Error	产生的错误代码定义了执行该指令产生的错误状况，包含对变频器的最新通信请求的结果
Status	变频器返回的状态字的原始值。有“禁止”和“故障”状态位
Speed	变频器速度，该速度是全速的一个百分数。范围为 -200.0%～200.0%
Run_EN	指示变频器运行状况，1 表示运行中；0 表示已停止
D_Dir	指示变频器的旋转方向

3. USS_RPM_x 指令

USS_RPM_x 指令格式见表 7-19。

表 7-19　USS_RPM_x 指令格式

指令名称	USS_RPM_x
梯形图	USS_RPM_W EN XMT_REQ Drive　Done Param　Error Index　Value DB_Ptr
语句表	CALL USS_RPM_W，XMIT_REQ，Drive，Param，Index，DB_Ptr，Done，Error，Value CALL USS_RPM_D，XMIT_REQ，Drive，Param，Index，DB_Ptr，Done，Error，Value CALL USS_RPM_R，XMIT_REQ，Drive，Param，Index，DB_Ptr，Done，Error，Value
操作数	XMT_REQ：I、Q、M、S、SM、T、C、V、L、受上升沿检测控制的能流 Drive：VB、IB、QB、MB、SB、SMB、LB、AC、*VD、*AC、*LD、常数 Param/Index：VW、T、C、IW、QW、SW、MW、SMW、LW、AC、AQW、*VD、*AC、*LD、常数 DB_Ptr：&VB Value：VW、T、C、IW、QW、SW、MW、SMW、LW、AC、AQW、*VD、*AC、*LD VD、ID、QD、MD、SD、SMD、LD、AC、*VD、*AC、*LD Done：I、Q、M、S、SM、T、C、V、L Error：VB、IB、QB、MB、SB、SMB、LB、AC、*VD、*AC、*LD
功能	USS 协议共有三条读取指令： USS_RPM_W 指令用于读取无符号字参数 USS_RPM_D 指令用于读取无符号双字参数 USS_RPM_R 指令用于读取浮点参数 某一时间只能有一条读取或写入指令处于激活状态

变频器确认接收到命令或出现错误条件时，USS_RPM_x 事务完成。该进程等待响应时，逻辑扫描继续执行。

EN 位必须接通才能启用对请求的发送，并在 Done 位置位之前保持接通，Done 位置位表示过程完成。例如，如果 XMT_REQ 输入接通，每次扫描时都会向变频器发送 USS_RPM_x 请求。因此，XMT_REQ 输入应通过边沿检测以脉冲方式接通，该边沿检测使得在 EN 输入的每次正跳变时发送一个请求。

USS_RPM_x 参数说明见表 7-20。

表 7-20　USS_RPM_x 参数说明

参　数	说　明
XMT_REQ	如果接通，在每次扫描时会向变频器发送 USS_RPM_x 请求
Drive	要接收 USS_RPM_x 命令的变频器地址。变频器的有效地址是 0 ~ 31
Param	参数编号
Index	要读取参数的索引值
DB_Ptr	必须为 DB_Ptr 输入提供 16B 缓冲区的地址。USS_RPM_x 指令使用该缓冲区存储发送到变频器的命令的结果
Done	当 USS_RPM_x 指令完成后接通
Error	该输出字节包含指令执行的结果
Value	参数值已恢复

USS_RPM_x 指令完成时，Done 输出接通，Error 输出字节和 Value 输出包含指令执行结果。Done 输出接通之前，Error 和 Value 输出无效。

4. USS_WPM_x 指令

USS_WPM_x 指令格式见表 7-21。

表 7-21　USS_WPM_x 指令格式

指令名称	USS_WPM_x
梯形图	USS_WPM_W EN XMT_REQ EEPROM Drive　Done Param　Error Index Value DB_Ptr
语句表	CALL USS_WPM_W，XMT_REQ，EEPROM，Drive，Param，Index，Value，DB_Ptr，Done，Error CALL USS_WPM_D，XMT_REQ，EEPROM，Drive，Param，Index，Value，DB_Ptr，Done，Error CALL USS_WPM_R，XMT_REQ，EEPROM，Drive，Param，Index，Value，DB_Ptr，Done，Error
操作数	EEPROM：I、Q、M、S、SM、T、C、V、L、能流 XMT_REQ、Drive、Param/Index、DB_Ptr、Value、Done、Error 的操作数与 USS_RPM_x 操作数相同
功能	USS 协议共有三种写入指令： USS_WPM_W 指令用于写入无符号字参数 USS_WPM_D 指令用于写入无符号双字参数 USS_WPM_R 指令用于写入浮点参数 某一时间只能有一条读取或写入指令处于激活状态

变频器确认接收到命令或出现错误条件时，USS_WPM_x 事务完成。该进程等待响应时，逻辑扫描继续执行。

EN 位必须接通才能启用对请求的发送，并在 Done 位置位之前保持接通，Done 位置位表示过程完成。例如，如果 XMT_REQ 输入接通，在每次扫描时向变频器发送 USS_WPM_x 请求。因此，XMT_REQ 输入应通过边沿检测以脉冲方式接通，该边沿检测使得在 EN 输入的每次正跳变时发送一个请求。

关于 USS_WPM_x 参数说明，与 USS_RPM_x 的参数说明（见表 7-20）相比较，除了 EEPROM 不同，EEPROM 输入接通时，该指令将数据写入到变频器的 RAM 和 EEPROM。该输入关闭时，该指令仅将数据写入到变频器的 RAM。其余参数（包括 XMT_REQ、Drive、Param、Index、Value、DB_Ptr、Done、Error 等的参数）说明均与 USS_RPM_x 相同或相似，只是 USS_RPM_x 表示的是读取，而 USS_WPM_x 表示的是写入。关于 Error 的 USS 协议执行错误代码见 PLC 系统手册。

USS_WPM_x 指令完成时，Done 输出接通，Error 输出字节包含指令执行结果。直到 Done 输出接通，Error 输出才有效。

关于 USS 通信协议的应用十分广泛，第 8 章运动控制部分介绍的 S7-200 SMART 与 V20 变频器的通信就是很典型的应用实例。

习题与思考题

1. S7-200 SMART PLC 可以采用哪些通信协议？每种通信协议的特点是什么？

2. 请进行通信设置，要求如下：用 PC/PPI 连接计算机和 S7-200 SMART PLC，将计算机设置为 PPI 主站，站号为 0；将 PLC 设置为从站，站号为 3；传输速率为 9600bit/s，传送字符为默认值。

3. 简述如何使用以太网实现 S7-200 SMART CPU 之间的通信，并说明使用 GET/PUT 指令和使用 GET/PUT 向导各自的特点。并分别使用 GET/PUT 指令和 GET/PUT 向导上机调试一个计数器当前值互传程序。

4. 在自由口模式下完成本地 PLC 与远程 PLC 通信的梯形图程序，本地和远程 PLC 均为 S7-200 SMART，由一个外部信号脉冲启动本地 PLC 向远程 PLC 发送 30B 的信息，任务完成后，用指示灯进行显示。通信参数：传输速率为 9600bit/s，每个字符 8 位，无奇偶校验，不设立超时时间。

5. 请分别叙述 Modbus RTU 和 USS 通信的特点，以及两种通信方式的常用指令。

6. 使用以太网通信实现触摸屏控制 PLC 程序。要求：触摸屏上按钮直接控制 PLC 输出 Q0.0 和 Q0.1，同时 Q0.0 和 Q0.1 的状态也在触摸屏上显示出来。

7. 使用 RS485 通信端口 0，利用自由口通信的向导功能实现第 6 题的要求。

8. 如何人为结束自由口通信中 RCV 指令的接收状态？

9. 自由口通信中，主站向从站发送数据，如果收到多个从站的混乱响应，可能是什么原因？

第 8 章

S7-200 SMART PLC 在运动控制中的应用

本章主要介绍 PLC 在运动控制中的一些应用，首先详细介绍了应用在运动控制中的相关指令，如高速计数器指令和高速脉冲输出指令。在开环运动控制的应用中，详细介绍了运动轴输出控制、运动控制向导、运动控制指令和运动控制面板，并通过控制步进电动机和伺服系统这两个实例，使读者加深理解向导和指令的应用。在变频调速系统中，详细介绍了变频器的基本功能、变频器多段调速控制、变频器模拟量调速和变频器的通信调速等，并结合实例详细讲解了指令的应用。在工程应用中，S7-200 SMART PLC 能够很好地解决运动控制中的问题。

8.1 高速 I/O 指令

为了采集高速数字量计数值，S7-200 SMART CPU 集成了高速计数器功能。标准型 CPU 支持高速脉冲输出，可生成一个高速脉冲串输出（PTO）或脉宽调制（PWM）信号。

8.1.1 高速计数器指令

普通计数器与扫描工作方式有关，CPU 通过每个扫描周期读取一次被测信号的方法来捕捉被测信号的上升沿进行计数。当被测脉冲信号的频率较高时，就会发生脉冲丢失的现象。高速计数器脱离主机的扫描周期而独立计数，它可对脉宽小于主机扫描周期的高速脉冲准确计数，即高速计数器计数的脉冲输入频率比 PLC 扫描频率高得多。

高速计数器用于对高频脉冲信号进行测量和记录，并提供中断功能，在实际生产中有着广泛的应用。例如测量电动机转速、设备运行距离等。高速计数器通常被用作鼓式计数器驱动器，以恒速旋转的转轴配有增量轴式编码器。轴式编码器提供每次旋转的指定计数以及每次旋转一个复原脉冲。轴式编码器的时钟和复原脉冲为高速计数器提供输入。

在编程时可以使用 HDEF 和 HSC 指令创建自己的 HSC 例程，也可以使用高速计数器向导简化编程任务。高速计数器指令说明见表 8-1。

表 8-1 高速计数器指令说明

LAD/FBD	STL	说　明
HDEF EN ENO HSC MODE	HDEF HSC，MODE	高速计数器定义指令（HDEF）选择特定高速计数器（HSC0-3）的工作模式。模式选择定义高速计数器的时钟、方向和复位功能。每个高速计数器指令必须单独使用一条高速计数器定义指令

（续）

LAD/FBD	STL	说　明
HSC: EN, ENO, N	HSC N	高速计数器指令（HSC）根据 HSC 特殊存储器位的状态组态和控制高速计数器，参数 N 指定高速计数器编号。高速计数器最多可组态为八种不同的工作模式，每个计数器都有专用于时钟、方向控制和复位的输入。在 AB 正交相，可以选择一倍（1×）或四倍（4×）的最高计数速率。所有计数器均以最高速率运行，互不干扰

HDEF、HSC 指令输入端口对应操作数的类型和范围见表 8-2。

表 8-2　操作数的类型和范围

输入端口	数据类型	操作数
HSC	BYTE	0、1、2、3
MODE	BYTE	0、1、3、4、6、7、9 或 10
N	WORD	0、1、2、3

使用高速计数器之前，必须执行 HDEF 指令选择计数器模式。可以使用首次扫描存储器位 SM0.1 直接执行 HDEF 指令，也可以调用包含 HDEF 指令的子例程。所有计数器类型（带复位输入或不带复位输入）均可使用。激活复位输入时，会清除当前值，并在禁用复位输入之前保持清除状态。

1. 高速计数器的工作模式

S7-200 SMART CPU 提供了四路高速计数器（HSC0、HSC1、HSC2 和 HSC3），最高可测量 200kHz（标准型 CPU，单相）的脉冲信号。在这四个 HSC 设备（HSC0 ~ HSC3）中，HSC0 和 HSC2 支持八种计数模式（模式 0、1、3、4、6、7、9 和 10），HSC1 和 HSC3 只支持一种计数模式（模式 0）。各种计数模式如下：

1）单相计数器（内部方向控制（模式 0、模式 1））如图 8-1 所示。

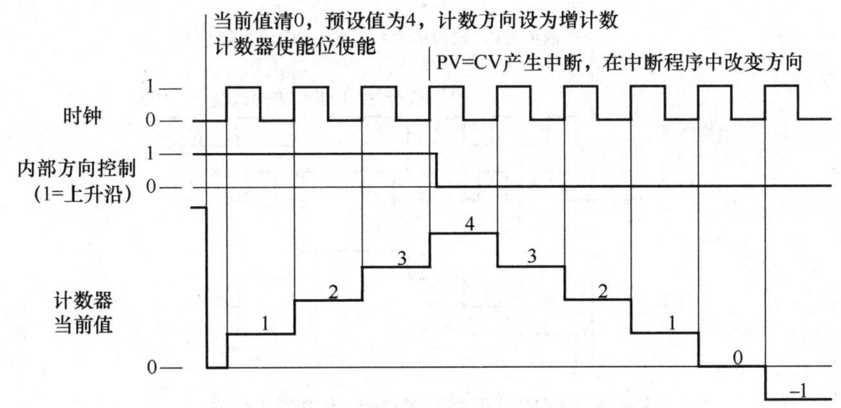

图 8-1　单相计数器（内部方向控制）

2）单相计数器（外部方向控制（模式 3、模式 4））如图 8-2 所示。

3）双相增/减计数器（双脉冲输入（模式 6、模式 7））如图 8-3 所示。

4）A/B 相正交脉冲输入计数器 1 倍速（模式 9、模式 10），如图 8-4 所示。

5）A/B 相正交脉冲输入计数器 4 倍速（模式 9、模式 10），如图 8-5 所示。

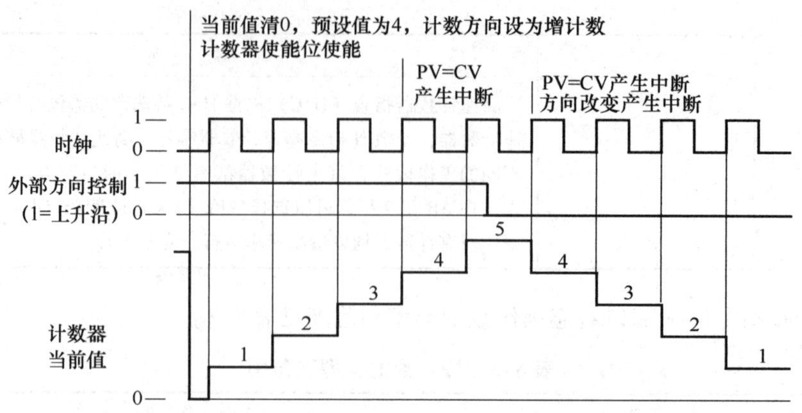

图 8-2　单相计数器（外部方向控制）

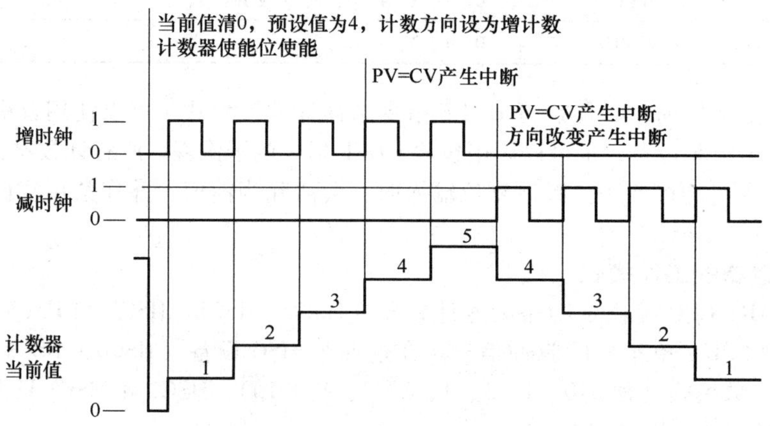

图 8-3　双相计数器（双脉冲输入）

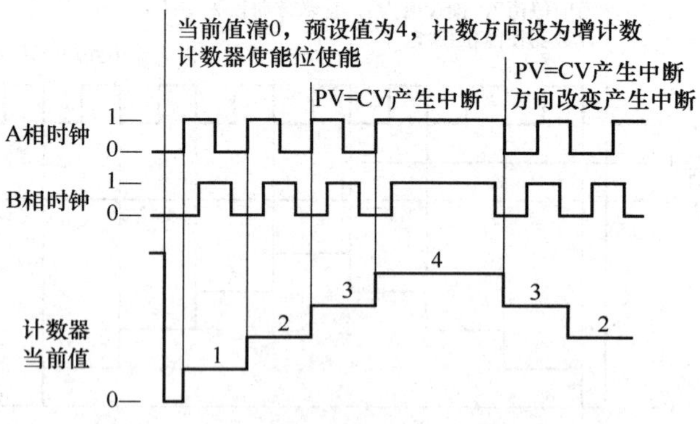

图 8-4　A/B 相正交脉冲输入计数器 1 倍速

高速计数器的硬件输入接口与普通数字量输入接口相同，已定义用于高速计数器的输入点不能再用于其他功能，但某个模式下没有用到的输入点还可以用作普通开关量输入点。由于硬件输入点的分配用途不同，所以不是所有的计数器都可以在任意时刻定义任意工作模式。高速计数器的硬件输入定义和工作模式见表 8-3。HSC 输入连接（时钟、方向和复位）必须使用 CPU 的集成输入通道，信号板和扩展模块上的输入通道不能用于高速计数器。

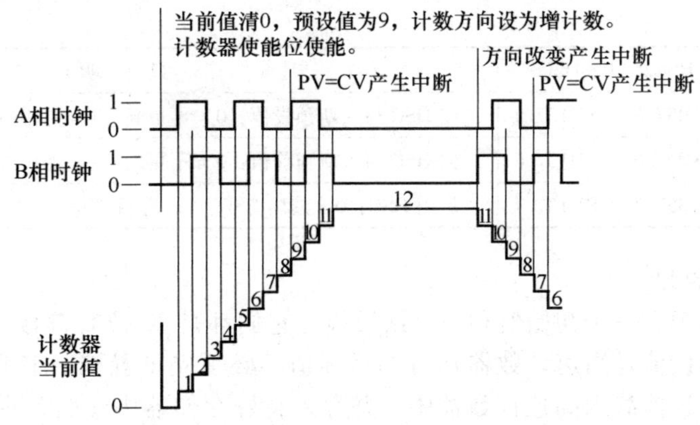

图 8-5　A/B 相正交脉冲输入计数器 4 倍速

表 8-3　高速计数器的硬件输入定义和工作模式

	时钟 A	Dir/时钟 B	复位	单相最大时钟/输入速率	双相/AB 正交相最大时钟/输入速率
HSC0	I0. 0	I0. 1	I0. 4	200kHz（S 型号 CPU） 100kHz（C 型号 CPU）	S 型号 CPU： 100kHz = 最大 1 倍计数速率 400kHz = 最大 4 倍计数速率 C 型号 CPU： 50kHz = 最大 1 倍计数速率 200kHz = 最大 4 倍计数速率
HSC1	I0. 1	—	—	200kHz（S 型号 CPU） 100kHz（C 型号 CPU）	—
HSC2	I0. 2	I0. 3	I0. 5	200kHz（S 型号 CPU） 100kHz（C 型号 CPU）	S 型号 CPU： 100kHz = 最大 1 倍计数速率 400kHz = 最大 4 倍计数速率 C 型号 CPU： 50kHz = 最大 1 倍计数速率 200kHz = 最大 4 倍计数速率
HSC3	I0. 3	—	—	200kHz（S 型号 CPU） 100kHz（C 型号 CPU）	—

2. 高速计数器控制字节

每个高速计数器在 CPU 的特殊存储区中都有各自的控制字节。控制字节可以执行启动或禁止计数器、修改计数方向、更新计数器当前值或预设值等操作。控制字节的各个位的 0/1 状态具有不同的设置功能。高速计数器控制字节的位地址分配见表 8-4。

表 8-4　高速计数器控制字节的位地址分配

HSC0	HSC1	HSC2	HSC3	说　明
SM37. 0	—	SM57. 0	—	复位：0 = 高电平复位，1 = 低电平复位
SM37. 2	—	SM57. 2	—	A/B 相正交计数器计数速率：0 =4 倍速，1 =1 倍速
SM37. 3	SM47. 3	SM57. 3	SM137. 3	计数方向控制位：0 = 减计数，1 = 增计数
SM37. 4	SM47. 4	SM57. 4	SM137. 4	向 HSC 写入计数方向：0 = 不更新，1 = 更新方向

（续）

HSC0	HSC1	HSC2	HSC3	说　　明
SM37.5	SM47.5	SM57.5	SM137.5	向 HSC 写入新预设值：0 = 不更新，1 = 更新预设值
SM37.6	SM47.6	SM57.6	SM137.6	向 HSC 写入新当前值：0 = 不更新，1 = 更新当前值
SM37.7	SM47.7	SM57.7	SM137.7	启用 HSC：0 = 禁用 HSC，1 = 启用 HSC

3. 高速计数器寻址

每个高速计数器都有一个初始值和一个预设值，它们都是 32 位有符号整数。初始值是高速计数器的起始值，预设值是高速计数器运行的目标值。必须先设置控制字节来控制高速计数器工作，将初始值和预设值载入高速计数器中，并存入特殊存储器中，然后执行 HSC 指令使其有效，在当前计数值小于当前预设值的时间段内激活输出。以 HSC0 为例，其当前值是一个 32 位的有符号整数，从 HSC0 读取。高速计数器当前值、初始值和预设值地址见表 8-5。

表 8-5　高速计数器当前值、初始值和预设值地址

项　　目	HSC0 地址	HSC1 地址	HSC2 地址	HSC3 地址
当前值	HC0	HC1	HC2	HC3
初始值	SMD38	SMD48	SMD58	SMD138
预设值	SMD42	SMD52	SMD62	SMD142

4. 中断功能与输入点分配

当计数值等于预设值或出现复位时，高速计数器产生中断。除了模式 0、1 之外，其余的计数器模式还支持计数方向改变中断，每种中断条件可以分别使能或禁止。表 8-6 列出四个高速计数器在不同模式下占用的输入点以及所支持的中断类型。S7-200 SMART CPU 在特殊存储区中提供了状态字节，供中断服务程序中使用。

表 8-6　高速计数器输入分配及中断类型

	说　　明	输入分配及中断类型		
模　　式	HSC0	I0.0	I0.1	I0.4
	HSC1	I0.1		
	HSC2	I0.2	I0.3	I0.5
	HSC3	I0.3		
模式 0	具有内部方向控制的单相计数器	脉冲（预设值中断）		
模式 1		脉冲（预设值中断）		复位（外部复位中断）
模式 3	具有外部方向控制的单相计数器	脉冲（预设值中断）	方向（外部方向改变中断）	
模式 4		脉冲（预设值中断）	方向（外部方向改变中断）	复位（外部复位中断）
模式 6	具有 2 个脉冲输入的双相增/减计数器	增脉冲（预设值中断）	减脉冲（外部方向改变中断）	
模式 7		增脉冲（预设值中断）	减脉冲（外部方向改变中断）	复位（外部复位中断）
模式 9	A/B 相正交脉冲输入计数器	A 相脉冲（预设值中断）	B 相脉冲（外部方向改变中断）	
模式 10		B 相脉冲（预设值中断）	B 相脉冲（外部方向改变中断）	复位（外部复位中断）

5. 高速计数器向导组态

在对高速计数器进行编程时，需要根据相关特殊存储器的意义来编写初始化程序和中断程序，这些程序的编写比较繁琐且易出错。可以使用 STEP 7-Micro/WIN SMART 提供的指令向导来简化高速计数器的编程过程，这样既简单方便又不容易出错。

向导组态可以根据工艺快速配置高速计数器。相对于设置控制字的组态方式，向导组态可以更加直观地定义功能，并极大地减少出错概率。向导组态完成后，可以直接在程序中调用向导生成的子程序，也可将生成的子程序根据自己的要求进行修改。

在工具栏里选择高速计数器，在弹出的“高速计数器向导”对话框中选择需要组态的高速计数器，如图 8-6 所示。然后进行高速计数器模式选择、高速计数器初始化组态、中断设置、设置中断步等。

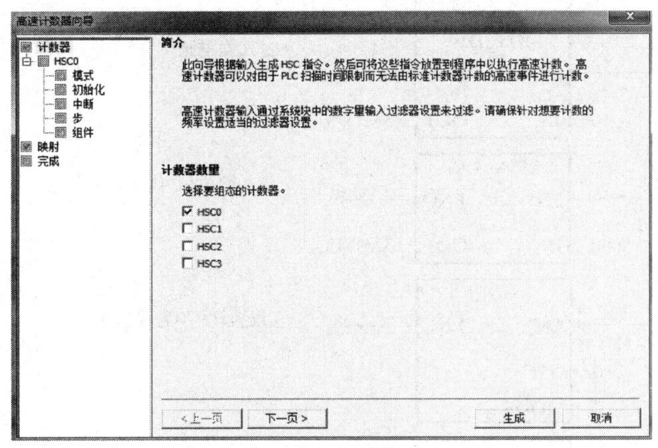

图 8-6　高速计数器向导

【例 8-1】 用指令向导生成高速计数器 HSC0 的初始化程序和中断子程序：HSC0 内部方向控制的单向增/减计数器（模式 0），计数值为 5000 ~ 8000 时，Q0.1 输出为 1。

打开高速计数器向导，按下面步骤设置高速计数器的参数：

1）在第 1 个界面中，选择“HSC0”，每次操作完成后单击“下一页”按钮。

2）在第 2 个界面中，设置计数器的名称，采用默认的 HSC0。

3）在第 3 个界面中，选择计数模式为模式 0。

4）在第 4 个界面中，采用默认的计数器初始化子程序的符号名 HSC0_INIT。设置预设值（PV）为 5000，当前值（CV）为 0，初始化方向为增计数。

5）在第 5 个界面中，选择当前值等于预设值（CV = PV）时产生中断，使用默认的符号名 COUNT_EQ0。

6）在第 6 个界面中，设置步数为 2。在各步的中断程序中修改计数方向、当前值和预设值，并将另一个中断程序连接到相同的中断事件。

7）在第 7 个界面（步 1）中，采用默认的新的中断程序（新 INT）的名称 HSC0_STEP1。设置“新 PV”值为 8000，不更新当前值和计数方向。

8）在第 8 个界面（步 2）中，根据题意，没有下一步中断要连接，无需做任何操作。

9）在第 9 个界面中，可以看到向导将自动生成三个子程序：子程序“HSC0_INIT”、中断程序“COUNT_EQ0”和中断程序“HSC0_STEP1”，单击“生成”按钮，即完成向导配置功能。

使用指令向导完成高速计数器参数配置后，子程序 HSC0_INIT、中断程序 COUNT_EQ0 和中断程序 HSC0_STEP1 在程序块中可直接打开，但程序还不完整。还需在主程序中编写首次扫描调用 HSC0_INIT 程序，即在 SM0.1 的上升沿时调用 HSC0_INIT，并在中断程序中添加对 Q0.1 的置位和复位语句。本例的完整程序由四部分组成。其中主程序如图 8-7 所示；子程序 HSC0_INIT 如图 8-8 所示；中断程序 COUNT_EQ0 如图 8-9 所示；中断程序 HSC0_STEP1 如图 8-10 所示。

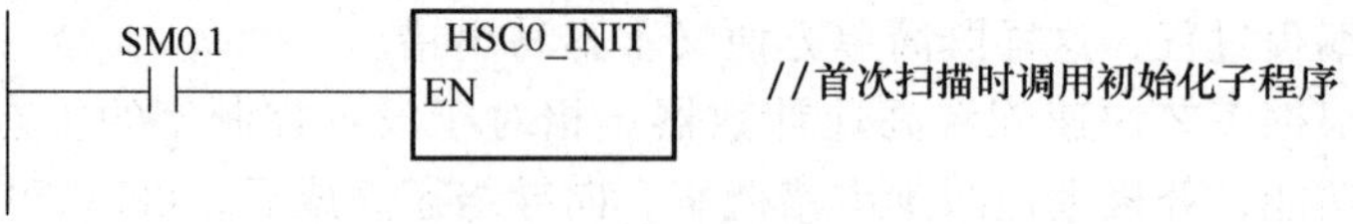

SM0.1
HSC0_INIT
EN
//首次扫描时调用初始化子程序

图 8-7 主程序

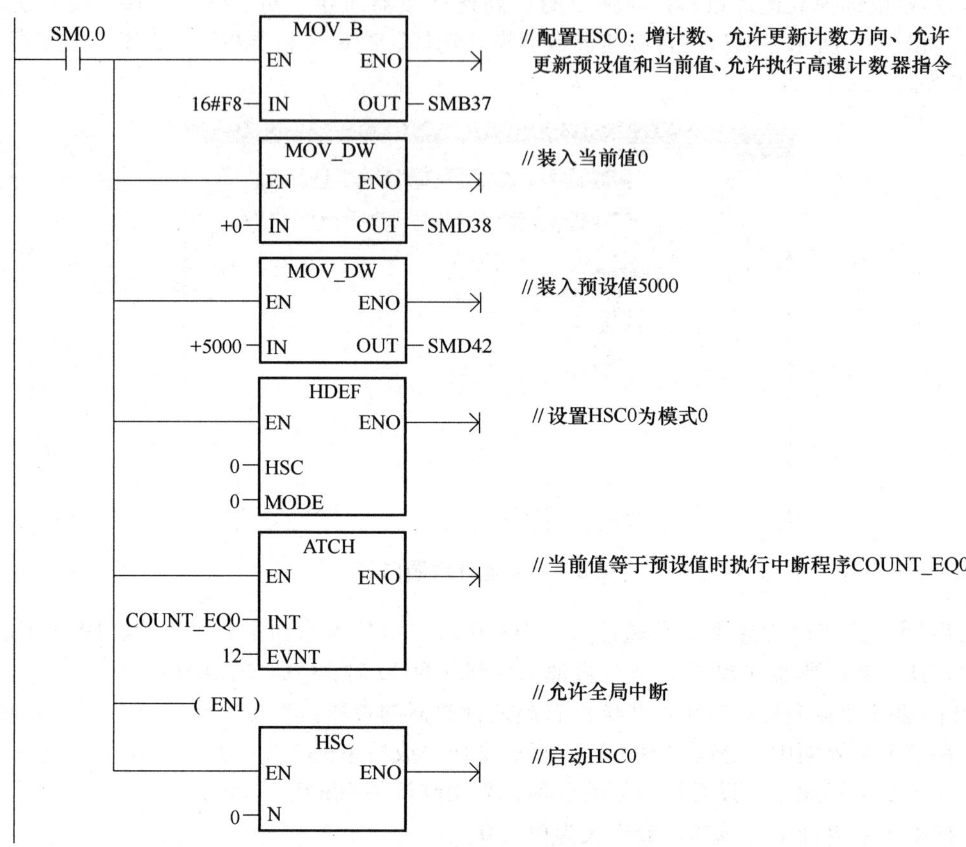

图 8-8 子程序 HSC0_INIT

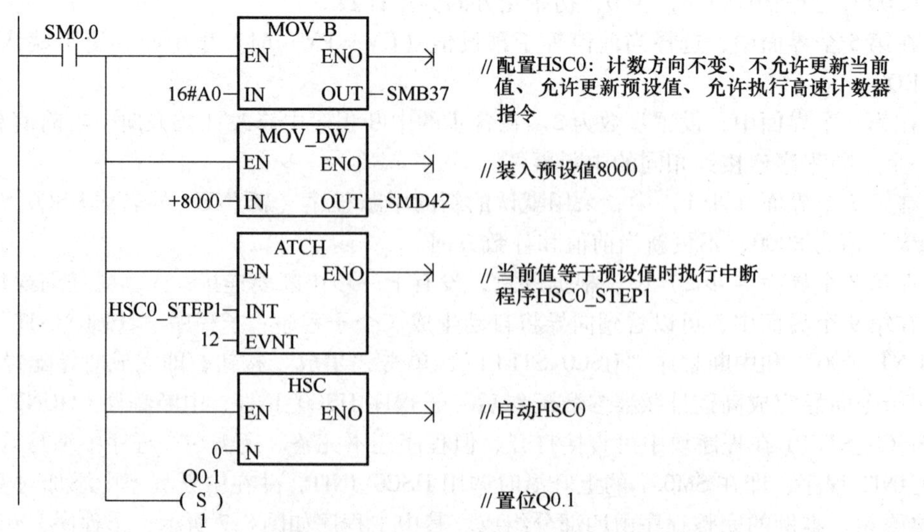

图 8-9 中断程序 COUNT_EQ0

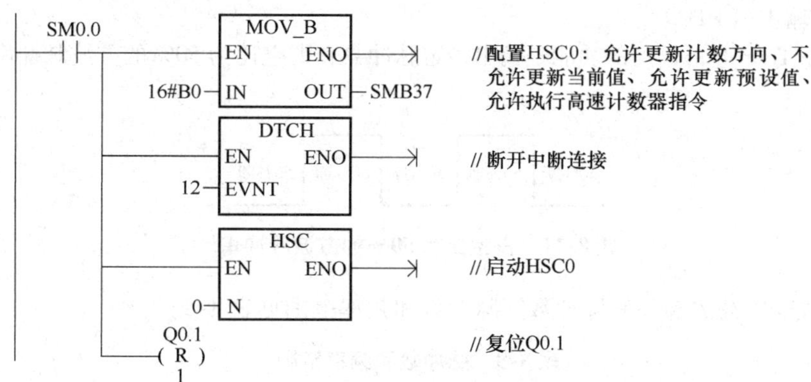

图 8-10　中断程序 HSC0_STEP1

8.1.2　高速脉冲输出指令

高速脉冲输出功能是指在 PLC 某些输出端产生高速脉冲，用来驱动负载实现精确控制（例如对步进电动机的控制）。使用高速脉冲输出功能时，PLC 主机应选用晶体管输出型，以满足高速输出的要求。

脉冲输出指令（PLS）控制高速输出（Q0.0、Q0.1 和 Q0.3）是否提供高速脉冲串输出（PTO）和脉宽调制（PWM）功能。PLS 指令功能见表 8-7。

表 8-7　PLS 指令功能

LAD/FBD	STL	说　明
PLS EN ENO N	PLS N	可使用 PLS 指令来创建最多三个 PTO 或 PWM 操作。PTO 允许用户控制方波（50% 占空比）输出的频率和脉冲数量。PWM 允许用户控制占空比可变的固定循环时间输出。输入端口 N 的数据类型是 WORD，操作数为 0、1、2

S7-200 SMART CPU 具有三个 PTO/PWM 生成器（PLS0、PLS1 和 PLS2），能够生成高速脉冲串或脉宽调制波。PLS0 分配给了数字量输出端 Q0.0，PLS1 分配给了数字量输出端 Q0.1，PLS2 分配给了数字量输出端 Q0.3。指定的特殊存储器（SM）单元用于存储每个发生器的一个 8 位的 PTO 状态字节、一个 8 位的控制字节、一个 16 位无符号的周期时间或频率、一个 16 位无符号的脉冲宽度值以及一个 32 位无符号的脉冲计数值。PLS 指令仅用于 S7-200 SMART 标准型 CPU。SR20/ST20 只有 Q0.0 和 Q0.1 两个通道，其他型号有 Q0.0、Q0.1 和 Q0.3 三个通道。

PTO/PWM 生成器和过程映像寄存器共同使用 Q0.0、Q0.1 和 Q0.3。在 Q0.0、Q0.1 或 Q0.3 上激活 PTO/PWM 功能时，PTO/PWM 生成器控制输出，正常使用输出点禁止。输出信号波形不受过程映像区状态、输出点强制值或立即输出指令执行的影响。当不使用 PTO/PWM 生成器功能时，对输出点的控制权交回到过程映像寄存器。过程映像寄存器决定输出信号波形的初始和结束状态，以高低电平产生信号波形的启动和结束。

需要注意的是，如果通过运动控制向导将输出点组态为运动控制用途，则无法通过 PLS 指令激活 PTO/PWM。PTO/PWM 输出的负载至少为额定负载的 10% 才能转换启动与禁止。在启用 PTO/PWM 操作前，过程映像寄存器中 Q0.0、Q0.1 和 Q0.3 的值设置为 0。所有控制位、周期时间/频率、脉冲宽度和脉冲计数值的默认值均为 0。

1. 脉冲串输出（PTO）

PTO（Pulse Train Output）的功能是输出指定脉冲数和占空比为50%的方波脉冲串，如图8-11所示。

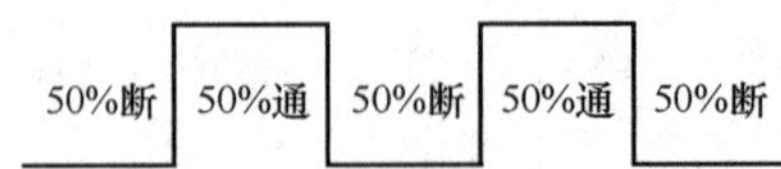

图8-11　占空比为50%的方波脉冲串

PTO只能改变脉冲的频率和脉冲数，脉冲数和频率范围见表8-8。

表8-8　脉冲数和频率范围

脉冲计数/频率	响　　应
频率 < 1Hz	频率默认为1Hz
频率 > 100000Hz	频率默认为100000Hz
脉冲数 = 0	脉冲数默认为1个脉冲
脉冲数 > 2147483647	脉冲数默认为2147483647个脉冲

PTO功能允许脉冲串“链接”或“管道化”。有效脉冲串结束后，新脉冲串的输出会立即开始，这样便可持续输出后续脉冲串。

（1）PTO脉冲的单段管道化

在单段管道化中，用指定的特殊标志寄存器定义脉冲特性参数（每次定义一个脉冲串）。一个脉冲串开始后，必须立即把第二个波形的参数赋值给SM单元；SM对应值更新后，再次执行PLS指令。PTO功能在管道中保留第二个脉冲串的特性参数，直到第一个脉冲串输出完成。PTO功能在管道中一次只能存储一个条目，第一个脉冲串完成后开始输出第二个波形，然后在管道中存储一个新脉冲串，重复此过程，设置下一脉冲串的特性参数。

单段管道的优点在于各脉冲段可以采用不同的时间基准。但当单段PTO输出多段高速脉冲串时，编程就很复杂，且参数设置不当会造成脉冲串之间的不平滑转换。需要注意的是，在管道填满时，若要再装入一个脉冲串的控制参数，将导致PTO状态位（SM66.6、SM76.6或SM566.6）置位，表示PTO管道溢出。单段管道化频率的上限为65535Hz。如果需要更高的频率（最高为100000Hz），则必须使用多段管道化。

（2）PTO脉冲的多段管道化

在多段管道化中，集中定义多个脉冲串，并把各段脉冲串的特性参数按照规定的格式写入变量存储区用户指定的缓冲区中，这个缓冲区称为包络表。S7-200 SMART PLC从V存储器的包络表中自动读取每个脉冲串段的特性；该模式中使用的SM单元为控制字节、状态字节和包络表的起始V存储（SMW168、SMW178或SMW578）的偏移量。执行PLS指令启动多段操作，每段的特性参数长12B，由32位起始频率、32位结束频率和32位脉冲计数值组成。表8-9多段PTO操作的包络表格式。

表8-9　多段PTO操作的包络表格式

字节偏移量	段	表格条目的描述
0		段数量：1 ~ 2552
1	#1	起始频率（1 ~ 100000Hz）
5		结束频率（1 ~ 100000Hz）

（续）

字节偏移量	段	表格条目的描述
9		脉冲计数（1～2147483647）
13	#2	起始频率（1～100000Hz）
17		结束频率（1～100000Hz）
21		脉冲计数（1～2147483647）
（依此类推）	#3	（依此类推）

PTO 生成器会自动将频率从起始频率线性提高或降低到终止频率。在脉冲数量达到指定的脉冲计数时，立即装载下一个 PTO 段，该操作将一直重复到包络结束。段持续时间应大于 500ms，如果持续时间太短，CPU 没有足够的时间计算下一个 PTO 段值，则 PTO 状态位（SM66.6、SM76.6 和 SM566.6）被置 1，PTO 操作终止。多段 PTO 操作时，需把包络表的起始地址装入标志寄存器 SMW168、SMW178 或 SMW578 中。PTO 指令执行时，当前输出段的段号由系统填入 SMB166、SMB176 或 SMB576 中。多段管道相比单段管道编程简单，而且在同一段脉冲串中其周期可以均匀改变。

2. 脉宽调制（PWM）输出

PWM（Pulse Width Modulation）是指占空比可变、周期固定的脉冲。PWM 输出指定频率（循环时间）启动之后将继续运行，脉宽根据所需要的控制要求进行变化，占空比可表示为周期的百分比或对应于脉冲宽度的时间值。PWM 波形如图 8-12 所示。周期范围为 10～65535μs（2～65535ms），脉冲宽度范围为 0～65535μs（0～65535ms）。

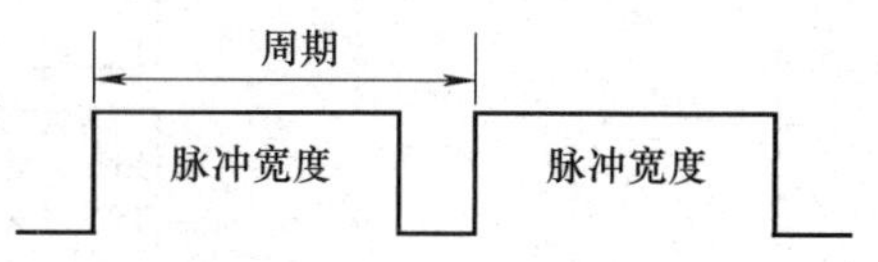

图 8-12　脉宽调制（PWM）波形图

脉冲宽度设置等于周期（占空比为 100%）时，无脉冲，始终为高电平；脉冲宽度设置为 0（占空比为 0%）时，无脉冲，始终为低电平。脉冲宽度设置与响应见表 8-10。

表 8-10　脉冲宽度设置与响应

脉冲宽度/周期	响　应
脉冲宽度≥周期时间	占空比为 100%：输出一直接通
脉冲宽度 =0	占空比为 0%：连续关闭输出
周期 < 2 个时间单位	默认情况下，周期时间为两个时间单位

利用 PWM，可以根据需要调节脉冲宽度，进而实现控制要求。PWM 输出可从 0% 变化到 100%，因此，它可以提供一个类似于模拟量输出的数字量输出。例如，PWM 输出可用于电动机从静止到全速运行的速度控制，或用于阀门从关闭到全开的位置控制。

PWM 功能可以通过设置特殊寄存器的方式进行配置，特殊寄存器每个位的定义见表 8-11，参照表 8-11 分别设置每个位，最后组成控制字节，由程序写入。下面通过例 8-2 说明如何设置特殊寄存器发送 PWM。

表 8-11　特殊寄存器每个位的定义

PWM 控制地址			PWM 控制功能
Q0.0	Q0.1	Q0.3	PWM 输出通道标识符
SM67.0	SM77.0	SM567.0	PWM 更新周期（0 = 不更新，1 = 更新周期）
SM67.1	SM77.1	SM567.1	PWM 更新脉宽（0 = 不更新，1 = 更新脉宽）

（续）

PWM 控制地址			PWM 控制功能
SM67.2	SM77.2	SM567.2	保留
SM67.3	SM77.3	SM567.3	PWM 时基（0 = 1μs/刻度，1 = 1ms/刻度）
SM67.4	SM77.4	SM567.4	保留
SM67.5	SM77.5	SM567.5	保留
SM67.6	SM77.6	SM567.6	保留
SM67.7	SM77.7	SM567.7	PWM 使能（0 = 禁用，1 = 使能）
Q0.0	Q0.1	Q0.3	其他 PWM 寄存器
SMW68	SMW78	SMW568	PWM 周期时间值（2 ~ 65535）
SMW70	SMW80	SMW570	PWM 脉宽时间值（2 ~ 65535）

【例 8-2】 发送 PWM 的脉冲周期为 200ms，脉宽为 150ms，发送脉冲的输出点为 Q0.0。程序设置如图 8-13 所示。

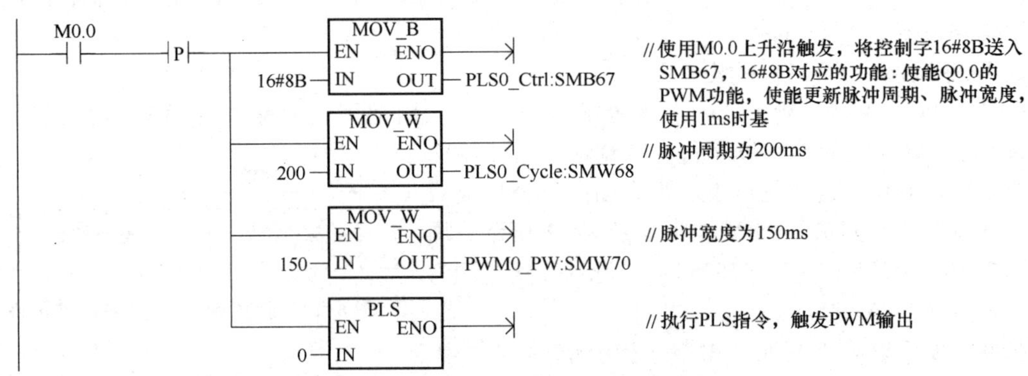

图 8-13　使用特殊寄存器设置 PWM 程序

除了直接使用设置特殊寄存器发送使用 PWM，还可以使用 PWM 向导功能组态 PWM 生成器和控制 PWM 输出的负载周期。PWMx_RUN 子程序用于在程序控制下执行 PWM。PWMx_RUN 子程序格式见表 8-12。

表 8-12　PWMx_RUN 子程序格式

LAD/FBD	STL	说　明
PWM0_RUN EN RUN Cycle　Error Pulse	CALL PWMx_RUN，Cycle，Pulse，Error	PWMx_RUN 子程序允许您通过改变脉冲宽度（从 0 到周期时间的脉冲宽度）来控制输出占空比

PWMx_RUN 子程序的参数见表 8-13。

表 8-13　PWMx_RUN 子程序的参数

输入/输出	数 据 类 型	操 作 数
Cycle、Pulse	WORD	IW、QW、VW、MW、SMW、SW、T、C、LW、AC、AIW、*VD、*AC、*LD、常数
Error	BYTE	IB、QB、VB、MBV、SMB、LB、AC、*VD、*AC、*LD、常数

输入端口 Cycle 用来定义脉宽调制（PWM）输出的周期。时基为毫秒时，取值范围是 2～65535；时基为微秒时，取值范围是 10～65535。输入端口 Pulse 用于定义 PWM 输出的脉宽（占空比）。取值范围为 0～65535 个时基单元，时基是在向导中指定的，单位为微秒或毫秒。输出端口 Error 用于指示执行结果。Error 为 0 时，表示正常完成；为 131 时，表示脉冲生成器已被另一个 PWM 或运动轴占用或时基更改无效。

使用向导设置 PWM 来实现图 8-13 的功能的具体步骤如下：

1）在“工具”（Tools）菜单的“向导”（Wizards）区域单击“PWM”按钮，或在项目树中打开“向导”（Wizards）文件夹，然后双击“PWM”，打开 PWM 向导。在弹出的组态界面中选择 PWM0，如图 8-14 所示。可以看出 S7-200 SMART PLC 总共支持三个 PWM 输出。

2）选择脉冲的时基为毫秒或者微秒。PWM 时基设置如图 8-15 所示。

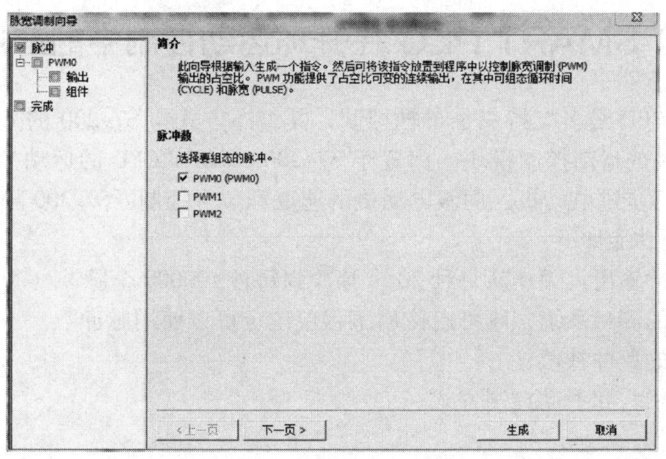

图 8-14　PWM 向导

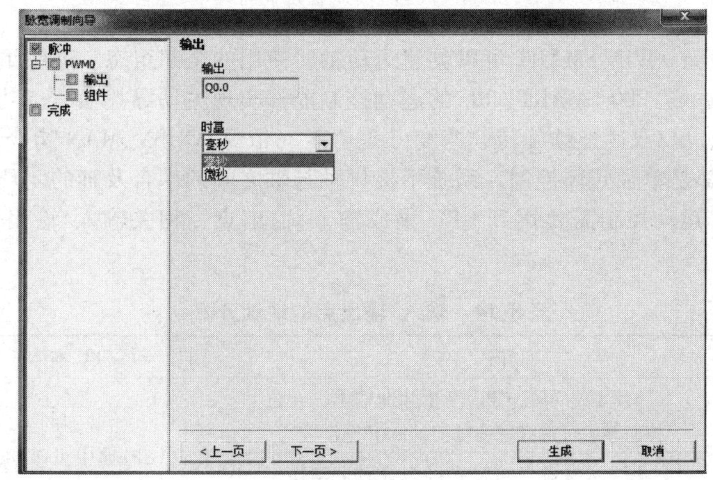

图 8-15　PWM 时基设置

3）组态完时基后，单击“生成”按钮，会生成一个名为“PWM0_RUN”的子程序，在项目树的调用子程序文件夹里找到此子程序，如图 8-16 所示。

4）调用生成的程序块如图 8-17 所示。调用 PWM0_RUN，设置 Cycle（周期）= 200，Pulse（脉宽）= 150，触发 M0.0 后，Q0.0 就会输出周期为 200ms、占空比为 75% 的连续方波。

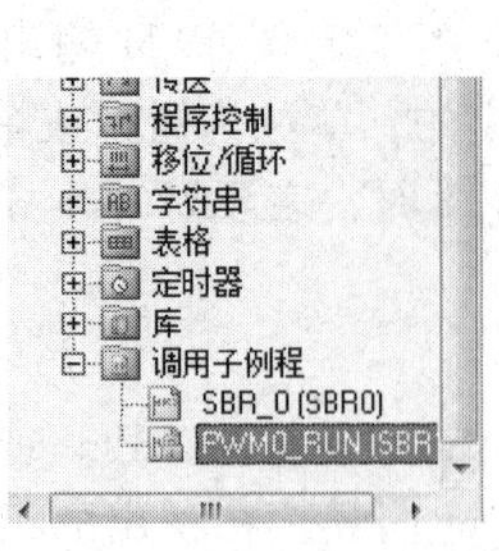

图 8-16　PWM 子程序

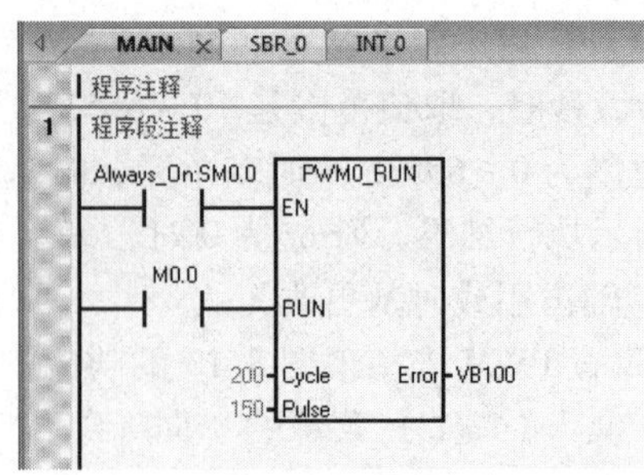

图 8-17　PWM0_RUN

8.2　S7-200 SMART PLC 在开环运动控制中的应用

S7-200 SMART CPU 最多支持三个单轴控制，其组态方式与 S7-200 的 EM253 类似，S7-200 SMART 不再提供单独的运动控制模块。内置于 S7-200 SMART CPU 的运动控制功能使用运动轴（Axis of Motion）进行步进电动机、伺服电动机的速度和位置控制。S7-200 SMART CPU 提供的三个单轴开环位置控制功能如下：

1）提供高速脉冲输出，频率从每秒 20 个脉冲到每秒 100000 个脉冲（20Hz ~ 100kHz）。

2）提供可组态的测量系统，既可以使用工程单位也可以使用脉冲数。

3）提供可组态的反冲补偿。

4）支持绝对、相对和手动控制方式。

5）提供连续操作。

6）提供多达 32 组移动曲线，每组最多可有 16 步，即每个曲线最多有 16 种速度。

7）提供 4 种不同的参考点寻找模式，每种模式都可对起始的寻找方向和最终的接近方向进行选择。

使用 STEP 7-Micro/WIN SMART 可以创建运动轴所使用的全部组态。这些组态和程序块需要一起下载到 CPU 中。S7-200 SMART CPU 的运动控制能够实现主动寻找参考点功能、绝对运动功能、相对运动功能、单/双速连续旋转、速度可变功能（依靠 AXISX_MAN 指令实现）及曲线功能。所有的轴功能都是单轴开环控制，系统不提供轴与轴之间的耦合及轴的闭环控制。

S7-200 SMART 运动控制需要用到 CPU 集成输入/输出点，相关输入/输出点的地址分配见表 8-14。

表 8-14　输入/输出点的地址分配

<table>
<tr><th>类　型</th><th>信　号</th><th>描　述</th><th>CPU 本体 I/O 分配</th></tr>
<tr><td rowspan="5">输入点</td><td>STP</td><td>STP 输入可让 CPU 停止脉冲输出。在位控向导中可选择您所需要的 STP 操作</td><td rowspan="4">在位控向导中可被组态为 I0.0 ~ I0.7 、I1.0 ~ I1.3 中的任意一个，但是同一个输入点不能被重复定义</td></tr>
<tr><td>RPS</td><td>RPS（参考点）输入可为绝对运动操作建立参考点或零点位置</td></tr>
<tr><td>LMT +</td><td rowspan="2">LMT + 和 LMT - 是运动位置的最大限制。位控向导中可以组态 LMT + 和 LMT - 输入</td></tr>
<tr><td>LMT -</td></tr>
<tr><td>ZP（HSC）</td><td>ZP（零脉冲）输入可帮助建立参考点或零点位置。通常，电动机驱动器/放大器在电动机的每一转产生一个 ZP 脉冲</td><td>CPU 本体高速计数器输入可被组态为 ZP 输入：HSC0（I0.0）、HSC1（I0.1）、SC2（I0.2）和 HSC3（I0.3）</td></tr>
</table>

（续）

类　型	信　号	描　述	CPU 本体 I/O 分配		
输出点	信号	描述	Axis0	Axis1	Axis2
	P0	P0 和 P1 是源型晶体管输出，用以控制电动机的运动和方向	Q0.0	Q0.1	Q0.3
	P1		Q0.2	Q0.7or Q0.3 *	Q1.0
	DIS	DIS 是一个源型输出，用来禁止或使能电动机驱动器	Q0.4	Q0.5	Q0.6

需要注意，如果 Axis1 组态为脉冲加方向，则 P1 分配到 Q0.7。如果 Axis1 组态为双向输出或者 A/B 相输出，则 P1 被分配到 Q0.3，但此时 Axis2 将不能使用。

利用 STEP 7-Micro/WIN SMART 对运动轴组态和编程步骤如下：

1）组态运动轴：利用运动向导，创建组态/曲线表和位置指令。

2）测试运动轴的操作：利用运动控制面板，可测试输入和输出的接线、运动轴的组态以及运动曲线的操作。

3）创建由 CPU 执行的程序：运动向导会自动创建运动指令，并将这些指令插入到程序中。

4）编译程序并将系统块、数据块和程序块下载到 CPU 中。

8.2.1　运动控制

1. 运动控制向导组态

STEP 7-Micro/WIN SMART 的运动向导组态具体步骤如下：

1）选择要组态的轴，然后单击需要激活的轴，如图 8-18 所示。

2）测量系统组态。组态过程如图 8-19 所示。在选择测量系统中，如果选择“相对脉冲”，则没有下面几项参数的设置。当选择“工程单位”时，电动机（同图 8-19 中的电机）旋转一周所需的脉冲数要与伺服系统中的设置匹配，比如电子齿轮比。

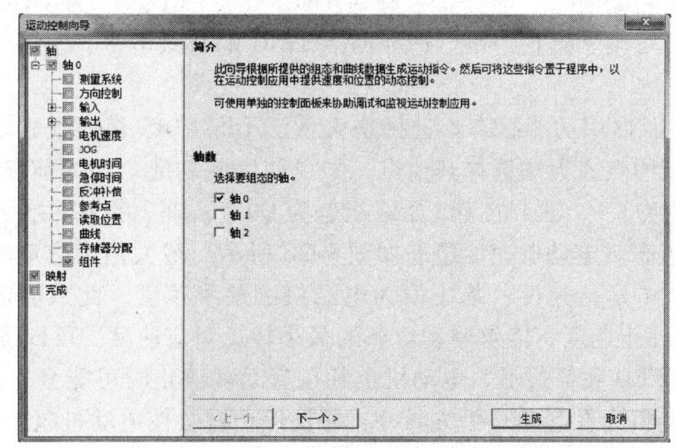

图 8-18　运动轴选择界面

3）方向控制组态。脉冲输出形式分为单相（脉冲 + 方向）、双相、正交与单相（仅脉冲）。选择单相（脉冲 + 方向），向导分配的两个输出点，一个点用于脉冲输出，一个点用于控制方向；选择双相，向导分配的两个输出点，一个点发送正向脉冲，一个点发送负向脉冲；选择正交，向导分配的两个输出点，一个点发送 A 相脉冲，一个点发送 B 相脉冲，A、B 相脉冲之间相位相差 90°；选择单相（仅脉冲），向导将分配一个输出点用于脉冲输出，而不再控制方向，方

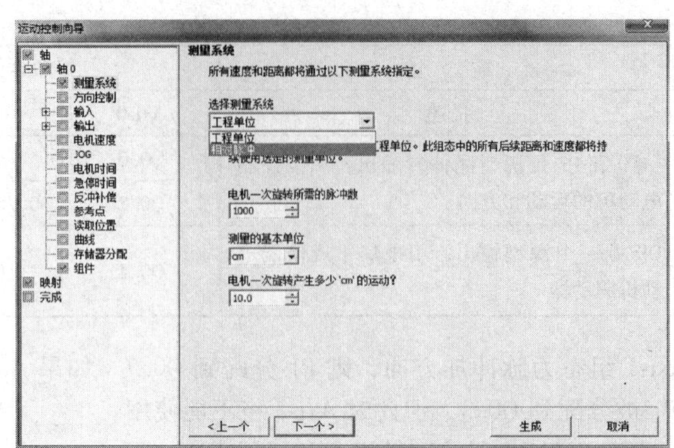

图 8-19　测量系统组态界面

向可由用户编程进行控制。

4）LMT 限位点组态。LMT + 与 LMT – 类似，向导中响应表示选择轴碰到限位开关时的停止方式：立即停止或减速停止。有效电平上限表示高电平有效，下限表示低电平有效。

5）RPS 参考点组态。选择是否激活参考点功能及使用哪个点作为参考点，并选择激活参考点的电平状态，上限为高电平有效，下限为低电平有效。参考点的设置为使用绝对运动的前提条件。

6）ZP 零脉冲组态。选择是否激活编码器零脉冲信号及选择哪个点作为输入。此点需要与相应的回零模式配合使用，使用此种方式，可以实现更精确的参考定位。ZP 信号输入点都为固定的点，不能自由选择输入点用于 ZP 的输入信号，所以要使用此功能，需要提前规划好输入点分配。

7）STP 停止点组态。选择是否激活 STP 及将哪个点作为 STP，STP 是除硬件限位外唯一能实现急停的输入点；激活 STP 并选择是减速停止还是立即停止；选择有效的激活电平，上限为高电平有效，下限为低电平有效。

8）TRIG 曲线停止功能组态。选择是否激活 TRIG 及将哪个点作为 TRIG 输入点。此功能用于运行包络的项目中，可用于停止包络。选择激活 TRIG 的有效电平，上限为高电平有效，下限为低电平有效。

9）DIS 驱动器禁用/启用功能组态。选择是否激活 DIS。DIS 是伺服驱动器的使能信号，组态中只能使用系统分配的点，无法选择其他点，如果使用此功能，要提前规划好输出点的分配。轴 0 的 DIS 始终组态为 Q0.4，轴 1 的 DIS 始终组态为 Q0.5，轴 2 的 DIS 始终组态为 Q0.6。

10）电动机速度组态。电动机速度组态如图 8-20 所示。最大值为电动机的最大速度，电动机转矩范围内系统最大的运行速度；最小值为电动机的最小速度，此数值根据最大速度由系统自动计算给定。起动/停止速度，能够驱动负载的最小转矩对应速度。可以按最大速度值的 5%～15% 设定。如果 SS_SPEED 数值过低，电动机负载在起动和停止时可能会摇摆或颤动；如果 SS_SPEED 数值过高，电动机会在起动时丢失脉冲，并在停止时会使电动机超速。

11）点动功能组态。点动功能组态如图 8-21 所示。点动一般用于手动调整，其速度的设置需要根据现场的需求决定。增量设置则定义点动的最小运行距离，其数值一般取决于手动微调的最小幅度。

12）电动机时间组态。电动机时间组态如图 8-22 所示。定义轴的加速、减速时间默认值都为 1000ms。这两个参数需要根据工艺要求及实际的生产机械测试得出。如果需要系统更高的响应特性，需要将加速、减速度时间减小，测试时在保证安全的前提下建议逐渐减小此值，直到电动机出现轻微抖动时，即达到系统加速、减速的极限。此外，还需要注意与 CPU 连接的伺服驱动器的加速、减速时间设置，向导中只定义了 CPU 输出脉冲的加速、减速时间，如果希望使用此加速、减速时间作为整个系统的加速、减速时间，则可以考虑将驱动器侧的加速、减速时间设为最小，以尽快响应 CPU 输出脉冲的频率变化。

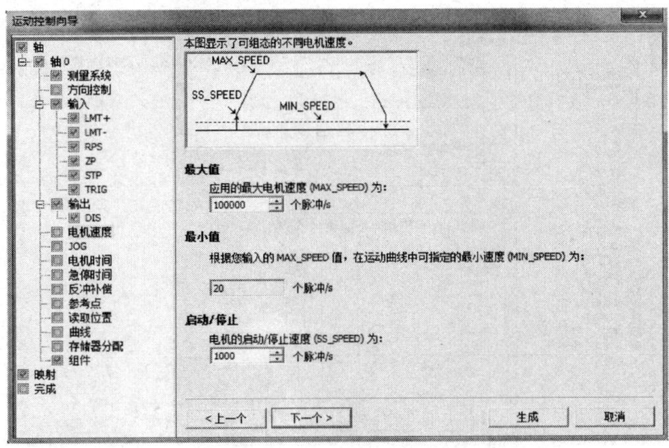

图 8-20　电动机速度组态

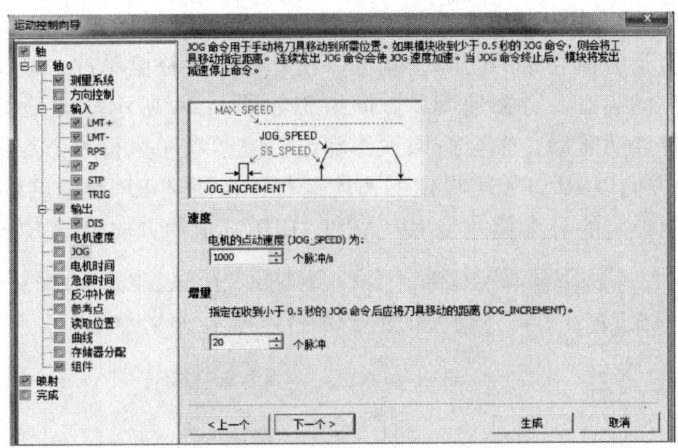

图 8-21　点动功能组态

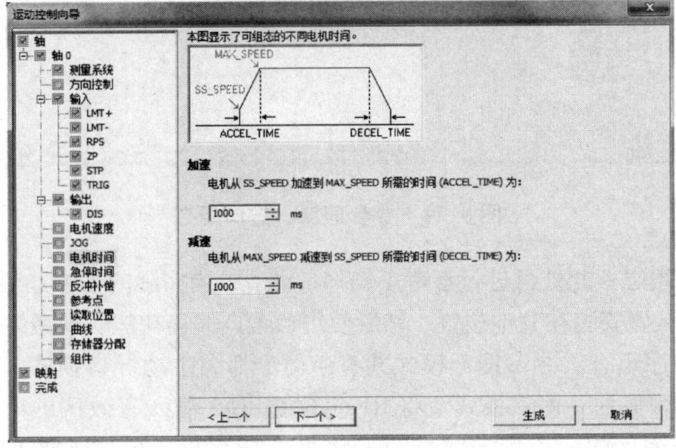

图 8-22　电动机时间组态

13）S 曲线时间组态。S 曲线时间组态如图 8-23 所示。S 曲线功能可对频率突变部分进行圆滑处理，以减小设备抖动，得到更好的动态效果。可以在初始与结束阶段，通过修改加速度使速度曲线在频率突变部分更为圆滑以起到减小抖动的作用。

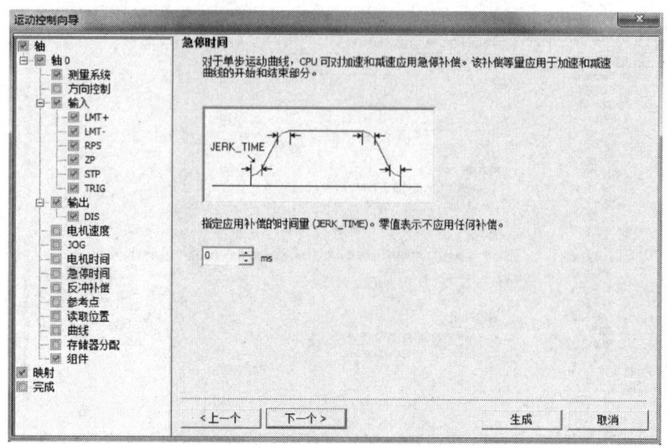

图 8-23　S 曲线时间组态

14）反冲补偿组态。反冲补偿是用于轴在反转时对机械磨损的补偿，如果是齿轮驱动的设备，在反转时会出现由于磨损导致的间隙，就可以在此处设置补偿脉冲，以提高定位精度。

15）寻参速度、方向组态。寻参速度、方向组态如图 8-24 所示。此处参考点的设置为主动寻找参考点，即触发寻参功能后，轴会按照预先确定的搜索顺序执行参考点搜索。首先轴将按照 RP_SEEK_DIR 设定的方向以 RP_FAST 设定的速度运行，在碰到 RP 参考点后会减速至 RP_SLOW 设定的速度，最后根据设定的寻参模式以 RP_APPR_DIR 设定的方向逼近 RPS。

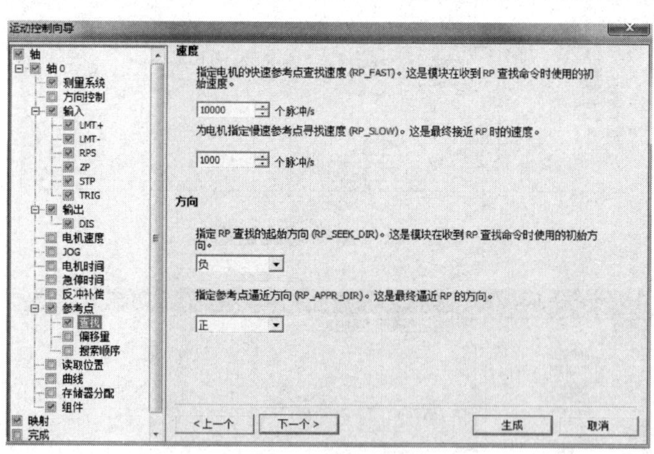

图 8-24　寻参速度、方向组态

16）寻参偏移量组态。此处可进行参考点偏移量设置，当实际的参考点位置不方便进行机械安装时，可以将参考点装置安装在其他位置，然后使用参考点偏移功能实现最终的参考点定位。

17）寻参搜索顺序组态。寻参搜索模式共有 4 种，都为主动寻参模式。模式 1 将 RP 定位在左右极限之间，RPS 区域的一侧；模式 2 将 RP 定位在 RPS 输入有效区的中心；模式 3 将 RP 定位在超出 RPS 输入有效区的一个指定数目的零脉冲（ZP）处；模式 4 将 RP 定位在 RPS 输入有效区的一个指定数目的零脉冲（ZP）处。

18）读取驱动器位置组态。选择激活 AXISX_ABPOS 指令，此指令以通信的方式读取 V90 的绝对值编码器数值，仅支持使用绝对值编码器的 V90 驱动器且不支持实时位置读取。

19）曲线功能激活。运动控制向导还提供曲线功能，此功能允许用户提前设置好运动距离及运动速度，对于运动路线和速度固定的工艺可以快速组态。曲线由多个步组成，每一步包含一个到达目标速度的加速/减速过程和以目标速度匀速运行的一串固定数量的脉冲。如果是单步运动或者是多步运动的最后一步，还应包括一个目标速度到停止的减速过程。每个运动轴最多支持 32 个曲线。

20）曲线运行模式组态。曲线中的运行模式分为绝对位置、相对位置、单速连续旋转和双速连续旋转。在绝对位置或相对位置模式，向导曲线功能只支持单向运动，不能出现使轴反向的组态。

21）组建选择组态。组建选择组态如图 8-25 所示。向导配置完成后，在指令清单中如果不想选择某项或几项，可将其右侧复选框中的勾去掉，最后生成子程序时不会出现上述指令，从而减少向导占用 V 存储区的空间。

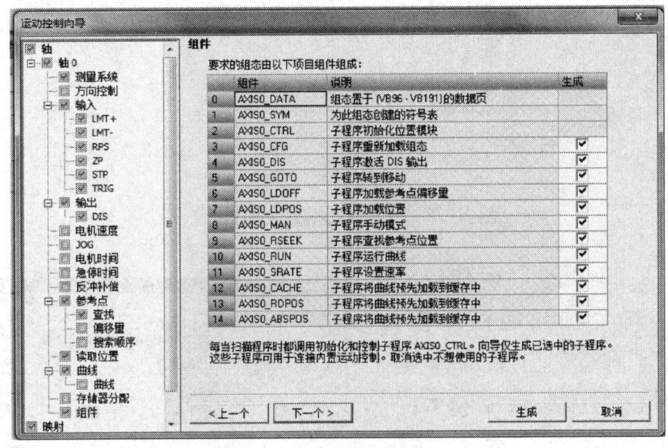

图 8-25　组建选择组态

22）向导 I/O 映射。向导 I/O 映射如图 8-26 所示。向导结束后，可以在此查看组态功能分别对应到哪些输入/输出点，并据此安排程序与实际接线。由于向导组态完成后需要占用 V 存储区空间，用户需要特别注意此连续数据区不能被其他程序占用。

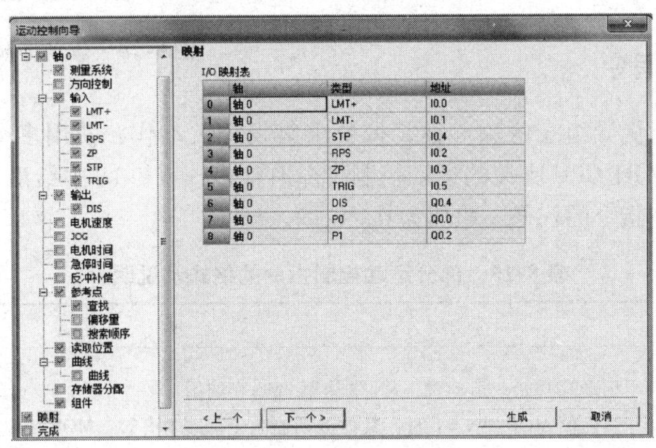

图 8-26　向导 I/O 映射

2. 运动控制面板

运动控制面板可脱离程序控制轴的运动，一般用于检查轴的基本组态是否正确及基本功能是否正常。在使用指令控制之前应先使用控制面板测试，测试成功之后再编写运动控制程序。

在启动控制面板之前需要将运动控制向导生成的所有组件（包括程序块、数据块和系统块）下载到CPU中，否则CPU无法得到操作所需要的有效程序组件。

运动控制面板的打开方法：在软件主界面的菜单功能区选择“工具”，然后单击“运动控制面板”按钮；或者在项目树中打开“工具”文件夹，选择“运动控制面板”节点，如图8-27所示。

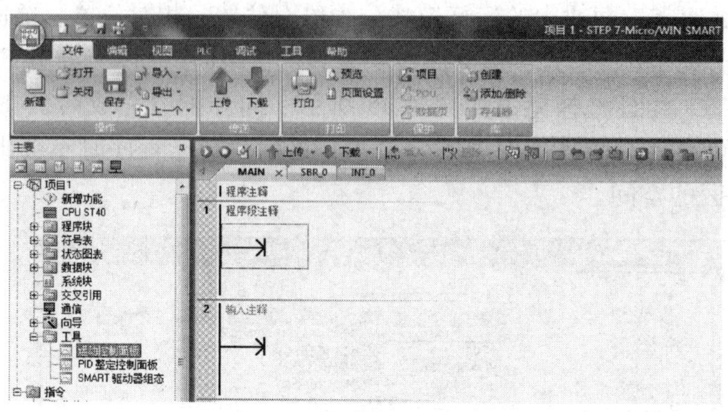

图8-27　打开运动控制面板

运动控制面板如图8-28所示。运动控制面板可显示分配的轴；每个轴又包括操作、组态和曲线三部分。在“命令”下拉菜单中可选多个功能，如“执行连续速度移动”“激活DIS输出”“加载轴组态”等。“状态”面板显示运动轴的当前速度、当前位置、当前方向、错误状态以及输入和输出LED的状态（脉冲LED除外）等信息。通过控制面板可与运动轴进行交互，更改速度和方向、停止和启动运动轴等。

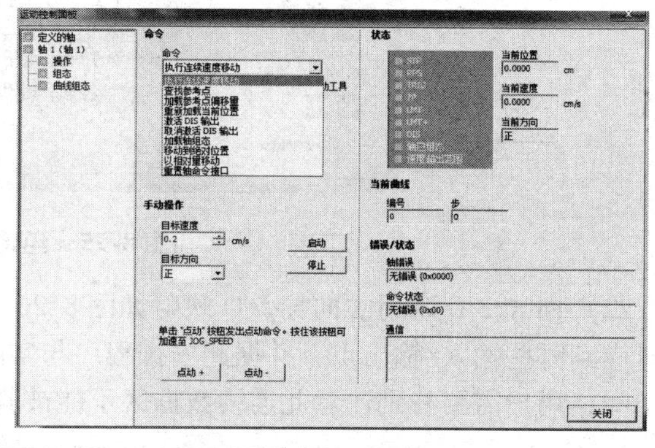

图8-28　运动控制面板

8.2.2　运动控制指令

运动控制指令根据向导组态的轴参数，按要求触发相关动作，使用多个指令可实现复杂的工艺控制。S7-200 SMART CPU支持的运动控制指令有很多，表8-15中给出了部分运动控制指令的格式及说明。其中各指令的代号x取值为0、1、2。

表8-15　部分运动控制指令的格式及说明

LAD/FBD	说　明
AXISx_CTRL EN MOD_EN Done Error C_Pos C_Speed C_Dir	启动和初始化运动轴，EN端使用SM0.0调用 当前值MOD_EN=1时，其他运动控制子程序才有效。MOD_EN=0，运动轴终止所有正在运行的命令。任何运动控制子程序完成时参数Done被置位。C_Pos表示运动轴的当前位置，该值是脉冲数（DINT）或工程单位数（REAL）。C_Speed提供运动轴的当前速度，C_Speed为D_INT型数值（脉冲数/s）或REAL型数值（工程单位数/s）。C_Dir表示电动机的当前方向，0=正向，1=反向

（续）

LAD/FBD	说　明
AXISx_MAN EN RUN JOG_P JOG_N Speed Error Dir C_Pos C_Speed C_Dir	手动模式控制轴，使电动机按不同的速度运行，或正/反向点动 RUN＝1，使运动轴按方向（Dir 参数）加速至指定的速度（Speed 参数），电动机运行时可更改 Speed 参数数值，但 Dir 参数保持不变。RUN＝0，运动轴减速直至电动机停止。JOG_P（点动正向旋转）或 JOG_N（点动反向旋转）是使运动轴正/反向点动。若这两个参数保持启动的时间小于 0.5s，则运动轴将根据向导组态，移动 JOG_INCREMENT 中指定的距离。如果参数保持启用时间为 0.5s 或者更长，则运动轴将开始加速至指定的 JOG_SPEED。Speed 参数是启动 RUN 指令时的速度
AXISx_GOTO EN START Pos Done Speed Error Mode C_Pos Abort C_Speed	命令运动轴按指定速度运行到指定位置 START 参数为 1 时，向运动轴发出 GOTO 命令。在 EN 位使能且当前程序空闲的情况下，使用边沿检测指令触发 START，以保证只激活一个周期。Pos 参数指示要移动的位置（绝对移动）或要移动的距离（相对移动），该值是脉冲数（DINT）或工程单位数（REAL）。Speed 参数确定轴运动的目标速度。Mode 参数有四种移动类型：0＝绝对位置，1＝相对位置，2＝单速连续正向旋转，3＝单速连续反向旋转
AXISx_RUN EN START Profile Done Abort Error C_Profile C_Step C_Pos C_Speed	命令运动轴按照存储在向导组态的特定曲线执行运动操作 RUN＝1，向运动轴发出 RUN 命令，在 EN 位使能且当前程序空闲的情况下，使用边沿检测指令触发 START，以保证只激活一个扫描周期。Profile 参数包含运动曲线的编号或符号名称，Profile 参数范围为 0～31。Abort 参数会命令运动轴停止当前曲线并减速至电动机停止。C_Profile 参数包含运动轴当前执行的曲线。C_Step 参数包含目前正在执行的曲线中的步
AXISx_RSEEK EN START Done Error	使用向导中组态的搜索方法执行参考点搜索。当运动轴找到参考点且移动停止时，运动轴将 RP_OFFSET 参数值载入当前位置。RP_OFFSET 默认值为 0 EN＝1，启动程序。要确保 EN 位保持开启，直至 Done 位指示程序执行完成。START＝1，向运动轴发出 RSEEK 命令。在 EN 位使能且当前程序空闲的情况下，使用边沿检测指令触发 START，以保证只激活一个扫描周期
AXISx_LDOFF EN START Done Error	建立一个与参考点处于不同位置的新的零位置 START＝1 时，将向运动轴发送 LDOFF 命令。在 EN 位使能且当前程序空闲的情况下，使用边沿检测指令触发 START，以保证只激活一个扫描周期。在执行该指令之前，先确定参考点的位置并将机器移至起始位置。当发送 LDOFF 指令时，运动轴计算起始位置与参考点位置之间的偏移量，然后将算出的偏移量存储到 RP_OFFSET 参数并将当前位置设为 0。如果电动机失去对位置的追踪（断电或手动更换电动机的位置等），可以使用 AXISx_RSEEK 指令重新建立零位置
AXISx_LDPOS EN START New_Pos Done Error C_Pos	将运动轴中的当前位置值更新为新值；还可为任何绝对移动命令建立一个新的零位置 START 参数开启将向运动轴发出 LDPOS 命令。在 EN 位使能且当前程序空闲的情况下，使用边沿检测指令触发 START，以保证只激活一个扫描周期。New_Pos 参数提供新值，用于取代运动轴的当前位置值。根据测量单位，该值是脉冲数（DINT）或工程单位数（REAL）

（续）

LAD/FBD	说　明
AXISx_DIS EN DIS_ON Error	运动轴的 DIS 输出打开或关闭，可将 DIS 输出用于禁止或启用电动机驱动器 EN = 1 时，启用指令；DIS_ON 参数控制运动轴组态的 DIS 输出点
AXISx_ABSPOS EN START RDY INP Res　Done Drive　Error Port　D_Pos	AXIS0_ABPOS 子程序通过特定的 Siemens 伺服驱动器（例如 V90）读取绝对位置，用来更新运动轴中的当前位置。只有将 SINAMICSV90 伺服驱动器与安装了绝对值编码器的 SIMOTICS-1FL6 伺服电动机结合使用时，才支持此功能。此指令读取的位置值存储在 D_Pos 中，只能保存一个扫描周期 START = 1 时，可通过指定驱动器获取当前绝对位置。在 EN 位使能且当前程序空闲的情况下，使用边沿检测指令触发 START，以保证只激活一个扫描周期。RDY = 1，此指令通过驱动器读取绝对位置。Res 参数必须设置为与伺服电动机相连的绝对编码器的分辨率。Drive 参数与伺服驱动器的 RS485 地址相匹配，各驱动器的有效地址是 0 ~ 31。Port 参数指定用于与伺服驱动器通信的 CPU 端口：0 表示板载 RS485 端口，1 表示 RE485/RS232 信号板
AXISx_RDPOS EN Done I_Pos	用于读取当前轴的位置 相对于 C_Pos，I_Pos 可以更快获取当前位置。C_Pos 数值周期性更新，时间是几十 ms，而使用 AXISx_RDPOS 则可以微秒级返回当前位置。此指令适用于及时获取当前位置

指令调用的基本原则如下：

1）AXISx_CTRL 指令使用 SM0.0 的常开触点调用，且在所有运动指令之前调用。

2）要使用绝对定位功能，必须首先使用 AXISx_RSEEK 或 AXISx_LDPOS 指令建立零位置。

3）AXISx_GOTO 可以实现按照指定速度运动到指定位置（绝对运动）或运动指定距离（相对运动）。

4）要运行位置控制向导组态的运动曲线，请使用 AXISx_RUN 指令。

5）调用 AXISx_MAN 指令，可进行速度控制。

6）调用指令块时，AXISx_CTRL 需要一直调用，其他指令块不能同时激活，同一个扫描周期只有一个指令块可以激活，如果多个指令块在同一扫描周期激活则系统报错。

7）要确认一个指令的功能是否完成，可以使用指令块 Done 位的上升沿来判断。以 AXISx_GOTO 为例，EN 激活后，若 START 参数未激活，则 Done 位为“1”；START 参数激活，则 Done 位为“0”；直到激活的运动控制功能完成，Done 位才由“0”变为“1”。

8.2.3　S7-200 SMART PLC 运动控制应用实例

1. S7-200 SMART PLC 控制步进电动机

运动轴简单相对移动（定长截断应用）示例程序如图 8-29 所示。本程序使用 AXISx_CTRL 和 AXISx_GOTO 子程序执行定长截断操作。此程序不需要 RP 搜索模式或运动曲线，并且可以使用脉冲或工程单位测量输入长度（VD500）和目标速度（VD504）。程序的 I/O 地址分配见表 8-16。

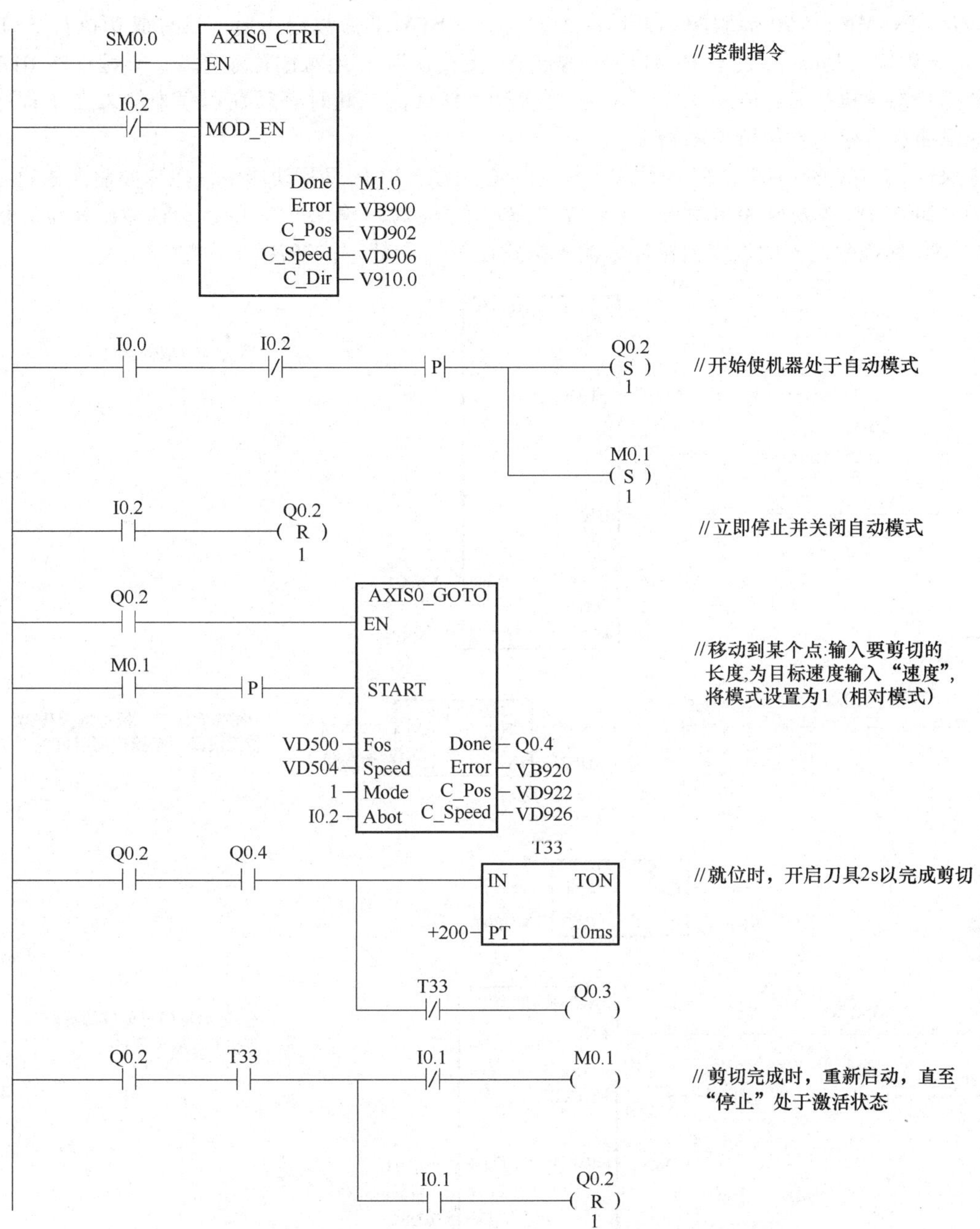

图 8-29　运动轴简单相对移动（定长截断应用）示例程序

表 8-16　程序的 I/O 地址分配表

输入信号		输出信号	
起动按钮	I0.0	自动运行电动机接触器线圈	Q0.2
停止按钮（完成当前操作）	I0.1	剪切电动机接触器线圈	Q0.3
急停按钮（立即停止所有运动）	I0.2	到达目标位置指示灯	Q0.4

2. S7-200 SMART PLC 控制伺服系统

AXISx_ABSPOS 和 AXISx_LDPOS 子程序使用举例如图 8-30 所示。本例采用 AXISx_ABSPOS

子程序从 SINAMICS V90 伺服驱动器读取绝对位置。START 参数启用后，只有成功执行 AXISx_ABSPOS 子程序（Done 参数 = ON 和 Error 参数 =“无错误”），绝对位置才有效。子程序在 START 输入禁用状态下执行时，Error 和 D_Pos 参数恢复为默认值，此时必须在程序中加入在子程序执行完成时捕获有效绝对位置值的指令。

为保证 S7-200 SMART CPU 的数字量输出，必须在 V90 伺服驱动器中，把脉冲输入通道参数设定为“24 V DC 单端脉冲串输入”（参数“p29014” = 1）。确保 CPU 的运动轴输出相位和极性设置与 V90 伺服驱动器的设定值脉冲串输入格式设置（参数“p29010”）一致。

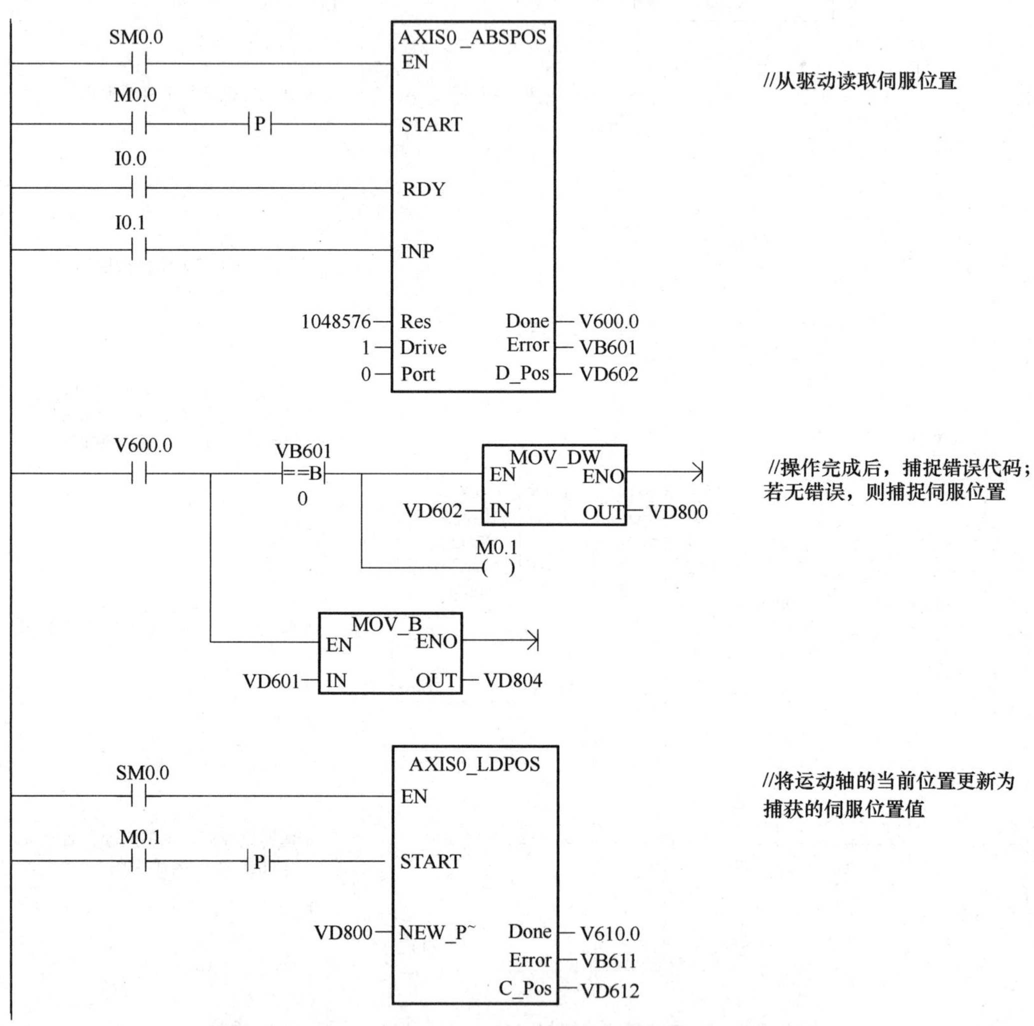

图 8-30　AXISx_ABSPOS 和 AXISx_LDPOS 子程序使用举例

8.3　S7-200 SMART PLC 在变频调速系统中的应用

变频器（Variable-frequency Drive，VFD）是通过改变电动机工作电源频率方式来控制电动机转速的控制设备。变频器主要由整流（交流变直流）、滤波、逆变（直流变交流）、制动单元、驱动单元、检测单元和微处理单元等组成。变频器通过控制 IGBT 的开断来调整输出电源的电压和频率，根据电动机的实际需要来提供其所需要的电源电压，进而达到节能和调速的目的。此外，变频器还有过电流、过电压和过载保护等功能。随着工业自动化程度的不断提高，变频器得到了非常广泛的应用。

变频器的种类很多，按变换的环节可以分为交-直-交变频器和交-交变频器两类；按直流电源性质可以分为电压型变频器和电流型变频器；按照用途可以分为通用变频器、高性能专用变频器、高频变频器、单相变频器和三相变频器等。S7-200 SMART PLC 可以与不同类型的变频器实现通信，比如西门子 G120C、MM440 和 V20 变频器等。

8.3.1　变频器多段调速控制

变频器多段调速功能也称作固定转速，在设置参数 P1000 = 3 的条件下，用数字量端子选择固定设定值的组合，实现电动机多段速运行。多段调速功能有直接选择和二进制选择两种固定设定值模式。

1. 直接选择模式

一个数字量输入选择一个固定设定值。当多个数字量输入同时激活时，选定的设定值是对应固定设定值的组合。直接选择模式最多可以设置 4 个数字量输入信号，参数设置见表 8-17。采用直接选择模式需要设置参数 P1016 = 1。

表 8-17　参数设置

参数号	说明	参数号	说明
P1020	固定设定值 1 的选择信号	P1001	固定设定值 1
P1021	固定设定值 2 的选择信号	P1002	固定设定值 2
P1022	固定设定值 3 的选择信号	P1003	固定设定值 3
P1023	固定设定值 4 的选择信号	P1004	固定设定值 4

通过 DI2 和 DI3 选择两个固定转速，分别为 300r/min 和 2000r/min，DI0 为起动信号。如果 DI2 和 DI3 同时选择，电动机将以 2300r/min 旋转。参数设置见表 8-18。

表 8-18　参数设置

参数号	参数值	说明
P1000	3	命令源选择“由端子排输入”
P0840	722.0	将 DI0 作为起动信号，r0722.0 为 DI0 状态的参数
P1016	1	固定转速模式采用直接选择方式
P1020	722.2	将 DI2 作为固定设定值 1 的选择信号，r0722.2 为 DI2 状态的参数
P1021	722.3	将 DI3 作为固定设定值 3 的选择信号，r0722.3 为 DI3 状态的参数
P1001	300	固定设定值 1，单位为 r/min
P1002	2000	固定设定值 2，单位为 r/min
P1070	1024	固定设定值作为主设定值

2. 二进制选择模式

通过二进制编码方式选择 4 个数字量输入固定设定值，使用这种方法最多可以选择 15 个固定频率。数字输入不同的状态对应的固定设定值见表 8-19。采用二进制选择模式需要设置 P1016 = 2。

表 8-19　数字输入不同的状态对应的固定设定值

固定设定值	P1023 选择的 DI 状态	P1022 选择的 DI 状态	P1021 选择的 DI 状态	P1020 选择的 DI 状态
P1001 固定设定值 1	0	0	0	1
P1002 固定设定值 2	0	0	1	
P1003 固定设定值 3	0	0	1	1
P1004 固定设定值 4	0	1	0	0
P1005 固定设定值 5	0	1	0	1
P1006 固定设定值 6	0	1	1	0
P1007 固定设定值 7	0	1	1	1
P1008 固定设定值 8	1	0	0	0
P1009 固定设定值 9	1	0	0	1
P1010 固定设定值 10	1	0	1	0
P1011 固定设定值 11	1	0	1	1
P1012 固定设定值 12	1	1	0	0
P1013 固定设定值 13	1	1	0	1
P1014 固定设定值 14	1	1	1	0
P1015 固定设定值 15	1	1	1	0

通过 DI1、DI2、DI3 和 DI4 选择固定转速，DI0 为起动信号。参数设置见表 8-20。

表 8-20　参数设置

参 数 号	参 数 值	说 明
P1000	3	命令源选择“由端子排输入”
P0840	722.0	将 DI0 作为起动信号，r0722.0 为 DI0 状态的参数
P1016	2	固定转速模式采用二进制选择模式
P1020	722.1	将 DI2 作为固定设定值 1 的选择信号，r0722.1 为 DI1 状态的参数
P1021	722.2	将 DI3 作为固定设定值 2 的选择信号，r0722.2 为 DI2 状态的参数
P1022	722.3	将 DI2 作为固定设定值 3 的选择信号，r0722.3 为 DI3 状态的参数
P1023	722.4	将 DI3 作为固定设定值 4 的选择信号，r0722.4 为 DI4 状态的参数
P1001 ~ P1015	—	定义固定设定值为 1 ~ 15，单位为 r/min
P1070	1024	固定设定值作为主设定值

8.3.2　变频器模拟量调速

模拟量输入功能 CU240B-2 提供 1 路模拟量输入，CU240E-2 提供 2 路模拟量输入。CU240B-2 模拟量输入 AI0 相关参数在下标为［0］的参数中设置。CU240E-2 模拟量输入 AI0/AI1 相关参数分别在下标［0］和［1］中设置。变频器提供了多种模拟量输入模式，可以使用参数 P0756 进行选择，P0756 的参数功能见表 8-21。

表 8-21　P0756 的参数功能

参数号	设定值	参数功能	说明
P0756	0	单极性电压输入　0~10V	“带监控”是指模拟量输入通道具有监控功能，能够检测断线
	1	单极性电压输入，带监控　0~10V	
	2	单极性电流输入　0~20mA	
	3	单极性电流输入，带监控　4~20mA	
	4	双极性电压输入（出厂设置）　-10~+10V	
	8	未连接传感器	

P0756 修改了模拟量输入类型后，变频器会自动调整模拟量输入的标定。线性标定曲线由两个点（P0757，P0758）和（P0759，P0760）确定，也可以根据需要调整标定。模拟量输入 AI0 标定（P0756［0］=4）见表 8-22。

表 8-22　模拟量输入 AI0 标定（P0756［0］=4）

参数号	设定值	说明
P0757［0］	-10	输入电压 -10V 对应 -100% 的标度及 -50Hz
P0758［0］	-100	
P0759［0］	10	输入电压 +10V 对应 +100% 的标度及 50Hz
P0760［0］	100	
P0761［0］	0	死区宽度

CU240B-2 提供 1 路模拟量输出，CU240E-2 提供 2 路模拟量输出。CU240B-2 模拟量输出 AQ0 相关参数在下标为［0］的参数中设置。CU240E-2 模拟量输出 AQ0、AQ1 相关参数分别在下标［0］和［1］中设置。变频器提供了多种模拟量输出模式，可以使用参数 P0776 进行选择。P0776 的参数功能见表 8-23。

表 8-23　P0776 的参数功能

参数号	设定值	参数功能	说明
P0776	0	电流输出（出厂设置）　0~20mA	模拟量输出信号与所设置的物理量呈线性关系
	1	电压输出　0~10V	
	2	电流输出　4~20mA	

用 P0776 修改了模拟量输出的类型后，变频器会自动调整模拟量输出的标定。线性的标定曲线由两个点（P0777，P0778）和（P0779，P0780）确定，也可以根据需要调整标定。模拟量输出 AQ0 标定（P0776［0］=2）见表 8-24。

表 8-24　模拟量输出 AQ0 标定（P0776［0］=2）

参数号	设定值	说明
P0777［0］	0	0% 对应输出电流 4mA
P0778［0］	4	
P0779［0］	100	100% 对应输出电流 20mA
P0780［0］	20	

模拟量输出的功能见表8-25。

表8-25　模拟量输出的功能

模拟输出编号	端　子　号	对应参数
模拟输出1，AQ0	3，4	P0771 [0]
模拟输出2，AQ1	10，11	P0771 [0]

以模拟量输出AQ0为例，常用的输出功能设置见表8-26。同时设置P0775 = 1，否则电动机反转时无模拟量输出。

表8-26　常用的输出功能设置

参　数　号	参　数　值	说　　明
P0771 [0]	21	电动机转速
	24	变频器输出频率
	25	变频器输出电压
	27	变频器输出电流

8.3.3　USS协议与变频器的通信调速

USS协议在前面的章节中已经详细介绍，本节主要通过实例来说明USS通信的应用。下面的示例为S7-200 SMART PLC与SINAMICS V20变频器进行USS通信，通信任务要求PLC可以控制V20变频器的启停和调速，并能读取变频器的实际输出频率（r0024）和实际输出电流（r0027）。

S7-200 SMART PLC与SINAMICS V20的USS通信总线为RS-485网络。PLC通信端口侧可以采用西门子RS-485网络连接器，V20通信端口为端子连接，端子6、7用于RS-485通信，PLC与V20之间的通信电缆建议使用西门子PROFIBUS总线电缆。当V20变频器处于通信总线的终端时，需要为其添加终端电阻以及偏置电阻。

1. SINAMICS V20变频器参数设置

V20可以通过选择宏Cn010实现USS通信，也可以通过直接修改变频器参数的方法来实现USS通信。修改变频器参数的步骤如下：

1）变频器恢复出厂默认设置：设置参数P0010（调试参数过滤）= 30，P0970（工厂复位）= 1或者为21。P0970 = 1：所有参数（不包括用户默认设置）复位至默认值；P0970 = 21：所有参数恢复至工厂复位状态。参数P2010、P2021、P2023的值不受工厂复位影响。

2）设置用户访问级别为专家级：设置参数P0003（用户访问级别）= 3。

3）选择命令源来源于RS-485总线：设置参数P0700（选择命令源）= 5。

4）选择设定值源来源于RS-485总线：设置参数P1000（选择设定值源）= 5。

5）设置RS-485总线协议为USS协议：设置参数P2023（RS-485协议选择）= 1。

6）设置USS通信的波特率：设置参数P2010（选择波特率）= 6，即波特率为9600bit/s，V20与PLC的波特率需要相同。V20 USS通信支持的波特率见表8-27。

表8-27　V20 USS通信支持的波特率

参数值	6	7	8	9	10	11	12
波特率/(bit/s)	9600	29200	38400	57600	76800	93750	115200

7）设置USS通信的站地址：设置参数P2011（USS站地址）= 3，即USS站地址为3。V20

USS 站地址需要包含在 PLC 的 USS_INIT 指令 Active 参数激活的轮询地址表内。

8）设置 USS PZD 长度：设置参数 P2012（PZD 长度）=2，即 USS PZD 长度为 2 个字长。

9）设置 USS PKW 长度：设置参数 P2013（PKW 长度）=127，即 USS PKW 长度可变。

10）设置 USS 报文间断时间：参数 P2014（USS 报文间断时间）可设置范围为 0 ~ 65535，单位为 ms，用于设置 RS-485 网络上的 USS 通信控制信号中断超时时间。如果设置为 0，则在此端口不进行超时检测；如果设定了超时时间，报文间隔超过此设定时间还没有接收到下一条报文信息，则变频器将会停止运行。通信恢复后此故障才能被复位。根据 USS 网络通信波特率和站数的不同，USS 报文间断时间设定值会有所不同，具体的 USS 通信轮询时间见表 8-28。

表 8-28　具体的 USS 通信轮询时间

通信波特率/(bit/s)	以及获得驱动器的轮询时间间隔（未激活任何参数访问指令）
9600	50ms（最大）× 驱动器数目
19200	35ms（最大）× 驱动器数目
38400	30ms（最大）× 驱动器数目
57600	25ms（最大）× 驱动器数目
115200	25ms（最大）× 驱动器数目

11）保存参数到 EEPROM：设置参数 P0971（从 RAM 向 EEPROM 传输数据）=1，上述设置参数将保存到变频器的 EEPROM 中。

2. S7-200 SMART PLC USS 通信的应用

S7-200 SMART PLC USS 通信功能的实现如下所示：

1）调用 USS_INIT 指令启用、初始化 USS 通信，并将站地址为 3 的 V20 在 USS 主站的轮询地址表中激活。

2）调用 USS_CTRL 指令控制 V20 变频器的启停和速度改变。

3）调用 2 条 USS_RPM_R 指令分别用于读取 V20 的实际输出频率（r0024）和实际输出电流（r0027）。因为同一时刻只能有一条 USS_RPM_R 指令处于激活状态，所以本例中的 2 条 USS_RPM_R 指令的执行需要采用轮询方式。

S7-200 SMART PLC USS 通信程序的具体编程步骤如下：

1）PLC 启动时复位各个 USS 指令完成位以及其他状态位；调用 USS_INIT 指令启用、初始化 USS 通信，USS 主站的轮询地址表中激活地址为 3 的从站；USS_INIT 指令的 Done 完成位用于触发第一条 USS_RPM_R 指令的输入参数 EN。复位 USS 指令状态位并初始化 USS 通信如图 8-31 所示。

2）调用 USS_CTRL 指令可以控制 V20 变频器的启停和速度改变。M0.0 用于控制 V20 的启停，浮点数 VD1000 用于改变速度设定值。

3）调用第一条 USS_RPM_R 指令用于读取 V20 的实际输出频率（r0024）。该条 USS_RPM_R 指令的 Done 完成位的上升沿信号用于保存读取的变频器参数值，复位该条 USS_RPM_R 指令的 EN 输入参数并置位第二条 USS_RPM_R 指令的 EN 输入参数。

4）调用第二条 USS_RPM_R 指令用于读取 V20 的实际输出电流（r0027）。该条 USS_RPM_R 指令的 Done 完成位的上升沿信号用于保存读取的变频器参数值，复位该条 USS_RPM_R 指令的 EN 输入参数并置位第一条 USS_RPM_R 指令的 EN 输入参数。

5）为 USS 指令分配库存存储器地址 VB0 ~ VB401。该库存储器分配的地址不能与 USS_RPM_R 指令参数 DB_Ptr 指向的 V 存储器的地址重叠，也不能与其他程序使用的地址重叠。

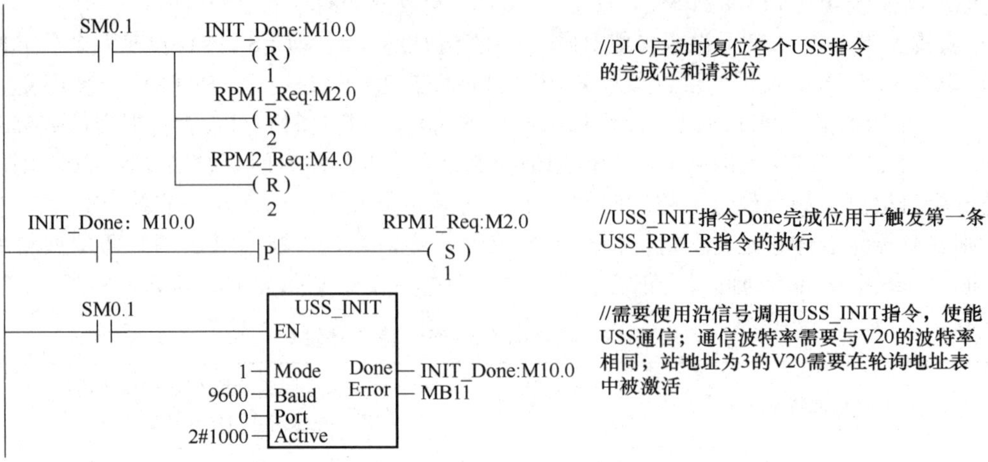

SM0.1　INIT_Done:M10.0 (R) 1　RPM1_Req:M2.0 (R) 2　RPM2_Req:M4.0 (R) 2

//PLC启动时复位各个USS指令的完成位和请求位

INIT_Done：M10.0　P　RPM1_Req:M2.0 (S) 1

//USS_INIT指令Done完成位用于触发第一条USS_RPM_R指令的执行

SM0.1　USS_INIT　EN　1 — Mode　9600 — Baud　0 — Port　2#1000 — Active　Done — INIT_Done:M10.0　Error — MB11

//需要使用沿信号调用USS_INIT指令，使能USS通信；通信波特率需要与V20的波特率相同；站地址为3的V20需要在轮询地址表中被激活

图 8-31　复位 USS 指令状态位并初始化 USS 通信

USS 通信程序如图 8-32 所示。

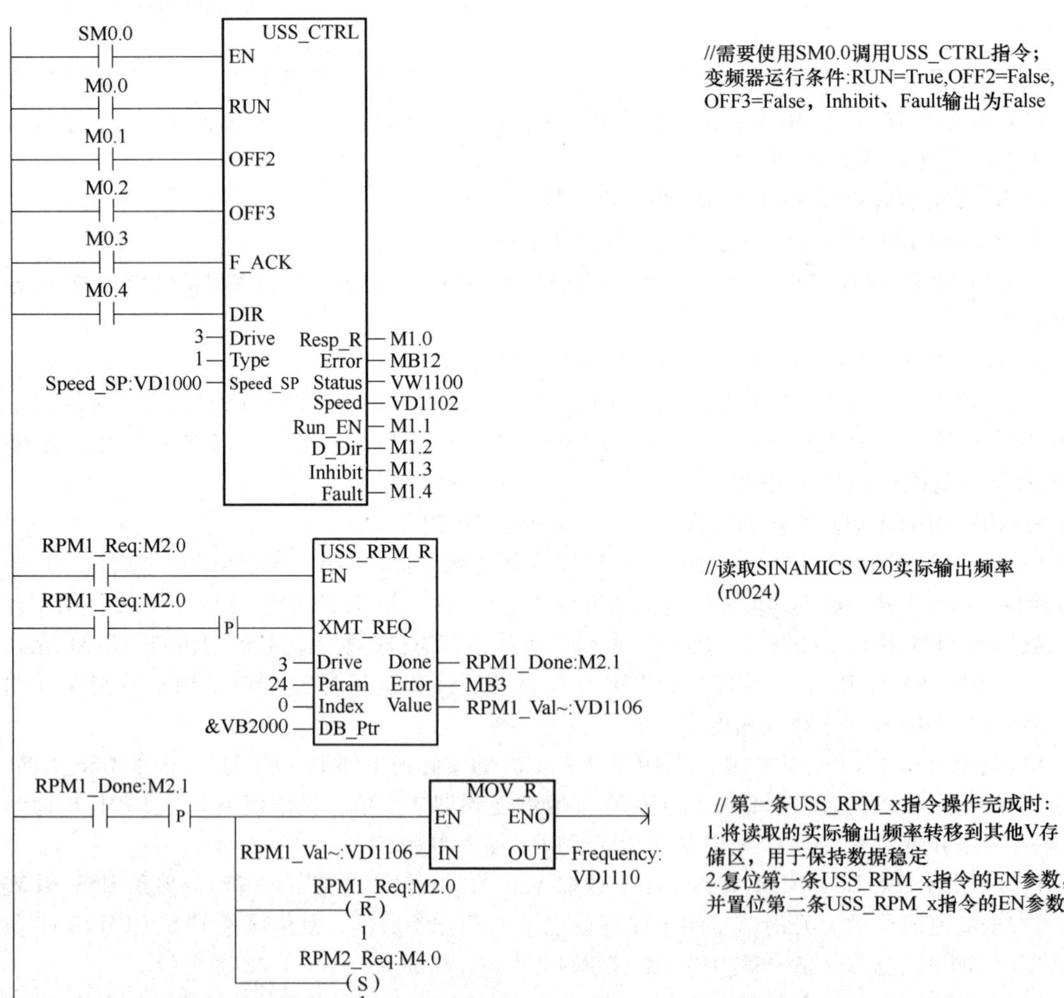

图 8-32　USS 通信程序

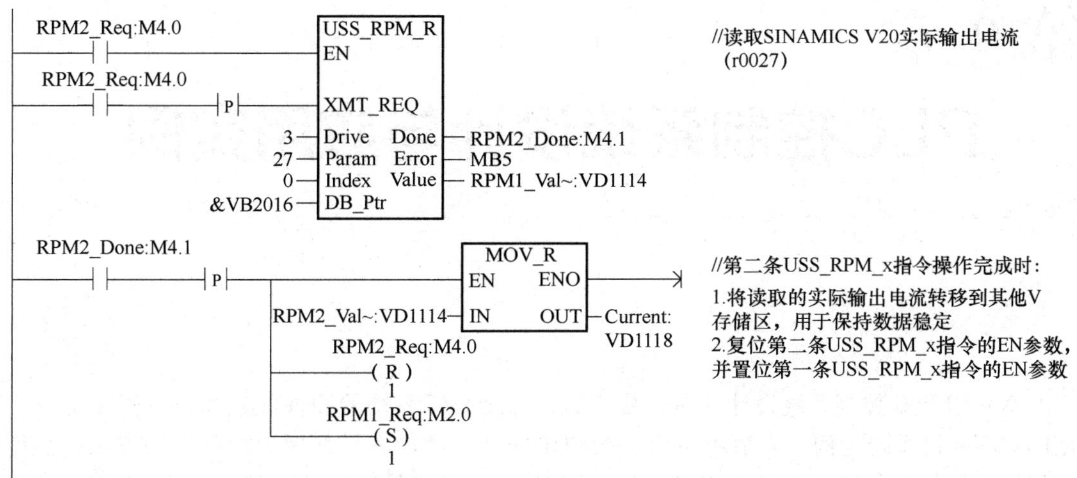

图 8-32　USS 通信程序（续）

习题与思考题

1. S7-200 SMART PLC 高速计数器定义了哪几种工作模式？每种模式有哪几种工作状态？
2. 脉宽调制（PWM）输出如何实现对电动机的速度控制？
3. S7-200 SMART PLC 最多支持几个轴控制电动机，有哪些功能？
4. 调用运动控制指令的基本原则有哪些？
5. 请简述变频器的工作原理和功能。
6. 为什么高速计数器计数不受 PLC 循环扫描的影响？
7. 试用 S7-200 SMARTPLC 控制变频器 G120C，实现对电动机的多段速控制（可参考实验 10 和课程设计相关内容）。

第 9 章 PLC控制系统设计与应用实例

本章介绍 PLC 控制系统设计的内容和步骤，详细介绍系统的硬件配置和设备选型方法。以典型的顺序控制系统为例，介绍顺序功能图和根据顺序功能图设计梯形图程序的方法，介绍通用的置位、复位指令设计法和“SCR”指令编程法，并通过具体的应用实例介绍具有多种工作方式的控制系统程序设计方法。在此基础上，较详细地介绍几个典型工程应用实例。通过学习，应掌握 PLC 控制系统的硬件、软件设计方法，学会针对不同的控制对象和要求，合理选择硬件模块和程序设计方法，还应掌握顺序功能图的设计以及顺序控制梯形图设计方法。

9.1 PLC 控制系统设计的内容与步骤

PLC 控制系统的设计原则：在最大限度地满足被控对象控制要求的前提下，力求使控制系统简单、经济、安全可靠；并考虑到今后生产的发展和工艺的改进，在选择 PLC 机型时，应适当留有余地。

9.1.1 PLC 控制系统设计的内容

1）分析控制对象、明确设计任务和要求是整个设计的依据。

2）选定 PLC 的型号及所需的输入/输出模块，对控制系统的硬件进行配置。

3）编制 PLC 的输入/输出分配表和绘制输入/输出端子接线图。

4）根据系统设计的要求编写软件规格要求说明书，然后再用相应的编程语言（常用梯形图）进行程序设计。

5）设计操作台和电气柜，选择所需的电气元器件。

6）编写设计说明书和操作使用说明书。

根据具体控制对象，上述内容可适当调整。

9.1.2 PLC 控制系统设计的步骤

PLC 控制系统的设计可以按照图 9-1 所示的步骤进行。设计一般分为系统规划、硬件设计、软件设计、系统调试以及技术文件编制五个阶段。

1. 系统规划

系统规划是设计的第一步，内容包括确定控制系统方案与系统总体设计两部分。确定控制系统方案时，应对被控对象（如机械设备、生产线或生产过程）工艺流程的特点和要求做深入了解、详细分析、认真研究，明确控制的任务、范围和要求，根据工业指标，合理地制定和选取控制参数，使 PLC 控制系统最大限度地满足被控对象的工艺要求。

控制要求主要指控制的基本方式、必须完成的动作时序和动作条件、应具备的操作方式

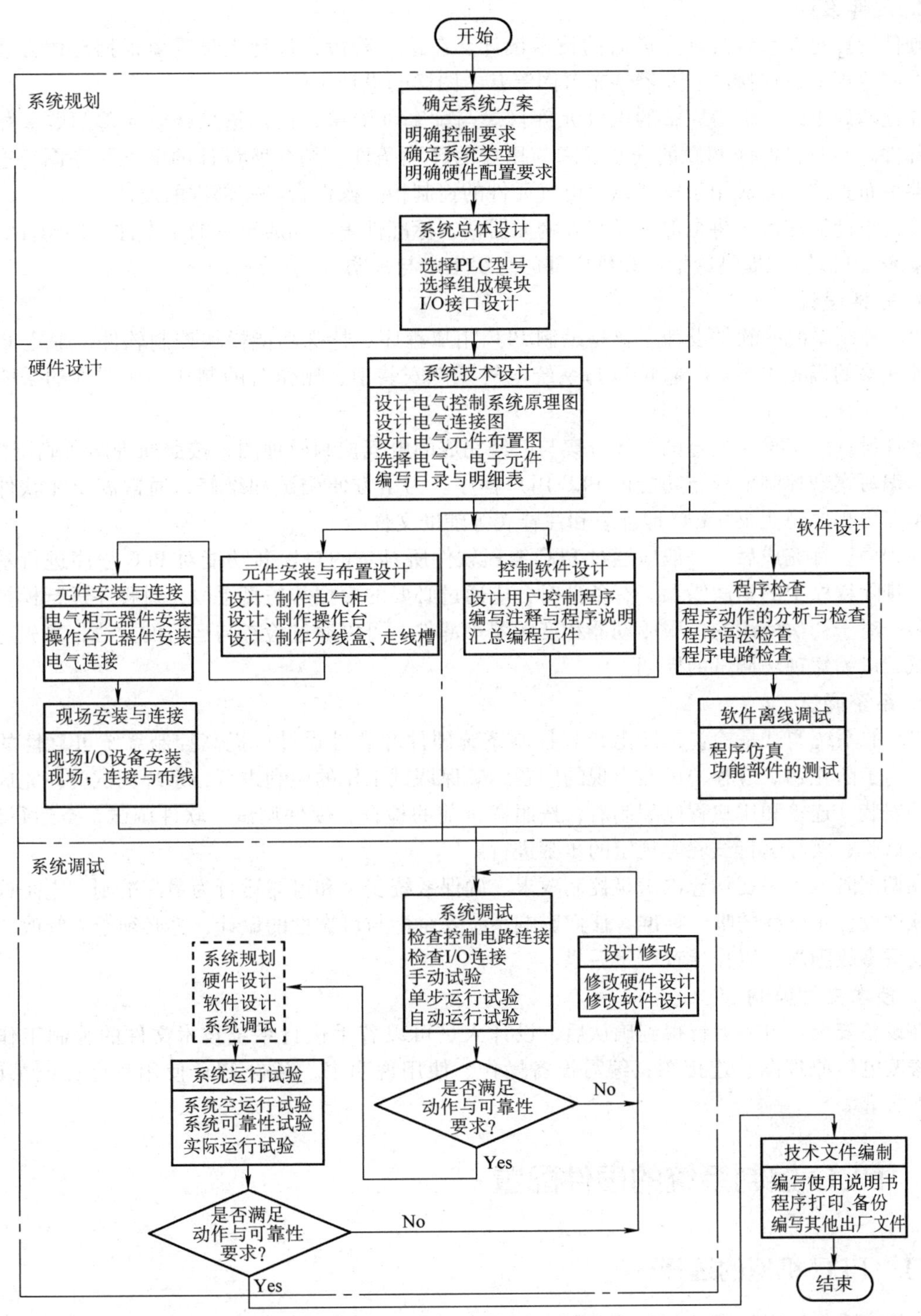

图 9-1 PLC 控制系统设计的步骤

（手动、自动、间断和连续等）、必要的保护和联锁等，可用控制流程图或系统框图的形式描述。

系统规划的具体内容包括：明确控制要求，确定系统类型，确定硬件配置要求；选择 PLC 的型号、规格，确定 I/O 模块的数量与规格，选择特殊功能模块；选择人机界面、伺服驱动器、变频器和调速装置等。

2. 硬件设计

硬件设计是在系统规划完成后的技术设计。在这一阶段，设计人员需要根据总体方案完成电气控制原理图、连接图、元器件布置图等基本图样的设计工作。

在此基础上，应汇编完整的电气元件目录与配套件清单，提供给采购供应部门购买相关的组成部件。同时，根据PLC的安装要求与用户的环境条件，结合所设计的电气原理图、连接图与元器件布置图，完成用于安装以上电气元件的控制柜、操作台等零部件的设计。

硬件设计完成后，将全部图样与外购元器件、标准件等汇编成统一的基本件、外购件、标准件明细表（目录），提供给生产和供应部门组织生产与采购。

3. 软件设计

PLC控制系统的软件设计主要是编制PLC用户程序、特殊功能模块控制软件，确定PLC以及功能模块的设置参数等。它可以与系统电气元件安装柜、操作台的制作、元器件的采购同步进行。

软件设计应根据所确定的总体方案与已经完成的电气控制原理图，按照原理图所确定的I/O地址，编写实现控制要求与功能的PLC用户程序。为了方便调试和维修，通常需要在软件设计阶段编写出程序说明书、I/O地址表和注释表等辅助文件。

在程序设计完成后，一般应通过PLC编程软件所具备的自诊断功能对PLC程序进行基本的检查，排除程序中的语法错误。有条件时，应通过必要的模拟与仿真手段，对程序进行模拟与仿真试验。对于初次使用的伺服驱动器和变频器等部件，可以通过检查与运行的方法，事先进行离线调试，以缩短现场调试的周期。

4. 系统调试

PLC的系统调试是检查、优化PLC控制系统硬件和软件设计，提高控制系统可靠性的重要步骤。为了防止调试过程中可能出现的问题，确保调试工作的顺利进行，系统调试应在完成控制系统的安装、连接和用户程序编制后，按照调试前的检查、硬件调试、软件调试、空运行试验、可靠性试验、实际运行试验等规定的步骤进行。

在调试阶段，一切均应以满足控制要求、确保系统安全和可靠运行为最高准则，它是检验硬件、软件设计正确性的唯一标准，任何影响系统安全性与可靠性的设计，都必须予以修改，绝不可以遗留事故隐患，以免导致严重后果。

5. 技术文件编制

在设备安全、可靠运行得到确认后，设计人员可以着手进行系统技术文件的编制工作。例如，修改电气原理图、连接图；编写设备操作、使用说明书，备份PLC使用程序；记录调整、设置参数等。

9.2 PLC控制系统的硬件配置

9.2.1 PLC机型的选择

选择合适的机型是PLC控制系统硬件配置的关键问题。目前，生产的PLC品牌有很多，如西门子、欧姆龙、三菱、松下、罗克韦尔、ABB等，不同厂家的PLC产品虽然基本功能相似，但使用的编程指令和编程软件等都不相同。而同一厂家生产的PLC产品又有不同的系列，同一系列中又有不同的CPU型号，不同系列、不同型号的产品在功能上有较大差别。因此，如何选择合适的机型至关重要。

对于工艺过程比较固定、环境条件较好（维修量较小）的场合，建议选用整体式结构的

PLC；反之应考虑选用模块式结构的机型。PLC机型选择的基本原则是，在功能满足要求的前提下，选择最可靠、维护使用最方便以及性能价格比最优的机型。具体应考虑以下4方面的要求。

（1）性能与任务相适应

开关量控制的应用系统对控制速度要求不高，如对小型泵的顺序控制、单台机械的自动控制，选用小型PLC（如西门子公司的S7-200 SMART PLC、S7-1200 PLC，三菱公司的FX2N系列）就能满足要求。

对于以开关量控制为主，带有部分模拟量控制的应用系统，如工业生产中常遇到的温度、压力、流量、液位等连续量的控制，应选用带有A-D转换的模拟量输入模块和带D-A转换的模拟输出模块，配接相应的传感器、变送器（对温度控制系统可选用温度传感器直接输入的温度模块）和驱动装置，并且选择运算功能较强的小型PLC（如欧姆龙公司的CQM型PLC）。西门子公司的S7-200 SMART PLC、S7-1200 PLC在进行小型数字、模拟混合系统控制时具有较高的性价比，实施起来也较为方便。

对于比较复杂、控制功能要求较高的应用系统，如需要PID调节、闭环控制、通信联网等功能时，可选用中、大型PLC（如西门子公司的S7-1500，罗克韦尔公司CompactLogix系列等）。当系统的各个部分分布在不同的地域时，应根据各部分的要求来选择PLC，以组成一个分布式的控制系统，可考虑选择施耐德MODICON的QUANTUM系列PLC产品。

（2）PLC的处理速度应满足实时控制的要求

PLC工作时，从输入信号到输出控制存在着滞后现象，即输入量的变化一般要在1~2个扫描周期之后才能反映到输出端，这对于一般的工业控制是允许的。通常PLC的I/O点数在几十到几千点范围内，用户应用程序的长短也有较大的差别，但滞后时间一般应控制在几十毫秒之内（相当于普通继电器的时间）。但有些设备的实时性要求较高，不允许有较大的滞后时间。

改进实时速度的途径有以下几种：

1）选择CPU速度比较快的PLC，使执行一条基本指令的时间不超过0.5μs。

2）优化应用软件，缩短扫描周期。

3）采用高速响应模块，其响应的时间不受PLC周期的影响，而只取决于硬件的延时。

（3）PLC机型尽可能统一

一个大型企业，应尽量做到机型统一。因为同一机型的PLC，其模块可互为备用，便于备品备件的采购和管理，这不仅使模块通用性好，减少备件量，而且给编程和维修带来极大的方便，也给扩展、升级系统留有余地；其功能及编程方法统一，有利于技术力量的培训、技术水平的提高和功能的开发；其外部设备通用，资源可共享，配以上位计算机后，可把控制各独立系统的多台PLC连成一个多级分布式控制系统，相互通信，集中管理。

（4）指令系统

由于PLC应用的广泛性，各种机型所具备的指令系统也不完全相同。从工程应用角度看，有些场合仅需要逻辑运算，有些场合需要复杂的算术运算，而另一些特殊场合还需要专用指令功能。从PLC本身来看，各厂家的指令系统差异较大，但整体而言，指令系统均是面向工程技术人员的语言，其差异主要表现在指令的表达方式和完整性上。有些厂家在控制指令方面开发得较强，有些厂家在数字运算指令方面开发得较全，而大多数厂家在逻辑指令方面都开发得较细。

在选择机型时，从指令方面应注意下述内容：

1）指令系统的总语句数。它反映了整个指令所包括的全部功能。

2）指令系统种类。它主要应包括逻辑指令、运算指令和控制指令。具体要求与实际要完成的控制功能有关。

3）指令系统的表达方式。

4）应用软件的程序结构。程序结构有模块化和子程序式两种。前一种有利于应用软件的编写和调试，但处理速度较慢；后一种响应速度快，但不利于编写和调试。

除考虑上述四点要素外，还要根据工程应用的实际情况，考虑一些其他因素，如性价比和技术支持情况等内容。总之，选择机型时要按照 PLC 本身的性能指标对号入座，选取合适的系统。有时这种选择并不是唯一的，需要在几种方案中综合各种因素做出选择。

9.2.2 开关量I/O模块的选择

为了适应各种各样的控制信号，PLC 有多种 I/O 模块以供选择，包括数字量输入/输出模块、模拟量输入/输出模块及各种智能模块。

1. 开关量输入模块的选择

开关量输入模块的种类有很多，按输入点数可分为 8 点、16 点和 32 点等；按工作电压可分为直流 5V、24V，交流 110V、220V 等；按外部接线方式又可分为漏型输入和源型输入等。

选择开关量输入模块时主要考虑以下几点：

1）选择工作电压等级。电压等级主要根据现场检测元件与模块之间的距离来选择。距离较远时，可选用较高电压的模块来提高系统的可靠性，以免信号衰减后造成误差。距离较近时，可选择电压等级低一些的模块，如 5V、12V、24V 的模块。

2）选择模块密度。模块密度主要根据分散在各处输入信号的多少和信号动作的时间来选择。集中在一处的输入信号尽可能集中在一块或几块模块上，以便于电缆安装和系统调试。对于高密度输入模块，如 32 点或 64 点，允许同时接通点数取决于公共汇流点的允许电流和环境温度。一般来讲，同时接通点数最好不超过模块总点数的 60%，以保证输入/输出点承受负载能力在允许范围内。

3）门坎电平。为了提高控制系统的可靠性，必须考虑门坎电平的大小。门坎电平是指接通电平和关门电平的差值。门坎电平值越大，抗干扰能力越强，传输距离也就越远。

目前许多型号的 PLC 都提供 DC 24V 电源，用作集电极开路传感器的电源。但该电源容量较小，当用作本机输入信号的工作电源时，需考虑电源的容量。如果电源容量要求超出了内部 DC 24V 电源的定额，必须采用外接电源，建议采用稳压电源。

2. 开关量输出模块的选择

（1）输出方式的选择

继电器输出方式价格便宜，使用电压范围广，导通压降小，承受瞬时过电压和过电流的能力较强，且有隔离作用。但继电器有触点，寿命较短，且响应速度较慢，适用于动作不频繁的交直流负载。当驱动感性负载时，最大开闭频率不得超过 1Hz。

固态 MOSFET 输出方式（源型）属于无触点开关输出，使用寿命长，适用于通断频繁的感性负载。

（2）输出电流的选择

模块的输出电流必须大于负载电流的额定值，如果负载电流较大，输出模块不能直接驱动，应增加中间放大环节。对于电容性负载和热敏电阻负载，考虑到接通时有冲击电流，要留有足够的余量。选用输出模块还应注意同时接通点数的电流累计值必须小于公共端所允许通过的电流值。

为防止由于负载短路等原因而烧坏 PLC 的输出模块，输出回路必须外加熔断器作短路保护。对于继电器输出方式，可选用普通熔断器；对于晶体管输出方式和晶闸管输出方式，应选用快速熔断器。

当 PLC 基本单元所提供的输入/输出点数不能满足应用系统 I/O 总点数需求时，可增加输入/输出扩展模块。对于 S7-200 SMART PLC，可选的扩展模块有 EM DE08 数字量输入模块、EM DR08 或 EM DT08 数字量输出模块、EM DR16、EM DT16、EM DR32 或 EM DT32 数字量输入/输出模块等。这些扩展模块通过扁平电缆与主机单元直接相连，安装方便。

9.2.3 模拟量 I/O 模块的选择

1. 模拟量输入模块的选择

1）模拟量值的输入范围。模拟量的输入可以是电压信号，也可以是电流信号。电压输入范围为 ±10V、±5V、±2.5V，电流输入范围为 0～20mA。在选用时一定要注意与现场过程检测信号范围相对应。

2）模拟量输入模块的分辨率、输入精度和转换时间等参数指标应符合具体的系统要求。

3）在应用中要注意抗干扰措施。其主要方法：注意与交流信号和可产生干扰源的供电电源保持一定距离；模拟量输入信号线要采用屏蔽措施；采用一定的补偿措施，减少环境变化对模拟量输入信号的影响。

2. 模拟量输出模块的选择

模拟量输出模块的输出类型有电压输出和电流输出两种，电压输出范围为 ±10V，电流输出范围为 0～20mA。一般的模拟量输出模块都同时具有这两种输出类型，只是在与负载连接时接线方式不同。另外，模拟量输出模块还有不同的输出功率，在使用时要根据负载情况选择。

模拟量输出模块的输出精度、分辨率和抗干扰措施等都与模拟量输入模块的情况类似。S7-200 SMART PLC 提供了型号为 EM AE04 的 4 路模拟量输入模块、EM AQ02 2 路模拟量输出模块、EM AM06 4 输入/2 输出组合模块，可根据实际需要选用。

除了开关量 I/O 模块和模拟量 I/O 模块之外，还有 PROFIBUS-DP 模块（如 EM DP01 模块）、热电阻模块（EM AR02、EM AR04）、热电偶模块（EM A04）、电池信号板（SB BA01）、RS485/232 信号板（SB CM01）、电源模块（PM207 3A、PM207 5A）等，应根据实际情况决定取舍。

对 PLC 机型、开关量 I/O 模块、模拟量 I/O 模块以及其他模块进行选择后，就粗略地完成了 PLC 系统的硬件配置工作。根据控制要求，如果有些参数需要监控和设置，则可以选择文本编辑器（如 TD400C）、触摸屏（如 Smart 700 IE）等人机接口单元。硬件设计还包括画出 I/O 硬件接线图，它表明 PLC 输入/输出模块与现场设备之间的连接。I/O 硬件接线图的具体画法可参见本章相关内容。

9.3 PLC 控制系统梯形图程序的设计

应用程序设计过程中，应正确选择能反映生产过程的变化参数作为控制参量进行控制；应正确处理各执行电器、各编程元件之间的互相制约、互相配合的关系，即联锁关系（参见第 2 章相关内容）。应用程序的设计方法有多种，常用的设计方法有经验设计法和顺序功能图法等。

9.3.1 经验设计法

某些简单的开关量控制系统可以沿用继电器-接触器控制系统的设计方法来设计梯形图程序，即在某些典型电路的基础上，根据被控对象的具体要求，不断地修改和完善梯形图。有时需要多次反复地进行调试和修改梯形图，不断增加中间编程元件和辅助触点，最后才能得到一个较为满意的结果。

这种方法没有普遍的规律可循，具有很大的试探性和随意性，最后的结果不是唯一的，设计所用的时间和设计的质量与编程者的经验有很大的关系，所以有人把这种设计方法称为经验设计法，它可以用于逻辑关系较简单的梯形图程序设计。

经验设计法设计 PLC 程序时大致可以按下面几步来进行：分析控制要求、选择控制原则；设计主令元件和检测元件，确定输入/输出设备；设计执行元件的控制程序；检查修改和完善程序。

下面以运料小车为例来介绍经验设计法。运料小车运行示意图如图 9-2a 所示，图 9-2b 为 PLC 控制系统的外部接线图。

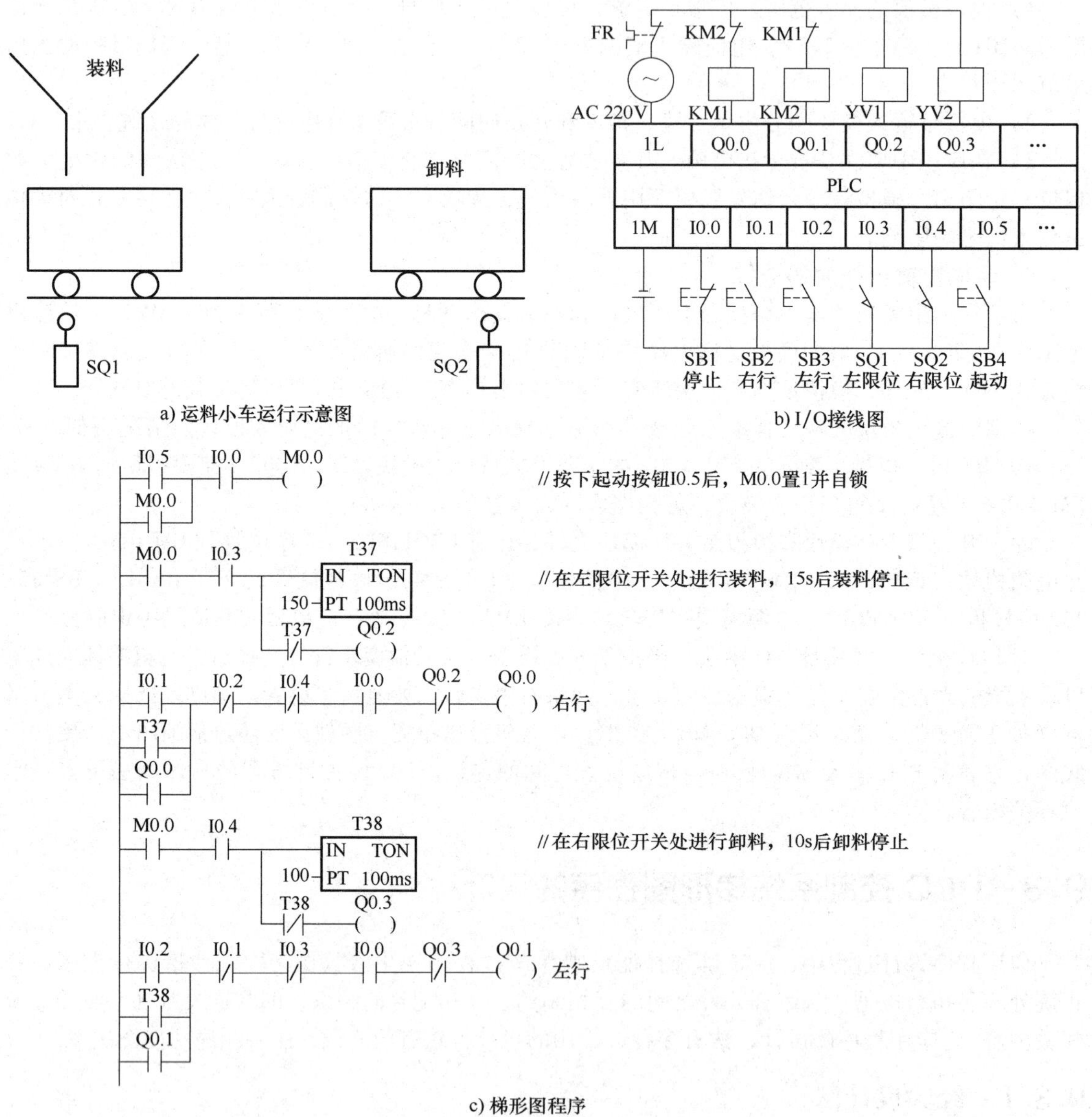

图 9-2　运料小车控制系统

控制要求：系统起动后，首先在左限位开关 SQ1 处进行装料；15s 后装料停止，开始右行；右行碰到右限位开关 SQ2 后停下，进行卸料；10s 后，卸料停止，小车左行；左行碰到左限位开关 SQ1 后又停下来进行装料；如此一直循环进行下去，直至按下停止按钮 SB1。按钮 SB2 和 SB3 分别用来起动小车右行和左行。

以电动机正反转控制的梯形图为基础，设计出的小车控制梯形图程序如图 9-2c 所示。为使小车自动停止，将左限位开关控制的 I0.3 和右限位开关控制的 I0.4 的触点分别与控制右行的 Q0.0 和控制左行的 Q0.1 的线圈串联。为使小车自动起动，将控制装、卸料延时的定时器 T37 和 T38 的常开触点，分别与控制右行起动和左行起动的 I0.1、I0.2 的常开触点并联，并用两个限位开关 I0.3 和 I0.4 的常开触点分别接通装料、卸料电磁阀和相应的定时器。

经验设计法对于一些比较简单程序的设计是可行的，可以收到快速、简单的效果。但是，由于这种方法主要是依靠设计人员的经验进行设计的，所以对设计人员的要求也就比较高，特别是要求设计者有一定的实践经验，对工业控制系统和工业上常用的各种典型环节比较熟悉。经验设计法往往需经多次反复修改和完善才能符合设计要求，一般适合于设计一些简单的梯形图程序或复杂系统的某一局部程序（如手动程序等）。如果用来设计复杂系统梯形图程序，经验设计法存在以下问题：

1）考虑不周、设计麻烦、设计周期长。用经验设计法设计复杂系统的梯形图程序时，要用大量的中间元件来完成记忆、联锁和互锁等功能，由于需要考虑的因素很多，它们往往又交织在一起，分析起来非常困难，并且很容易遗漏一些问题。修改某一局部程序时，很可能会对系统其他部分程序产生意想不到的影响，往往花了很长时间，还得不到一个满意的结果。

2）梯形图的可读性差、系统维护困难。用经验设计法设计的梯形图程序是按设计者的经验和习惯的思路进行设计的。因此，即使是设计者的同行，要分析这种程序也非常困难，更不用说维修人员了，这给 PLC 系统的维护和改进带来许多困难。

9.3.2　顺序控制设计法与顺序功能图

如果一个控制系统可以分解成几个独立的控制动作，且这些动作必须严格按照一定的先后次序执行才能保证生产过程的正常运行，这样的控制系统称为顺序控制系统，也称为步进控制系统，其控制总是一步步按顺序进行的。在工业控制领域中，顺序控制系统的应用很广，尤其在机械行业，几乎无例外地利用顺序控制来实现加工的自动循环。

所谓顺序控制设计法，就是针对顺序控制系统的一种专门的设计方法。使用顺序控制设计法时，首先根据系统的工艺过程画出顺序功能图，然后根据顺序功能图画出梯形图。有的 PLC 为用户提供了顺序功能图语言，在编程软件中生成顺序功能图后便完成了编程工作。这种先进的设计方法很容易被初学者接受，对于有经验的工程师，也会提高设计的效率，程序的调试、修改和阅读也很方便。

1. 顺序功能图的组成要素

顺序功能图（Sequence Function Chart，SFC）是 IEC 标准规定的用于顺序控制的标准化语言。顺序功能图用以全面描述控制系统的控制过程、功能和特性，而不涉及系统所采用的具体技术，这是一种通用的技术语言，可供进一步设计和不同专业的人员之间进行技术交流使用。顺序功能图以功能为主线，表达准确、条理清晰、规范、简洁，是设计 PLC 顺序控制程序的重要工具。

顺序功能图主要由步、有向连线、转换和转换条件及动作（或命令）组成。

（1）步与动作

1）步的基本概念。顺序控制设计法最基本的思想是将系统的一个工作周期划分为若干个顺序相连的阶段，这些阶段称为“步”，并用编程元件（如位存储器 M 和顺序控制继电器 S）来代表各步。步是根据输出量的状态变化来划分的，在任何一步之内，各输出量的位值状态不变，但是相邻两步输出量总的状态是不同的。步的这种划分方法使代表各步的编程元件的状态与各输出量的状态之间有着极为简单的逻辑关系。

2）初始步。与系统初始状态对应的步称为初始步，初始状态一般是系统等待起动命令的相对静止的状态。初始步用双线方框表示，每一个功能图至少应该有一个初始步。

3）与步对应的动作或命令。控制系统中的每一步都有要完成的某些“动作（或命令）”，当该步处于活动状态时，该步内相应的动作（或命令）即被执行；反之，不被执行。与步相关的动作（或命令）用矩形框表示，框内的文字或符号表示动作（或命令）的内容，该矩形框应与相应步的矩形框相连。在顺序功能图中，动作（或命令）可分为“非存储型”和“存储型”两种。当相应步活动时，动作（或命令）即被执行。当相应步不活动时，如果动作（或命令）返回到该步活动前的状态，是“非存储型”的；如果动作（或命令）继续保持它的状态，则是“存储型”的。当“存储型”的动作（或命令）被后续的步失励复位时，仅能返回到它的原始状态。顺序功能图中表达动作（或命令）的语句应清楚地表明该动作（或命令）是“存储型”或是“非存储型”的，例如，“起动电动机 M1”与“起动电动机 M1 并保持”两条命令语句，前者是“非存储型”命令，后者是“存储型”命令。

（2）有向连线

在顺序功能图中，会发生步的活动状态的转换。步的活动状态的转换，采用有向连线表示，它将步连接到“转换”并将“转换”连接到步。步的活动状态的转换按有向连线规定的路线进行，有向连线是垂直的或水平的，按习惯转换的方向总是从上到下或从左到右，如果不遵守上述习惯必须加箭头，必要时为了更易于理解也可加箭头。箭头表示步转换的方向。

（3）转换和转换条件

在顺序功能图中，步的活动状态的转换是由一个或多个转换条件的实现来完成的，并与控制过程的发展相对应。转换的符号是一根与有向连线垂直的短画线，步与步之间由“转换”分隔。转换条件在转换符号短画线旁边用文字表达或符号说明。当两步之间的转换条件得到满足时，转换得以实现，即上一步的活动结束而下一步的活动开始，因此不会出现步的重叠，每个活动步持续的时间取决于步之间转换的实现。

下面以三台电动机的起停为例说明顺序功能图的几个要素，要求第一台电动机起动 30s 后，第二台电动机自动起动，运行 15s 后，第二台电动机停止并同时使第三台电动机自动起动，再运行 45s 后，电动机全部停止。

显然，三台电动机的一个工作周期可以分为 3 步，分别用 M0.1 ~ M0.3 来代表这 3 步，另外还需有一个等待起动的初始步。图 9-3a 所示为三台电动机周期性工作的时序图，图 9-3b 所示为

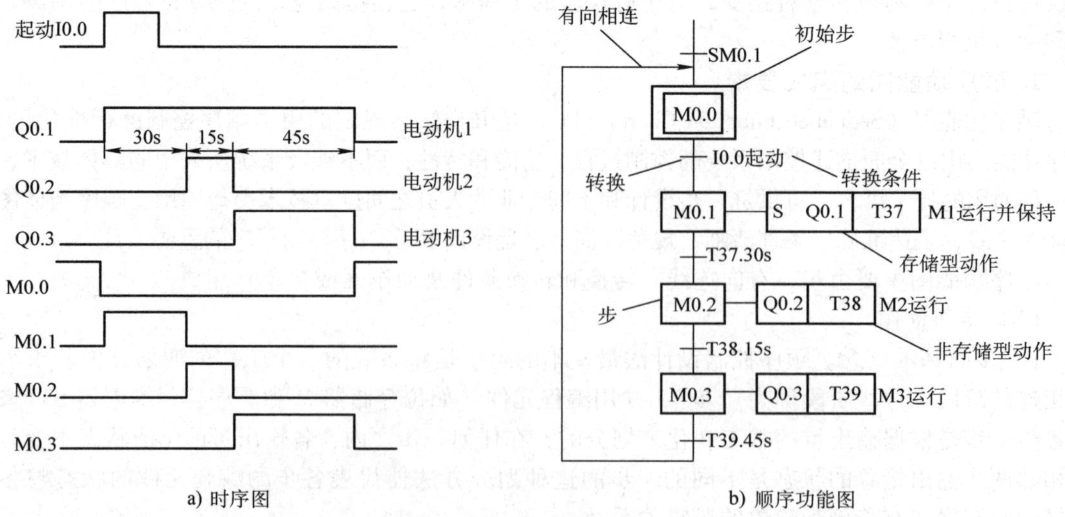

图 9-3　顺序功能图举例

相应的顺序功能图，图中用矩形框表示步，框中可以用数字表示该步的编号，也可以用代表该步的编程元件的地址作为步的编号，如 M0.1 等，这样再根据顺序功能图设计梯形图时比较方便。

从时序图可以发现，按下起动按钮 I0.0 后第一台电动机工作并保持至周期结束，因此，由 M0.1 标志的第一步中对应的动作是存储型动作，存储型动作或命令在编程时，通常采用置位“S”指令对相应的输出元件进行置位，在工作结束或停止时再对其进行复位。

2. 顺序功能图的基本结构

依据步之间的进展形式，顺序功能图有以下三种基本结构。

(1) 单序列结构

单序列由一系列相继激活的步组成。每步的后面仅有一个转换条件，每个转换条件后面仅有一步，如图 9-4 所示。

(2) 选择序列结构

选择序列的开始称为分支。某一步的后面有几个步，当满足不同的转换条件时，转向不同的步。如图 9-5a 所示，当步 5 为活动步时，若满足条件 e=1，则步 5 转向步 6；若满足条件 f=1，则步 5 转向步 8；若满足条件 g=1，则步 5 转向步 12。

选择序列的结束称为合并。几个选择序列合并到同一个序列上，各个序列上的步在各自转换条件满足时转换到同一个步。如图 9-5b 所示，当步 7 为活动步，且满足条件 h=1 时，则步 7 转向步 16；当步 9 为活动步，且满足条件 j=1 时，则步 9 转向步 16；当步 12 为活动步，且满足条件 k=1 时，则步 12 转向步 16。

(3) 并行序列结构

并行序列的开始称为分支。当转换的实现导致几个序列同时激活时，这些序列称为并行序列，它们被同时激活后，每个序列中的活动步的进展将是独立的。如图 9-6a 所示，当步 11 为活动步时，若满足条件 b=1，步 12、14、18 同时变为活动步，步 11 变为不活动步。并行序列中，水平连线用双线表示，用以表示同步实现转换。并行序列的分支中只允许有一个转换条件，并标在水平双线之上。

并行序列的结束称为合并。在并行序列中，处于水平双线以上的各步都为活动步，且转换条件满足时，同时转换到同一个步。如图 9-6b 所示，当步 13、15、17 都为活动步，且满足条件 d=1 时，则步 13、15、17 同时变为不活动步，步 18 变为活动步。并行序列的合并只允许有一个转换条件，并标在水平双线之下。

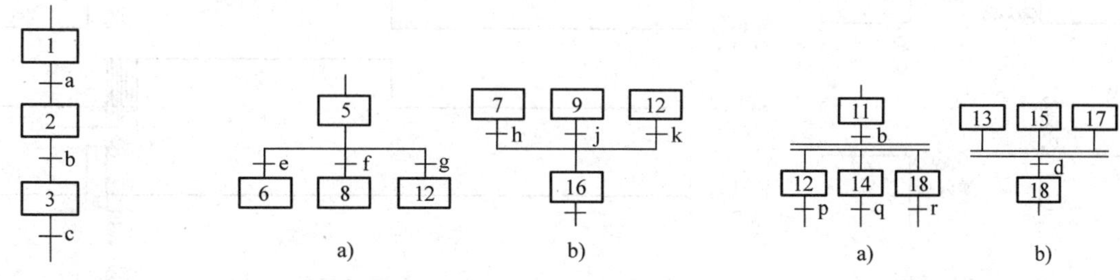

图 9-4 单序列结构　　图 9-5 选择序列的分支与合并　　图 9-6 并行序列的分支与合并

顺序功能图法首先根据系统的工艺流程设计顺序功能图，然后依据顺序功能图设计顺序控制程序。在顺序功能图中，实现转换时使前级步的活动结束而使后续步的活动开始，步之间没有重叠，这使系统中大量复杂的联锁关系在步的转换中得以解决。而对于每步的程序段，只需处理极其简单的逻辑关系。因而这种编程方法简单易学、规律性强，设计出的控制程序结构清晰、可读性好，程序的调试和运行也很方便，可以极大地提高工作效率。S7-200 SMART PLC 采用顺序功能图法设计时，可用置位/复位指令（S/R）、顺序控制继电器指令（SCR）、移位寄存器指令（SHRB）等实现编程。

9.4 顺序控制梯形图的设计方法

9.4.1 置位/复位指令编程

置位/复位（S/R）指令是一类常用的指令，任何一种PLC都有这一类指令，因此这是一种通用的编程方法，可以用于任意型号的PLC。在采用置位/复位指令编程时，通过转换条件和当前活动步的标志位相串联，作为使所有后续步对应的存储器位置位和使用当前级步对应的存储器位复位的条件，每个转换对应一个这样的控制置位和复位的梯形图块。这种设计方法很有规律，梯形图与顺序功能图有着严格的对应关系，在设计复杂的顺序功能图的梯形图程序时既容易掌握，又不容易出错。

下面以十字路口交通信号灯的PLC控制为例，采用置位/复位指令编程。

1. 控制要求

交通信号灯设置示意图如图9-7a所示，其工作时序图如图9-7b所示，控制要求如下：

1）接通起动按钮后，信号灯开始工作，南北向红灯、东西向绿灯同时亮。

2）东西向绿灯亮25s后，闪烁3次（1s/次），接着东西向黄灯亮，2s后东西向红灯亮，30s后东西向绿灯又亮，如此不断循环，直至停止工作。

3）南北向红灯亮30s后，南北向绿灯亮，25s后南北向绿灯闪烁3次（1s/次），接着南北向黄灯亮，2s后南北向红灯又亮，如此不断循环，直至停止工作。

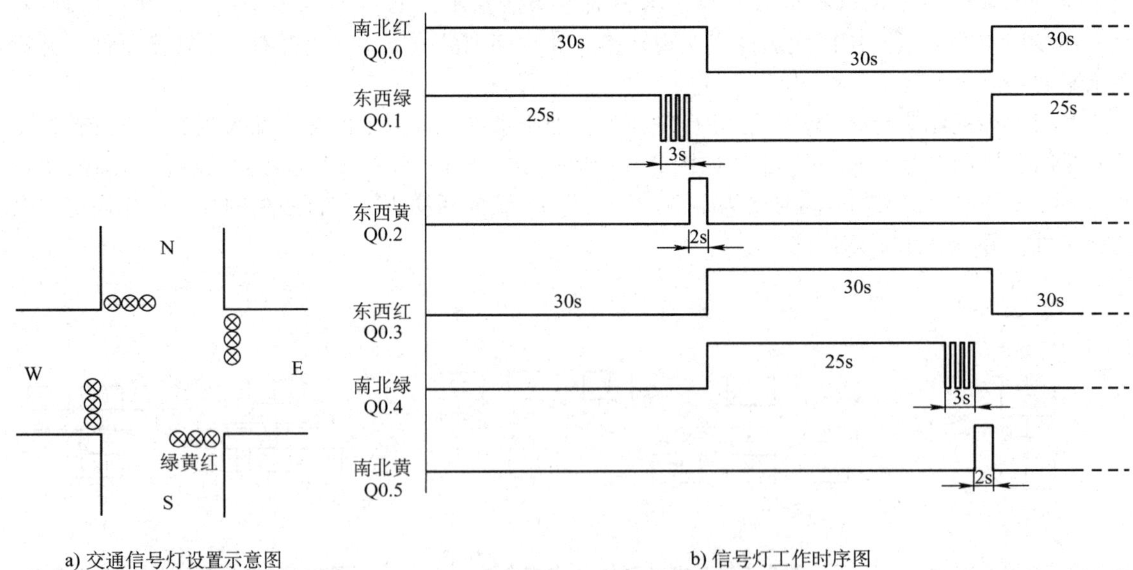

a) 交通信号灯设置示意图　　b) 信号灯工作时序图

图9-7　交通信号灯控制示意图

2. 输入/输出信号地址分配

根据控制要求对系统输入/输出信号进行地址分配。I/O地址分配表见表9-1。将南北红灯HL1、HL2，南北绿灯HL3、HL4，南北黄灯HL5、HL6，东西红灯HL7、HL8，东西绿灯HL9、HL10，东西黄灯HL11、HL12均并联后共用一个输出点，I/O接线图如图9-8所示。

表 9-1　交通信号灯控制 I/O 地址分配表

输入信号及地址		输出信号及地址	
起动按钮 SB1	I0. 1	南北红灯 HL1、HL2	Q0. 0
停止按钮 SB2	I0. 2	南北绿灯 HL3、HL4	Q0. 4
		南北黄灯 HL5、HL6	Q0. 5
		东西红灯 HL7、HL8	Q0. 3
		东西绿灯 HL9、HL10	Q0. 1
		东西黄灯 HL11、HL12	Q0. 2

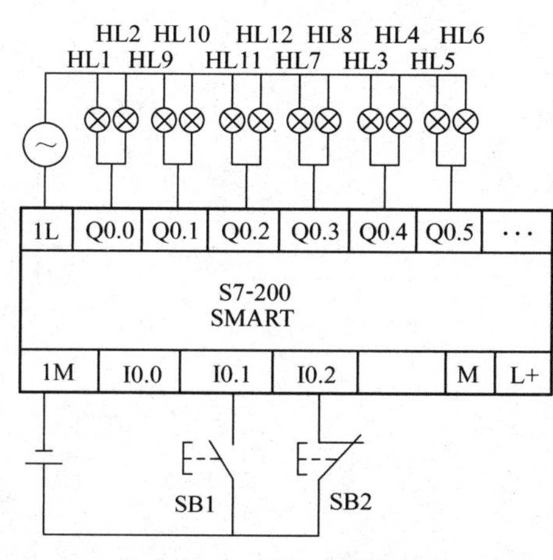

图 9-8　I/O 接线图

3. 设计顺序功能图和梯形图程序

根据交通信号灯时序图设计顺序功能图，如图 9-9 所示。从图中可以看出，该顺序功能图是典型的并列序列结构，东西向和南北向信号灯并行循环工作，只是在时序上错开了一个节拍。因

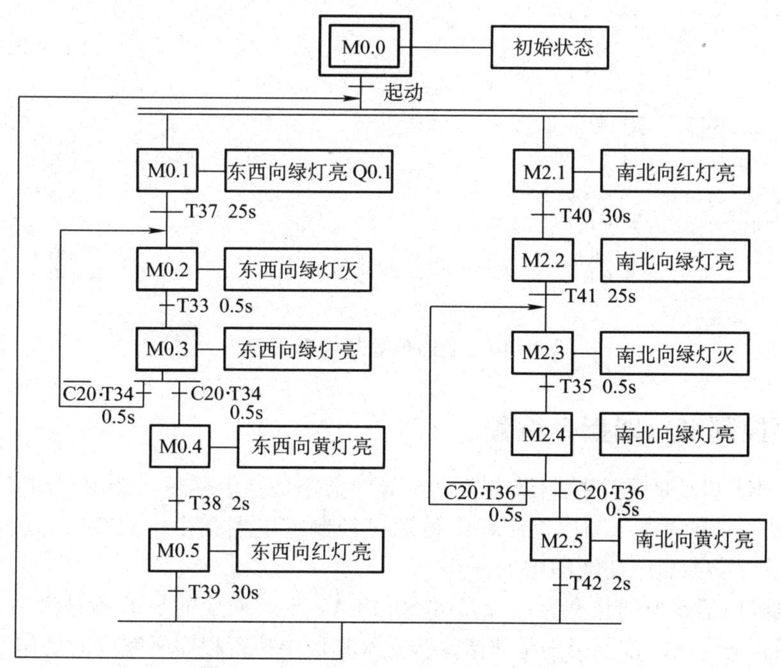

图 9-9　交通信号灯控制顺序功能图

此，东西向和南北向梯形图程序的编程思路是一样的，掌握了东西向交通信号灯的编程方法，就能轻松写出南北向交通信号灯的控制程序。此处，以东西向交通信号灯为例编写相应的梯形图程序，如图9-10所示。

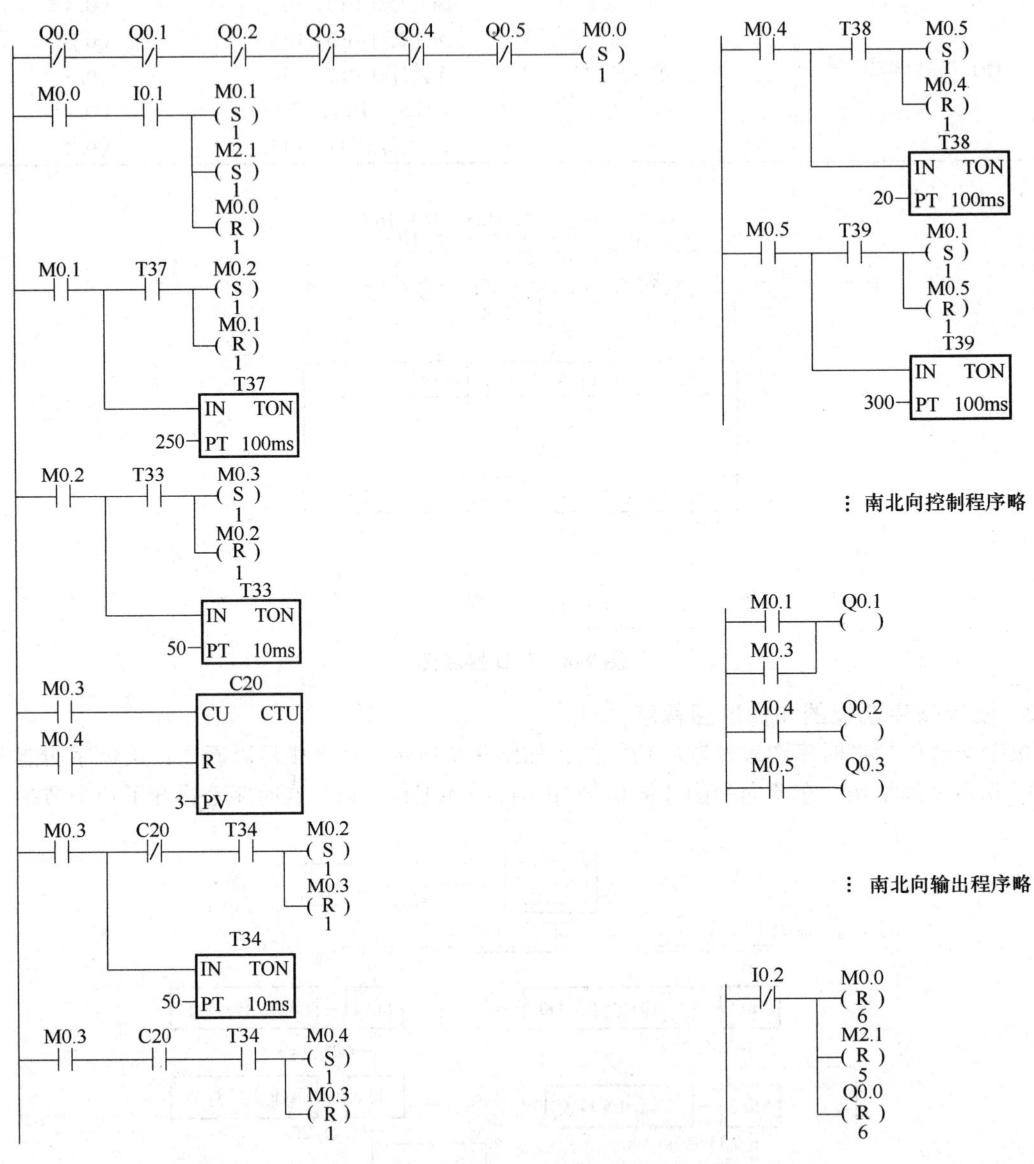

图9-10　交通信号灯梯形图程序

9.4.2　顺序控制继电器指令编程

S7-200 SMART PLC的顺序控制继电器（SCR）指令是基于顺序功能图（SFC）的编程方式，专门用于编制顺序控制程序。顺序控制程序被顺序控制继电器指令（LSCR）划分为若干个SCR段，一个SCR段对应于顺序功能图中的一步。

当顺序控制继电器S位的状态为“1”（如S0.1＝1）时，对应的SCR段被激活，即顺序功能图对应的步被激活，成为活动步，否则是非活动步。SCR段中执行程序所完成的动作（或命令）对应着顺序功能图中该步相关的动作（或命令）。程序段的转换（SCRT）指令相当于实施了顺序功能图中的步的转换功能。由于 PLC 周期性循环扫描执行程序，编制程序时各 SCR 段只要按顺序功能图有序地排列，各 SCR 段活动状态的进展就能完全按照顺序功能图中有向连线规定的方向进行。

下面以深孔钻组合机床的 PLC 控制程序为例介绍程序设计步骤和 SCR 指令编程方法。

1. 深孔钻组合机床控制要求

深孔钻组合机床在进行深孔钻削时，为利于钻头排屑和冷却，需要周期性地从工件中退出钻头，刀具进退与行程开关示意图如图 9-11 所示。

在起始位置 O 点时，行程开关 SQ1 被压合，按起动按钮 SB2，电动机正转起动，刀具前进。退刀由行程开关控制，当动力头依次压在 SQ3、SQ4、SQ5 上时，电动机反转，刀具会自动退刀，退刀到起始位置时，SQ1 被压合，退刀结束，又自动进刀，直到三个过程全部结束。

2. I/O 地址分配表和接线图

I/O 地址分配表见表 9-2，I/O 接线图如图 9-12 所示。

表 9-2 深孔钻控制 I/O 地址分配表

输入信号及地址	SB1 停止按钮	I0.1	SQ4 退刀行程开关	I0.4
	SB2 起动按钮	I0.2	SQ5 退刀行程开关	I0.5
	SQ1 原始位置行程开关	I0.6	SB3 正向调整点动按钮	I0.7
	SQ3 退刀行程开关	I0.3	SB4 反向调整点动按钮	I0.0
输出信号及地址	KM1 钻头前进接触器线圈	Q0.1	KM2 钻头后退接触器线圈	Q0.2

3. 画出顺序功能图

根据深孔钻组合机床工作示意图画出顺序功能图，如图 9-13 所示。

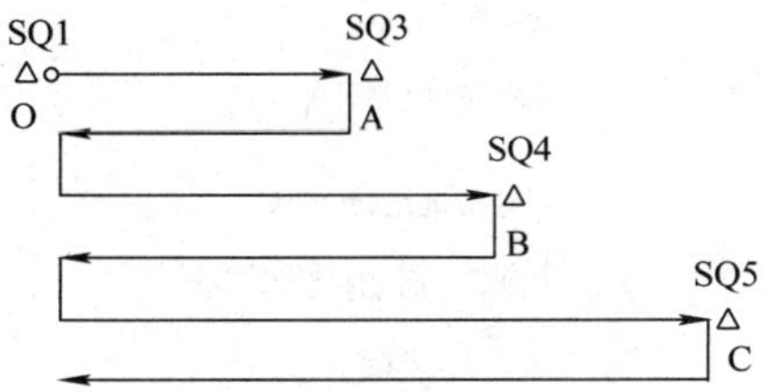

图 9-11 深孔钻组合机床工作示意图

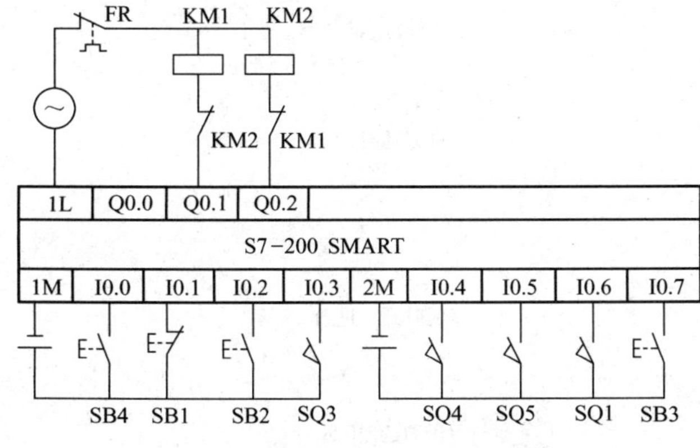

图 9-12 深孔钻控制 I/O 接线图

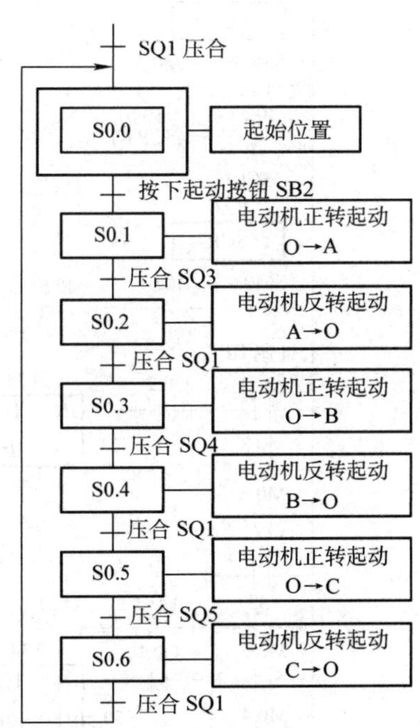

图 9-13 深孔钻顺序功能图

4. 由顺序功能图设计梯形图程序

由顺序功能图所设计的梯形图程序如图 9-14 所示。

```
 I0.2      P    I0.6    Q0.1    Q0.2     S0.1
─┤ ├─────┤P├───┤ ├────┤/├─────┤/├──────( S )        //原位起动，置位步序1
                                          1
 S0.1
─[SCR]                                              //步序1控制开始
 SM0.0     M0.1
─┤ ├──────(  )                                      //电动机正转O→A
 I0.3      S0.2
─┤ ├──────(SCRT)                                    //到A点后切换到步序2
─(SCRE)                                             //步序1结束
 S0.2
─[SCR]                                              //步序2控制开始
 SM0.0     M0.2
─┤ ├──────(  )                                      //电动机反转A→O
 I0.6      S0.3
─┤ ├──────(SCRT)                                    //到O点后切换到步序3
─(SCRE)                                             //步序2结束
 S0.3
─[SCR]                                              //步序3控制开始
 SM0.0     M0.3
─┤ ├──────(  )                                      //电动机正转O→B
 I0.4      S0.4
─┤ ├──────(SCRT)                                    //到B点后切换到步序4
─(SCRE)                                             //步序3结束
 S0.4
─[SCR]                                              //步序4控制开始
 SM0.0     M0.4
─┤ ├──────(  )                                      //电动机反转B→O
 I0.6      S0.5
─┤ ├──────(SCRT)                                    //到O点后切换到步序5
─(SCRE)                                             //步序4结束
 S0.5
─[SCR]                                              //步序5控制开始
 SM0.0     M0.5
─┤ ├──────(  )                                      //电动机正转O→C
 I0.5      S0.6
─┤ ├──────(SCRT)                                    //到C点后切换到步序6
─(SCRE)                                             //步序5结束
 S0.6
─[SCR]                                              //步序6控制开始
 SM0.0     I0.6       M0.6
─┤ ├──────┤/├───────(  )                            //电动机反转C→O,到O点后全部停
─(SCRE)                                             //步序6结束
 M0.1      Q0.2        T33
─┤ ├──┬───┤/├──────[IN   TON]
 M0.3 │          50─[PT  10ms]                      //进刀延时0.5s
─┤ ├──┤
 M0.5 │
─┤ ├──┤
 M1.1 │
─┤ ├──┘
 T33       Q0.2       Q0.1
─┤ ├──────┤/├───────(  )                            //延时到，进刀
 M0.2      Q0.1        T34
─┤ ├──┬───┤/├──────[IN   TON]
 M0.4 │          50─[PT  10ms]                      //退刀延时0.5s
─┤ ├──┤
 M0.6 │
─┤ ├──┤
 M1.2 │
─┤ ├──┘
```

图 9-14　深孔钻控制梯形图程序

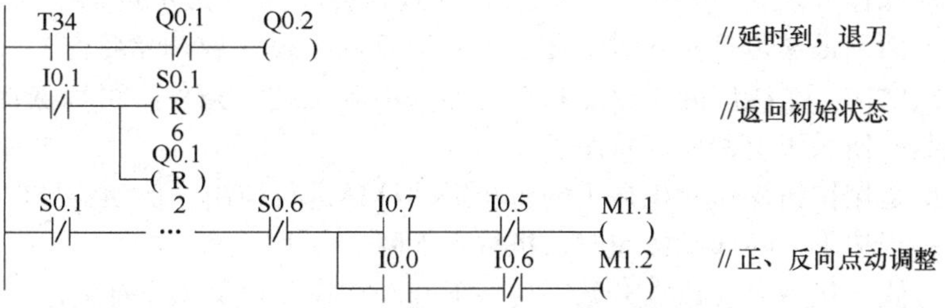

```
 T34      Q0.1      Q0.2
─┤ ├──────┤/├──────(    )                      //延时到，退刀
 I0.1     S0.1
─┤/├──┬──( R )                                 //返回初始状态
      │    6
      │   Q0.1
      └──( R )
 S0.1      2       S0.6      I0.7      I0.5      M1.1
─┤/├──── … ────────┤/├──┬────┤ ├───────┤/├──────(    )
                        │    I0.0      I0.6      M1.2   //正、反向点动调整
                        └────┤ ├───────┤/├──────(    )
```

图 9-14　深孔钻控制梯形图程序（续）

注意：钻头进刀和退刀是由电动机正转和反转实现的，电动机的正、反转切换是使用两只接触器 KM1（正转）、KM2（反转）切换三相电源中的任意两相实现的。在设计时，为防止由于电源换相所引起的短路事故，减少换相对电动机的冲击，软件上采用了换相延时措施，梯形图中 T33 和 T34 的延时时间通常设置为 0.1 ~ 0.5s，同时在硬件电路上也采取了互锁措施。I/O 接线图中的 FR 用于过载保护。为便于调整，程序中具有点动控制功能。

9.4.3　具有多种工作方式的顺序控制梯形图设计方法

为了满足生产的需要，很多设备要求设置多种工作方式，如手动方式和自动方式，后者包括连续、单周期、步进和自动返回初始状态几种工作方式。

1. 控制要求与工作方式

如图 9-15 所示，某机械手用来将工件从 A 点搬运到 B 点，一共 6 个动作，分 3 组，即上升/下降、左移/右移和放松/夹紧。

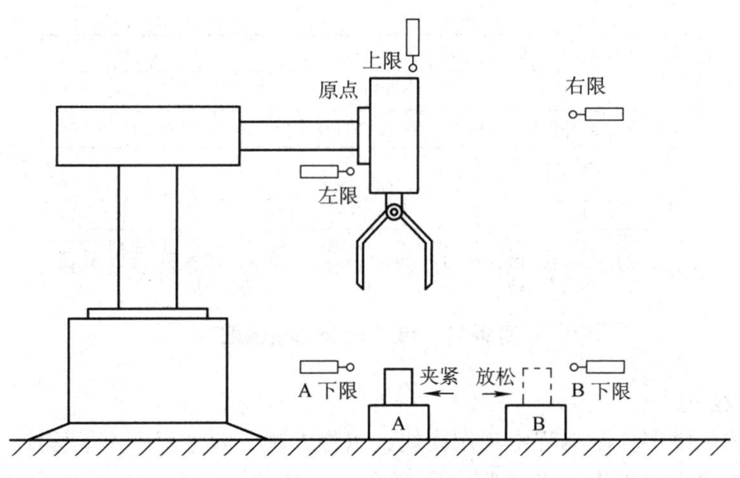

图 9-15　机械手工作示意图

机械手的全部动作由气缸驱动，而气缸又由相应的电磁阀控制。其中，上升/下降和左移/右移分别由双线圈的两位电磁阀控制。例如，当下降电磁阀通电时，机械手下降；当下降电磁阀断电时，机械手下降停止。机械手的放松/夹紧动作由一个单线圈的两位电磁阀控制，当该线圈通电时，机械手夹紧；当该线圈断电时，机械手放松。

当机械手右移到位并准备下降时，为了确保安全，必须在右工作台上无工件时才允许机械手下降。也就是说，若上一次搬运到右工作台上的工件尚未搬走，机械手应自动停止下降，用光电开关进行无工件检测。

系统设有手动操作方式和自动操作方式。自动操作方式又分为步进、单周期和连续操作方式。机械手在最上面和最左边且松开时，称系统处于原点状态（或初始状态）。进入单周期、步进和连续工作方式之前，系统应处于原点状态，如果不满足这一条件，可以选择手动工作方式，进行手动操作控制，使系统返回原点状态。

手动操作：就是用按钮操作对机械手的每步运动单独进行控制。例如，当按下上升起动按钮时，机械手上升；当按下下降起动按钮时，机械手下降。

单周期工作方式：机械手从原点开始，按一下起动按钮，机械手自动完成一个周期的动作后停止。

连续工作方式：机械手从初始步开始一个周期接一个周期地反复连续工作。按下停止按钮，并不马上停止工作，完成最后一个周期的工作后，系统才返回并停留在初始步。

步进工作方式：每按一次起动按钮，机械手完成一步动作后自动停止。步进工作方式常用于系统的调试。

2. 操作面板布置与外部接线图

操作面板如图 9-16 所示，工作方式选择开关的 5 个位置分别对应于 5 种工作方式，操作面板下部的 5 个按钮是手动按钮。图 9-17 所示为 PLC 的外部接线图。输出 Q0.1 为 1 时工件被夹紧，为 0 时被松开。

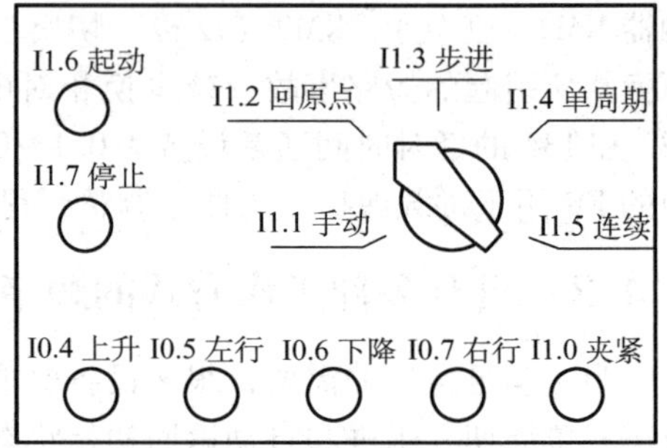

图 9-16 操作面板

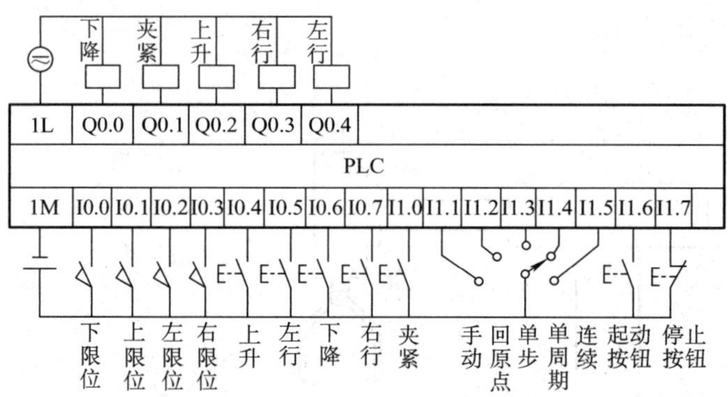

图 9-17 PLC 的外部接线图

3. 整体程序结构

多种工作方式的顺序控制编程常采用模块式编程方法，即主程序 + 子程序。由于单周期、步进和连续这三种工作方式工作的条件都必须要在原点位置，另外都是按顺序执行的，所以可以将它们放在同一个子程序中，统称为自动运行。这样就是编写手动和回原点以及自动运行模式三个子程序。

（1）主程序

主程序主要完成对各个子程序的调用，以及不同工作方式之间的切换处理，如图 9-18 所示。

单周期、步进和连续运行都必须使机械手要停留在初始位置且 Q0.1 为 0，因此设置一个原点标志位 M0.5，当左限位开关 I0.2、上限位开关 I0.1 的常开触点和表示机械手松开的 Q0.1 的常闭触点的串联电路接通时，“原点条件” 存储器位 M0.5 变为 ON。设置 M0.0 为自动运行的初始步标志位，在开始执行用户程序（SM0.1 为 ON）或系统处于手动或回原点状态时，且当机械

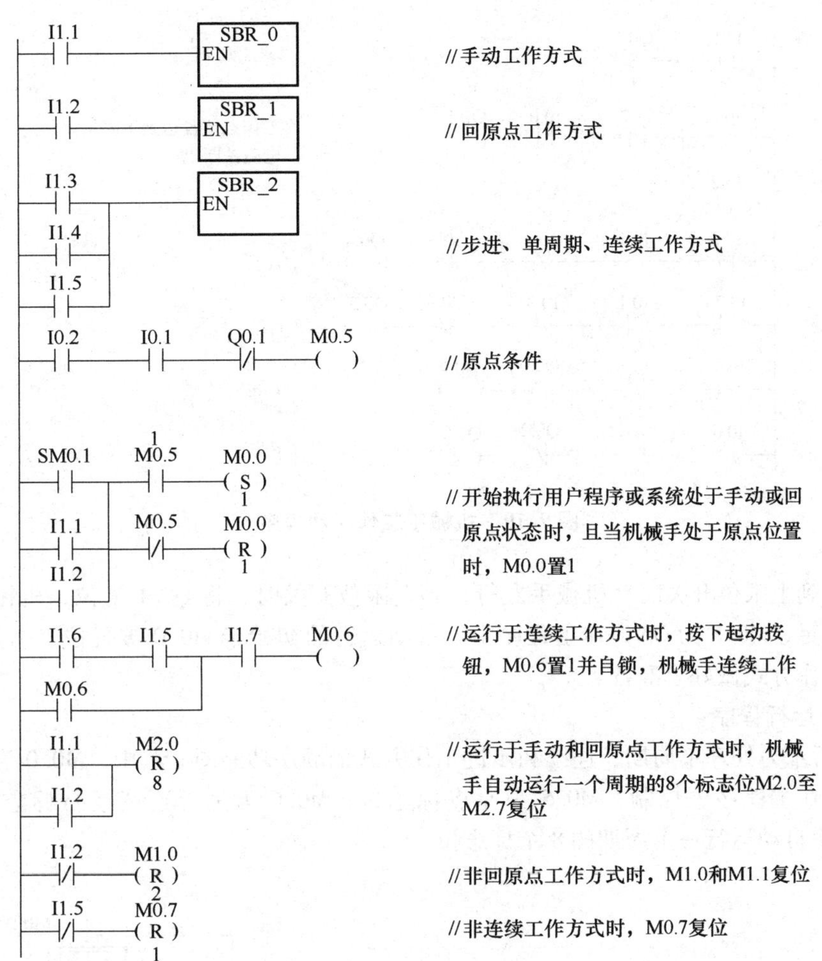

图 9-18　机械手工作主程序

手处于原点位置（M0.5 为 ON）时，初始步对应的 M0.0 被置位，为进入单周期、步进和连续工作方式做好准备。

当系统运行于手动和回原点工作方式时，必须将图 9-21 中除初始步之外的各步对应的存储器位（M2.0～M2.7）复位，否则，当系统从自动工作方式切换到手动工作方式，然后又切换回自动工作方式时，可能会出现同时有两个活动步的情况，导致系统出错。M0.6 设置为连续工作方式时的内部标志位，当在连续工作方式下 M0.6 为 ON，否则 M0.6 被复位。

（2）手动程序

图 9-19 所示为手动程序，手动操作时用 I0.4～I1.0 对应的 5 个按钮控制机械手的上升、左行、下降、右行和夹紧。为了保证系统的安全运行，在手动程序中设置了一些必要的联锁，如限位开关对运动极限位置的限制，上升与下降之间、左行与右行之间的互锁用来防止功能相反的两个输出同时为 ON。为了使机械手上升到最高位置时才能左右移动，应将上限位开关 I0.1 的常开触点与控制左、右行的 Q0.4 和 Q0.3 的线圈串联，以防止机械手在较低位置运行时与别的物体碰撞。

（3）回原点程序

图 9-20 所示为回原点程序。在回原点工作方式时，I1.2 为 ON。按下起动按钮 I1.6 时，机

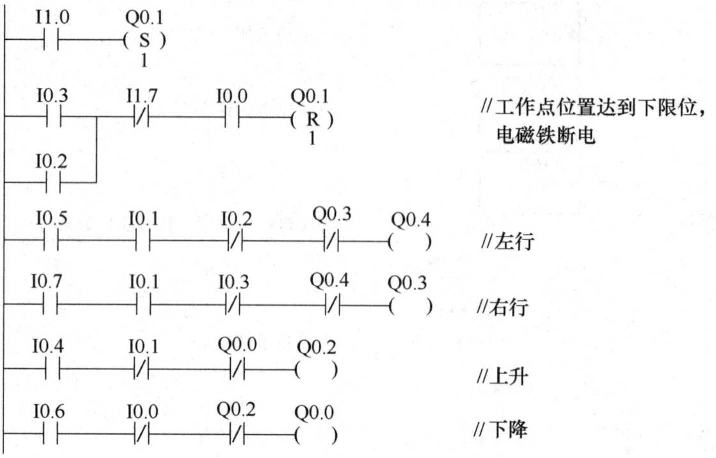

I1.0 Q0.1 (S) 1

I0.3 I1.7 I0.0 Q0.1 (R) 1 I0.2 //工作点位置达到下限位，电磁铁断电

I0.5 I0.1 I0.2 Q0.3 Q0.4 ( ) //左行

I0.7 I0.1 I0.3 Q0.4 Q0.3 ( ) //右行

I0.4 I0.1 Q0.0 Q0.2 ( ) //上升

I0.6 I0.0 Q0.2 Q0.0 ( ) //下降

图 9-19　机械手工作手动程序

械手上升，升到上限位开关时，机械手左行，到左限位开关时，将 Q0.1 复位，机械手松开。这时原点条件满足，M0.5 为 ON，在主程序中，自动运行的初始步 M0.0 被置位，为进入单周期、步进和连续工作方式做好了准备。

（4）自动运行程序

图 9-21 所示为处理单周期、连续和步进工作方式的顺序功能图。其中，M0.0 为初始步标志位，其状态位在主程序中控制；M0.5 为原点标志位；M0.6 为是否连续运行标志位；M2.0 ~ M2.7 为机械手自动运行一个周期的 8 个标志位。

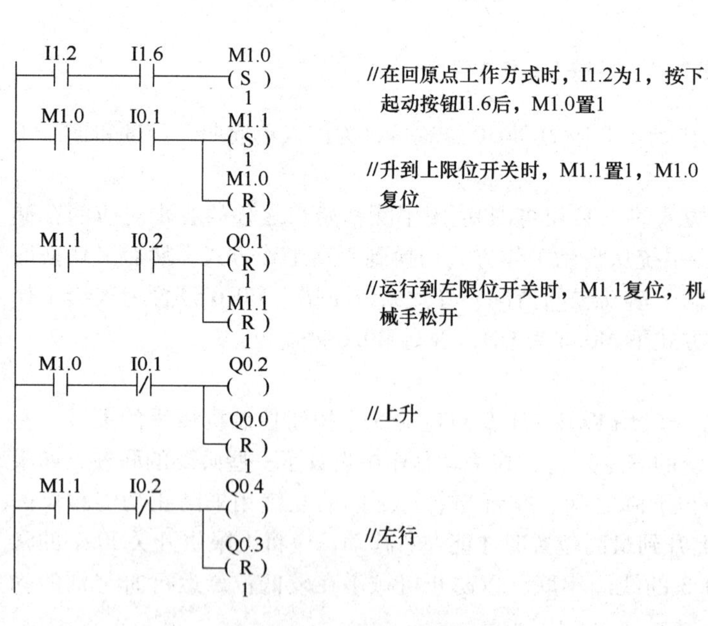

图 9-20　回原点程序

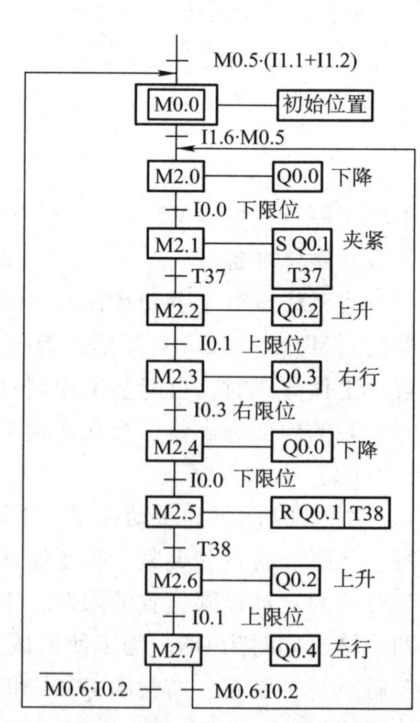

图 9-21　自动运行顺序功能图

图 9-22 所示为根据顺序功能图编写的梯形图程序。

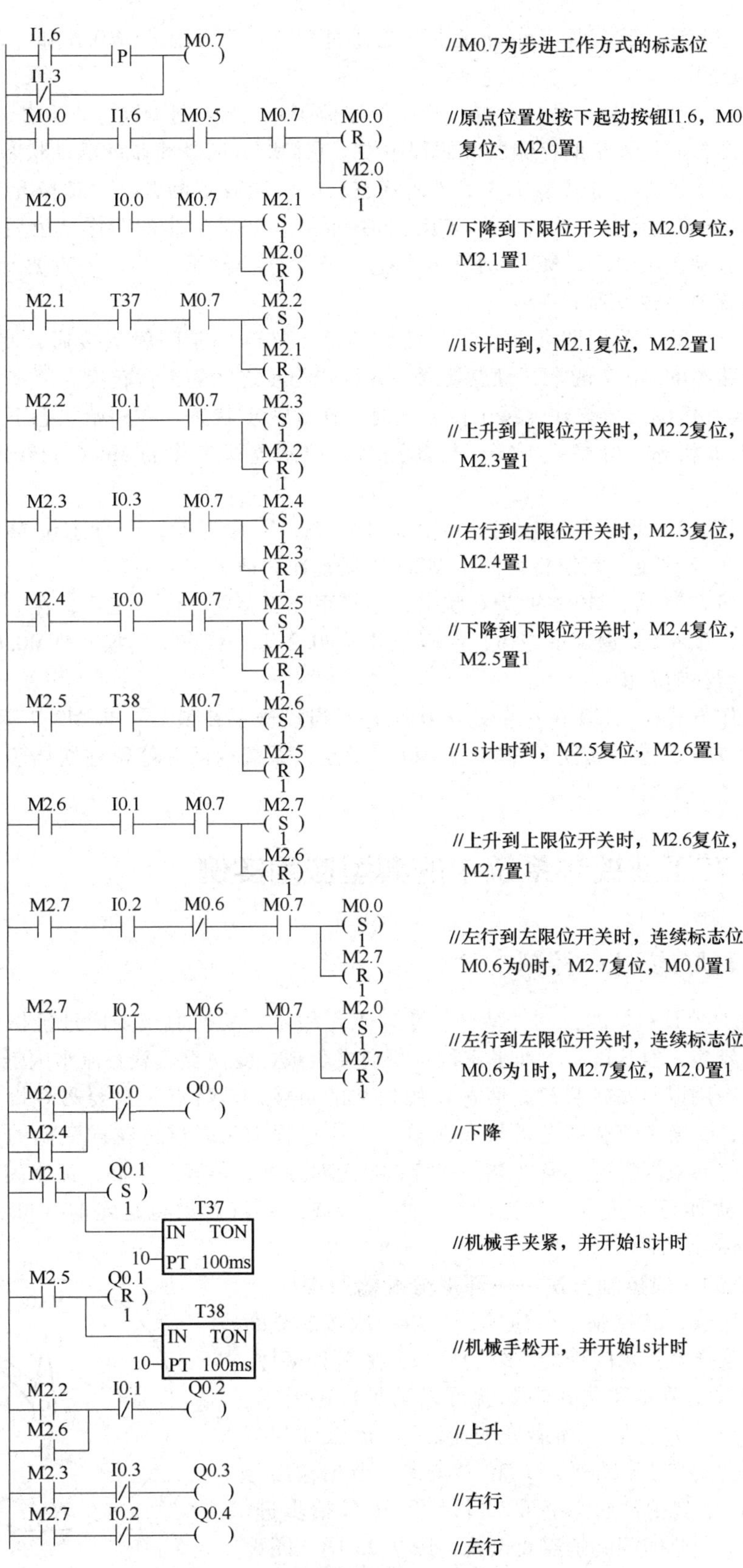

I1.6
P
M0.7
I1.3
//M0.7为步进工作方式的标志位
M0.0
I1.6
M0.5
M0.7
M0.0
R
1
M2.0
S
1
//原点位置处按下起动按钮I1.6，M0.0复位、M2.0置1
M2.0
I0.0
M0.7
M2.1
S
1
M2.0
R
1
//下降到下限位开关时，M2.0复位，M2.1置1
M2.1
T37
M0.7
M2.2
S
1
M2.1
R
1
//1s计时到，M2.1复位，M2.2置1
M2.2
I0.1
M0.7
M2.3
S
1
M2.2
R
1
//上升到上限位开关时，M2.2复位，M2.3置1
M2.3
I0.3
M0.7
M2.4
S
1
M2.3
R
1
//右行到右限位开关时，M2.3复位，M2.4置1
M2.4
I0.0
M0.7
M2.5
S
1
M2.4
R
1
//下降到下限位开关时，M2.4复位，M2.5置1
M2.5
T38
M0.7
M2.6
S
1
M2.5
R
1
//1s计时到，M2.5复位，M2.6置1
M2.6
I0.1
M0.7
M2.7
S
1
M2.6
R
1
//上升到上限位开关时，M2.6复位，M2.7置1
M2.7
I0.2
M0.6
M0.7
M0.0
S
1
M2.7
R
1
//左行到左限位开关时，连续标志位M0.6为0时，M2.7复位，M0.0置1
M2.7
I0.2
M0.6
M0.7
M2.0
S
1
M2.7
R
1
//左行到左限位开关时，连续标志位M0.6为1时，M2.7复位，M2.0置1
M2.0
I0.0
Q0.0
M2.4
//下降
M2.1
Q0.1
S
1
T37
IN TON
10
PT 100ms
//机械手夹紧，并开始1s计时
M2.5
Q0.1
R
1
T38
IN TON
10
PT 100ms
//机械手松开，并开始1s计时
M2.2
I0.1
Q0.2
M2.6
//上升
M2.3
I0.3
Q0.3
//右行
M2.7
I0.2
Q0.4
//左行

图 9-22　自动运行程序

单周期、步进和连续这三种工作方式主要是通过“连续”标志位 M0.6 和“转换允许”标志位 M0.7 来区分的。

1）步进与非步进的区分。通过设置一个存储器位 M0.7 来区别步进与非步进，并把 M0.7 的常开触点接在每个控制代表步的存储器位的程序中，它们断开时禁止步的活动状态的转换。

如果系统处于步进工作方式，I1.3 为 ON 状态，则常闭触点断开，“转换允许”存储器位 M0.7 在一般情况下为 0 状态，不允许步与步之间的转换。当某一步的工作结束后，转换条件满足，如果没有按起动按钮 I1.6，M0.7 处于 0 状态，不会转换到下一步。一直要等到 M0.7 的常开触点接通，系统才会转换到下一步。

如果系统处于连续、单周期（非步进）工作方式，I1.3 的常闭触点接通，使 M0.7 为 1 状态，串联在各电路中的 M0.7 的常开触点接通，允许步与步之间的正常转换。

2）单周期与连续的区分。在连续工作方式时，I1.5 为 1 状态。在初始状态下按下起动按钮 I1.6，M2.0 变为 1 状态，机械手下降。与此同时，控制连续工作的 M0.6 的线圈“通电”并自锁。

当机械手在步 M2.7 返回最左边时，I0.2 为 1 状态，因为“连续”标志位 M0.6 为 1 状态，转换条件M0.6 · I0.2 满足，系统将返回步 M2.0，反复连续地工作下去。

按下停止按钮 I1.7 后，M0.6 变为 0 状态，但是系统不会立即停止工作，在完成当前工作周期的全部操作后，步 M2.7 返回最左边，左限位开关 I0.2 为 1 状态，转换条件$\overline{\text{M0.6}}$ · I0.2 满足，系统才返回并停留在初始步。

在单周期工作方式时，M0.6 一直处于 0 状态。当机械手在最后一步 M2.7 返回最左边时，左限位开关 I0.2 为 1 状态，转换条件$\overline{\text{M0.6}}$ · I0.2 满足，系统返回并停留在初始步。按一次起动按钮，系统只工作一个周期。

9.5 PLC 在工业控制系统中的典型应用实例

9.5.1 节日彩灯的 PLC 控制

用 PLC 实现对节日彩灯的控制，结构简单、工作稳定、变换形式多样且价格低。彩灯形式及变换尽管花样繁多，但其负载不外乎三种：长通类负载、变换类负载及流水闪烁类负载。长通类负载是指彩灯中用以照明或起衬托底色作用之类的负载，其特点是只要彩灯投入工作，则这类负载长期接通；变换类负载则是指某些在整个工作过程中定时进行花样变换的负载，如字形的变换、色彩的变换或闪烁的变换之类，其特点是定时通断，但频率不高；流水闪烁类负载则是指变换速度快，犹如行云流水、星光闪烁、万马奔腾，其特点虽也是定时通断，但频率较高（通常间隔几十 ms 至几百 ms）。

1. 彩灯闪烁的一般控制方法——环形分配器原理

对于长通类负载，其控制十分简单，只需一次接通或断开即可。虽然变换类及流水闪烁类负载的控制方法多种多样，但只要彩灯能按预定节拍和花式闪烁就可以满足控制要求。比较规范的彩灯设计方法是“环形分配器法”。该法即相当于产生一个节拍“钟”（见图 9-23）和“花式”节拍输出分配表（见表 9-3）。节拍“钟”内的“长针”按节拍步进，步进时间长短按灯闪烁时间间隔需要设置，图 9-23 中一圈设为 8 步，如果每步安排不同的输出，由输出带动的彩灯就可

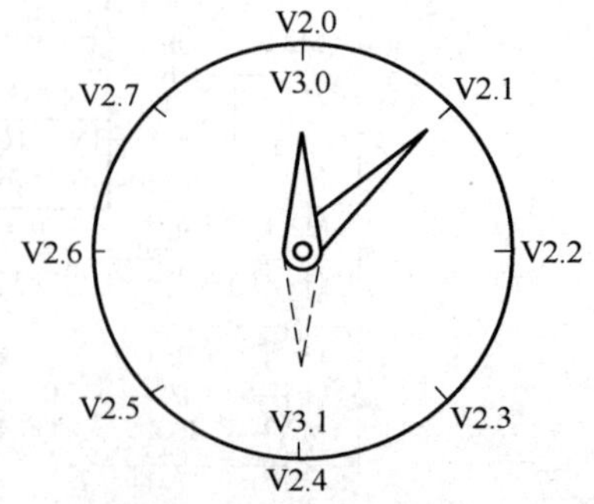

图 9-23　环形分配器示意“钟”

按一定“花式”闪烁；如果彩灯有两种以上的花式闪烁，则“钟”内还有“短针”，“短针”的步进规律与一般时钟大同小异，即长针走一圈短针步进一步，本例与一般时钟不同的是短针只走两步就为一圈，只安排两种花式的转换，也就是有几种花式，“短针”就为几步一圈。“花式”节拍输出分配表的功能是将“长针”指向的位（本例为 V2.0 ~ V2.7）与“中间输出”MB1 相对应（见表 9-3）。

表 9-3　节日彩灯“步进单闪”花式节拍输出分配表

长针节拍 / 中间输出	V2.0	V2.1	V2.2	V2.3	V2.4	V2.5	V2.6	V2.7
M1.0		+	+	+	+	+	+	+
M1.1	+		+	+	+	+	+	+
M1.2	+	+		+	+	+	+	+
M1.3	+	+	+		+	+	+	+
M1.4	+	+	+	+		+	+	+
M1.5	+	+	+	+	+		+	+
M1.6	+	+	+	+	+	+		+
M1.7	+	+	+	+	+	+	+	

注：以上分配表是在 V2.0 ~ V2.7 为“非零”时的状态。

当“长针”指向 V2.0 时，中间输出 M1.0 为 0；当“长针”指向 V2.1 时，中间输出 M1.1 为 0，以此类推。表 9-3 中“+”表示对应的彩灯“亮”，否则，对应的彩灯“灭”。如果将中间输出状态写入输出线圈，再由输出线圈驱动彩灯闪烁，彩灯即可出现表 9-3 中设计的“花式”闪烁。如果彩灯闪烁安排有两种以上的花式，就有两种以上的彩灯花式动作时序表与之对应；各种花式的步进如前所述，也按环形分配器方式进行。如本例，当短针指向 V3.0（V3.0 为 1）时，执行表 9-3 的花式；当短针指向 V3.1（V3.1 为 1）时，执行表 9-4 的花式。

表 9-4　节日彩灯“奇偶跳变”花式节拍输出分配表

长针节拍 / 中间输出	V2.0	V2.1	V2.2	V2.3	V2.4	V2.5	V2.6	V2.7
M2.0		+		+		+		+
M2.1	+		+		+		+	
M2.2		+		+		+		+
M2.3	+		+		+		+	
M2.4		+		+		+		+
M2.5	+		+		+		+	
M2.6		+		+		+		+
M2.7	+		+		+		+	

注：以上分配表是在 V2.0 ~ V2.7 为“非零”时的状态。

本例所选彩灯变换的第一种花样为“步进单闪”方式：当程序上电还未启动运行时，VB2 全为 0，则 MB1 全为 1；如果启动运行程序，VB2 从 V2.0 ~ V2.7 依次逐个置 1，从表 9-3 中“+”可知，MB1 从 M1.0 ~ M1.7 依次逐个置 0……MB1 状态通过 QB0 输出到彩灯上，就体现

“步进单闪”花式。

本例的第二种“花式”为“奇偶跳变”方式：当第一种“花式”运行完时，第二种“花式”被调用，“花式”节拍输出分配表见表9-4。在这种“花式”中，VB2为第二个周期，仍从V2.0～V2.7依次逐个置1，从表9-4中“+”可知，VB2中的“奇”位为1时，MB2中的“偶”位为1；反过来，VB2中的“偶”位为1时，MB2中的“奇”位为1，从而出现“奇偶跳变”花式。

通过执行表9-3和表9-4，彩灯“花式”通过MB1和MB2体现，再分别按位将MB1和MB2的状态输出到QB0上，即完成环形分配器法彩灯控制的过程。

2. 环形分配器法编程

根据上面介绍的原理编写出的控制程序如图9-24所示。该控制程序首先要写“启动行”，再做“环形分配器”的“钟”，做“钟”有三个要素：时基、单步环形移位（“长针”）和“长针”周期触发、“短针”单步环形移位。

（1）时基

在M0.0线圈启动以后用定时器T37作“长针”时基的脉冲发生器（本例为0.4s一拍），即用T37的常闭触点控制定时器T37计时，定时器T37就产生0.4s定时脉冲。

（2）单步环形移位

在启动的一瞬间将VB2置1，用T37定时脉冲驱动环形移位器ROL-B移位。这样就产生了如图9-23所示的8位节拍为一周、步进频率为1.25Hz的“钟”的“长针”。

（3）“长针”周期触发、“短针”单步环形移位

按上面原理所述，短针也是环形移位，本例有两种灯闪“花式”，如用环形移位（ROL-B）指令来设计，将N设为4，输出用V3.0和V3.4即可；如用移位寄存器SHRB来设计，则更加灵活，因为环形移位（ROL-B）指令的8位不能被3、5、6、7整除，所以只能完成2、4、8种三组花式的转换，而移位寄存器SHRB的N可以是-31～-1、+1～+31的任意整数，因此一个移位寄存器能够完成30以内的任意种花式转换。

图9-24中，“长针”每转一圈产生一个移位脉冲的上升沿，即当V2.7在下降沿时由负跳变触点产生一个移位脉冲的上升沿。如果要将移位寄存器做成2位一周的环形移位器，则移位数端N置2，DATA端由M0.1输入，起始位为V3.0；对M0.1的编码要求保证移位寄存器内只有一个“1”，而且不能少于一个“1”，即为一个N位的任意整数环形移位器。编程时须将移位寄存器的N－1位的常闭触点串联后，激励M0.1线圈就能满足编码要求。

3. 彩灯“花式”节拍输出分配表程序

节日彩灯“步进单闪”和“奇偶跳变”两种花式的梯形图程序如图9-24所示。“步进单闪”节拍输出按表9-3设置中间输出状态，该表在V3.0为1时被调用。“奇偶跳变”节拍输出按表9-4设置中间输出状态，该表在V3.1为1时被调用。

程序执行后，将表9-3和表9-4中“中间输出”按位汇点输出到QB0上各位，由输出位驱动彩灯或执行器即可完成对彩灯闪烁的控制，最终彩灯按表预设的花式循环闪烁。

9.5.2 恒温控制

过程控制中常常需要对温度进行控制。温度控制也是一种典型的模拟量控制。本节主要采用PID回路指令进行恒温控制程序设计，重点介绍实际应用中信号的转换方法和编程思路等。

1. 恒温控制的基本思路

温度闭环控制系统示意图如图9-25所示。点画线框内为被加热体——“加热器总成”，其中在铝块上布有加热丝和Pt100温度传感器；变送器将传感器输出的温度信号转换成4～20mA的标准信号；EM AM06为S7-200 SMART PLC的AI 4/AQ2模拟量扩展模块，接收该系统4～20mA的

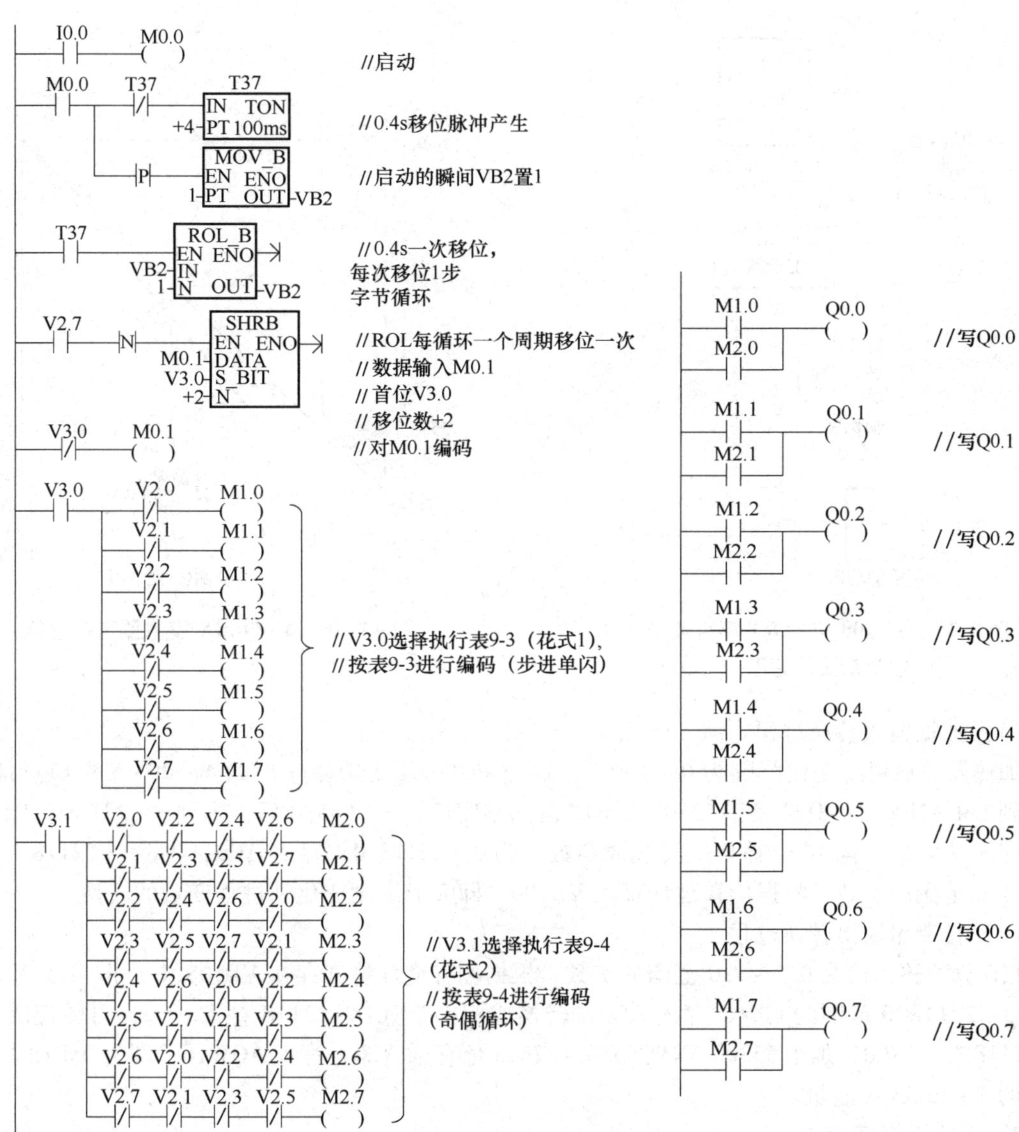

图 9-24　节日彩灯控制程序

温度信号输入，输入信号经过 EM AM06 的 A-D 转换和程序处理变成“过程变量（*PV*）”，经 PLC 的 PID 回路指令处理后输出 4～20mA 的“调节量”到“晶闸管调功器”控制“加热器”的加热量；再由 Pt100 温度传感器检测温度，这样形成温度闭环控制系统。

2. 数据的变换与处理

为实现温度的 PID 控制，采用 PID 回路指令。为此，需对回路输入/输出变量进行转换和标准化。将变送器送来的 4～20mA 的温度信号检测值转换成 0.0～1.0 之间的过程变量；将 PID 输出的 0.0～1.0 之间的输出值转换成 EM AM06 模块 0M 和 0 两端输出的 4～20mA 信号，并作为晶闸管调功器的调节量。模拟量输入/输出是电流量还是电压量由模拟量组态时设定。A-D、D-A 的数据转换如图 9-26 所示，这里模拟量信号范围为 4～20mA，4mA 对应的 PLC 内部的刻度值为 5530。在数据转换时直接将 AIW16 的输入值减去 5530，即将坐标原点由“自然 0”转到“数据 0”，这样刻度值由 5530～27648 变为 0～22118。初学者最容易出错的是按“虚线”对应进行数据转换，这样就会出现较大的数据误差，数据越小，误差越大。

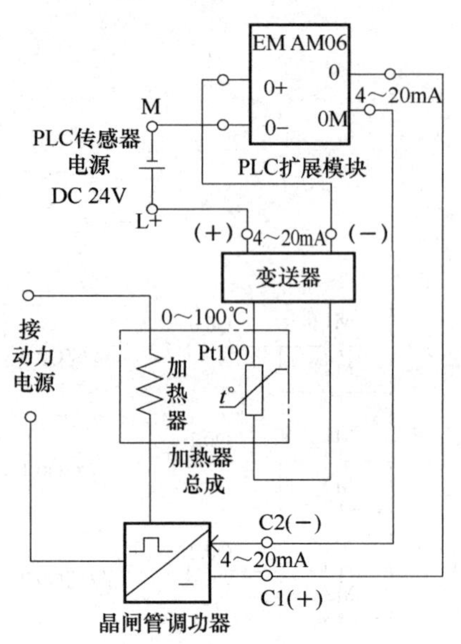

图 9-25　S7-200 SMART 温度闭环控制系统示意图

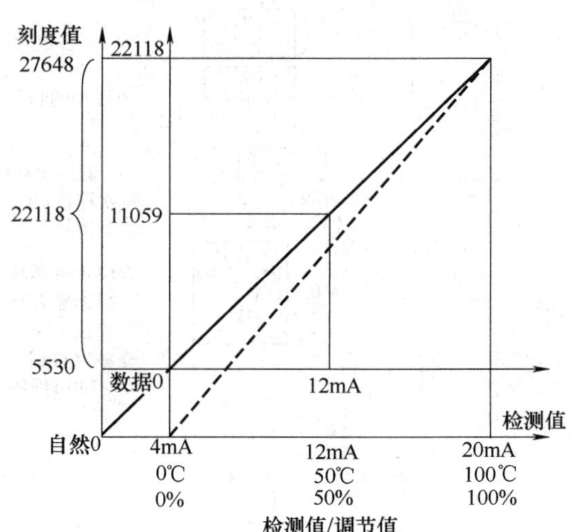

图 9-26　4～20mA 模拟量变换坐标

（1）数据输入转换过程

加热器总成温度变化范围为 0～100℃，通过 Pt100 及变送器输出的 4～20mA 模拟量信号，输入到 EM AM06，A-D 转换得 5530～27648 范围刻度值，减去 5530 后，得到 0～22118 范围刻度值，存入 VW262，高 16 位补 0 后转换成实数，为 0～22118.0，存入 AC0，再除以 22118，得到 0.0～1.0 范围的实数，根据偏移地址存入 VD100，即完成温度变化到过程变量的转换。

（2）控制量输出转换过程

PID 算法输出值为 0.0～1.0 范围的实数，根据偏移地址将其存在 VD108 中，再乘以 22118，变成 0～22118.0 范围的实数，存入 AC0，转换成双字整数 0～22118 存入 AC0，再转换成整数 0～22118 存入 AC0，加上 5530，得到 5530～27648 值存入 AC0，写入 AQW16，即为 0M 和 0 两端输出的 4～20mA 控制量。

3. 设计梯形图程序

根据控制要求，设计的恒温控制梯形图程序如图 9-27 所示，该程序共有主程序（MAIM）、子程序 0（SBR0）、子程序 1（SBR1）、中断 0（INT0）四部分。

1）主程序（MAIN）：网络 1 将温度信号输入值转换成 0～22118 存入 VW262；网络 3 则每 0.1s 将双字的温度信号输入累加到 VD264，并在 VW252 中记录累加次数。网络 4 首先是在累加次数≥8 时，操作温度值 8 次采样用移位法取平均值，再转换成 0～100℃范围最终存入 VW180，如果温度值改成除以 22.118，则数码管可显示 0～100.0℃。网络 5 则是温度值数码显示程序段，该段以“≠”比较器开始，是当 VW180 温度值确有变化的瞬间比较器接通，目的是使温度值显示稳定；将温度值变成 BCD 码写入 QW0 即可。网络 6 为初始化调用子程序 0。网络 7 直接用启动自动控温的 I0.0 填写给定值，本例给定为常数（以 50℃为例）。网络 8 调用子程序 1 设置 PID 回路表并开定时中断，操作分两种情况：在开机之前 I0.0 置位通过初始脉冲 SM0.1 调用；在开机之后 I0.0 置位通过正跳变调用。网络 9 为判断自动控温时 PID 输出是否＜5530（4mA），如果是就输出 5530（4mA）。网络 10 为 I0.0 关断时输出 0 调节量。

2）子程序 0（SBR0）：初次扫描被调用；子程序 0 中 SM0.0 常开（始终为 1），即随时响应

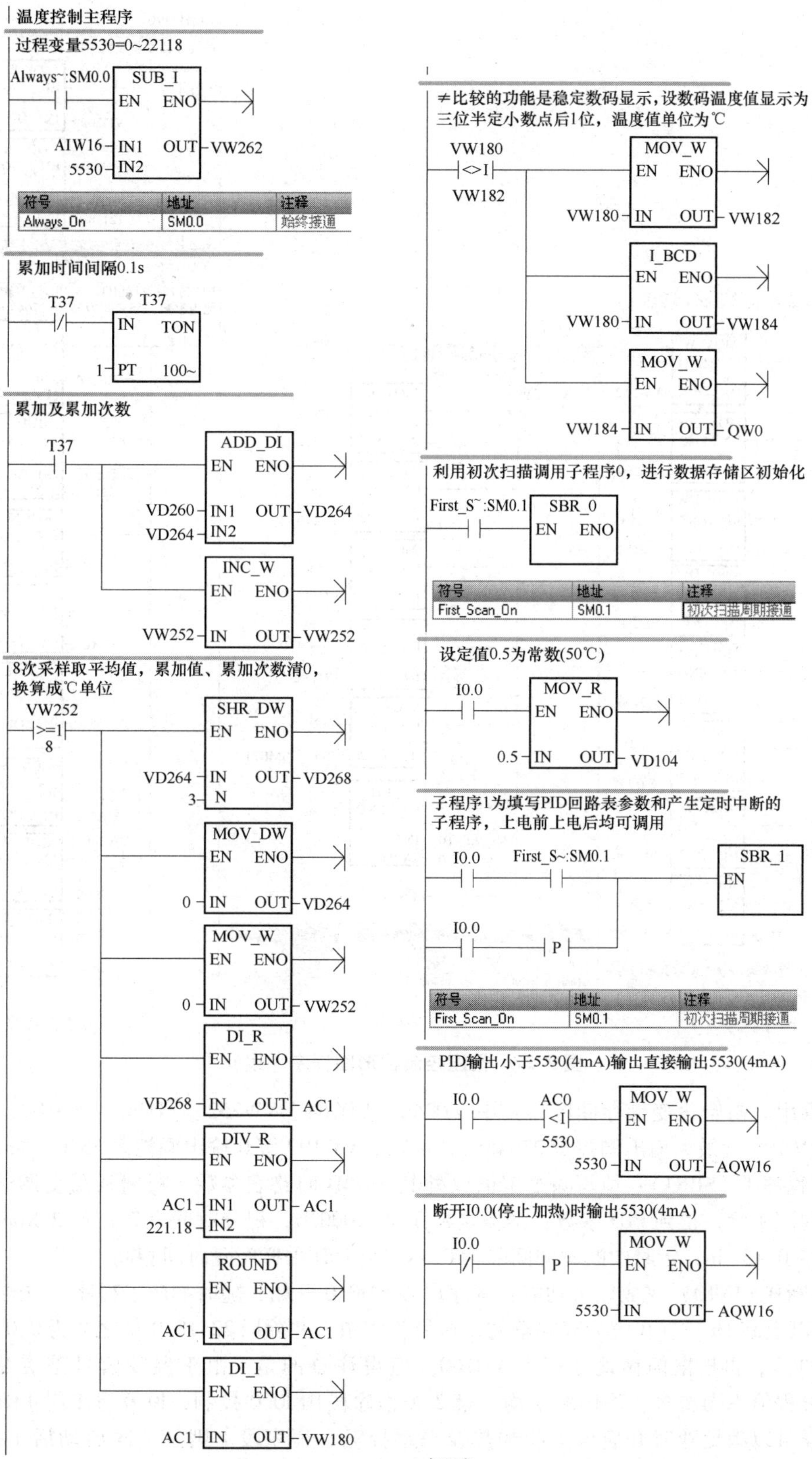

温度控制主程序

过程变量5530=0~22118

Always~:SM0.0 —| |— SUB_I (EN ENO)
AIW16 — IN1　OUT — VW262
5530 — IN2

符号	地址	注释
Always_On	SM0.0	始终接通

累加时间间隔0.1s

T37 —|/|— T37 (IN TON)
1 — PT　100~

累加及累加次数

T37 —| |—
ADD_DI (EN ENO)　VD260 — IN1　OUT — VD264　VD264 — IN2
INC_W (EN ENO)　VW252 — IN　OUT — VW252

8次采样取平均值，累加值、累加次数清0，换算成℃单位

VW252 —|>=I|— 8
SHR_DW (EN ENO)　VD264 — IN　OUT — VD268　3 — N
MOV_DW (EN ENO)　0 — IN　OUT — VD264
MOV_W (EN ENO)　0 — IN　OUT — VW252
DI_R (EN ENO)　VD268 — IN　OUT — AC1
DIV_R (EN ENO)　AC1 — IN1　OUT — AC1　221.18 — IN2
ROUND (EN ENO)　AC1 — IN　OUT — AC1
DI_I (EN ENO)　AC1 — IN　OUT — VW180

≠比较的功能是稳定数码显示，设数码温度值显示为三位半定小数点后1位，温度值单位为℃

VW180 —|<>I|— VW182
MOV_W (EN ENO)　VW180 — IN　OUT — VW182
I_BCD (EN ENO)　VW180 — IN　OUT — VW184
MOV_W (EN ENO)　VW184 — IN　OUT — QW0

利用初次扫描调用子程序0，进行数据存储区初始化

First_S~:SM0.1 —| |— SBR_0 (EN ENO)

符号	地址	注释
First_Scan_On	SM0.1	初次扫描周期接通

设定值0.5为常数(50℃)

I0.0 —| |— MOV_R (EN ENO)
0.5 — IN　OUT — VD104

子程序1为填写PID回路表参数和产生定时中断的子程序，上电前上电后均可调用

I0.0 —| |— First_S~:SM0.1 —| |— SBR_1 (EN)
I0.0 —| |— —|P|—

符号	地址	注释
First_Scan_On	SM0.1	初次扫描周期接通

PID输出小于5530(4mA)输出直接输出5530(4mA)

I0.0 —| |— AC0 —|<I|— 5530 — MOV_W (EN ENO)
5530 — IN　OUT — AQW16

断开I0.0(停止加热)时输出5530(4mA)

I0.0 —|/|— —|P|— MOV_W (EN ENO)
5530 — IN　OUT — AQW16

a) 主程序

图 9-27　恒温控制梯形图程序

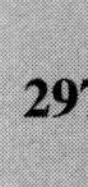

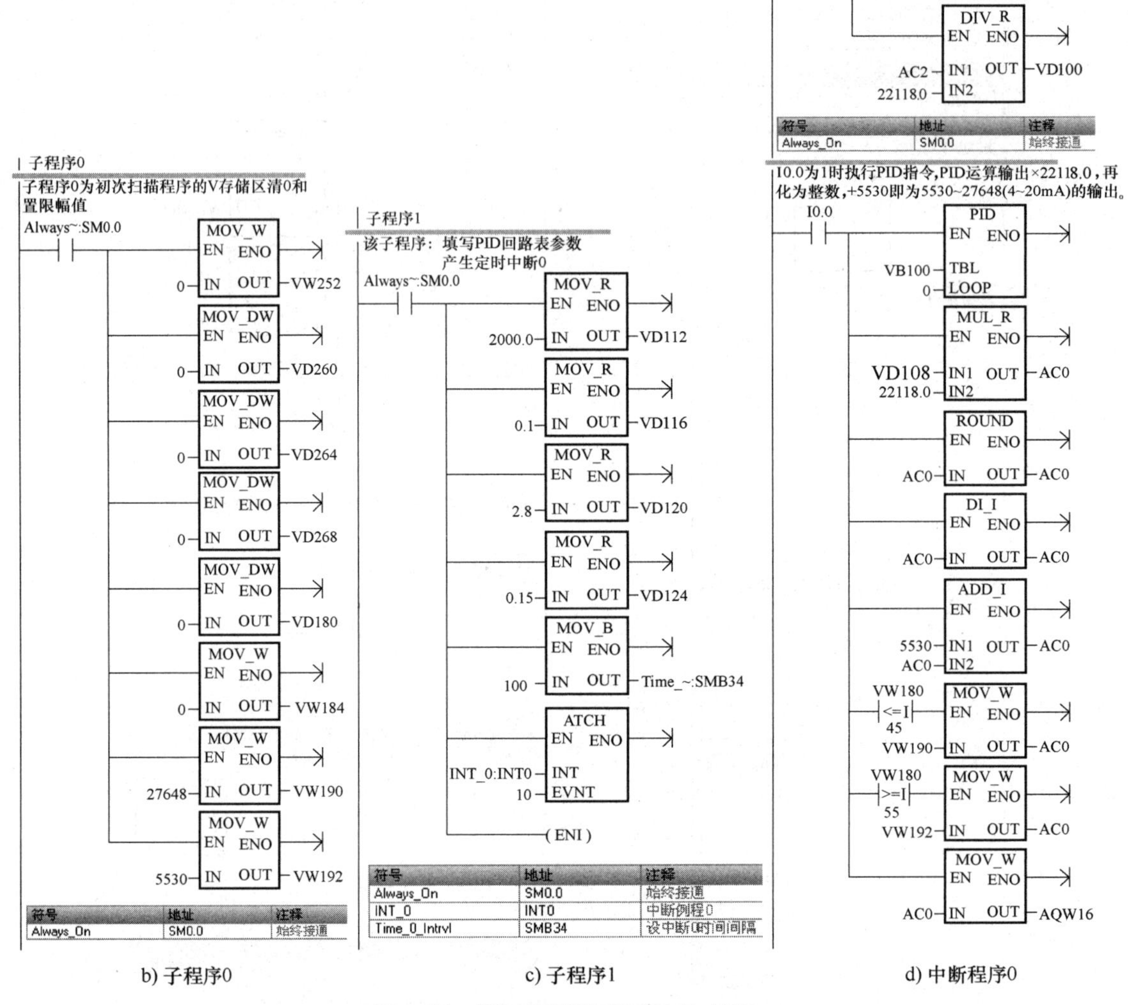

b) 子程序0　　c) 子程序1　　d) 中断程序0

图 9-27　恒温控制梯形图程序（续）

主程序的调用。初始化变量存储区，其中 VD260、VD264、VW252、VD268、VD180、VW184 开机清零；VW190 置最大输出调控量 27648（20mA），VW192 置 0 输出调控量 5530（4mA）。

3）子程序 1（SBR1）：填写除给定值以外其他 PID 回路表参数。根据某温度调试系统的特点和实际调试实验，得到 PID 参数：增益（K_C）取 2000.0；积分时间（T_I）取 2.8min；微分时间（T_D）取 0.15min；定时中断时间间隔为 0.1s，与 PID 采样间隔时间相同。

4）中断 0（INT0）完成以下功能：程序段以 SM0.0 开始，随时响应子程序 1 中的定时中断，将 VW262 以上高 16 位补 0 成为双字整数，再划为实数，并除以 22118.0 使之成为 0.0～1.0 的过程变量（PV_n），再根据偏移地址存入 VD100。值得注意的是，由于温度信号是缓变信号，故 VD260 中过程值不需要多次采样取平均。第 2 个程序段用 I0.0 控制，I0.0 置 1 时 PID 回路指令有效，这样可以满足随时开启或关闭加热及自动控温，程序段 1 则是一次启动后工作到停机。PID 回路起止地址为 VB100，回路号为 0，将 0.0～1.0 的输出转换成 0～22118 的整数，再加 5530，成为 5530～27648 的输出，其中还有上/下限幅。当失调温度超过设定值 5℃时，输出

5530；反之低于设定值 5℃时，输出 27648（全加热）。

9.5.3　基于增量式旋转编码器和 PLC 高速计数器的转速测量

增量式旋转编码器简称增量旋编，是目前常见的一种 PLC 高速计数器专用计数输入设备，常用作被控对象的距离/位移、转速、线速度、角位移的测量，特别是很多随动/定位系统中不可缺少的测量元件。它在透光码盘圆周上均布有数十到数千道栅格，当随工作机构旋转时会输出增量脉冲。增量旋编共有三种形式：一为单相，即仅 A 相有增量脉冲输出；二为两相，AB 两相均有增量脉冲输，两相配合使用可以辨别旋转方向；三为 ABZ 三相，每转一周 Z 相输出一次零位脉冲。与之相对应，PLC 一般有专门连接上述三种相数的接点和工作模式（参见 8.11 节高速计数器指令）。三相输出的增量式旋转编码器的输出波形、集电极开路输出回路和集电极开路型接线定义如图 9-28 所示。

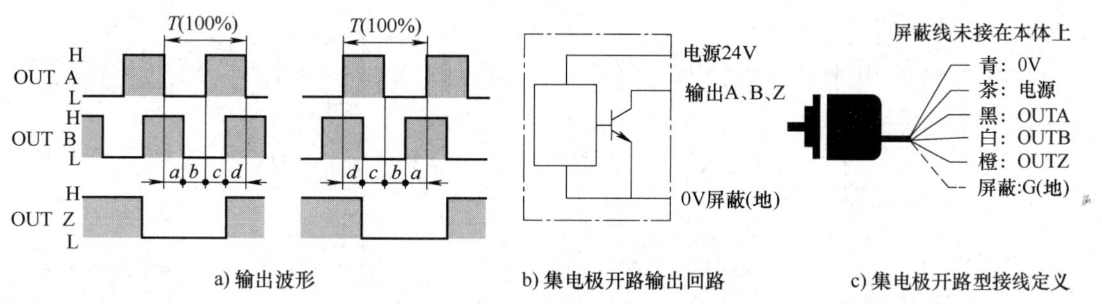

图 9-28　三相输出的增量式旋转编码器

本例转速测量方法有很多优点：①只占用 PLC 的 1～3 个开关量输入点，无须占用模拟量输入通道；②PLC 有专门“适配”增量旋编的设置，脉冲计数方便；③增量脉冲相对模拟量信号传输稳定、可靠，适用于远距离传输；④由于增量旋编的分辨率较高，且 PLC 高速计数器脱离主机的扫描而独立计数，所以将增量脉冲转换成转速值的平滑度与模拟量信号经 A-D 转换成转速值平滑度基本一致，且稳定性更好。

图 9-29 所示为交流变频调速 PLC 控制系统框图，本例仅介绍如何采用增量旋编和 PLC 高速计数器完成变频调速电动机在线转速测量（即点画线框内的内容），学习和了解增量旋编、PLC 高速计数器和增量脉冲转换成转速数值的一般处理方法。

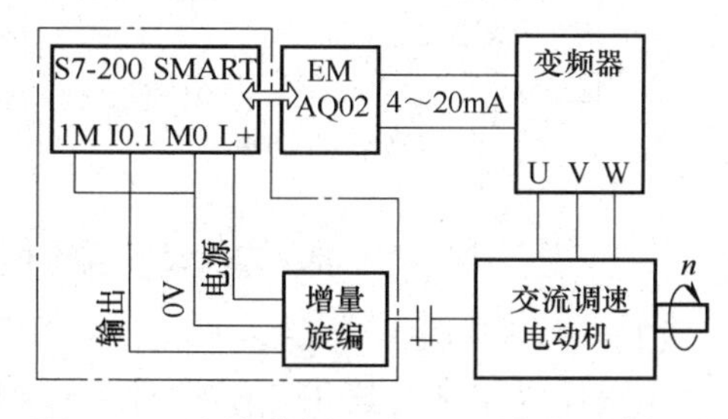

图 9-29　交流变频调速 PLC 控制系统框图

PLC 将处理好的电动机转速信号通过 PLC 模拟量模块 D-A 转换成模拟量传给变频器，或直接用串行通信实现 PLC 与变频器的信息传输。

1. 增量旋编与 S7-200 SMART 的连接

（1）增量旋编与 PLC 的选型

由于该交流调速系统的电动机拽引的是风机/水泵型负载，仅需单向运转，也没有复位的需要，电动机的转速为 300～1500r/min，但要求输出的平滑度较好。因此选单相输出，每转脉冲数为 1024 的增量旋编。

综合考虑系统的控制要求，选择西门子 S7-200 SMART CPU ST40 作为 PLC 控制器。

（2）增量旋编与 PLC 的连接

首先指定高速计数器以及 PLC 外部输入信号和工作模式。可根据 PLC 的输入点确定高速计数器 HSC1，而增量旋编为单相输出。查表 8-1 或 S7-200 SMART 用户手册可知，增量码从 I0.1

输入，工作模式为 0 模式。

增量旋编与 PLC 的连接如图 9-29 所示。增量旋编的电源、0V 端分别接至 PLC 的 DC 24V 的 L+和 M0 端，增量旋编的输出端接至 S7-200 SMART CPU ST40 的 I0.1 端。

2. PLC 控制增量旋编转速测量的程序设计

从增量码转换到转速值只要在单位时间内记录的脉冲数，通过转速公式换算转速值 n（r/min）即可：

$$n = 60f/p \tag{9-1}$$

式中，f 为单位时间（0.1s）内记录的脉冲数；p 为增量旋编旋转一圈产生的脉冲数。

高速计数模式的选择：前面已经确定此次转速测量用单相输出的增量旋编，与之对应的 PLC 高速计数器为 0 工作模式。其梯形图程序如图 9-30 所示。

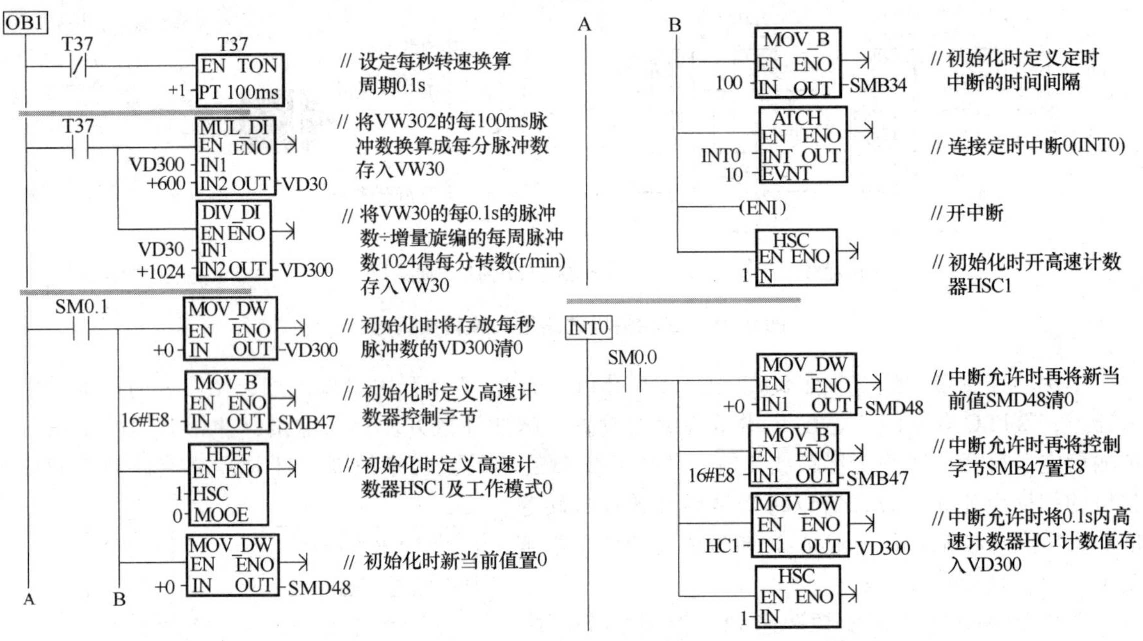

图 9-30　增量式旋转编码器 + PLC 高速计数器进行转速测量的梯形图程序

（1）主程序 OB1

主程序中用定时器 T37 组成的 0.1s 时钟脉冲发生器作为频波值计算转速的计数周期。对于转速值的换算，为避免 VD300 中数值 <1024，采取先 ×600，后 ÷1024 的方法得到转速值（r/min）。确定运算周期也为 0.1s（由 T37 设置）。首次扫描时做如下操作：

1）对存储高速计数器的计数值的存储器 VD300 进行初始化清零。

2）初始化定义高速计数器 HSC 1 工作模式，控制字节 SMB47 经查表 8-4 或 S7-200 SMART 用户手册得“E8”，即高速计数器 HSC 允许/更新当前值/更新预置值/计数方向不更新/增计数/非正交计数器无须选择/启动高电平有效。

3）初始化定义高速计数器 1 工作模式置为 0，即执行 HDEF 指令时，HSC 输入 1、MODE 输入 0。

指定定时器中断间隔时间为 0.1s，经查本书表 6-31 或 S7-200 SMART 用户手册可知，定时中断 0 的事件号为 10，即当 CT = PT 时产生中断。

4）初始化时将高速计数器 1 当前值存储区 SMD48 清 0。

5）初始化时定义定时中断的时间间隔，设为 0.1s。

6）允许全局中断 0。

7）开中断。

8）初始化时定义高速计数器HSC1。

（2）中断子程序INT0

当中断产生时，执行中断子程序INT0。重新装入HSC1的新当前值SMD48，即重新清零。重新装入HSC1的控制字节SMB47，即重置E8。初始化时控制字节SMB47写入的是E9，但此处并未改变HSC1的使能。由表8-4可知，控制字节SMB47的最低位为“复位选择”，单相输入无外部复位。因此控制字节设置E8和E9得到的是同样的HSC1的使能。

读出高速计数器HSC1在单位时间（0.1s）的计数值，同时将该计数值存入待计算的存储器VD300。再执行高速计数器HSC1。

PLC控制增量旋编转速测量的参考梯形图程序如图9-30所示。

9.5.4 室内游泳池水处理系统PLC控制

现代游泳馆的池水处理系统类似于自来水厂的水处理系统，属于无人值守的自动化控制系统。该系统通过循环水泵将池水置换出来检测水质，再通过化学和物理的方法来调整水质，然后将达到一定水质标准的“净水”回灌进游泳池。一般检测项有浊度、过氧化物、尿素含量、菌群总数、余氯值和pH值等。以pH值调节为例，当pH值过高，超过控制值时，则通过精确计量泵加投稀盐酸以调低pH值，这是化学方法。而当浊度达到一定值时，通过精确计量泵将絮凝剂（需搅拌）加投到循环泵前，絮凝剂可将水中悬浮物凝结成块，通过过滤沙缸的“浊水”被过滤成“净水”回灌到泳池，这个过程基本上是物理的过程。在水处理过程中除了水质调整外，在环境温度及水温较低时（如冬天），还需对池水进行加温，池水加温是通过PID控制比例蒸汽调节阀，定量地给汽水管道混合器通以蒸汽，使池水按要求保持恒温，整个水处理工艺流程如图9-31所示。

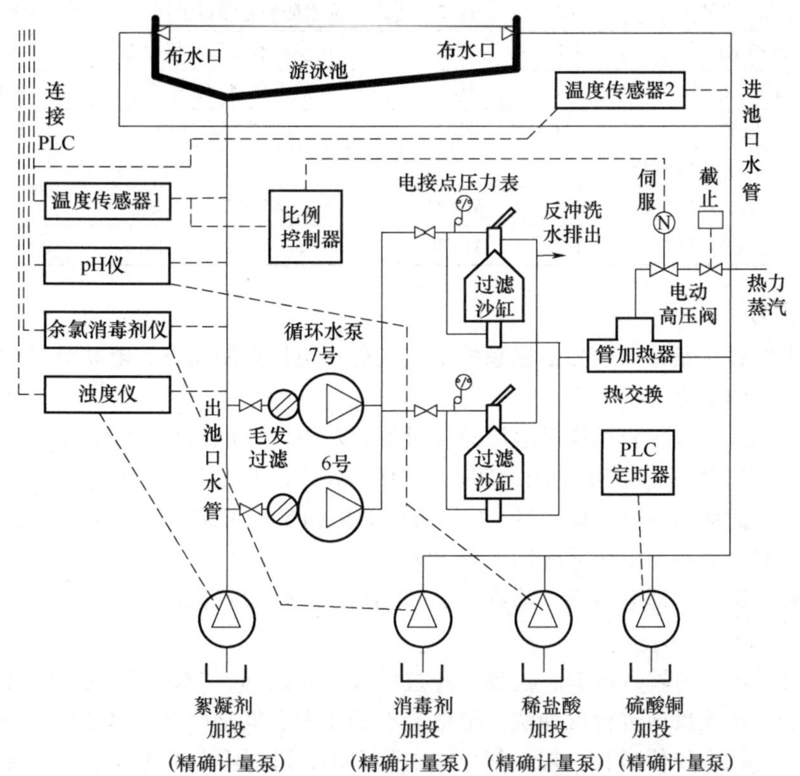

图9-31 游泳池水处理工艺流程图

1. 控制系统的I/O信号及地址分配

控制系统输入/输出信号的名称、代码及地址编号见表9-5。输入信号分为数字量输入和模拟量输入两部分；输出信号也分为数字量输出和模拟量输出两部分。

表9-5　PLC控制系统输入/输出分配表

名　　称	代号	地址	名　　称	代号	地址
数字量输入信号			浊度仪输出的浊度信号	T	AIW18
急停总按钮	SB0	I0.0	余 ClO_2 消毒剂仪信号	ClO_2	AIW16
总接触器启动（常开触点）	SA_{2-1}	I0.1	pH 仪信号	pH	AIW12
自/手动选择（常闭触点）	SA_{2-2}	I0.2	数字量输出信号		
7 号泵起动按钮	SB3	I0.3	电源总接触器	KM0	Q0.0
7 号泵停止按钮	SB4	I0.4	PLC 控制方式	KA0	Q0.1
7 号泵热继电器中继	KA7	I0.5	7 号泵电动机接触器	KM7	Q0.2
6 号泵起动按钮	SB6	I0.6	6 号泵电动机接触器	KM6	Q0.3
6 号泵停止按钮	SB7	I0.7	絮凝剂搅拌电动机接触器	KM5	Q0.4
6 号泵热继电器中继	KA6	I1.0	絮凝剂加投泵电动机接触器	KM4	Q0.5
反冲洗状态开	SB11	I1.1	消毒剂加投泵电动机接触器	KM3	Q0.6
反冲洗状态关	SB12	I1.2	PH 调节剂加投泵电动机接触器	KM2	Q0.7
比例阀驱动电源开	SB13	I1.3	硫酸铜加投泵电动机接触器	KM1	Q1.0
比例阀驱动电源关	SB14	I1.4	蒸汽阀驱动电源接触器	KM9	Q1.1
5 号搅拌电动机热继电器中继	KA5	I1.5	超温指示灯中继	KA6	Q1.2
絮凝剂脱液指示信号	SL4	I1.6	消毒剂超限指示灯中继	KA5	Q1.3
消毒剂脱液指示信号	SL3	I1.7	池水酸碱超限指示灯中继	KA4	Q1.4
pH 调节剂脱液指示信号	SL2	I2.0	调整剂脱液指示灯中继	KA3	Q1.5
硫酸铜剂脱液指示信号	SL1	I2.1	热继电器动作中继	KA10	Q1.6
过滤罐压力表电触点	KAp	I2.2	蜂鸣器驱动中继	KA11	Q1.7
模拟量输入信号			模拟量输出信号		
温度传感器 1（检测出水口）	TS1	AIW22	电动蒸汽阀比例控制器		AQW16
温度传感器 2（检测进水口）	TS2	AIW20			

（1）输入信号

输入信号中的数字量输入信号根据系统工艺流程，包括控制操作、电动机过载检测、脱液检测和过滤缸压力检测信号等。

控制操作输入部分：主要操作是电源总接触器；7 号、6 号泵的手动起/停，其中包括过滤缸反冲洗操作的启/停；比例蒸汽电动阀的驱动电源的启/停，共占 11 个输入点。

电动机过载检测输入部分：即 7 号、6 号泵电动机和 5 号絮凝剂搅拌电动机过载保护的热继电器，再经过中间继电器的电压适配输入至 PLC。

脱液检测输入部分：即絮凝剂、消毒剂、pH 值调整剂、硫酸铜剂加料罐低液位开关的脱液报警信号输入到 PLC。

过滤缸压力检测信号输入部分：过滤缸经过一段时间过滤，“缝隙”逐步堵塞，缝隙堵塞到一定程度时，需要水流反向进行反冲洗。带电接点的压力表就是检测该缝隙堵塞程度的。当压力表读数达到电接点的设定值时，电接点信号输入到 PLC，PLC 输出报警提示反冲洗。

模拟量输入信号包括温度信号、浊度信号、余氯信号及 pH 信号。模拟量信号的范围均为

4～20mA。

温度信号（温度传感器输出，包含出水口和进水口各一支温度传感器）：出水口测温信号用于蒸汽加温控制；进水口测温信号用于游泳池布水口温度限幅。

浊度信号（浊度仪输出）：浊度信号检测池水的浑浊程度，用于絮凝剂的加投控制。

余氯信号（余氯（ClO_2）消毒剂仪输出）：该信号检测池水尚余氯消毒剂的量，不足加投。

pH 信号（pH 仪输出）：该信号检测池水偏碱程度，超出加投稀盐酸以调整池水 pH 值。

（2）输出信号

数字量输出信号包括电源总接触器、三台三相电动机的接触器、四台水质调整剂加投泵单相电动机接触器及输出端中间继电器等。

电源总接触器：为按钮操作总电源的通/断，该接触器线圈电源取自总接触器前。

三台三相电动机的接触器：即起/停 7、6 号泵电动机和起/停 5 号絮凝剂搅拌电动机。

四台水质调整剂加投泵单相电动机接触器：由于加投泵电动机功率较小，接触器均选小型接触器。

输出端中间继电器：该中间继电器的作用主要是适配输出端电源或扩大触点容量等。模拟量信号输出是 4～20mA 的蒸汽电动阀比例控制器调节信号，用来控制池水加温。

2. PLC 的 I/O 接线及电气控制图设计

（1）PLC 系统选型

根据系统控制要求，综合性价比和 I/O 点数及通信端口数的统计，选用西门子 S7-200 SMART PLC CPU ST40（AC/DC24 点输入/继电器 16 点输出）、EM AM06（4AI/2AO）、SB AI01（1 AI）各一台，即能符合要求。

（2）I/O 接线图及 I/O 适配接线图

PLC 的 I/O 接线图按照表 9-5 进行排列，接线图如图 9-32 所示，图 9-32a 所示为 I/O 接线图；图 9-32b 所示为 I/O 适配接线图。

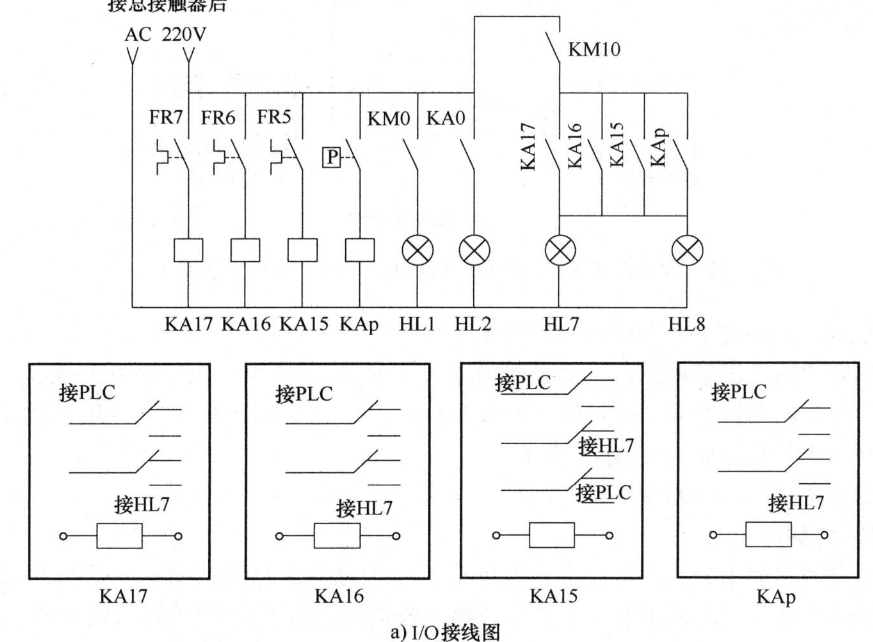

a) I/O接线图

图 9-32　控制系统 PLC 的 I/O 接线图和 I/O 适配接线图

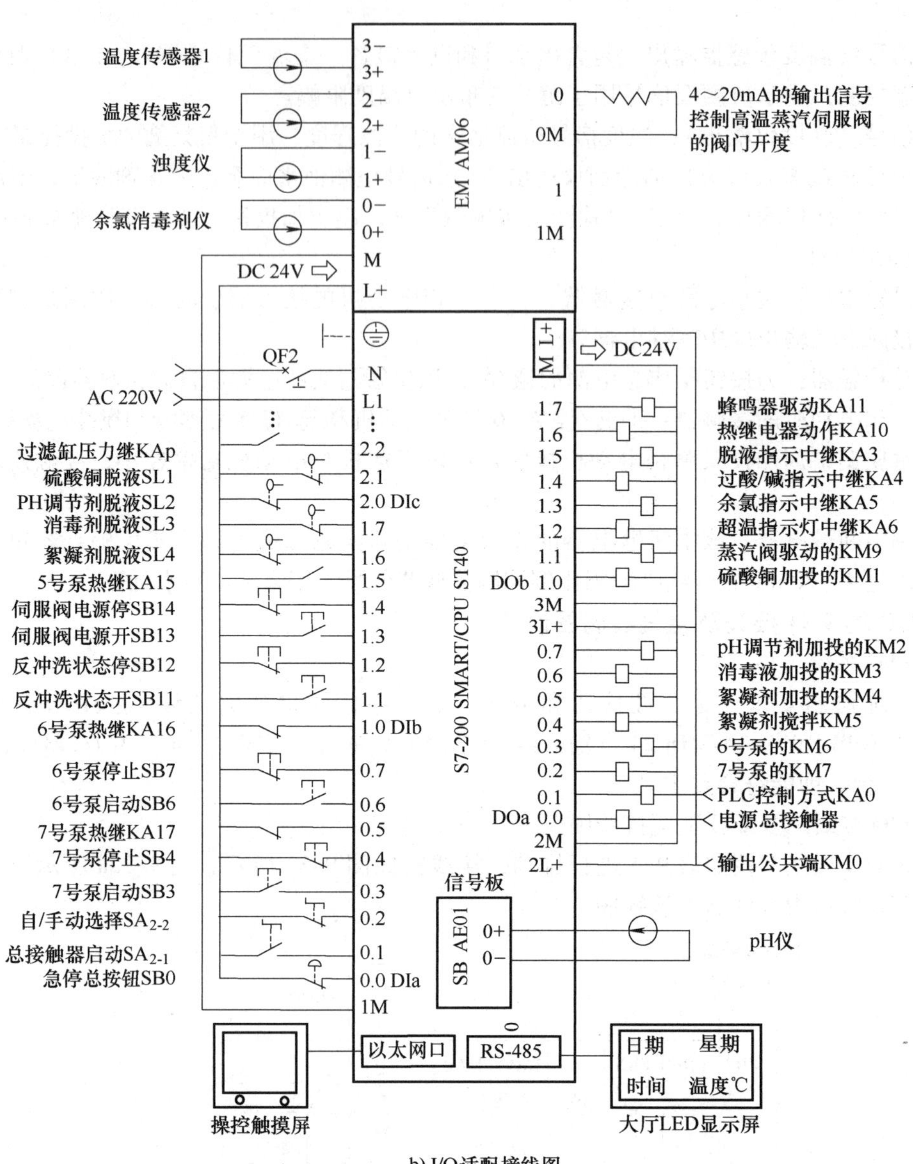

b) I/O适配接线图

图 9-32　控制系统 PLC 的 I/O 接线图和 I/O 适配接线图（续）

（3）传感器、执行器和触摸屏等外围设备

选用德国普罗明特温度传感器—变送器两支，浊度仪、pH 仪、余氯消毒剂仪各一台；高温电动比例阀一台；精确计量泵四台；循环水泵两台；大厅显示屏（自制）一台；西门子 SMART 1000IE 触摸屏一台；控制柜（定制）一台。

电气控制系统主接线图如图 9-33 所示。

3. 控制系统程序设计

按控制对象的功能来分，游泳池水处理可分为三大部分：过滤部分、水质检测及加投药部分、恒温及加热部分。对应的控制程序分别处理纯数字量、输入模拟量/输出数字量、输入/输出皆为模拟量。由于全部程序设计篇幅较长，本节仅选三部分内容中有代表性地加以介绍，如第一部分的水循环及反冲洗控制，第二部分的浊度控制及絮凝剂加投控制和第三部分的恒温及加热

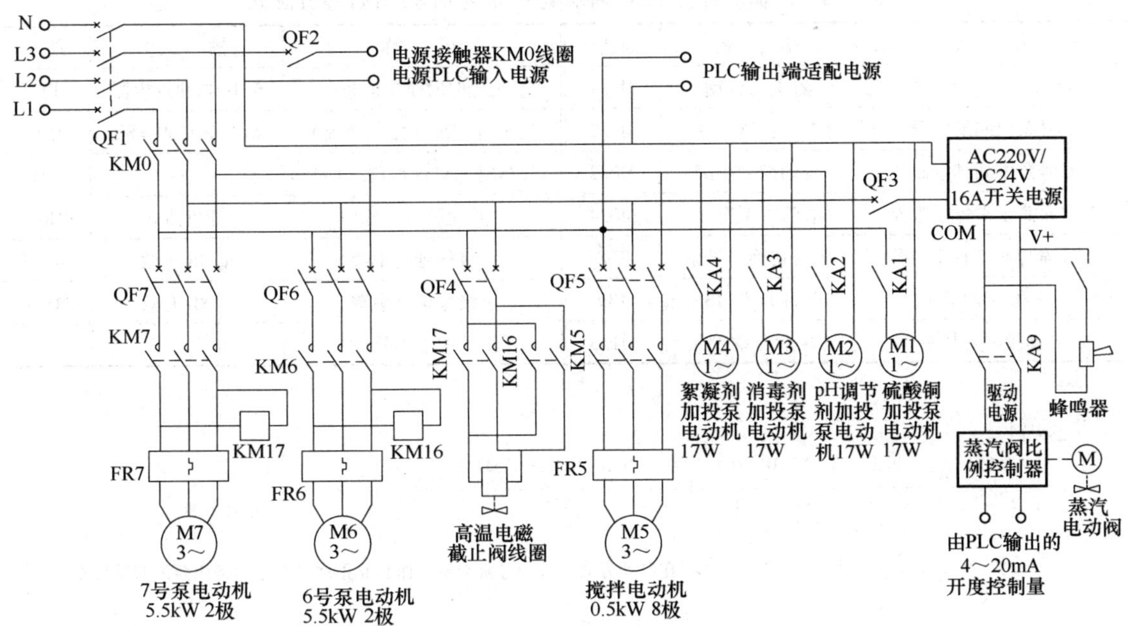

图 9-33　室内游泳池水处理电气控制系统主接线图

控制。

(1) 水循环及反冲洗控制设计

水循环及过滤部分以数字逻辑控制为主，循环水泵的自动过程如游泳池水处理工艺流程图 9-31 所示，水循环的动力由 7 号和 6 号两台泵分别提供，两台泵互为备用。有了水循环，才能实现对池水的过滤水处理、物理/化学水处理和加温池水等。其水循环主程序流程图如图 9-34 所示。该流程图可分为三个部分：起/停操作；非正常停泵投入备用泵；长延时（8h）切换下一台泵工作。其过程为一台泵起动以后就处于故障监控和定时器监控下，当判断达到 8h 延时 10s 自动切换备用泵，和非正常（未经操作）停泵自动起动备用泵（如热继电器动作切换等）。循环水泵的手动过程，只是配合自动过程的辅助手段，手动状态除操作两台泵的起/停以外，还担当过滤缸反冲洗过程的操作。因手动程序直接简单，不再给出。

根据水循环主程序流程图和表 9-5 输入/输出分配表，及内部继电器/定时器/计时器分配表（见表 9-6），写出梯形图程序（自动程序段），如图 9-35 所示。

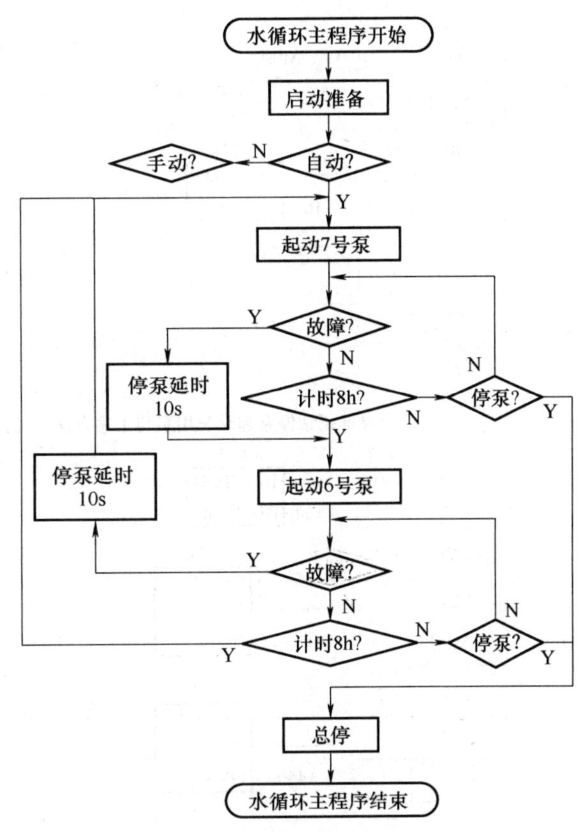

图 9-34　水循环主程序流程图

表 9-6　水循环部分 PLC 内部继电器/定时器/计数器分配表

名　　称	描　　述	地址	名　　称	描　　述	地址
自动档中间继电器	置 1 为自动	M0. 1	长延时时基定时器	6. 4s 脉冲发生器	T37
7 号泵中间继电器	自动控制中继	M0. 2	长延时一级计数器（前）	6. 4s ×4500 = 8h	C20
6 号泵中间继电器	自动控制中继	M0. 3	长延时二级计数器（后）	··	C21
7 号泵非正常停泵监控	故障停泵有效	M0. 4	初始化脉冲特殊位	开机清 0	SM0. 1
非正常停泵切换定时器	延时切换 6 号泵	T38	一级长延时中继	前 8h 有效	M1. 0
停止定时器	定时 1s 停 T38	T39	一级长延时中继	后 8h 有效	M1. 1
自动投入 6 号泵	10s 后自动投入	M1. 5	（手动中继不赘述）		

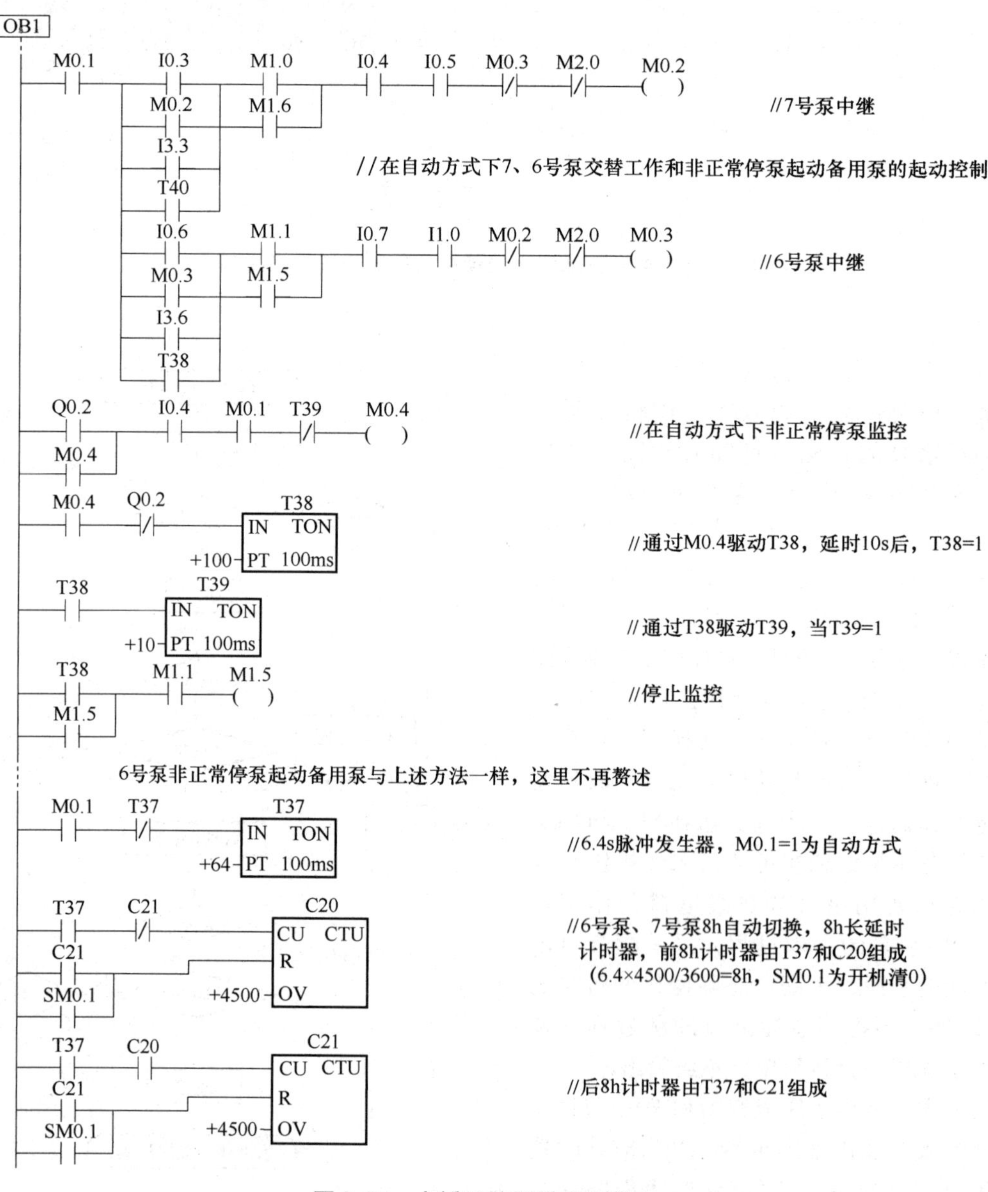

图 9-35　水循环控制梯形图程序

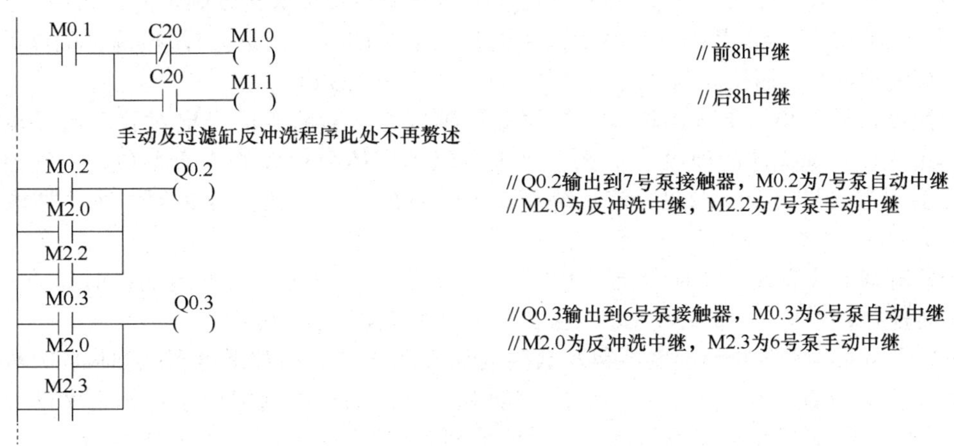

图 9-35　水循环控制梯形图程序（续）

（2）浊度控制及絮凝剂加投控制设计

水质调整控制系统分水质检测和调整药剂加投两部分。水质检测内容有浊度、余氯、pH 值和温度等，均为 4～20mA 模拟量信号；调整药剂加投均通过精确计量泵加投药剂到循环水中，通过循环水带到游泳池中，使池水理化指标趋于正常。其中精确计量泵的单位流量设定为手动设定，加投泵仅根据池水量化指标进行“开”“关”控制即可。此处控制设计仅以浊度控制及絮凝剂加投为例，其池水浊度控制曲线如图 9-36a 所示。

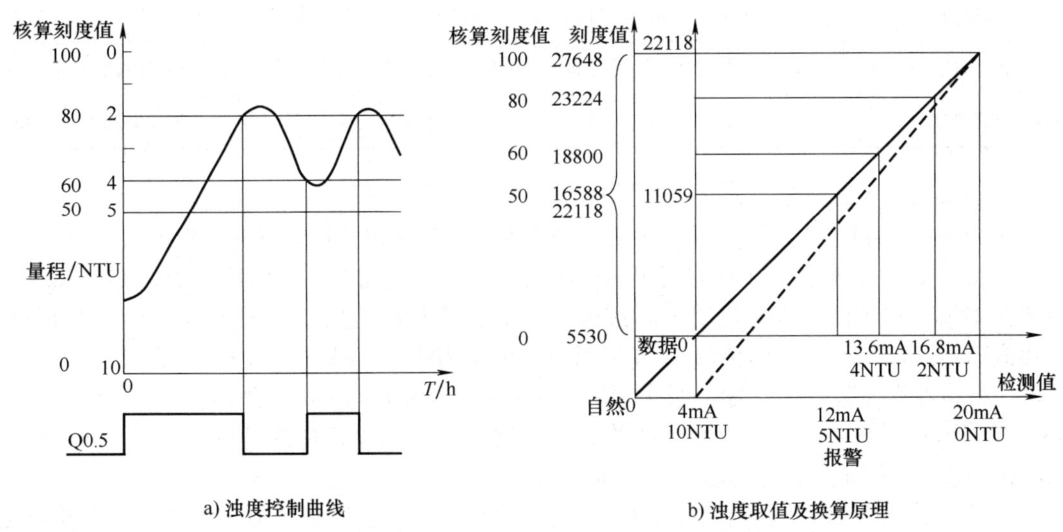

a) 浊度控制曲线　　b) 浊度取值及换算原理

图 9-36　浊度控制曲线及浊度值数值换算原理

池水浊度仪从出池口水管检测浊度，相对于浊度仪 4～20mA 和 PLC 5530～27648 的数值，其中池水最清为 0 NTU，对应换算刻度值为 100；最浊为 10 NTU，对应换算刻度值为 0；标准要求浊度最大不能超过 5 NTU，对应换算刻度值为 50；当浊度高于 4 NTU（对应换算刻度值为 60）时，打开絮凝剂加投泵进行加投；当浊度低于 2 NTU（对应换算刻度值为 80）时，关闭絮凝剂加投泵，从而使池水浊度保持在正常范围。

程序设计时需要将浊度检测值化成换算刻度值。这是因为必须减去 4mA 以下的初值，以提高数据的正确性；其次因为加投泵的开/闭是浊度检测值与预设值比较确定的，如果直接用0～22118的刻度值比较，会因数据分辨率太高引起加投泵在临界点附近开/闭振荡，所以需将刻度值降低分辨率和取整，而核算刻度值分辨率较低，不会引起振荡。

注意浊度信号采集的干扰比较大，如浊度传感器为一对防水的光电对管，通过检测管道中流体的透光度得知流体的浊度。干扰主要来自流体中体积较大的不透光杂质、气泡等，这些干扰源会引起信号突变。因此，该系统除温度信号以外，其他信号必须多次采样取平均值才能使用。

由于絮凝剂溶液静置一段时间会产生沉淀，储液桶的搅拌器应在开始加投前起动，以及之后间断定时搅拌，表9-5中的Q0.4即为控制絮凝剂加投搅拌器的输出。

根据以上分析，首先排出浊度控制及絮凝剂加投部分PLC内部继电器/定时器/寄存器分配表（见表9-7）。在此基础上，设计出浊度控制及絮凝剂加投控制主程序及子程序部分流程图（见图9-37）。第三步根据分配表和流程图设计出PLC梯形图程序，如图9-38所示。

表9-7　浊度控制及加投絮凝剂部分PLC内部继电器/定时器/寄存器分配表

名　　称	描　　述	地址	名　　称	描　　述	地址
浊度下限中继	≤60中继置1	M5.2	浊度值V存储器	0～22118	VW402
浊度上限中继	≥80中继置1	M5.4	浊度累加值V存储器	每次采样累加1次	VD404
絮凝剂搅拌自保中继	中继置1搅拌器开	M5.5	浊度采样次数V存储器	每次采样加1	V W408
加投泵起动中继	中继置1加投泵开	M5.6	浊度刻度值V存储器	存放已取平均的值	VD410
浊度采样周期定时器	1s产生1个脉冲	T46	核算刻度值V存储器	用于数值比较	VW414
搅拌器间隙工作定时器1	前定时器（10s）	T44	V存储器初始化子程序	首次扫描时调用	SBR_0
搅拌器间隙工作定时器2	后定时器（190s）	T45	浊度值处理子程序	按采样周期调用	SBR_7

（3）恒温及加热系统控制设计

图9-31中，游泳池水温控制系统有两个测温点，一是在出池口水管（AIW16），二是在进池口水管（AIW18）。前测温点传感器用于测量出池水温，其测温值用于池水控温，游泳池水温要求稳定在27℃；后测温点传感器用于测量进池水温，其测温值用于加温水进游泳池水温限幅，其限幅值不超过50℃。两测温传感器/变送器输出值均为4～20mA（0～100℃）。

PLC控制着执行器——比例电动阀，输入调节信号也为4～20mA（阀门开度0～100%），通过PLC控制器输出调节信号调节比例阀的阀门开度，使通入管道加热器的热力蒸汽得到调节，热水经循环进入游泳池，使池水水温得到调节。

1）游泳池水温控制措施。在游泳池水处理控制系统的众多控制量中，加热及温度控制是很典型的模拟量输入/模拟量输出反馈控制系统，其基本控制方法可参照本章恒温控制方法进行设计。但由于游泳池容积很大，游泳池水处理系统是大滞后、大惯性的特殊控制系统，而且PLC模拟量输出控制的是比例阀开度。实际应用中需要在原来的基础上增加预估补偿的环节，限于篇幅，本书只针对上述特点重新规划PID参数和采样间隔时间等，此方法也能取得满意的控制效果。具体措施如下：

① 由于水温信号是渐变信号，故水温信号无需多次采样取平均。

② 由于池水加热系统是大滞后、大惯性系统，故加长采样间隔时间（$T_S=10s$）。

③ 仍采用PID控制律，其中，比例环节参数适当减小（$K_C=117$）；积分环节的积分时间适

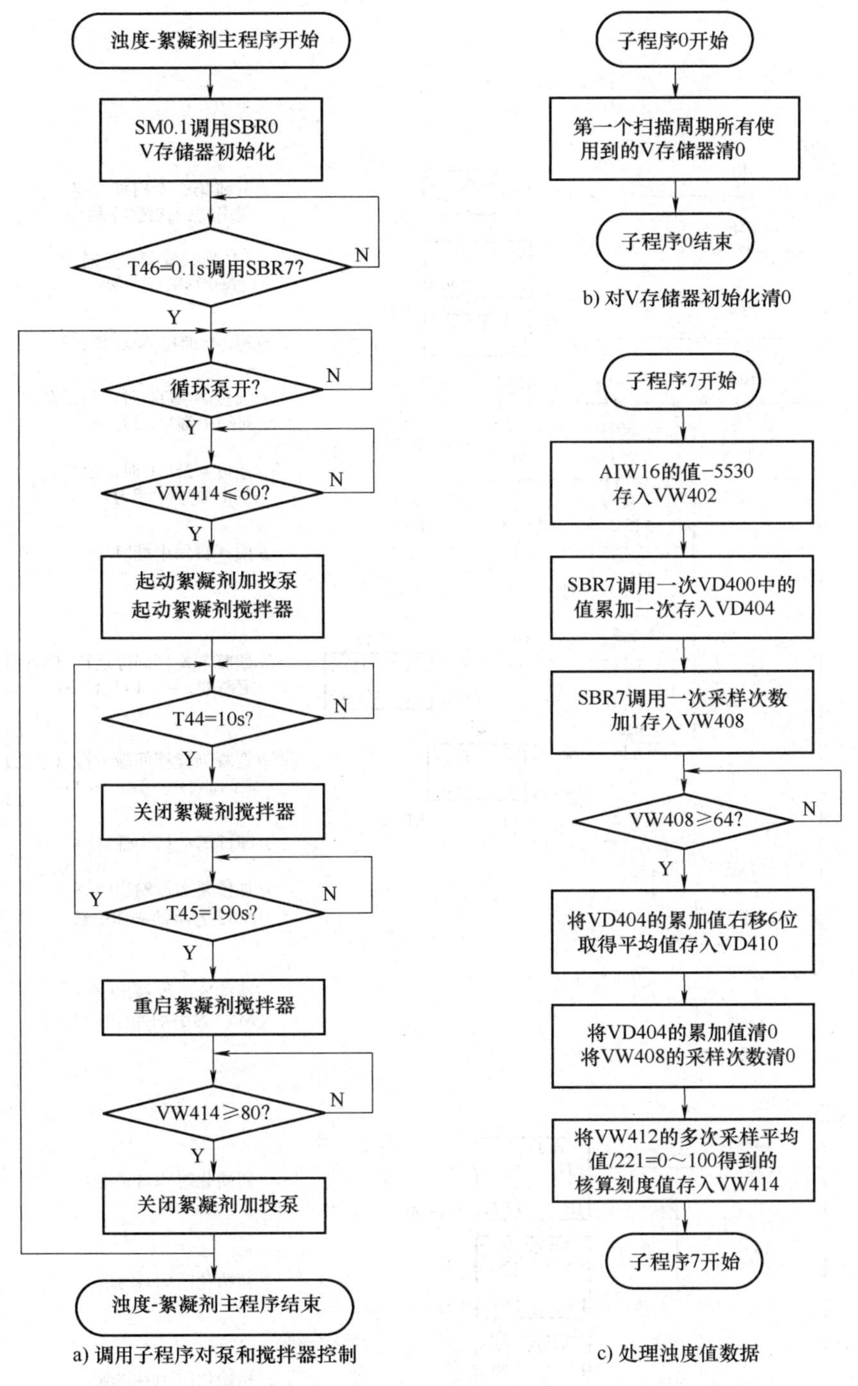

a) 调用子程序对泵和搅拌器控制

b) 对V存储器初始化清0

c) 处理浊度值数据

图 9-37　浊度控制及絮凝剂加投控制主程序及子程序部分流程图

当增加（$T_I=71\text{min}$）；由于微分控制与误差变化成比例，它是一种超前控制，趋向控制要求，微分时间适当增加（$T_D=1.7\text{min}$）。

2）PLC 控制游泳池水温自动调节的实现。根据前面的分析，首先排出池水温度控制部分 PLC 内部继电器/定时器/寄存器分配表（见表 9-8）。

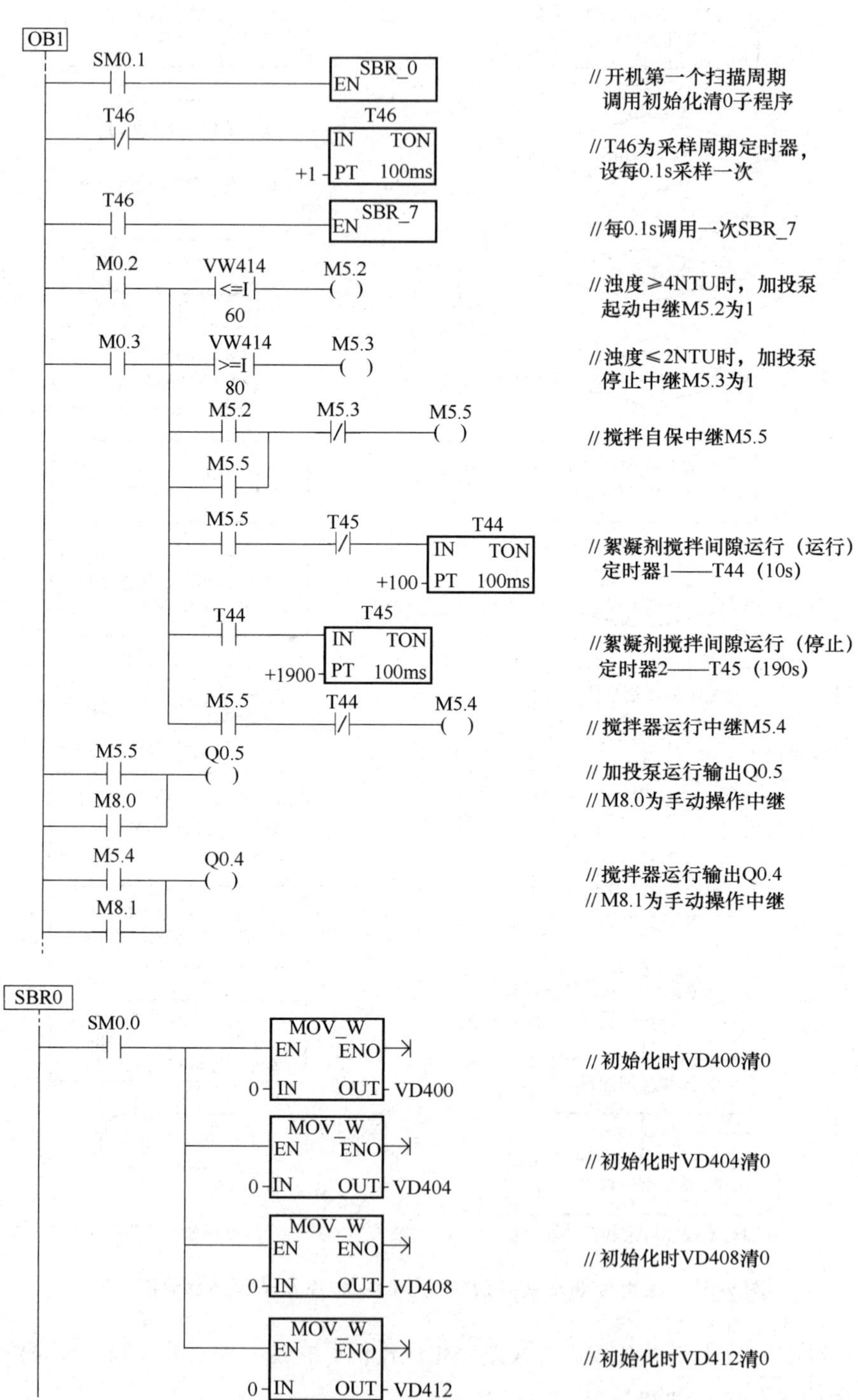

图9-38　浊度控制及絮凝剂加投控制梯形图程序

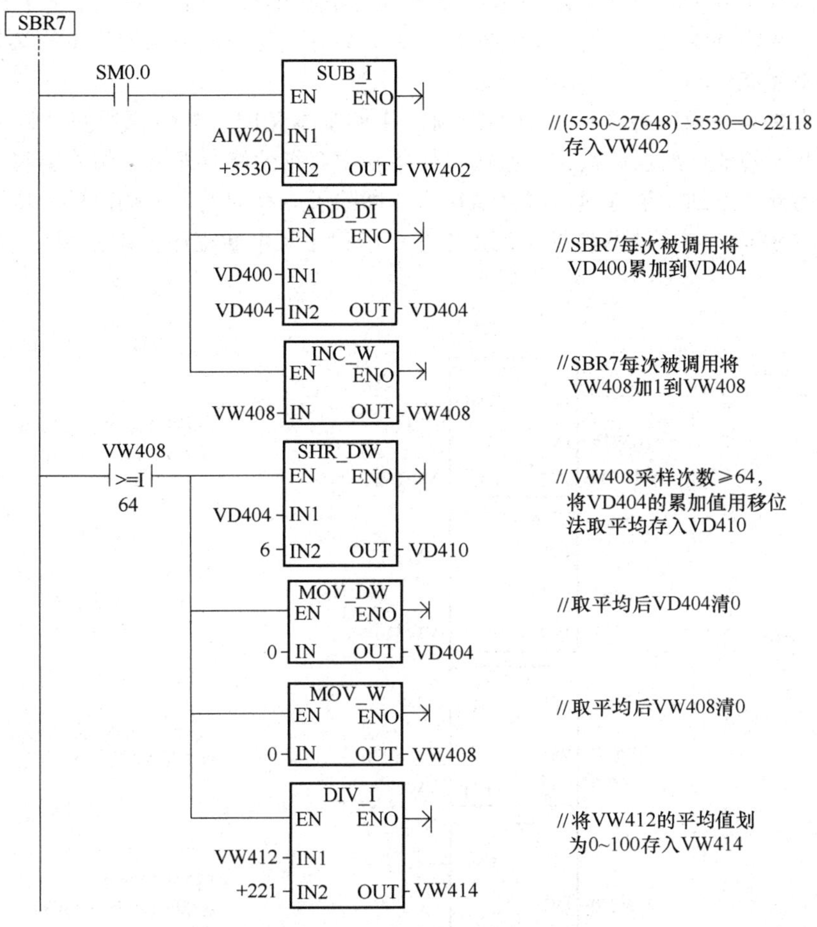

图 9-38　浊度控制及絮凝剂加投控制梯形图程序（续）

表 9-8　池水温度控制部分 PLC 内部继电器/定时器/寄存器分配表

名　称	描　述	地址	名　称	描　述	地址
蒸汽阀电源中继	中继置 1 电源开	M5.0	下限幅值 V 存储器	水温≤23℃有效	VW240
进池口超温中继	超温时中继置 1	M5.1	上限幅值 V 存储器	水温≥30℃有效	VW242
中断定时器（10s）	定时器 CT = PT 中断	T32	I 温度值 V 存储器	已 20% 偏移量	VD260
过程变量 V 存储器	（PV_n）实数输入	VD100	II 温度值 V 存储器	已 20% 偏移量	VD270
给定值 V 存储器	（SV_n）实数输入	VD104	核算刻度值 V 存储器	用于数值比较	VW320
输出值 V 存储器	（Mn）实数输入/输出	VD108	进池口温度值 V 存储器	用于数值比较	VW322
增益 V 存储器	（K_C）实数输入	VD112	最大操作 V 存储器	存放 27648	VW330
采样时间 V 存储器	（T_S）实数输入	VD116	0 操作 V 存储器	存放 5530	VW332
积分时间 V 存储器	（T_I）实数输入	VD120	回路表子程序	填写回路表参数	SBR_4
微分时间 V 存储器	（T_D）实数输入	VD124	PID 运算中断子程序	运算、输出	INT_0

① 由图 9-31 和图 9-33 可知，池水温控系统中，热力蒸汽管道上除了比例控制阀以外，为

了防止在循环水泵未开启的情况下热力蒸汽充入管道引起事故，热力蒸汽管道上还有一只常闭的蒸汽截止阀。在循环水泵运行时它自动开启，无需另外设计，但池水温控系统必须要在循环水泵运行的情况下才能启动。

② PID控制的程序设计与本章“恒温控制”实例基本相同，其中梯形图结构相同的部分只需将地址按表9-8的地址加以修改，参数按具体措施中介绍的修改即可。但需要将定时中断改为定时器中断，另外，增加一个进池口温度值输入，即除了原有的上下限幅以外，增加一个进池口温度值限幅（≤50℃）等。池水温控系统主程序、子程序及中断程序分别如图9-39、图9-40和图9-41所示。

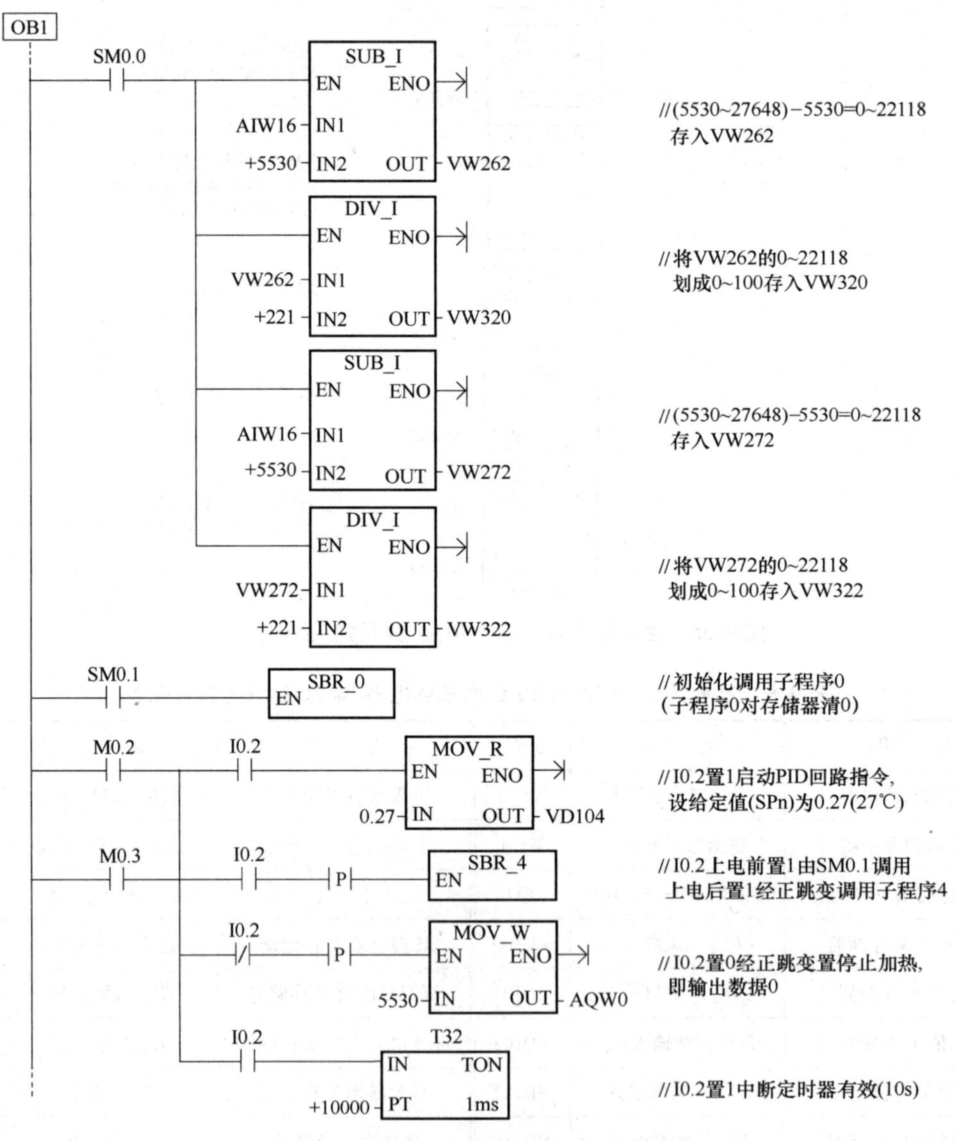

图9-39　游泳池水温控系统控制主程序

本例PID控制，尽量采用PLC内部的PID向导功能进行编程，调试时利用软件中的PID调节控制面板自动调节PID的各项参数。这样既省力，编程又十分规范，并能取得更高的控制精度。

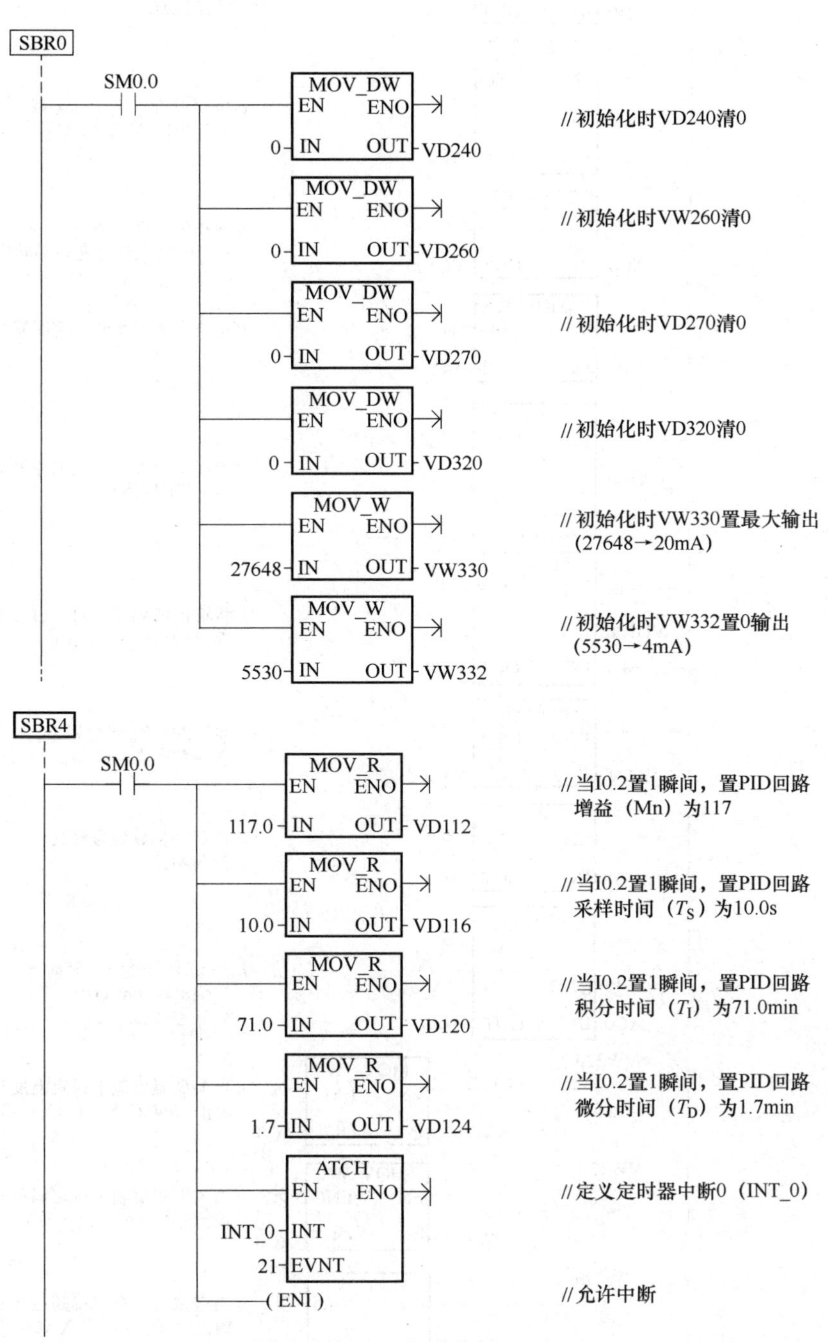

图9-40 游泳池水温控系统控制子程序

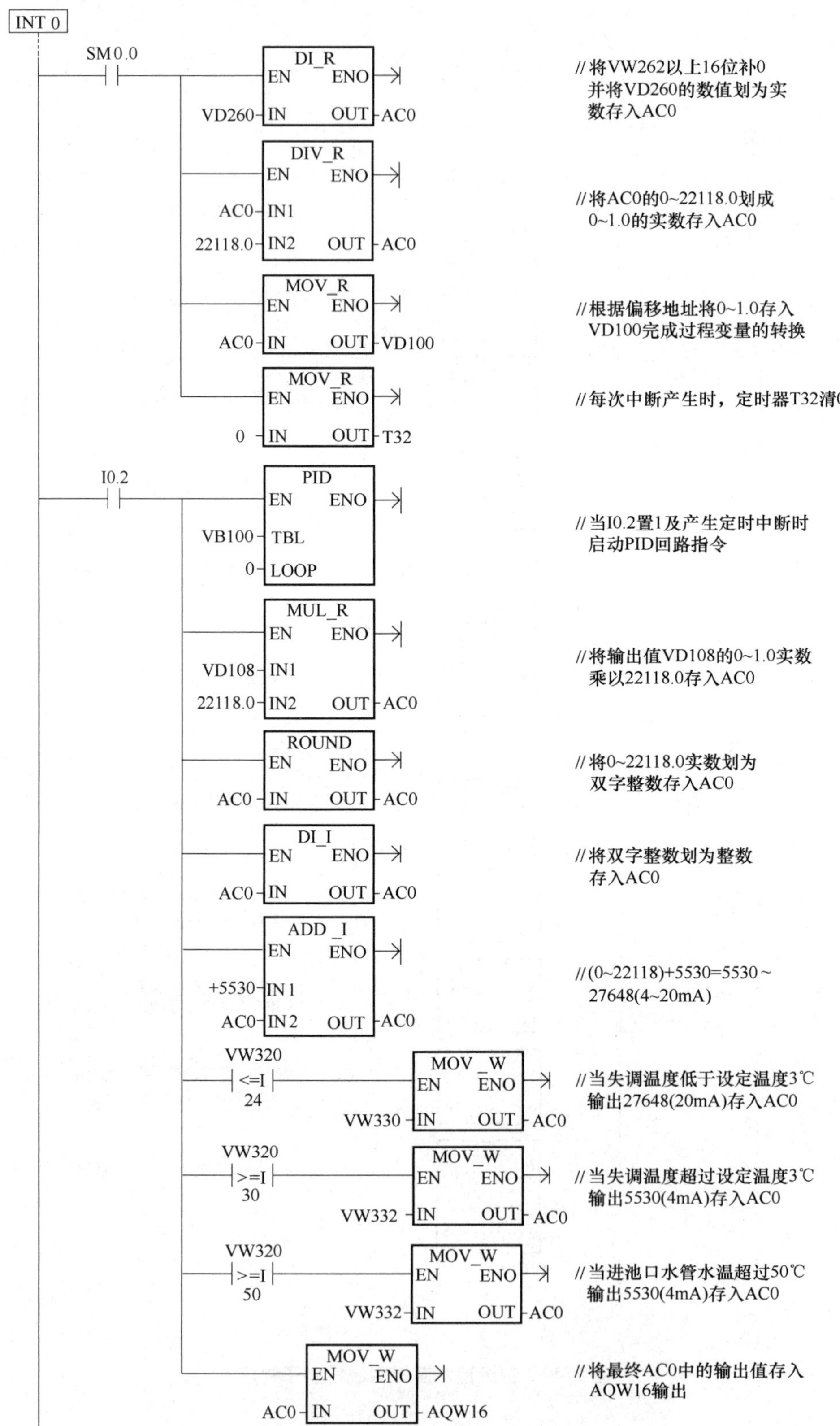

图 9-41　游泳池水温控系统控制中断程序

习题与思考题

1. 请根据图9-3所示的时序图和顺序功能图编写梯形图程序。

2. 请用顺序控制设计法编写图9-2所示运料小车的控制程序，要求设计顺序功能图、梯形图。

3. 请根据图9-42所示的顺序功能图编写相应的梯形图程序。

4. 请根据图9-43所示的顺序功能图编写相应的梯形图程序。

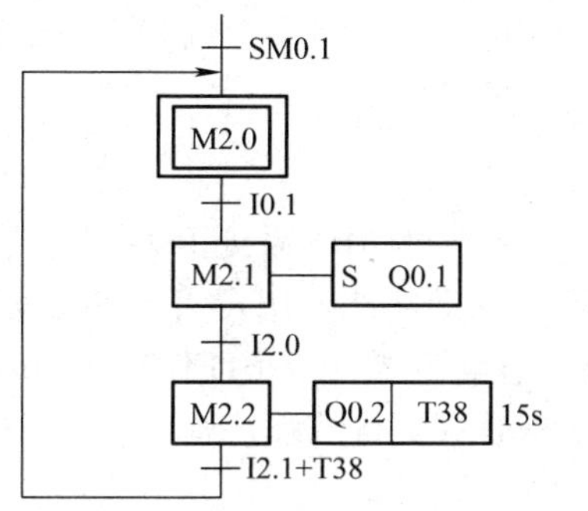

图9-42　题3顺序功能图

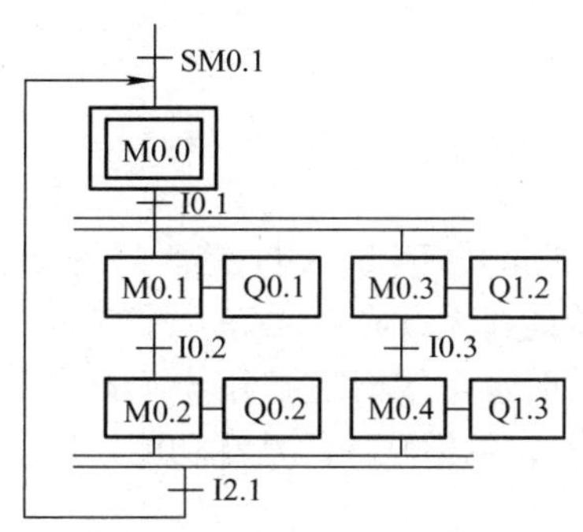

图9-43　题4顺序功能图

5. 分别采用移位寄存器（SHRB）指令、SCR指令设计彩灯控制程序，要求设计顺序功能图、梯形图。四路彩灯按“HL1HL2→HL2HL3→HL3HL4→HL4HL1→…”顺序重复循环上述过程，一个循环周期为2s，使四路彩灯轮番发光，形似流水。

6. 传感器/变送器输出4～20mA，输入到PLC模拟量模块如何处理成0.0～1.0的过程值PV_n?

7. 设计一个居室安全系统的控制程序，使户主在度假期间，四个居室的百叶窗和照明灯有规律地打开和关闭或接通和断开。要求白天百叶窗打开，晚上百叶窗关闭；白天及深夜照明灯断开，晚上6～10时使四个居室照明灯轮流接通1h。要求设计顺序功能图、梯形图。

8. 试设计一个抢答器系统并编程，要求用七段码显示抢答组号。具体控制要求：一个四组抢答器，任一组先按下按键后，显示器能及时显示该组编号并使蜂鸣器发出响声，同时锁住抢答器，使其他组按下的按键无效。抢答器设有复位按钮，复位后可重新抢答（提示：输入信号主要有按钮1、2、3、4及复位按钮；输出信号有蜂鸣器，七段码a、b、c、d、e、f、g）。

第 10 章 STEP 7-Micro/WIN SMART 编程软件功能与使用

STEP 7-Micro/WIN SMART 是西门子公司专门为 S7-200 SMART 系列 PLC 设计开发的编程软件。该软件功能强大，界面友好，并有非常方便的联机帮助功能。用户可利用该软件开发 PLC 应用程序，同时也可实时监控用户程序的执行状态。本章主要介绍 STEP 7-Micro/WIN SMART V2.2 的中文版，包括软件的基本功能，以及如何用编程软件进行编程、调试和运行监控等内容。

10.1 软件安装及硬件连接

10.1.1 软件安装

STEP 7-Micro/WIN SMART V2.2 编程软件可以从西门子公司网站下载，也可用光盘安装，建议在 32 位或 64 位 Windows 7 操作系统下运行，双击 STEP 7-Micro/WIN SMART V2.2 的安装程序 setup.exe，根据在线提示，完成安装。安装时，首先选择软件的语言状态（选择中文环境），使编程环境成为中文状态，然后选择接受许可证协定并选择安装的目的文件夹，最后等待安装完成即可。

建议在安装软件之前关闭所有的应用程序，特别是可能产生干扰的 360 卫士之类的杀毒软件，防止此类软件误删或禁止部分文件，导致软件安装出错。

10.1.2 基本功能

STEP 7-Micro/WIN SMART 的基本功能是协助用户完成应用软件的开发任务，例如，创建用户程序，修改和编辑原有的用户程序。利用该软件可设置 PLC 的工作方式和参数，上传和下载用户程序，进行程序的运行监控。它还具有简单语法的检查、对用户程序的文档管理和加密等功能，并提供在线帮助。

上传和下载用户程序指的是用 STEP 7-Micro/WIN SMART V2.2 编程软件进行编程时，PLC 主机和计算机之间的程序、数据和参数的传送。

上传用户程序是将 PLC 中的程序和数据通过以太网上传到计算机中进行程序的检查和修改；下载用户程序是将编辑好的程序、数据和 CPU 组态参数通过以太网下载到 PLC 中以进行运行调试。

程序编辑中的语法检查功能可以避免一些语法和数据类型方面的错误。梯形图错误检查结果如图 10-1 所示。梯形图编辑时会在错误处下方自动加上红色曲线。

软件功能的实现可以在联机工作方式（在线方式）下进行，部分功能的实现也可以在离线工作方式下进行。

联机方式是指带编程软件的计算机与 PLC 直接连接，此时可实现该软件的大部分基本功能；离线方式是指带编程软件的计算机与 PLC 断开连接，此时只能实现部分功能，如编辑、编译及系统组态等。

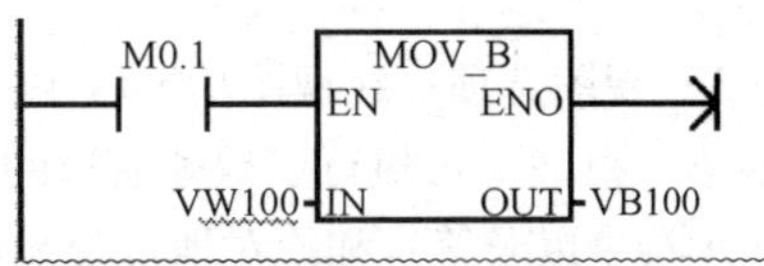

图 10-1　梯形图错误检查结果

STEP 7-Micro/WIN SMART V2.2 提供软件工具帮助调试和测试程序。这些功能包括监视正在执行的用户程序状态、为 S7-200 SMART 指定运行程序的扫描次数、强制变量值等。软件提供指令向导功能：PID 控制向导、PLC 内置脉宽调制（PWM）指令向导、数据记录向导、运动向导、GET/PUT 向导等，而且还支持 TD 400C 文本显示界面向导。

10.1.3　主界面功能介绍

STEP 7-Micro/WIN SMART 的工作界面如图 10-2 所示，界面一般可分以下几个区：菜单栏（包含 7 个主菜单项）、工具栏（快捷按钮）、快速访问工具栏、导航栏（快捷操作窗口）、项目树（快捷操作窗口）、输出窗口、状态表、程序编辑区和局部变量表等（可同时或分别打开 5 个用户窗口）。除菜单条外，用户可根据需要决定其他窗口的取舍和样式设置。

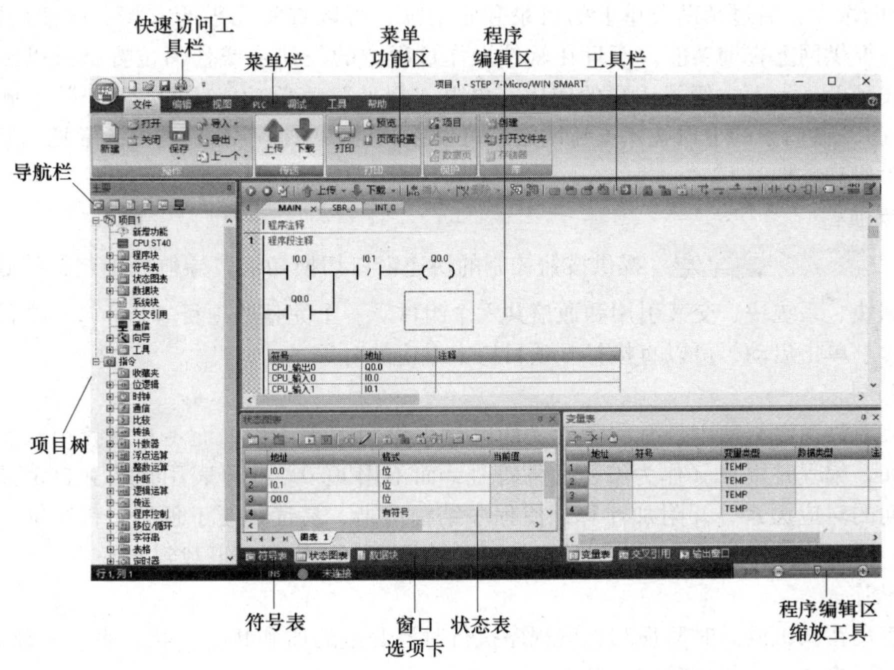

图 10-2　STEP 7-Micro/WIN SMART V2.2 工作界面

（1）菜单栏

STEP 7-Micro/WIN SMART 采用带状式菜单，菜单栏中的每一个选项都对应着一个菜单功能区，各主菜单项的功能如下：

1）文件选项：文件功能区中包含新建、打开、关闭、保存、导入和导出、上传和下载、库操作、设置项目密码以及打印操作。

2）编辑选项：编辑功能区中包含程序块或数据块的选择、复制、剪切、粘贴，以及插入图表、子程序、中断、符号表等功能，同时提供查找、替换、插入、删除、撤销、快速光标定位等功能。

3）视图选项：在视图功能区中，选择不同语言的编程器（包括LAD、STL、FBD三种）；通过子菜单“组件”可执行引导条窗口的任何项；同时还可以选择符号的显示类型（仅显示绝对地址、仅显示符号以及符号和绝对地址都显示）；此外该功能区中还包括程序的注释和书签的功能。

4）PLC选项：可建立与PLC联机时的相关操作，如改变PLC的工作方式（RUN、STOP）、在线编译、上传和下载、查看PLC的信息、上电复位、清除PLC存储卡中的程序和数据、设置时钟、存储器卡操作、程序比较、PLC类型选择及通信设置等，还可提供离线编译的功能。

5）调试选项：主要用于联机调试。在离线方式下，可进行扫描操作，但该菜单的下拉菜单多数呈现灰色，表示此下拉菜单不具备执行条件。在与PLC连接的情况下，可以进行程序状态监控与调试。

6）工具选项：可以调用复杂指令向导（包括PID指令、PWM指令、HSC指令、GET/PUT指令向导以及文本显示向导等），使复杂指令的编程工作大大简化；还有数据日志，可帮助用户在存储卡中记录进程数据；此数据记录可作为Windows文件提取；此外，工具选项还包含运动控制面板和PID调节控制面板，使用自动或手动调节来优化PID回路参数；在“选项”子菜单中还可以设置三种程序编辑器以及变量表、符号表等的风格，如语言模式、颜色、字体、指令盒的大小等。

7）帮助选项：通过帮助菜单上的目录和索引项，可以查阅几乎所有相关的使用帮助信息，帮助菜单还提供网上查询功能。而且在软件操作过程中的任何步或任何位置都可以按 < F1 > 键来显示在线帮助，大大方便了用户的使用。单击“帮助”菜单功能区的“Web”区域的“支持按钮”，将打开西门子的全球技术支持网站，可以在该网站中按产品分类阅读常见问题，并能下载大量的手册和软件。

（2）导航栏

导航栏 提供按钮控制的快速窗口切换功能，导航栏中包括符号表、状态图表、数据块、系统块、交叉引用和通信共六个组件。一个完整的项目（Project）文件通常包括前六个组件。单击启动，可以直接打开项目树中对应的对象。

（3）符号表

符号表允许程序员使用带有实际含义的符号来作为编程元件，而不是直接用软元件的直接地址。例如，编程时用start作为编程元件符号，而不用I0.0。符号表用来建立自定义符号与直接地址之间的对应关系，并附加注释，使程序结构清晰、易读、便于理解。程序编译后下载到PLC中时，所有的符号地址被转换为绝对地址，符号表中的信息不下载到PLC中。

（4）状态表

状态表用在联机调试时监视和观察程序执行时各变量的值和状态。状态表不下载到PLC中，它仅是监控用户程序执行情况的一种工具。

（5）交叉引用表

交叉引用表列举出程序中使用的各操作数在哪一个程序块的什么位置出现，以及使用它们指令的助记符。还可以查看哪些内存区域已经被使用，作为位使用还是字节使用。在运行方式下编辑程序时，可以查看程序当前正在使用的跳变信号的地址。交叉引用表不下载到PLC中，只有在程序编辑成功后才能看到交叉引用表的内容。在交叉引用表中双击某操作数，可以显示出包含该操作数的那一部分程序。交叉索引使编程使用的PLC资源一目了然。

（6）项目树

项目树用于组织项目，右键单击项目树的空白区域，可以用快捷菜单中的“单击打开项目”

命令，设置用单击或双击打开树中的对象。单击项目树文件夹左边带加号或减号的按键，可以打开或关闭该文件夹。也可以双击文件夹打开它们。右键单击项目树中的某个文件夹，可以用快捷菜单中的命令做打开、插入等操作，允许的操作与具体的文件夹有关。右击文件夹中的某个对象，可以作打开、剪切、复制、粘贴、插入、删除、重命名、设置属性等操作，允许的操作与具体对象有关。

项目树中主要包括两个部分：项目和指令。

项目中包含了一个项目所需的所有内容，包括程序块、符号表、状态图表、数据块、系统块、交叉引用、通信和工具八个组件，与导航栏相比多了两个组件，程序块由可执行的代码和注释组成，可执行的代码由主程序（OB1）、可选的子程序（SBR0）和中断程序（INT0）组成，程序代码经编译后可下载到 PLC 中，而程序注释被忽略。而工具则是包含了运动控制面板与 PID 整定控制面板等。

指令部分则包含了梯形图编程时所需的所有指令，直观易懂，使用方便。当然，这些指令也可以在工具栏中找到。

10.2　编程软件的使用

10.2.1　创建项目

项目（Project）文件的来源有三个：新建项目、打开已有项目和从 PLC 上上传已有项目。

（1）新建项目

在为 PLC 控制系统编程时，首先应创建一个项目文件，单击菜单“文件”中的“新建”项或工具条中的“新建”按钮，在主窗口将显示新建的项目文件主程序区。图 10-3 所示为一个新建程序文件的指令树，系统默认初始设置如下：

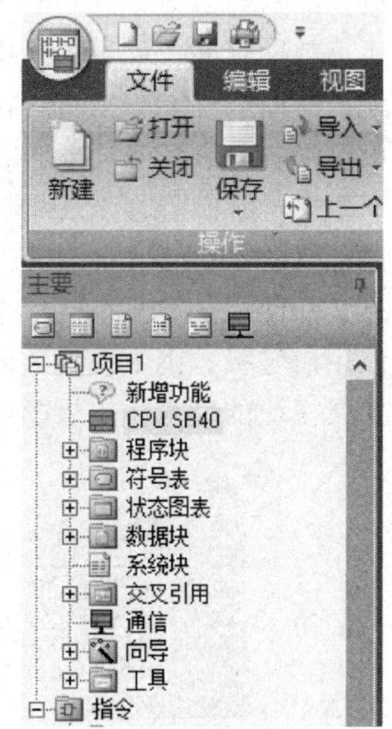

图 10-3　新建项目结构

新建的项目文件以“项目 1”命名，一个项目文件包含七个相关的块。其中程序块中包含一个主程序（OB1）、一个可选的子程序 SBR_0 和一个可选的中断程序 INT_0。

一般小型开关量控制系统只有主程序，当系统规模较大、功能较复杂时，除了主程序外，可能还有一个或多个子程序、中断程序和数据块。

主程序在每个扫描周期被顺序执行一次。子程序的指令存放在独立的程序块中，仅在被别的程序调用时才执行。中断程序的指令也存放在独立的程序块中，用来处理预先规定的中断事件。中断程序不由主程序调用，在中断事件发生时由操作系统调用。

用户可以根据实际编程需要进行以下操作：

1）确定 PLC 的 CPU 型号。右键单击“项目 1”下的“CPU SR40”图标，在弹出的对话框中选择所用的 PLC 型号。也可在“导航栏”的“系统块”中选择 CPU 的类型。

2）项目文件更名。如果新建了一个项目文件，单击菜单“文件”中“另存为”项，然后在弹出的对话框中输入希望的名称。项目文件以 . smart 为扩展名。

对子程序和中断程序也可更名，方法是在指令树窗口中，右键单击要更名的子程序或中断程序名称，在弹出的选择按钮中单击“重命名”，然后输入希望的名称。主程序的默认名称为

MAIN，任何项目文件的主程序都只有一个。

3）添加一个子程序。添加一个子程序的方法有两种：可单击“编辑”→“对象”→“子程序”项实现；或用鼠标右键单击指令树上的“程序块”图标，在弹出菜单中选择“插入”→“子程序”。新生成的子程序根据已有子程序的数目，默认名称为 SBR_n，用户可以自行更名。

4）添加一个中断程序。添加一个中断程序的方法同添加一个子程序的方法相似，有两种方法：在“编辑”菜单中选择“插入”→“中断程序”；或用鼠标右键单击指令树上的“程序块”图标，在弹出菜单中选择“插入”→“中断程序”，程序编辑器将自动生成并打开新的中断程序，在程序编辑器底部出现标有新的中断程序的标签。用鼠标右键单击指令树中断程序的图标，在弹出的窗口中选择“重命名”，可以修改它们的名称。新生成的中断程序根据已有中断程序的数目，默认名称为 INT_n，用户可以更名。

（2）打开已有项目文件

打开磁盘中已有的项目文件，可单击菜单“文件”→“打开”项，在弹出的对话框中选择已有的项目文件打开；也可用工具条中的“打开”按钮来完成。

（3）从 PLC 上上传项目文件

在已经与 PLC 建立通信的前提下，如果要上传一个 PLC 存储器的项目文件（包括程序块、系统块、数据块），可用“文件”菜单中的“上传”项，也可单击工具条中的“上传”按钮来完成。上传时，S7-200 SMART 从 RAM 中上传系统块，从 EEPROM 中上传程序块和数据块。

10.2.2 系统组态

系统组态的任务就是用系统块生成一个与实际的硬件系统相同的系统，组态的模块和信号板与实际的硬件安装的位置和型号最好完全一致。组态硬件时，还需要设置各模块和信号板的参数，即给参数赋值。

下载项目时，如果项目中组态的 CPU 型号或固件版本号与实际的 CPU 型号或固件版本号不匹配，STEP 7-Micro/WIN SMART 将会发出警告信息。可以继续下载，但是如果连接的 CPU 不支持项目需要的资源和功能，将会出现下载错误。

单击导航栏上的“系统块”图标（或双击项目树中的系统块图标），打开系统块（见图 10-4）。假如默认的 CPU 型号版本与实际的不一致，单击 CPU 所在行的“模块”列单元最右边隐藏的▾，选择实际使用的 CPU 型号。同样，单击 SB 所在行的“模块”，选择对应的信号板型号。如果没有使用信号板，则不设置，此行为空。接下来用同样的方法在 EM0 ~ EM5 所在行设置实际使用的扩展模块的型号。扩展模块必须连续排列，中间不能有空行。

系统块

	模块	版本	输入	输出	订货号
CPU	CPU SR40 (AC/DC/Relay)	V02.02.00_00.00...	I0.0	Q0.0	6ES7 288-1SR40-0AA0
SB	SB CM01 (RS485/RS232)				6ES7 288-5CM01-0AA0
EM 0	EM DT16 (8DI / 8DQ Transistor)		I8.0	Q8.0	6ES7 288-2DT16-0AA0
EM 1	EM DT32 (16DI / 16DQ Transistor)		I12.0	Q12.0	6ES7 288-2DT32-0AA0
EM 2	EM QR16 (16DQ Relay)			Q16.0	6ES7 288-2QR16-0AA0
EM 3	EM DR32 (16DI / 16DQ Relay)		I20.0	Q20.0	6ES7 288-2DR32-0AA0
EM 4	EM AM06 (4AI / 2AQ)		AIW80	AQW80	6ES7 288-3AM06-0AA0
EM 5	EM AE04 (4AI)		AIW96		6ES7 288-3AE04-0AA0

图 10-4 系统组态所需的模块

硬件组态完成后，根据项目需求，需对每一个模块的参数进行设置，具体设置步骤如下。

（1）设置 PLC 断电后的数据保存方式

选中系统块上面的模块列表中的 CPU，可以设置 CPU 的属性。单击窗口中的“保持范围”，可以用右边窗口设置 6 个电源掉电时需要保持的存储区的范围，可以设置保存全部 V、M、C 区（见图 10-5），只能保持 TONR（保持型定时器）和计数器的当前值，不能保持定时器位和计数器位，上电时它们被置为 OFF。可以组态最多 10KB 的保持范围。默认的设置是 CPU 未定义保持区域。

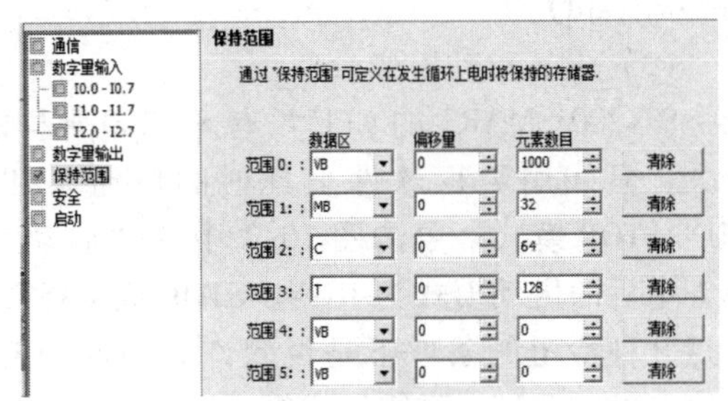

图 10-5　设置断电数据保持的地址范围

断电时 CPU 将指定的保持性存储器的值保存到永久存储器上。上电时 CPU 首先将 V、M、C 和 T 存储器清零，将数据块中的初始值复制到 V 存储器，然后将保存的保持值从永久存储器复制到 RAM。

（2）组态系统安全设置

单击左边窗口的“安全”项，可以组态 CPU 的密码和安全设置，如图 10-6 所示。

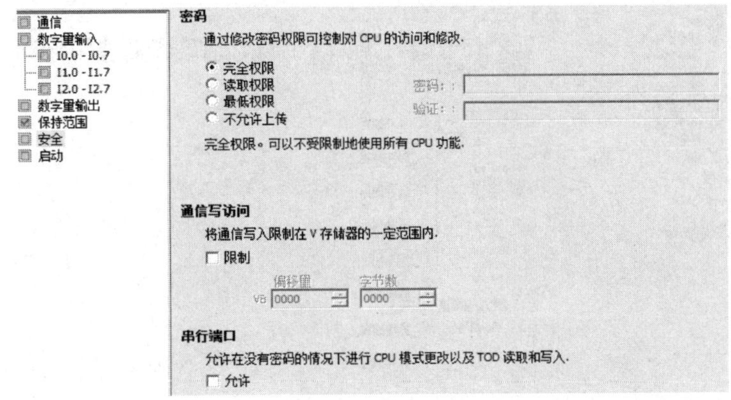

图 10-6　安全设置

CPU 提供四级密码保护，“完全权限”（1 级）提供无限制访问，“不允许上传”（4 级）提供最受限制的访问。S7-200 SMART CPU 的默认密码级别是“完全权限”（1 级）。

CPU 密码授权访问 CPU 功能和存储器。未下载 CPU 密码（“完全权限”（1 级））情况下，S7-200 SMART CPU 允许无限制访问。如果已组态比“完全权限”（1 级）级别更高的访问权限并下载 CPU 密码，则 S7-200SMART CPU 要求输入密码以访问定义的 CPU 操作。

即使密码已知，“不允许上传”（4 级）密码限制也对用户程序（知识产权）进行保护。4 级权限无法实现上传，只有在 CPU 没有用户程序时才能更改权限级别。因此，即使有人发现密码，用户也始终能够保护用户程序。保护级别为 2～4 级时，应输入并核实密码，密码为字母、数字和符号的任意组合，切记区分大小写。

选中图 10-6 中的“限制”复选框，除了禁止通过通信改写 I、Q、AQ 和 M 存储区外，还禁止通过通信改写用“偏移量”和“字节数”设置的特定范围的 V 存储区。可限制改写整个 V 存储区。如果限制了对 V 存储器特定范围的写访问，应确保文本显示器或 HMI 能在 V 存储器的可写范围内写入。如果使用 PID 向导、PID 控制面板、运动控制向导或运动控制面板，应确保这些向导或面板使用的 V 存储器在设置的可写范围内。

此外，如果选中“允许”复选框，无需密码，通过串行端口，可以更改 CPU 的工作模式和读写实时时钟。在同一时刻，只允许一位授权用户通过网络访问 S7-200 SMART CPU。

如果忘记密码，只有一种选择：使用“复位为出厂默认存储卡”（Reset-to-factory-defaults

memory card)。

(3) 设置启动模式

S7-200 SMART 的 CPU 没有 S7-200 那样的模式选择开关，只能用编程软件工具栏的按钮来切换 CPU 的 RUN/STOP 模式。单击图 10-7 中的“启动”项，可选择上电后的启动模式为 RUN、STOP 或 LAST，以及设置在这几种特定的条件下是否允许启动。LAST 模式用于程序开发或调试，系统正式投入运行后应选 RUN 模式。

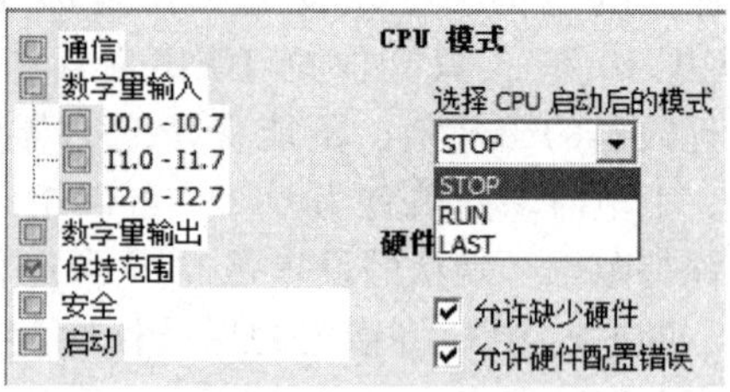

图 10-7　启动模式设置

(4) 组态数字量输入、输出设置

在数字量输入设置中，主要是数字量输入的滤波器时间设置和脉冲捕捉功能设置，而输出设置则是设置在 RUN 模式变为 STOP 模式后，各输出点的状态。如图 10-8 所示，单击“数字量输入”项，然后进行滤波器时间设置和脉冲捕捉功能设置。

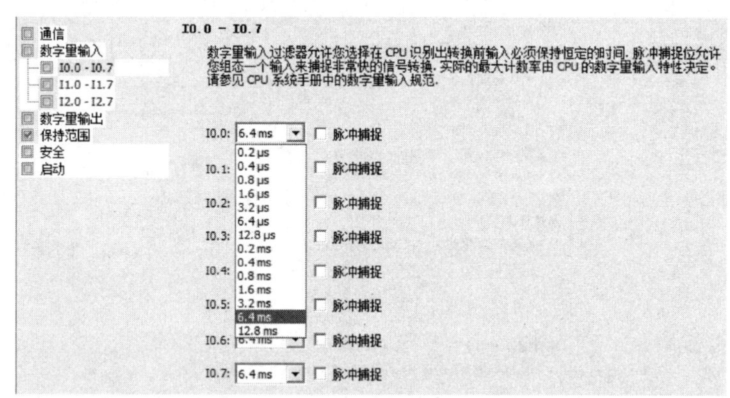

图 10-8　数字量输出设置

输入滤波器用来滤除输入时的干扰噪声，例如触点闭合或断开时产生的抖动。输入状态改变时，输入必须在设置的时间内保持新的状态，才能被认为有效。可以选择的时间见图 10-8 中的下拉列表，默认的滤波时间为 6.4ms。为了消除触点抖动的影响，可以选择 12.8ms。为了防止高速计数器的高速输入脉冲被过滤掉，应按脉冲的频率和高速计数器指令的在线帮助中的表格设置输入滤波时间。

因为在每一个扫描周期开始时读取数字量输入，CPU 可能发现不了宽度小于一个扫描周期的脉冲（见图 10-9)。脉冲捕捉功能用来捕捉持续时间很短的高电平脉冲或低电平脉冲。某个输入点启动了脉冲捕捉功能后（复选框内打勾)，输入状态的变化被锁存并保存到下一次输入更新（见图 10-10)。

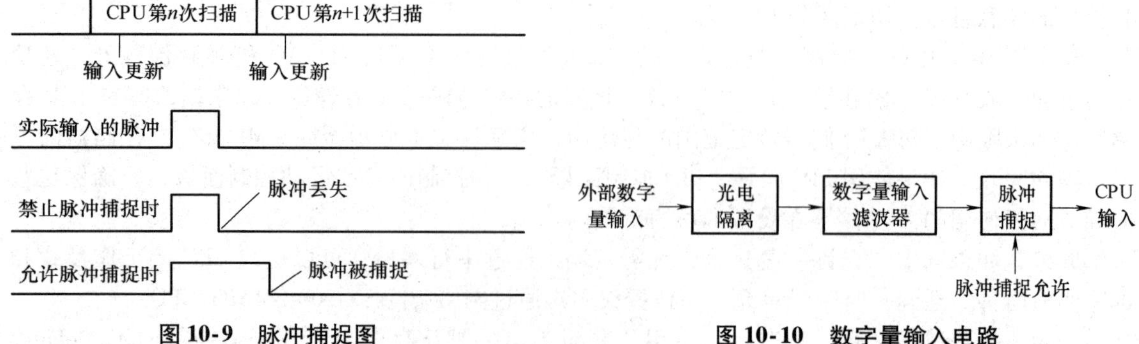

图 10-9　脉冲捕捉图

图 10-10　数字量输入电路

可用图 10-8 中的“脉冲捕捉”复选框逐点设置 CPU 的前 14 个数字量输入点，还可以设置信号板 SB DT04 的数字量输入点是否有脉冲捕捉功能。默认的设置是禁止所有的输入点捕捉脉冲。脉冲捕捉功能在输入滤波器之后（见图 10-10），使用脉冲捕捉功能时，必须同时调节滤波时间，使窄脉冲不会被输入滤波器过滤掉。

当一个扫描周期内有多个输入脉冲时，只能检测出第一个脉冲。如果希望在一个扫描周期内检测出多个脉冲，应使用上升沿/下降沿中断事件。

在数字量输出设置中，选中“将输出冻结在最后一个状态”复选框，从 RUN 模式变为 STOP 模式后，所有数字量输出点将保持 RUN 模式最后的状态不变（见图 10-11）。

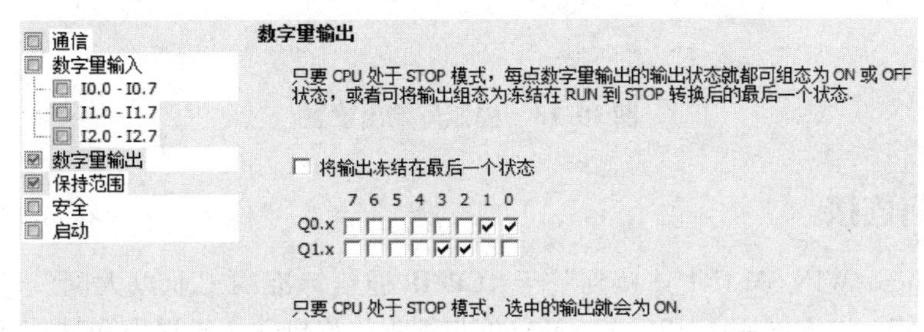

图 10-11　数字量输出冻结状态设置

如果未选冻结模式，从 RUN 模式变为 STOP 模式时各输出点的状态用输出表来设置。希望进入 STOP 模式之后某一输出点为 ON，则单击该位对应的小方框，使之出现√。输出表默认的设置是未选冻结模式，从 RUN 模式变为 STOP 模式时，所有的输出点被复位为 OFF。应确保系统安全的原则来组态数字量输出。

（5）模拟量输入、输出设置

S7-200 的模拟量模块用 DIP 开关切换信号类型和量程，用增益和偏移量电位器调节测量范围。而 S7-200 SMART 的模拟量模块取消了 DIP 开关和电位器，用系统块设置信号类型和量程。

选中系统块上有模拟量输入的模块（见图 10-12），单击“模块参数”节点，可以设置是否启用用户电源报警。选中某个模拟量输入通道，可以设置模拟量信号的类型（电压或电流）、测量范围、干扰抑制频率和是否启用超上限、超下限报警。干扰抑制频率用来抑制设置的频率的交流信号对模拟量输入信号的干扰，一般设为 50Hz。

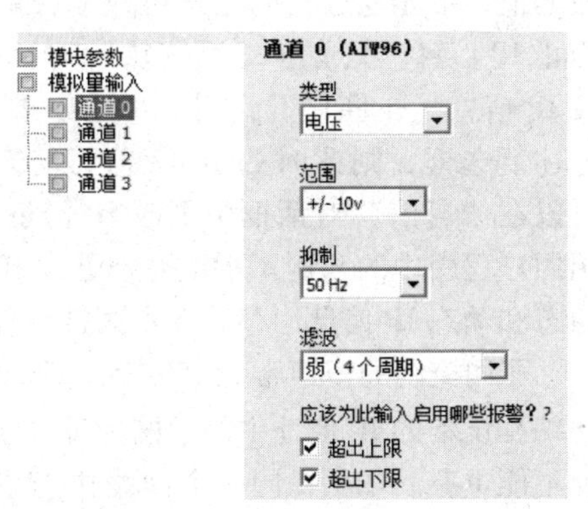

图 10-12　模拟量输入设置

为偶数通道选择的“类型”同时适用于其后的奇数通道，例如为通道 2 选择的类型也适用于通道 3。为通道 0 设置的干扰抑制频率同时适用于其他所有的通道。模拟量输入采用平均值来滤波，有“无、弱、中、强”四种平滑算法可供选择。滤波后的值是所选的采样次数（分别为 1、4、16、32 次）的各次模拟量输入的平均值。采样次数多，将使滤波后的值稳定，但是响应慢；采样次数少，滤波效果差，但是响应快。

模拟量输出设置与输入相比少了滤波（见图 10-13），多了从 RUN 模式变为 STOP 模式后模拟量输出的替代值设置，替代值范围为 -32512 ~ 32511，默认的替代值为 0。

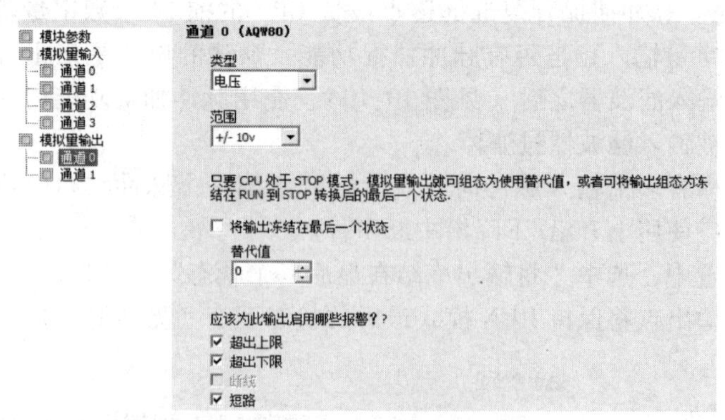

图 10-13　模拟量输出设置

10.2.3　通信连接

将 STEP7-Micro/WIN SMART 连接到基于 TCP/IP 通信标准的工业以太网，可以自动检测全双工或半双工通信。以太网用于 S7-200 SMART 与编程计算机、人机界面和其他 S7 PLC 的通信，通过交换机可以与多台以太网设备进行通信，实现数据的快速传递。

在进行通信设置时，有以下三种方法进行通信设置。

（1）系统块中设置

双击“系统块”，打开系统块对话框，选中左边的“通信”项（见图 10-14），在右边设置 CPU 的以太网端口和 RS485 端口的参数。图 10-14 中是默认的以太网端口参数，也可以修改这些参数。

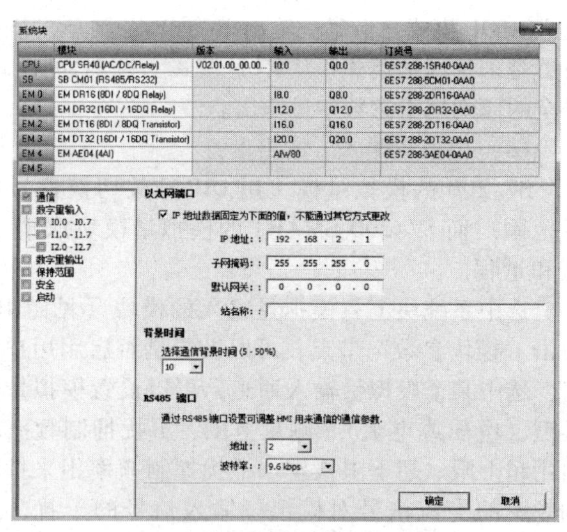

图 10-14　以太网端口设置

如果选中复选框“IP 地址数据固定为下面的值，不能通过其他方式更改”，输入的是静止 IP 信息。只能在“系统块”对话框中更改 IP 信息，并将它下载到 CPU。如果未选中上述复选框，则此时的 IP 信息为动态信息。可以在“通信”对话框中更改 IP 信息，或使用用户程序中的 SIP_ADDR 指令更改 IP 信息。静态和动态 IP 信息均存储在永久性存储器中。

子网掩码的值通常为 255.255.255.0，CPU 与编程设备的 IP 地址中的子网地址和子网掩码应完全相同。同一个子网中各设备的子网内的地址不能重叠。如果在同一个网络中有多台 CPU，除了一台 CPU 可以保留出厂时默认的 IP 地址 192.168.2.1，必须将其他 CPU 默认的 IP 地址更改为网络中唯一的其他 IP 地址。如果连接到互联网，编程设备、网络设备和 IP 路由器可以与全球通信，但是必须分配唯一的 IP 地址，以避免与其他网络用户冲突。

“通信”设置中的“背景时间”是用于处理通信请求的时间占扫描周期的百分比。增加背景时间将会增加扫描时间，从而减慢控制过程的运行速度，一般采用默认的 10%。设置完成后，单击“确定”按钮，确定设置的参数，同时自动关闭系统块。需要通过系统块将新的设置下载到 PLC，参数被存储在 CPU 模块的存储器中。

（2）用通信功能设置 CPU 的 IP 地址

双击项目树中的“通信”项，打开“通信”窗口，在“网络接口卡”下拉列表中选中使用的以太网卡，单击“查找 CPU”按钮将会显示网络上所有可访问的设备的 IP 地址（见图 10-15）。如果网络上有多个 CPU，则选中需要与计算机通信的 CPU。单击“确定”按钮，便可以建立起与对应 CPU 的连接，可以下载程序到该 CPU 并监控该 CPU。如果需要确认哪个是选中的 CPU，则单击“闪烁指示灯”。被选中的 CPU 的 RUN、STOP 和 ERROR 灯将会同时闪烁，直到下一次单击该按钮。单击“编辑”按钮可以更改 IP 地址和子网掩码等，同时“编辑”变为“设置”，单击“设置”，修改后的值将会被下载到 CPU。如果系统块中组态了“IP 地址数据固定为下面的值，不能通过其他方式更改”，并且将系统块下载到了 CPU，将会出现错误信息，不能更改 IP 地址。

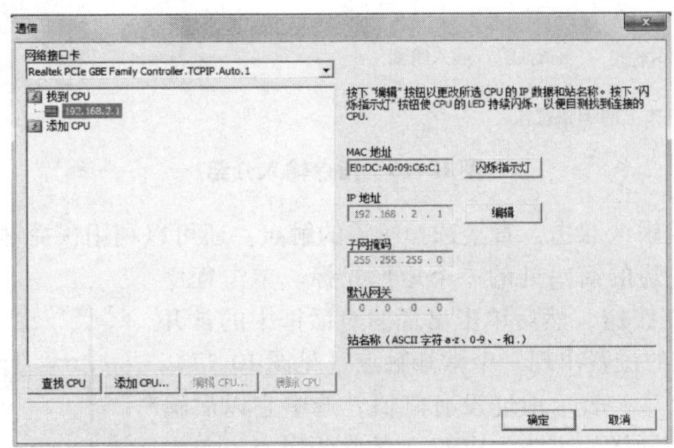

图 10-15　通信连接

如果 S7-200 SMART 不能与计算机建立连接（单击“查找 CPU”后没有出现 CPU 的 IP 地址），先检查以太网卡是否选择正确，其次看 360 之类的保护软件是否禁用了 pniomgr.exe（西门子软件的关联启动程序），如果禁用，则启动该项。

打开 STEP 7-Micro/WIN SMART 的项目，不会自动选择 IP 地址和建立与 CPU 的连接。每次创建新项目或打开现有的 STEP 7-Micro/WIN SMART 的项目，在做在线操作（例如下载或改变工作模式）时将会自动打开“通信”窗口，显示上一次连接的 CPU 的 IP 地址，可以采用上一次连接的 CPU，或选择其他显示出 IP 地址的可访问的 CPU，最后单击“确定”按钮。

（3）在用户程序中设置 CPU 的 IP 信息

SIP_ADDR（设置 IP 地址）指令用参数 ADDR、MASK 和 GATE 分别设置 CPU 的 IP 地址、子网掩码和网关。设置的 IP 地址信息存储在 CPU 的永久存储器中。

10.2.4　程序的编辑与下载

利用 STEP 7-Micro/WIN SAMRT 编程软件编写和修改控制程序是编程人员要做的最基本的工作，本节只以梯形图编辑器为例介绍一些基本编程操作。其语句表和功能块图编辑器的操作可类似进行。下面通过一个简单的例子来介绍如何用编程软件来编写、下载和调试梯形图程序。

1. 编写用户程序

生成新项目后，自动打开主程序 MAIN（OB1），在程序编辑区输入编程元件。梯形图的编程元件主要有触点、线圈、功能指令、标号及连接线。输入方法主要有两种：

一是用工具条上的一组编程按钮，如图 10-16a 所示。单击触点、线圈或指令盒按钮，从弹出的窗口下拉菜单所列出的指令中选择要输入指令，单击即可。

二是用指令树窗口中所列的一系列指令，双击要输入的指令，就可在矩形光标处放置一个编程元件，如图 10-16b 所示。

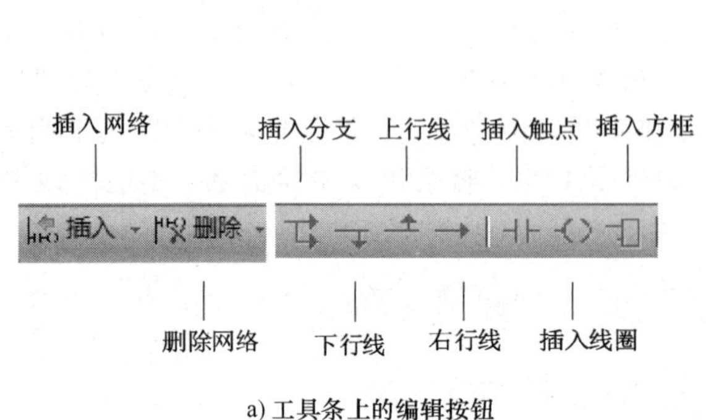

a) 工具条上的编辑按钮

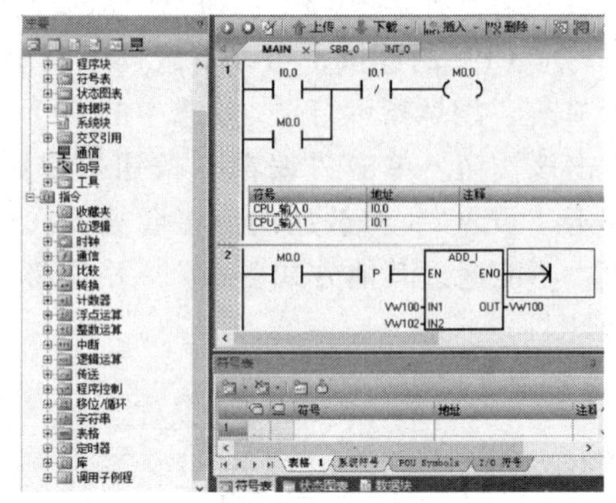

b) 在编辑区放置元件

图 10-16　指令输入介绍

此外可以在程序编辑区双击，直接选择所需的触点。还可以利用快捷键来选择编程元件。

单击程序段 1 最左边的箭头处的一个矩形光标。单击程序编辑器工具栏上的触点按钮，然后单击出现的对话框中的常开触点，在矩形光标所在的位置出现一个常开触点（见图 10-17）。触点上面红色的问号??．? 表示地址没有赋值，选中它以后输入触点的地址 I0.0。用同样的方法生成 I0.1 的常闭触点。单击程序编辑器工具栏上的线圈按钮，然后选择输出线圈，设置线圈的地址为 M0.0。

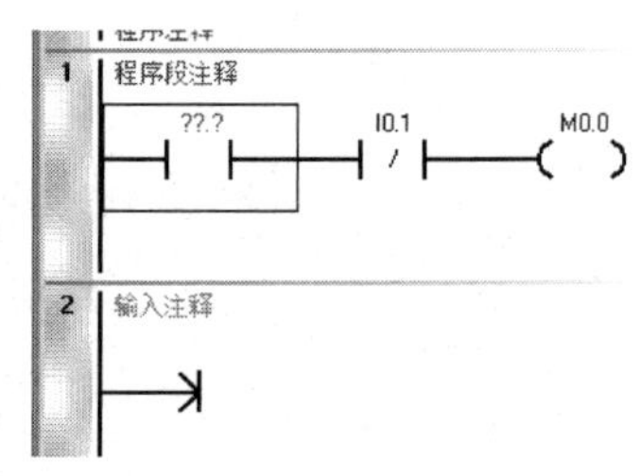

图 10-17　顺序输入元件

在一个程序段中，如果只有编程元件的串联连接，输入和输出都无分叉，则视作顺序输入。输入时只需从程序段的开始依次输入各编程元件即可，每输入一个元件，矩形光标自动移动到下一列，如 10-17 所示。

在图 10-17 中，已经连续在一行上输入了两个触点和一个线圈，若想再输入一个线圈，可以在程序段 1 的第二行，放置一个常开触点 M0.0，然后利用上行线与上一行连接，形成自锁。图中的方框为大光标，编程元件就是在矩形光标处被输入的。图中程序段 2 中的向右箭头符号表示一个程序段的开始，也表示可在此继续输入元件。

2. 任意添加输入

若在任意位置添加一个编程元件，只需单击这一位置，将光标移到此处，然后输入编程元件即可。

用工具条中的指令按钮可编辑复杂结构的梯形图。单击程序段 1 中第一行下方的编程区域，则在开始处显示小图标，然后输入触点新生成一行。

若要合并触点，将光标移到要合并的触点处，单击上行线按钮即可。

如果要在一行的某个元件后向下分支，方法是将光标移到该元件，单击下行线按钮，然后输入元件。

3. 插入和删除

编辑中经常用到插入和删除一行、一列、一个梯级（网络）、一个子程序或中断程序等，方法有两种：在编辑区右键单击要进行操作的位置，弹出 10-18 所示的下拉菜单，选择“插入”

或“删除”选项，弹出子菜单，单击要插入或删除的项，然后进行编辑。也可用“编辑”菜单中相应的“插入”或“删除”项完成相同的操作。

图 10-18 是编辑区还没有程序段的情况下右键单击时的结果，此时“剪切”和“复制”项处于无效状态，不可以对元件进行剪切或复制。

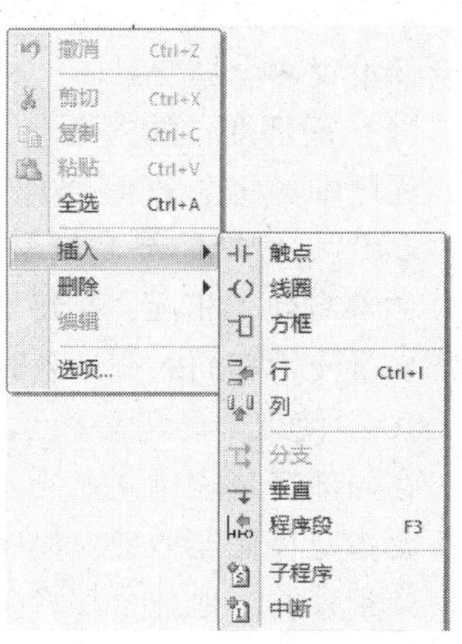

图 10-18　插入或删除网络

4. 符号表

符号是可为存储器地址或常量指定的符号名称。用户可为下列存储器类型创建符号名：I、Q、M、SM、AI、AQ、V、S、C、T、HC。在符号表中定义的符号适用于全局。已定义的符号可在程序的所有程序组织单元（POU）中使用。如果在变量表中指定变量名称，则该变量适用于局部范围。它仅适用于定义时所在的 POU。此类符号被称为“局部变量”，与适用于全局范围的符号有区别。符号可在创建程序逻辑之前或之后进行定义。

使用符号表可将梯形图中的直接地址编号用具有实际含义的符号代替，使程序更直观、易懂。使用符号表有两种方法：

1）在编程时使用直接地址（如 I0.0），然后打开符号表，编写与直接地址对应的符号（如与 I0.0 对应的符号为起动），编译后由软件自动转换名称。

2）在编程时直接使用符号名称，然后打开符号表，编写与符号对应的直接地址，编译后得到相同的结果。

要进入符号表，可单击导航栏菜单中的“符号表”项或项目树中的“符号表”按钮，符号表窗口如图 10-19 所示。单击单元格可进行符号名、对应直接地址的录入，也可加注释说明。右键单击单元格，可进行修改、插入、删除等操作。图 10-19 中的直接地址编号在填写了符号表后，经编译后形成如图 10-20 所示的结果。

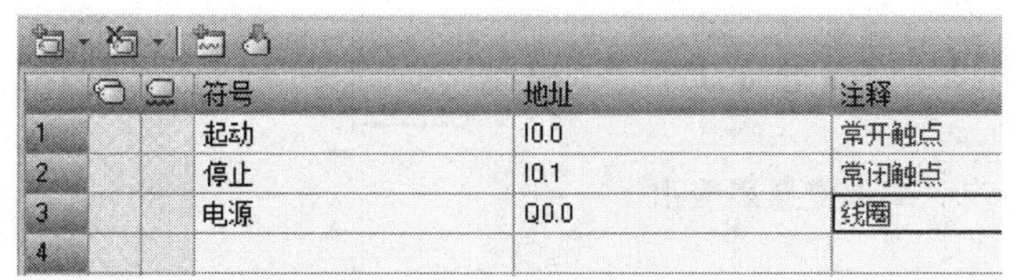

	符号	地址	注释
1	起动	I0.0	常开触点
2	停止	I0.1	常闭触点
3	电源	Q0.0	线圈
4			

图 10-19　符号表窗口

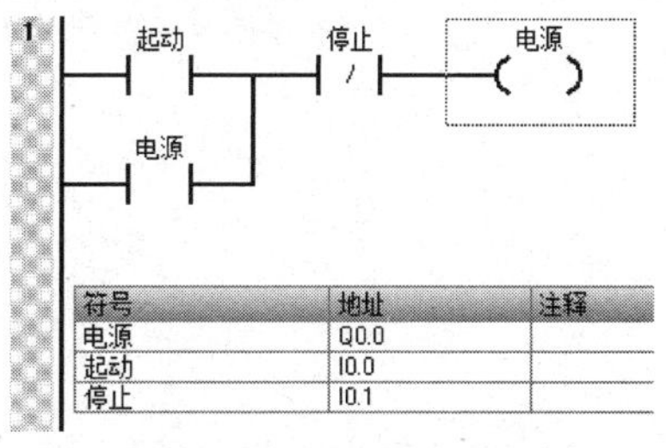

符号	地址	注释
电源	Q0.0	
起动	I0.0	
停止	I0.1	

图 10-20　用符号表编程

定义符号时应遵守以下语法规则：

1）符号名可包含字母数字字符、下划线以及从 ASCII 128 到 ASCII 255 的扩充字符。第一个字符不能为数字。

2）使用双引号将指定给符号名的 ASCII 常量字符串括起来。

3）使用单引号将字节、字或双字存储器中的 ASCII 字符常量括起来。

4）不要使用关键字作为符号名。

5）符号名的最大长度为 23 个字符。

5. 局部变量表

通过变量表，可定义对特定 POU 局部有效的变量。在以下情况下使用局部变量：

1）要创建不引用绝对地址或全局符号的可移值子程序。

2）要使用临时变量（声明为TEMP的局部变量）进行计算，以便释放PLC存储器。

3）要为子程序定义输入和输出。

如果以上描述对具体情况不适用，则无需使用局部变量；可在符号表中定义符号值，从而将其全部设置为全局变量。

（1）局部变量的含义

程序中的每个POU都有自身的变量表，并占L存储器的64B（如果在LAD或FBD中编程，则占60B）。借助局部变量表，可对特定范围内的变量进行定义：局部变量仅在创建时所处的POU内部有效。相反，在每个POU中均有效的全局符号只能在符号表中定义。当为全局符号和局部变量使用相同的符号名时（例如INPUT1），在定义局部变量的POU中局部定义优先，在其他POU中使用全局定义。

在局部变量表中进行分配时，指定声明类型（TEMP、IN、IN_OUT或OUT）和数据类型，但不要指定存储器地址；程序编辑器自动在L存储器中为所有局部变量分配存储器位置。

变量表符号地址分配将符号名称与存储相关数据值的L存储器地址进行关联。局部变量表不支持对符号名称直接赋值的符号常数（这在符号/全局变量表中是允许的）。

（2）局部变量的设置

将光标移到编辑器的程序编辑区的上边缘，向下拖动上边缘，则自动出现局部变量表，此时可为子程序和中断服务程序设置局部变量。图10-21所示为一个子程序调用指令和它的局部变量表，在表中可设置局部变量的参数名称（符号）、变量类型、数据类型及注释，局部变量的地址由程序编辑器自动在L存储区中分配，不必人为指定。在子程序中对局部变量表赋值时，变量类型有输入（IN）子程序参数、输出（OUT）子程序参数、输入_输出（IN_OUT）及暂时（TEMP）变量四种，根据不同的参数类型可选择相应的数据类型（如BOOL、BYTE、INT、WORD等）。

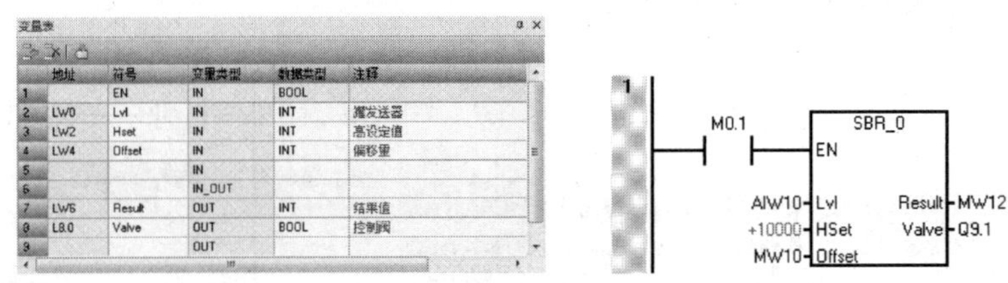

图10-21　局部变量表使用

局部变量作为参数向子程序传送时，在子程序的局部变量表中指定的数据类型必须与调用POU中的数据类型值相匹配。

要加入一个参数到局部变量表中，可右键单击变量类型区，得到一个选择菜单，选择“插入”，再选择“行”或“下方的行”即可。当在局部变量表中加入一个参数时，系统自动给各参数分配局部变量存储空间。

6. 注释

梯形图编辑器中的Network n表示每个网络或梯级，可为每个网络或梯级加标题或必要的注释说明，使程序清晰易读。

在“网络n”下方的灰色方框中单击，输入网络注释（见图10-22）。用户可以输入识别该逻辑网络的注释，并输入有关网络内容的说明。用户可以单击“视图”菜单功能区的“POU注释”与“程序段注释”，进行“打开”（可视）和“关闭”（隐藏）之间切换。网络注释中可允许使用的最大字符数为4096。

7. 语言转换

STEP 7-Micro/WIN SMART 软件可实现语句表、梯形图和功能块图三种编程语言（编辑器）之间的任意切换。具体方法是选择菜单”视图”项，然后单击STL、LAD或FBD便可进入对应的编程环境。当采用LAD编辑器编程时，经编译没有错误后，可查看相应的STL程序和FBD程序。当编译有错误时，则无法改变程序模式。

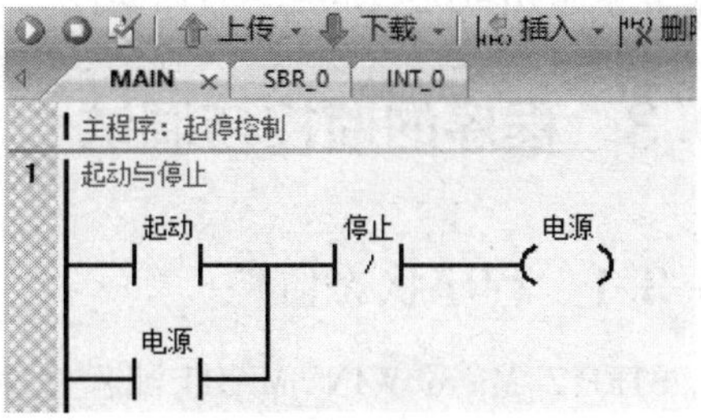

图10-22　网络注释

8. 编译用户程序

程序编辑完成后，可用菜单“PLC”中的“编译”项进行离线编译。编译结束后在输出窗口显示程序中的语法错误的数量、各条错误的原因和错误在程序中的位置。双击输出窗口中的某一条错误，程序编辑器中的矩形光标将会移到程序中该错误所在的位置。必须改正程序中的所有错误，编译成功后才能下载程序。

9. 程序的下载和清除

在计算机与PLC建立起通信连接且用户程序编译成功后，可以将程序下载到PLC中去。

下载之前，PLC应处于STOP模式。单击工具条中的“停止”按钮，或选择“PLC”菜单命令中的“停止”项，可以进入STOP模式。如果不在STOP模式，可将CPU模块上的方式开关扳到STOP位置。

单击工具条中的下载按钮，或选择“文件”菜单下的“下载”项，将会出现下载对话框（见图10-23）。用户可以分别选择是否下载程序块、数据块、系统块、配方和数据记录配置。单击“下载”按钮，开始下载信息。下载成功后，确认框显示“下载成功”。如果STEP7-Micro/WINSMART中设置的CPU型号与实际的型号不符，将出现警告信息，应修改CPU的型号后再下载。

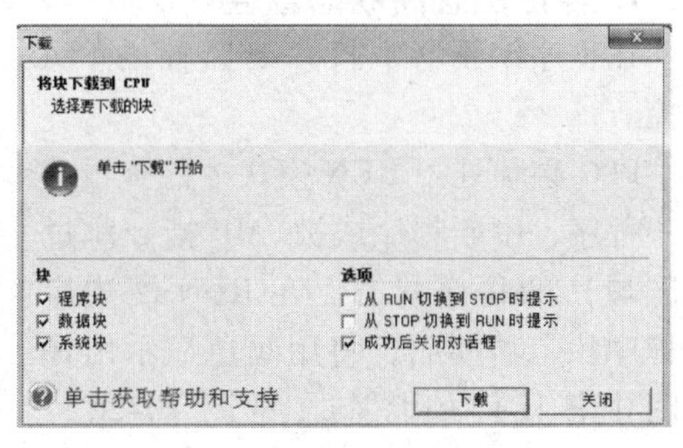

图10-23　程序下载

下载程序时，程序存储在RAM中，S7-200SMART会自动将程序块、数据块和系统块复制到EEPROM中永久保存。

为了使下载的程序能正确执行，可以在下载前将PLC存储器中的原程序清除。清除的方法：单击菜单“PLC”中的“清除”项，出现清除对话框，选择“清除全部”即可。

10.2.5　程序的预览与打印输出

欲在纸张上实际打印之前预览项目打印页面，可选择“文件”→“打印预览”菜单命令；或单击工具条打印预览按钮，或单击“打印”对话框中的“预览”按钮（见图10-24）。

使用以下三种方法，可打印程序和项目文档的复制件：单击工具栏打印按钮；选择“文件”→“打印”菜单命令；按<Ctrl>+<P>快捷键组合。三种方法都会出现“打印”对话框，如图10-24所示。主要提供下列选项：选择打印机；打印内容和顺序；程序编辑器中主程序、子程序和中断程序是否都打印等。此

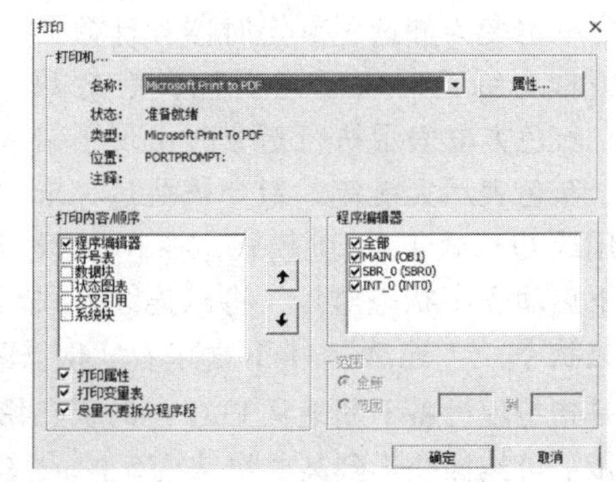

图10-24　程序预览与打印

外，左下角还可选择是否“打印属性”、是否“打印变量表”和“尽量不要拆分程序段”。

10.3 程序的监控与调试

10.3.1 程序状态监控

STEP 7-Micro/WIN SMART 编程软件提供了一系列程序调试与监控工具（见图10-25），使用户可直接在软件环境下调试并监视用户程序的执行。当用户成功地在运行 STEP 7-Micro/WIN SMART 的编程设备和 PLC 之间建立通信并将程序下载至 PLC 程序后，就可以利用“调试”工具栏的状态监控功能进行监控程序状态。

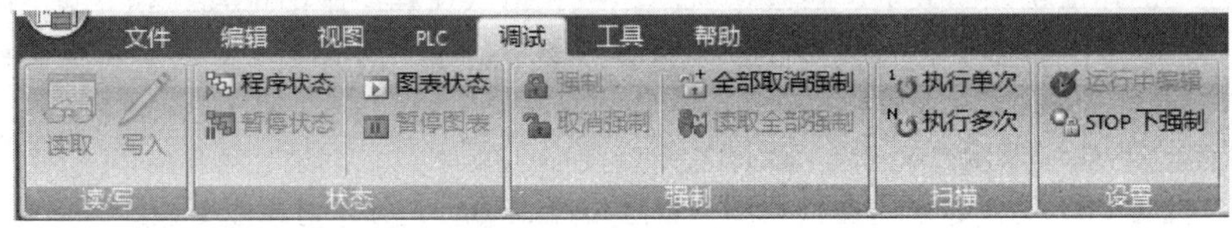

图 10-25 程序状态监控

1. 梯形图程序状态监控

在程序编辑器中打开要监控的 POU，单击工具栏上的程序状态按钮，开始启用程序状态监控。

PLC 必须处于 RUN 模式才能查看连续的状态更新。不能显示未执行的程序区（例如未调用的子程序、中断程序或被 JMP 指令跳过的区域）的程序状态。在 RUN 模式启动程序状态功能后，将用颜色显示出梯形图中各元件的状态（见图 10-26），左边的垂直“电源线”和与它相连的水平“导线”变为蓝色。如果触点和线圈处于接通状态，它们中间将出现深蓝色的方块，有“能流”流过的“导线”也变为深蓝色（见图 10-26）。如果有能流流入方框指令的 EN（使能）输入端，且该指令被成功执行时，方框指令的方框也变为深蓝色。定时器和计数器的方框为绿色时表示它们包含有效数据。红色方框表示执行指令时出现了错误，灰色表示无能流，指令被跳过、未调用或 PLC 处于 STOP 模式。在 RUN 模式下启动程序状态监控，将以连续方式采集状态，“连续”并不意味着实时，而是指编程设备不断地从 PLC 查询状态信息，并在屏幕上显示，按照通信允许的最快速度更新显示。可能捕获不到某些快速变化的值（例如流过边沿检测触点的能流），或这些值变化太快，无法读取，从而无法在屏幕上显示。

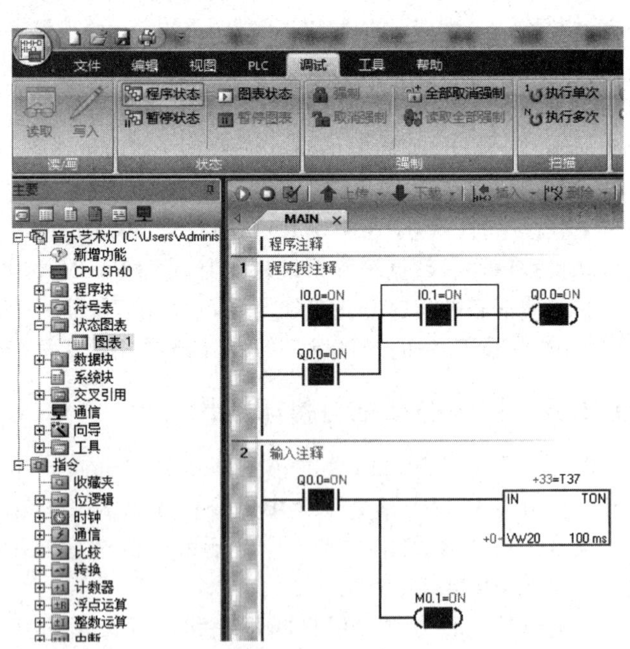

图 10-26 程序状态监控

开始监控图 10-26 中的梯形图时，各输入点均为 OFF，梯形图中常开触点 I0.0 断开、常闭触点 I0.1 闭合。用接在端子 I0.0 和 I0.1 上的小开关来模拟启动和关闭按钮信号，将开关接通后马上断开，程序中的 Q0.0 线圈通电并形成自锁，定时器 T37 开始定时，方框上面 T37 的当前值不断增大。当前值大于或等于预设值 100 时，第二个程序段中的 T37 常开触点闭合，Q0.1 线圈通电。启用程序状态监控，可以形象直观地了解触点、线圈、定时器和计数器等的当前值的变化情况。

除了用开关来控制触点的状态，还可以利用“强制”功能来更改触点的当前值（见图 10-27a）。右键单击程序状态中的触点 I0.1，执行出现的快捷菜单中的“强制”“写入”等命令，可以用出现的对话框完成相应的操作。I0.1 的状态原本是 ON，利用强制命令，将其强制变为 OFF（见图 10-27a），这样 I0.1 触点便断开，从而能流在 I0.1 处断开（见图 10-27b）。

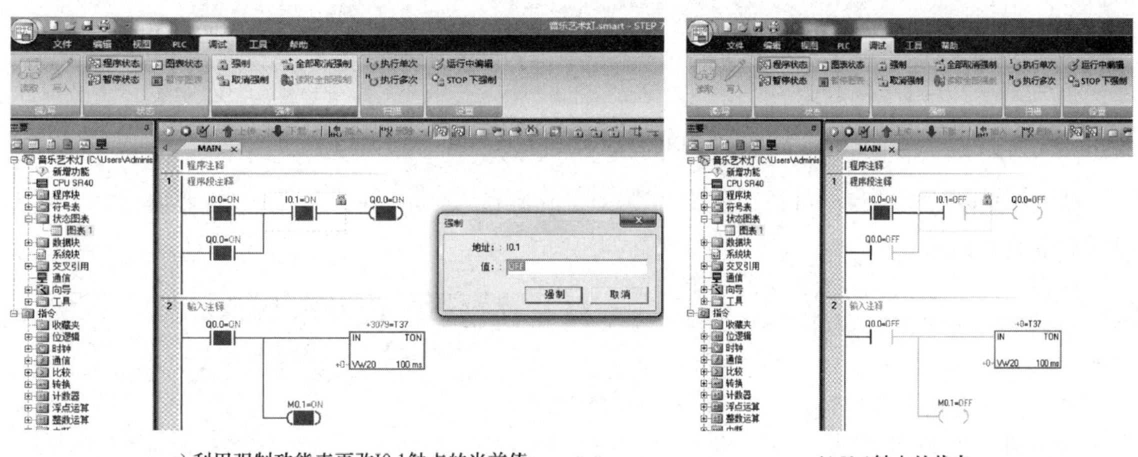

a) 利用强制功能来更改I0.1触点的当前值　　b) I0.1触点的状态

图 10-27　程序状态强制赋值

单击调试功能区的“暂停状态”按钮，便可以暂停程序状态的监控。当再次单击程序编辑器工具栏上的“程序状态”按钮时，便可以关闭程序状态监控。

2. 语句表程序状态监控

语句表程序的状态监控与梯形图类似，只不过程序是以语句表的形式呈现。单击“视图”菜单功能区的“编辑器”区域的“STL”按钮，将梯形图切换到语句表编辑器（见图 10-28）。单击“程序状态”按钮，启动语句表的程序状态监控功能。如果 CPU 中的程序和打开项目的程序不同，或者在切换使用的编程语言后启用监控功能，可能会出现“时间戳不匹配”窗口（见图 10-28）。单击“比较”按钮，如果经检查确认 PLC 中的程序和打开的项目中的程序相同，对话框中将显示“已通过”。单击“继续”按钮，开始监控。如果 CPU 处于 STOP 模式，将出现对话框询问是否切换到 RUN 模式。如果检查出问题，应重新下载程序。图 10-29a 所示为程序段 1 中的语句表程序状态。程序编辑器窗口分为左边的代码区和用蓝色字符显示数据的状态区。

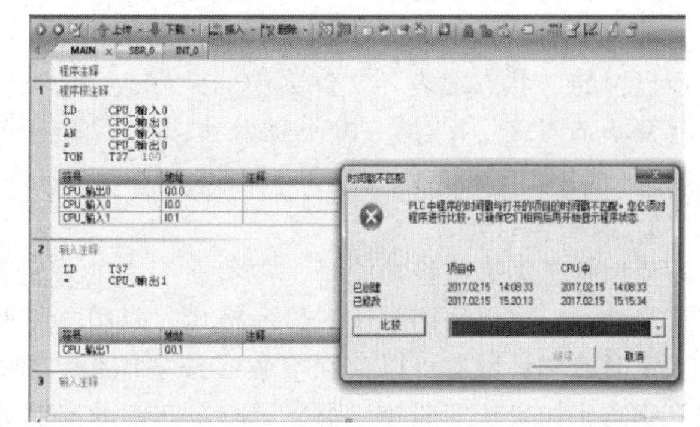

图 10-28　语句表程序状态监控

图 10-29b 中操作数 3 的右边是逻辑堆栈中的值。最右边的列是方框指令的使能输出位（ENO）的状态。用接在端子 I0.0 和 I0.1 上的小开关来模拟按钮信号，可以看到指令中位地址的 ON/OFF 状态的变化和 T37 当前值的变化情况。

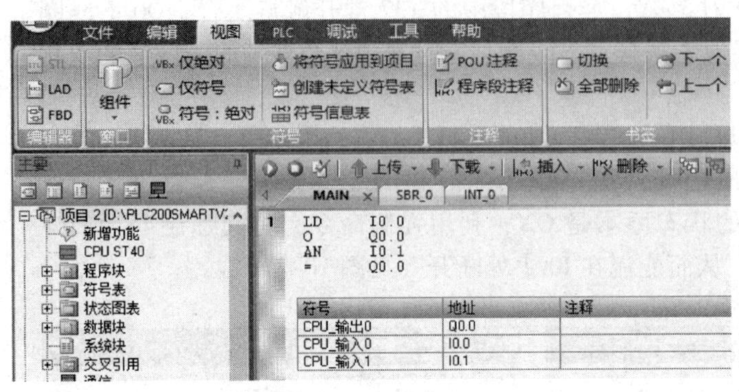

a) 语句表程序状态 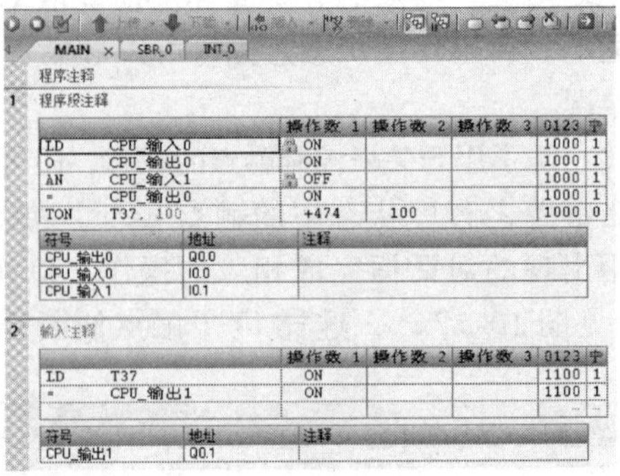　　b) 逻辑堆栈中的值

图 10-29　语句表状态图

状态信息从位于编辑窗口顶端的第一条 STL 语句开始显示。向下滚动编辑器窗口时，将从 CPU 获取新的信息。

单击“工具”菜单功能区的“选项”对话框，选中左边窗口“STL”下面的“状态”项（见图 10-30），可以设置语句表程序状态监控的内容，每条指令最多可以监控 17 个操作数、逻辑堆栈中 4 个当前值和 11 个指令状态位。

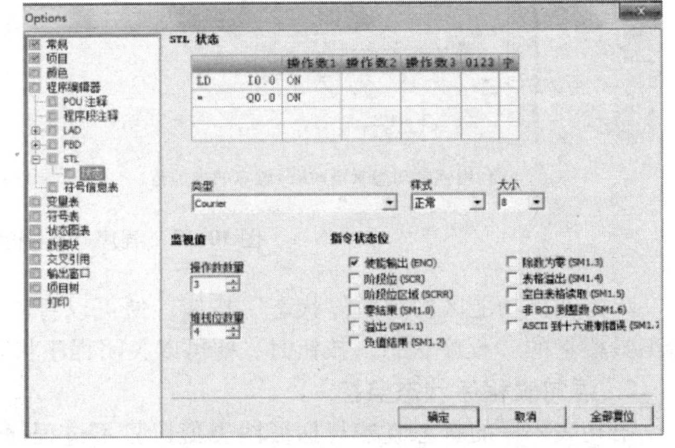

图 10-30　语句表程序状态监控设置

10.3.2　用状态表监控程序

如果需要同时监控的变量不能在程序编辑器中同时显示，可以使用状态图表监控功能。

1. 打开和编辑状态图表

在程序运行时，可以用状态图表来读、写、强制和监控 PLC 中的变量。双击项目树的“状态图表”文件夹中的“图表 1”，或者单击导航栏上的“状态图表”按钮，均可以打开状态图表，并对它进行编辑。如果项目中有多个状态图表，可以用状态图表编辑器底部的标签进行切换。

2. 编辑监控地址

使用状态图表监控功能时，在状态图表的“地址”列输入需要进行监控的变量的绝对地址或符号地址，可以采用默认的显示格式，或用“格式”列的隐藏列表改变显示的格式。

定时器和计数器可以分别按位或按字监控，如果按位监控，则显示的是它们输出位的 ON/OFF 状态；如果按字监控，则显示的是它们的当前值。当用二进制格式监控字节、字或双字，可以在一行中同时监控 8 点、16 点和 32 点位变量。

选中符号表中的符号单元或地址单元，并将其复制到状态图表的“地址”列表中，可以快速创建要监控的变量。单击状态图表某个“地址”列的单元格（例如 VW10）后按 <Enter> 键，可以在下一行插入或添加一个具有顺序地址和相同格式的地址。此外，按住 < Crtl > 键，可以将程序编辑器中的操作数拖放到状态图表中。还可以从 Excel 表格复制和粘贴数据到状态图表中。

3. 创建新的状态图表

当有几个任务需要监控时，可以创建几个状态图表进行监控。右键单击项目树中的“状态图表”，选择“插入”→“图表”命令，或单击状态图表工具栏上的“插入图表”按钮，均可以创建新的状态图表。

4. 启动和关闭状态图表的监控功能

与 PLC 成功建立通信后，打开状态图表，单击调试功能区的图表状态按钮，便启动了状态图表的监控功能，此时图表状态的背景色变为黄色。编程软件从 PLC 收集状态信息，在图表状态的“当前值”列将显示从 PLC 中读取的连续更新的动态数据，如图 10-31 所示。

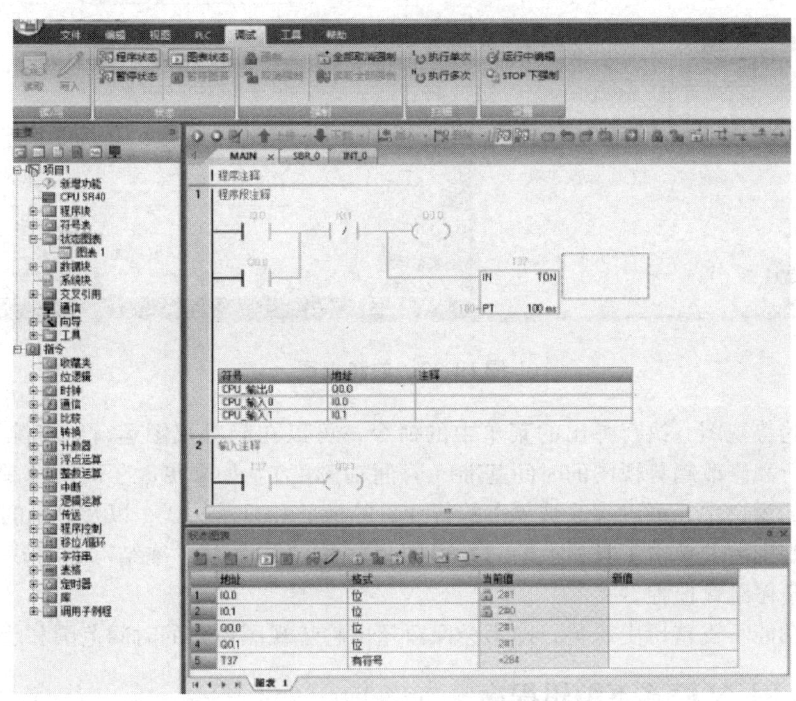

图 10-31　状态图表监控

启动监控后，用接在端子上的小开关来模拟启动按钮和停止按钮信号，可以看到各个位地址的 ON/OFF 状态和定时器当前值变化的情况。

当再次单击状态图表工具栏上的“图表状态”按钮时，图表状态监控关闭，当前值数据消失。

5. 单次读取状态信息

状态图表的监控功能关闭时，或将 PLC 切换到 STOP 模式，单击状态图表工具栏上的读取按钮，可以获得打开的图表中数值的单次“快照”（更新一次状态图表中所有的值），并在状态图表的“当前值”显示出来。

6. RUN 模式与 STOP 模式监控的区别

RUN 模式可以使用状态图表和程序状态功能，连续采集变化的 PLC 数据值。在 STOP 模式下不能执行上述操作。

只有在 RUN 模式下，程序编辑器才会用彩色显示状态值和元素，STOP 模式下则用灰色显示，只有在 RUN 模式并且已启动程序状态时，程序编辑器才显示强制值锁定符号，才能使用写入、强制和取消强制功能。在 RUN 模式暂停程序状态后，也可以启用写入、强制和取消强制功能。

7. 趋势视图

趋势视图用随时间变化的曲线跟踪 PLC 的状态数据。单击状态图表工具栏上的“趋势视图”按钮，可以在表格视图与趋势视图之间切换。也可以右键单击状态图表内部，然后执行弹出的菜单中的命令“趋势形式的视图”进行趋势监控。

图 10-32 所示为 I0.0、I0.1、Q0.0 以及 T37 的趋势视图，趋势行号与状态图表的行号对应。

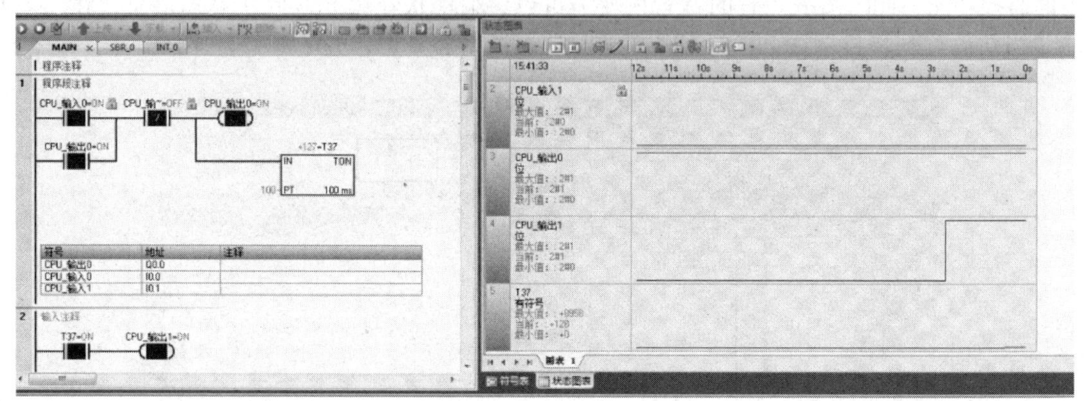

图 10-32　趋势视图

右键单击趋势视图，执行弹出的菜单中的命令，可以在趋势视图运行时删除被单击的变量行、插入新的行和修改趋势视图的时间基准（时间轴刻度）。如果更改了时间菜单中的“属性”命令，在弹出的窗口中，可以修改被单击的行变量的地址和显示格式，以及显示的上限和下限。

启动趋势视图后，单击工具栏上的“暂停图表”按钮，可以“冻结”趋势视图。再次单击该按钮，结束暂停继续监控。

实时趋势功能不支持历史趋势，即不会保留超出趋势视图窗口的时间范围和趋势数据。

10.3.3　在 RUN 模式下编辑程序

在 RUN 模式下，可对用户程序做少量的修改，修改后的程序在下载时，将立即影响系统的控制运行，所以使用时应特别注意。具体操作时可选择“调试”菜单中的“运行中编辑”项进行。编辑前应退出程序状态监视，修改程序后，需将改动的程序下载到 PLC。但下载之前需认真考虑可能产生的后果。在 RUN 模式下，只能下载项目文件中的程序块，PLC 需要一定的时间对修改的程序进行背景编译。

在 RUN 模式下，编辑程序并下载后应退出此模式，可再次单击“调试”菜单中的“运行中编辑”，然后单击“确认”选项。

10.3.4　写入与强制操作

1. 写入数据

写入功能用于将数据值写入 PLC 的变量。将变量新的值输入状态图表的“新值”列后，单击状态图表工具栏上的“写入”按钮，将“新值”列所有的指传送到 PLC。在 RUN 模式下，因为用户程序的执行，修改的数值可能很快被程序改写成新的数值，不能用写入功能改写物理输入点（I 或 AI 地址）的状态。

2. 强制功能

强制功能通过强制 V 和 M 来模拟逻辑条件，通过强制 I/O 点来模拟物理条件（见图 10-33）。例如可以通过对输入点的强制代替输入端外接的小开关来调试程序。

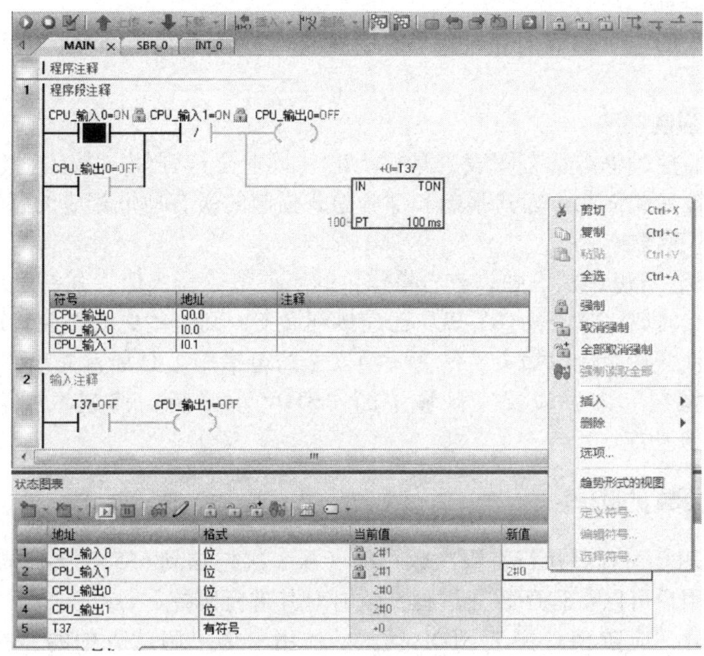

图 10-33　强制功能的使用

可以强制所有的 I/O 点，此外还可以同时强制最多 16 个 V、M、AI 或 AQ 地址。强制功能可用于 I、Q、V、M 的字节、字和双字，只能从偶数字节开始以字为单位强制 AI 和 AQ，不能强制 I 和 Q 之外的位地址。强制的数据用 CPU 的 EEPROM 永久性存储。

在读取输入阶段，强制值被当作输入读入；在程序执行阶段，强制数据用于立即读和立即写指令指定的 I/O 点；在通信处理阶段，强制值用于通信的读/写请求；在修改输出阶段，强制数据被当作输出写入到输出电路。进入 STOP 模式时，输出将变为强制值，而不是系统块中设置的值。虽然在一次扫描过程中，程序可以修改被强制的数据，但是重新扫描时，会重新应用强制值。

在写入或强制输出时，如果 S7-200 SMART 与其他设备相连，可能导致系统出现无法预料的情况，从而引起损失，因此，请慎用此操作。

3. 强制的操作方法

可以用“调试”菜单功能区的“强制”区域中的按钮或状态图表工具栏中按钮进行操作：强制、取消对单个操作数的强制、取消全部强制和读取所有强制。

（1）强制

启动了状态图表监控功能后，右键单击 I0.0，执行快捷菜单中的“强制”命令，将它强制为 ON。强制后不能用外接的开关来改变 I0.0 的状态。

将要强制的新值输入到状态图表中的“新值”列，单击“强制”按钮，当前值就会被强制为新值。一旦使用了强制功能，每次扫描都会将强制的数值用于该操作数，直到取消对它的强制。即使关闭 STEP 7-Micro/WIN SMART 或者断开 PLC 的电源，都不能取消强制。

（2）取消对单个操作数的强制

选择一个被强制的操作数，然后单击状态图表上的“取消强制”按钮，被选择的地址的强制图标将会消失。也可以右键单击程序状态或状态图表中被强制的地址，用快捷菜单中的命令取消对它的强制。

（3）取消全部强制

单击状态图表上的“全部取消强制”按钮，便可以取消所有的强制，使用该功能不需要选中某个地址。

（4）读取全部强制

关闭状态图表监控，单击状态图表工具栏上的“读取全部强制”按钮，状态图表中的当前值列将会显示出已被显式强制、隐式强制和部分隐式强制的所有地址相应的强制图标。

4. STOP 模式下强制

在 STOP 模式下，可以用状态图表查看操作数的当前值、写入值、强制值或解除强制。如果在写入或强制输出点时 S7-200 SMART PLC 已连接到设备，则这些更改将会传送到该设备。这可能导致设备出现异常，从而造成损失。作为一项安全防范措施，必须首先启用“STOP 模式下强制”功能。单击“调试”中“设置”区域中的“STOP 下强制”按钮，再单击出现的窗口的“是”，便可以启动该功能。

10.3.5 扫描次数的选择

用户可以指定 PLC 对程序执行有限次数扫描（从 1 次扫描到 65535 次扫描）。通过选择 PLC 运行的扫描次数，用户可以在程序改变过程变量时对其进行监控。

设置多次扫描时，应使 PLC 置于 STOP 模式，使用菜单“调试”中的“执行多次”来指定执行的扫描次数，然后单击“确认”按钮。初次扫描时，则将 PLC 置于 STOP 模式，然后使用“调试”菜单命令中的“执行单次”进行。第一次扫描时，SM0.1 数值为 1。

10.3.6 S7-200 SMART 的出错处理

单击菜单“PLC”→“信息”项，可查看程序的错误信息。错误的代码及含义见手册或帮助文件。S7-200SMART 的出错主要有以下两类：致命错误和非致命错误。

（1）致命错误

致命错误导致 PLC 停止执行程序。根据错误严重程度的不同，致命错误可能会导致 PLC 无法执行任一或全部功能。处理致命错误的目的是使 PLC 进入安全状态，这样 PLC 才能对现有错误条件的询问做出响应。检测到致命错误时，PLC 执行下列任务：

1）切换到 STOP 模式。

2）接通系统故障 LED 和 STOP LED。

3）关闭输出。

STEP 7-Micro/WIN SMART 在“PLC 信息”对话框中显示 PLC 生成的错误代码和简要说明。要访问 PLC 信息，可在 PLC 菜单功能区的“信息”区域单击 PLC 按钮。在纠正了导致致命错误的条件后，对 PLC 循环上电或执行暖启动。要执行暖启动，在 PLC 菜单功能区的“修改”区域单击“暖启动”按钮。重新启动 PLC 会清除致命错误条件，并启动上电诊断测试。如果出现另一个致命错误条件，则 PLC 会再次接通系统故障 LED；否则，PLC 开始正常操作。

有几种可能的错误条件会导致 PLC 无法通信，在这种情况下，无法查看 PLC 错误代码。此类错误表明硬件发生故障，需要修理 PLC 模块；更改程序或清空 PLC 存储器解决不了的问题。

（2）非致命错误

非致命错误会影响 CPU 的某些性能，但不会使用户程序无法执行。有以下几类非致命错误：

1）运行时间编程错误是在程序执行过程中由用户或用户程序造成的非致命错误条件。例如，编译程序期间间接地址指针有效，程序执行时被修改为指向超出范围的地址。访问 PLC 菜单功能区的“PLC 信息”可确定发生的错误类型。

只有修改用户程序，才能纠正运行时间编程错误。下一次从 STOP 模式切换到 RUN 模式时，运行时间编程错误会清除。

2）PLC 编译器错误（或程序编译错误）将阻止用户将程序下载到 PLC 中。当用户编译或下载程序时，STEP 7-Micro/WIN SMART 将检测编译错误并在输出窗口显示检测到的错误。如果发生了编译错误，PLC 会保留驻留在 PLC 中的当前程序。

在 RUN 模式下发现的非致命错误会反映在特殊存储器 SM 上，用户程序可以监视这些位。上电时 CPU 读取 I/O 配置，并存储在 SM 中。如果 CPU 发现 I/O 变化，就会在模块错误字节中设置改变位。当 I/O 模块与系统数据存储器中的 I/O 配置相符时，CPU 会对该位复位。而在被复位之前，不会更新 I/O 模块。例如，可以用 SM5.5（I/O 错误）的常开触点控制 STOP 指令，在出现 I/O 错误时使 CPU 切换到 STOP 模式。

附　　录

附录 A　常用低压电器的图形符号及文字符号

电器名称	图形符号	文字符号
三极刀开关		QS
高压负荷开关		QL
隔离开关		QS
具有自动释放的负荷开关		
三相笼型异步电动机	 M 3～	M
单相笼型异步电动机	 M 1～	M
三相绕线转子异步电动机	 M 3～	M
带间隙铁心的双绕组变压器		T
接触器	线圈： 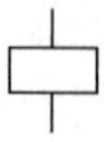	KM
	主触点： 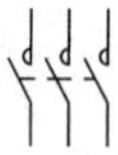	
	辅助触点： 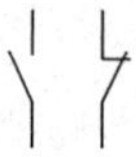	

电器名称	图形符号	文字符号
过电流继电器线圈	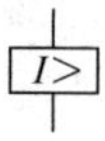 $I>$	KI
欠电压继电器线圈	 $U<$	KV
中间继电器线圈	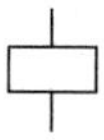	KA
继电器触点	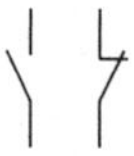	KI、KV、KA
断路器	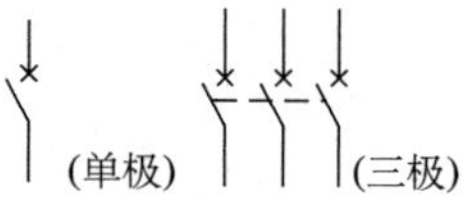 (单极)　(三极)	QF
熔断器		FU
时间继电器	通电延时型线圈： 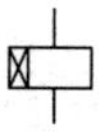 断电延时型线圈： 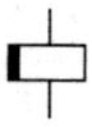	KT
	延时闭合的常开(动合)触点：	
	延时断开的常开(动合)触点：	
	延时闭合的常闭(动断)触点：	
	延时断开的常闭(动断)触点：	

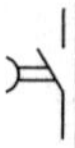

（续）

电器名称	图形符号	文字符号
速度继电器触点		KS
动合按钮（不闭锁）		SB
动断按钮（不闭锁）		SB
旋钮开关、旋转开关（闭锁）		SA

电器名称	图形符号	文字符号
行程开关、接近开关	常开(动合)触点：	SQ
	常闭(动断)触点：	
	对两个独立电路作双向机械操作的位置或限制开关：	
热继电器	热元件：	FR
	常闭(动断)触点：	

附录 B　部分特殊存储器（SM）的含义

地址 SMB0～SMB29 和 SMB1000～SMB1535 为只读特殊存储器，地址 SMB30～SMB749 为可读写特殊存储器。

只读特殊存储器具体包括 SMB0 系统状态位（见表 B-1），SMB1 指令执行状态位（见表 B-2），SMB2 自由端口接收字符（见表 B-3），SMB3 自由端口奇偶校验错误（见表 B-4），SMB4 中断队列溢出、运行时程序错误、中断允许、自由端口发送器空闲和强制值（见表 B-5），SMB5 I/O 错误状态位（见表 B-6），SMB6～SMB7 CPU ID、错误状态和数字量 I/O 点，SMB8～SMB19 I/O 模块 ID 和错误，SMW22～SMW26 扫描时间，SMB28～SMB29 信号板 ID 和错误，SMB480～SMB515 数据日志状态（只读），SMB1000～SMB1049CPU 硬件/固件 ID，SMB1050～SMB1099SB（信号板）硬件/固件 ID，SMB1100～SMB1399 EM（扩展模块）硬件/固件 ID，SMB1400～SMB1699EM（扩展模块）模块特定的数据。

可读写特殊存储器具体包括：SMB30（端口 0）和 SMB130（端口 1）集成 RS485 端口（端口 0）和 CM01 信号板（SB）RS232/RS485 端口（端口 1）的端口组态，SMB34～SMB35 定时中断的时间间隔（见表 B-7），SMB36～SMB45（HSC0）、SMB46～SMB55（HSC1）、SMB56～SMB65（HSC2）、SMB136～SMB145（HSC3）高速计数器组态和操作，SMB66～SMB85 PLS0 和 PLS1 高速输出，SMB86～SMB94 和 SMB186～SMB194 接收消息控制，SMW98 I/O 扩展总线通信错误，SMW100～SMW114 系统报警，CM01 信号板（SB）RS232/RS485 端口（端口 1）的 SMB130 端口组态（参见 SMB30），SMB136～SMB145（HSC3）高速计数器（参见 SMB36），SMB166～SMB169 PTO0 包络定义表，SMB176～SMB179 PTO1 包络定义表，SMB186～SMB194 接收消息控制（参见 SMB86～SMB94），SMB566～SMB575 PLS2 高速输出，SMB576～SMB579PTO2 包络定义表，SMB600～SMB649 轴 0 开环运动控制，SMB650～SMB699 轴 1 开环运动控制，SMB700～SMB749 轴 2 开环运动控制。

本书没有列出具体描述的请参考 S7-200 SMART PLC 系统手册。

表 B-1 SMB0 系统状态位

SM 位	描 述
SM0. 0	CPU 运行时，该位始终为 1
SM0. 1	该位在第一个扫描周期接通，然后断开，可用于初始化程序
SM0. 2	若 NAND 闪存数据丢失，则该位接通一个扫描周期，该位可用作错误存储器位，或用来调用特殊启动顺序功能
SM0. 3	开机后进入 RUN 模式，该位将接通一个扫描周期，该位可用作在启动操作之前给设备提供一个预热时间
SM0. 4	该位提供周期为 1min、占空比为 50% 的时钟脉冲
SM0. 5	该位提供周期为 1s、占空比为 50% 的时钟脉冲
SM0. 6	该位为扫描时钟，本次扫描时置 1，下次扫描时置 0，可用作扫描计数器的输入
SM0. 7	若实时时钟设备的时间被重置或在上电时丢失，则该位接通一个扫描周期。可用作错误存储器位或用来调用特殊启动顺序

表 B-2 SMB1 指令执行状态位

SM 位	描 述
SM1. 0	指令执行的结果为 0 时，该位置 1
SM1. 1	执行指令的结果溢出或检测到非法数值时，该位置 1
SM1. 2	执行数学运算的结果为负数时，该位置 1
SM1. 3	除数为零时，该位置 1
SM1. 4	试图超出表的范围执行 ATT（Add to Table）指令时，该位置 1
SM1. 5	执行 LIFO、FIFO 指令时，试图从空表中读数，该位置 1
SM1. 6	试图把非 BCD 数转换为二进制数时，该位置 1
SM1. 7	ASCII 码不能转换为有效的十六进制数时，该位置 1

表 B-3 SMB2 自由端口接收字符

SM 位	描 述
SMB2	在自由端口通信方式下，该区存储从端口 0 或端口 1 接收到的每个字符

表 B-4 SMB3 自由端口奇偶校验错误

SM 位	描 述
SM3. 0	端口 0 或端口 1 接收到的字符有奇偶校验错误时，SM3. 0 置 1

表 B-5 SMB4 中断队列溢出、运行时程序错误、中断允许、自由端口发送器空闲和强制值

SM 位	描 述
SM4. 0	通信中断队列溢出时，该位置 1
SM4. 1	I/O 中断队列溢出时，该位置 1
SM4. 2	定时中断队列溢出时，该位置 1
SM4. 3	运行时刻发现编程问题时，该位置 1
SM4. 4	全局中断允许位。允许中断时，该位置 1

（续）

SM 位	描　　述
SM4.5	端口 0 发送器空闲时，该位置 1
SM4.6	端口 1 发送器空闲时，该位置 1
SM4.7	存储器位被强制时，该位置 1

表 B-6　SMB5 I/O 错误状态位

SM 位	描　　述
SM5.0	有 I/O 错误时，该位置 1

表 B-7　定时中断的时间间隔存储器（SMB34～SMB35）

SM 字节	描　　述
SMB34	定义定时中断 0 的时间间隔（从 1～255ms，以 1ms 为增量）
SMB35	定义定时中断 1 的时间间隔（从 1～255ms，以 1ms 为增量）

附录 C　实验指导书

实验 1　异步电动机的正、反转控制（含两地控制）

1. 实验目的

1）熟悉常用低压电器的结构、原理和使用方法，了解电气控制电路的基本组成。

2）理解三相异步电动机正、反转控制线路的工作原理，掌握控制电路的结构和接线方法。

2. 实验内容

（1）实验设备

电源箱一台，电气控制实验箱一台（箱内有按钮 6 只、熔断器 2 只、接触器 3 只、热继电器 1 只、时间继电器 2 只，行程开关 2 只），60W 三相异步电动机一台，实验导线若干。

（2）实验线路设计（见图 2-10）

三相电动机正反转控制电路根据要求有“正—停—反”和“正—反—停”两种形式。前者用在一般场合；后者用在需要快速切换且机械惯量较小的场合。

1）实验电动机正向、反向运转。

2）用按钮操作电动机的正向起动、连续运转、逆向起动、连续运转和总停。如果是两地操作，要在甲地或乙地均能执行上述操作。其两地操作按钮站示意图如图 C-1 所示。

图 C-1　两地控制电机正、反转按钮站示意图

3）由于三相电动机可逆运转是采用两只接触器分别接通不同相序电源来改变电动机转向的，因此两只接触器绝不允许同时接通，设计时必须对两接触器进行电气互锁。

（3）实验线路的接线

接线时应注意：第一，不能短路；第二，电器常开触点的进线端和出线端不能接错，接线时对应的线圈和主、辅触点应按“上进下出、左进右出”原则进行；第三，其中所有电器按序号安排连接；第四，注意控制按钮的颜色，通常停止按钮为红色，起动按钮为绿色或者黄色。

3. 预习要求

1）阅读本实验指导书，复习电气控制基础的有关内容。

2）阅读并分析图2-10的工作原理，在实验前绘制出含两地控制的异步电动机正、反转控制线路图。

3）根据实验线路选择电气元件，分清接触器的主触点和辅助触点。

4. 实验报告要求

1）要求在实验报告中完整准确（符合电气制图国家标准）地绘制出三相异步电动机正、反转控制线路。写出线路中所用电器的型号和规格。

2）总结主电路和控制电路的设计思想及接线方法。

3）写出实验过程中观察到的现象，总结线路中有哪些保护环节。

5. 思考题

1）在图2-10b的控制电路中，如果将两只接触器的常闭辅助触点去掉，仅串联复合按钮的常闭触点能否实现正、反转接触器之间的互锁？

2）以正反转为例，是否还可以进行多地控制？如果可行，将如何实现？

实验2　运料小车自动往返继电器-接触器控制

1. 实验目的

1）熟悉运料小车自动往返控制的方法。

2）了解行程控制及其特点。

3）巩固电气控制的相关知识。

2. 实验内容

（1）实验设备

电源箱一台，电气控制实验箱一台（箱内有按钮6只、熔断器2只、接触器3只、热继电器1只、时间继电器2只、行程开关2只），100W三相异步电动机一台，导线若干。

（2）运料小车自动往返控制系统的设计要求

1）小车能沿道轨自动往返运行（即实验电动机正、反转）。

2）小车在行程内任何位置都可以起动（在极限位置只能反方向起动）。

3）由于实际需要两个行驶方向都要能点动。

4）小车在到达停站位置均由行程开关控制停车。

5）小车停站以后随即进入“装料”“卸料”延时时间（为节省实验时间，延时一般不超过20s）。

6）延时结束后小车自动向相反方向起动运行（即电动机转向切换）。

7）应当具有控制回路总控中间继电器，其功能是控制系统的起动和停止，它可以使小车在停站位置行程开关处于压合位置时，脱离延时反向起动状态及零压保护功能。

8）电动机正、反转运行必须设有互锁。

9）电源通断操作和线路的短路保护部分与实验1的设计要求相同，请参阅。

（3）设计指导

如图C-2所示，运料小车可在左右两站之间自动运行。当小车到达停站时碰铁压合行程开关SQ_1或SQ_2，小车即停车进行装料或卸料，装料或卸料所需时间由时间继电器来控制。每当小车到站，碰铁压合行程开关，其中一只时间继电器开始计时，时间继电器计到设定时间小车起动反向运行。小车驶离站点，即松开行程开关，时间继电器停止工作，小车靠接触器自锁触点继续运行，到达对方站点重复上述动作。因此，该实验是非常典型的行程控制原则实验。类似小车自动往返控制的行程控制方法还有许多，比如自动车床的刀架自动进给过程（见图 C-3）。该例中，刀架进给到 SQ_2 处进给停-自动退刀-进给快退-刀架碰到 SQ_1 时快退停—自动进刀—进给重复进行，直到工件切削好为止。很明显，自动退刀和自动进刀不属于行程控制，它属于定量位置控制范畴，但刀架自动进给/快退与小车自动往返控制方式完全一样。

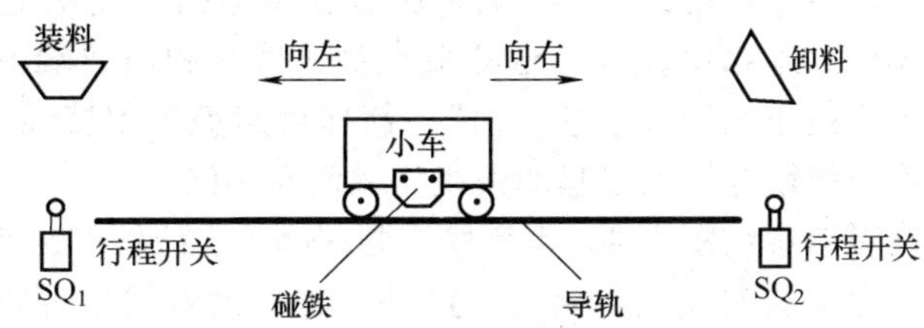

图 C-2　运料小车运行示意图

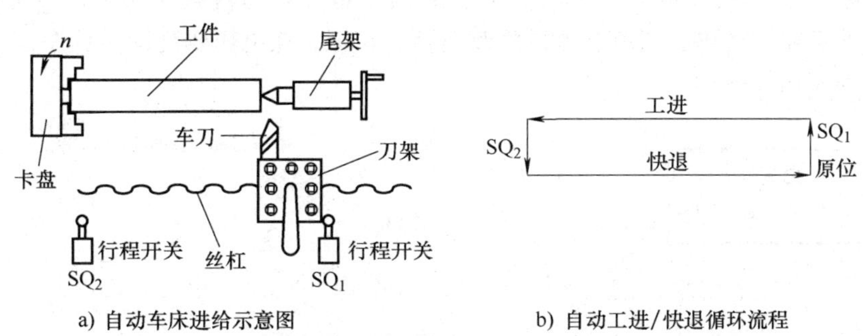

a) 自动车床进给示意图　　b) 自动工进/快退循环流程

图 C-3　自动车床进给示意图与自动工进/快退循环流程

小车自动往返控制的主电路，与实验 1 的主电路完全一致，这里不再介绍。

控制电路部分，可以首先安排设计要求 7）的内容，用一只中间继电器和两只按钮组成控制系统总起/停，只有当中间继电器起动以后系统才能工作，中间继电器释放以后系统停运，即做自锁运行的中间继电器常开触点，实现控制后面的控制回路。对于小车的按钮起动和点动，既可以采用起动、点动按钮分开，也可以采用起动、点动按钮复用的办法设计。从实验电路设计讲究简捷、可靠、合理的角度，建议采用后一种方法。后一种方法则可结合行程控制和延时反向一起进行处理，类似实验 1 中的点动方法，将自锁和延时闭合触点用“转换”开关的触点控制起来。即两个行驶方向各只用一只按钮，将自锁触点、延时反向触点、行程开关起动时间继电器的部分用转换开关控制起来，即转换开关闭合，自动环节有效，两只方向按钮即为起动按钮；如果转换开关断开，自动环节失效，两只方向按钮即为点动按钮。

综上所述，运料小车自动往返控制实验，不仅是典型的行程控制实验，还综合了前面三个继电器-接触器实验的重要内容，该实验可认为是继电器-接触器系统的综合实验。

（4）实验步骤

1）预先设计好的实验电路需交由实验指导老师审阅，检查合格后方可按此线路接线，并通电实验。

2）合理安放实验箱及电动机的位置。

实验始终要遵循按图接线。接线前应合理安放实验箱及电动机的位置，通常以便于操作、方便布线、便于检查为原则。导线的截面积和长度应合理选择。箱内电器的选用也应考虑上述原则。

3）实验电路的连接要遵循接线的一般规律。

接线的顺序：先接主电路，后接控制电路；先接串联回路，后接并联回路；先接保护触点，后接控制触点；最后接执行电器的励磁线圈。这样能最大限度地保证电路的正确性和接线的速度。

接线时应注意：第一，不能短路；第二，确保所有实验电路都是从电源开关（例如低压断路器）出线端引出的；第三，连接电路时，电器触点的进线端和出线端不能接错，即人为规定实验箱上的各触点符号“上进下出”“左进右出”，这样可避免很多接线“手误”；第四，注意控制按钮的颜色，通常停止按钮为红色，起动按钮为绿色或黄色。

本实验的主电路接线可以参照图 C-4。本实验控制回路的连线较多，特别是公共端多、公共端的连线多，因此特别注意不要漏接或少接线。此外，容易出错的是时间继电器的延时起动触点，但只要掌握延时起动触点总是在反向起动电路里，就不易出错。

当两人一组进行实验时，主电路和控制电路应该分工连接，这样可避免两人混接造成的“误接”和“漏接”。接线完成并全面检查后，必须经指导老师检查无误后，方可通电试运行。如果运行结果不正确，要注意切断电源后修改电路。切记，在电压较高的实验中，一定要注意安全。图 C-4 为参考接线图。

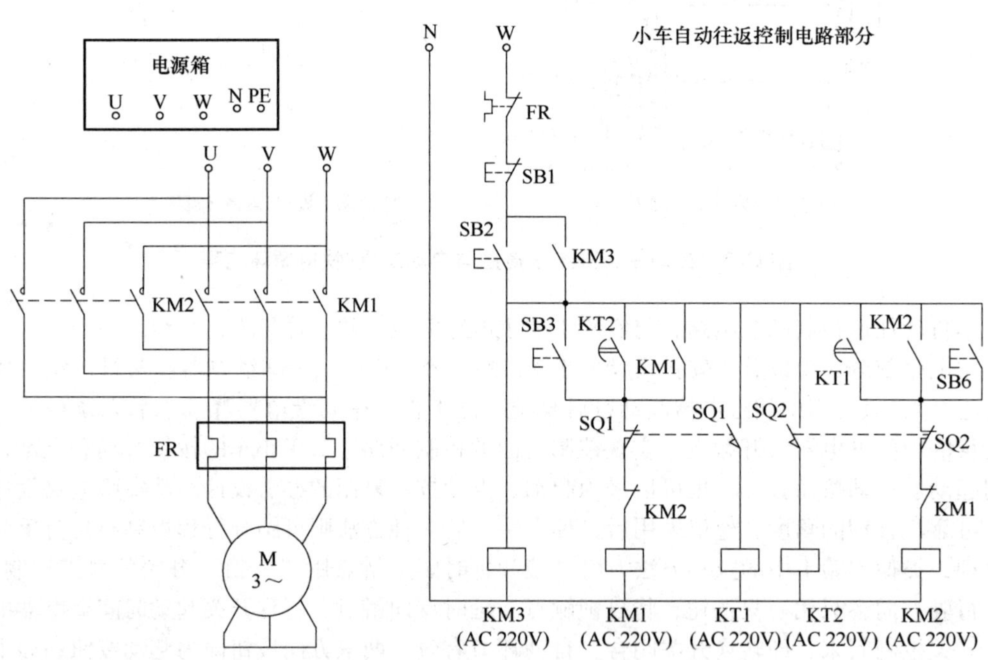

图 C-4　小车自动往返实验参考接线图

3. 预习要求

1）阅读本实验指导书，并复习前面课程中有关电气控制基础的相关内容。

2）熟悉行程控制的一般方法。

3）巩固前面的起动/点动、正反转、延时切换，预习将行程控制与它们综合进行设计的有关内容，并在实验课开始前完成。

4. 实验报告要求

1）要求完整、准确地绘制出运料小车自动往返的系统电路图，尽可能采用电子绘图，并列出使用的电器及其型号规格。

2）总结出各控制环节的运用情况。

3）总结本实验的收获。

5. 思考题

在自动往返实验的基础上，设计出二工位以上的自动行驶控制电路，并简要说明（参见图 C-5）。

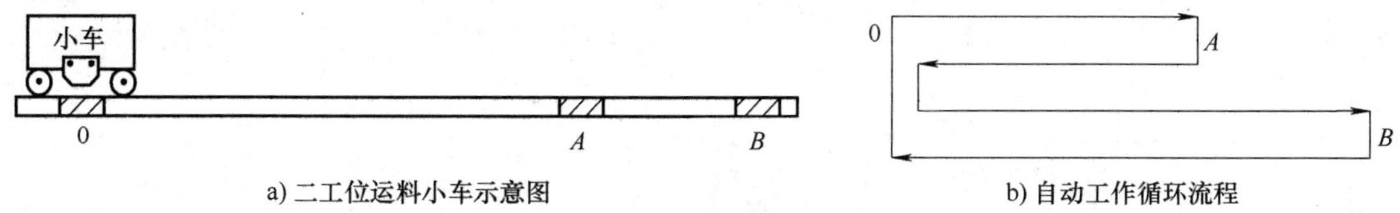

a) 二工位运料小车示意图　　b) 自动工作循环流程

图 C-5　二工位运料小车示意图及自动工作循环流程

实验 3　S7-200 SMART PLC 初识

1. 实验目的

1）熟悉 S7-200 SMART PLC 的基本组成和使用方法。

2）熟悉 STEP 7-Micro/WIN SMART 编程软件及其使用环境。

3）熟悉 S7-200 SMART PLC 的基本指令及简单编程。

2. 实验内容

（1）实验设备

计算机一台，S7-200 SMART PLC 一台，网线一根，模拟输入开关一套，模拟输出装置（模拟执行器和控制对象）一套，导线若干。

（2）实验内容

用基本常用指令编写的一段程序，通过编辑、录入、编译/调试/修改、运行，以及输入/输出适配接线等达到熟悉硬件、软件和使用环境的目的。

（3）设计指导

1）预设一个简单明了的输出结果（见图 C-6 参考程序的输出结果：“循环单跳”5 次结束）。

2）使用指令尽量覆盖常用指令（见图 C-6 参考程序，用到了基本位逻辑及常用特殊位、计时/计数、置位/复位、移位寄存器、SCR、MOV 等）。

（4）实验步骤

1）在电脑上打开 STEP 7-Micro/WIN SMART V2.2 编程软件，录入程序，编译通过以后下载程序。

2）在运行程序前应按图 C-7 连接输入/输出接线，其中，输入接起/停操作开关，输出接彩灯模块。

3）操作起动开关使输出开始“单步跳闪”，并在 3 个循环后自动结束。

3. 预习要求

1）复习 PLC 的基本指令、功能指令以及软件使用相关章节内容。

2）写出录入、调试实验程序步骤。

4. 实验报告要求

1）总结实验内容，写出建立计算机与 S7-200 SMART PLC 通信的步骤。

2）画出调试程序的 I/O 接线图和梯形图，写出程序调试的步骤。

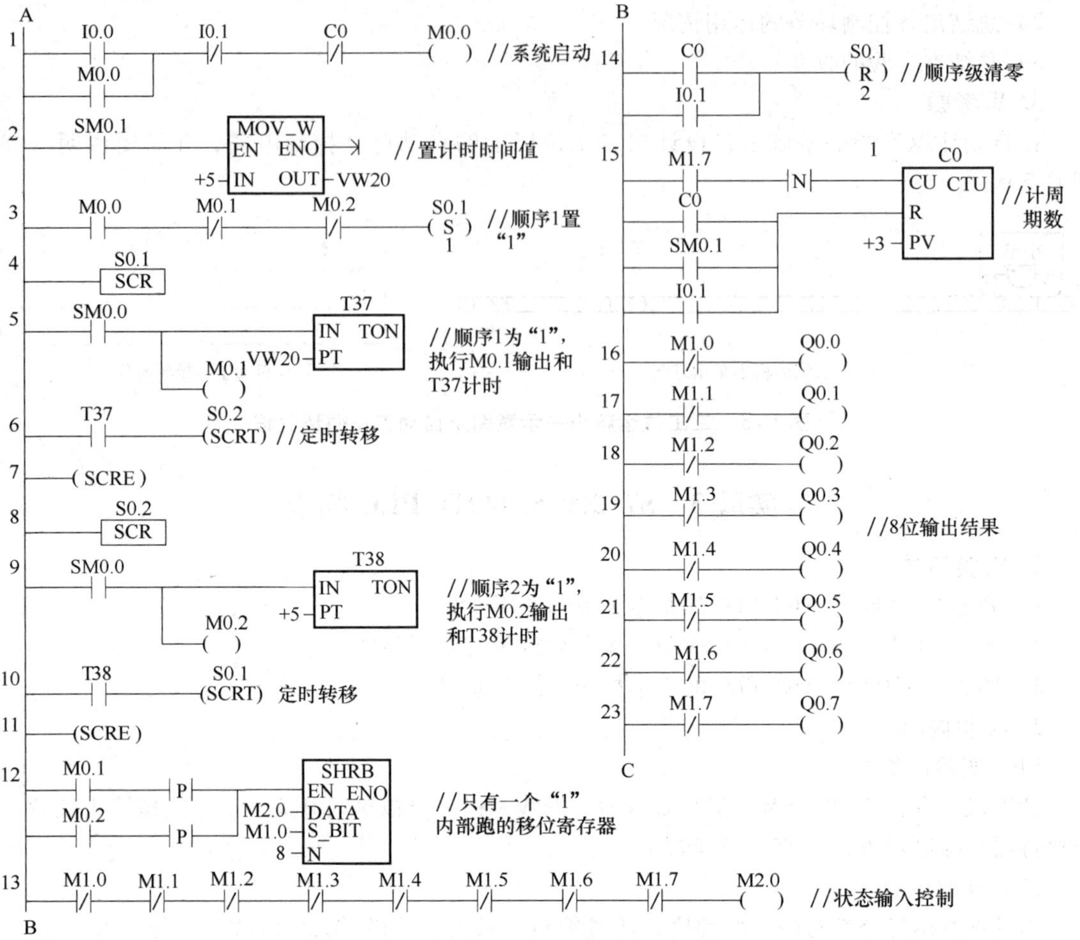

```
A
1   I0.0 ─┤ ├─┬─ I0.1 ─┤/├─ C0 ─┤/├─ M0.0 ( )   //系统启动
    M0.0 ─┤ ├─┘
2   SM0.1 ─┤ ├─ MOV_W [EN ENO; +5-IN OUT-VW20]   //置计时时间值
3   M0.0 ─┤ ├─ M0.1 ─┤/├─ M0.2 ─┤/├─ S0.1 ( S ) 1   //顺序1置"1"
4   S0.1 SCR
5   SM0.0 ─┤ ├─┬─ T37 [IN TON; VW20-PT]   //顺序1为"1"，执行M0.1输出和T37计时
               └─ M0.1 ( )
6   T37 ─┤ ├─ S0.2 (SCRT)   //定时转移
7   ( SCRE )
8   S0.2 SCR
9   SM0.0 ─┤ ├─┬─ T38 [IN TON; +5-PT]   //顺序2为"1"，执行M0.2输出和T38计时
               └─ M0.2 ( )
10  T38 ─┤ ├─ S0.1 (SCRT)   定时转移
11  (SCRE )
12  M0.1 ─┤ ├─┤P├─┬─ SHRB [EN ENO; M2.0-DATA; M1.0-S_BIT; 8-N]   //只有一个"1"内部跑的移位寄存器
    M0.2 ─┤ ├─┤P├─┘
13  M1.0 ─┤/├─ M1.1 ─┤/├─ M1.2 ─┤/├─ M1.3 ─┤/├─ M1.4 ─┤/├─ M1.5 ─┤/├─ M1.6 ─┤/├─ M1.7 ─┤/├─ M2.0 ( )   //状态输入控制
B

B
14  C0 ─┤ ├─┬─ S0.1 ( R ) 2   //顺序级清零
    I0.1 ─┤ ├─┘
15  M1.7 ─┤ ├─┤N├─ C0 [CU CTU]   1
    C0 ─┤ ├─┬─ R
    SM0.1 ─┤ ├─┤
    I0.1 ─┤ ├─┘
    +3-PV   //计周期数
16  M1.0 ─┤/├─ Q0.0 ( )
17  M1.1 ─┤/├─ Q0.1 ( )
18  M1.2 ─┤/├─ Q0.2 ( )
19  M1.3 ─┤/├─ Q0.3 ( )
20  M1.4 ─┤/├─ Q0.4 ( )   //8位输出结果
21  M1.5 ─┤/├─ Q0.5 ( )
22  M1.6 ─┤/├─ Q0.6 ( )
23  M1.7 ─┤/├─ Q0.7 ( )
C
```

图 C-6　熟悉编程软件参考练习程序

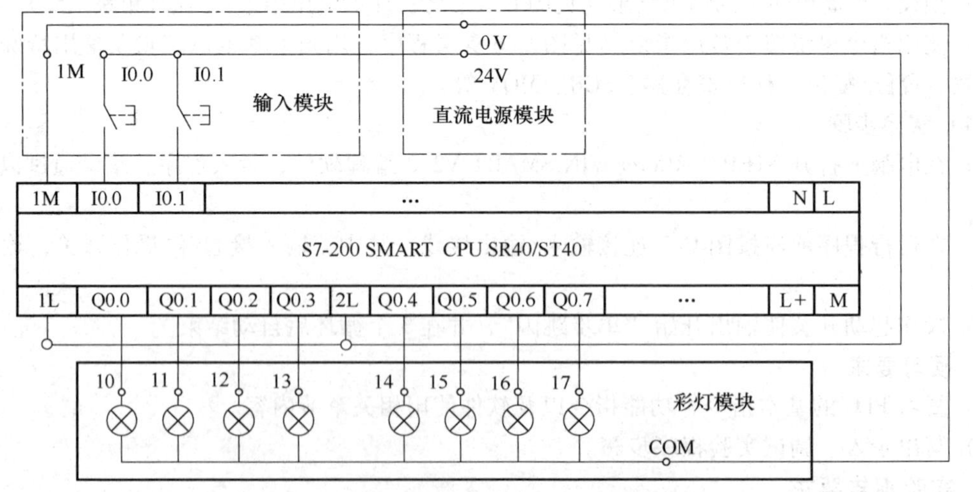

图 C-7　PLC 输入/输出接线图

5. 思考题

1）OUT 指令与 S、R 指令有何不同？

2）为什么梯形图内逻辑调整的输出线圈一般用辅助继电器 M，而不用输出继电器 Q？

实验 4 运料小车自动往返程序控制

1. 实验目的

1）熟悉时间控制和行程控制的原则。

2）掌握定时器指令的使用方法，掌握顺序控制继电器指令（SCR）的编程方法。

2. 实验内容

（1）实验设备

计算机一台，S7-200 SMART PLC 一台，网线一根，模拟输入开关一套，运料小车实验模板一块，导线若干。

（2）运料小车自动往返控制 PLC 程序的设计要求

1）应当具有控制回路总控，其功能是控制系统的起动和停止，它可以使小车在停站位置行程开关处于压合位置时，脱离延时反向起动状态，并具有零压保护功能。

2）小车能沿道轨自动往返运行（即实验电动机正反转两位输出），小车在行程内任何位置都可以起动（在极限位置只能反向起动），并还要能点动。

3）小车在到达停站位置时均由行程开关控制停车，随即进入“装料”或“卸料”延时时间（为节省实验时间，延时一般不超过 10s），即进入“装料”或“卸料”的输出状态。

4）延时结束同时结束“装料”或“卸料”的输出，自动起动向相反方向运行（即电动机自动换向）。

（3）实验内容及步骤

本实验可按两种方式进行：

1）参照本书 9.3 节运料小车控制系统设计并进行实验。参照 9.3 节运料小车控制系统的 I/O 接线图接线，并增加“点动”操作按钮。按程序设计要求在 9.3.1 节控制程序基础上增加“点动”控制程序。

2）按照设计要求自编程序实验（可参考表 C-1、图 C-8 和图 C-9 所示的 PLC 输入/输出地址分配表、顺序功能图和程序）。

表 C-1 PLC 输入/输出地址分配表

输入信号		输出信号	
起动按钮 SB1	I0.0	装料 YV1	Q0.0
停止按钮 SB2	I0.1	左行接触器 KM2	Q0.3
向右点动按钮 SB3	I0.4	卸料 YV2	Q0.1
向左点动按钮 SB4	I0.5	右行接触器 KM1	Q0.2
左行程开关 SQ1	I0.2		
右行程开关 SQ2	I0.3		
辅助左行起动按钮 SB5	I0.6		
辅助右行起动按钮 SB5	I0.7		

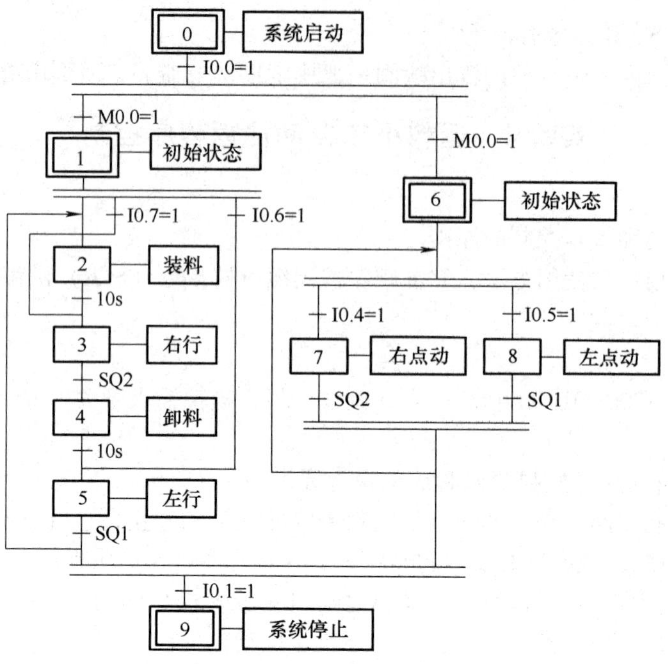

图 C-8 运料小车顺序功能图

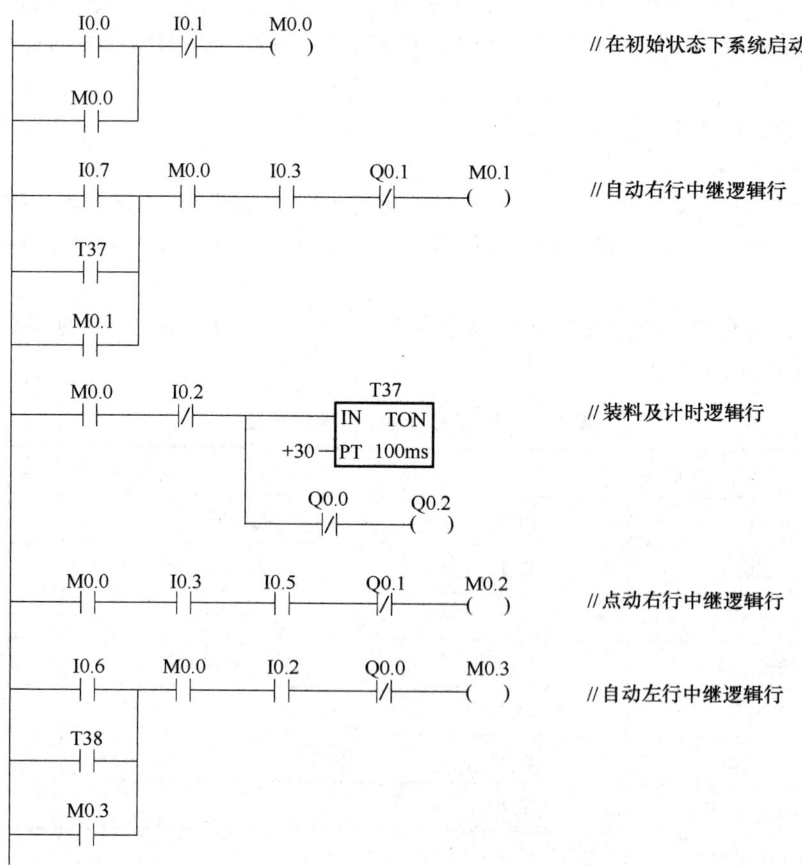

图 C-9 运料小车自动往返参考梯形图

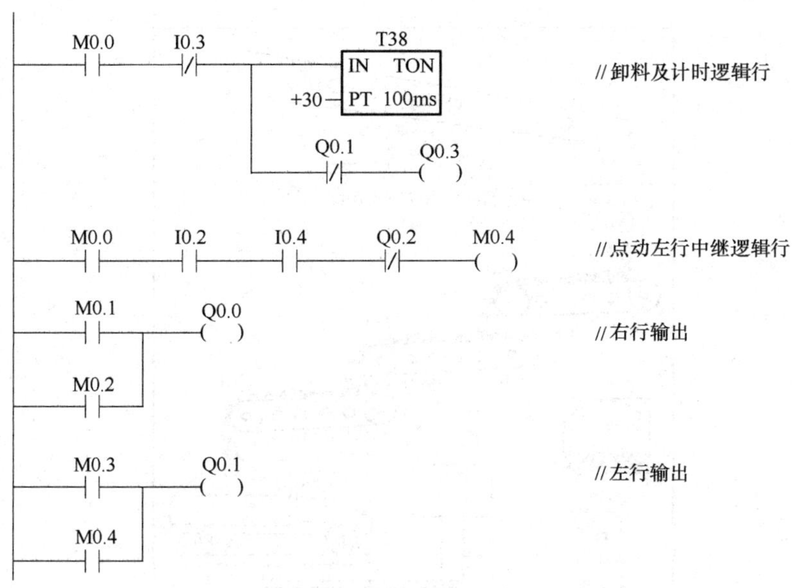

图 C-9　运料小车自动往返参考梯形图（续）

3. 预习要求

1）阅读本实验指导书，复习行程控制、时间控制的有关内容。

2）复习 PLC 基本指令的有关内容，掌握顺控指令（SCR）或一般逻辑指令的编程方法。

3）写出调试程序的步骤。

4. 实验报告要求

1）绘出实验用 I/O 接线图、顺序功能图，编写梯形图程序。

2）写出实际调试后的程序及步骤。

5. 思考题

1）总结顺序控制程序的设计方法和调试方法。

2）比较顺控指令（SCR）与一般逻辑指令编程在该控制程序中的优劣。

实验 5　三级带式输送机的程序控制

1. 实验目的

1）掌握顺序控制程序的设计方法和调试方法。

2）掌握移位寄存器指令（SHBR）的编程方法。

2. 实验内容

（1）实验设备

计算机一台，S7-200 SMART PLC 一台，网线一根，模拟输入开关一套，三级带式输送机实验模板一块，导线若干。

（2）实验内容

某三级带式输送机有 3 条输送带和料斗开启装置，输送带和料斗开关分别由 4 台电动机拖动。其工作示意图如图 C-10 所示。为防止输送带上的物料堆积，要求 4 台电动机按 M1→M2→M3→M4 的正序起动，时间间隔将缩短到 5s；停车时按 M4→M3→M2→M1 的负序停止，时间间隔也缩短到 5s。

三级带式输送机的顺序功能图请自己设计，梯形图程序可参考图 5-54。具体内容如下：

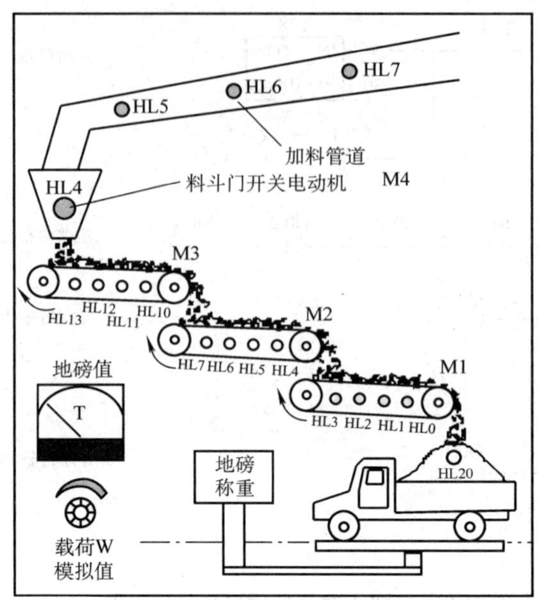

图 C-10　三级带式输送机实验模块工作示意图

1）输入设计的梯形图程序。

2）按设计的顺序功能图调试程序。

3）I/O 接线可参考表 C-2。其中，实验模块是用发光二极管亮、灭代表电动机起、停。

表 C-2　PLC 输入/输出地址分配表

输入信号		输出信号/模块指示灯		
停止按钮 SB1	I0.0	1 号带电动机	Q0.0	H1
起动按钮 SB2	I0.1	2 号带电动机	Q0.1	H5
		3 号带电动机	Q0.2	H11
		4 料斗电动机	Q0.3	H14

4）观察调试过程中的现象，改变定时器的设定值，继续观察。

3. 预习要求

1）阅读本实验指导书，复习移位寄存器指令（SHBR）的有关内容。

2）阅读并分析图 5-54 所示程序的工作原理。

3）掌握移位寄存器指令的编程方法。

4. 实验报告要求

1）绘出实验用 I/O 接线图、顺序功能图，编写梯形图程序。

2）写出调试程序的步骤。

3）写出调试过程中观察到的现象，总结调试过程中的经验或教训。

5. 思考题

1）总结顺序控制程序的设计方法和调试方法。

2）总结用移位寄存器指令（SHBR）编制顺序控制程序的方法。

实验6　深孔钻及三工位运料小车程序控制

1. 实验目的

1）熟悉多工位行程控制的控制程序设计方法和调试方法。

2）掌握激活/关闭不同信号源的控制方法。

2. 实验内容

（1）实验设备

计算机一台，S7-200 SMART PLC一台，网线一根，模拟输入开关一套，深孔钻组合机床实验模板一块，导线若干。

（2）多工位行程流程简介

多工位行程控制通常有两种形式，深孔钻及三工位运料小车。其工作示意图如图C-11和图C-12所示。深孔钻钻孔时，由于排屑的需要，每钻孔到一定深度必须退刀一次，即深孔钻进刀后按工位顺序退刀。而三工位运料小车自动往返控制的过程一般是，第一次行驶到第一工位后停车卸料，完成工序后再前进；到第二工位后停车卸料，完成工序后再前进；直到第三工位（最远端工位）后停车卸料，完成工序后返回原点。从上述两种典型多工位流程来看，每次流程有可能多个行程开关被“碰触”，但每次只有一个行程开关被“激活”，由该行程开关操作进入下一步流程。因此，程序设计按“顺控”进行比较规范。深孔钻与三工位运料小车流程还有一个不同，即一个循环走完以后需要暂停更换工件；三工位小车则自动进入下一个循环。设计者应当注意。

（3）实验内容及步骤

1）基本实验内容：深孔钻程序控制（参考本书9.4节的内容进行实验）基本实验内容为必做内容。深孔钻组合机床的I/O接线图和顺序功能图以及深孔钻组合机床的梯形图程序也参考9.4节。另外，也可通过其他方法实现，如用置位、复位指令也可实现相同功能。

2）扩展实验内容：三工位运料小车程控扩展实验内容为选做内容。以前述三工位行程流程为依据，在深孔钻程序上修改即可。只需将1工位和2工位达到转换成延时后继续前进，并调整站内行程开关的输入，使行程开关的输入对应三工位运料小车自动往返的流程，即可实现三工位运料小车的自动运行。另外，三工位运料小车与深孔钻控制程序不一样的地方还在于，小车从第三工位返回原点位时不停车，随即进入下一轮装料、延时、运行，直到下班停车为止。

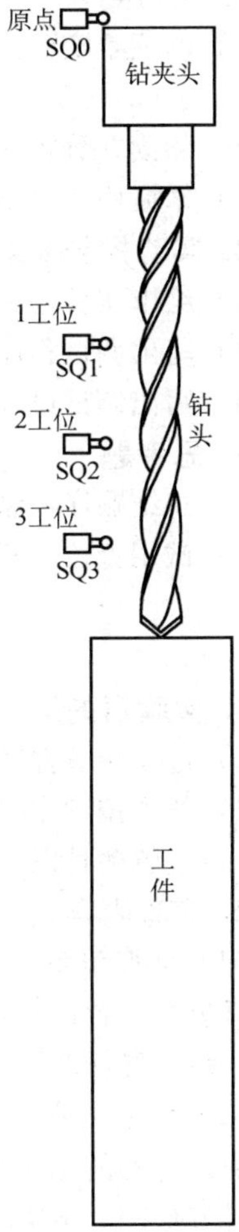

图C-11　深孔钻工作示意图

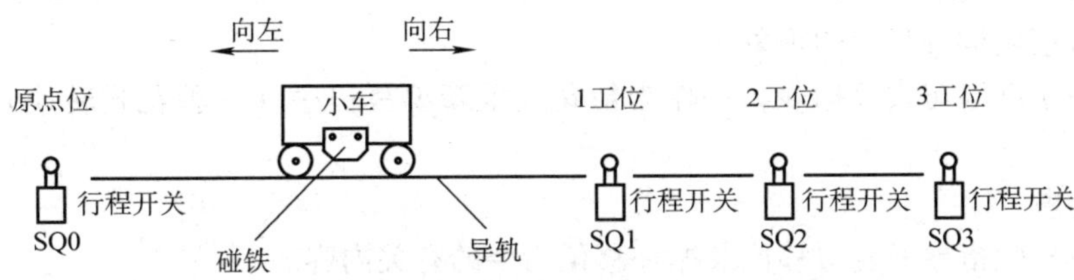

图C-12　三工位运料小车工作示意图

3）深孔钻实验按9.4.2节所示的顺序功能图调试程序。

4）深孔钻实验按9.4.2节所示的接线图接线，三工位运料小车实验也按9.4.2节所示的接线图接线进行实验。

5）观察调试过程中的现象，仔细观察自动工作过程和点动调整工作的不同之处。

3. 预习要求

1）阅读本实验指导书，复习置位、复位指令（S、R）和内部标志位存储器（M）的有关内容。

2）阅读并分析9.4.2节深孔钻控制梯形图工作原理。

3）掌握用顺序指令（SCR），或置位、复位指令（S、R）编制顺序控制程序的方法。

4. 实验报告要求

1）绘出实验用I/O接线图、顺序功能图和梯形图。

2）写出调试程序的步骤。

3）写出调试过程中观察到的现象，总结调试过程中的经验或教训。

5. 思考题

1）总结顺序控制程序的设计方法和调试方法。

2）试用置位、复位指令（S、R）编写深孔钻的顺序控制程序。

实验7　彩灯的程序控制

1. 实验目的

1）进一步掌握顺序控制程序的设计方法。

2）熟悉按动作时序表编程的方法，熟悉循环移位指令组成“环形分配器”的编程方法。

3）了解两种以上“花式”分配的编程方法。

2. 实验内容

（1）实验设备

计算机一台，S7-200 SMART PLC一台，网线一根，模拟输入开关一套，音乐艺术彩灯实验模板一块，导线若干。

（2）实验内容

彩灯变幻的花样繁多，通常可根据花样变幻的规律列出动作节拍表，然后再依据动作节拍表设计梯形图。本实验采用9.5.1节“节日彩灯的PLC控制”两种“花式”的彩灯闪烁进行实验。9.5.1节就是依据“步进单闪”和“奇偶循环跳变”节拍及花式交替输出控制设计出来的。该梯形图中，用循环移位指令（ROL-B）编制程序。定时器T37产生的脉冲信号控制MW0的循环移位，按位逻辑组成灯闪花式。

（3）实验步骤

1）输入图9-24“节日彩灯控制程序”并调试程序。

2）可按实验2接线。

3）仔细观察调试过程中的现象。

4）自编一个灯闪花式节拍表，并作为新花式重新编写程序（三种花式转换），再进行一次实验。

3. 预习要求

1）阅读本实验指导书复习移位及循环移位指令的有关内容。

2）熟悉按动作时序表编制程序的方法。

3）阅读并分析9.5节“节日彩灯控制程序”工作原理。

4. 实验报告要求

1）写出调试程序的步骤和观察到的现象。

2）自编一个新灯闪花式节拍表，并作为新花式加入程序，设计三种花式转换梯形图程序。

5. 思考题

1）总结顺序控制程序型环形分配器的设计方法和调试方法。

2）总结循环移位指令型环形分配器的编程方法。

3）比较移位指令与循环移位指令的不同。

实验 8　交通信号灯的程序控制

1. 实验目的

1）掌握顺序控制程序的设计方法和调试方法。

2）熟悉经验设计法。

2. 实验内容、步骤

（1）实验设备

计算机一台，S7-200 SMART PLC 一台，网线一根，模拟输入开关一套，交通信号灯实验模板一块，导线若干。

（2）实验内容

十字路口交通信号灯程序控制，实验内容参见本书 9.4 节内容，模拟实验模块参见 9.4.1 节交通信号灯控制示意图。在程控交通红绿灯的初期，由于 LED 数码显示未见成熟，常常用“绿闪”指示绿灯时段行将结束，黄灯以后的红灯将要开启，出现“绿闪”以使行驶车辆及早准备，避免事故。本实验为带“绿闪”的十字路口交通红绿灯程控实验。根据时序图给出的交通信号灯参考控制程序参考图 9-10。

（3）实验步骤

1）按第 9.4.1 节所示的 I/O 接线图进行接线。

2）按本实验给出的交通信号灯梯形图输入程序，并调试程序，或根据程序设计要求自编交通信号灯控制程序，并调试程序。

3. 预习要求

1）阅读本实验指导书，复习第 9 章的有关内容。

2）阅读、分析交通信号灯梯形图程序的内容，分析其工作思路。

4. 实验报告要求

1）绘出实验用 I/O 接线图，编写梯形图程序。

2）写出调试程序的步骤。

3）总结按时序图编写程序的一般方法。

4）写出调试过程中观察到的现象，总结调试过程中的经验或教训。

5. 思考题

1）总结顺序控制程序的设计方法和调试方法。

2）试编写倒计时数显型交通信号灯控制程序。

实验 9　PID 恒温控制

1. 实验目的

1）了解模拟量输入/输出信号处理的原理。

2）了解模拟量控制的方法，PID 回路指令的编程方法，并初步了解 PID 回路调试和参数选取方法，了解子程序和中断程序的一般设计方法。

3）熟悉 PID 回路向导编程恒温控制的方法。

4）熟悉 PID 整定控制面板的使用，使用 PID 自整定得到较优的 PID 参数，并利用该参数获得较优的恒温控制效果。

2. 实验内容

（1）实验设备

计算机一台，S7-200 SMART PLC 一台，网线一根，模拟输入开关一套，AM06 AI4/AQ2 × 12 位（bit）模拟量扩展模块一块，温度闭环的 PID 控制实验模板（温度闭环控制系统内含：Pt100 传感器及变送器，单相交流调压模块，微型加热器及限温器等）一块，数码温度计。

（2）实验内容

此次实验的编程主要参见本书 9. 5. 2 节的恒温控制实例。温度控制系统原理如图 C-13 所示。

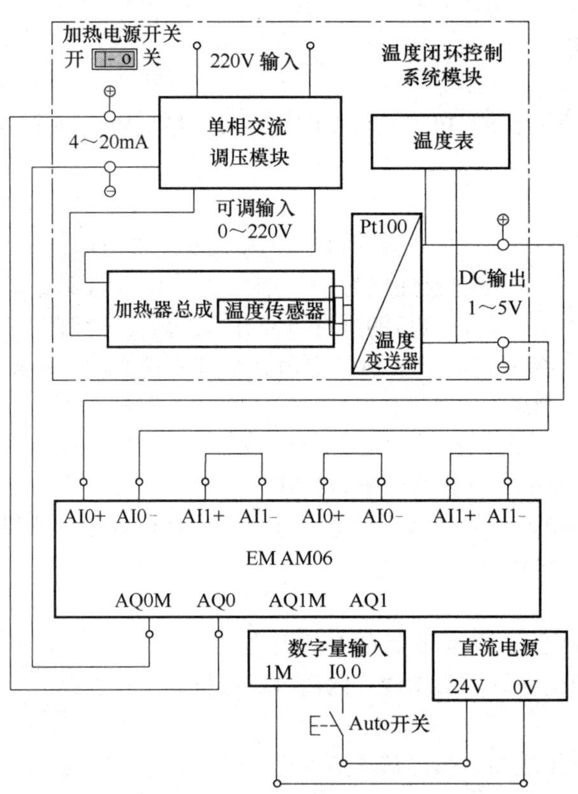

图 C-13　温度控制系统原理图

为实现温度的 PID 控制，采用 PID 回路指令编程。为此，需对回路输入/输出变量进行转换和标准化。将变送器送来的 1 ~ 5V 的温度信号检测值输入到模拟量扩展模块 EM AM06 的 AI0 +、AI0 -，经向导程序转换成 0. 0 ~ 100. 0 之间的过程变量 *PV*；将 PID 输出的 0. 0 ~ 100. 0 之间的输出值经向导程序转换成 5530 ~ 27648，再经模拟量扩展的 D- A 转换成 4 ~ 20mA 信号，经 AQ0、AQ0M 两端输出，并作为单相交流调压模块的调节量。其中 A- D、D- A 的数据转换如图 C- 14 所示，这里模拟量信号为 1 ~ 5V 范围，1V 对应的 PLC 内部的刻度值为 5530。在数据转换时直接将 AIW16 的输入值减去 5530，即将坐标 0 点由“自然 0”转到“数据 0”，这样刻度值由 5530 ~ 27648 变为 0 ~ 22118。初学者最容易出错的是按“虚线”对应进行数据转换，这样就会出现较大的数据误差，数据越小误差越大。输出为 4 ~ 20mA 时，同样处理。

（3）实验步骤

此次实验用PID向导编程实现50℃恒温控制，并通过自整定功能得到较优的PID参数。参考6.5.2节PID向导和PID参数自整定的步骤进行。

1）配置PID向导。打开STEP 7-MicroWIN SMART软件，在工具栏打开PID向导，按向导的引导逐页勾选复选框，生成PID向导：

①第一页勾选“回路”，可勾选回路0，单击“下一页”按钮。

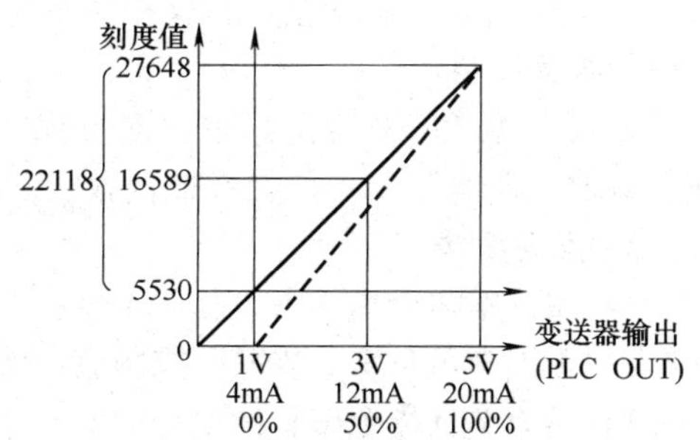

图C-14　模拟量变换坐标

②命名回路0，可直接单击“下一页”按钮。

③填写PID参数，建议初次填写增益为3.7、采样时间为0.2s、积分项为1.7、微分项0.24，单击“下一页”按钮。

④到输入对话框，选择类型的过程变量标定：由于温度传感器及变送器输出是1～5V，所以过程变量下限标定为“单极20%偏移量”，单击“下一页”按钮。

⑤到输出对话框，选择类型为“模拟量”：标定由于单相调压模块控制输入是4～20mA，所以模拟量下限标定为“单极20%偏移量”，单击“下一页”按钮。

⑥报警页面无须勾选，直接单击“下一页”按钮。

⑦在代码页，可以看到回路的子程序名和中断名，勾选手动控制复选框，单击“下一页”按钮。

⑧在存储器分配页显示建议地址范围VB0～VB119共120B，如在控制程序中除了向导程序外还有自编程序段，须避开上述字节，单击“下一页”按钮。

⑨接下来显示组件表格，单击“下一页”按钮。

⑩完成向导设置，单击“生成”按钮即完成设置。

2）设置调用向导子程序PID0_CTRL。

3）下载程序前双击系统块进行组态：

①“下拉”EM0，选择现用的模拟量扩展模块EM AM06。

②勾选模拟量输入“通道0”，因为温度信号输入是1～5V，在类型选择“电压”，范围为“+/-5V”。

③勾选模拟量输出“通道0”，因为操控信号输出是4～20mA，在类型选择“电流”，范围为“0～20mA”。

4）组态完成后选择下载，下载完成后确定为RUN。

5）程序运行后打开工具项，打开PID整定控制面板，勾选Loop0：

①先按控制面板上当前的PID参数运行，观察当前曲线和标定值SP、PV、OUT。

②当偏差值<8%，且PV值几乎与SP值直线重合时，单击自整定“起动”按钮，开始自整定，状态显示：回路0正在进行自调节，此时OUT波形为方波，当方波走完6个周期OUT波形显示连续波，说明自整定完成，状态显示：调节算法正常完成。按下更新CPU按钮接受建议的调节参数。单击“更新CPU”按钮下载计算值到CPU。

③运行新参数后，对比旧参数的控制质量，并手持电扇对加热器加扰，观察曲线变化。如果效果不如前者，可勾选手动控制，微调PID参数，再更新CPU，观察控制效果。

6）搜集实验数据在PID整定控制面板上操作：

①第一次PID参数运行时，记录PID参数、超调量、到达稳定的时间等，“压缩”时间轴（增大采样速率的时间）截屏，截取“曲线”图，为实验报告做准备。

② 自整定过程全记录，其操作为将时间轴压缩到 OUT 波形 6 个方波周期全在一个坐标图中，截取“曲线”图。

③ 第二次 PID 参数运行时，记录 PID 参数、超调量、到达稳定的时间等，“压缩”时间轴截屏，截取“曲线”图，为实验报告做准备。

3. 预习要求

1）阅读本实验指导书，复习 PID 指令的有关内容。

2）重点学习 9.5.2 节恒温控制应用实例部分的有关内容和 6.5.2 节 PID 向导编程的内容。

3）熟悉 PID 指令编程的设计方法，包括给定 PID 参数以及自整定调节。

4）写出调试程序的步骤。

4. 实验报告要求

1）记录第一次 PID 运行的曲线、自整定运行的曲线、第二次 PID 运行的曲线。比较新/旧两次 PID 参数控制效果，报告中绘出曲线图。

2）写出完整的调试程序的步骤。

3）写出调试过程中观察到的现象，总结调试过程中的经验或教训。

5. 思考题

1）总结 PID 向导编程的方法和步骤。

2）如何在模拟量控制过程中提高测量精度？

3）比较电流信号 0 ~ 20mA 与电压信号 1 ~ 5V 的优缺点。

实验 10　PLC 控制电动机变频调速系统

1. 实验目的

1）熟悉 PLC 控制变频调速系统的程序设计和调试方法。

2）熟悉 G120C 变频器的面板操作方法。

3）熟练掌握 G120C 变频器的功能参数设置。

4）熟练掌握 G120C 变频器控制电动机的正、反转、多段速以及电位器调节电动机转速的方法。

2. 实验内容

（1）实验设备

计算机一台，S7-200 SMART PLC1 台，网线一根，AM06 AI4/AQ2 × 12 位（bit）模拟量扩展模块一块，模拟输入开关一套，模拟输出装置一套，三相异步电动机及配套装置一套，变频器调速实验模块（主要包括 G120C 变频器及其部分端子）一块，导线若干。

（2）实验内容

采用 PLC 控制变频器，使三相异步电动机的转速按照设定的转速运行，是常用的控制转速方法。本次实验参考本书 8.3 节“S7-200 SMART PLC 在变频调速系统中的应用”的内容。本次实验选用西门子 G120C 变频器，图 C-15 所示变频器系统菜单，图 C-16 所示变频器的主要端子及端子说明。

变频器菜单供设置参数时参考，变频器的主要端子及端子说明在各个项目控制电路接线时参考。具体接线以及参数设置等将在实验步骤中介绍。

实验内容包括三个项目：

项目 1：变频器控制电动机正反转。设置相应的变频器参数，通过 PLC 程序直接控制电动机按给定速度运行，给定速度在变频器参数中设置，并通过按键直接控制电动机的正转或反转以及停止。

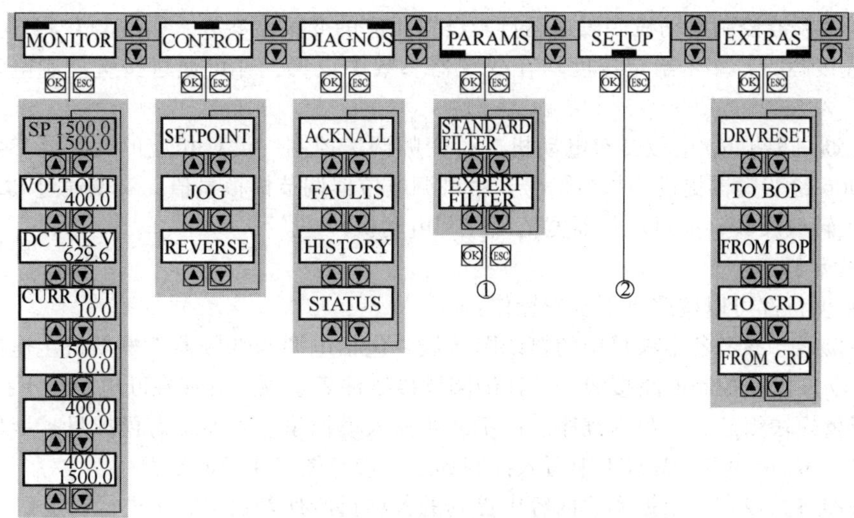

MONITOR
CONTROL
DIAGNOS
PARAMS
SETUP
EXTRAS
OK ESC
SP 1500.0 1500.0
VOLT OUT 400.0
DC LNK V 629.6
CURR OUT 10.0
1500.0 10.0
400.0 10.0
400.0 1500.0
SETPOINT
JOG
REVERSE
ACKNALL
FAULTS
HISTORY
STATUS
STANDARD FILTER
EXPERT FILTER
①
②
DRVRESET
TO BOP
FROM BOP
TO CRD
FROM CRD

图 C-15　变频器系统菜单

端子
说明
>4.7kΩ
31 n.c　未连接
32 n.c　未连接
1 +10V out　10V输出，相对于GND，最大10mA
2 GND　总参考点位
3 AI0+　模拟量输入0（-10～10V，0/4～20mA，-20～20mA）
4 AI0-　模拟量输入0的参考电位
12 AO0+　模拟量输出0（0～10V，0～20mA）
13 GND　总参考点位
21 DO1+　数字量输出1，正极，0.5A，DC 30V
22 DO1-　数字量输出1，负极，0.5A，DC 30V
14 T1 MOTOR　电动机温度传感器（热敏电阻，KTY84-130或双金属常闭开关）
15 T2 MOTOR　电动机温度传感器（热敏电阻，KTY84-130或双金属常闭开关）
28 GND　总参考点位
69 DI COM1　数字量输入0、2和4的参考电位
34 DI COM2　数字量输入1、3和5的参考电位
5 DI 0　数字量输入0
6 DI 1　数字量输入1
7 DI 2　数字量输入2
8 DI 3　数字量输入3
16 DI 4　数字量输入4
17 DI 5　数字量输入5
19 DO 0 NO　数字量输出0，常开触点，0.5A，DC 30V
20 DO 0 COM　数字量输出0，共用触点
18 DO 0 NC　数字量输出0，常闭开关
9 +24V out　输出，参考电位GND，最大200mA

图 C-16　变频器的主要端子及端子说明

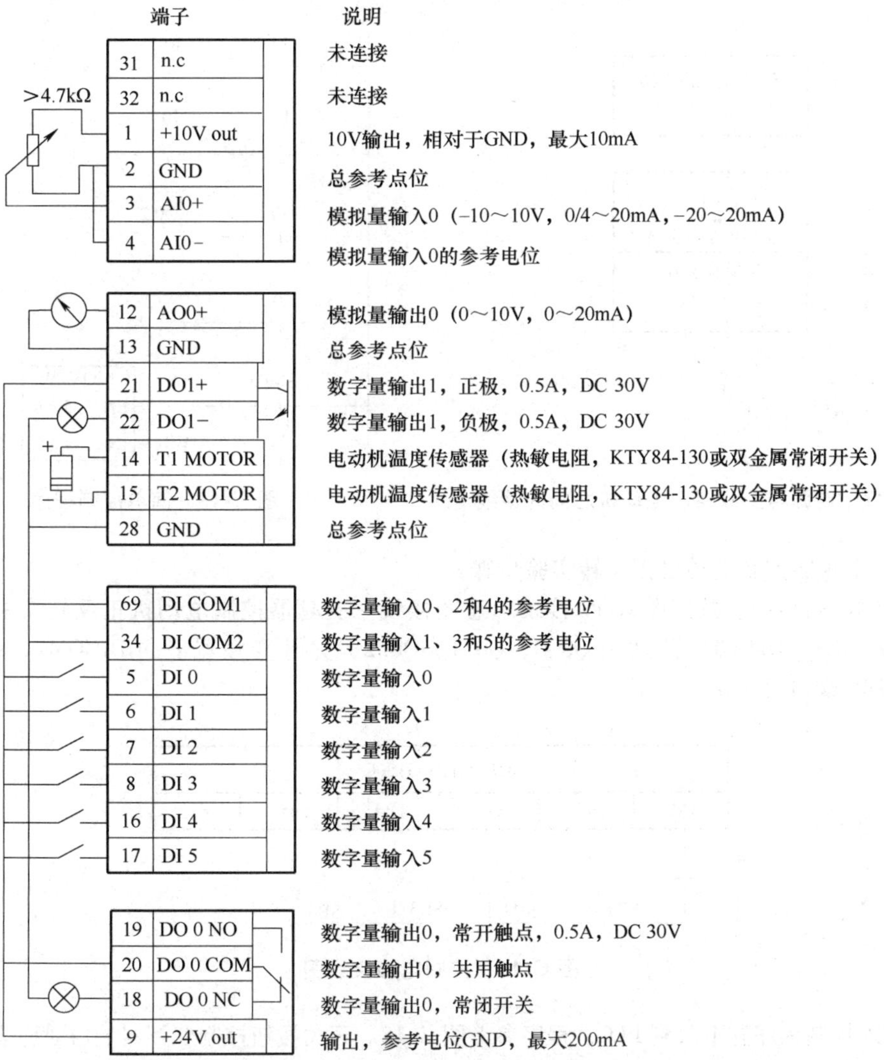

项目 2：变频器控制电动机多段速运行。设置相应的变频器参数，通过 PLC 程序直接控制电动机按给定速度运行，多个给定速度均在变频器参数中设置，并可通过按键控制电动机以多个转速运行。

项目 3：通过模拟量/电位器对电动机进行变频调速控制。设置相应的变频器参数，通过模拟量模块 AM06 给变频器提供模拟量信号，由可调电位器调节模拟量值。实现通过 PLC 程序直接控制电动机正转或反转，通过电位器宽范围控制电动机转速。

（3）实验步骤

三个实验项目都可以按照以下步骤操作：

1）硬件接线。参考各个项目中的接线图接线，包括电源与变频器、电动机主电路之间的接线（见图 C-17）以及控制电路接线，并仔细阅读接线注意事项，确保在断电状态下接线。

2）模拟量模块组态，并写入程序。由于需要输入模拟量，需要组态模拟量扩展模块 AM06，然后在 STEP 7-Micro/WIN SMART 中写入控制程序。参考图 C-18 简单程序。

3）变频器参数设定。根据实验内容中提到的各项目所列参数按顺序进行设定。

4）通电运行。按照操作说明进行调试运行。

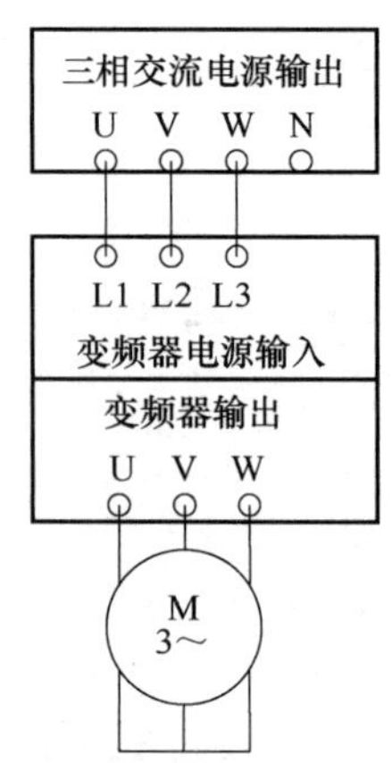

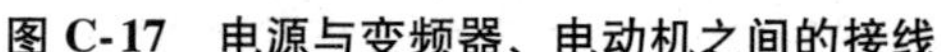

图 C-17 电源与变频器、电动机之间的接线

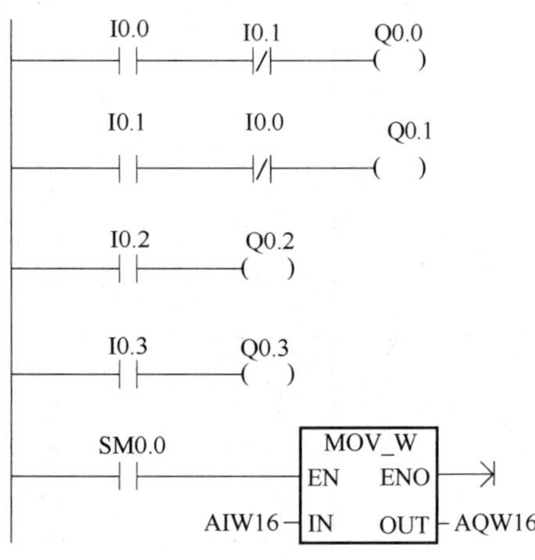

图 C-18 简单控制程序

项目 1 变频器控制电动机正反转实验步骤：

1）控制电路接线。按照图 C-19 接线示意图接线。变频器控制电动机正反转实验控制电路只需要 DI0、DI1、DI4 端口分别接 Q0.0、Q0.1、Q0.2，另外变频器上的 DICOM1、DICOM2 与 0V 短接，DI5 端口可不接。

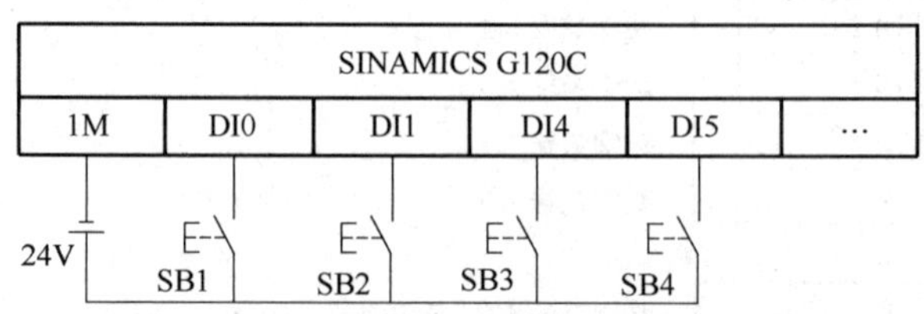

图 C-19 控制电路接线图

2）写入控制程序并下载到 PLC，程序参考图 C-18。开关按钮控制变频器端口对应表见表 C-3。

3）按照表 C-4 变频器参数设定表进行变频器参数设置。注意需先复位变频器参数。

表 C-3　开关按钮控制变频器端口对应表

开关按钮	PLC 输出	变频器端口
I0. 0	Q0. 0	DI0
I0. 1	Q0. 1	DI1
I0. 2	Q0. 2	DI4

表 C-4　电动机正反转控制变频器参数设定表

参　　数	设 定 值	备　　注	注意事项
P0003	3	访问权限为 3	在 PARAMS 中设置
P1900	0	不进行电动机检测	在 PARAMS 中设置
P0015	1	宏程序 1	只能在 SETUP 中设置（实现正反转功能）
P1003	1000. 000	转速 1000	在 PARAMS 中设置
P0010	0	停止调试	在 PARAMS 中设置、必须是最后设置

4）通电运行。

① 按下 I0. 2 与 I0. 0，观察电动机状态（电动机以 1000r/min 正转）。

② 按下 I0. 2 与 I0. 1，观察电动机状态（电动机以 1000r/min 反转）。

项目 2 变频器控制电动机多段速运行实验步骤：

1）控制电路接线。按照图 C-19 接线示意图接线。除了 DI0、DI1、DI4、DI5 端口分别接 Q0. 0、Q0. 1、Q0. 2、Q0. 3 外，变频器上的 DICOM1、DICOM2 与 0V 需短接。

2）写入控制程序并下载到 PLC，程序参考图 C-18。开关按钮控制变频器端口对应表见表 C-5。

表 C-5　开关按钮控制变频器端口对应表

开关按钮	PLC 输出	变频器端口
I0. 0	Q0. 0	DI0
I0. 1	Q0. 1	DI1
I0. 2	Q0. 2	DI4
I0. 3	Q0. 3	DI5

3）按照表 C-6 变频器参数设定表进行变频器参数设置。注意需先复位变频器参数。

表 C-6　多段速控制变频器参数设定表

参　　数	设 定 值	备　　注	注意事项
P1900	0	不进行电动机检测	在 PARAMS 中设置
P0015	3	宏程序 3	只能在 SETUP 中设置（实现多段速功能）
P1001	50. 000	第一段转速 50	在 PARAMS 中设置
P1002	400. 000	第二段转速 450	在 PARAMS 中设置
P1003	800. 000	第三段转速 850	在 PARAMS 中设置
P1004	1200. 000	第四段转速 1250	在 PARAMS 中设置
P0010	0	停止调试	在 PARAMS 中设置、必须是最后设置

4）通电运行。

① 按下 I0. 0，观察电动机状态（电动机以段速一运行）。

② 按下 I0.0 与 I0.1，观察电动机状态（电动机以段速二运行）。

③ 按下 I0.0 与 I0.2，观察电动机状态（电动机以段速三运行）。

④ 按下 I0.0 与 I0.3，观察电动机状态（电动机以段速四运行）。

项目 3 通过模拟量/电位器对电动机进行变频调速控制实验步骤：

1）控制电路接线。按照图 C-19 接线示意图接线。只需要 DI0、DI1 端口分别接 Q0.0、Q0.1，另外变频器上的 DICOM1、DICOM2 与 0V 短接，DI4、DI5 端口均可不接。另外由于需要有模拟量输入，我们将实验台上的电位器正负极接 PLC 的模拟量扩展模块 AM06，换成 0 ~ 5V 输出，经 AQ0、AQ0M 端口分别接到变频器的 AI0 +、AI0- 端口。

2）写入控制程序并下载到 PLC，程序参考图 C-18。开关按钮控制变频器端口对应表可以参考表 C-5，I0.0 和 I0.1 分别控制变频器 DI0 和 DI1 端口。

3）按照表 C-7 变频器参数设定表进行变频器参数设置。注意需先复位变频器参数。

表 C-7　模拟量调速控制变频器参数设定表

参　数	设 定 值	备　注	注 意 事 项
P0003	3	访问权限为 3	在 PARAMS 中设置
P1900	0	不进行电动机检测	在 PARAMS 中设置
P0015	18	宏程序 18	只能在 SETUP 中设置（实现正反转功能）
P0756［00］	0	单极性电压输入	在 PARAMS 中设置
P0010	0	停止调试	在 PARAMS 中设置、必须是最后设置

4）通电运行。

① 按下 I0.0，观察电动机状态（电动机正转）。

② 按下 I0.1，观察电动机状态（电动机反转）。

③ 旋转电位器，观察电动机状态。（电位器可以调速）

3. 预习要求

复习 8.3 节 “S7-200 SMART PLC 在变频调速系统中的应用” 的内容，参考 G120C 变频器使用手册，注意手册中有关参数的设定，尤其是不同宏参数的含义，并在实验前设计好实验过程。

4. 实验报告要求

1）写出实验目的、实验内容、变频器使用方法。

2）写出本实验三个实验项目的具体实验步骤。

3）写出实验过程中观察到的现象，总结调试过程中的经验或教训。

5. 思考题

1）在电动机正反转控制方式下，如何控制电动机的加速时间和减速时间？

2）在模拟量输入调速控制方式下，如何控制电动机的加速时间和减速时间？

3）查阅用户手册等相关资料，西门子 G120C 变频器调速控制除了正反转、多段速、模拟量输入，还有哪些控制方式？

实验 11　PLC 的通信与网络实验

1. 实验目的

1）熟悉自由口协议通信及其应用和编程方法。

2）熟悉自由口通信方式特殊标志位的设置。

3）熟悉中断事件接收字符，以及自由口发送指令（XMT）和接收指令（RCV）。

2. 实验内容

（1）实验设备

计算机每组两台，S7-200 SMART PLC 两台，网线两根，RS485 电缆一根，模拟输入开关两套，模拟输出装置两套，导线若干。

（2）实验内容

此次实验参考本书 7.3 节自由口指令及应用中的自由口通信实例一的内容进行。实验两人一组、一人一站（甲站/乙站）（或 A 站/B 站）；实验内容为甲站读取 IW1 上面的输入状态，送入 QB0 显示，同时通过 XMT 指令由自由口方式传送出去；乙站接收到后取反，再送到乙站的 QW0 上去显示。如图 C-20 所示，甲、乙两站中各有一台 S7-200 SMART PLC 和装有编程软件的两台计算机，甲、乙两站均通过 I 端口的 RS485 通信接口组成通信网络。

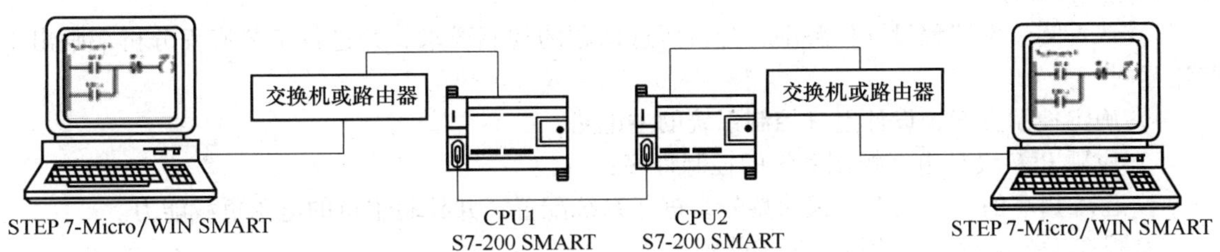

图 C-20　自由协议通信实验网络结构

1）甲站的控制程序可参考图 7-21 所示的控制程序进行实验；甲站的输入接线，首先将 I0.0 接入 1 位钮子开关，作为发送操作；再将 IW1 置为某状态（例如为 1010-1010-1010-1010），这样就可以直观观察甲站的 QW0 的状态。

2）乙站无需输入接线。但实验应完成图 7-22 或图 7-23 和图 7-24 所示的那样两种不同方式，同为接收字符控制程序。当甲站发过来有排列规律的数据，乙站可以立刻观察到收到的数据是否正确（例如将甲站 IW1 的输入状态取反后，QW0 为 0101-0101-0101-0101）。

（3）实验步骤

两人一组，一人一站，合作进行实验。

1）甲、乙两站分别录入程序，甲站的输入接线及 IW1 的输入状态和发送操作输入。

2）自由口通信程序运行调试，甲站操作发送，乙站用 QW0 或用“程序状态监控”观察是否收到正确的数据。

3. 预习要求

复习 PLC 自由口通信的内容，重点阅读本实验有关本书图 7-21 ~ 图 7-24 所示的程序。注意程序中有关参数的设定，并在实验前设计好或修改好实验程序。

4. 实验报告要求

写出经调试过的程序，写出调试过程和观察到的现象。

5. 思考题

1）在用 RCV 指令接收信息的过程中，如何定义信息的起始条件和结束条件？

2）在用中断事件接收信息的过程中，如何定义信息的起始条件和结束条件？

附录 D　课程设计指导书

课程设计以学生为主体，充分发挥学生学习的主动性和创造性。期间，指导教师要把握和引导学生正确的工作方法和思维方法。

1. 课程设计的目的

1）了解常用电气控制系统的设计方法、步骤及设计原则。

2）学以致用，巩固书本知识。通过训练，使学生初步具有设计电气控制系统的能力，从而培养和提高学生独立分析问题和解决问题能力。

3）进行一次系统的工程项目训练。培养学生查阅参考资料、产品手册及工具书的能力，上网收集资料能力，运用计算机进行工程绘图的能力，编制技术文件的能力等，从而提高学生解决实际工程技术问题的能力。

2. 设计要求

1）阅读本课程设计参考资料及有关图样，了解一般电气控制系统的设计原则、方法及步骤。

2）上网调研现代电气控制领域的新技术、新产品、新动向，用于指导设计过程，使设计成果具有先进性和创造性。

3）认真阅读本课程设计任务书，分析所选课题的控制要求，并进行工艺流程分析，画出工艺流程图。

4）确定控制方案，设计电气控制系统的主电路。

5）应用 PLC 设计电气控制系统的控制程序：

① 选择 PLC 的机型及 I/O 模块型号，进行系统配置，并校验主机的电源负载能力。

② 根据工艺流程图，绘制顺序功能图。

③ 列出 PLC 的 I/O 分配表，画出 PLC 的 I/O 接线图。

④ 设计梯形图，并进行必要的注释。

⑤ 输入程序并进行室内调试，模拟运行。

6）设计电气控制系统的照明、指示及报警等辅助电路。系统应具有必要的安全保护措施，如短路保护、过载保护、失电压保护、超程保护等。

7）选择电气元器件的型号和规格（参数的确定应有必要的计算和说明），列出电气元器件明细表（见表 D-1）。选择电气元件时，应优先选用新产品。

表 D-1　电气元器件明细表

序　号	电气元器件代号	图　区	名称和用途	型号规格	数　量	备　注
1						
2						
3						

8）绘制正式图样，要求用计算机绘图软件（如 Visio、AutoCAD 等）绘制电气控制电路图；用 STEP 7-Micro/WIN SMART 编程软件编写梯形图。要求图幅选择合理，图、字体排列整齐，图样应按电气制图国家标准有关规定绘制。

9）编制设计说明书及使用说明书：

内容包括：阐明设计任务及设计过程，设计过程中有关计算及说明，说明操作过程、使用方法及注意事项，附上所有的图表、所用参考资料的出处及对自己设计成果的评价或改进意见等。

附录 E　课程设计任务书

题 1　交通高低峰分段运行、数显倒计时交通信号灯控制程序设计

1. 选题背景

模拟实际交通信号灯运行情况，仅带绿闪的信号灯部分内容可参考本书 9.4 节和附录 C 实验

8 内容。本题的内容在前述的基础上，扩展到当下普遍采用的分时段运行、带倒计时数字显示（简称数显）的信号灯，使课程设计题目更贴近实际。

2. 训练目的

1）学习用倒计时方法来显示信号灯切换时间，学习用时钟指令分时段运行信号灯的编程方法。

2）熟悉绘制电气原理图及接线图的方法。

3）熟悉选择电气元器件的一般方法。

3. 使用设备及器件（如下选定仅为验证设备及器件）

上位计算机一台，S7-200 SMART CPU SR40/ST40 PLC 一台，网线一根，模拟输入开关一套，交通信号灯模拟实验模块一块（见图 E-1），触摸屏一只。

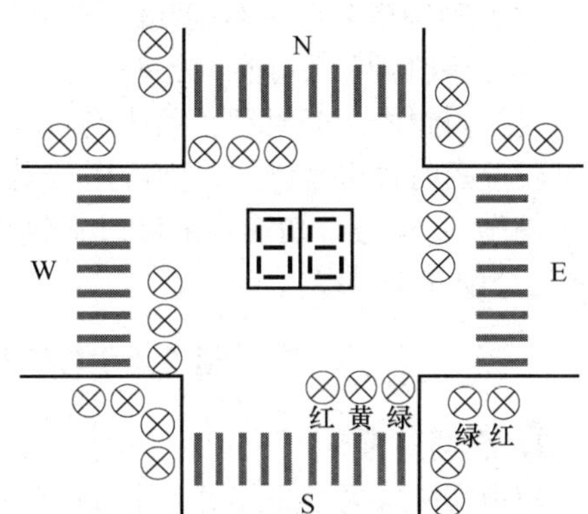

图 E-1　交通信号灯模拟模块示意图

4. 设计任务

设计高/低峰时段运行和带数显倒计时 LED 灯的交通信号灯 PLC 控制程序，普通交通信号灯时序图如图 9-7b 所示（红灯行列向为 30s 切换一次）。

1）交通高峰时段为每日的上午 7：30～9：00 和下午的 16：30～18：00，交通高峰时红灯为 40s 切换一次。按图 9-7b 时序图规律，其中绿闪、黄灯时长不变，绿灯常亮缩短到 35s。

2）交通低峰时段从每日的上午 6：00 开始，除去高峰时段，到 22：00 结束，交通低峰时红灯为 20s 切换一次。绿灯按图 9-7b 时序图规律同理安排。

3）交通晚间时段从当日的 22：00 开始，到次日 6：00 结束，该时段十字路口的 4 个方向均按黄灯闪烁运行。

4）由于实验模块只有一组数码管，只需编写一对方向的倒计时数码显示。如显示东西向低峰时段信号灯倒计时数码值，先走东西向红灯 20s 倒计时，绿灯再走 18s，最后黄灯亮 2s；再重复下一轮……低峰时以此类推。晚间时段不显示倒计时。

5）时段分配的时钟指令，应有“对时”操作功能（可触摸屏操作），以及手动调用各时段。其中，对时功能为校准北京时间，验收时使用手动调用或时钟指令“分钟”段调用。

6）程序设计开始之前应绘制流程图或顺序功能图。

7）撰写课程设计报告，报告中应包含 I/O 分配表和 I/O 接线图。

5. 程序设计指导

设计本题要求的控制程序一般有两种实现方法：一种是在已有带绿闪信号灯控制程序的基础上，配合数显倒计时和时钟指令调用高/低峰时段；另一种是直接利用减计数器或减“1”指令内的数值实现信号灯切换。其中运用的时钟指令在两种方法中相同。

（1）在带绿闪信号灯控制程序上增加数显和分时段功能

1）先参考本书 9.4 节和附录 C 实验 8 的内容编写出高/低峰、夜间运行的带绿闪信号灯控制程序 3 个段。

2）分别将高/低峰时段倒计时数显程序写出来。

① 倒计时数码一般用减计数器或减“1”指令得到，其中重置计数值有两种方法：a. 数显 0 如果不停留 1s，直接用计数 0 重置；b. 数显 0 如果要停留 1s，则可用定时器重置，但重置周期必须增加 1s。当采用后一种方法时，信号灯切换部分程序的周期也要增加 1s，否则切换/数显不

同步。

② 以东西向红灯/绿灯/黄灯依次数显切换高峰段为例。a. 可使用分别计数，三计数器计数值直接写常量，上一级计数0重置下一级；b. 或用一计数器，变量存储器重置下一个计数值。

3）数显值转换成BCD码，先将BCD码低4位七段译码后直接送出，接下来将高4位右移4位后译码送出。

（2）直接利用减计数器或减“1”指令内的数值实现信号灯切换

这种方法先设计上面同理的倒计时计数器，所不同的是此法信号灯包括绿闪的切换均由倒计时计数值调用完成。如高峰时段绿灯+绿闪共18s，开绿闪只要在倒计时用比较指令，取出5s时刻，配以50%占空比的秒脉冲，即可按时开/闭绿闪。

（3）时钟指令调用高/低峰时段

用“该时钟”的小时/分钟“字”分配红绿灯高/低峰和夜间时段；S7-200 SMART标准型CPU支持内置的实时时钟，用读实时时钟指令READ_RTC可直接读取CPU或PC中的实时时钟。如果硬件的时钟出现误差，则可用写实时时钟指令SET_RTC修正日期和北京时间（可用触摸屏在线操作）；信号灯切换甚至可以直接用时钟的分秒字节分配；在调试或验收时，用分/秒时钟“字”分配3个时段。

题2　PLC控制变频调速系统程序设计

1. 选题背景

模拟实际课题，采用PLC控制变频器，使三相异步电动机的转速按照预先给出的转速运行曲线运行（这是目前最常见的转速控制方法）。

2. 训练目的

1）熟悉PLC控制变频调速控制程序的设计和调试方法。

2）进一步通过实验掌握PLC控制系统、变频调速系统、电动机拖动及测速显示系统的硬件的使用，电路、程序的综合设计方法及对编程软件的编辑及调试。

3. 使用设备及器件（如下选定仅为验证设备及器件）

上位计算机一台，S7-200 SMART CPU SR40/ST40 PLC一台，EM AM03（06）模拟量模块1块，网线一根，模拟输入开关一套，G120C变频调速实验模块一块，可加载/可测速的三相异步电动机系统一套，SMART LINE 700（或1000）触摸屏一只。

4. 设计任务

本次设计是通过PLC控制变频器的输出频率，使电动机转速得到控制。

1）设计PLC控制变频调速的硬件系统。

2）软件设计。

① PLC程序设计。要求设计PLC控制程序，使三相异步电动机的转速按照图E-2所示的电动机转速运行曲线运行，恒速段要求波动不超过±6%（对应转速1290r/min）。

② 设计触摸屏操作显示画面。要求触摸屏具有起/停操作及显示、写给定值等，转速在线显示/变频器输出显示等。

3）设定变频器工作模式。

变频器按PLC输出0~20mA操作频率输出设定工作模式。本课程设计以G120C变频器为例，其参数设置可参见附录C中实验10的相关内容，其他型号的变频器查阅相关使用手册后设置。具体步骤如下：

① 变频器先进行参数复位，然后按参数整定来设置参数。

② 在PARAMS中将P0003置为3，即访问权限为3。

③ 在 PARAMS 中将 P1900 置为 0，即不进行电动机检测。

④ 在 SETUP 中将 P0015 置为 18，宏参数 18 为模拟量输入变频调速。

⑤ 在 PARAMS 中将 P0756 置为 2，即模拟量为单极性电流输入。

⑥ 在 PARAMS 中将 P0010 置为 0，即为停止调试，进入运行模式。

以上设置也可使用 USS 通信功能设置变频器参数和工作模式。

4）程序设计开始之前应绘制流程图或顺序功能图。

5）撰写课程设计报告，报告中应包含 PLC 的 I/O 分配表、I/O 接线图。

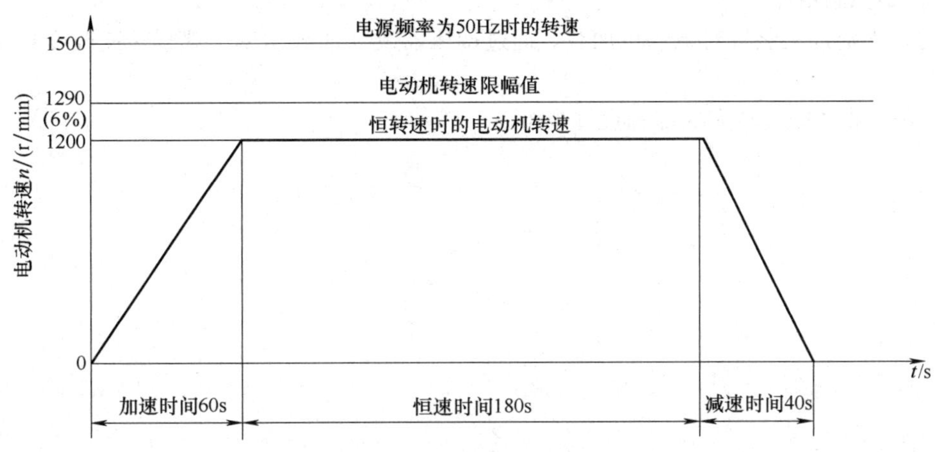

图 E-2　电动机转速运行曲线

5. 设计指导

（1）系统硬件设计

根据任务书提供的设备、器件和任务要求，连接测速信号→AM03→CPU SR40→AM03→调节信号→变频器三相输出→异步电动机转速→测速装置，形成闭环系统。

（2）软件设计

PLC 编程注意两点：

1）电动机转速信号输入信号处理可参考 9.5.2 节恒温控制相关内容，具体输入值如图 E-3 所示；信号还需做多次采样平均和不小于 0 处理。

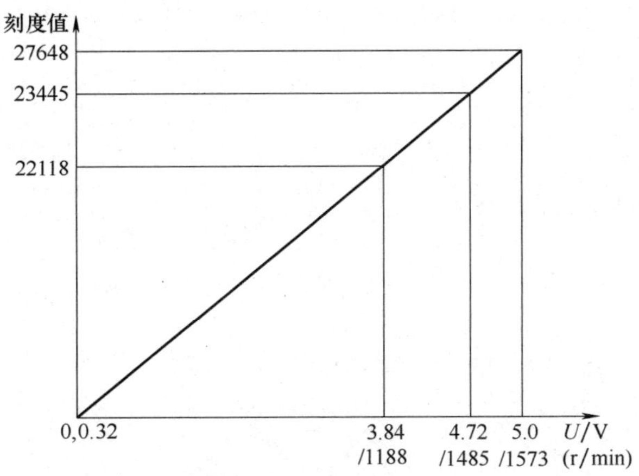

图 E-3　PLC 模拟量输入转速电压信号刻度值

2）当电动机工作在加速和减速程序段时，均匀加减即可；在恒转速阶段，既可以采用 PID 控制，也可以简单上、下限方法来控制转速。其中，PID 控制仅用凑试法确定参数在短时间内难以奏效，后一种方法在保证精度要求的情况下较容易实现。

触摸屏画面编辑参考第 7 章相关内容。

（3）系统调试

1）标定输入值。由于转速测量值存在误差，故在运行之前必须标定参数。具体办法：用 0 速和变频器的高、中、低三段速运行，提取各段的转速参数，修改图 E-3 所示的参数及程序中的参数，提高控制精度。

2）通过涡流加载装置对电动机加载。通过调压器改变加载功率，观察转速改变规律，修改控制参数。

（4）按附录 D 的要求完成课程设计报告。

参 考 文 献

[1] 黄永红，张新华，吉敬华. 电气控制与PLC应用技术［M］. 2版. 北京：机械工业出版社，2018.

[2] 廖常初. S7-200 SMART PLC编程及应用［M］. 2版. 北京：机械工业出版社，2016.

[3] 西门子（中国）有限公司. 深入浅出西门子S7-200 SMART PLC［M］. 北京：北京航空航天大学出版社，2015.

[4] 向晓汉. S7-200 SMART PLC完全精通教程［M］. 北京：机械工业出版社，2013.

[5] SIEMENS. SIEMENS SIMATIC S7-200 SMART系统手册［Z］. 2016.

[6] 黄永红，吉裕晖，杨东. PLC控制电机变频调速实验系统的设计与实现［J］. 电机与控制应用，2007，34（10）：40-43.